石油和化工行业“十四五”规划教材

有机化学

ORGANIC CHEMISTRY

王启宝　梁静　孙玥　主编　李侃社　审

化学工业出版社

·北京·

内容简介

本书是针对能源、化工类等工科专业编写的有机化学教材，有机化合物的命名按照中国化学会发布的《有机化合物命名原则 2017》。全书以官能团为主进行分章，各章遵循以“结构—性能—制备—应用”为主线进行编排。为巩固重点知识，拓宽知识面，在章节中设置了练习题、资料卡片、阅读与思考等模块，并以新形态教材的形式呈现。例题和各章后的综合练习题，注重经典、实用与前沿性的结合，并结合现代有机化工的产业链，强化了利用有机化学基本理论、方法来分析和解决有机化工复杂的工程问题。

本书可作为化学工程与工艺、应用化学、能源化工、矿物加工、环境工程、材料类等本科专业的教材，也可作为相关行业从业人员的参考书。

图书在版编目（CIP）数据

有机化学/王启宝，梁静，孙玥主编．—北京：化学工业出版社，2024.5（2025.1重印）
ISBN 978-7-122-44823-1

Ⅰ.①有… Ⅱ.①王…②梁…③孙… Ⅲ.①有机化学-高等学校-教材 Ⅳ.①O62

中国国家版本馆CIP数据核字（2024）第062177号

责任编辑：于　水　　文字编辑：李　玥
责任校对：宋　夏　　装帧设计：韩　飞

出版发行：化学工业出版社
（北京市东城区青年湖南街13号　邮政编码100011）
印　　装：河北鑫兆源印刷有限公司
787mm×1092mm　1/16　印张$29^1/_4$　字数699千字
2025年1月北京第1版第2次印刷

购书咨询：010-64518888　　售后服务：010-64518899
网　　址：http://www.cip.com.cn
凡购买本书，如有缺损质量问题，本社销售中心负责调换。

定　　价：78.00元

编写组

主　　　编： 王启宝　梁　静　孙　玥

副　主　编： 王　鹏　宋微娜　张贺新

其他参编人员：（按姓氏笔画排序）

王立艳　刘　迪　刘　骞　吴　捷

陈国昌　颜井冲

前言

有机化学是一门极具创新活力的基础学科，它不仅是有机化工的理论基础，也为能源、材料、环境、医学等学科的研究和发展，提供了独特的视角和手段。

国内外工科有机化学教材，在利用有机合成方法生产各种基本有机原料和化工产品时，大多偏重以石油、天然气为基础原料。基于我国“富煤、贫油、少气”的资源特点，近二十年来，在我国科技工作者的努力下，煤基有机化学品的制备技术实现了多项突破，形成了具有自主知识产权的煤基合成路线，这部分内容在通常的有机化学教材中鲜有系统的阐述。

我国的能源结构以煤为主，“煤炭能源发展要转化升级，走绿色低碳发展的道路”。煤炭的清洁转化利用，可降低对进口石油的依赖，保障国家能源安全。化学工业出版社组织编写了这本具有时代特色的能源化工类《有机化学》教材，更好地为国民经济建设服务，国内传统煤炭高校的有机化学专家学者要责无旁贷地担负起这个历史使命和责任。

为编好这本工科有机化学教材，教材编辑委员会多次召开视频研讨会，确定了“理工并举，推陈出新，强化特色，提升内涵”的指导思想，形成了本书以下几个特色：

1. 理工并举。理论与工程实践结合紧密。教材旨在帮助学生深入理解有机化学的基本理论和概念，并将其应用于工程实践中来解决复杂工程问题，“理”说不透彻，犹如“无源之水”，“工”虚而不实，犹如“闭门造车”。有机化合物的结构决定其性质，性质决定其用途。本教材强化了对有机化合物结构的剖析，并适当增加了对重要反应机理的介绍和考查。本教材例题的选择注重经典性、实用性和前沿性，章后综合练习题，不以“章”为壑，体现出综合性，其特点：一是对本章知识点的总结；二是加强了对已学章节知识的覆盖，有利于重点知识的巩固；三是有意识地加强了结合有机化工生产过程，培养学生灵活利用有机化学基本理论、方法来分析和解决实际复杂工程问题的能力。

2. 推陈出新。教材的编写内容与时俱进，以适应新质生产力发展的需求，并注重与信息化、数字化的结合。本教材注重结合科技最新成果更新教学内容，加强对学生创新思维的培养，并在各章结合重要化合物的介绍，引导学生对其下游产品的关注。比如，结合绿色化学的成就，增加了环氧丙烷的双氧水法合成，替代光气的碳酸二甲酯制备及应用等。在章节中设置了练习题、资料卡片和阅读与思考等模块，以新形态教材的方式呈现给学生，起到巩固基础知识、拓宽学生知识面的目的，并授之以“渔”，加强学生文献调研和自学能力的培养。

3. 强化特色。本书结合章节中重点化合物，对煤制油（F-T合成）、煤制甲醇、甲醇制烯烃（MTO和MTP工艺）以及乙二醇（EG）、丁-1,4-二醇（BDO）、聚乙醇酸（PGA）等基于煤化路线的有机化学品制备，进行了较为详细的介绍，并结合这些有机化合物下游产品的开发与应用，引导关注煤化工产业链向高端化、多元化和低碳化发展的趋势。

4. 提升内涵。教材不仅是知识的载体，也是育人的载体。今天的学生就是未来的研发工程师和技术管理者，书中有机人名反应，体现了科学家勇于探索的献身精神，又如我国煤制烯烃、煤制乙二醇技术的发展过程，体现了几十年磨一剑的工匠精神，都会潜移默化地实现对学生的价值塑造、能力培养和知识传授的目的。教材中新技术成就、绿色化学理念的引入和基于大宗有机化学品为原料的合成路线选择，都体现了科学发展观，旨在引导和推动有机化工生产过程实现社会效益、经济效益与生态环境效益的统一。

我国是化工大国，正在向化工强国迈进。学好有机化学，献身有机化工事业，对推动我国有机化工产品精细化、功能化、绿色化、高端化发展，大有用武之地。

本教材的分章是以官能团为主线进行编排，各章基本上按结构与分类、物理性质、化学性质、制备方法及重要化合物等进行介绍。适合学时在80以内的有关工科专业使用，带星号的章节供各高校使用时选择。

中国矿业大学（北京）王启宝负责全书编写大纲的制定及全书的统稿和定稿，并编写了第1章、第7章、第9章和第13章，王立艳、刘迪和刘骞共同编写了第10章的醇、醚、硫醇和硫醚；安徽工业大学的张贺新、颜井冲、陈国昌编写了第2章；山东科技大学的王鹏编写了第3章和第5章；黑龙江科技大学的宋微娜编写了第4章，吴捷编写了第8章；太原理工大学的孙玥编写了第6章、第14章和第16章；中国矿业大学的梁静编写了第11章、第12章和第15章，并参加了全书的统稿工作。书成之际，衷心感谢各位老师的辛勤付出。

感谢西安科技大学的李侃社教授。李教授具有丰富的教学和实践经验，作为本教材的主审，高屋建瓴地为本书的结构调整、内容编排等提出了很多有价值的建议。在此，向李教授致以诚挚的谢意。

中国矿业大学（北京）王栋民教授、付晓恒教授提供了部分研究成果和资料，马雪璐副教授为本教材绘制了部分结构图，安徽师范大学的孙礼林副教授为本书进行了全面的校正，在此一并表示感谢。

本教材在策划和编写过程中，得到了中国矿业大学高庆宇教授、西安科技大学张亚婷教授、黑龙江科技大学熊楚安教授的支持和指导，在此表示感谢。

在本教材的编写过程中，参考了很多国内外优秀的有机化学教材、专业书籍和科技文献，在此，向这些文献的作者表示衷心感谢。

限于水平，书中疏漏之处在所难免，敬请指正！

编者

2023年12月

目录

第 12 章 醛和酮 // 286

第1章

绪论

有机化学是一门基础化学，是中心科学的一部分。有机化学不仅是有机化工的基础，也是生物学、材料学、医学、环境学等学科的重要基础。

有机化学的发展史是人类认识自然，破除迷信，利用和改造自然，造福人类的历史。

最丰富的有机物存在于生命体中。人类利用源于草本植物的天然有机产品来治疗疾病有着悠久的历史。印第安人16世纪就发现了金鸡纳树的树皮能治疟疾病，直到18世纪初科学家才分离出其有效成分——奎宁（quinine，又名金鸡纳霜），20世纪40年代才确定其立体化学结构，并最终实现了奎宁的人工合成。

奎宁的结构启发了现代有机药物分子的设计，有趣的是科学家在合成奎宁类似物氯喹时意外发现了喹诺酮类药物——萘啶酮酸具有抗菌活性。诺氟沙星就是第三代喹诺酮类抗菌药，是治疗肠炎、痢疾的常用药。更有趣的是，世界上第一种人工合成的有机化学染料苯胺紫，也是在探索合成奎宁的实验中被偶然发现的。

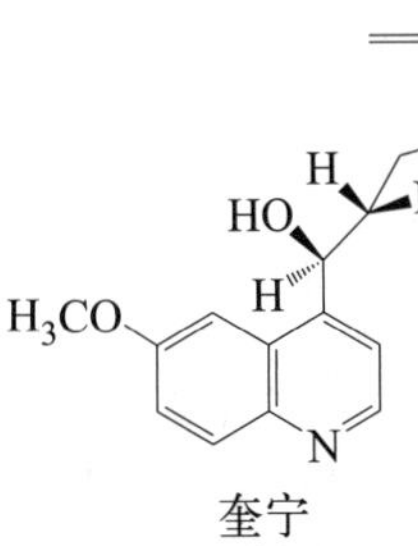

奎宁 　　诺氟沙星 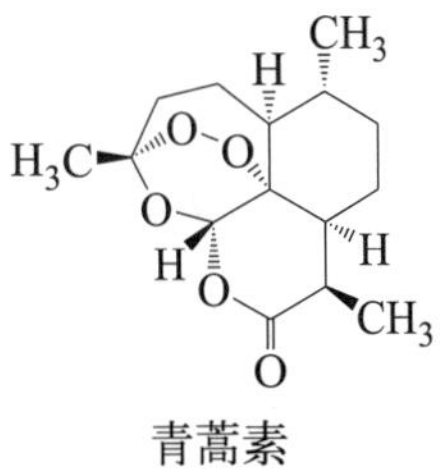　　青蒿素

在中国，古有“神农尝百草”的传说，汉代有《神农本草经》，明朝有《本草纲目》等中医典籍，今有屠呦呦受中医古籍《肘后备急方》治疗寒热诸疟的启迪，采取低温提取青蒿抗疟有效成分的方法，发现了青蒿素。

青蒿素的分子式为$C_{15}H_{22}O_5$，是一种含有过氧键的倍半萜内酯有机物。青蒿素是目前治疗疟疾效果最好的药物，也是治疗疟疾最有效最重要的手段，而且价格低廉。

青蒿素是中医药给世界的一份礼物，挽救了众多疟疾患者的生命。

1.1 有机化合物

有机化学最早指的是研究生命的化学，当时许多化学家都认为，在生物体内由于存在所谓的“生命力”，才能产生有机化合物。1828年F.Wöhler在实验室用无机物氰酸铵合成了尿素，突破了有机化合物的“生命力”学说，促进了有机化合物的人工合成。

$$NH_4Cl + AgOCN \longrightarrow NH_4OCN + AgCl\downarrow$$

$$NH_4OCN \xrightarrow{\triangle} NH_2CONH_2$$

有机化学奠基于18世纪中叶，直至19世纪下半叶，有机合成才得到快速发展，19世纪末开始以煤为基础原料的碳化钙电炉法工业生产，为乙炔合成有机产品创造了条件，20世纪初开始建立以煤焦油为原料（表1.1）合成染料、药物和炸药等有机化学工业。

表 1.1 煤焦油的主要分馏产物

馏分	沸点范围/℃	产率/%	主要成分
轻油	＜180	0.5～1.0	苯、甲苯、二甲苯
酚油	180～210	2～4	异丙苯、均四甲苯、酚类、吡啶、苯并呋喃、茚
萘油	210～230	9～12	萘、甲基萘、酚、硫茚、苯并呋喃
洗油	230～300	6～9	萘、二氢苊、芴、氧芴、联苯、喹啉、吲哚、高沸点酚
蒽油	300～360	20～24	蒽、菲、咔唑、芘、苣、荧蒽、甲基芴
沥青	＞360	50～55	沥青、游离碳

20世纪40年代开始，石油裂解技术的发展为有机合成提供了更多重要的化工原料，图1.1为石油、天然气炼化行业的主要产品分布。以合成纤维、合成橡胶、合成树脂和塑料为主的有机合成材料工业得到了快速发展，极大地丰富了人们的物质生活。

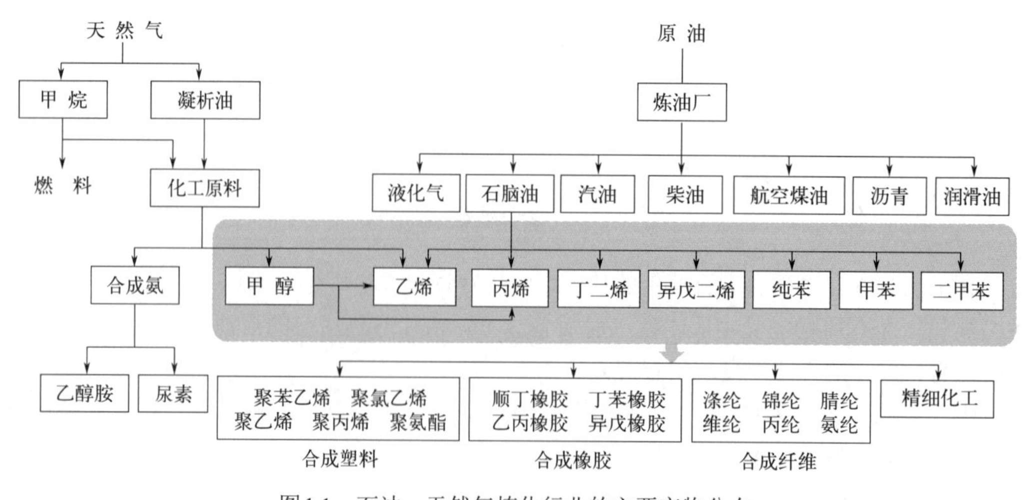

图1.1 石油、天然气炼化行业的主要产物分布

有机化合物的主要特征都含有碳原子，绝大多数有机化合物也都含有氢，因此，有机化学就是研究碳氢化合物及其衍生物的科学。当然，对CO、CO_2、HCN、CO_3^{2-}等简单含碳化合物，习惯上还是归入无机化合物。

但无机物与有机物之间没有天然的界限。现代煤化工以合成气（CO和H_2）为核心的一碳化学在工业化应用上已取得重大成功。例如，在钴、镍、铁等催化剂条件下合成气通过费托（Fischer–Tropsch）合成转化为烃类化合物，总反应式如下：

$$2n\,CO + (n+1)\,H_2 \longrightarrow C_nH_{2n+2} + nCO_2 \qquad (n为10 \sim 20)$$

目前，在“双碳”目标的引领下，还原CO_2制备有机化学品的技术得到重视和发展，例如，CO_2加氢制甲醇已进入工业化试验阶段。

1.1.1 有机化合物的结构特点

绝大多数有机化合物虽然只是由碳、氢以及卤素、氧、硫、磷等少数元素组成，但种类繁多，数目庞大，结构复杂。碳是构成有机物的骨架元素，其原子间相互的结合能力很强，可以形成不同碳原子数目的碳链和碳环，作为官能团的支撑。

OH | OH COOH | HO O OH O H H H O

仲辛醇　水杨酸　C_{60}　可的松

资料卡片

有机分子结构常用键线式和楔形式来表示。键线式只要写出锯齿形碳骨架，用锯齿形线的角（120°）及其端点代表碳原子，不必写出每个碳上所连的氢原子，但其它原子必须写出。楔形式是用实线表示在纸面上的键，虚线表示伸向纸后方的键，用楔形实线表示伸向纸前方的键。

（1）同分异构

分子式相同而结构相异，因而其性质也各异的不同化合物，称为同分异构体（isomer），这种现象叫同分异构现象（isomerism）。如分子式同为$C_4H_{10}O$的化合物有以下八种：

$CH_3OCH_2CH_2CH_3$	$C_2H_5OC_2H_5$	$CH_3OCH(CH_3)_2$	$CH_3(CH_2)_2CH_2OH$
甲丙醚	乙醚	异丙基甲基醚	正丁醇

$CH_3CH(CH_3)CH_2OH$ 异丁醇　　$(CH_3)_3COH$ 叔丁醇　　(*S*)-丁-2-醇　　(*R*)-丁-2-醇

这八种化合物互为同分异构体。像前六种化合物，只是分子中各原子间相互连接的次序和方式不同而引起的异构，这种只是构造不同而导致的异构，叫构造异构（constitutional isomer）。此外，有机化合物还可能出现分子的构造相同，但由于分子中的原子在空间的排列方式不同而造成的异构，如(*S*)-丁-2-醇和(*R*)-丁-2-醇，叫立体异构（stereoisomer）。

所以，化合物的结构是指分子中原子间的排列次序、原子相互间的立体位置、化学键的结合状态以及分子中电子的分布状态等各项内容的总称。

（2）同系列与同系物

有机化学中，把结构相似，具有相同的通式，化学性质也相似，在组成上相差CH_2或其整数倍，物理性质随着碳原子数的增加而有规律地变化的化合物系列称为同系列。CH_2称为系差。同系列中的化合物互为同系物（homolog）。

如：甲烷（CH_4）与乙烷（CH_3CH_3）、甲醇（CH_3OH）与乙醇（CH_3CH_2OH）、苯甲酸（C_6H_5COOH）与苯乙酸（$C_6H_5CH_2COOH$）等，各组中的两种化合物都互为同系物。

练习题1-1: 下列化合物(　)和(　)互为同分异构体；(　)和(　)属于同系物。

（1）$C_6H_5CH_2OH$　（2）$C_6H_5OCH_3$　（3）C_6H_5OH　（4）$C_6H_5CH_2CH_2OH$　（5）$C_6H_{11}OCH_3$（环己基甲醚）

1.1.2　有机化合物的性质特点

有机化合物与典型无机物在性质上有着不同的特点：

① 大多数有机化合物可以燃烧；

② 有机化合物的熔点较低，一般很少超过300℃，这是因为有机化合物晶体一般是由较弱的分子间力维持；

③ 有机化合物难溶于极性大的水，而易溶于非极性或极性小的有机溶剂，如苯、乙醚、丙酮 、石油醚（轻质石油产品，主要由戊烷和己烷组成），但一些极性强的有机物，如低级醇 、羧酸 、磺酸等也易溶于水；

④ 有机化合物的反应速率较慢，往往需要加热、光照或加催化剂，副产物也较多，最终得到的往往是混合物，因此，分离工程也是有机化工的一个重点。

有机化合物的这些特点，使得有机化学成为一门相对独立的学科。需要说明的是，上述特点是针对大多数有机化合物而言的，但不是绝对的。

1.2 有机化合物的分类和官能团

有机化合物的数目众多，科学严谨的分类可以使复杂的化合物系统化，为学习和研究有机化学创造有利条件。

1.2.1 按碳链分类

根据有机化合物碳链结合方式的不同，有机化合物可分成三类：

（1）开链化合物

开链化合物（open chain compound），这类化合物分子中的碳碳原子之间以单键、双键、三键等连接成链状而不闭合，由于油脂中存在很多这种开链结构的化合物，故它们又被称为脂肪化合物。如：

$CH_3CH_2CH_2CH_3$ 正丁烷　　$CH_2=CH-CH=CH_2$ 丁-1,3-二烯　　OH 十二碳醇（月桂醇）

（2）碳环化合物

碳环化合物（carbocyclic compound）是指含有碳碳原子相互结合而形成的碳环，它们又可分为两类：

① 脂环化合物　脂环化合物（alicyclic compound）中含有由碳原子组成的碳环，其化学性质与开链化合物相似。如：

环戊烷　　环己-1,3-二烯　　H_3C— —C(=CH_2)CH_3 柠檬烯

② 芳香族化合物　芳香族化合物（aromatic compound，芳香基用Ar表示）的结构特征是大多数含有苯环，它们的化学性质和脂环化合物有所不同，具有一些特定的性质。如：

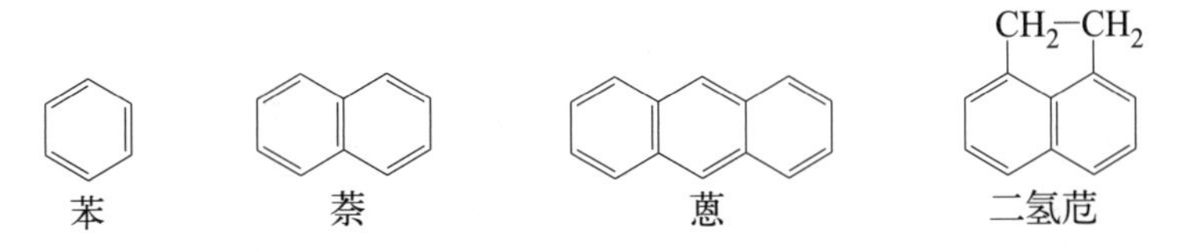

苯　　萘　　蒽　　二氢苊

（3）杂环化合物

杂环化合物（heterocyclic compound）虽然也是环状结构，但其环是由碳原子和其它原子（如氧、硫、氮等）共同组成的，故称为杂环。如：

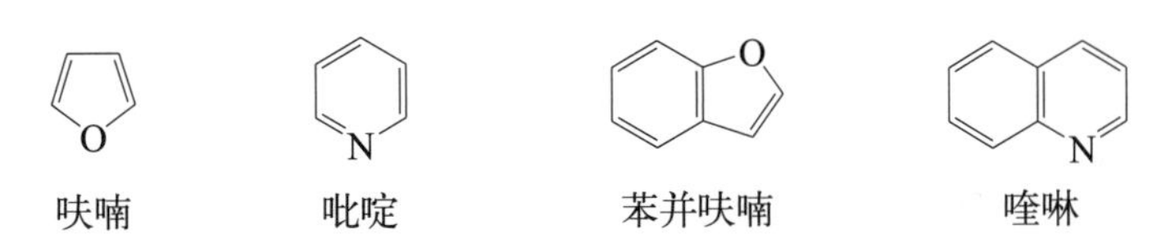

呋喃　　吡啶　　苯并呋喃　　喹啉

按碳链分类，有时并不能反映其性质特征。如脂环化合物和开链化合物的性质相似，可以统称为脂肪化合物；杂环化合物，如呋喃、吡啶、喹啉等也都有芳香性。

只含有碳、氢两种元素的有机物称为烃。烃类化合物从性质上又可分为饱和烃（含烷烃和环烷烃）、不饱和烃（含烯烃和炔烃）和芳香烃（含苯和非苯芳烃）三类。其它有机物都可视为这三大烃类的衍生物。

1.2.2 按官能团分类

有机化合物更为常见的分类方法是按分子中含有的官能团进行分类。所谓官能团（functional group）是指有机物分子中决定其主要化学性质的一些原子或原子团：

① 原子，如卤素原子F、Cl、Br、I；

② 原子团，如羧基（—COOH)、醛基（—CHO)、羟基（—OH）等；

表 1.2 主要官能团及命名时的优先次序（按优先级递减排列）

官能团	中文后缀系统名	英文后缀系统名	做前缀时中文名称	做前缀时英文名称
—COOH	羧酸	carboxylic acid	羧基	carboxy
$—SO_3H$	磺酸	sulfonic acid	磺酸(基)	sulfonate
—COOOC—	酸酐	acid anhydride	—	—
—COO—	羧酸酯	ester	(烃)氧羰基	-oxycarbonyl
—COX	酰卤	acid halide	卤羰基	halocarbonyl
$—CONH_2$	酰胺	amide	氨基羰基	carbamoyl
—CONHCO—	二酰亚胺	imide	—	—
—C≡N	腈	nitrile	氰基	cyano
—CHO	醛	aldehyde	甲酰基	formyl
—CO—	酮	ketone	氧亚基	oxo
(R) —OH	醇	alcohol	羟基	hydroxyl
(Ar) —OH	酚	phenol	羟基	hydroxyl
—SH	硫醇	thiol	巯基	sulfanyl
—OOH	氢过氧化物	hydroperoxide	过羟基	hydroperoxy
$—NH_2$	胺	amine	氨基	amino
>C=NH	亚胺	imine	亚氨基	imino
—O—	醚	ether	（烃）氧基	(R)-oxy
—S—	硫醚	sulfide	（烃）硫基	(R)-sulfanyl
—OO—	过氧化物	peroxide	（烃）过氧基	(R)-peroxy
—Br	—	—	溴	bromo-
—Cl	—	—	氯	chloro-
—F	—	—	氟	fluoro-
—I	—	—	碘	iodo-
$—NO_2$	—	—	硝基	nitro-
—NO	—	—	亚硝基	nitroso-

③ 某些特征化学键结构，如碳碳双键（$>C=C<$）、碳碳三键（$-C\equiv C-$）等。

含有相同官能团的有机物往往能起相似的化学反应。常见的有机化合物的主要官能团及命名时的优先次序见表1.2。但也要注意碳骨架的结构也会影响官能团的性质，如氯原子在$CH_2=CHCl$与$CH_2=CHCH_2Cl$分子中的反应活性，就有很大的差别。

在多官能团化合物的系统命名中，官能团（除卤素、硝基和亚硝基外）在表中排序最靠前的叫**主体基团**，在命名时作为有机化合物的“母体”（系统命名时作为后缀，表示类别），排序在后的则作为**取代基**。

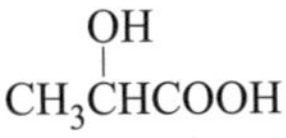

$CH_3CH(OH)COOH$ 2-羟基丙酸

$CH_3C(=O)CH_2COOH$ 3-氧亚基丁酸

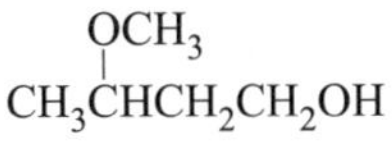

$CH_3CH(OCH_3)CH_2CH_2OH$ 3-甲氧基丁醇

需要说明的是，作为“取代基”的基团名称，与“官能团”名称不完全一致。像酯、醛、酮的官能团分别称为酯基、醛基和酮基，醚的官能团称为醚键。

练习题1-2： 指出下列化合物所含的官能团和所属类别。

（1）CH_3CH_2OH　（2）CH_3OCH_3　（3）$CH_3C(=O)CH_3$

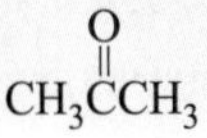

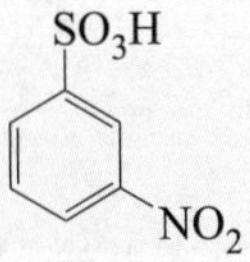

（4）3-硝基苯磺酸（苯环上 SO_3H、NO_2 间位）　（5）邻羟基苯甲酸（苯环上 OH、COOH 邻位）

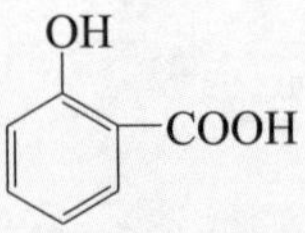

1.3 有机化合物的结构理论

按照有机化学“结构决定性质，性质决定功能”的“内核”，讨论有机化合物的结构，首先必须讨论有机化合物中普遍存在的共价键（covalent bond）。对共价键本质的解释，最常用的是价键理论（valence-bond theory，简称VB法）和分子轨道理论（molecular orbital theory，简称MO法）。

1.3.1 共价键的形成

共价键就是原子在成键时，两个或多个原子通过共用电子对，来实现各原子（氢除外）外层呈现八电子这种类似氖电子构型的稳定结构，即“**八隅体规则**”（octet rule）；而氢原子可以通过与氢或其它原子共用一个电子，从而使氢原子达到类似氦的电子构型。

碳是有机化合物的“核心”元素。碳原子外层有四个电子，基态时其核外电子排布为$1s^22s^22p^2$，不易获得或失去价电子，易形成共价键。例如，碳原子可以和四个氢原子形成四个共价键而生成甲烷：

$$\cdot\dot{\underset{\cdot}{C}}\cdot + 4H\cdot \longrightarrow H:\overset{H}{\underset{H}{\ddot{\underset{\cdot\cdot}{C}}}}:H \quad 或 \quad H-\overset{H}{\underset{H}{\overset{|}{\underset{|}{C}}}}-H$$

路易斯结构式　　　凯库勒结构式

路易斯（Lewis）结构式是由一对电子的“点”来表示共价键的结构式，而凯库勒（Kekulé）结构式是用一根短线来代表一个共价键。

但是，按照共价键的理论，既然碳原子外层p轨道上只有两个未成对电子，为何不是与两个氢原子结合生成CH_2，却与四个氢原子结合生成具有四面体结构的CH_4呢？鲍林（Pauling）1931年提出的杂化轨道理论很好地解释了这个问题。

1.3.2　碳原子轨道的杂化与成键

鲍林认为，碳原子和四个氢原子在成键时，所使用的轨道不是原来的2s或2p轨道，而是能量相近的2s和2p原子轨道混合起来，重新组合成一组新轨道，新组合的杂化轨道总数等于参与杂化的原子轨道数。这种轨道重新组合的过程叫杂化（hybridization），所形成的新轨道称为杂化轨道（hybridized orbital）。以碳原子为例介绍杂化轨道的形成与成键。图1.2为碳原子的sp^3杂化过程：

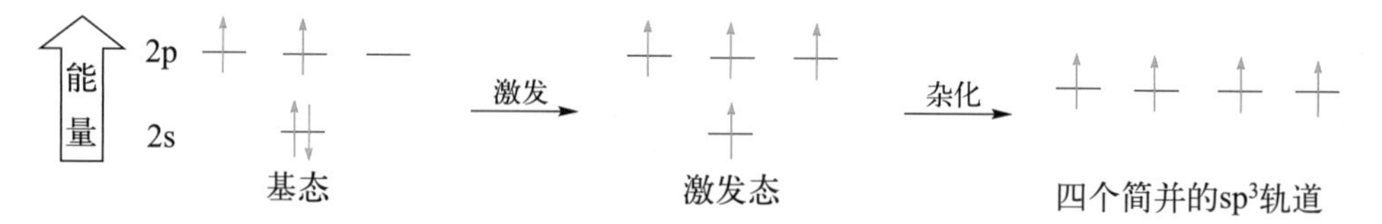

图1.2　碳原子的基态、激发态和sp^3杂化轨道

杂化轨道成键时，要满足化学键间最小排斥原理：键与键间排斥力的大小取决于键的方向，即取决于杂化轨道间的夹角。键角越大化学键之间的排斥能越小，如图1.3所示，4个sp^3杂化轨道成键时，当键角为109°28′时其排斥能最小，所以sp^3杂化轨道与其它原子的原子轨道重叠形成化学键，这很好地解释了甲烷的正四面体结构。

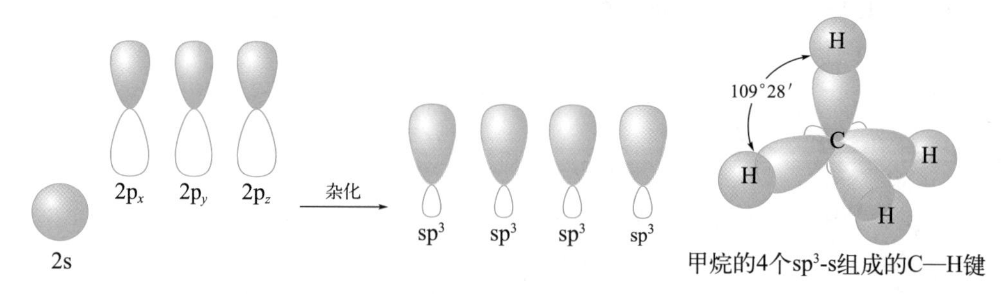

图1.3　碳原子的sp^3杂化与成键

对碳的sp^2杂化来说，当键角为120°时，其排斥能最小，所以3个sp^2杂化轨道成键时，分子呈平面三角形，没有参加杂化的一个p轨道，则垂直于这个平面（图1.4）。

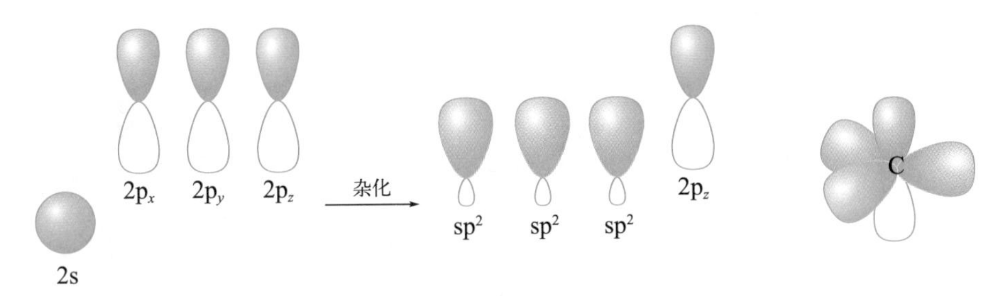

图1.4 碳原子的sp^2杂化及空间排布

对sp杂化来说，当键角为180°时，其排斥能最小，两个未参与杂化的p轨道互相垂直，并且都与两个sp杂化轨道对称轴组成的直线垂直（图1.5）。

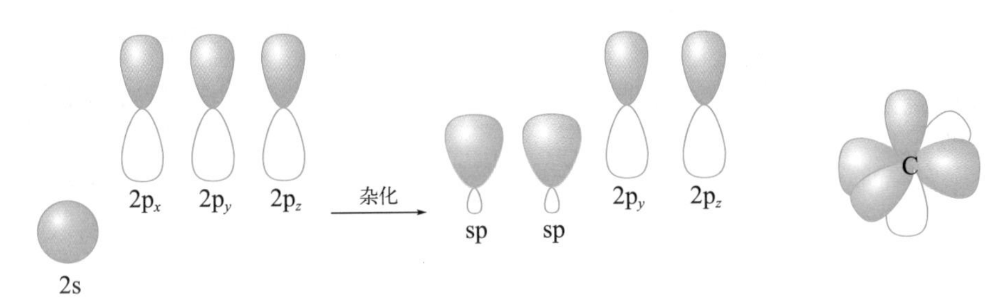

图1.5 碳原子的sp杂化及空间排布

杂化轨道sp^3、sp^2和sp中s成分的比例分别为1/4、1/3和1/2。杂化轨道中s成分越多，电负性越大，核对电子束缚能力越强。sp^3、sp^2和sp杂化碳原子的电负性分别为2.5、2.7和3.3。

关于氧、氮、硫等原子的杂化和成键，将在具体章节中结合化合物进行介绍。

1.3.3 量子化学的价键理论与分子轨道理论

现代价键理论（VB法）和分子轨道理论（MO法）是建立在量子力学基础上的处理分子中化学键的理论。

（1）价键理论

量子力学计算表明，共价键是两个原子的未成对电子彼此靠近时，以自旋相反的方式形成电子对，形成的共价键越多，体系的能量就越低，形成的分子就越稳定。

共价键具有饱和性：一个未成对电子既经配对成键，就不能与其它未成对电子偶合。

共价键具有方向性：原子轨道具有方向性，如图1.6，成键的两个原子轨道沿着键轴方向的重叠（或称交盖），形成的共价键最牢固，这也叫最大重叠原理。

像图1.6中的三种成键方式，凡是成键电子云对键轴呈圆柱形对称的键，称为σ键。以σ键连接的两个原子可以相对任意旋转而不影响电子云的分布。

共价键还有一种键型，两个原子轨道采取“肩并肩”的方式重叠（图1.7，以乙烯、乙炔的π键形成为例），这种以侧面相互交盖而形成的键叫π键。很显然，π键的稳定性不如σ键，它没有轴对称，不能自由旋转。

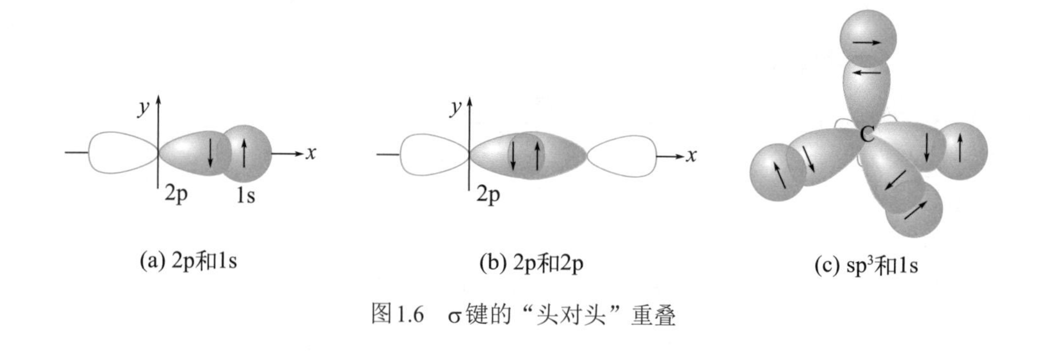

图1.6 σ键的“头对头”重叠

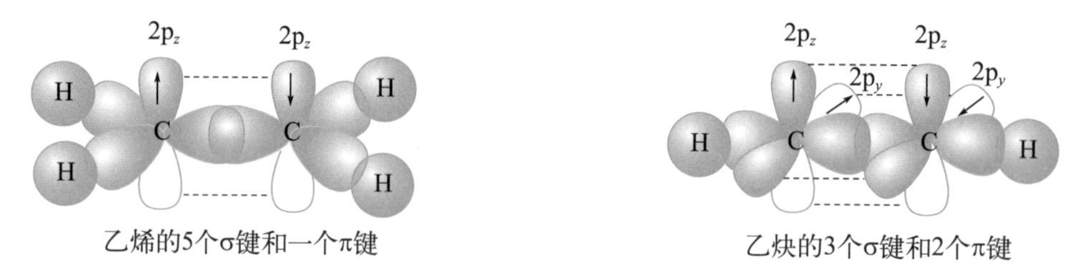

图1.7 π键的“肩并肩”重叠

分子中的共价键越多，体系能量就越低，形成的分子也越稳定。

练习题 1-3： 下列分子中的共价键各以何种原子轨道以何种方式重叠构建而成？哪些共价键属于σ键，哪些属于π键？

（1）CCl_4　　（2）CH_3CH_3　　（3）$CH_2=CHCH_2Cl$

（2）分子轨道理论

按照分子轨道理论，当原子组成分子时，形成共价键的电子即运动于整个分子区域，分子中价电子的运动状态的波函数，即为分子轨道。分子轨道可以由分子中原子轨道的线性组合（linear combination of atomic orbitals，LCAO）得到。一个分子形成的分子轨道数与参与组成的原子轨道数相等。

原子轨道要有效组合成分子轨道，必须满足以下三个条件。

① 对称性匹配的条件：原子轨道波函数的符号（即波相）相同才能匹配组成分子轨道。对称性匹配是形成化学键的先决条件，其它条件只是影响成键的效率。

② 能量相近的条件：原子轨道的能量比较接近才能有效组成分子轨道。

③ 最大重叠的条件：原子轨道在重叠时应有一定的方向才能使重叠最大，这样形成的键才稳定。

原子A与B能量相近的两个原子轨道相互作用，即可形成A－B分子中的两个分子轨道，其中一个分子轨道是由符号相同的两个原子轨道的波函数相加而形成，能量低于原子轨道，称为**成键轨道**（bonding orbital），另一个则是由符号不同的两个原子轨道的波函数相减而形成，能量高于原子轨道，称为**反键轨道**（antibonding orbital）。同类型成键轨道、反键轨道能量的降低和升高数值大致相同。电子总是首先进入能量低的分子轨道，每个分子轨道只能容纳两个自旋相反的电子。

例如，图1.8所示的2个p原子轨道形成的分子轨道：若两个p轨道以“头对头”重叠而生成的两个分子轨道均沿键轴方向对称，分别称为σ成键轨道和σ^*反键轨道；若两个p轨道通过“肩并肩”方式重叠形成的两个分子轨道则不具有这种对称性，能量低的称为π成键轨道，能量高的称为π^*反键轨道。由于“头对头”的重叠比“肩并肩”的重叠更加有效，所以σ与σ^*分子轨道的能级分裂大于π与π^*分子轨道的能级分裂。也就是说σ键一般强于π键。

分子轨道理论认为分子中的电子运动与所有的原子有关，称为“**离域**”（delocated），而价键理论是将电子对从属于两个原子所有来加以处理，称为“**定域**”（located）。这两种理论在解释分子的很多问题上得出的结论是一致的，但在像解释周环反应以及苯这种结构分子的稳定性和化学反应特性，用分子轨道理论解释更为合理，将在后面的有关章节中介绍。

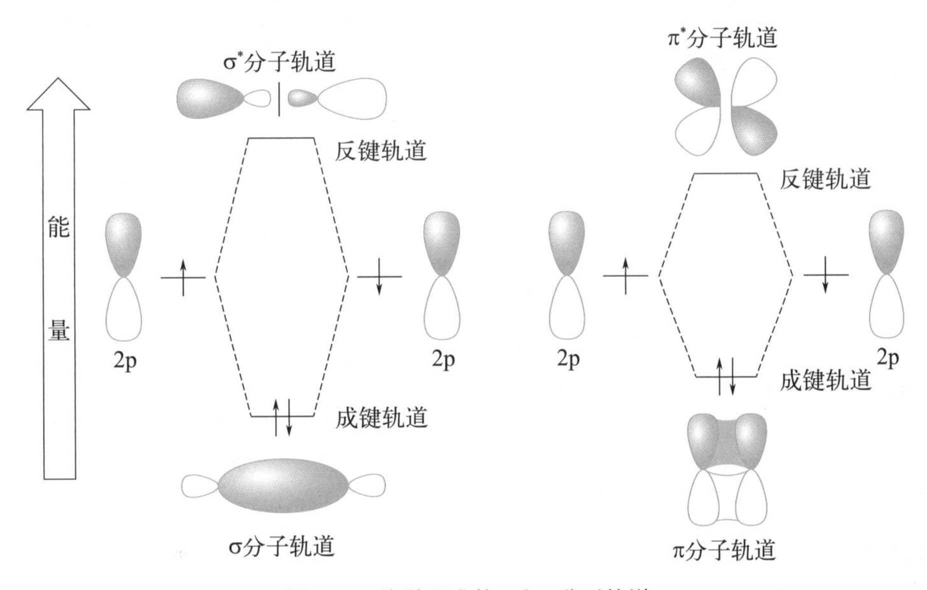

图1.8 p轨道形成的σ和π分子轨道

1.3.4 有机化合物中共价键的性质

(1) 键长

形成共价键的两个原子核之间的距离称为**键长**（bondlength）。表 1.3 是一些常见共价键的平均键长。相同的共价键由于受化学环境的影响，键长在不同化合物中会略有差别。

(2) 键角

在分子中，一个原子与其它两个原子形成的两个共价键之间的夹角叫作**键角**（bond angle）。键角反映了共价键的方向性。例如，甲烷分子中四个C—H共价键之间的键角（∠HCH）均为109° 28′。

表 1.3　常见共价键的平均键长　　单位：nm

共价键	键长	共价键	键长	共价键	键长	共价键	键长
C—C	0.154	C—N	0.147	C_{sp^3}—H	0.110	C—F	0.141
C═C	0.134	C—O	0.143	C_{sp^2}—H	0.107	C—Cl	0.177
C≡C	0.120	C═O	0.122	C_{sp}—H	0.105	C—Br	0.191
C≡N	0.116	N—H	0.103	O—H	0.096	C—I	0.213

（3）键能

键能（bondenergy）是指分子中共价键生成或断裂时所释放或吸收能量的平均值。解离能（dissociation energy）是指解离特定共价键的键能。对多原子分子，键能是指几个同类共价键解离能的平均值。键能反映了共价键的强度，是决定一个反应能否进行的基本参数。表 1.4 列有常见共价键的键能。

表 1.4　常见共价键的键能　　单位：kJ/mol

共价键	键能	共价键	键能	共价键	键能	共价键	键能
C—C	347.3	C—N	305.4	C—H	414.2	C—F	485.3
C═C	610.9	C—O	359.8	O—H	464.4	C—Cl	339.0
C≡C	836.8	C═O	736.4（醛）	N—H	389.1	C—Br	284.5
C≡N	891.2	C═O	748.9（酮）	O—O	196.6	C—I	217.6

（4）键的极性、分子的偶极矩和诱导效应

电负性（electronegativity）相同的两个相同原子形成的共价键，如H—H、Cl—Cl，共用电子对不偏向任何一个原子，电荷在两个原子核附近对称地分布，这样的共价键称为非极性键（nonpolar bond）。表 1.5 列出了常见元素的电负性（鲍林值）。

表 1.5　常见元素的电负性（鲍林值）

H（2.2）						
Li（1.0）	Be（1.5）	B（2.0）	C（2.5）	N（3.0）	O（3.5）	F（4.0）
Na（0.9）	Mg（1.2）	Al（1.5）	Si（1.8）	P（2.1）	S（2.5）	Cl（3.0）
K（0.8）	Ca（1.0）					Br（2.8）
						I（2.5）

而电负性不同的两个原子形成的共价键，例如H—Cl、H_3C—Cl，由于原子吸引电子的能力不同，导致成键原子中电负性大的原子带微量负电荷（δ^-），电负性小的原子带微量正

电荷（δ^+），这样的共价键叫作**极性键**（polar bond）。也可以用箭头由正电荷中心指向负电荷中心，来表示这种极性键的原子带电情况。

$\overset{\delta^+}{H}\rightarrow\overset{\delta^-}{Cl}$ $\overset{\delta^+}{H_3C}\rightarrow\overset{\delta^-}{Cl}$

共价键的极性可以用偶极矩（dipole moment，用μ表示）来表示。**偶极矩**等于分子正电荷或负电荷（q，两者相等）与正、负电荷中心之间的距离（d）的乘积：$\mu=q\times d$。

偶极矩的单位为C·m（库仑·米），过去也用D（德拜）表示，1 D=3.336×10^{-30}C·m。

偶极矩是矢量，具有方向性，用符号"$\leftarrow\!\!\!+$"表示，箭头表示从正电荷到负电荷的方向。在两个原子组成的分子中，键的极性就是分子的极性，键的偶极矩就是分子的偶极矩；在多原子组成的分子中，分子的偶极矩是分子中各个键偶极矩的矢量和。

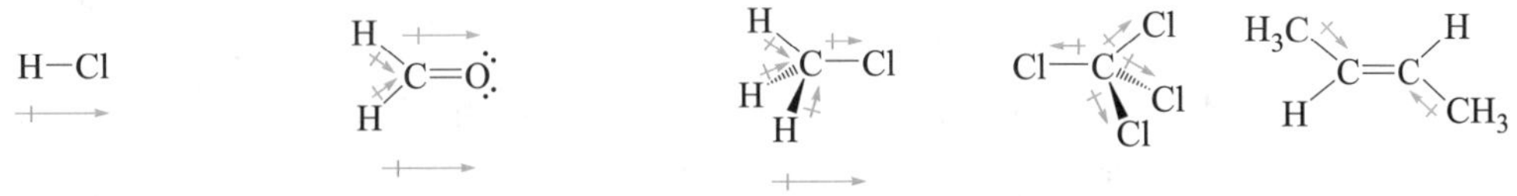

H—Cl $\mu=3.44\times10^{-30}$C·m $\mu=7.57\times10^{-30}$C·m $\mu=6.47\times10^{-30}$C·m $\mu=0$ $\mu=0$

偶极矩为零的分子叫**非极性分子**，反之为**极性分子**。偶极矩越大，分子的极性越强。

在有机化合物分子中，由于电负性不同的取代基（原子或原子团）的影响，不仅两原子之间的电子云偏向电负性较大的原子，使电负性较大的原子带有部分负电荷，与之相连的电负性较小的原子则带有部分正电荷，而且这种影响沿着分子链诱导传递，使分子发生极化的效应，叫**诱导效应**（inductive effect），常用I表示。诱导效应是一种短程力，随着分子链的增长而迅速减弱，如在1-氯丁烷的分子中：

$$CH_3\rightarrow\overset{\delta\delta\delta^+}{CH_2}\rightarrow\overset{\delta\delta^+}{CH_2}\rightarrow\overset{\delta^+}{CH_2}\rightarrow\overset{\delta^-}{Cl}$$

在比较原子或基团的诱导效应时常以乙酸的α氢作为标准，凡吸电子能力比α氢强的原子或基团称为吸电子基，具有吸电子诱导效应，用$-I$表示，强弱次序如下：

$-N^+R_3>-NO_2>-CN>-COOH>-COOR>-COR(H)>-X$（卤素）$>-C\equiv CH>-OCH_3>-OH>-C_6H_5>-CH=CH_2>H$

若吸电子能力比α氢弱的，称为供电子基，具有给电子的诱导效应，用$+I$表示，强弱次序如下：

$-O^->-COO^->-C(CH_3)_3>-CH(CH_3)_2>-CH_2CH_3>-CH_3>H$

练习题1-4：下列分子中是非极性分子的有（ ），是极性分子的有（ ）。

A：CO_2 B：CH_4 C：CH_2Cl_2 D：（顺式）ClHC=CHCl E：（反式）ClHC=CHCl

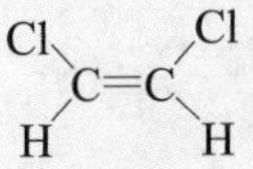

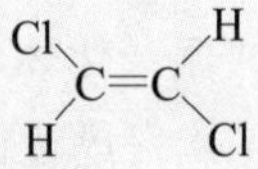

练习题1-5：指出下列各组分子中哪个标出的键极性更大？

（1）$H_3C—H$和$H—Cl$ （2）$HO—CH_3$和$HS—CH_3$

1.3.5 共振论简介

根据传统的价键法，一个分子、离子或自由基有时会同时有几个正确的路易斯结构，如乙酸根离子存在以下两种结构：

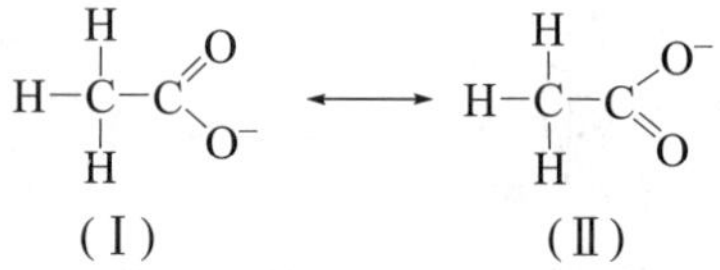

(Ⅰ) ⟷ (Ⅱ)

两种结构中的非氢原子周围均围绕着 8 个电子（八隅体）。按照每一种结构来分析，羧酸根离子的负电荷固定在一个氧原子上，两个C—O键的键长应该不同，但真实情况是两个氧原子上都带有部分负电荷，两个C—O键是等长的。这就需要共振论来解释。

（1）共振论的定义

共振理论是鲍林在20世纪30年代提出的一种分子结构理论。当一个分子、离子或自由基的真实结构不能用一种经典结构式正确地描述时，可以用若干经典结构式经过共振（叠加）组成的“**共振杂化体**”来表达其化学结构。这些经典结构式互称为**共振结构式**（resonance form，简称共振式）。共振式之间用双向箭头“⟷”表示它们之间的特殊关系。

需要说明的是，一个分子、离子或自由基只有一种真实结构，即共振杂化体，虽然每个共振式都对真实结构有部分贡献，但单独任何一种共振式都不是真实存在的。描述共振杂化体的常规方法是将实线与虚线结合起来表示化学键。

例如，乙酸根的共振杂化体（Ⅲ）由（Ⅰ）和（Ⅱ）两个共振式“共振”组成。（Ⅰ）和（Ⅱ）两个共振式就是等价的，对共振杂化体的贡献相等，故羧酸根的负电荷平均分配在两个氧原子上：

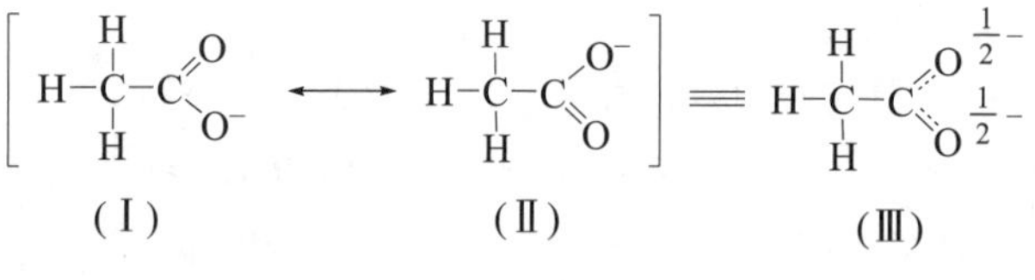

[(Ⅰ) ⟷ (Ⅱ)] ═ (Ⅲ)

在写共振结构的时候要注意：①所有共振式必须符合价键理论，共振式之间只允许键和电子的移动，而不允许原子核位置的改变；②所有的共振结构式必须具有相同数目的未成对电子；③将一对电子从一个原子移动到另一个原子上将导致电荷的迁移。

（2）共振结构的稳定性

共振杂化体由多种共振式组成，能量低，稳定高的共振式贡献大。共振式的稳定性判断，依次考虑遵循以下原则：

① 首先，共振式中第二周期的B、C、N、O等元素拥有最多数量“八隅体”结构的共振式是最稳定的，也是共振杂化体的主要贡献者。

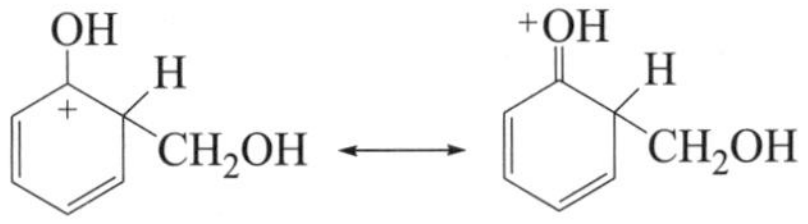

稳定

② 其次，具有不同电荷分布的共振结构式，负电荷在电负性大的原子上的共振式稳定。

稳定

③ 再次，电中性共振结构较电荷分离的共振结构稳定，拥有较少相反电荷分离的结构要比拥有较多电荷分离的结构稳定。

稳定

④ 最后，各共振结构式中，相邻原子成键的和不相邻原子成键的能量相比较，前者能量低，稳定；相邻两原子带有相同电荷的共振式，其能量高，不稳定。

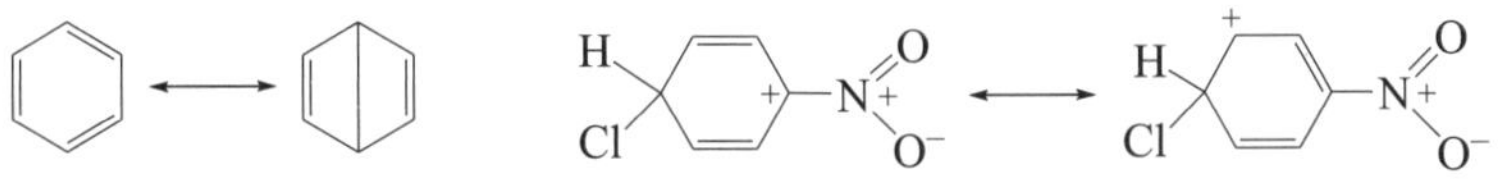

稳定　　不稳定

能量高、不稳定的共振式对共振杂化体的贡献小，有时可以不写。如苯的共振式，一般写能量最低、最稳定的前两种等价结构式就可以了。

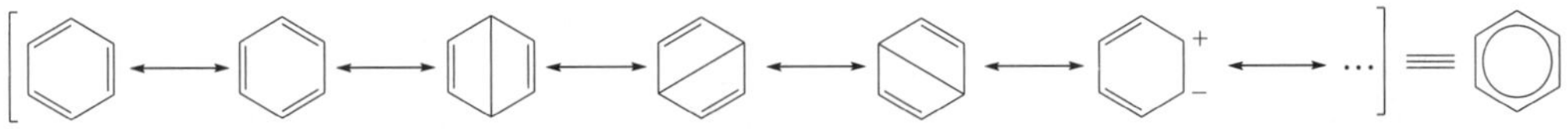

组成共振杂化体的共振式越多，电子的离域范围就越大。电子离域化往往能够使分子更为稳定，具有较低的内能。所以，共振杂化体比任何一个单独的共振式都更加稳定。

练习题1-6： 指出下列4对结构式中，哪些不是共振结构式？

（1）和

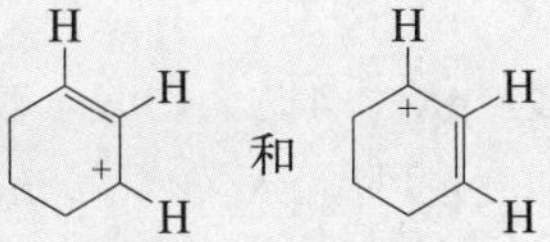

（2）$CH_3-\overset{+}{N}(=O)O^-$ 和 $CH_3-\overset{+}{N}(O^-)=O$

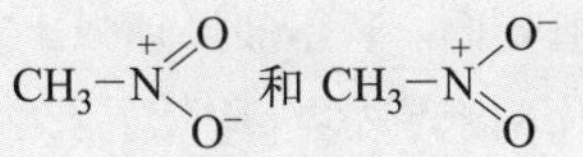

（3）$CH_2=CH-\dot{C}H_2$ 和 $\dot{C}H_2-\dot{C}H-\dot{C}H_2$

（4）$H_3C-C(=O)-CH_3$ 和 $H_3C-C(OH)=CH_2$

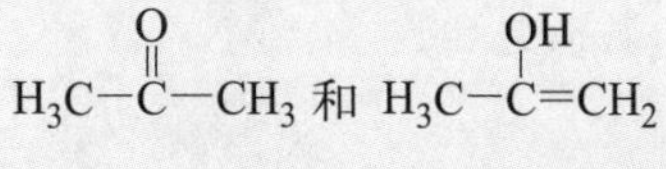

练习题1-7： 写出 $CH_2=CHCH_2^+$ 能量最低的2个共振式及其共振杂化体，并预测正电荷主要分布在哪些碳原子上。

1.4 有机化学中的酸碱理论

1.4.1 质子酸碱理论

质子酸碱理论又称布朗斯特（Brönsted）酸碱理论：凡是能给出质子（H^+）的分子或离子是酸；凡是能够接受质子（H^+）的分子或离子是碱。酸释放出质子后的酸根即为该酸的共轭碱（conjugate base），碱与质子结合后生成的化合物即为该碱的共轭酸（conjugate acid）。例如：

$$(1)\quad \underset{\substack{\text{较强酸}\\(\mathrm{p}K_a=4.8)}}{CH_3\overset{\overset{O}{\|}}{C}-OH} + \underset{\text{较强碱}}{NH_3} \rightleftharpoons \underset{\substack{\text{共轭碱}\\(\text{较弱碱})}}{CH_3\overset{\overset{O}{\|}}{C}-O^-} + \underset{\substack{\text{共轭酸}\\(\text{较弱酸，p}K_a=9.4)}}{NH_4^+}$$

$$(2)\quad \underset{\substack{\text{较弱酸}\\(\mathrm{p}K_a=15.9)}}{CH_3CH_2OH} + \underset{\text{较弱碱}}{CH_3NH_2} \rightleftharpoons \underset{\substack{\text{共轭碱}\\(\text{较强碱})}}{CH_3CH_2O^-} + \underset{\substack{\text{共轭酸}\\(\text{较强酸，p}K_a=10.7)}}{CH_3\overset{+}{N}H_3}$$

强酸的共轭碱必是弱碱，弱酸的共轭碱是强碱。酸碱的概念是相对的，如上例（2）中的乙醇是酸，但在下面的反应中则是碱：

$$\underset{\text{碱}}{CH_3CH_2OH} + \underset{\text{酸}}{HCl} \rightleftharpoons CH_3CH_2\overset{+}{O}H_2 + Cl^-$$

酸的强度一般在水溶液中测定。假设HA酸在水中的解离达到平衡，用平衡常数K_{eq}表示解离的进行：

$$\underset{\text{酸}}{HA} + \underset{\text{碱}}{H_2O} \rightleftharpoons H_3O^+ + A^-$$

$$K_{eq} = \frac{[H_3O^+][A^-]}{[HA][H_2O]}$$

在稀酸水溶液中，水的浓度近似为1，故可用酸的解离平衡常数K_a来描述酸的强度：

$$K_a = K_{eq}[H_2O] = \frac{[H_3O^+][A^-]}{[HA]}$$

一般以K_a值的负对数pK_a来表示酸的强度：$\mathrm{p}K_a = -\lg K_a$。

pK_a数值越低，表示酸性越强，一般pK_a＜0时为强酸，pK_a＞4时为弱酸。碱强度常用它共轭酸的pK_a来表示，pK_a越大表示碱性越强；当然碱强度也可用pK_b表示，pK_b与其共轭酸的pK_a数值之和为14。

1.4.2 电子酸碱理论

电子酸碱理论又称路易斯（Lewis）酸碱理论：能够接受电子对的离子或分子，称为路易斯酸；能够给出电子对的离子或分子，称为路易斯碱。通过酸碱反应，电子对给体与电子对受体之间形成配位键，得到一个加合物。

路易斯酸的价电子层中含有可接受电子对的空轨道。例如，H^+接受$:OH^-$中的孤对电子结合生成H_2O，故H^+为路易斯酸；又如，缺电子化合物BF_3中的硼原子外层只有六个电子，可以接受一对电子构成八隅体的价电子层，因此BF_3也是路易斯酸。

$$BF_3\text{（酸）}+:NH_3\text{（碱）}\longrightarrow F_3B-NH_3\text{（加合物）}$$

常见的路易斯酸有：H^+、R^+（烷基正离子）、NO_2^+（硝酰正离子）、X^+（卤素正离子）等正离子以及能接受电子对的SO_3、BF_3、$AlCl_3$、$FeCl_3$、$TiCl_4$等。

路易斯碱是含有未共用电子对的负离子或分子。常见的路易斯碱有：R^-、RO^-、HO^-、NH_2^-、CN^-、X^-等负离子以及能提供电子对的H_2O、NH_3、CH_3OH、CH_3OCH_3等分子。

像H_2O、醇、羧酸等，既可以提供能接受电子对的H^+当作路易斯酸，又由于它们羟基氧原子上有孤对电子而当作路易斯碱。

路易斯酸碱理论与布朗斯特酸碱理论本质上并不矛盾，只是路易斯酸碱包含的范围更广，在有机化学中不少反应都可以理解为路易斯酸与路易斯碱的反应。

练习题1-8： 在下列两个反应中注明哪些化合物是酸？哪些是碱？并标明是按照哪种酸碱理论分类的。

（1）$CH_3COO^-+HCl\rightleftharpoons CH_3COOH+Cl^-$　　（2）$CH_3OCH_3+BF_3\rightleftharpoons (CH_3)_2O-BF_3$

1.5 有机反应类型和试剂分类

1.5.1 共价键的断裂方式

有机化合物分子中的原子主要以共价键的形式结合，有机化学反应必然存在着旧键的断裂和新键的形成。共价键的断裂方式通常有均裂和异裂两种。

（1）均裂与自由基反应

共价键断裂时，成键电子对平均分配给两个原子，即两个原子各保留一个电子的断裂方式叫均裂（homolysis）。产生均裂的条件是光照、高温、辐射或自由基引发等。均裂产生的自由基（free radical）中间体（intermediate）性质非常活泼，可以连续引起一系列反应。如光照条件下甲烷的氯代反应：

$$Cl:Cl\xrightarrow{h\nu}Cl\cdot+Cl\cdot$$

$$H:CH_3+Cl\cdot\longrightarrow\cdot CH_3+H:Cl$$

$$\cdot CH_3+Cl:Cl\longrightarrow Cl:CH_3+\cdot Cl$$

有自由基参与的反应叫作**自由基反应**（free radical reaction）。

（2）异裂与离子型反应

共价键断裂时，两原子间的共用电子对完全转移到其中一个原子上的断裂方式叫**异裂**（heterolysis）。异裂的结果产生正、负离子。例如：

$$(CH_3)_3C:Cl \longrightarrow (CH_3)_3C^+ + :Cl^-$$

有共价键异裂产生离子而进行的反应，叫**离子型反应**（ionic reaction）。离子型反应一般在酸、碱或极性物质（包括极性溶剂）催化下进行。

（3）协同反应

有些有机反应过程没有明显分步的共价键均裂或异裂，只是通过一个渐变的环状过渡态，旧键的断裂和新键的生成同步完成得到产物，这种反应叫作**协同反应**（synergistic reaction）。例如：

环状过渡态

周环反应不受溶剂或酸、碱的影响，只需在加热或光照的条件下进行。

1.5.2 亲电试剂与亲核试剂

离子型反应根据反应试剂的类型不同，又可分为亲电反应和亲核反应。化学反应通常需要经历一些中间步骤，在分步描述反应历程（又叫反应机理，reaction mechanism）的时候，本教材采用曲箭头“⌒”表示反应历程中电子转移的方向。

（1）亲电试剂与亲电反应

路易斯酸能接受外来电子对，具有亲电性，在反应时有亲近另一分子的负电荷中心的倾向，因此又叫**亲电试剂**（electrophilic reagent）。

① 亲电加成反应：由亲电试剂进攻而发生的加成反应称为**亲电加成反应**（electrophilic addition reaction）。如烯烃与卤化氢的反应机理，第一步是由亲电试剂H^+进攻双键引起的加成反应（速率控制步骤）：

第一步　$CH_3CH{=}CH_2 + H^+ \longrightarrow CH_3\overset{+}{C}HCH_3$

亲电试剂

第二步　$CH_3\overset{+}{C}HCH_3 + Cl^- \longrightarrow CH_3\overset{\overset{Cl}{|}}{C}HCH_3$

第二步是碳正离子中间体与卤负离子结合，生成加成产物卤代烃。

② 亲电取代反应：指分子中的原子或基团被亲电试剂取代的反应称为**亲电取代反应**

(electrophilic substitution reaction)。如苯的硝化反应：

$$C_6H_6 + O=\overset{+}{N}=O \longrightarrow [C_6H_6NO_2]^+ \xrightarrow{-H^+} C_6H_5NO_2$$

亲电试剂

(2) 亲核试剂与亲核反应

路易斯碱能给予电子对，具有亲核性。在反应时有亲近另一分子的正电荷中心的倾向，因此又叫亲核试剂（nucleophilic reagent）。

① 亲核加成反应：由亲核试剂进攻而发生的加成反应称为亲核加成反应（nucleophilic addition reaction）。如CN^-对醛、酮类化合物羰基的加成：

$$H_3C-\overset{\delta^+}{C}(=O^{\delta^-})-CH_3 + CN^- \longrightarrow H_3C-C(O^-)(CN)-CH_3$$

亲核试剂

② 亲核取代反应：指分子中的原子或基团被亲核试剂取代的反应称为亲核取代反应（nucleophilic substitution reaction）。如在碱条件下卤代烃水解制备醇的反应：

$$HO^- + \overset{\delta^+}{CH_3}-\overset{\delta^-}{I} \longrightarrow CH_3-OH + I^-$$

亲核试剂

1.6 有机化学与有机化工

有机化工是以石油、天然气、煤以及天然有机产物为基础原料，利用有机合成方法生产各种基本有机原料和有机物产品的工业。按产品的性能及在国民经济中所起的作用，有机化工又分为基本有机化学工业、精细有机化学工业和高分子化学工业。

我国目前有机化工以规模化发展模式为主，精细化和差异化产品还不够。有机化工的发展离不开有机化学的理论指导。只有充分了解我国有机化工发展的现状，才能有的放矢，研究、发展和利用有机化学基本理论，把我国从有机化工大国建设成有机化工强国。

阅读与思考

查阅资料，了解基本有机化学工业、精细有机化学工业和高分子化学工业各自的特点以及它们之间的联系。思考如何学好有机化学基本理论知识，为发展我国有机化工发挥积极作用。

1.6.1 石油与天然气的炼制与加工

石油、天然气炼化行业的主要产物分布列于图1.1，可以看出石油、天然气不仅是重要的能源物资，也是重要的化工原料来源。

石脑油是原油经蒸馏或石油经二次加工切取的相应馏分，其裂解制取的乙烯、丙烯、丁烯，催化重整制取的苯、甲苯、二甲苯等，是合成树脂、纤维和橡胶的最主要原料。

天然气通过净化分离和裂解等一系列反应可制成甲醇及其加工产品（甲醛、醋酸）、乙烯、乙炔等。国外90%的甲醇由天然气制备，而我国80%以上的甲醇来自煤炭。

1.6.2 煤基有机化学品的合成

煤焦油富含多种芳香化合物（参见表1.1），是重要的化工原料来源。19世纪化学家用于开发、研究的主要有机化学品储备来源是煤。煤经热解可得焦炭、焦炉煤气和煤焦油。

以煤为原料的一碳化学的起点是CO。煤通过气化转化为粗合成气，并经CO变换调整氢气的比例：

$$\text{煤制粗合成气：} C + H_2O \longrightarrow CO + H_2 \qquad \Delta H = +131 kJ/mol$$

$$\text{CO变换反应：} CO + H_2O \xrightarrow{\text{Cu-Zn-Al}} CO_2 + H_2 \qquad \Delta H = -41 kJ/mol$$

现代煤化工通过对合适H/C比的合成气进行直接和间接转化，产品几乎可以囊括整个有机化学品领域（图1.9），并通过合成气制甲醇（参见10.5.1）及甲醇制烯烃技术（参见3.5.1），架起了与石油化工的“桥梁”。

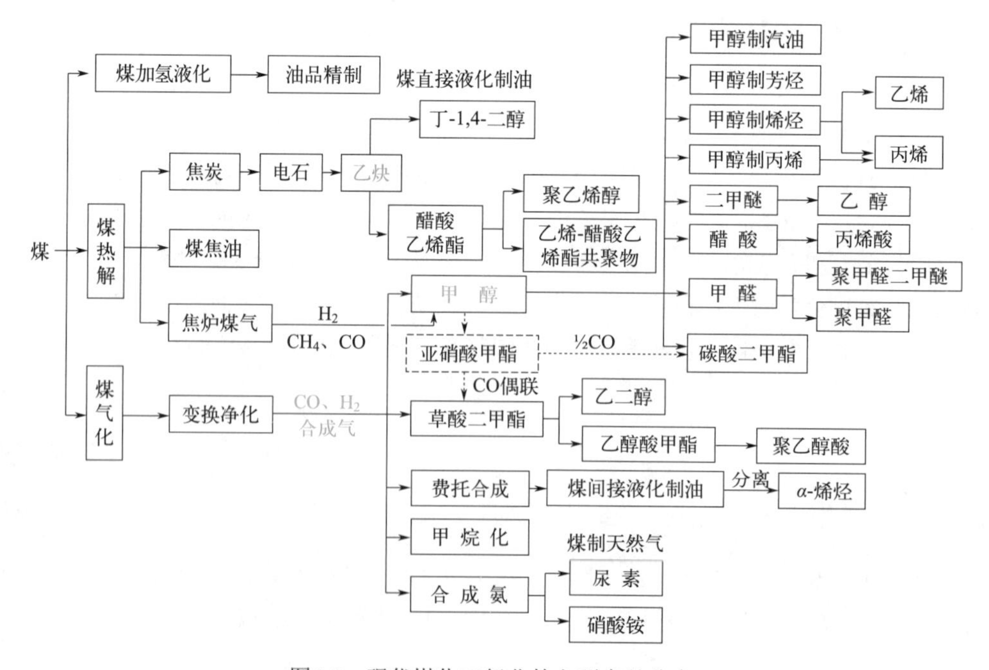

图1.9 现代煤化工行业的主要产品分布

由于我国“富煤、贫油、少气”的资源特点，近20年来，我国自主开发了多种高附加值的煤基有机化工新产品。我国现代煤化工企业的产品正从制备燃料和基本有机化工原料，向高端化、多元化和低碳化发展。

1.6.3 生物质炼制技术简介

生物质是一种来源丰富的可再生资源，直到现在从各种天然产物中提取的色素与药品仍然在我们的生活中发挥重要作用。

生物炼制是利用农业废弃物、植物基淀粉、木质纤维素等生物基原料，生产各种化学品、燃料和生物基材料的过程。图1.10为目前生物炼制技术的主要领域。

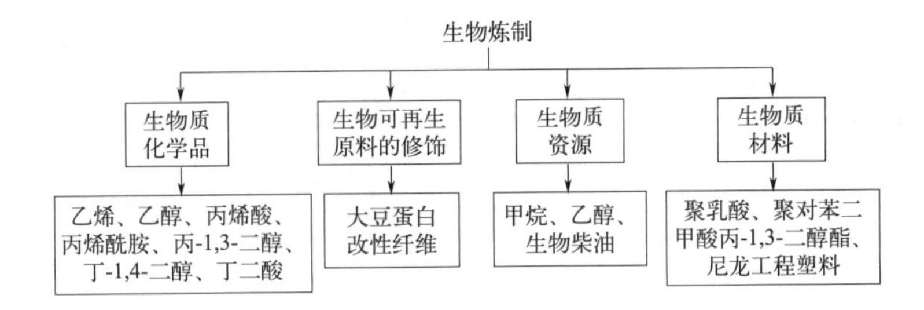

图1.10 生物炼制技术的主要领域

未来的生物炼制将是生物转化技术和化学裂解技术的组合。充分利用生物质来获取各类化工原料，合成各种精细化学品也是今后研究和发展的一个重点。

1.6.4 有机化学的绿色发展

有机化学给人类创造了丰富多彩的物质生活，提高人们的生活质量。但同时在生产、使用过程中，也给环境带来了严重污染。

绿色化学其核心是利用化学原理从源头上减少和消除工业生产对环境的污染，反应物的原子全部转化为期望的最终产物。“原子经济性”概念是绿色化学的核心内容之一，常用原子利用率来衡量化学反应过程的原子经济性：

$$\text{原子利用率} = \frac{\text{目标产物的分子量}}{\text{全部生成物的分子量之和}} \times 100\%$$

资料卡片

绿色化学的目标要求任何一个化学的活动，包括使用的原料、化学和化工过程以及最终产品，对人类的健康和环境都应该是友好的。请阅读和理解绿色化学遵循的十二条原则。

作为未来的研发工程师和技术管理者，必须掌握基本有机化工产品的工业制备方法，关注其下游产品的开发和应用市场；在进行有机化工新产品开发设计时，应尽可能选用来源广、价格低的基本有机化工原料，并自觉按照绿色化学的理念，运用有机化学理论知识，不断寻找新的反应途径来提高传统化学反应过程的选择性，提高原子利用率，实现社会效益、经济效益与生态环境效益的统一。

综合练习题

1. 参考本章奎宁、青蒿素和可的松的结构式，写出奎宁的分子式，指出青蒿素和可的松中含有的官能团。

2. 天然香料香兰素（H_3CO、HO—苯环—CHO）和香豆素（苯并吡喃-2-酮结构）均已实现了人工合成。请指出它们各自的含氧官能团，并按照官能团优先级判断它们各属于哪类化合物？

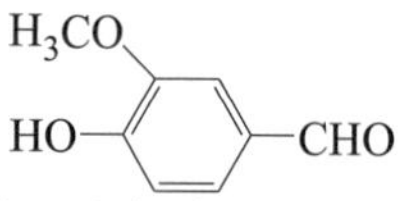

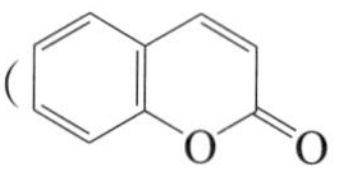

3. 写出下列化合物的路易斯结构式。

（1）$CH\equiv CH$　（2）CH_3OCH_3　（3）HCHO　（4）$H_3N—BH_3$

4. 指出乙烯基乙炔 $CH_2=CHC\equiv CH$ 结构式中所有碳的杂化形式。该化合物含有几个σ键？几个π键？并描述π键的成键方式。

5. 使用“δ^+”和“δ^-”表示下列键的键极性。

（1）$H_3C—OH$　（2）$CH_3O—H$　（3）$H_3C—NH_2$　（4）$H_3C—Br$

（5）$CH_3—MgBr$　（6）HO—Cl　（7）$CH_3\overset{O}{\overset{\|}{C}}CH_3$ 中的C=O键

6. 下列两组分别是苯胺、甲苯与亲电试剂E^+发生邻位取代中间体的共振式。各组共振式中哪个最稳定（能量低），为什么？提示：考虑八隅体结构和诱导效应。

（1）[$:NH_2$、H、E 取代的环己二烯正离子（正电荷在与NH_2相连碳上）] ⟷ [$^+NH_2$ 双键连接、H、E 取代的环己二烯]

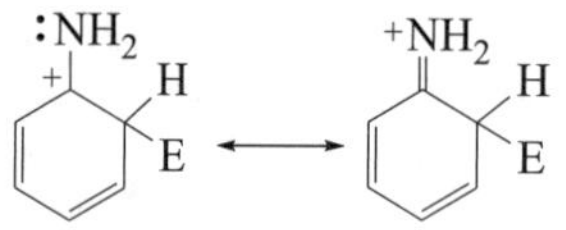

（2）[CH_3、H、E，正电荷在与CH_3相连碳上] ⟷ [CH_3、H、E，正电荷在对位碳上] ⟷ [CH_3、H、E，正电荷在邻位碳上]

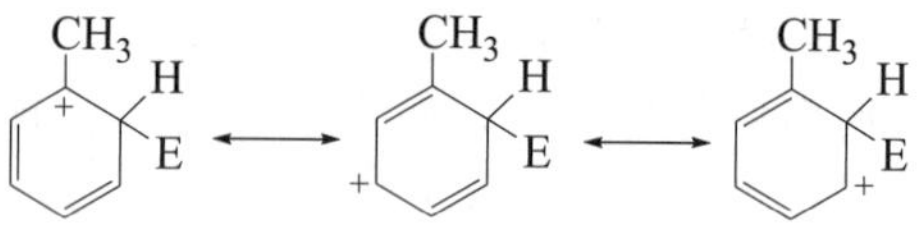

7. 吡啶共轭酸的pK_a=5.25，苯胺共轭酸的pK_a=4.60。吡啶和苯胺的pK_b分别是多少？哪个碱性强？

8. 下面两种制备环氧乙烷的方法，请算出各自反应的原子经济性。并结合绿色化学的十二条原则，对两条合成路线进行简要的评价。

（1）$CH_2=CH_2 \xrightarrow[② Ca(OH)_2]{① Cl_2/H_2O}$ 环氧乙烷（$CH_2—CH_2$，O 桥连） + $CaCl_2$ + H_2O

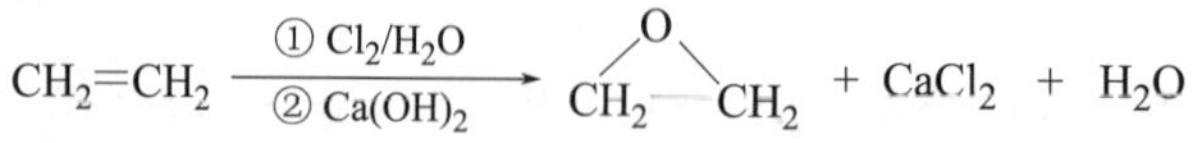

（2）$CH_2=CH_2 + \frac{1}{2}O_2 \xrightarrow[250℃]{Ag}$ 环氧乙烷（$CH_2—CH_2$，O 桥连）

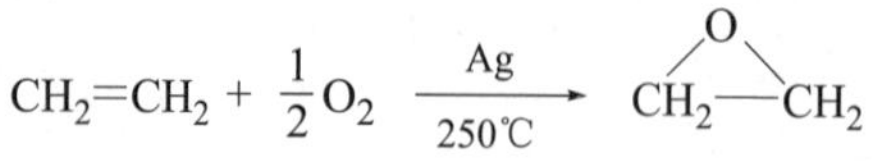

第2章 烷烃和环烷烃

根据烃分子中碳原子之间连接方式的不同，烃可分为**饱和烃**和**不饱和烃**。如果烃分子中的碳原子之间均以单键相连接，其余的价键都与氢原子相连，则称为饱和烃。反之，碳原子之间除单键以外还含有双键或三键的烃称为不饱和烃。

烃分子中的氢原子被其它原子或基团取代后，可以衍生出一系列不同的有机化合物。烃和烃的衍生物都是有机合成的重要原料或中间体。

开链的饱和烃称为**烷烃**（alkane），又称石蜡烃，通式为C_nH_{2n+2}；具有环状结构的饱和烃称为**环烷烃**（cycloalkane），单环烷烃的通式为C_nH_{2n}。除小环的环烷烃外，烷烃与环烷烃具有相似的性质。

2.1 烷烃的结构和同分异构体

2.1.1 烷烃的结构

甲烷是结构最简单的烷烃，其化学式为CH_4，近代物理方法研究证明甲烷分子为正四面体结构，碳原子位于正四面体的中心，采取sp^3杂化形成四个成键轨道，四个氢原子的1s轨道沿着碳原子sp^3杂化轨道的对称轴方向与之重叠，形成4个C—H σ键。因此，甲烷分子中的四个C—H键的键长相同，均为0.110 nm，四个∠HCH键角均为109° 28′。

图2.1为甲烷分子不同结构模型示意图。球棒模型又叫凯库勒模型，比例模型又叫Stuart模型。立体式可以形象地展示分子的立体形状。

其它烷烃分子中除了包含与甲烷分子相似的C—H σ键外，还包含由碳原子之间以sp^3-sp^3“头对头”的形式形成的C—C σ键。例如：乙烷是含有两个碳原子的烷烃（图2.2），分子式为C_2H_6，具有一个C—C σ键和六个C—H σ键。其六个C—H σ键键长均为0.110 nm，C—C σ键键长为0.154 nm。乙烷分子中各夹角均接近109° 28′。

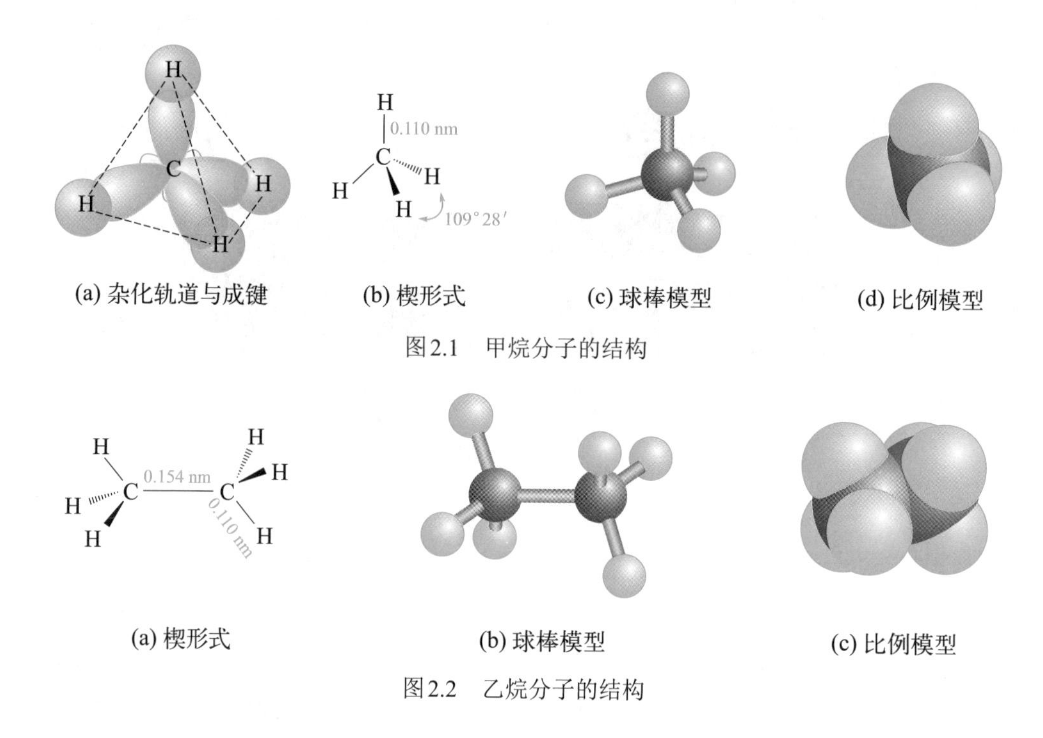

(a) 杂化轨道与成键　(b) 楔形式　(c) 球棒模型　(d) 比例模型

图2.1　甲烷分子的结构

(a) 楔形式　(b) 球棒模型　(c) 比例模型

图2.2　乙烷分子的结构

图2.3为正丁烷分子的结构，四个碳原子并不是排布在一条直线上，这是由于烷烃中的碳原子为sp^3杂化，因此在三个碳原子以上的烷烃分子中，碳链呈锯齿状排列。但为了书写方便，通常仍以直链的形式表达烷烃的结构。

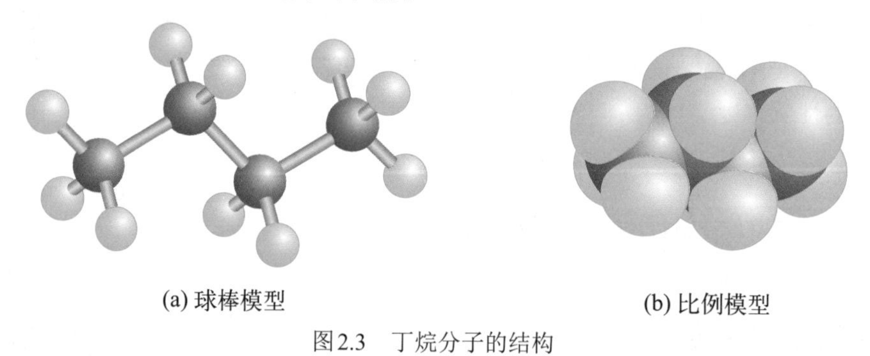

(a) 球棒模型　(b) 比例模型

图2.3　丁烷分子的结构

2.1.2　烷烃的构造异构

含有四个或四个以上碳原子的烷烃，会由于分子中各原子的不同连接次序而引起构造异构。例如，含有四个碳原子的丁烷（C_4H_{10}）有以下两种构造异构体：

$CH_3CH_2CH_2CH_3$
正丁烷
（熔点–138℃，沸点–0.5℃）

$$\begin{array}{c} \quad CH_3 \\ \quad | \\ CH_3CHCH_3 \end{array}$$
异丁烷
（熔点–159.4℃，沸点–11.7℃）

虽然正丁烷与异丁烷具有相同的分子式，但二者的结构不同，属于不同的化合物，具有不同的性质（如熔点、沸点）。同样，戊烷（C_5H_{12}）有以下三种构造异构体：

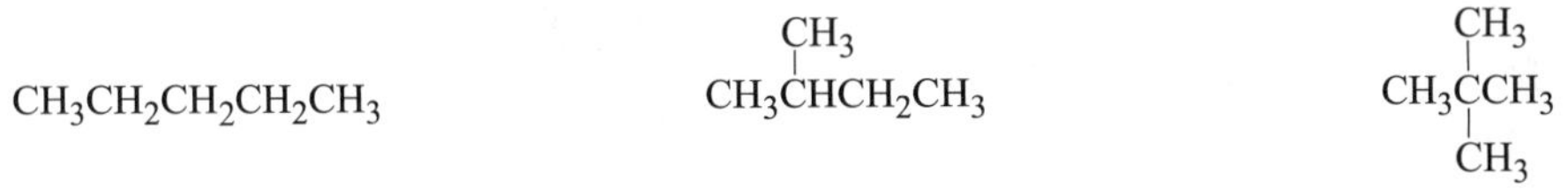

$CH_3CH_2CH_2CH_2CH_3$	$CH_3CH(CH_3)CH_2CH_3$	$CH_3C(CH_3)_2CH_3$
正戊烷	异戊烷	新戊烷
（熔点–129.8℃，沸点36.1℃）	（熔点–159.9℃，沸点27.9℃）	（熔点–16.8℃，沸点9.5℃）

从丁烷、戊烷的几种构造异构体的沸点可以看出，同碳数的烷烃，直链烷烃的沸点要比带有支链的异构体的沸点高。

随着有机化合物中碳原子数的增加，构造异构体的数目也显著增多。例如，辛烷（C_8H_{18}）有18个构造异构体，而含有20个碳原子的烷烃，其异构体达到366319个。

2.1.3 烷烃中碳原子的类型

根据碳原子上所连接的碳原子数目，可将碳原子分为四类：只与一个碳原子相连的碳原子称为伯碳（或称一级碳），用1°表示。同理，与两个、三个或四个碳原子相连的碳原子分别称为仲碳（二级碳，2°）、叔碳（三级碳，3°）和季碳（四级碳，4°）。例如：

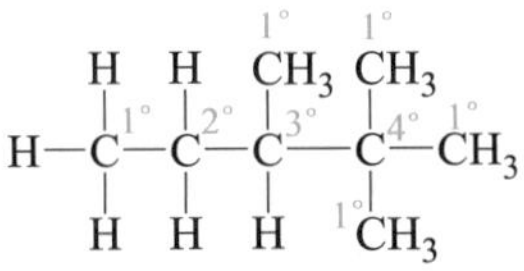

$$\overset{1°}{CH_3}-\overset{2°}{CH_2}-\overset{3°}{CH}(\overset{1°}{CH_3})-\overset{4°}{C}(\overset{1°}{CH_3})_2-\overset{1°}{CH_3}$$

与伯、仲、叔碳原子相连的氢原子，分别称为伯（1°）、仲（2°）、叔（3°）氢原子。烷烃虽没有官能团，但不同类型氢原子的活泼性是有差异的［参见2.5.1（4）］。

练习题 2-1： 请标记下列化合物中碳原子的种类。

（1）$CH_3-CH(CH_3)-CH_2-C(CH_3)_2-CH_3$

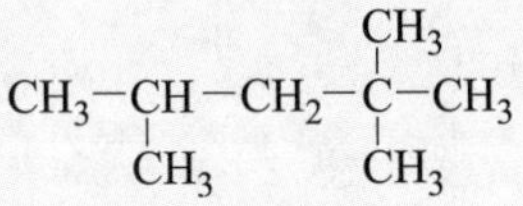

（2）（键线式结构）

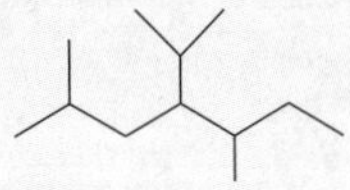

2.2 烷烃的命名

2.2.1 取代基的命名

为了便于命名或者说明有机化合物的结构，需要给一些基团以一定的名称。烷烃去掉一个氢原子后的原子团叫烷基，常用R—或C_nH_{2n+1}—表示，所以烷烃又可用通式RH表示。

按命名原则，有机化合物命名时，母体前的取代基按英文首字母排序。1 ～ 20个碳原子的烷烃英文名称参见本章表2.1，常见的取代基及英文名称置于书后的附录中，便于命名时查阅、参考。

取代基的命名主要有以下两种方法：

（1）普通命名法

按俗名后加“基”的方式，在英文名称中使用后缀“yl”代替相应烷烃中的“ane”后缀。如：甲基（methyl，简称Me）、乙基（ethyl，简称Et）等。

碳原子超过3个的取代基通常会出现结构异构，其中正烷基为去掉一个直链烷烃末端氢原子所得的原子团，命名时“正”字常用“*n-*”表示；仲烷基为去掉一个仲氢原子所得的烷基，常用“*sec-*”表示，例如：

$CH_3CH_2CH_2—$
正丙基
n-Propyl，简称*n*-Pr

$CH_3CH_2CH(CH_3)—$
仲丁基
sec-Butyl，简称*sec*-Bu

异烷基为末端具有$(CH_3)_2CH(CH_2)_n—$（$n \geqslant 0$）型的烷基，用“*i-*”或者“*iso-*”表示；叔烷基为去掉一个叔氢原子所得的烷基，用“*t-*”或“*tert-*”表示；新戊烷上去掉一个氢所得的基团叫新戊基。例如：

$CH_3CH(CH_3)—$
异丙基(*i*-Pr)

$CH_3CH(CH_3)CH_2—$
异丁基(*i*-Bu)

$CH_3C(CH_3)_2—$
叔丁基(*tert*-Bu)

$CH_3C(CH_3)_2CH_2—$
新戊基(neopentyl)

普通命名法按俗称加“基”的方式，例如，异丙基（isopropyl）、异丁基（isobutyl）、新戊基（neopentyl）首字母参与排序；而仲丁基（*sec*-butyl）、叔丁基（*tert*-butyl）等前缀用斜体且用“-”相连接，命名时前缀字母不参与排序。

（2）系统命名法

系统命名法采用的是国际上通用的IUPAC（International Union of Pure and Applied Chemistry）命名法。结合这个命名的原则和汉语文字的特点，本教材有机化合物按中国化学会发布的《有机化合物命名原则2017》进行命名。

① 方案一（推荐使用）：以游离碳原子（即与主链直接相连接的碳）为起点，选取最长的碳链为取代基母体，并给予编号“1”，母体上的支链作为取代基。英文名称中，使用“-yl”后缀替代母体名称后缀中的“-ane”。例如，叔丁基按此方法命名为：1,1-二甲基乙基（1,1-dimethylethyl）。

$—\overset{1}{C}(CH_3)_2—\overset{2}{C}H_3$
方案一：1,1-二甲基乙基

$^{3}CH_3—\overset{2}{C}(—)(CH_3)—{}^{1}CH_3$
方案二：2-甲基丙-2-基

② 方案二：以包含游离碳原子的最长碳链为母体，并给予游离碳原子尽可能小的编号，命名时在后缀“基”前加位次编号。英文名称中，使用“-yl”后缀替代母体名称后缀“-ane”中的“e”。如叔丁基按此法也可命名为：2-甲基丙-2-基（2-methylpropan-2-yl）。

2.2.2 烷烃的普通命名法

普通命名法也称为习惯命名法。该命名法根据烷烃所含碳原子的数目加“烷”字来命名。碳原子数在十以内的用天干（甲、乙、丙、丁、戊、己、庚、辛、壬、癸）表示碳原子数目，十个碳原子以上的烷烃用中文数字十一、十二等表示。但后来发现了异构体，就冠以“正”“异”“新”等进行区别。

$CH_3CH_2CH_2CH_2CH_3$ 正戊烷

$CH_3CH(CH_3)CH_2CH_3$ 异戊烷（乙基二甲基甲烷）

$CH_3C(CH_3)_2CH_3$ 新戊烷（四甲基甲烷）

但对异构体较多的烷烃来说，习惯命名法很难适用。衍生物命名法是将所有的烷烃看作是甲烷的烷基衍生物，命名时选择烷基最多的碳原子作为甲烷的碳原子，与此碳相连的基团作为取代基，如异戊烷和新戊烷分别叫作乙基二甲基甲烷和四甲基甲烷。

2.2.3 烷烃的系统命名法

系统命名法更具普适性。根据系统命名法，直链烷烃的命名与普通命名法基本一致；对于带有支链的烷烃则采用取代命名法，即看成将直链烷烃中的氢原子被取代后的烷烃衍生物。

烷烃的命名过程包括母体的选择、确定编号和确定完整名称等几个主要步骤。基本原则如下：

① 把构造式中连续的最长碳链作为母体，称为某烷。若最长碳链不止一条，选择其中含较多支链的为主链。如：

(a) $CH_3CH(CH_2CH_3)CH_2CH(CH_2CH_2CH_3)CH_2CH_3$（主链编号：2 1 CH_2CH_3；3 4 5；6 7 8 $CH_2CH_2CH_3$）

(b) $CH_3CH_2CH[CH(CH_3)_2]-CH[CH(CH_3)_2]CH_2CH_3$（主链编号：1 CH_3、2 CH、3 CH、4 CH、5 CH、6 CH_3）

在（a）分子中，最长碳链只有一条，含有8个碳原子，故母体名称为“辛烷”；在（b）分子中，最长碳链有3条，均有6个碳原子，但只有上式中标有数字编号的这条取代基最多（4个），故其为主链，该化合物母体名称为“己烷”。

② 从最接近取代基的一端开始将主链碳原子用阿拉伯数字1、2、3……编号（参见Ⅰ的编号），若两端最近的取代基位次相同，则比较第二个最近取代基的位次，直至分出位次

大小，小者位次在前（参见Ⅱ的编号），这种编号方法也称**最低（小）位次组原则**。

$\overset{1}{C}H_3\overset{2}{C}H\overset{3}{C}H_2\overset{4}{C}HCH_3$（2位连 CH_3，4位连 $\overset{5}{C}H_2\overset{6}{C}H_3$）

（Ⅰ）2,4-二甲基己烷

$\overset{1}{C}H_3\overset{2}{C}H-\overset{3}{C}H\overset{4}{C}H_2-\overset{5}{C}H\overset{6}{C}H_3$（2、3、5位各连 CH_3）

（Ⅱ）2,3,5-三甲基己烷

$\overset{1}{C}H_3\overset{2}{C}H_2\overset{3}{C}H\overset{4}{C}H_2\overset{5}{C}H_2\overset{6}{C}HCH_3$（3位连 CH_2CH_3，6位连 $\overset{7}{C}H_2\overset{8}{C}H_3$）

（Ⅲ）3-乙基-6-甲基辛烷

在（Ⅲ）中，两种编号的取代基位次相同，则以英文首字母排列在前的取代基位次最低为原则，因乙基英文为ethyl，甲基英文为methyl，故以乙基位次最低来编号。

③ 命名时，将取代基的名称写在主链名称之前，用主链上碳原子的编号表示取代基的位次，写在取代基名称之前，并用短横线“-”相连。当含有几个不同取代基时，按取代基英文字母顺序排列。当含有多个相同取代基时，则逐个标明其位次，位次号之间用逗号“，”分开，并用二（di）、三（tri）、四（tetra）等表示取代基数目，这些表示数目的英文字母不参与取代基排序。

$CH_3\overset{3}{C}H\overset{4}{C}H_2\overset{5}{C}HCH_2CH_3$（3位连 $\overset{2}{C}H_2\overset{1}{C}H_3$，5位连 $\overset{6}{C}H_2\overset{7}{C}H_2\overset{8}{C}H_3$）

5-乙基-3-甲基辛烷

5-ethyl-3-methyloctane

$CH_3CH_2\overset{3}{C}H-\overset{4}{C}HCH_2CH_3$（3位连 $H_3C-\overset{2}{C}H-\overset{1}{C}H_3$，4位连 $\overset{5}{C}H(CH_3)-\overset{6}{C}H_3$）

3,4-二乙基-2,5-二甲基己烷

3,4-diethyl-2,5-dimethylhexane

当取代基的名称中含有位次编号时，则把支链的名称置于括号内作为单一取代基名称，这时括号内的“di”“tri”则参与排序。例如，下列化合物的三种命名方法：

$\overset{1}{C}H_3\overset{2}{C}H(CH_3)-\overset{3}{C}H(CH_3)-\overset{4}{C}H[C(CH_3)_3]-\overset{5}{C}H_2\overset{6}{C}H_2\overset{7}{C}H_3$

(a) 4-叔丁基-2,3-二甲基庚烷

4-*tert*-butyl-2,3-dimethylheptane

(b) 4-(1,1-二甲基乙基)-2,3-二甲基庚烷（推荐）

4-(1,1-dimethylethyl)-2,3-dimethylheptane

(c) 2,3-二甲基-4-(2-甲基丙-2-基)庚烷

2,3-dimethyl-4-(2-methylpropan-2-yl)heptane

练习题 2-2： 用系统命名法命名下列化合物。

（1）$CH_3CH(CH_3)-CH(CH_3)-CH(CH_2CH_3)CH_2CH_3$

（2）（键线式结构）

2.3 烷烃的构象

烷烃的C—C σ键可以绕键轴自由旋转而不引起碳碳单键的断裂，这种旋转使得分子中的原子或原子团的相对位置不断改变，产生许多不同的空间排布方式。这种仅仅由于围绕

单键旋转而引起的分子中各原子或原子团在空间的不同排布方式称为构象（conformation）。它们形成的异构体称为构象异构体（conformational isomer）。

2.3.1 乙烷的构象

在乙烷的无数构象中，其中两个碳原子上的氢原子相距最远（即一种是一个碳原子上的每一个氢原子均处在另一个碳原子上的两个氢原子正中间）的构象，称为交叉式构象（staggered conformation），如图2.4（a）所示；两个碳原子上的氢原子相距最近（即两个碳原子上的各个氢原子正好处在相互重叠的位置上）的构象，称为重叠式构象（eclipsed conformation），如图2.4（b）所示。

重叠式构象和交叉式构象是乙烷分子的两种极端构象，对于不同的构象异构体，通常有楔形式（又叫伞形式）、锯架式和纽曼（Newman）投影式，用来表达分子的三维形象：

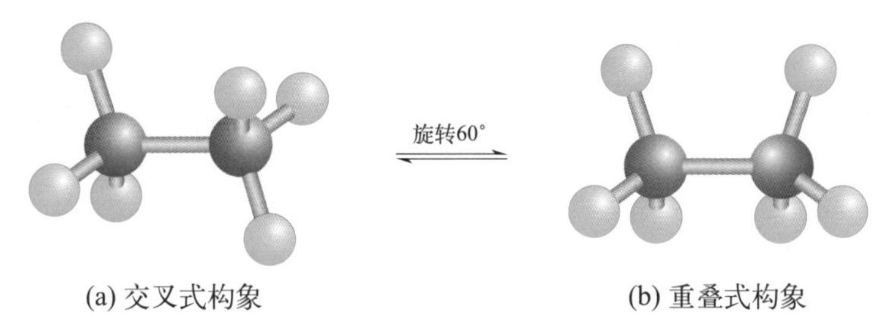

图2.4 乙烷的球棒模型

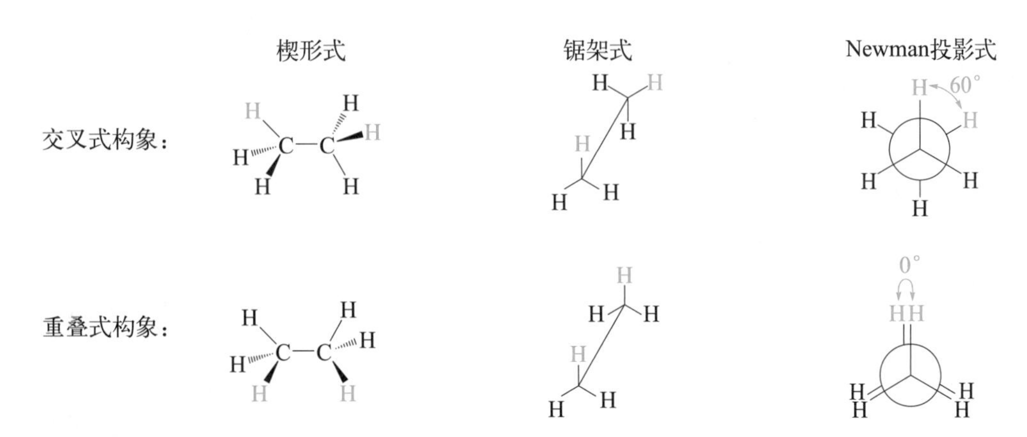

楔形式和锯架式是两种透视的表示方法。锯架式是从一定倾斜的角度观察分子而得到的，虽然各键都可以看到，但各氢原子间的相对位置不能很好地表达出来。

纽曼投影式则是设想将分子的C−C键垂直纸面，以投影的方法观察和表达乙烷的立体结构，由于前后两个碳原子重叠，纸面上只能画出一个圈，前面碳上的三个碳氢键由圆心出发，彼此以120°夹角向外伸展，后面碳上的三个碳氢键则从圆周外侧出发，彼此以120°夹角向外伸展。使用纽曼投影式时可以十分清楚地看出两个碳原子上取代基在空间的相互关系。因此，在分析化合物的不同构象时，常使用纽曼投影式。

在乙烷的重叠式构象中，两个碳原子上的氢原子两两相对，且距离最短，相互之间的排斥力（扭转张力）最大，因而能量最高，最不稳定。而交叉式构象中，两个碳原子上的氢原子两两交错，且距离最远，相互之间的排斥力最小，因而能量最低，是最稳定的构象，也称为优势构象。图2.5为乙烷分子构象互变过程中的能量变化，乙烷的重叠式构象比交叉式构象的能量高约12.5 kJ/mol，该能量差称为**能垒**（也称**扭转能**）。其它构象的能量和稳定性介于二者之间。由于室温下分子的碰撞可产生83.8 kJ/mol的能量，足以越过上述能垒使各种构象迅速互变，因而不能把某一构象“分离”开来。

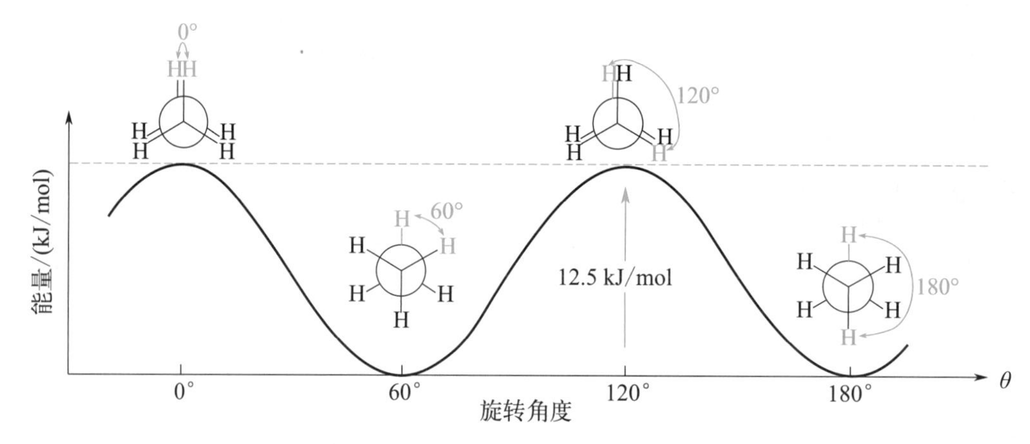

图2.5　乙烷分子各种构象与势能关系图

2.3.2　丁烷的构象

丁烷相当于乙烷分子的两个碳原子上各有一个氢原子被甲基所取代的化合物，其构象更为复杂。以中间两个碳原子的σ键为键轴旋转可得如下四种极限构象：

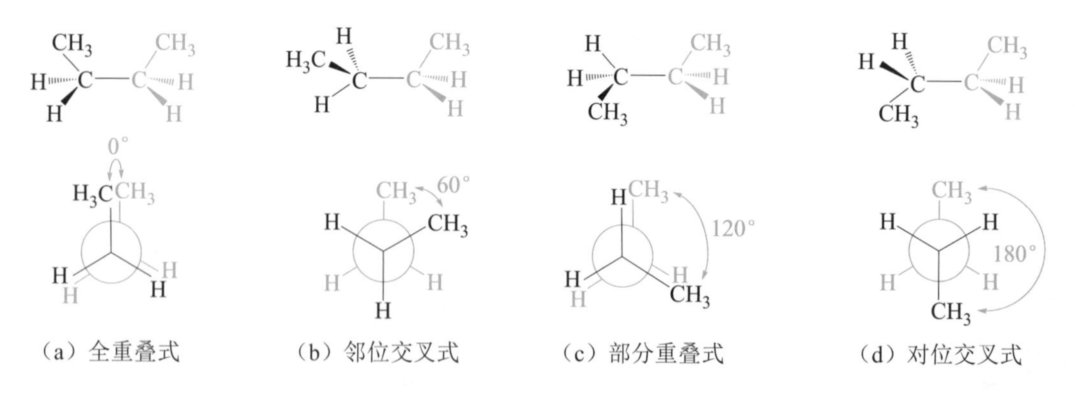

对位交叉式构象由于两个体积较大的甲基相距最远，能量最低，因此为优势构象；其次是邻位交叉式构象，能量较低；再次为部分重叠式构象，能量较高；而全重叠式构象由于两个甲基相距最近，排斥力最大，因此是最不稳定的构象。丁烷的对位交叉式构象与邻位交叉式、部分重叠式和全重叠式构象的能垒分别约为3.8 kJ/mol、15 kJ/mol和21 kJ/mol。

练习题 2-3： 请参考乙烷碳-碳键旋转的各构象与势能关系图，以全重叠式为起点，绘制丁烷以 C_2-C_3 键旋转 0°～360° 引起的各构象与势能的关系示意图，并用纽曼投影式标出几种极限构象。

2.4 烷烃的物理性质

物理性质通常指常温下的状态、熔点、沸点、密度、溶解度、折射率及光波谱性质等。物理性质与分子的结构有关，同系列有机化合物的物理常数随碳原子数的增加而有一定的变化规律。

烷烃在常温常压下，直链烷烃C1 ～ C4为气体，C5 ～ C17为液体，C18以上的直链烷烃为固体。表2.1列出了一些常见直链烷烃的物理常数。

表 2.1 常见直链烷烃的物理常数①

名称	英文名称	熔点/℃	沸点/℃	相对密度
甲烷	methane	−182.6	−161.6	0.466（−164℃）
乙烷	ethane	−182.0	−88.6	0.572（−100℃）
丙烷	propane	−187.1	−42.2	0.585（−45℃）
丁烷	butane	−138.0	−0.5	0.579
戊烷	pentane	−129.8	36.1	0.6263
己烷	hexane	−95.3	68.9	0.6594
庚烷	heptane	−90.5	98.4	0.6837
辛烷	octane	−56.8	125.6	0.7028
壬烷	nonane	−53.7	150.7	0.7179
癸烷	decane	−29.7	174.0	0.7298
十一烷	undecane	−25.6	195.9	0.7402
十二烷	dodecane	−9.6	216.3	0.7484
十三烷	tridecane	−5.5	235.4	0.7564
十四烷	tetradecane	5.9	253.7	0.7628
十五烷	pentadecane	10	270.6	0.7685
十六烷	cetane	18.2	287	0.7733
十七烷	heptadecane	22	301.8	0.778
十八烷	octadecane	28.2	316.1	0.7768
十九烷	nonadecane	32.1	329.7	0.7774
二十烷	eicosane	36.8	343	0.7886

①本书除特殊说明外，熔点、沸点均指20℃下的数值，相对密度为d_4^{20}下的数值。

（1）沸点

沸点的高低与分子之间的作用力大小有关，作用力越大，沸点越高。烷烃是非极性分子，分子间主要存在范德华引力。随着碳原子数的增多，分子变大，表面积增加，范德华引力也越大，常温下，烷烃的相态也由气相向液相和固相过渡（表2.1）。

直链烷烃的沸点随分子量的增加而升高（图2.6），但彼此间的差值随分子量的增加而逐渐减小；支链烷烃的沸点比同碳数直链烷烃的低，支链越多沸点越低。这是因为支链的位阻作用，使之不如直链烷烃分子间排列紧密，分子间作用力减弱。

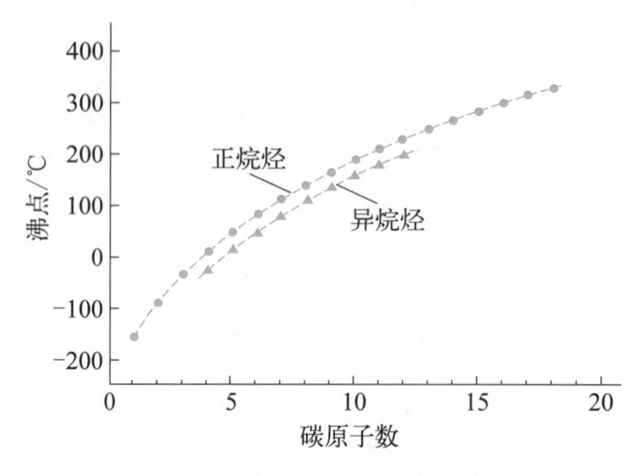

图2.6 直链烷烃与异烷烃的沸点图

（2）熔点

从C4起，直链烷烃的熔点随着分子量的增加而升高，含偶数碳的烷烃升高得多些，含奇数碳的烷烃升高得少些（表2.1，图2.7），这可能是由于碳链在晶体中伸展为锯齿状，奇数碳链中两端甲基在同一侧，偶数碳链中两端甲基处于异侧，因此，含偶数碳的分子对称性强，排列更紧密，所以熔点相对较高。

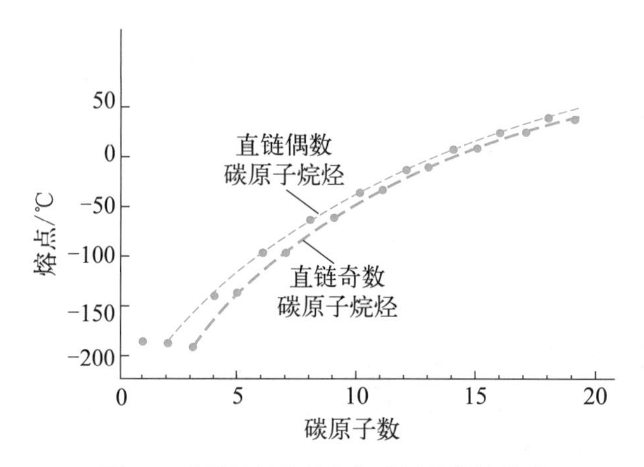

图2.7 直链烷烃的熔点与碳原子数的关系

烷烃的熔点变化不像沸点变化那样有规律，这是因为晶体分子间的作用力不仅取决于分子的大小，还取决于它们在晶格中的排列。分子的对称性增加，它们在晶格中的排列越紧密，熔点也越高。例如，在戊烷的三种异构体中，新戊烷的对称性最好，在晶格中的排列比较紧密，熔点也最高。

$CH_3CH_2CH_2CH_2CH_3$	$CH_3CH(CH_3)CH_2CH_3$	$CH_3C(CH_3)_2CH_3$
正戊烷	异戊烷	新戊烷
（熔点–129.8℃）	（熔点–159.9℃）	（熔点–16.8℃）

（3）相对密度

烷烃的相对密度随着分子量的增加而升高，最后接近0.8左右。这是由于分子间作用力随着分子量的增加而增加，使分子间的距离减小。

（4）溶解度

烷烃几乎不溶于水，而易溶于有机溶剂，如四氯化碳、乙醇、乙醚等。当溶剂分子之间的吸引力和溶质分子之间的吸引力以及溶剂分子与溶质分子之间的相互吸引力相近时，则溶解容易进行。

结构相似的化合物，它们分子之间的吸引力也相近。所以，结构相似的化合物可以彼此互溶，"结构相似者相溶"是个极为有用的经验规律。

2.5 烷烃的化学性质

烷烃是饱和链烃，分子中只含有碳碳单键和碳氢键，键能都比较大，而且烷烃是非极性分子，极化度很小，因此，烷烃具有相对较高的化学稳定性。石油醚（C5 ～ C6的烷烃）、汽油、煤油等一般作为溶剂，凡士林（主要是C16 ～ C32的高碳烷烃）主要用作润滑剂。但在适当的温度、压力、光照或催化剂作用下，烷烃也可以发生C—H键或C—C键均裂的反应。

2.5.1 卤代反应

烷烃分子中的氢原子被卤素取代的反应称为卤代反应（halogenation reaction），也称卤化反应。碘通常不与烷烃反应。烷烃与氟作用时，反应剧烈并有大量热放出，反应不易控制，有时会引起爆炸。所以烷烃有实用价值的卤代反应只有氯代（chlorination）反应和溴代（bromination）反应。

烷烃与氯和溴在室温和黑暗中不发生反应，在日光或紫外线照射下，或在高温下易发生取代反应，有时反应剧烈，甚至发生爆炸。

（1）甲烷的氯代反应

在强日光照射下，甲烷和Cl_2反应剧烈，甚至发生爆炸，同时生成碳和HCl：

$$CH_4 + 2Cl_2(\text{气}) \xrightarrow{\text{强日光}} C + 4HCl$$

甲烷和Cl_2在漫射光、加热或某些催化剂作用下，可进行能够控制的氯化反应，先生成一氯甲烷和HCl，但很难停留在一取代阶段，最终得到的产物是混合物：

$$CH_4 \xrightarrow[\text{漫射光}]{Cl_2} CH_3Cl \xrightarrow[\text{漫射光}]{Cl_2} CH_2Cl_2 \xrightarrow[\text{漫射光}]{Cl_2} CHCl_3 \xrightarrow[\text{漫射光}]{Cl_2} CCl_4$$

甲烷的氯化产物均是工业上重要的溶剂或试剂。工业上通过控制甲烷和Cl_2的投料比或反应时间来生产甲烷的各种氯代产物，如用大量氯气，主要得到四氯化碳；若控制氯气的用量，用大量甲烷，主要得到一氯甲烷。

（2）甲烷氯化反应的机理

甲烷氯代反应是按自由基反应机理进行的，经历链引发（chain initiation）、链传递（chain propagation，又叫链增长、链转移）、链终止（chain termination）三个阶段。

① 链引发　氯分子在光照或高温下，均裂成两个氯原子，即氯自由基：

$$\mathrm{Cl{-}Cl \longrightarrow Cl\cdot + Cl\cdot} \qquad \Delta H = +242.7\ \mathrm{kJ/mol}$$

② 链传递　活泼的氯自由基从甲烷分子中获得一个氢原子，生成HCl，同时产生甲基自由基；甲基自由基也很活泼，与氯气作用，生成一氯甲烷和氯自由基：

$$\mathrm{CH_3{-}H + Cl\cdot \longrightarrow \cdot CH_3 + H{-}Cl} \qquad \Delta H = +7.5\ \mathrm{kJ/mol}$$

$$\mathrm{\cdot CH_3 + Cl{-}Cl \longrightarrow CH_3{-}Cl + \cdot Cl} \qquad \Delta H = -112.9\ \mathrm{kJ/mol}$$

在①和②中产生的氯自由基，会继续参与甲烷的氯代，同时也会和先期生成的一氯甲烷发生氯代反应，生成新的分子（二氯甲烷）和自由基（链传递）：

$$\mathrm{ClCH_3 + Cl\cdot \longrightarrow ClCH_2\cdot + HCl}$$

$$\mathrm{ClCH_2\cdot + Cl{:}Cl \longrightarrow CH_2Cl_2 + Cl\cdot}$$

如此周而复始，逐步得到三氯甲烷、四氯甲烷。

③ 链终止　当自由基彼此相遇时，彼此结合，则反应终止。例如：

$$\mathrm{Cl\cdot + Cl\cdot \longrightarrow Cl{-}Cl}$$

$$\mathrm{H_3C\cdot + \cdot CH_3 \longrightarrow H_3C{-}CH_3}$$

$$\mathrm{H_3C\cdot + \cdot Cl \longrightarrow H_3C{-}Cl}$$

（3）甲烷氯化反应过程中的能量变化

以甲烷氯化生成一氯甲烷的反应为例，研究反应过程中的能量变化情况。甲烷氯化生成一氯甲烷的每步反应热，即反应物与产物之间的能量差（ΔH，负值为放热），可以用键的解离能（单位kJ/mol）来计算：

$$①\ \underset{242.7}{\mathrm{Cl{-}Cl}} \longrightarrow \mathrm{Cl\cdot + Cl\cdot} \qquad \Delta H = +242.7\ \mathrm{kJ/mol}$$

$$②\ \underset{439.3}{\mathrm{CH_3{-}H}} + \mathrm{Cl\cdot} \longrightarrow \mathrm{\cdot CH_3} + \underset{431.8}{\mathrm{H{-}Cl}} \qquad \Delta H = +7.5\ \mathrm{kJ/mol}$$

$$③\ \mathrm{\cdot CH_3} + \underset{242.7}{\mathrm{Cl{-}Cl}} \longrightarrow \underset{355.6}{\mathrm{CH_3{-}Cl}} + \mathrm{\cdot Cl} \qquad \Delta H = -112.9\ \mathrm{kJ/mol}$$

反应①链的引发要吸收大量的能量（242.7 kJ/mol），这个能量可以通过光照或高温获得；而反应②只需供给7.5 kJ/mol的能量即能进行反应，但实际上必须供给16.7 kJ/mol的能量才能发生反应。根据过渡状态理论，只有当两个具有足够能量的反应物粒子之间发生碰撞，才能克服它们的范德华斥力而发生反应。过渡态与反应物之间的能量差是形成过渡态所需的最低能量，也就是使这个反应能够进行的最低能量，叫作**活化能**（activating energy，E_a），所以反应②的活化能E_{a1}为16.7 kJ/mol。虽然反应③放热112.9 kJ/mol，但也需要8.3 kJ/mol的活化能（E_{a2}）。

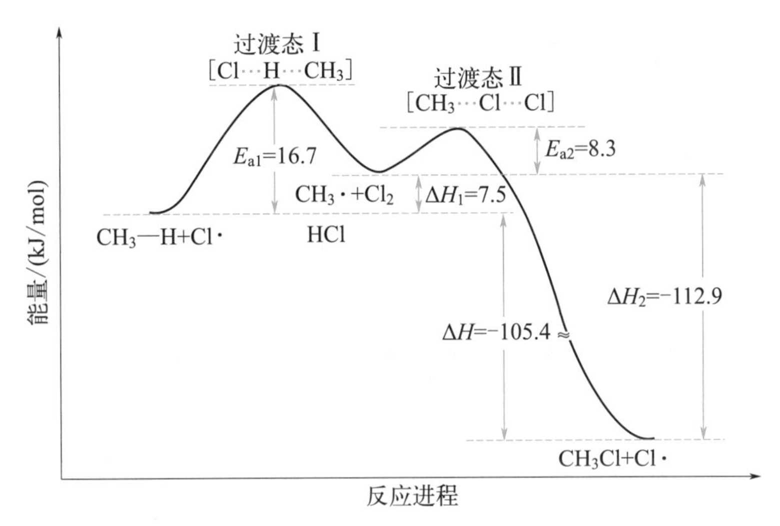

图2.8 甲烷与氯自由基反应生成CH_3Cl的能量变化曲线

根据图2.8，反应②和③之和的总反应为放热反应，共放出能量105.4 kJ/mol。在一氯甲烷的生成过程中，因为$E_{a1} > E_{a2}$，所以决定整个反应速率的基元反应为②，即甲基自由基的生成是甲烷氯代的关键步骤，即整个反应的**速率控制步骤**（rate controlling step）。

同类型反应可以通过比较速率控制步骤的活化能大小，来比较反应进行的难易程度。甲烷与各卤素反应的第②和第③步及总反应的反应热ΔH、第②步反应的活化能数据列于表2.2。

表2.2 甲烷与不同卤素反应相关的反应热及第②步反应的活化能 E_{a1}

反应过程	ΔH/(kJ/mol)				E_{a1}/(kJ/mol)			
	F	Cl	Br	I	F	Cl	Br	I
② $X\cdot+CH_4 \longrightarrow CH_3\cdot+HX$	−128.9	+7.5	+73.2	+141	+4.2	+16.7	+75.3	+141
③ $CH_3\cdot+X_2 \longrightarrow CH_3X+X\cdot$	−305.4	−112.9	−104.6	−87.9	—	—	—	—
总反应：$CH_4+X_2 \longrightarrow CH_3X+HX$	−434.3	−105.4	−31.4	+53.1	—	—	—	—

从表2.2中不同卤化反应的速率控制步骤②的反应热和活化能的数据来看，甲烷卤化反应时卤素的活泼性顺序为：F > Cl > Br > I。

氟的两步反应均放出大量的热，反应过于激烈，难以控制。而碘与甲烷的反应是吸热反应，且第②步的活化能太高，故反应难以进行。所以，通常烷烃的卤化反应指氯化反应与溴化反应。比较两者的反应热可知，溴代反应比氯代反应缓慢。

> **练习题 2-4：** 写出 CH_3CH_3 氯代生成 CH_3CH_2Cl 的反应：链引发、链传递、链终止各步的反应式。

（4）反应活性与自由基的稳定性

乙烷分子中6个氢原子是等价的，因此乙烷和甲烷一样，卤化只生成一种一元取代物。而丙烷的卤化则生成两种一元取代物：

$$CH_3CH_2CH_3 + Cl_2 \xrightarrow[25°C]{h\nu} \underset{43\%}{CH_3CH_2CH_2Cl} + \underset{57\%}{CH_3\overset{\overset{\displaystyle Cl}{|}}{C}HCH_3}$$

丙烷分子中有6个1° H、2个2° H，其个数比为3∶1，而产物1-氯丙烷与2-氯丙烷的比例为43%∶57%。由此可以认为1° H与2° H被氯取代的活性是不同的。

$$\frac{\text{仲氢的相对活性}}{\text{伯氢的相对活性}} = \frac{57/2}{43/6} \approx \frac{4}{1}$$

即在丙烷中2° H氯化的活性是1° H的4倍左右。

异丁烷分子中也有两种等价H，分别为1° H及3° H，也有两种一氯代产物：

$$H_3C-\underset{\underset{\displaystyle CH_3}{|}}{\overset{\overset{\displaystyle CH_3}{|}}{C}}-H + Cl_2 \xrightarrow[25℃]{h\nu} \underset{36\%}{H_3C-\underset{\underset{\displaystyle CH_3}{|}}{\overset{\overset{\displaystyle CH_3}{|}}{C}}-Cl} + \underset{64\%}{H_3C-\underset{\underset{\displaystyle CH_3}{|}}{\overset{\overset{\displaystyle CH_2Cl}{|}}{C}}-H}$$

在异丁烷分子中，1° H有9个，3° H只有1个，然而产物比却是64%∶36%，故：

$$\frac{\text{叔氢的相对活性}}{\text{伯氢的相对活性}} = \frac{36/1}{64/9} \approx \frac{5}{1}$$

3° H的反应活性是1° H的5倍左右。研究表明，氢原子的反应活性主要取决于其种类，而与烷烃的种类无关。所以，在室温下，烷烃3° H（叔氢）、2° H（仲氢）、1° H（伯氢）氯代反应的相对活性为5∶4∶1。根据不同种类氢的反应活性，可以推测在室温下其它烷烃一氯代反应各产物的比例。

$$CH_3\overset{\overset{\displaystyle CH_3}{|}}{C}HCH_3 + Br_2 \xrightarrow[127℃]{\text{光}} \underset{>99\%}{CH_3\underset{\underset{\displaystyle Br}{|}}{\overset{\overset{\displaystyle CH_3}{|}}{C}}CH_3} + \underset{<1\%}{CH_3\overset{\overset{\displaystyle CH_3}{|}}{C}HCH_2Br}$$

烷烃的溴代（127℃，光照），通过研究确定三种氢的相对活性为：3° H∶2° H∶1° H=1600∶82∶1。对比氯代反应，溴代反应的选择性更高。

烷烃分子中不同氢原子的活性与C—H键的强度（即解离能）成反比。几种常见烷烃中，甲烷氢、伯氢、仲氢、叔氢C—H键的解离能依次为：

	$H-CH_3$	$H-CH_2CH_3$	$H-CH(CH_3)_2$	$H-C(CH_3)_3$
键的解离能/(kJ/mol)	439.3	410.0	397.5	389.1

从烷烃的氯化反应机理分析，氯代的反应速率决定步骤是烷烃发生C—H键的均裂，生成反应中间体烷基自由基的反应。键的解离能越小，均裂产生自由基时需要吸收的能量就越少，该自由基也就越容易生成，相应的烷基自由基就越稳定。

因此，烷基自由基的稳定性次序为：

$$3^\circ R\cdot > 2^\circ R\cdot > 1^\circ R\cdot > CH_3\cdot$$

这与卤化反应中叔氢、仲氢、伯氢被取代的活性次序是一致的。

2.5.2 硝化和磺化反应

（1）烷烃的硝化

烷烃和硝酸或N_2O_4在400～450℃进行气相反应，生成硝基化合物的反应，叫作硝化反应（nitration）。烷烃的硝化也是自由基反应，与烷烃的卤化不同的是，硝化反应时还会引起C—C键的断裂而生成低级硝基化合物，例如：

$$CH_3CH_2CH_3 \xrightarrow[420℃]{HNO_3} \underset{25\%}{CH_3CH_2CH_2NO_2} + \underset{40\%}{CH_3\underset{NO_2}{\underset{|}{C}}HCH_3} + \underset{10\%}{CH_3CH_2NO_2} + \underset{25\%}{CH_3NO_2}$$

这种小分子硝基混合物在工业上是很好的溶剂，例如可用来溶解醋酸纤维、合成橡胶以及其它有机物。低级硝基烷烃是可燃的，而且毒性很大。

（2）烷烃的磺化与氯磺化

烷烃在高温下与硫酸反应生成烷基磺酸，这种反应叫作磺化反应（sulfonation reaction）。如乙磺酸的制备：

$$CH_3CH_3 + H_2SO_4 \xrightarrow{400℃} CH_3CH_2SO_3H + H_2O$$

长链烷基磺酸的钠盐是一种阴离子表面活性剂，如常用的十二烷基磺酸钠（$C_{12}H_{25}SO_3Na$）即是其中的一种，用于工业洗涤剂、乳化剂和选矿用浮选剂。

高级烷烃与硫酰氯SO_2Cl_2（或SO_2和Cl_2的混合物）在光照下生成烷基磺酰氯的反应称为氯磺化反应（chlorosulfonation reaction）。烷基磺酰氯经NaOH溶液水解，即可得到烷基磺酸钠：

$$C_{12}H_{26} + SO_2Cl_2 \xrightarrow{h\nu} C_{12}H_{25}SO_2Cl + HCl$$

$$C_{12}H_{25}SO_2Cl \xrightarrow[H_2O]{NaOH} C_{12}H_{25}SO_3Na$$

2.5.3 氧化反应

烷烃是重要的能源原料，在空气中完全燃烧，生成CO_2和水，并放出大量的热，其机理为自由基反应：

$$C_nH_{2n+2} + (3n+1)/2O_2 \xrightarrow{\text{点燃}} nCO_2 + (n+1)\,H_2O + \text{热量}$$

$$CH_4 + 2O_2 \xrightarrow{\text{点燃}} CO_2 + 2H_2O \qquad \Delta H = -891\ \text{kJ/mol}$$

烷烃可在特定的催化条件下发生不完全氧化，生产一些化工原料。如天然气（或煤层气）与空气混合后，在催化剂铁、钼、钒等金属氧化物或NO作用下，氧化得到甲醛：

$$CH_4 + O_2 \xrightarrow[600 \sim 680℃]{MoO_3} HCHO + H_2O$$

工业上由天然气生产乙炔采用甲烷部分氧化法，见下列反应式。由于甲烷制备乙炔是强吸热反应，因此工业上通过甲烷部分氧化来供热，从而保证反应进行：

$$2CH_4 \xrightarrow[0.01 \sim 0.1s]{1500℃} CH{\equiv}CH + 3H_2 \qquad \Delta H = +397.4\ \text{kJ/mol}$$

$$4CH_4 + O_2 \longrightarrow CH{\equiv}CH + 2CO + 7H_2 + \text{热量}$$

石蜡（C20 ～ C30的烷烃）经氧化可得高级脂肪酸混合物，经皂化用于制造肥皂：

$$RCH_2CH_2R' + O_2(\text{空气}) \xrightarrow[120 \sim 150℃]{\text{锰盐}} RCOOH + R'COOH + \text{其它羧酸}$$

2.5.4 异构化反应

有机化合物分子进行结构重排（包括烷基的转移、双键的移动和碳链的移动等），而其组成和分子量不发生变化的反应，称为异构化反应（isomerization reaction）。异构化反应通常在催化剂作用下进行，如直链烷烃异构化为带支链的烷烃：

$$\underset{20\%}{CH_3CH_2CH_2CH_3} \underset{27℃}{\overset{AlCl_3/HBr}{\rightleftharpoons}} \underset{80\%}{H_3C-\overset{\overset{\large CH_3}{|}}{C}H-CH_3}$$

异构化反应是可逆的，反应受热力学平衡控制。炼油工业往往将直链烷烃异构化为支链烷烃以提高汽油的辛烷值，一些环烷烃经异构化和脱氢也可以转变为芳烃。

2.5.5 裂化与裂解反应

烷烃在高温下，分子中的碳碳键与碳氢键发生断裂，生成分子量较小的烷烃与烯烃的反应，称为裂化反应（cracking reaction），为自由基反应。原油经分馏得到的汽油组分只占原油的10% ～ 20%，石油工业利用裂化反应来提高汽油的产量。

$$CH_3CH_2CH_2CH_3 \xrightarrow{500℃} \begin{cases} CH_3CH{=}CH_2 + CH_4 \\ CH_2{=}CH_2 + CH_3CH_3 \\ CH_3CH_2CH{=}CH_2 + H_2 \end{cases}$$

通常把在5 MPa及600℃下进行的裂化反应称为**热裂化**（thermal cracking）。在催化剂的作用下，在450 ～ 500℃、常压下进行的裂化反应称为**催化裂化**（catalytic cracking），为离子型反应。通过催化裂化和重整以及异构化、环化、芳构化等反应，既可提高汽油的产量，又能改善汽油的质量。

将石油馏分在更高的温度（700℃）下进行深度裂化，得到如乙烯、丙烯、丁二烯等基本化工原料，这种以得到更多低级烯烃为目的的深度裂化过程称为**裂解**（pyrolysis）。

在我国，习惯上用从重质油生产汽油和柴油的过程称为裂化，而把用轻质油生产小分子烯烃和芳香烃的过程称为裂解。

2.6 烷烃的来源

2.6.1 烷烃的天然来源

烷烃是重要的化工原料和能源物资，其主要来源是石油和天然气。

石油是一种黏稠深褐色液体，是超过150多种烃的混合物，其碳原子数分布从1至30 ～ 40，主要成分是各种烷烃、环烷烃和芳香烃。石油通过一次加工，如常压/减压蒸馏，切割为沸点范围和密度大小不同的多种馏分（表2.3）。

表 2.3 石油分馏产物及主要用途

馏分	主要成分	分馏区间/℃	主要用途
石油气	C1～C4	＜20	燃料、化工原料
石油醚	C5～C6	40～60	溶剂
汽油	C4～C8	30～75	内燃机燃料、溶剂
石脑油	C8～C12	75～190	溶剂、制备乙烯和芳烃
煤油	C10～C16	190～250	燃料、工业洗涤油
柴油	C16～C18	270～340	发动机燃料
润滑油	C16～C20	＞300	机械润滑
常压渣油	C20以上	＞350	发电、船用燃料、锅炉燃料
沥青	—	残渣	防腐绝缘材料、铺路和建筑材料

天然气主要成分为烷烃，其中甲烷占绝大多数，另有少量的乙烷、丙烷和丁烷。天然气是一种价格低廉、品质优良、热效率高且清洁的燃料和化工原料。

页岩油是指以页岩为主的页岩层系中所含的石油资源，中国页岩油资源储量丰富，通过裂解化学变化，可将油页岩中的油母质转换为合成原油。

除石油和天然气外，沼气、煤层气、可燃冰和页岩气等也是低碳烷烃的主要来源，其主要成分都是甲烷。煤层气俗称瓦斯，其主要成分为甲烷。我国煤层气资源丰富，在采煤之前先开采煤层气能有效地减少煤矿瓦斯，保障煤炭开采安全。页岩气是蕴藏于页岩层可供开采的天然气资源，我国的页岩气可采储量居世界第一，约36.1万亿立方米。

可燃冰是一种天然气水合物，是外形像冰的白色固体，含丰富的甲烷，被认为是可以代替煤炭、石油、核能等的清洁能源。我国可燃冰储量丰富，是全球第一个实现在海域可燃冰试开采中获得连续稳定产气的国家。

2.6.2 煤制天然气和煤制油

烷烃的工业制备方法主要包括煤制天然气、煤直接/间接液化制油品等。煤制天然气技术是煤经气化、变换以及净化生产出合成气，然后通过甲烷化反应生产合成天然气：

$$CO + 3H_2 \longrightarrow CH_4 + H_2O \qquad \Delta H = -206.2\ kJ/mol$$

催化剂是甲烷化反应的关键技术，目前工业上广泛使用的甲烷化催化剂为Ni系。需要指出的是，有时需要利用该反应的逆反应，用甲烷与水反应来调整合成气的氢碳（H/C）比。

在高温、加压状态下，对煤直接加氢，提高其H/C比，使之转化成为汽油、柴油、液化石油气等液体燃料，此即煤的直接液化制油技术。而煤的间接液化是以合成气为原料在催化剂（Co、F、Ni和Ru等）和适当条件下合成以直链烷烃（适合作为柴油燃料）为主的工艺过程。该技术又称为费托合成（简称F-T合成）。主要反应如下：

$$nCO + nH_2O \longrightarrow nCO_2 + nH_2 \text{（变换反应）}$$

$$nCO + (2n+1)\ H_2 \longrightarrow C_nH_{2n+2} + nH_2O \text{（}n\text{为10～20）}$$

总反应式为：

$$2nCO + (n+1)H_2 \longrightarrow C_nH_{2n+2} + nCO_2$$

目前，煤间接液化技术已进入大规模工业示范阶段，神华宁煤集团建成了世界上单套规模最大（年产400万吨）的煤间接液化装置，生产出高品质柴油、石脑油、蜡等产品。

 阅读与思考

2022年我国煤制油产量732.8万吨，煤制天然气产量61.6亿立方米。查阅资料，了解我国煤制天然气、煤制油的主要企业和规模以及发展煤制天然气、煤制油的意义。

2.7 环烷烃

环烷烃是分子结构中含有一个或者多个碳环的饱和烃类化合物，又称为脂环烃。根据

环烷烃分子中所含碳环数目的不同，分为单环、二环和多环脂环烃。如：

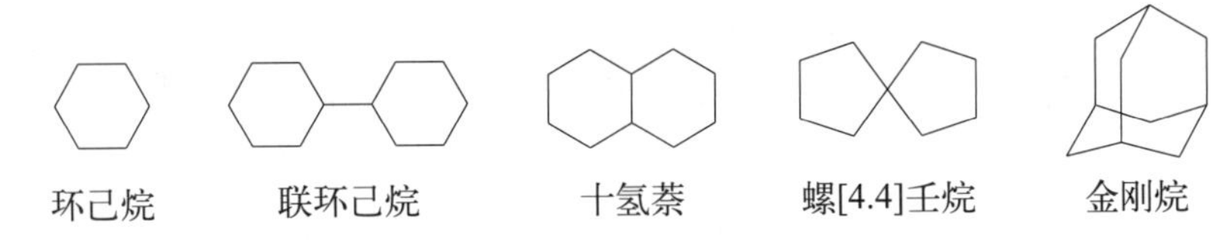

2.7.1 环烷烃的构造异构和顺反异构

同开链烷烃一样，环烷烃也具有构造异构现象。例如，同为C_5H_{10}的环烷烃就有五种不同结构的环状异构体：

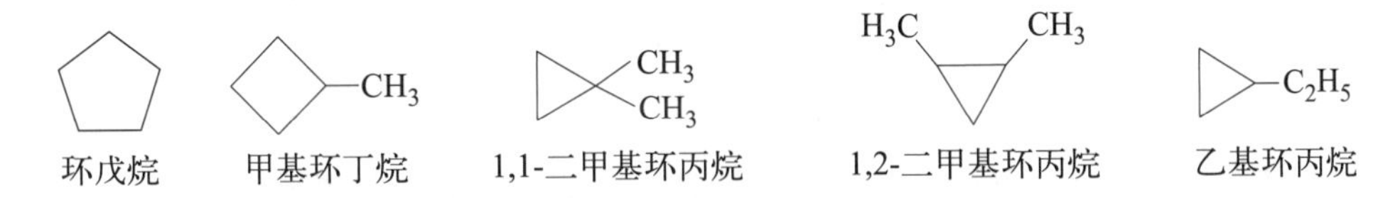

碳原子连接成环，由于环上碳碳单键不能自由旋转，因此，只要环上有两个碳原子各连有不同的原子或基团，就有构型不同的顺反异构体存在。例如，1,4-二甲基环己烷，两个甲基分布在环平面同侧的是顺式（*cis*-）异构体，分布在异侧的是反式（*trans*-）异构体：

（Ⅰ）　（Ⅱ）　（Ⅲ）　（Ⅳ）

顺-1,4-二甲基环己烷
cis-1,4-dimethylcyclohexzane

反-1,4-二甲基环己烷
trans-1,4-dimethylcyclohexzane

在书写环状化合物的结构式时，为了表示出环上碳原子的构型，可以把碳环表示为垂直于纸面［（Ⅰ）和（Ⅲ）］，将朝向观察者的三个键用粗线或楔形线表示，把碳原子上的基团排布在环的上边和下边；或者把碳环表示为在纸面上［（Ⅱ）和（Ⅳ）］，把碳原子上的基团排布在环的前方和后方，用实线表示伸向环平面前方的键，虚线表示伸向后方的键。

顺反异构体不能经由键的旋转而相互转化，此类异构也称为构型异构（configurational isomer）。

2.7.2 环烷烃的命名

（1）单环环烷烃

单环环烷烃的命名，环状母体的名称是在同碳直链烷烃名称前加一“环”(cyclo) 字，称为“环某烷”。环上的支链作为取代基，其名称放在“环某烷”之前，取代基的编号遵循最低位次组原则，若有多种选择时，应按照取代基英文字母次序给靠前的取代基以最小编号。例如：

H_3C—(环己烷)—C_2H_5

1-乙基-4-甲基环己烷
1-ethyl-4-methylcyclohexane

1,3-二乙基-1-甲基环戊烷
1,3-diethyl-1-methylcyclopentane

当环上的碳原子数少于与环相连的碳链时，或碳链上连有多个环时，通常以开链烷烃作为母体，环作为取代基进行命名。例如：

$CH_3CH_2CHCH_2CH_2CH_3$

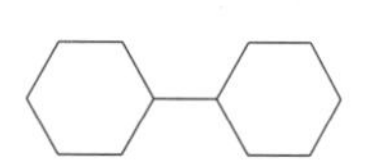

3-环戊基己烷
3-cyclopentylhexane

1,3-二环戊基丙烷
1,3-dicyclopentylpropane

（2）二环环烷烃

二环环烷烃因两个环的连接方式不同，可以分为联环、桥环和螺环三种类型。两个环彼此以单键相连接的称为联环烷烃；两个环共用两个或两个以上碳原子的称为**桥环烷烃**（bridged hydrocarbon）；两个环共用一个碳原子的称为**螺环烷烃**（spiro hydrocarbon）。

① 联环烷烃 由两个相同碳原子数的环烷烃组成的联环烷烃称为“联二环某烷”。其它支链为取代基，放置于“联二环某烷”之前，取代基编号规则同单环环烷烃。当两个环烷烃碳原子数目不同时，则将碳原子数目较多的环烷烃作为母体，数目较少的环烷烃作为取代基。例如：

联二环己烷
bi(cyclohexane)

4-乙基-4′-甲基联二环己烷
4-ethyl-4′-methylbi(cyclohexane)

环戊基环己烷
cyclopentylcyclohexane

② 桥环烷烃 桥环烷烃根据化合物成环碳原子的总数称为“某烷”。共用的碳原子称为桥头碳原子，其它碳原子作为桥碳原子。环的编号从一个桥头碳原子开始，沿最长的桥到另一个桥头碳原子，再沿着次长的桥继续编号至开始的桥头碳原子，最短桥上的碳原子从编号低的桥头碳原子一侧开始进行编号，最后命名为“二环[*a.b.c*]某烷”，其中*a*、*b*和*c*分别为长桥、中桥和短桥上的桥碳原子数目。环上的支链作为取代基。例如：

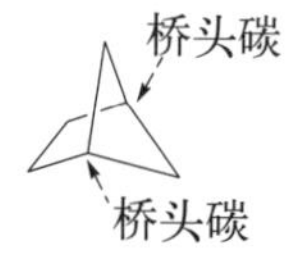

二环[2.1.1]己烷
bicyclo[2.1.1]hexane

二环[3.2.0]庚烷
bicyclo[3.2.0]heptane

6,8-二甲基二环[3.2.1]辛烷
6,8-dimethylbicyclo[3.2.1]octane

③ 螺环烷烃 两个碳环共用的碳原子称为螺原子。按成环碳原子总数称为“某烷”。螺环烷烃的命名方法与桥环烷烃相似，但环的编号从与螺原子相邻的碳原子开始，沿着小

环通过螺原子编号至大环，最后命名为“螺[*b*.*a*]某烷”，其中*a*和*b*分别为大环和小环上碳原子的数目，该数字不包括螺碳原子。若环上有支链时，支链作为取代基。例如：

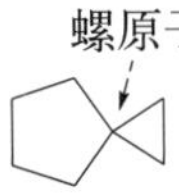

螺原子

螺[2.4]庚烷
spiro[2.4]heptane

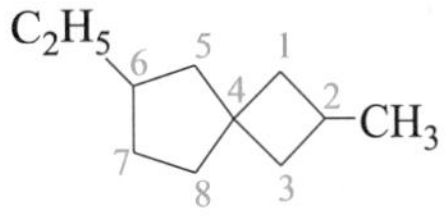

C_2H_5 6 5 1 4 2 CH_3 7 8 3

6-乙基-2-甲基螺[3.4]辛烷
6-ethyl-2-methylspiro[3.4]octane

练习题 2-5： 用系统命名法命名下列化合物。

（1）H CH_3 CH_3 H　（2）CH_3 CH_3　（3）CH_3

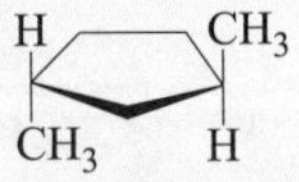

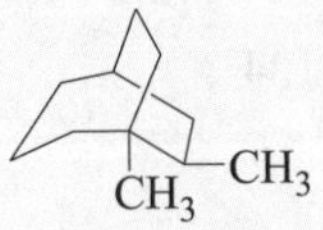

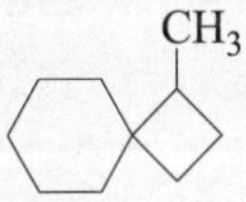

2.7.3 环烷烃的结构与稳定性

燃烧热是在标准状态下，1 mol物质完全燃烧生成CO_2和H_2O时所放出的热量，用ΔH_c表示。燃烧热数据可以表示分子内能的相对大小，燃烧热越高，物质的内能越高，稳定性越差。

开链烷烃燃烧时，每增加一个CH_2，就增加658.6 kJ/mol燃烧热，这个数值称为系差热，即烷烃的每个CH_2完全燃烧放出的热量。单环烷烃的通式为C_nH_{2n}，因此环烷烃分子中每个CH_2的燃烧热为$\Delta H_c/n$。环烷烃的CH_2的燃烧热与658.6 kJ/mol差值即是每个CH_2由于环张力所产生的能量，称为张力能，总的张力能即为$n\times(\Delta H_c/n-658.6)$kJ/mol。这个数值越大，表示环的稳定性越差。表2.4列出了一些环烷烃的燃烧热及张力能数值。

从表2.4数据看，环丙烷、环丁烷的总张力能较大，故稳定性差，易开环。环戊烷和环庚烷的张力能较小，比较稳定。环己烷的张力能为零，说明环己烷是没有张力的环状分子，稳定性高。基于五元环和六元环的稳定性，在有机反应中有成环可能时，一般形成五元或六元环状化合物，这个经验规则称为布朗克（Blanc）规则。

表 2.4 环烷烃的燃烧热和张力能　　单位：kJ/mol

环烷烃	ΔH_c	每个CH_2燃烧热（$\Delta H_c/n$）	每个CH_2张力能($\Delta H_c/n-658.6$)	总张力能$n\times(\Delta H_c/n-658.6)$
环丙烷	2091.6	697.2	38.6	115.8
环丁烷	2744.1	686.0	27.4	109.6
环戊烷	3320.1	664.0	5.4	27.0
环己烷	3951.7	658.6	0	0
环庚烷	4636.7	662.4	3.8	26.6
环辛烷	5310.3	663.8	5.2	41.6
环壬烷	5981.0	664.6	6.0	54.0
环癸烷	6635.8	663.6	5.0	50.0
环十四烷	9220.4	658.6	0	0
环十五烷	9884.7	659.0	0.4	6.0
正烷烃	—	658.6	—	—

为什么大多数环有环张力，而且环丙烷、环丁烷的张力又特别大？这需要了解环烷烃的结构。在烷烃分子中，碳原子成键时，它的sp^3杂化轨道沿着轨道对称轴与其它原子的轨道交盖，形成109° 28′的键角。环烷烃的碳原子也是sp^3杂化，但为了形成环，碳原子的键角就不一定是109° 28′，键角与环的大小有关。

（1）环丙烷的结构与稳定性

环丙烷的三个碳原子在同一平面上，若每两个碳原子的sp^3杂化轨道以最有效的沿键轴方向“头对头”方式重叠，则形成正三角形结构，而三角形的内角只有60°。所以，实际上环丙烷上的碳碳键是以sp^3杂化轨道部分重叠形式形成“弯曲σ键”，如图2.9所示。根据物理方法测定，环丙烷的∠CCC键角为104°。

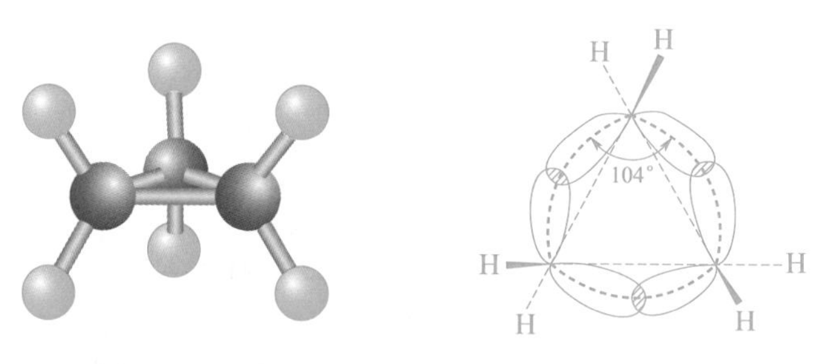

图2.9　环丙烷的球棒模型和弯曲的C—Cσ键结构

正因为不是以最有效的方式重叠，使得“弯曲σ键”很不稳定，比一般的σ键弱，因而具有较高的能量。因此说环丙烷的环张力较大，容易开环。

引起环丙烷的环张力大有两种原因：一是由于环烷烃分子中的键角受到压缩偏离正常的键角而引起的张力，叫**角张力**（angle strain）；二是环丙烷链上单键旋转受阻，环丙烷相邻两个碳上的C—H键都是重叠引起的张力，叫**扭转张力**。

（2）环丁烷和环戊烷的结构与稳定性

同样的道理，环丁烷并非以正四边形构象存在，其碳碳键也是弯曲键，不过弯曲的程度比较小。实际上环丁烷四个碳原子并不处于同一平面，而是一个碳原子处于另外三个碳原子所在平面之外，这样可以减少C—H键的重叠，这种构象称为“蝴蝶式”构象［图2.10（a)］。虽然环丁烷的环张力比环丙烷小，但也是相当大的，是不稳定化合物。

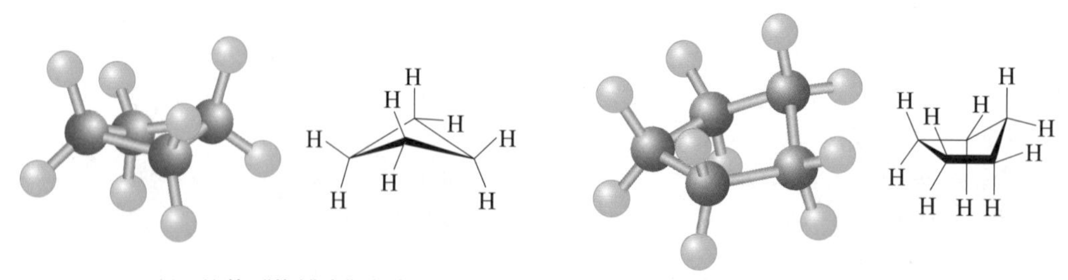

(a) 环丁烷的“蝴蝶式”构象　　(b) 环戊烷的“信封式”构象

图2.10　环丁烷和环戊烷的构象

环戊烷如果是平面结构，则∠CCC键角应该是108°，这与正常的sp^3键角接近，角张力很低。但在平面结构中，所有C—H键都是重叠的，所以为降低扭转张力，实际上环戊烷主要是以“信封式”构象存在［图2.10（b）］，在这种构象中，分子的张力不大，因此环戊烷的化学性质是比较稳定的。

（3）环己烷的结构与稳定性

环己烷的碳原子仍保持正常的109° 28′键角，六个碳原子不在同一平面上，可以形成椅型（chair form）和船型（boat form）两种经典构象。

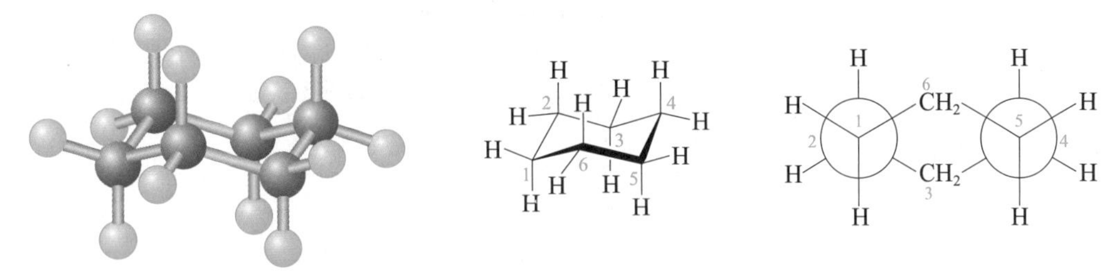

图2.11 环己烷的“椅型”构象

在椅型构象中（图2.11），任何两个相邻碳上的C—H键都是交叉式的，所以，环己烷椅型构象是无张力环。

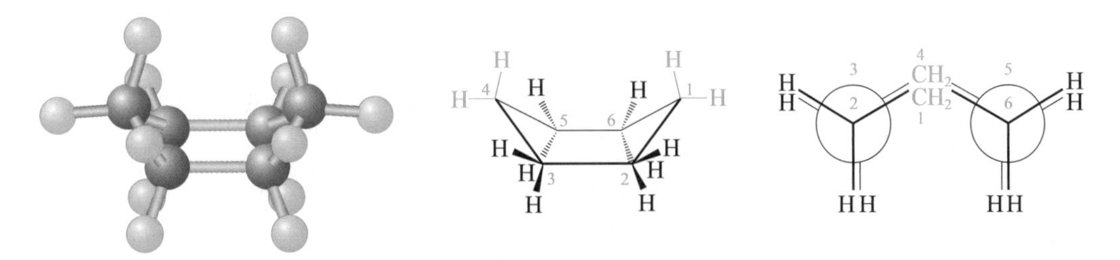

图2.12 环己烷的“船型”构象

在船型构象中（图2.12），所有的键角也接近109° 28′，故也没有角张力。但其相邻碳上的C—H键，如C_2和C_3以及C_5和C_6上的C—H键则是重叠式的，此外，C_1和C_4上的两个向内伸的氢原子，由于距离较近而相互排斥，也使得分子的能量升高。

环己烷的船型构象与椅型构象相比，船型的能量要高得多，也就相对不稳定。在常温下，椅型构象占99.99%以上。

环己烷的椅型构象中，C—H键可分成两类：一类是每个碳原子上都有一个键与对称轴相平行，称为直立键，简称*a*键（axial bond）；另一类是与对称轴成109° 28′的键，称为平伏键，简称*e*键（equatorial bond）。

对称轴

*a*键

*e*键

环己烷分子并不是静止的，通过碳碳键的不断扭动，可以由一种椅形翻转为另外一种椅形。翻转后，原来的*a*键变成了*e*键，而原来的*e*键变成了*a*键：

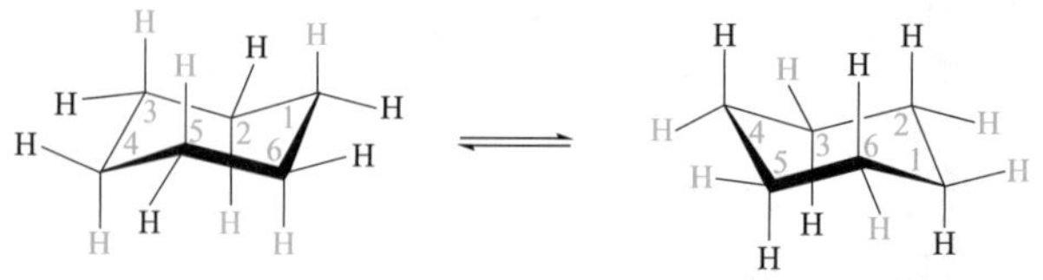

常温下，这种构象的翻转进行得很快，平衡体系中，这两种环己烷的构象各占一半。由于碳上连接的都是氢原子，所以这两种椅型构象是等同的分子。

环己烷的衍生物大多也是以椅型构象存在的，大多数也可以进行构象翻转，但由于有取代基，翻转前后的两种构象可能是不相同的。若只有一种取代基，则取代基在*e*键上的构象是优势构象，如：

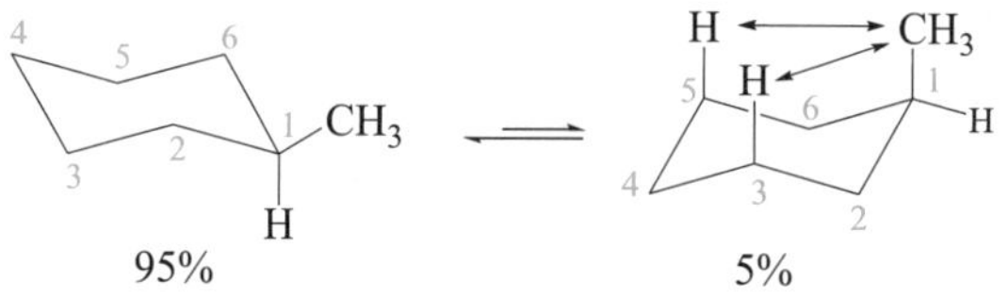

95%　　5%

甲基环己烷的构象中，甲基连在*a*键上的构象因甲基与C_3和C_5的*a*键氢原子相距较近，它们之间有排斥作用，因而具有较高的能量，相对不稳定。平衡体系中*e*键甲基环己烷占95%，*a*键的占5%。

若有多个取代基，*e*键取代基最多的构象最稳定；若环上有不同取代基，则体积大的取代基连在*e*键上的构象最稳定。

2.7.4 环烷烃的物理性质

环烷烃的物理性质与烷烃相似，也不溶于水，易溶于苯、四氯化碳、氯仿等有机溶剂。在常温下，环丙烷和环丁烷是气体，其它常见的环烷烃是液体，大环的环烷烃呈固态。

表 2.5 环烷烃的熔点、沸点和相对密度对比

化合物	熔点/℃	沸点/℃	相对密度	化合物	熔点/℃	沸点/℃	相对密度
环丙烷	−127.6	−33	0.676（−33℃）	环庚烷	−12	118.5	0.809
环丁烷	−80	12.6	0.704（0℃）	环辛烷	14.8	148	0.835
环戊烷	−93	49.3	0.746	环壬烷	9.7	178	0.853
环己烷	6.5	80.7	0.779	环癸烷	9.5	201	0.858

20℃时环烷烃的熔点、沸点和相对密度见表2.5。由于环烷烃分子中单键旋转受到一定的限制，分子运动幅度较小，具有一定的对称性和刚性。因此，环烷烃的熔点、沸点和相对密度都比同碳数直链烷烃高，但比水轻。

2.7.5　环烷烃的化学性质

通过对环烷烃结构的分析，三元、四元环烷烃的环张力大，比较容易发生开环反应，生成链状化合物；而五元或五元以上的环烷烃环张力小，故与链烷烃的化学性质很相似，也能发生卤代、氧化、裂化和异构化等反应，对一般试剂不易发生开环反应。

（1）卤代反应

在光或热的条件下，环烷烃与氯、溴发生卤代反应：

$$\text{环戊烷} + Cl_2 \xrightarrow{h\nu} \text{氯代环戊烷} + HCl$$

$$\text{甲基环己烷}(-CH_3) + Br_2 \xrightarrow{h\nu} \text{1-甲基-1-溴环己烷}(CH_3, Br) + HBr$$

（2）氧化反应

在常温下，环烷烃（包括环丙烷）与一般氧化剂（$KMnO_4$、O_3）不反应，但在催化剂作用下，环烷烃可以部分氧化得到醇、醛、酮、羧酸等一系列氧化物。

环己酮是制造己二酸和尼龙-6、尼龙-66的主要中间体。工业上以环己烷经空气氧化制过氧化环己烷，分解生成环己酮、环己醇混合物，环己醇再经催化脱氢转化成环己酮：

$$\text{环己烷} + O_2 \xrightarrow[125\sim170℃,\ 0.8\sim1.5MPa]{Co} \underset{38\%}{\text{环己醇}(-OH)} + \underset{57\%}{\text{环己酮}(=O)}$$

上述反应得到的环己酮、环己醇混合物，在铜-钒催化剂的作用下，经硝酸氧化生成己二酸。己二酸也可在加热条件下，由环己烷与强氧化剂直接反应生成，例如：

$$\text{环己烷} + HNO_3 \xrightarrow{\triangle} \begin{matrix} CH_2CH_2COOH \\ | \\ CH_2CH_2COOH \end{matrix}$$

（3）加成反应

① **与氢反应**　在催化剂作用下，环烷烃与氢气发生开环加氢反应。对于有支链的环烷烃，催化氢化在空间位阻小的位置发生，形成更稳定的支链化合物。例如：

$$\text{环丙烷} + H_2 \xrightarrow[80℃]{Ni} CH_3CH_2CH_3$$

$$\text{甲基环丙烷}(-CH_3) + H_2 \xrightarrow[80℃]{Ni} \begin{matrix} CH_3 \\ | \\ CH_3CHCH_3 \end{matrix}$$

$$\text{环丁烷} + H_2 \xrightarrow[200℃]{Ni} CH_3CH_2CH_2CH_3$$

五元、六元、七元碳环在上述条件下很难发生开环反应。

② **与卤素反应**　环丙烷与卤素很容易发生开环加成反应，常温下即可使溴的四氯化碳

溶液褪色，而环丁烷不易开环，需要加热才能反应：

$$\triangle + Br_2 \xrightarrow[\text{室温}]{CCl_4} BrCH_2CH_2CH_2Br$$

$$\square + Br_2 \xrightarrow{\triangle} BrCH_2CH_2CH_2CH_2Br$$

小环烷烃与氯、溴通过控制反应条件，可实现开环反应或自由基取代反应。例如：

$$ClCH_2CH_2CH_2Cl \xleftarrow[FeCl_3]{Cl_2} \triangle \xrightarrow[h\nu]{Cl_2} \triangleright\!-Cl + HCl$$

③ 与卤化氢反应　环丙烷的烷基衍生物与HX加成，环的破裂发生在含氢最多和最少的两个碳原子之间，氢加到含氢较多的碳原子上，卤素加到含氢较少的碳原子上：

$$(H_3C)_2C\text{—}CH(CH_3)\text{（}CH_2\text{桥连成环）} \xrightarrow{HBr} CH_3\text{—}\underset{Br}{\overset{CH_3}{C}}\text{—}\underset{CH_3}{CHCH_3}$$

（4）脱氢芳构化反应

在一定的温度和压力下，将石油加工过程中6～8个碳原子的直链烷烃、环烷烃经催化重整、催化脱氢等过程可转化为苯及其同系物（参见7.6.4）。

练习题 2-6：写出下列反应的主要产物。

（1）$\square\!\!-CH_3 \xrightarrow[h\nu]{Br_2}$ (A)　　（2）（双环[4.1.0]庚烷，7,7-二甲基）$\xrightarrow{HCl}$ (B)

2.7.6　环烷烃的来源及其衍生物

石油是环烷烃的主要来源，主要是环戊烷和环己烷及其烷基衍生物，但随产地不同，石油中的环烷烃的含量也不相同。

工业上，环己烷可从石油重整产物中分离制得。在铂、钯或镍的催化作用下，环己烷及烷基环己烷还可通过苯或烷基苯的催化加氢来制备：

$$C_6H_5CH_3 + 3H_2 \xrightarrow[\triangle]{Ni} C_6H_{11}CH_3$$

萘（ ）可在加热加压条件下，由铑、铂等催化加氢还原为十氢化萘（ ）。

环烷烃及其衍生物还广泛存在于自然界许多动、植物体内。例如青蒿素（结构见第1章）、樟脑、薄荷醇、胆固醇等都是含有脂环的化合物。

樟脑　　薄荷醇　　胆固醇

综合练习题

1. 写出或用系统命名法命名下列化合物的结构式：

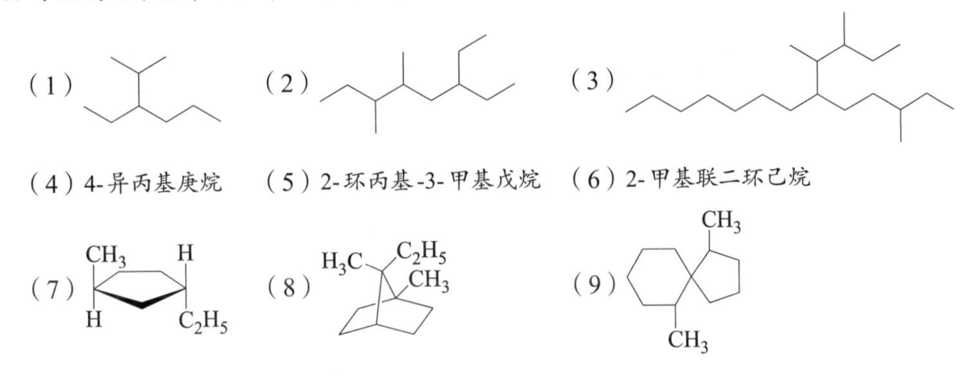

2. 将正戊烷下列锯架式结构改为Newman投影式，并进行稳定性排序。

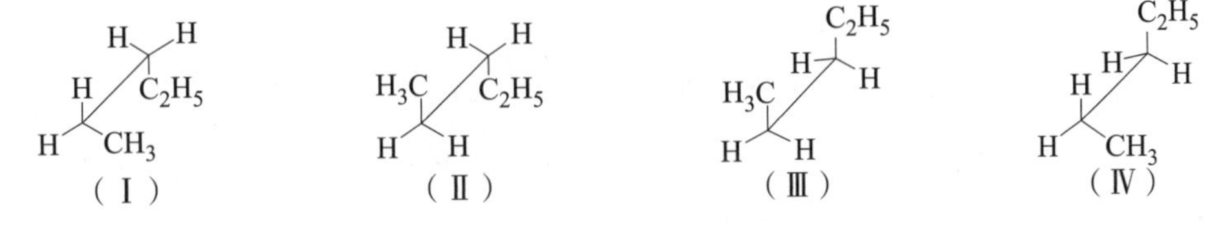

3. 已知环烷烃的分子式均为C_5H_{10}，根据一氯代产物异构体（不考虑立体异构）种类的不同，试推测下列符合条件的各环烷烃的构造式。

（1）只有一种产物　　（2）有三种构造异构体　　（3）有四种构造异构体

4. 将下列自由基按稳定性由大到小排序。

5. 常温光照下，2-甲基丁烷与氯气发生一元氯代反应生成4种化合物（不考虑立体异构），请写出这4种化合物的结构式，并预测这4种一氯代物的百分比。

6. 写出下列环己烷衍生物最稳定的椅型构象。

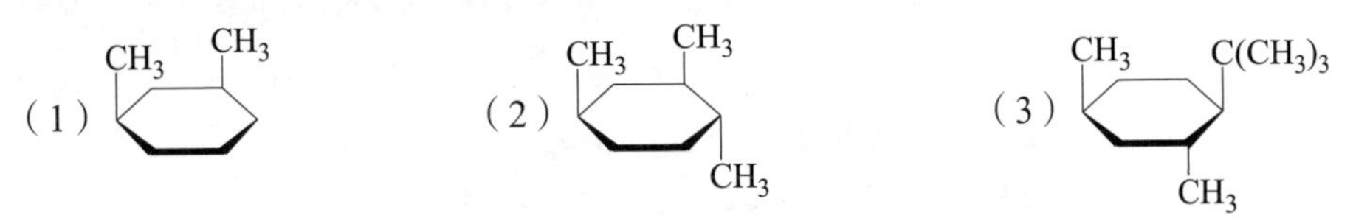

7.按要求对下列各组化合物的性质进行排序。

（1）将环戊烷、叔戊烷、异戊烷和正戊烷按沸点从高到低排序；

（2）根据下列化合物结构，判断下列化合物摩尔燃烧热顺序。

8.写出乙基环丙烷在下列反应条件下的主要产物。

（1）燃烧 （2）HI （3）Br_2，室温 （4）Cl_2，$FeCl_3$ （5）Br_2，$h\nu$ （6）H_2/Ni

9.完成下列反应，写出主要反应条件或产物。

（1）利用合成气为原料合成两种重要化工原料：

$$CO+(A)\xrightarrow{Ni}CH_4\begin{cases}\xrightarrow[MoO_3]{O_2}(B)\\ \xrightarrow[0.01\sim0.1s]{1500^\circ C}(C)\end{cases}$$

（2）以苯为原料制备环己酮和己二酸：

苯 $\xrightarrow[Ni]{H_2}$（D）—（E）→ 环己酮；—（F）→ $\begin{matrix}CH_2CH_2COOH\\|\\CH_2CH_2COOH\end{matrix}$

10.关于甲烷的氯化反应机理以及链的传递反应，某同学提出了以下反应历程：

$$CH_4+Cl\cdot \longrightarrow CH_3Cl+H\cdot$$
$$H\cdot+Cl:Cl \longrightarrow HCl+Cl\cdot$$

请结合该历程速率控制步骤的反应热，判断该同学提出的反应历程与书中所述的反应历程，哪个更合理，为什么？

11.十氢化萘主要用作油、油脂、树脂、橡胶等的溶剂，也可用作除漆剂和润滑剂。

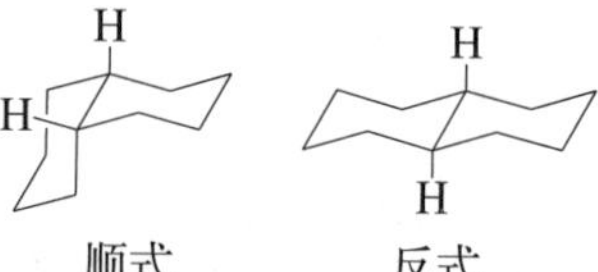

（1）用系统命名法命名十氢化萘；

（2）写出萘合成十氢化萘的反应式；

（3）十氢化萘有顺式和反式两种构型（如图），请判断哪种结构稳定，为什么？

12.某合成洗涤剂厂利用煤制油公司生产的馏程为220～320℃的直链烷烃（C14～C18，平均碳数为16）为原料，用氯磺化法生产烷基磺酸钠。

（1）写出煤制油用合成气经费托合成制备长直链烷烃的反应通式。

（2）以正十六烷为代表化合物，写出该制备烷基磺酸钠的各步反应式。

（3）烷烃氯磺化反应是按自由基取代机理进行的，与烷烃的氯化反应相似。请写出烷烃（用$C_{16}H_{34}$表示）氯磺化的反应机理。已知链的引发是光照下$SO_2Cl_2\longrightarrow SO_2+2Cl\cdot$。

（4）深度氯磺化反应会增加烷基多磺酰氯的比例而不利于目的产物单磺酰氯的生产。为保证单磺酰氯产品的高占比，可采取哪些措施？

第3章

烯烃

分子中含有碳碳双键($\rangle C = C\langle$)的烃称为烯烃（alkene），含有一个碳碳双键的烯烃称为单烯烃，链状单烯烃的通式为C_nH_{2n}。含有多个碳碳双键的烯烃称为多烯烃。从碳链结构的角度，烯烃又可分为开链烯烃和环状烯烃。

烯烃具有廉价易得及高反应活性等特点，是现代化学工业发展中不可或缺的基础化工原料，更是三大合成材料（塑料、合成橡胶和合成纤维）的基本原料。

本章讨论单烯烃的结构、性质和应用。

3.1 烯烃的结构和同分异构现象

3.1.1 烯烃的结构

乙烯是最简单的单烯烃，两个碳原子与四个氢原子处于同一平面，∠HCC和∠HCH的键角都接近120°。碳原子采用sp^2杂化，未参与杂化的p轨道垂直于这个平面（图3.1）。

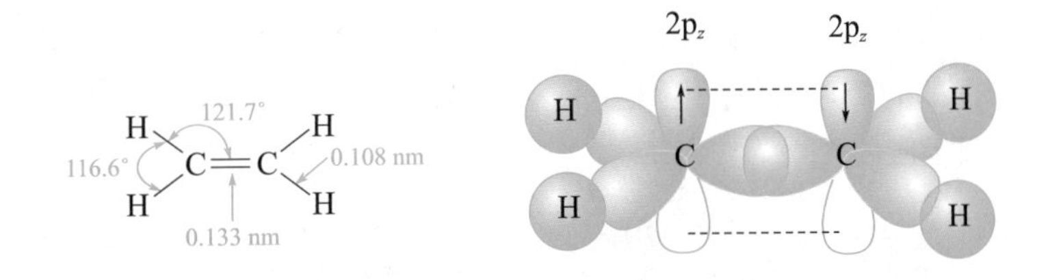

乙烯的五个σ键和一个π键

图3.1 乙烯分子的结构示意图

乙烯的两个碳原子各自的三个sp^2杂化轨道，分别与两个氢原子的1s轨道以及另一个碳原子的sp^2杂化轨道进行“头对头”重叠，共形成四个C—H σ键和一个C—C σ键；两个碳原子未参与杂化的p轨道相互平行，采取“肩并肩”侧面交盖，形成碳碳之间的第二个共价键——π键，位于其中的电子被称为π电子。π键没有轴对称，碳原子间不能相对旋转。

按照分子轨道理论，乙烯的两个碳原子的各一个sp^2杂化轨道可以线性组成两个σ分子轨道，两个sp^2电子优先填充在处于能量低的σ成键轨道；乙烯分子中的两个p轨道也可线性组合成两个分子轨道，一个是π成键轨道，一个是π^*反键轨道，基态时，两个p电子处于能量低的π成键轨道。由于组成双键的两个σ电子和两个π电子均处于能量低的成键轨道，从而使体系的能量降低（图3.2）。

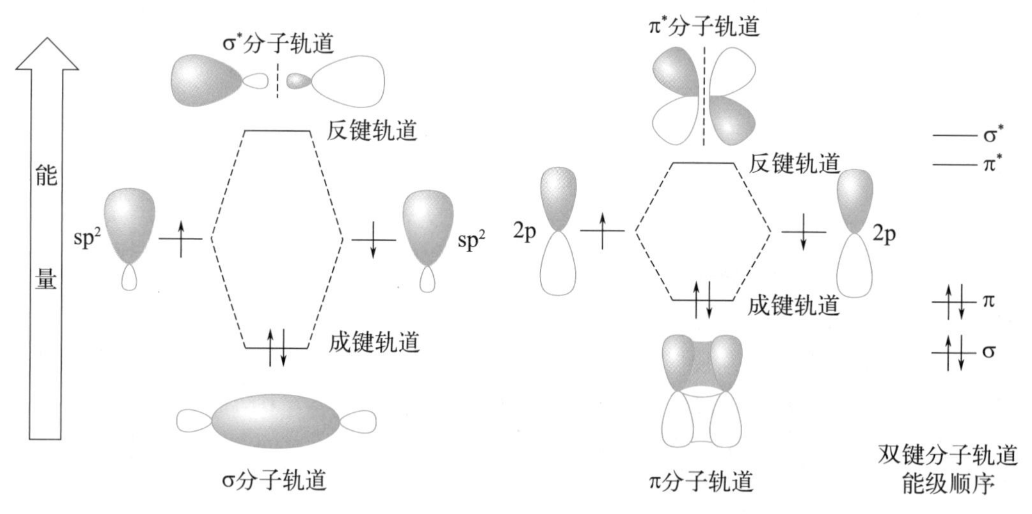

图3.2　乙烯分子碳碳双键分子轨道形成示意图

由此可见，碳碳双键是由一个σ键和一个π键组成，其中σ键的电子云呈轴向对称，重叠程度大，键能较高，而π键上的电子云分布在分子平面的上方和下方，电子云呈平面对称，重叠程度低，因此π键的键能和稳定性都小于σ键。如碳碳双键的平均键能是610.9 kJ/mol，而碳碳单键的平均键能为347.3 kJ/mol，可认为它们之间的差值（263.6 kJ/mol）就是π键的平均键能，比碳碳σ键弱，因此，π键容易发生断裂而发生加成反应。

碳碳双键由四个电子组成，相对于单键，其电子云密度更大，两个碳之间的引力增加，使得乙烯碳碳双键的键长（0.133 nm）比乙烷的碳碳单键（0.154 nm）短；另外，由于π电子云处于分子平面的外侧，受原子核束缚较小，易流动，可极化性大，易受亲电试剂的进攻，发生亲电加成反应。

3.1.2　烯烃的同分异构现象

由于π键使得碳碳双键的两个碳原子之间不能相对旋转，始终保持平面构型，当双键上的取代不同时可能存在不同的空间构型异构。

烯烃的构造异构比烷烃复杂，除了碳架的异构外还存在官能团（双键）位置的异构和顺反异构。如四个碳的开链单烯烃的异构体有四个：

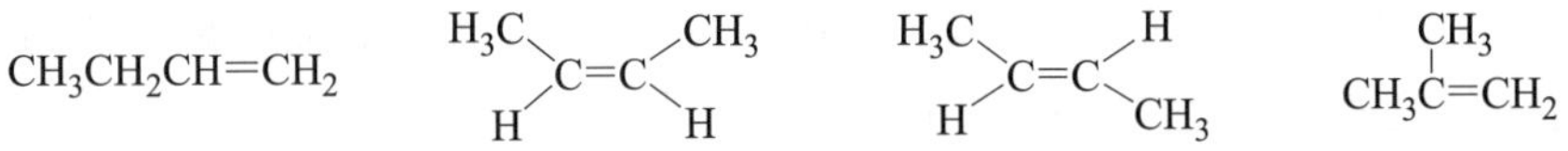

$CH_3CH_2CH{=}CH_2$	$H_3C(H)C{=}C(H)CH_3$	$H_3C(H)C{=}C(CH_3)H$	$CH_3C(CH_3){=}CH_2$
丁-1-烯	顺-丁-2-烯	反-丁-2-烯	2-甲基丙-1-烯

由于碳架、位置和顺反异构的存在，烯烃的异构体数量高于同碳数的烷烃，需要在命名时加以区分和描述。

3.2 烯烃的命名

3.2.1 基团的命名

烯烃分子从形式上去掉一个氢原子后剩下的基团被称为烯基（词尾yl），去掉氢原子的碳原子编号规定为取代基的1位。常见的烯基有：

$-CH{=}CH_2$	$-\overset{1}{C}H{=}CHCH_3$	$-\overset{1}{C}H_2\overset{2}{C}H{=}CH_2$	$-\overset{1}{C}(CH_3){=}CH_2$
乙烯基	丙-1-烯基 （丙烯基）	丙-2-烯基 （烯丙基）	1-甲基乙烯基 （异丙烯基）

以双键连接在同一个原子上的取代基称为“亚基”，以两个单键分别连接不同原子的取代基称为“叉基”（-diyl）。如：

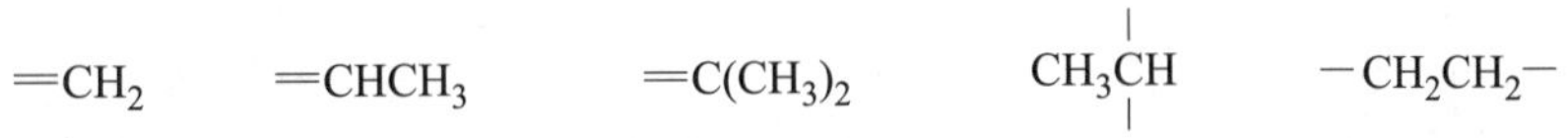

$=CH_2$	$=CHCH_3$	$=C(CH_3)_2$	$CH_3CH<$	$-CH_2CH_2-$
甲亚基	乙亚基	丙-2-亚基 （异丙亚基）	乙-1,1-叉基	乙-1,2-叉基

对于环状烯烃脱氢后的取代基，要注意基于取代原子为1位来标注双键的位置，不能用原有烯烃的命名来标记取代原子，如：

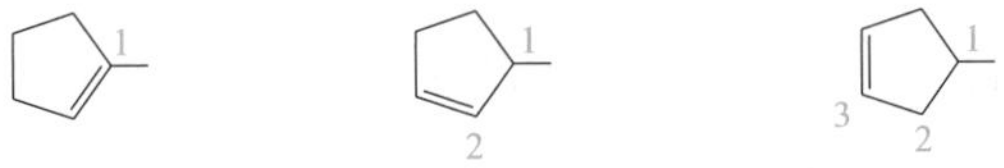

环戊-1-烯基　　环戊-2-烯基　　环戊-3-烯基

3.2.2 次序规则

为区分顺反异构、对映体等立体异构体，需对取代的原子或基团进行排序，这种原子或基团的排序规则被称为**优先基团次序规则**，简称**次序规则**（sequence rule）。次序规则主要包括以下主要内容：

① 原子序数大的排在前面，同位素中质量数大的优先。脂环状化合物及含双键的基团存在构型异构时，顺式（*cis*）优先于反式（*trans*），*Z*型优先于*E*型。

② 取代基团中，若基团的第一个原子相同，则比较与其直接相连的原子序数最大的原子，以此类推，逐次对比确定次序，如：

$$-OCH_3 > -NH_2 > -{}^{13}CH_3 > -CH_2Br > -CH_2CH_3 > -CH_3$$

③ 未共用电子对（孤对电子）被定义为原子序数为0。

④ 当取代基为不饱和基团时，次序规则规定应把双键或三键等同于它以单键和多个原子相连，如：

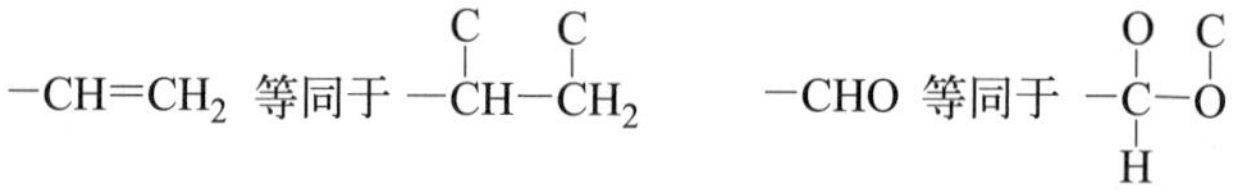

$-CH{=}CH_2$ 等同于 $-\underset{}{\overset{C}{CH}}-\overset{C}{CH_2}$　　$-CHO$ 等同于 $-\underset{H}{\overset{O}{C}}-\overset{C}{O}$

3.2.3 命名原则

烯烃的命名原则与烷烃基本相同，也有普通命名法和系统命名法。少数简单的烯烃可用普通命名法命名，如乙烯、丙烯、异丁烯等。系统命名法具体要求如下。

① 开链化合物在命名时要选择分子中最长的碳链作为主链，如果双键在最长的主链上，编号时应从靠近双键的一端开始，根据主链所含碳原子数称“某-位次-烯”，当烯烃主链的碳原子数多于十时，命名为“某碳-位次-烯”。英文名称将烷烃名称的后缀-ane改为-ene。例如：

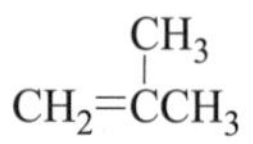

$CH_2{=}\overset{CH_3}{C}CH_3$ 2-甲基丙烯（异丁烯）　$CH_3\underset{CH_3}{C}{=}CH\underset{CH_3}{CH}CH_3$ 2,4-二甲基戊-2-烯 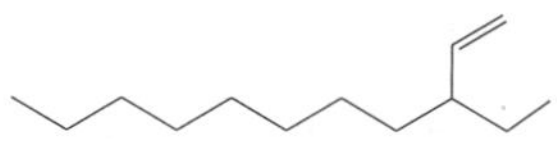　3-乙基十一碳-1-烯

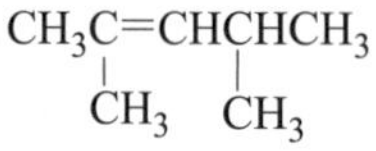

② 若主链不含碳碳双键，则按取代基位次最小编号，称为“某烷”，双键基团作为取代基，例如：

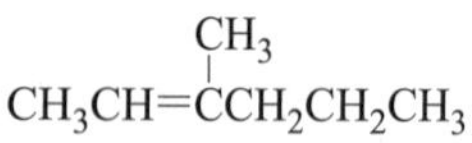

$CH_3CH{=}\overset{CH_3}{C}CH_2CH_2CH_3$ 3-甲基己-2-烯 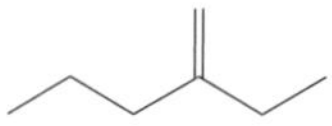　3-甲亚基己烷　$CH_3CH_2CH_2\overset{CH=CH_2}{CH}CH_2CH_2CH_3$ 4-乙烯基庚烷

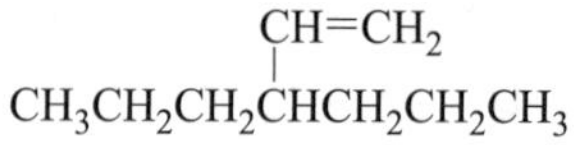

③ 对环状烯烃，编号时首先要保证双键的位次尽可能小，其次考虑取代基位次尽可能低；如果双键不在主环上，则按取代基处理。例如：

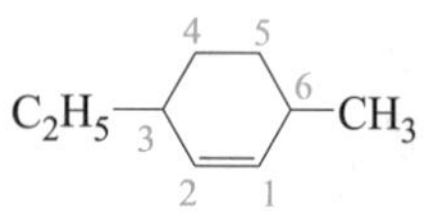

3-乙基-6-甲基环己-1-烯 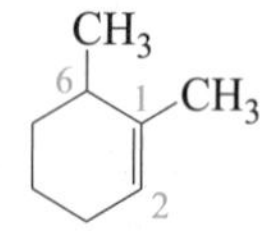　1,6-二甲基环己-1-烯 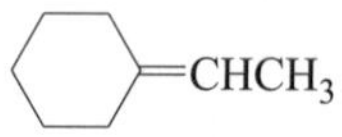　乙亚基环己烷 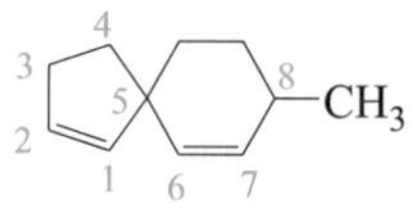　8-甲基螺[4.5]癸-1,6-二烯

④ 存在立体异构体的烯烃，命名时首先需要在前面标明其构型。烯烃构型的标注有两种方法，一种是顺/反标记法，另一种是*Z*/*E*标记法。

相同的原子或基团处于碳碳双键同侧的称为顺式（*cis*-），处于异侧的称为反式（*trans*-），若碳碳双键上同一个碳原子连有两个相同的基团，则没有顺反异构。例如：

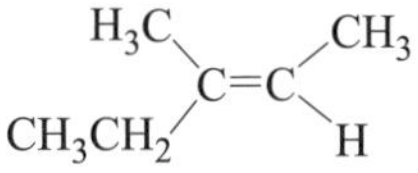

顺-3-甲基戊-2-烯 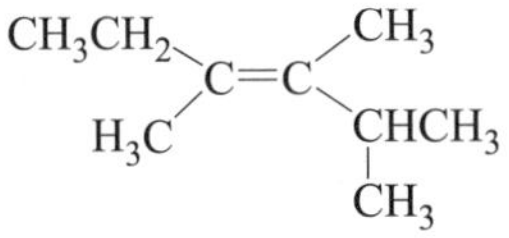　　反-2,3,4-三甲基己-3-烯 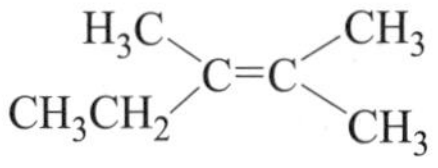　　2,3-二甲基戊-2-烯（无顺反异构）

Z/*E*标记法命名时首先将双键碳上的取代基利用次序规则进行比较，当两个较优基团处于双键同侧时为*Z*构型，用(*Z*)-标记，不同侧时为*E*构型，用(*E*)-标记，*Z*和*E*分别来自德文Zusammen（共同）和Entgegen（相反）的首字母。*Z*/*E*标记法更具广泛性，适用于所有的顺反异构体，它与顺/反标记法并不是对应关系。例如：

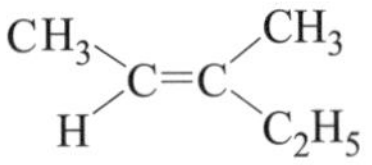

(*E*)-3-甲基戊-2-烯 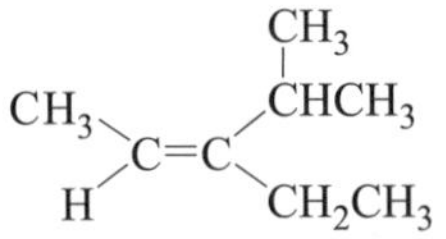　　(*Z*)-3-乙基-4-甲基戊-2-烯 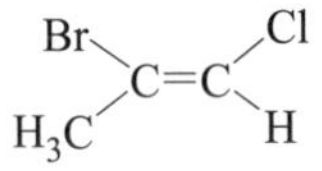　　(*Z*)-2-溴-1-氯丙烯

当烯烃分子中不止一个双键时，需分别标注每个双键的位次和构型，主链的编号有两种可能时，应从*Z*型双键的一端开始编号。例如：

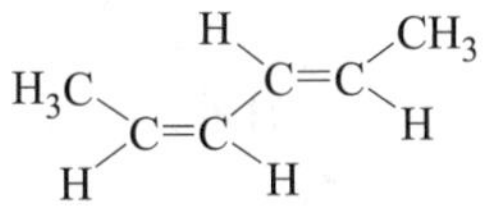

(2*Z*,4*E*)-己-2,4-二烯 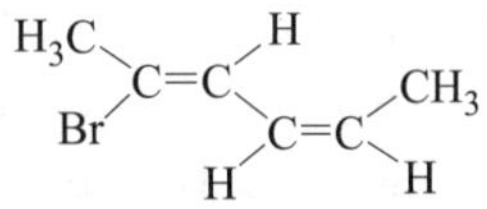　　(2*Z*,4*Z*)-2-溴己-2,4-二烯

3.3 烯烃的物理性质

烯烃的物理性质与碳数相当、骨架相似的烷烃接近，所有的烯烃都不溶于水而易溶于苯、石油醚、氯仿等非极性或弱极性有机溶剂。一些常见烯烃的物理常数见表3.1。

烯烃的沸点一般略低于相应的烷烃，含2～4个碳原子的烯烃为气体，5～18个碳原子的烯烃为液体，高级烯烃为固体。

对称取代的烯烃中，反式烯烃是对称分子，偶极矩为零，顺式烯烃的偶极矩不为零。极性越强，分子间作用力也越强，沸点一般更高。反式结构的异构体对称性较高，分子在晶格中的排列比较紧密，而顺式二取代烯烃中的双键在分子中造成U形弯曲，破坏堆积并降低熔点，因此反式烯烃虽然沸点低于顺式烯烃，但熔点却较高。如丁-2-烯的反式构型比顺式构型的沸点低3.1℃，熔点却高了33.8℃。

碳碳双键处于端基的烯烃称为**α-烯烃**，也有资料称其为末端烯烃（**ω-烯烃**），如戊-1-烯也叫α-戊烯或ω-戊烯。α-戊烯的沸点要比双键在中间的烯烃低一些。

表 3.1 常见烯烃的物理常数

名称	熔点/℃	沸点/℃	相对密度
乙烯	−169.5	−103.7	—
丙烯	−185.2	−47.7	—
丁-1-烯	−184.3	−6.4	—
(*Z*)-丁-2-烯	−139.3	4.0	0.621
(*E*)-丁-2-烯	−105.5	0.9	0.604
2-甲基丙烯（异丁烯）	−140.3	−6.9	0.594
戊-1-烯	−138.0	30.1	0.643
2-甲基丁-1-烯	−137.6	31.2	0.650
3-甲基丁-1-烯	−168.5	25.0	0.648
2-甲基丁-2-烯	−133.8	38.5	0.662
己-1-烯	−139.8	63.5	0.673
庚-1-烯	−119.0	93.6	0.697
环己烯	−104.0	83.0	0.811

3.4 烯烃的化学性质

碳碳双键为烯烃的官能团，容易发生氧化、加成和聚合反应；受双键的影响，使得相邻碳原子上的氢（又称α-氢原子，α-H）比较活泼，易发生α-H的卤代和氧化反应。

烯烃的主要化学反应可表述如下：

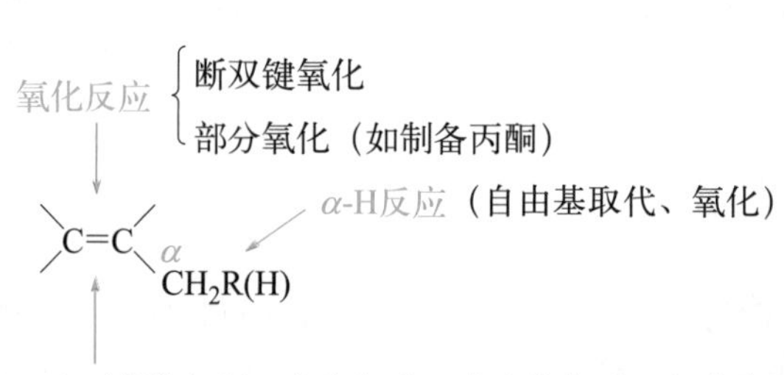

3.4.1 催化加氢反应

通常情况下烯烃与氢气混合，即使在很高的温度和压力下也很难发生反应，但在铂、钯、镍、铑等催化剂作用下，烯烃和氢气能够顺利反应生成烷烃，该反应过程被称为催化氢化反应。工业上常用的加氢催化剂为钯炭（Pd/C）和Raney Ni（雷尼镍）。例如：

$$\text{(Z)-CH}_3\text{CH=CHCH}_3 + \text{H}_2 \xrightarrow{\text{Ni}} \text{CH}_3\text{CH}_2\text{CH}_2\text{CH}_3 \qquad \Delta H = -119.6\ \text{kJ/mol}$$

催化氢化反应是放热反应，每摩尔烯烃催化氢化放出的能量称为氢化热（heat of hydrogenation）。1 mol顺-丁-2-烯在氢化过程中会释放119.6 kJ的热量，所以，顺-丁-2-烯的氢化热为119.6 kJ/mol。氢化热越低，分子越稳定。

表 3.2 部分烯烃的氢化热

烯烃	氢化热/（kJ/mol）	烯烃	氢化热/（kJ/mol）
CH_2=CH_2	137.2	$(CH_3)_2C$=CH_2	118.8
CH_3CH=CH_2	125.9	(*Z*)-CH_3CH_2CH=$CHCH_3$	119.7
CH_3CH_2CH=CH_2	126.8	(*E*)-CH_3CH_2CH=$CHCH_3$	115.5
(*Z*)-CH_3CH=$CHCH_3$	119.6	$(CH_3)_2C$=$CHCH_3$	112.5
(*E*)-CH_3CH=$CHCH_3$	115.6	$(CH_3)_2C$=$C(CH_3)_2$	111.3

表3.2列出了部分烯烃的氢化热，从中可以看出，反式构型的氢化热普遍低于顺式构型，同时，双键连接烷基数目越多，氢化热越低，说明双键的取代基越多，烯烃的结构越稳定。

催化加氢主要得到的是顺式加成产物，即新形成的两个C—H键均处于原双键的同侧，单烯烃、多烯烃、炔烃等发生催化氢化反应时也都遵循顺式加成历程。例如：

$$\text{1,2-二甲基环己烯} + H_2 \xrightarrow{Pt} \text{顺-1,2-二甲基环己烷（两个H与两个}CH_3\text{分别处于同侧）}$$

3.4.2 亲电加成反应

烯烃的双键是由一个σ键和一个相对比较弱的π键组成，而π电子云处于分子平面的外侧，易受带正电或缺电子的亲电试剂的进攻，发生亲电加成反应。

（1）与卤化氢的加成

烯烃与HX（X = Cl、Br、I）在碳碳双键处发生加成反应，生成相应的卤代烷。例如：

$$CH_3CH{=}CH_2 + HCl \longrightarrow CH_3\underset{}{\overset{Cl}{C}}H{-}\underset{H}{C}H_2$$

烯烃与卤化氢的加成是将干燥的卤化氢气体通入烯烃，或者烯烃在适度极性的溶剂（如乙酸、卤代烃等）中与卤化氢进行反应。卤化氢对烯烃的加成反应活性次序是：HI＞HBr＞HCl，其中HCl需要在$AlCl_3$催化下才能反应。$AlCl_3$的作用是促进了HCl的解离：

$$AlCl_3 + HCl \longrightarrow AlCl_4^- + H^+$$

烯烃与卤化氢的加成反应历程包括两个步骤：首先是由卤化氢解离出的质子（H^+）进攻烯烃，质子与π电子结合，π键断裂产生碳正离子中间体，这一步是慢反应，是整个加成反应的速率控制步骤；第二步是卤素负离子与碳正离子结合，生成加成产物。

$$\underset{\text{烯烃}}{>C=C<} \xrightarrow[\text{慢反应}]{H-X} -\overset{H}{\underset{|}{\overset{|}{C}}}-\overset{+}{C}- \xrightarrow[X^-]{\text{快反应}} \underset{\text{卤代烃}}{-\overset{H}{C}-\underset{X}{C}-}$$

不对称烯烃与卤化氢的加成存在区域选择性。例如，异丁烯与HBr加成，两种产物的比例如下：

$$CH_3\underset{CH_3}{C}=CH_2 + HBr \xrightarrow{CH_3COOH} \underset{>90\%}{CH_3\overset{Br}{\underset{CH_3}{C}}-CH_3} + \underset{<10\%}{CH_3\underset{CH_3}{CH}-CH_2Br}$$

异丁烯与HBr加成的反应结果表明：氢加在含氢较多的双键碳原子上、而溴加在含氢较少或不含氢的碳原子上的产物是主要加成产物。俄国化学家马尔科夫尼科夫（Markovnikov）1869年就发现了这条规律：在烯烃的亲电加成反应中，亲电试剂的正电性基团主要加到烯烃双键含氢较多的碳原子上，这就是**马尔科夫尼科夫规则**，简称**马氏规则**。

由于烯烃与卤化氢的加成速率控制步骤是生成碳正离子中间体这一步，越稳定的碳正离子越容易生成，其对应的产物比例就越多。异丁烯与HBr反应时，可能产生两种碳正离子：

$$CH_3-\underset{CH_3}{C}=CH_2 + H^+ \longrightarrow \begin{cases} CH_3-\overset{+}{\underset{CH_3}{C}}-CH_3 & (\text{I}) \\ CH_3-\underset{CH_3}{CH}-CH_2^+ & (\text{II}) \end{cases}$$

中间产物（Ⅰ）为叔碳正离子，（Ⅱ）为伯碳正离子，它们生成的难易、稳定性以及能量关系可从图3.3加成反应的进程图中得出。

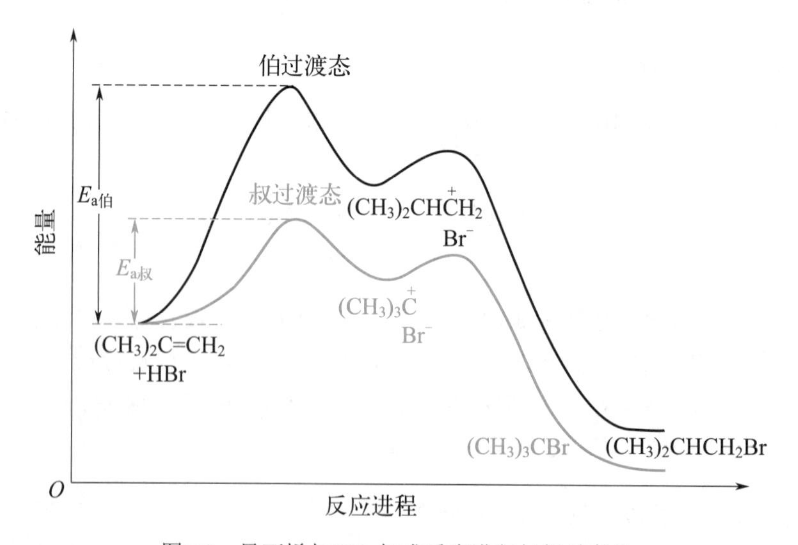

图3.3 异丁烯与HBr加成反应进程与能量变化

碳正离子中的碳原子为sp^2杂化，空的p轨道垂直于三个sp^2杂化轨道所在的平面。由于sp^2杂化的碳原子电负性比sp^3杂化的碳原子电负性大，甲基等烷基对碳正离子来说具有给电子诱导效应［参见1.3.4（4）］。但（Ⅰ）为叔丁基碳正离子，正电荷可以直接分散到三个甲基上，（Ⅱ）为异丁基伯碳正离子，虽然碳正离子连接的异丙基也是供电子基团，但两个甲基与带正电荷的碳相隔较远，影响相对较弱，故（Ⅰ）的稳定性要高于（Ⅱ），按生成（Ⅰ）中间体的路径所需的反应活化能低，反应速率快，主要加成产物是叔丁基溴，符合马氏规则。

稳定性比较：$CH_3 \rightarrow \overset{CH_3\downarrow}{C^+} \leftarrow CH_3$ > $CH_3 \rightarrow \overset{CH_3\downarrow}{CH} \rightarrow CH_2^+$

（Ⅰ） （Ⅱ）

诱导效应 诱导效应

各类烷基的供电子效应均大于氢，因此，常见碳正离子的稳定性顺序是：叔碳正离子＞仲碳正离子＞伯碳正离子＞甲基正离子。

叔碳正离子这一稳定性也可通过超共轭效应［参见5.2.2（3）］来解释，碳正离子p空轨道与相邻甲基上的C—H σ键发生了一定程度的重叠，σ键里的电子可以离域到p空轨道，使正电荷得到分散，这被称为σ-p超共轭效应，使整个体系变得稳定。

p(空) p(空) H

H_3C C^+ CH_3 H_3C H_3C C^+ C H H H_3C

叔丁基碳正离子结构 σ-p超共轭效应

由此可见，能与碳正离子起超共轭效应的C—H σ键越多，碳正离子越稳定。由于叔丁基碳正离子能与九个C—H σ键形成σ-p超共轭，而异丁基碳正离子只能与一个C—H σ键形成超共轭，所以，叔丁基碳正离子的稳定性高于异丁基碳正离子。

综上所述，对烷基碳正离子，由于诱导效应和超共轭效应，碳正离子的稳定性次序为：叔（3°）R^+＞仲（2°）R^+＞ 伯（1°）R^+＞CH_3^+。

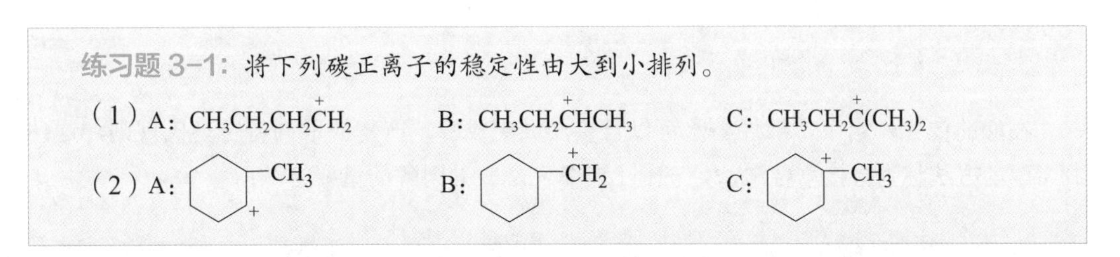

在有碳正离子生成的有机反应过程中，常常会发生一个有机基团（如甲基）或一个氢原子带一对电子迁移到缺电子碳上，这样就在基团转移离去的碳原子上产生了一个新的更稳定的碳正离子中心，这个过程叫**碳正离子重排**。1,2-基团（或氢）迁移（即邻位迁移）是最常见的重排方式。例如，3-甲基丁-1-烯与HCl的加成反应，主产物为1,2-负氢迁移的重排产物：

$$CH_3-\underset{\large CH_3}{\underset{|}{CH}}-CH{=}CH_2 \xrightarrow[-Cl^-]{HCl} CH_3-\underset{\large CH_3}{\underset{|}{CH}}-\overset{+}{C}H-CH_3 \xrightarrow{Cl^-} CH_3-\underset{\large CH_3}{\underset{|}{CH}}-\overset{\large Cl}{\overset{|}{CH}}-CH_3 \quad 约40\%$$

重排 ↓ 1,2-负氢迁移

$$CH_3-\underset{\large CH_3}{\underset{|}{\overset{+}{C}}}-CH_2-CH_3 \xrightarrow{Cl^-} CH_3-\underset{\large CH_3}{\underset{|}{\overset{\large Cl}{\overset{|}{C}}}}-CH_2-CH_3 \quad 约60\%$$

又如，3,3-二甲基丁-1-烯与HCl的加成反应，重排产物达到83%：

$$CH_3-\underset{\large CH_3}{\underset{|}{\overset{\large CH_3}{\overset{|}{C}}}}-CH{=}CH_2 \xrightarrow[-Cl^-]{HCl} CH_3-\underset{\large CH_3}{\underset{|}{\overset{\large CH_3}{\overset{|}{C}}}}-\overset{}{\underset{+}{CH}}-CH_3 \xrightarrow{Cl^-} CH_3-\underset{\large CH_3}{\underset{|}{\overset{\large CH_3}{\overset{|}{C}}}}-\underset{\large Cl}{\underset{|}{CH}}-CH_3 \quad 17\%$$

重排 ↓ 1,2-甲基迁移

$$CH_3-\underset{+}{\overset{\large CH_3}{\overset{|}{C}}}-\underset{\large CH_3}{\underset{|}{CH}}-CH_3 \xrightarrow{Cl^-} CH_3-\underset{\large Cl}{\underset{|}{\overset{\large CH_3}{\overset{|}{C}}}}-\underset{\large CH_3}{\underset{|}{CH}}-CH_3 \quad 83\%$$

这种重排反应的推动力是形成更为稳定的碳正离子。在溶液中，叔碳与仲碳、仲碳与伯碳正离子之间，每一级的能量差约为46～63 kJ/mol。当新生成的碳正离子足够稳定，释放的能量高于重排所需的能量时，碳正离子有可能通过重排生成更加稳定的加成产物。

练习题3-2： 1-甲基-1-乙烯基环戊烷与HBr反应会产生少量意外的扩环重排产物，请提出该产物的形成机制，并解释重排发生的原因。

（1-甲基-1-乙烯基环戊烷：环戊烷C上连 $CH{=}CH_2$ 与 CH_3）$\xrightarrow{HBr}$（环己烷：一个C上连Br与 CH_3，相邻C上连 CH_3）

（2）与水、硫酸的加成

在酸的催化作用下，烯烃与水可以直接加成生成醇，产物的取向符合马氏规则，这种制备醇的方法称为直接水合法，是工业上制备乙醇、异丙醇的重要方法：

$$CH_2{=}CH_2 + H_2O \xrightarrow[7\sim8\ MPa,\ 290^\circ C]{H_3PO_4} CH_3CH_2OH$$

$$CH_3CH{=}CH_2 + H_2O \xrightarrow[2\ MPa,\ 195^\circ C]{H_3PO_4} CH_3\overset{\large OH}{\overset{|}{C}}HCH_3$$

烯烃与浓硫酸反应，生成烷基硫酸氢酯，不对称烯烃与硫酸发生亲电加成反应也符合马氏规则，第一步是H^+加到含氢较多的双键碳原子上生成碳正离子中间体，然后是碳正离子与硫酸氢根结合。烷基硫酸氢酯水解可得到醇。例如：

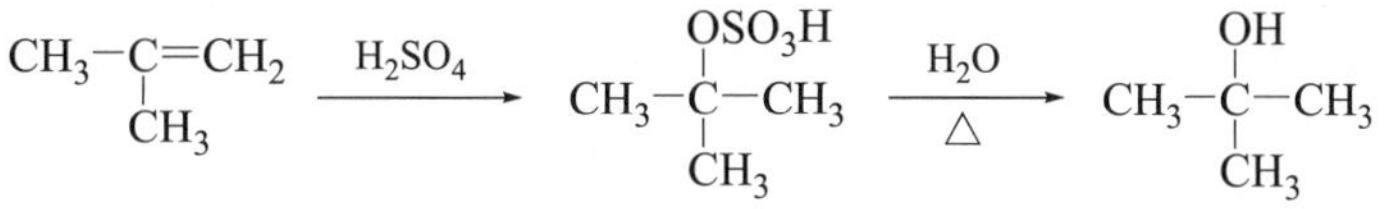

$$CH_3-\underset{CH_3}{\underset{|}{C}}=CH_2 \xrightarrow{H_2SO_4} CH_3-\underset{CH_3}{\underset{|}{\overset{OSO_3H}{\overset{|}{C}}}}-CH_3 \xrightarrow[\triangle]{H_2O} CH_3-\underset{CH_3}{\underset{|}{\overset{OH}{\overset{|}{C}}}}-CH_3$$

叔丁基硫酸氢酯　　　　叔丁醇

这种通过加成-水解制备醇的方法称为间接水合法，是工业上制备低级醇的方法之一。烷基硫酸氢酯可溶于硫酸，在石油工业上常用硫酸除去烷烃中的烯烃杂质。

练习题3-3： 在酸催化条件下，将下列烯烃与水加成反应的活性次序由高到低排序，并简要说明理由。

（1）$CH_2=CH_2$　（2）$CH_3CH=CH_2$　（3）$(CH_3)_2C=CH_2$　（4）$(CH_3)_2C=C(CH_3)_2$

（3）与卤素加成

烯烃与卤素加成生成反式的邻二卤代物，也称连二卤代物，其中卤素与烯烃加成时的活性顺序是：$F_2>Cl_2>Br_2>I_2$。氟过于活泼，往往得到碳链断键的各种产物，碘的活性不足，应用较多的是氯和溴的单质。烯烃与溴的加成，一般以CCl_4为溶剂，室温下即可进行。例如：

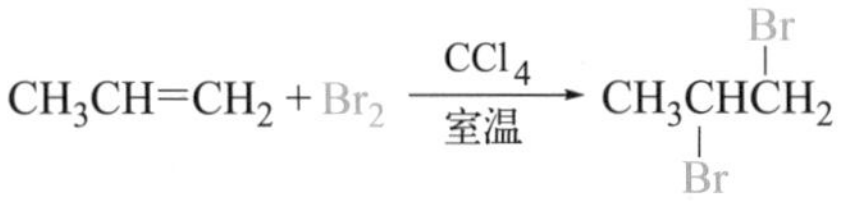

$$CH_3CH=CH_2+Br_2 \xrightarrow[\text{室温}]{CCl_4} CH_3\underset{Br}{\underset{|}{C}}H\overset{Br}{\overset{|}{C}}H_2$$

溴的四氯化碳溶液为棕红色，反应生成的二溴化物溶于四氯化碳为无色溶液，这个褪色反应非常迅速，可用来检验或鉴别烯烃化合物。

受限于环的结构，环状烯烃与卤素加成后的反式结构会固定，如环戊烯与溴的加成主要产物是反-1,2-二溴环戊烷：

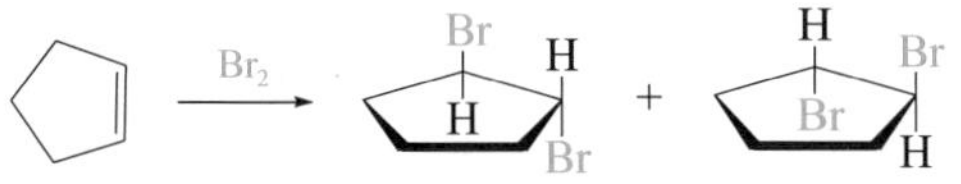

$$\text{环戊烯} \xrightarrow{Br_2} \text{反-1,2-二溴环戊烷（两种对映体）}$$

将乙烯通入含有NaCl的溴水中，除了生成1,2-二溴乙烷外，还生成了1-溴-2-氯乙烷和2-溴乙醇。这表明，烯烃和溴的加成是分步进行的。

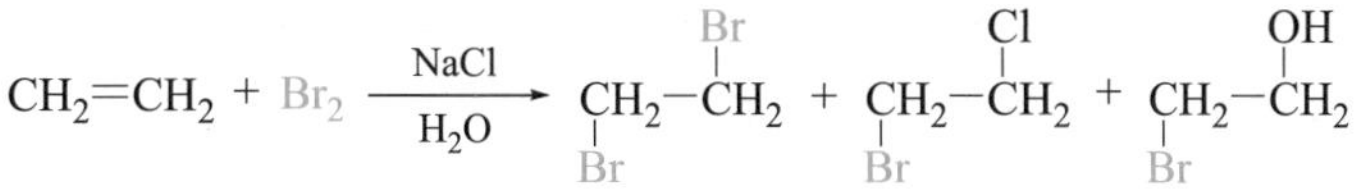

$$CH_2=CH_2+Br_2 \xrightarrow[H_2O]{NaCl} \underset{Br}{\underset{|}{C}}H_2-\overset{Br}{\overset{|}{C}}H_2+\underset{Br}{\underset{|}{C}}H_2-\overset{Cl}{\overset{|}{C}}H_2+\underset{Br}{\underset{|}{C}}H_2-\overset{OH}{\overset{|}{C}}H_2$$

烯烃与溴的加成反应历程如图3.4所示。第一步，当溴接近烯烃分子时，烯烃分子中的π电子云密度较高，诱使溴分子发生极化，其中带正电部分的溴原子与烯烃π电子结合，生成一个环状溴鎓离子（bromoniumion），同时溴分子异裂产生溴负离子，溴鎓离子中的正电荷主要集中在溴原子上，构成三元环的溴和碳均为八隅体结构，比缺电子的碳正离子稳定，但毕竟三元环的环张力比较大，所以溴鎓离子依然是不稳定的中间体；第二步，溴鎓离子受体系中负离子从环背面的进攻，生成反式加成产物。

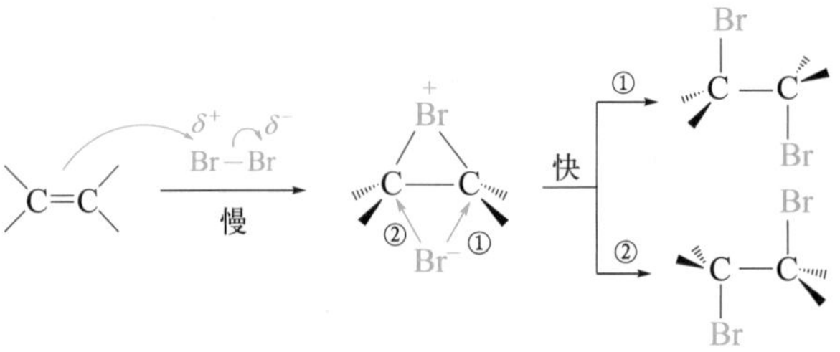

δ^+ δ^- Br—Br 慢 快 ① ② Br Br Br Br Br^-

图3.4　溴与烯烃亲电加成反应历程

需要说明的是，在烯烃π键的上、下方均可形成环状溴鎓离子。加成产物存在立体异构体（参见第6章）。例如，顺-丁-2-烯与溴加成得到两种立体异构体：

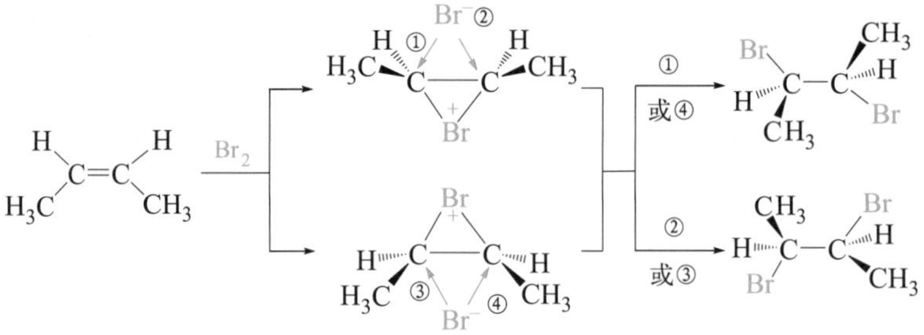

Br_2 Br^- ② ① ③ ④ H H_3C CH_3 或④ 或③ Br CH_3 H

烯烃与氯的加成也是相似的历程，但氯原子半径小，电负性大，氯鎓离子的稳定程度低，更倾向于形成碳正离子中间体，所以，其反式加成产物的比例低于与溴的加成。

（4）与次卤酸的加成

烯烃与卤素（溴或氯）在稀水溶液中或在碱性水溶液中发生加成反应时，可生成β-卤代醇，这相当于在碳碳双键上加上一分子次卤酸，也被称为与次卤酸的加成。例如：

$$CH_3CH{=}CH_2 \xrightarrow[(HOX)]{X_2/H_2O} CH_3\underset{OH}{C}H\overset{X}{C}H_2$$

该反应同时也生成相当多的二卤代物。这也是亲电加成反应，加成方向符合马氏规则，带正电荷的X^+加到含氢较多的碳原子上。以溴水与烯烃反应为例，第一步和烯烃与溴的加成一样，生成溴鎓离子，第二步是H_2O或Br^-的反式加成：

(1) 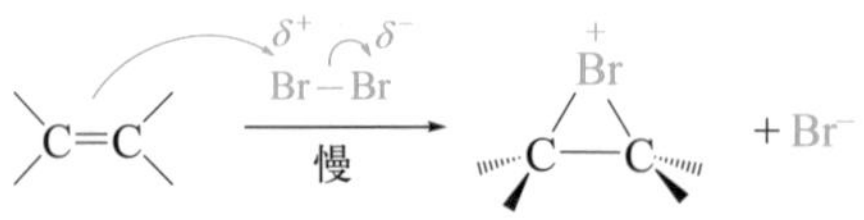 δ^+ δ^- Br—Br 慢 Br $+Br^-$

(2) 溴鎓离子 $\xrightarrow{H_2O}$ $-\overset{|}{\underset{^+OH_2}{C}}-\overset{Br}{\underset{|}{C}}-$ $\xrightarrow{-H^+}$ $-\overset{\alpha|}{\underset{OH}{C}}-\overset{Br\,\beta}{\underset{|}{C}}-$ β-卤代醇

$\xrightarrow{Br^-}$ $-\overset{|}{\underset{Br}{C}}-\overset{Br}{\underset{|}{C}}-$ 二卤代烷

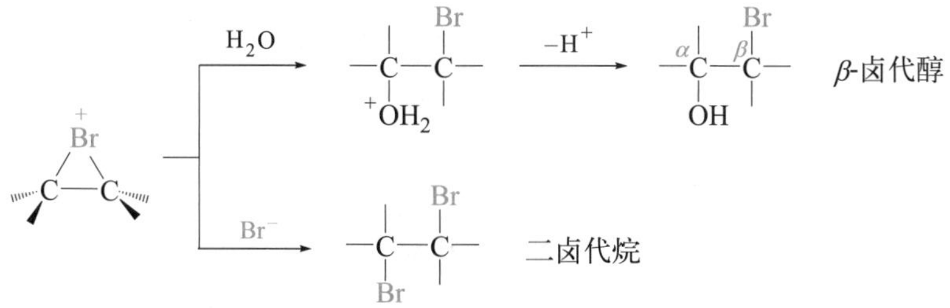

注意，若烯烃双键连接的取代基不同，在第二步生成卤代醇的反应中，水分子的进攻方向不是随机的，从第二步反应的过渡态碳正离子稳定性考虑，甲基（烷基）为供电子基团，水分子进攻溴鎓离子中含烷基较多的那个碳原子有利于正电荷的分散，形成的过渡态更稳定，换而言之，溴加在含氢较多的碳原子上的产物为主产物。

δ^+ Br，$CH_3CH(\delta^+)-CH_2$，δ^+ :OH_2（进攻CH）
稳定的过渡态

δ^+ Br，$CH_3CH-CH_2(\delta^+)$，δ^+ :OH_2（进攻CH_2）
不稳定的过渡态

练习题 3-4：写出下列亲电加成反应的产物。

（1）1-甲基环己烯（$-CH_3$） $\xrightarrow{Br_2}$ （A）　　（2）1-甲基环己烯（$-CH_3$） $\xrightarrow{Br_2/H_2O}$ （B）

3.4.3 与HBr的自由基加成

不对称烯烃与HBr的加成在光照或有过氧化物（ROOR）存在时，加成的取向正好与马氏规则相反，这种现象称为**过氧化物效应**（peroxide effect），该反应属于自由基加成历程。

过氧化物效应只发生在烯烃与HBr的加成反应中，而且反应进行得很快。HCl解离能较大，不易均裂产生氯自由基，HI虽能均裂产生碘自由基，但活性太低，难与双键进行加成反应。

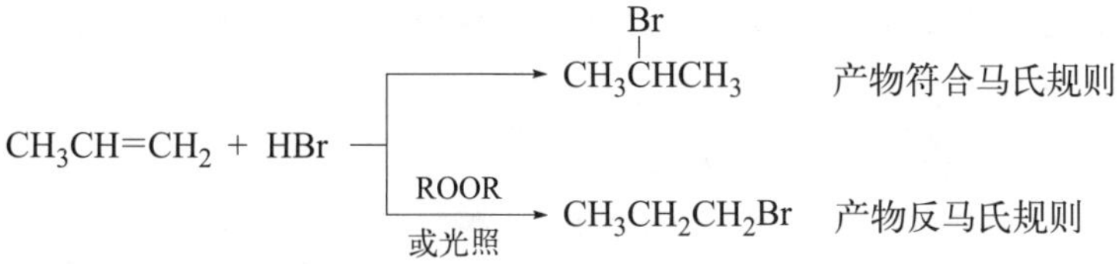

$CH_3CH{=}CH_2 + HBr \longrightarrow CH_3\overset{Br}{C}HCH_3$　产物符合马氏规则

$CH_3CH{=}CH_2 + HBr \xrightarrow[\text{或光照}]{ROOR} CH_3CH_2CH_2Br$　产物反马氏规则

过氧化物中的过氧键“—O—O—”属于弱键，在光或加热条件下很容易发生均裂产生自由基，所产生的自由基会引发烯烃与HBr的自由基加成反应。以丙烯与HBr为例，自由基加成反应机理经过链引发、链传递和链终止三个阶段：

链引发　$R-O-O-R \xrightarrow[\text{或光照}]{\text{加热}} 2R-O\cdot$

$R-O\cdot + HBr \longrightarrow R-OH + Br\cdot$

链传递 $Br\cdot + CH_3CH{=}CH_2 \longrightarrow CH_3\dot{C}HCH_2Br$

$CH_3\dot{C}HCH_2Br + HBr \longrightarrow CH_3CH_2CH_2Br + Br\cdot$

链终止 $Br\cdot + Br\cdot \longrightarrow Br_2$

$CH_3\dot{C}HCH_2Br + Br\cdot \longrightarrow CH_3CH(Br)CH_2Br$

$2\,CH_3\dot{C}HCH_2Br \longrightarrow BrCH_2CH(CH_3){-}CH(CH_3)CH_2Br$

在链的传递阶段，溴自由基加成后得到的碳自由基，有两种不同的反应途径：

（Ⅰ）$Br\cdot + CH_3CH{=}CH_2 \longrightarrow CH_3\dot{C}HCH_2Br$ 仲碳自由基

（Ⅱ）$Br\cdot + CH_3CH{=}CH_2 \longrightarrow CH_3CH(Br)\dot{C}H_2$ 伯碳自由基

根据解离能分析得到的自由基稳定性排序［参见2.5.1（4）]，仲碳自由基的稳定性大于伯碳自由基，丙烯与溴自由基的加成是按（Ⅰ）反应途径进行的，得到的仲碳自由基再与HBr作用，生成反马氏加成产物。

自由基中心碳原子的p轨道只有一个电子，其价电子层只有7个电子，而不是八隅体结构，所以碳自由基可以被认为是“缺电子”的活性中间体，具有强烈取得电子的倾向，这点与碳正离子相似。由于烷基有给电子诱导效应，故自由基中心碳连接的烷基越多越稳定，也与碳正离子相似。

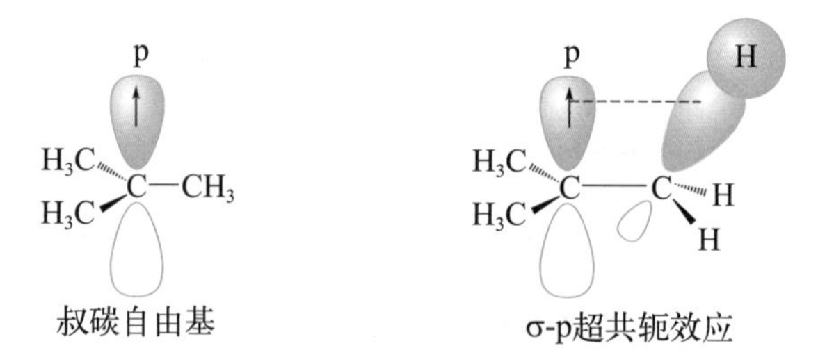

叔碳自由基　　σ-p超共轭效应

碳自由基的稳定性同样也可以用超共轭效应解释，自由基中心碳原子p轨道与相邻甲基上的C−H σ键发生了一定程度的重叠，σ键里的电子可离域到p轨道，这种σ-p超共轭效应增加了中心碳原子的电子云密度，使得自由基的活性降低，增加了自由基的稳定性。参与超共轭的C−Hσ键越多，自由基越稳定。

从诱导效应和超共轭效应来看，烷基自由基的稳定性与碳正离子稳定性次序一致：

$$叔（3°）R\cdot >仲（2°）R\cdot >伯（1°）R\cdot > CH_3\cdot$$

练习题 3-5： 写出下列加成反应的主要产物。

（1）$(CH_3)_2C{=}CH_2 \xrightarrow[\text{光照}]{HBr}$ （A）

（2）环己亚基$=CH_2 \xrightarrow[ROOR]{HBr}$ （B）

（3）$(CH_3)_2C{=}CHCH_3 \xrightarrow[ROOR]{HCl}$ （C）

（4）1-甲基环己烯$-CH_3 \xrightarrow[ROOR]{HBr}$ （D）

3.4.4 硼氢化-氧化反应

甲硼烷（BH_3）或乙硼烷（B_2H_6）与烯烃发生加成反应生成烷基硼烷，再用过氧化氢氧化，得到相应的醇，这种反应称为硼氢化-氧化反应。

$$3RCH=CH_2 + BH_3 \xrightarrow{THF} (RCH_2CH_2)_3B \xrightarrow[OH^-]{H_2O_2} 3RCH_2CH_2OH + B(OH)_3$$

甲硼烷（BH_3）为缺电子化合物，其分子中的硼原子的价电子层只有6个电子，不能独立稳定存在。乙硼烷（B_2H_6）是能独立存在的最简单的硼烷，可看作是甲硼烷的二聚体，乙硼烷有毒，在空气中易自燃，硼氢化反应需要在惰性气体保护下进行。在溶剂四氢呋喃（THF）或其它醚中，乙硼烷能溶解并解离为甲硼烷与醚结合的配合物。硼氢化反应实际上是烯烃与甲硼烷和醚的配合物的反应。以2-甲基丙烯的硼氢化为例：

$$CH_3-\underset{}{\overset{CH_3}{\overset{|}{C}}}=CH_2 \xrightarrow[\text{醚}]{BH_3} CH_3-\overset{CH_3}{\overset{|}{\underset{\vdots}{\overset{\delta^+}{C}}}}\text{---}\underset{\vdots}{\overset{}{CH_2}}^{\delta^-} \longrightarrow CH_3-\overset{CH_3}{\overset{|}{\underset{|}{C}}}-\underset{|}{CH_2} \xrightarrow{2(CH_3)_2C=CH_2} [(CH_3)_2CHCH_2]_3B$$

$$\qquad\qquad H\text{---}BH_2 \qquad\qquad\qquad H \quad BH_2$$

过渡态

在硼氢化过程中，首先是缺电子的硼进攻电子云密度较高的双键，加在含氢较多的双键碳原子上（空间位阻也小），这样过渡态因邻位碳上的部分正电荷容易分散而稳定，而氢则加到含氢较少的碳原子上。从反应历程看，硼烷与烯烃的加成是经过四元环状过渡态一步转化的协同反应，不会发生重排反应，硼和氢原子都是加在碳碳双键的同侧，为顺式加成。

由于亲电试剂BH_3中的硼缺电子，相当于正电性基团，其加到含氢较多的碳原子上，依然符合马氏规则。

若烯烃双键上都具有空间位阻比较大的基团，硼氢化反应也可以停留在一烷基硼或二烷基硼阶段。硼氢化产物可直接与H_2O_2的NaOH溶液作用，被氧化、水解生成相应的醇。

$$[(CH_3)_2CHCH_2]_3B \xrightarrow[OH^-]{H_2O_2} 3(CH_3)_2CHCH_2OH + B(OH)_3$$

不对称烯烃经过硼氢化-氧化反应，得到的产物相当于烯烃与H_2O的反马、顺式加成，但注意，其中双键碳原子直接加上去的氢是来自硼烷而不是水。对末端烯烃（α-烯烃），该方法是制备伯醇的一个很好的方法。

练习题3-6： 写出下列化合物发生硼氢化-氧化反应的主要产物。

（1）环己基$-CH_2CH=CH_2$ $\xrightarrow[H_2O]{H^+}$ （A）；$\xrightarrow[\text{②}H_2O_2,\ OH^-]{\text{①}BH_3}$ （B）

（2）1-甲基环戊烯（环戊烯基$-CH_3$） $\xrightarrow[\text{②}H_2O_2,\ OH^-]{\text{①}B_2H_6}$ （A）　（3）亚甲基环戊烷（环戊基$=CH_2$） $\xrightarrow[\text{②}H_2O_2,\ OH^-]{\text{①}B_2H_6}$ （B）

3.4.5 烯烃的氧化反应

（1）高锰酸钾氧化

烯烃很容易被高锰酸钾氧化，氧化产物取决于反应条件。用浓、热的高锰酸钾氧化烯烃，烯烃碳碳双键处被氧化断裂，不含氢的双键部分被氧化后生成酮，含一个氢的部分被氧化生成羧酸，末端烯烃的链端（$=CH_2$）则会被氧化成二氧化碳和水。例如：

$$(CH_3)_2C=CH_2 \xrightarrow[H^+]{KMnO_4} (CH_3)_2C=O + CO_2 + H_2O$$

$$\text{环己叉}=CHCH_3 \xrightarrow[H^+]{KMnO_4} \text{环己酮}(=O) + CH_3COOH$$

在稀、冷高锰酸钾溶液中氧化烯烃，会在烯烃双键的位置上生成顺式的邻二醇。例如：

$$C=C \xrightarrow[\text{低温}]{KMnO_4/H_2O} \text{环状锰酸酯（O}_2\text{Mn}^-\text{，O—C—C—O）} \xrightarrow{H_2O} \text{顺式 OH OH 邻二醇（C—C）}$$

为得到较高产量的邻二醇，实际的合成一般使用四氧化锇等氧化剂，它的氧化机理、产物的立体化学都与高锰酸钾相似，都是生成顺式邻二醇（参见10.4.6），但其毒性和价格限制了其广泛应用。

紫红色的高锰酸钾溶液会与烯烃反应而迅速褪色，可用来鉴别烯烃。

（2）环氧化反应

烯烃在试剂作用下生成环氧化物的过程叫作**环氧化**（epoxidation），该化学反应叫作**环氧化反应**。

环氧乙烷是最简单的环氧化合物，工业上用空气氧化烯烃，在银催化剂作用下制备：

$$CH_2=CH_2 + \frac{1}{2}O_2 \xrightarrow[250℃]{Ag} \underset{\diagdown O \diagup}{CH_2—CH_2}$$

过氧乙酸、过氧苯甲酸、间氯过氧苯甲酸等也是常用的环氧化试剂。例如：

$$CH_3CH=CH_2 + CH_3\overset{O}{\overset{\|}{C}}OOH \longrightarrow \underset{\diagdown O \diagup}{CH_3CH—CH_2} + CH_3COOH$$

环氧乙烷和环氧丙烷都是重要的化工原料和中间体，用途十分广泛（参见10.10）。

过氧酸氧化是制备环氧化物的重要手段，在这种条件下的环氧化反应是顺式加成，生成的环氧化物保持原来烯烃的构型。环氧化物水解得到反式邻二醇。例如：

$$\text{(E)-3-己烯（H, H）} \xrightarrow[CCl_4]{Ph\overset{O}{\overset{\|}{C}}OOH} \text{反式-3,4-环氧己烷（H, H）} \xrightarrow{H_3O^+} \text{3,4-己二醇（OH, OH）}$$

练习题 3-7： 写出顺-丁-2-烯和反-丁-2-烯分别在稀冷 $KMnO_4$ 水溶液中反应和过氧酸环氧化反应后水解的主要产物。

（3）臭氧化-还原反应

低温时，将臭氧（O_3）通入液态烯烃或含有烯烃的惰性有机溶剂中，臭氧会迅速与烯烃发生定量反应生成臭氧化物（ozonide）。纯的臭氧化物很不稳定，易爆炸。

在实验室中，臭氧可由臭氧发生仪产生，臭氧发生仪可以使干燥的氧气流在电弧中产生3%～4%的臭氧，这种含有臭氧的氧气流通过烯烃的甲醇或二氯甲烷溶液，可以将烯烃氧化成臭氧化物，分离后在锌的乙酸溶液或在二甲硫醚（CH_3SCH_3）作用下被还原生成醛、酮，这两步反应合称**臭氧化-还原反应**。例如：

$$>C=C< \xrightarrow{O_3} \text{臭氧化物} \xrightarrow[CH_3COOH]{Zn} >C=O + O=C<$$

臭氧化物

$$\underset{(Z)\text{-3-甲基戊-2-烯}}{CH_3CH_2(CH_3)C=CH(CH_3)} \xrightarrow[CH_2Cl_2]{O_3} \xrightarrow[CH_3COOH]{Zn} \underset{\text{丁-2-酮}}{CH_3CH_2\overset{O}{\overset{\|}{C}}CH_3} + \underset{\text{乙醛}}{CH_3CHO}$$

可由烯烃经臭氧化-还原得到的醛、酮的结构，推断原来烯烃的结构。

练习题 3-8： 写出下列反应的主要产物。

（1）亚甲基环戊烷（环戊烷$=CH_2$） $\xrightarrow[\text{② } Zn/CH_3COOH]{\text{① } O_3/CH_2Cl_2}$ （A）　（2）1-甲基环己烯（环己烯$-CH_3$） $\xrightarrow[\text{② } (CH_3)_2S]{\text{① } O_3/CH_2Cl_2}$ （B）

（4）羰基化反应——制备醛、酮

乙醛和丙酮都是重要的化工原料，可由乙烯和丙烯在氯化钯-氯化铜催化作用下，用空气直接氧化来制备：

$$CH_3CH=CH_2 + \frac{1}{2}O_2 \xrightarrow[120℃]{PdCl_2\text{-}CuCl_2} CH_3-\overset{O}{\overset{\|}{C}}-CH_3 \quad \text{丙酮}$$

$$CH_2=CH_2 + \frac{1}{2}O_2 \xrightarrow[100\sim125℃]{PdCl_2\text{-}CuCl_2} CH_3CHO \quad \text{乙醛}$$

这是丙酮和乙醛的工业制备方法之一，称为**瓦克（Wacker）法**。

3.4.6 烯烃α-氢的反应

（1）α-氢的卤代反应

在高温、光照条件下，丙烯的α-H能与氯气发生自由基卤代反应，得到3-氯丙烯：

$$CH_2{=}\overset{\alpha}{CH}CH_3 + Cl_2 \xrightarrow{500℃} CH_2{=}CHCH_2Cl + HCl$$

丙烯与氯在温度低时易发生加成反应。烯烃α-H的氯代反应通常需要在500℃及以上的高温条件下才能顺利发生，该自由基取代反应中，中间体烯丙基自由基的生成为速率控制步骤。

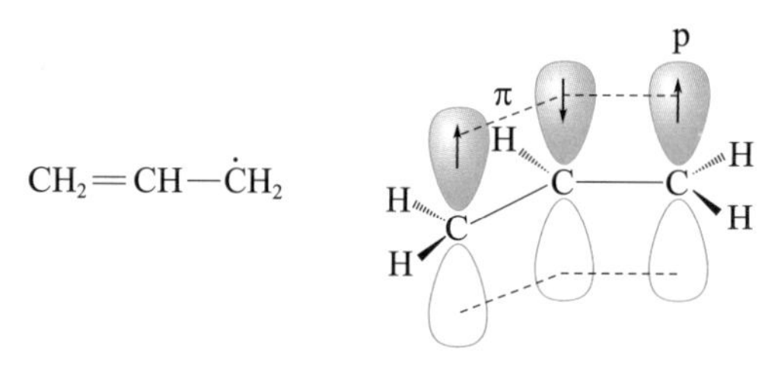

烯丙基自由基的结构及p-π共轭体系

烯丙基自由基碳为sp^2杂化，未参与杂化的p轨道中只有一个电子，该p轨道与组成双键的两个p轨道相互平行，可以侧面重叠，形成p-π共轭体系，导致π键电子向“缺电子”的自由基p轨道离域，降低了自由基中间体的能量，增加了自由基的稳定性，降低了α-H卤代的活化能，使得卤代反应能够顺利进行。

烯烃α-H的溴代通常使用惰性溶剂（如CCl_4），在光照或引发剂（如过氧化苯甲酰，俗称引发剂BPO）作用下，由烯烃与溴化剂*N*-溴代丁二酰亚胺（简称NBS）反应来实现：

Br
O N O
BPO
Br

> **练习题 3-9：** 请写出丙烯在光照或高温下与Cl_2发生自由基取代反应过程中链引发和链传递两个阶段的反应历程。

（2）烯烃α-氢的氧化反应

烯烃的α-H较烷烃的C—H容易被氧化，在不同的氧化条件下可得不同的氧化产物。

① 丙烯醛　采用丙烯催化空气氧化法，在310～470℃将丙烯在氧化亚铜、钼酸铋等催化剂存在下与空气进行直接氧化得到：

$$CH_2{=}CHCH_3 + O_2 \xrightarrow[350℃,\ 0.25\ MPa]{Cu_2O} CH_2{=}CHCHO + H_2O$$

丙烯醛是重要的有机合成中间体，可用于制造蛋氨酸、烯丙醇、丙烯酸等，还可用作油田注入水的杀菌剂。

② 丙烯酸　丙烯在氧化钼催化下，与空气进行氧化可制备丙烯酸：

$$CH_2{=}CHCH_3 + \frac{3}{2}O_2 \xrightarrow[280\sim360℃,\ 0.2\sim0.3\ \text{MPa}]{MoO_3} CH_2{=}CHCOOH + H_2O$$

丙烯酸通过均聚或与其它单体共聚，可制备高聚物，用途十分广泛。

③ 丙烯腈　丙烯与含氨的氧气，在磷钼酸铋或锑铁系催化剂作用下，400 ～ 500℃温度时，常压下氧化生成丙烯腈，这一过程称为氨氧化反应：

$$CH_2{=}CHCH_3 + NH_3 + \frac{3}{2}O_2 \xrightarrow[470℃]{\text{磷钼酸铋}} CH_2{=}CHCN + 3H_2O$$

丙烯腈水解可得丙烯酸，部分水解可得丙烯酰胺。丙烯腈也是合成纤维、树脂和橡胶的重要单体。

3.4.7 聚合反应

聚合反应（polymerization）是把低分子量的单体转化成高分子量聚合物（polymer）的过程。含有碳碳双键的单体（monomer）通过双键断裂而相互加成生成聚合物，叫加成聚合（addition polymerization），简称加聚。聚合物大分子链上所含重复单元数目的平均值，叫聚合度（degree of polymerization），一般以n表示。

加成聚合的单体主要有α-烯烃、乙烯基化合物和1,3-二烯烃及其衍生物。以塑料为例，乙烯类塑料占全部塑料的80%左右，其中最重要的有聚乙烯（polyethylene，PE）、聚丙烯（polypropylene，PP）、聚氯乙烯（polyvinyl chloride，PVC）和聚苯乙烯（polystyrene，PS）。例如：

$$\text{+}CH_2\text{—}CH_2\text{+}_n \qquad \text{+}\underset{\displaystyle CH_3}{\underset{|}{CH}}\text{—}CH_2\text{+}_n \qquad \text{+}\underset{\displaystyle Cl}{\underset{|}{CH}}\text{—}CH_2\text{+}_n \qquad \text{+}\underset{\displaystyle C_6H_5}{\underset{|}{CH}}\text{—}CH_2\text{+}_n$$

聚乙烯　　聚丙烯　　聚氯乙烯　　聚苯乙烯

烯烃的聚合是在催化剂或引发剂作用下，π键断裂并相互连接生成σ键，由于π键的键能小于σ键的键能，故总体上是放热反应，一经引发反应就能自发进行。自由基引发剂存在下的聚合是自由基聚合机理，常用的有过氧化苯甲酰（BPO）和偶氮二异丁基腈（AIBN）；酸碱等催化剂下的聚合是离子型聚合机理。例如：

$$n\,CH_2{=}CH_2 \xrightarrow[\text{或引发剂}]{\text{催化剂}} \text{+}CH_2\text{—}CH_2\text{+}_n \quad \text{聚乙烯}$$

聚乙烯无臭，无毒，具有优良的耐低温性能（最低使用温度可达−100 ～ −70℃），化学稳定性好，能耐大多数酸碱的侵蚀（具有氧化性质的酸除外），常温下不溶于一般溶剂，吸水性小，电绝缘性优良，用途十分广泛。

资料卡片

聚乙烯依聚合方法、分子量高低、链结构的不同，可分为高密度聚乙烯（HDPE）、低密度聚乙烯（LDPE）及线性低密度聚乙烯（LLDPE）和超高分子量聚乙烯（UHMWPE）。阅读了解这几种聚乙烯的制备和结构特点以及主要用途。

聚丙烯也是工业上大宗的塑料产品，生产量仅次于聚乙烯，其硬度较软、透明度低且呈现乳白色，成膜性差，广泛用于食品包装领域；由于其结晶性好，可制成纤维丙纶。聚丙烯比聚乙烯有更好的耐热性，是可用于微波炉加热的聚烯烃材料。其聚合反应如下：

$$n\,\underset{\displaystyle CH_3}{\underset{|}{CH}}{=}CH_2 \xrightarrow[50°C,\ 1\ MPa]{Al(C_2H_5)_3\text{-}TiCl_4} \left[\underset{\displaystyle CH_3}{\underset{|}{CH}}-CH_2\right]_n$$

烯烃聚合常用的$Al(C_2H_5)_3$-$TiCl_4$（或$TiCl_3$）及其改性催化剂，是一种优良的定向聚合催化剂，称为**齐格勒-纳塔**催化剂，是由德国化学家齐格勒（K. Ziegler）和意大利化学家纳塔（G. Natta）首先发现并应用于该领域的。

聚氯乙烯单体和聚合物的制备及应用参见第4章（4.3.5）和第9章（9.8.2）；聚苯乙烯的制备和应用参见第7章［7.4.5（3）］。

由一种单体进行的聚合反应称为**均聚**（homopolymerization），所生成的聚合物叫均聚物。不同单体间的聚合反应称为**共聚**（copolymerization），取决于单体种类，常见的有二元共聚、三元共聚等方式。例如，乙丙橡胶（ethylene propylene rubber，EPR）就是由乙烯和丙烯共聚而成的：

$$n\,CH_2{=}CH_2 + m\,\underset{\displaystyle CH_3}{\underset{|}{CH}}{=}CH_2 \xrightarrow{\text{聚合}} \left[CH_2-CH_2\right]_n\left[\underset{\displaystyle CH_3}{\underset{|}{CH}}-CH_2\right]_m \quad \text{乙丙橡胶}$$

乙丙橡胶耐老化性能优异，具有良好的电绝缘性能以及耐化学品、耐热水等特性，广泛用于汽车部件、防水材料、电线电缆护套、耐热胶管、汽车密封件等领域。

聚烯烃弹性体（POE）是采用茂金属催化剂的乙烯和α-烯烃（丁-1-烯、己-1-烯、辛-1-烯等）实现原位聚合的热塑性弹性体，具有塑料和橡胶的双重特性，综合性能优异。例如：乙烯与辛-1-烯共聚物：

$$n\,CH_2{=}CH_2 + m\,CH_2{=}CH(CH_2)_5CH_3 \xrightarrow{\text{聚合}} \left[CH_2-CH_2\right]_n\left[CH_2-\underset{\displaystyle \underset{\displaystyle CH_3}{\underset{|}{(CH_2)_5}}}{\underset{|}{CH}}\right]_m$$

3.5 烯烃的来源和制备

3.5.1 烯烃的工业来源和制法

烯烃主要的原料来源是石油和天然气。低级烯烃（乙烯、丙烯和丁烯等）主要通过原油直接裂解和石油的各种馏分裂解得到。例如：

$$C_6H_{14} \xrightarrow{\text{高温}} H_2 + CH_2{=}CH_2 + CH_3CH{=}CH_2 + CH_3CH_2CH{=}CH_2 + CH_4 + \cdots$$

天然气中也含有丰富的烃类化合物，其中包括乙烯、丙烯等烯烃。通过石油裂解和天然气处理等工艺，可以将这些烯烃类化合物提取和分离，生产烯烃。

我国煤经甲醇制烯烃技术已经成熟，2022年我国煤（甲醇）制烯烃产能达1772万吨/年。我国煤经甲醇制烯烃的工艺路线主要有两条：

① MTO工艺　即甲醇制烯烃（methanol to olefins），主要产品是乙烯和丙烯：

$$2CH_3OH \longrightarrow CH_2{=}CH_2 + 2H_2O$$

$$3CH_3OH \longrightarrow CH_3CH{=}CH_2 + 3H_2O$$

② MTP工艺　即甲醇制丙烯（methanol to propylene），主要产品是丙烯：

$$3CH_3OH \longrightarrow CH_3CH{=}CH_2 + 3H_2O$$

提高催化剂对低碳烯烃的选择性是煤制烯烃技术的关键，最常用的是SAPO系列和ZSM系列的各类分子筛催化剂。

阅读与思考

我国资源模式为“富煤、贫油、少气”，中国科学院大连化学物理研究所作为我国煤制烯烃的先导，解决了我国煤制烯烃的技术瓶颈，搭建起了煤化工向石油化工过渡的桥梁。查阅资料，了解我国煤制烯烃的主要企业及使用的技术、生产规模以及下游主要产品，简述我国发展煤制烯烃的意义。

3.5.2 烯烃的实验室制备

（1）醇分子内脱水

醇在浓硫酸或氧化铝等催化剂作用下，加热脱水可得到烯烃。例如：

$$CH_3CH_2OH \xrightarrow[\text{或 } Al_2O_3,\ 360℃]{\text{浓 } H_2SO_4,\ 170℃} CH_2{=}CH_2 + H_2O$$

$$\underset{\substack{|\\ \text{OH}}}{\text{CH}_3\text{CHCH}_2\text{CH}_2\text{CH}_3} \xrightarrow[-\text{H}_2\text{O}]{\text{浓H}_2\text{SO}_4} \underset{\text{戊-2-烯（主要产物）}}{\text{CH}_3\text{CH=CHCH}_2\text{CH}_3} + \underset{\text{戊-1-烯（次要产物）}}{\text{CH}_2\text{=CHCH}_2\text{CH}_2\text{CH}_3}$$

醇脱水制备烯烃要注意反应温度的控制，低温时醇主要发生分子间脱水生成醚的反应。

不对称的醇主要脱水方向是脱去羟基及其邻位碳上含氢原子较少的氢，生成双键碳原子上连有较多取代基的烯烃，这种烯烃相对更稳定。这条消除反应的经验规律叫**查依采夫（Saytzeff）规则**。

（2）卤代烷脱卤化氢

卤代烷在氢氧化钠等强碱的醇溶液中脱除一分子卤化氢得到烯烃，不对称卤代烷脱除卤化氢的方向也符合查依采夫规则。例如：

$$\text{CH}_3\underset{\text{H}}{\text{CH}}\underset{\text{Br}}{\text{CH}}\text{CH}_2\text{CH}_3 + \text{KOH} \xrightarrow[\triangle]{\text{CH}_3\text{CH}_2\text{OH}} \underset{\text{戊-2-烯（主要产物）}}{\text{CH}_3\text{CH=CHCH}_2\text{CH}_3} + \text{KBr} + \text{H}_2\text{O}$$

此外，炔烃的部分还原（参见4.3.3和4.3.4）、连二卤代烷脱除卤素［参见9.3.3（2）］等方法均能制备相应的烯烃。

3.5.3 重要的单烯烃

（1）乙烯

乙烯（ethylene）在常温下为无色可燃性气体，加压下可成为液体。化学性质活泼，与空气会形成爆炸性混合物。

乙烯是世界上产量最大的化学产品之一，乙烯衍生的产品占石化产品的75%以上，乙烯是合成纤维、合成橡胶、合成塑料、合成乙醇的基本化工原料，也用于制造氯乙烯、苯乙烯、环氧乙烷、醋酸、乙醛和炸药等，还可用作水果和蔬菜的催熟剂。

世界上已将乙烯产量作为衡量一个国家石油化工发展水平的重要标志之一。2022年，我国乙烯产量为2897.5万吨，成为世界乙烯第一生产国。

（2）丙烯

丙烯（propylene）在常温下为无色气体，带有甜味，与空气会形成爆炸性混合物。

丙烯是三大合成材料的基本原料，主要用于生产合成树脂、合成橡胶、合成塑料和合成纤维等，也是其它化工原料合成的基础原料，如丙酮、丙烯腈、异丙醇、丙烯酸及其酯类、环氧丙烷、环氧氯丙烷和甘油等。

（3）丁烯

丁烯（butene）有丁-1-烯和顺、反式的丁-2-烯以及2-甲基丙烯（异丁烯）。

丁-1-烯和丁-2-烯在多数情况下无需分离就可以直接用于有机化工产品的合成，如生产丁-1,3-二烯、丁-2-酮、仲丁醇、环氧丁烷及丁烯聚合物和共聚物等。异丁烯与水加成能生成叔丁醇，若经氧化可生成2-甲基丙烯醛和2-甲基丙烯酸，异丁烯还可用于生产丁基橡胶。

综合练习题

1. 用系统命名法命名或写出下列化合物的结构式。

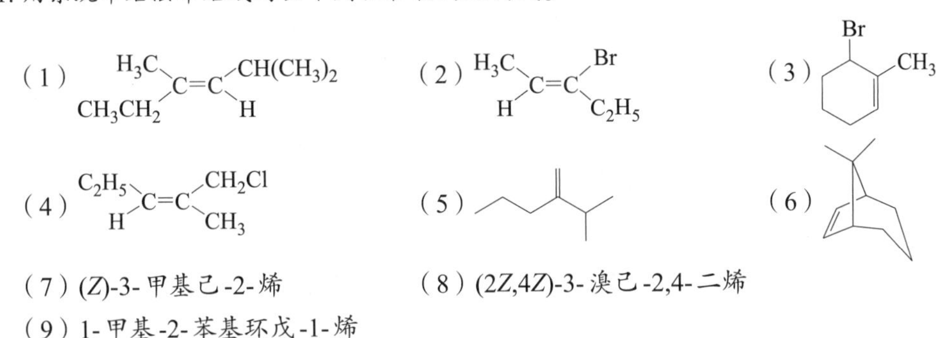

（7）(*Z*)-3-甲基己-2-烯　（8）(2*Z*,4*Z*)-3-溴己-2,4-二烯

（9）1-甲基-2-苯基环戊-1-烯

2. 根据下列聚合物的英文缩写，写出该高分子材料对应的名称、单体及聚合物的结构式。

（1）PE　（2）PP　（3）PVC　（4）PS　（5）EPR

3. 将下列各组碳正离子的稳定性由大到小排列。

（1）A：$CH_3CH_2\overset{+}{C}H_2$　B：$CH_3CH_2\overset{+}{C}HCH_3$　C：$(CH_3)_3\overset{+}{C}$

（2）A：环戊基正离子（环上带+）$-CH_2CH_3$　B：环戊基$-\overset{+}{C}HCH_3$　C：环戊基$-CH_2\overset{+}{C}H_2$

4. 不查表比较下列烯烃的氢化热大小，并按稳定性从高到低排序。

（1）戊-1-烯　（2）2-甲基丁-2-烯　（3）顺-戊-2-烯　（4）反-戊-2-烯

5. 用简单的化学方法鉴别下列化合物。

（1）环丙基$-C_2H_5$　（2）1-甲基环己烯（CH_3）　（3）环戊基$-CH_3$

6. 用反应式表示异丁烯与下列试剂的反应。

（1）H_2/Ni　（2）Br_2/CCl_4　（3）Br_2/H_2O　（4）浓H_2SO_4，水解

（5）HBr　（6）HBr/ROOR　（7）稀冷$KMnO_4/H_2O$　（8）$KMnO_4/H^+$

7. 完成下列反应，写出各步主要有机产物（立体结构只考虑顺反异构）或反应条件。

（1）$(CH_3)_2CHCH{=}CH_2 \xrightarrow{HCl}$（A）

（2）1-甲基环己烯（CH_3）

$\xrightarrow{PhCOOOH}$（A）$\xrightarrow{H_3O^+}$（B）（PhCOOOH 中标有 O=）

$\xrightarrow[\triangle]{KMnO_4/H^+}$（C）

$\xrightarrow[低温]{KMnO_4/H_2O}$ $\xrightarrow{H_2O}$（D）

（3）环己基$-CH_3$ $\xrightarrow{(A)}$ 1-溴-1-甲基环己烷（环上同一碳连 Br 和 CH_3） $\xrightarrow[C_2H_5OH, \triangle]{NaOH}$（B）—— $\xrightarrow[\text{过氧化物}]{HBr}$（C）；$\xrightarrow[② (CH_3)_2S]{① O_3}$（D）

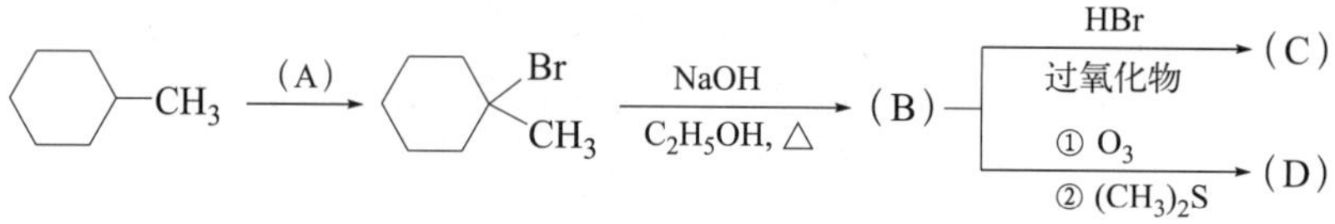

（4）环己烷 $\xrightarrow[\text{光照}]{Br_2}$（A）$\xrightarrow[\triangle]{KOH/C_2H_5OH}$（B）$\xrightarrow[H_2O]{Cl_2}$（C）

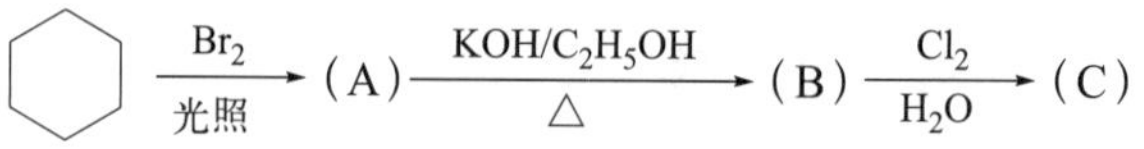

（5）3 $CH_3CH_2CH{=}CH_2$ $\xrightarrow[THF]{B_2H_6}$（A）$\xrightarrow[OH^-]{H_2O_2}$（B）

（6）$C_6H_5-\underset{}{\overset{OH}{|}}CHCH_3$ $\xrightarrow{(A)}$ $C_6H_5-CH{=}CH_2$ $\xrightarrow[② H_2O_2/OH^-]{① B_2H_6}$（B）

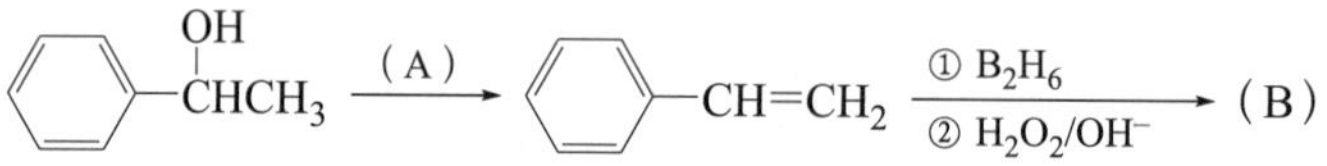

8. 按指定要求合成下列有机物，反应中涉及的无机试剂、有机溶剂和催化剂可任选。

（1）以乙烯为原料分别合成环氧乙烷和乙醛

（2）以丙烯为原料分别合成丙酮、丙烯酸和丙烯醛

（3）以丙烯为原料分别合成异丙醇（$CH_3\overset{OH}{|}CHCH_3$）和正丙醇（$CH_3CH_2CH_2OH$）

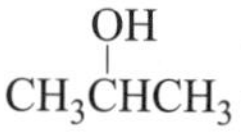

（4）以丙烯为原料合成环氧氯丙烷（$\underset{\backslash O /}{CH_2-CHCH_2Cl}$）

（5）以苯乙烯为原料分别合成 $C_6H_5-\overset{OH}{|}CHCH_3$ 和 $C_6H_5-\overset{OH}{|}CHCH_2OH$

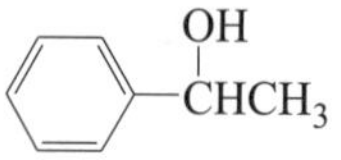

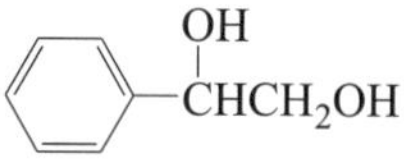

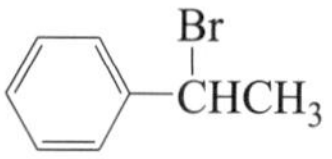

（6）以 $C_6H_5-\overset{Br}{|}CHCH_3$ 为起始物合成 $C_6H_5-CH_2CH_2Br$

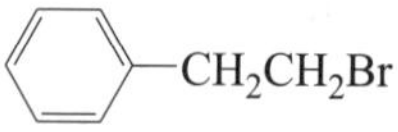

9. 写出下列转化的反应机理，并简要说明理由。

（1）$CH_3\underset{CH_3}{\underset{|}{C}}{=}CH_2$ + HOBr ⟶ $CH_3\overset{OH}{\underset{CH_3}{C}}CH_2Br$

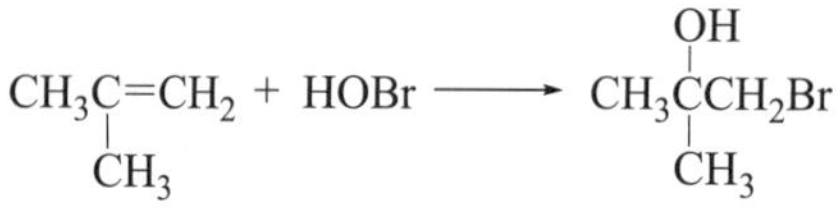

（2）3,3-二甲基环己烯（环上 H_3C、CH_3） $\xrightarrow{HBr}$ 1-溴-3,3-二甲基环己烷（Ⅰ）+ 2-溴-1,1-二甲基环己烷（Ⅱ）+ 1-溴-1,2-二甲基环己烷（Ⅲ）+ $H_3C-\overset{CH_3}{\underset{|}{C}}-Br$ 连环戊基（Ⅳ）

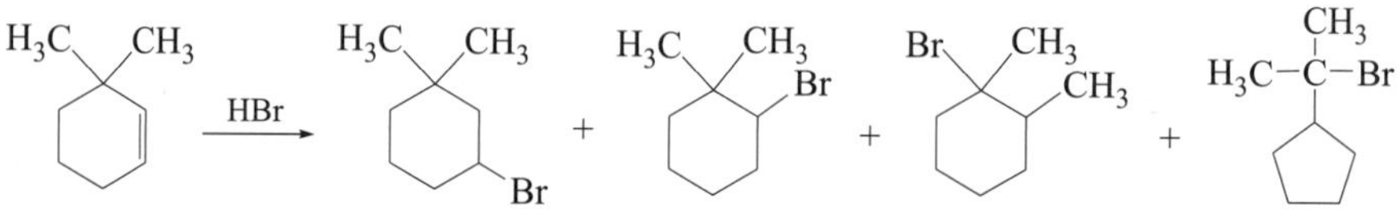

（Ⅰ）　（Ⅱ）　（Ⅲ）　（Ⅳ）

10. 1-溴-3-氯丙烷是多种药物的中间体，可用于炎痛静、盐酸多塞平、泰尔登等药物的合成。请以丙烯为原料合成该中间体，并写出相关反应式。

11. 环己烯在溴的甲醇溶液中反应得到76%的反式卤代醚（环己烷上 Br、H 与 H、OCH_3 反式）。请参考烯烃与溴的反应，写出该反应的机理，并据此分析，除此之外，该反应还有可能存在哪种副产物。

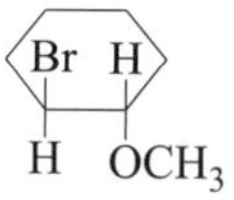

12. 根据下列烯烃或取代烯烃与溴加成反应速率的实验数据，对这种反应速率的排序给予合理的解释。

化合物	相对速率	化合物	相对速率
$CH_2{=}CHBr$	0.04	$CH_2{=}C(CH_3)_2$	5.53
$CH_2{=}CH_2$	1.0	$CH_3CH{=}C(CH_3)_2$	10.4
$CH_2{=}CHCH_3$	2.03	$(CH_3)_2C{=}C(CH_3)_2$	14.0

13. 我国率先实现甲醇制烯烃核心技术及工业应用"零"的突破，对发展清洁煤化工产业具有里程碑式意义。

（1）我国煤制烯烃主要有MTO和MTP两种工艺路线，它们在主要产品上有何异同？

（2）某能源集团拟筹建乙丙橡胶分厂，采用哪种配套煤制烯烃装置能实现原料的自给？写出乙丙橡胶共聚反应的方程式；

（3）请充分利用该厂的煤制烯烃产品，设计一条生产"人造羊毛"（聚丙烯腈）的合成路线。写出有关反应式。

14. 香叶烯（ ）天然存在于肉桂油等植物油中，具有清淡的香脂香气，并有驱蚊效果，可用于古龙香水和消臭剂。

（1）请用系统命名法命名香叶烯；

（2）写出所有香叶烯经臭氧化-还原反应的产物；

（3）由香叶烯的同分异构体经臭氧化-还原反应得到（2）中相同的产物，写出所有符合条件的香叶烯同分异构体的结构简式。

15. 直链α-烯烃（C≥4）是一种重要的高端有机原料，煤炭间接液化产生的轻质烃类含有丰富的优质α-烯烃。

（1）十二个碳的α-烯烃均聚得到的合成油具有良好的黏温性能和低温流动性，是配制高档、专用润滑油较为理想的基础油。写出该聚合反应的反应式；

（2）己-1-烯用作乙烯的共聚单体生产高性能高密度聚乙烯（HDPE），以提高其抗撕裂和拉伸强度。写出该共聚反应的反应式；

（3）仲辛醇（辛-2-醇）是常用的一种煤泥浮选起泡剂，请以辛-1-烯为原料合成之。

第4章 炔烃 逆合成分析法

分子中含有碳碳三键（—C≡C—）的烃称为炔烃（alkyne），也是一种不饱和脂肪烃，开链单炔烃的通式为C_nH_{2n-2}。自然界中存在的炔烃化合物目前已知的只有1000多种，其中有一些还具有独特的生理活性。大多数炔烃化合物为人工合成，如乙炔、丙炔等都是重要的化工原料。

4.1 炔烃的结构和命名

4.1.1 乙炔的结构

乙炔是最简单的炔烃。构成碳碳三键的两个碳原子均为sp杂化，形成乙炔分子时，两个碳原子各用一个sp杂化轨道以“头对头”交盖形成一个$C_{sp}—C_{sp}$型σ键；每个碳原子又分别用一个sp杂化轨道与氢原子的1s轨道重叠形成$C_{sp}—H_s$型σ键，如图4.1所示。这四个原子排布在同一条直线上，因此，碳碳三键具有直线形结构（键角180°），故没有顺反异构体。

此外，两个碳原子均剩下两个未参与杂化的p轨道（p_y和p_z），分别沿着y轴和z轴平行，侧面“肩并肩”重叠，形成两个相互垂直的π键。

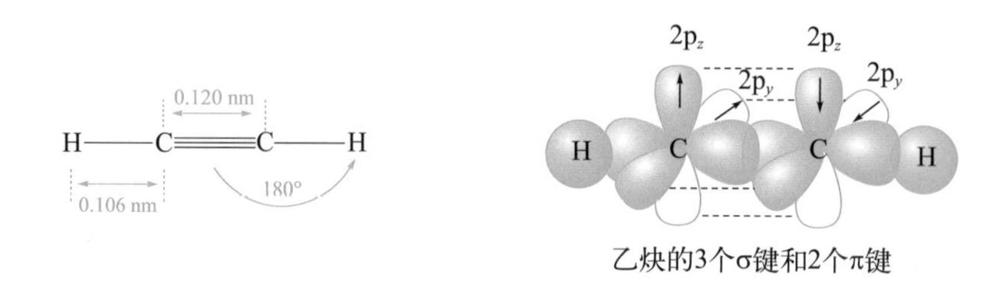

图4.1 乙炔分子的结构示意图

乙炔所形成的两个π键电子云对称分布于$C_{sp}-C_{sp}$型σ键键轴的周围，构成了类似圆筒的形状（图4.2）。

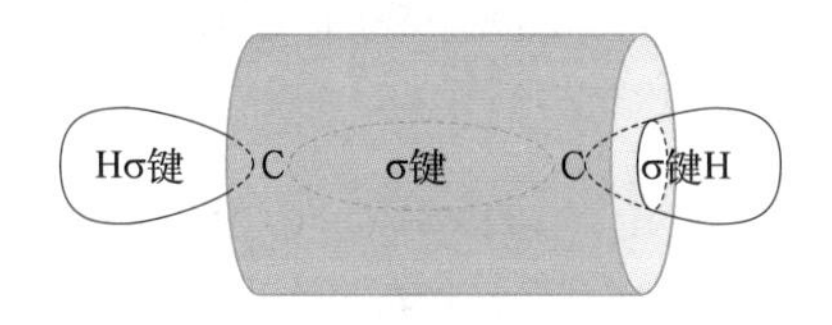

图4.2　乙炔分子的圆筒形π电子云

由于炔烃结构中的2个π键采取“肩并肩”的方式成键，比σ键弱得多，碳碳三键的平均键能为836.8 kJ/mol，而碳碳单键的平均键能为347.3 kJ/mol，故碳碳三键比单键键能的三倍数值要低得多。另外，由于炔烃2个π键的电子云构成圆筒状而暴露在分子外侧，离核远，有较大的流动性，易受外界电场的影响而发生极化，因此容易受到亲电试剂的进攻而发生π键的断键，发生加成反应。

乙烷	乙烯	乙炔
$H_3C—CH_3$（C—C 0.154 nm）	$H_2C=CH_2$（C=C 0.133 nm）	H—C≡C—H（C≡C 0.120 nm）
sp^3-s　0.110 nm	sp^2-s　0.108 nm	sp-s　0.106 nm

乙炔分子结构中碳碳三键的键长比乙烷、乙烯的碳碳键都要短。s轨道的电子比p轨道电子更接近原子核，故杂化轨道中s成分越多，电负性越大，核对电子束缚的能力就越强，所以s成分越多的杂化轨道所形成的化学键也越短。由于 sp 杂化轨道参与碳碳三键中碳碳σ键的组成，故碳碳三键键长缩短。这也解释了乙烷、乙烯和乙炔中的C—H键越来越短的原因。

4.1.2　炔烃的异构

炔烃结构中碳链不同和三键位置不同会引起炔烃的异构现象。炔烃的碳碳三键是直线形结构，三键碳上只能有一个取代基，因此不存在顺反异构，而且在碳链分支的地方不可能有三键的存在，所以炔烃构造异构体的数目比同碳数的烯烃要少些。

乙炔和丙炔没有炔类异构体，丁炔只有2个炔类构造异构体，例如：

$CH\equiv CCH_2CH_3$　　　　$CH_3C\equiv CCH_3$

丁-1-炔　　　　丁-2-炔

4.1.3　炔烃的命名

结构简单的炔烃，可按照乙炔的衍生物进行命名，即以乙炔为“母体”，其它作为取代基来命名，例如：

$CH_2=CHC\equiv CH$　　　　$CH_2=CHCH_2C\equiv CH$　　　　$CH_3CH=CHC\equiv CH$

乙烯基乙炔　　　　烯丙基乙炔　　　　丙烯基乙炔

炔烃的系统命名法与烯烃相似，首先选择最长的碳链为主链，然后按以下原则：

① 若最长碳链只包含碳碳三键，则按主链的碳原子数命名为某炔，词尾为“炔”（yne），编号从最靠近三键的一端开始，侧链基团则作为主链上的取代基来命名。例如：

$\overset{5}{C}H_3\overset{4}{C}H_2\overset{3}{C}H_2\overset{2}{C}\equiv\overset{1}{C}H$　　$\overset{5}{C}H_3\overset{4}{C}H_2\overset{3}{C}\equiv\overset{2}{C}\overset{1}{C}H_3$　　$\overset{4}{C}H_3\overset{3}{C}H(CH_3)\overset{2}{C}\equiv\overset{1}{C}H$

戊-1-炔　　戊-2-炔　　3-甲基丁-1-炔

② 若最长链不包含碳碳三键，则碳碳三键作为取代基命名。

4-乙炔基十一烷

③ 同时含有双键的炔烃称为“烯炔”(alkenyne)，一般先命名烯再命名炔。碳链编号从最靠近双键或三键的一端开始；若双键、三键位次相同，则给双键以较低的编号。例如：

$\overset{1}{C}H\equiv\overset{2}{C}\overset{3}{C}H_2\overset{4}{C}H=\overset{5}{C}H\overset{6}{C}H_3$　　$\overset{6}{C}H\equiv\overset{5}{C}\overset{4}{C}H_2\overset{3}{C}H_2\overset{2}{C}H=\overset{1}{C}H_2$

(*Z*)-己-4-烯-1-炔　　己-1-烯-5-炔

练习题 4-1： 用系统命名法命名下列化合物。

（1）$(C_2H_5)(H_3C)C=CH(C\equiv CH)$　　（2）$CH_3C(=CH_2)CH_2CH_2CH(CH_3)C\equiv CH$

4.2 炔烃的物理性质

低级炔烃在常温条件下是气态，随碳数增加沸点升高。与相同碳数、相似骨架的烷烃和烯烃相比，简单炔烃的熔点、沸点和密度一般略有增高，这是由于炔烃分子结构细长，在液态、固态时，分子间可以靠得很近，使得分子间力增强。

炔烃的极性比烯烃略高，炔烃不溶于水，微溶于乙醇，易溶于低极性的烷烃、CCl_4、乙醚、苯、石油醚等有机溶剂。部分常见炔烃的物理常数列于表4.1。

表 4.1　常见炔烃化合物的物理常数

名称	熔点/℃	沸点/℃	相对密度
乙炔	−80.7（压力下）	−84.7（升华）	0.621（−82℃）
丙炔	−102.7	−23.2	0.706（−50℃）

续表

名称	熔点/℃	沸点/℃	相对密度
丁-1-炔	−125.7	8.1	0.678（0 ℃）
丁-2-炔	−32.3	27.0	0.691
戊-1-炔	−90.0	40.1	0.690
戊-2-炔	−109.3	56.1	0.711
3-甲基丁-1-炔	−89.7	29.3	0.666
己-1-炔	−131.9	71.0	0.719
己-2-炔	−92	84	0.730

4.3 炔烃的化学性质

炔烃的化学性质主要是三键的加成反应和末端炔烃C—H键的活泼性（弱酸性）。炔烃的主要化学反应途径表示如下：

碳负离子：亲核加成、取代

↓

R—C≡C┆H ⟵ 酸性

↑

氧化、还原、加成、聚合

4.3.1 末端炔烃的酸性

末端炔烃C—H键具有活泼性。由于组成炔烃的碳碳三键中的碳原子为sp杂化，电负性相对较大，因此末端炔烃C—H键中共用的电子对更靠近碳原子。这种碳碳三键上的C—H键的极化，从而使C—H键比烯烃碳碳双键上的C—H键和烷烃中的C—H键更容易发生异裂，与三键相连的氢以质子形式离去，同时得到稳定的炔基碳负离子（—C≡C$^-$），如图4.3所示。

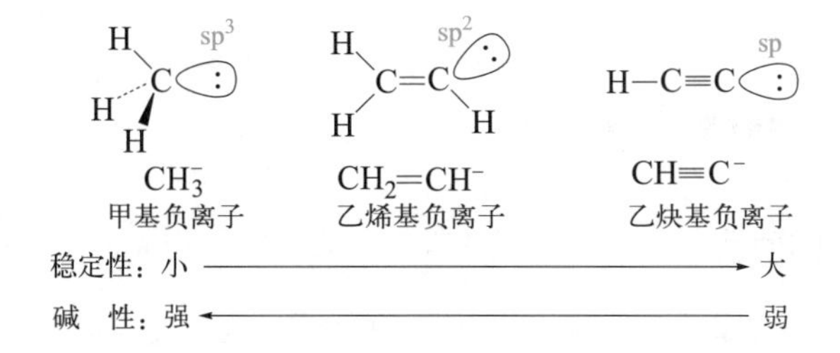

图4.3　甲基、乙烯基和乙炔基碳负离子的稳定性和碱性比较

炔烃释放氢质子的过程说明末端炔烃具有一定的酸性，但这只是与烷烃和烯烃比较而言，从表4.2的pK_a数值可以看出炔烃的酸性比醇和水还弱。

表 4.2 几种化合物及其共轭碱的酸、碱性比较

化合物	甲烷	乙烯	氨	丙炔	乙醇	水
结构式	CH_4	$CH_2=CH_2$	NH_3	$CH_3C\equiv CH$	C_2H_5OH	H_2O
pK_a	约49	约40	34	约25	15.9	15.74
酸性比较	酸性增加 →					
共轭碱	CH_3^-	$CH_2=CH^-$	NH_2^-	$CH_3C\equiv C^-$	$C_2H_5O^-$	OH^-
碱性比较	← 共轭碱碱性增加					

末端炔烃的H原子相对活泼，有弱酸性，可被某些金属原子（Na或Li）取代，制备金属炔化物。例如：

$$HC\equiv CH \xrightarrow{Na} HC\equiv CNa \xrightarrow{Na} NaC\equiv CNa$$

末端炔烃还可以在液氨中与氨基钠反应，例如：

$$RC\equiv CH + NaNH_2 \xrightarrow{液氨} RC\equiv CNa + NH_3$$

炔基碳负离子既是强碱，又是强的亲核试剂，在有机合成中具有重要应用。

末端炔烃还可以与硝酸银的氨溶液或者氯化亚铜的氨溶液发生作用，生成炔化银白色沉淀或者炔化亚铜红色沉淀。该反应迅速并且现象易观察，可用于末端炔烃的定性检验。

$$CH_3C\equiv CH + Ag(NH_3)_2NO_3 \longrightarrow \underset{白色沉淀}{CH_3C\equiv CAg\downarrow} + NH_4NO_3 + NH_3$$

$$CH\equiv CH + 2Cu(NH_3)_2Cl \longrightarrow \underset{红色沉淀}{CuC\equiv CCu\downarrow} + 2NH_4Cl + 2NH_3$$

乙炔银或乙炔亚铜等重金属炔化物在干燥条件下，经撞击或者震动易发生爆炸。如果在实验过程中产生了不再利用的重金属炔化物，应立即用酸予以处理。

> **练习题 4-2**：分别写出硝酸银的氨溶液与末端炔烃（$RC\equiv CH$）、醛（RCHO）反应的方程式，并指出这两种反应有何不同？

4.3.2 炔负离子作为亲核试剂的反应

（1）炔的烷基化反应

炔基碳负离子和伯卤烷作用生成碳链增长的炔烃，这个反应叫作炔的烷基化反应。这是制备碳链增加的炔烃化合物的方法。例如：

$$\underset{亲核试剂}{RC\equiv C^-} + \underset{伯卤烷}{R'CH_2-X} \longrightarrow RC\equiv C-CH_2R' + X^-$$

$$\text{C}_6\text{H}_{11}\text{—C}\equiv\text{CH} \xrightarrow[\text{② } C_2H_5Br]{\text{① } NaNH_2} \text{C}_6\text{H}_{11}\text{—C}\equiv\text{CC}_2\text{H}_5 \ (70\%)$$

必须强调的是，在炔的烷基化反应中，必须是与伯卤烷反应，因为炔基负离子是强碱，若是仲卤烷或叔卤烷，卤代烃会发生消除反应，生成烯烃。

练习题 4-3： 写出丙炔基负离子（$CH_3C\equiv C^-$）与下列化合物反应的主要产物。

（1）$\text{C}_6\text{H}_{11}\text{—CH}_2\text{Cl}$（环己基） （2）$\text{C}_6\text{H}_5\text{—CH}_2\text{Br}$ （3）$CH_2=CHCl$

（2）炔与环氧乙烷的反应

炔基负离子与环氧乙烷反应，是制备炔醇很好的方法：

$$HC\equiv CH \xrightarrow[\text{液氨}]{LiNH_2} HC\equiv CLi \xrightarrow[\text{② } H_2O]{\text{① 环氧乙烷}} HC\equiv CCH_2CH_2OH$$

丁-3-炔-1-醇

（3）炔与醛、酮的反应

乙炔或者末端炔烃在碱性条件下能够生成炔基碳负离子，可作为亲核试剂与醛、酮进行亲核加成，经过水解生成α-炔基醇。例如：

$$CH_3C\equiv C^-Na^+ + H-\overset{\overset{O}{\|}}{C}-H \longrightarrow CH_3C\equiv CCH_2O^-Na^+ \xrightarrow{H_2O} CH_3C\equiv CCH_2OH$$

乙烯基乙炔在KOH作用下，容易和很多酮类化合物反应生成乙烯乙炔基醇，这类醇经聚合可得到一类性能良好的黏合剂。例如：

$$CH_2=CHC\equiv CH + R-\overset{\overset{O}{\|}}{C}-R' \xrightarrow{KOH} CH_2=CHC\equiv C-\overset{\overset{OH}{|}}{\underset{\underset{R'}{|}}{C}}-R$$

4.3.3 炔烃的还原

（1）催化加氢

催化剂的活性对炔烃催化加氢的产物有决定性的影响。利用铂、钯、镍等常用活泼催化剂，在氢气过量的条件下，反应很难停留在烯烃阶段，炔烃完全氢化生成烷烃。例如：

$$CH_3CH_2C\equiv CCH_3 \xrightarrow[\text{Pt, Pd或Ni}]{H_2} CH_3CH_2CH_2CH_2CH_3$$

若想通过炔烃制备相应的烯烃化合物，则需要选择活性稍低的加氢催化剂。如林德拉（Lindlar）催化剂，常用的有Pd-$CaCO_3$-PbO/$Pb(OAc)_2$和Pd-$BaSO_4$-喹啉两种，是由钯吸附在载体（碳酸钙或硫酸钡）上并加入少量抑制剂（醋酸铅或喹啉）而成。其中钯的含量为5%～10%。应用林德拉催化剂催化加氢，可获得顺式（Z型）烯烃。硼化镍（Ni_2B）是林德拉催化剂的较新替代品，制造更容易，并且通常具有更好的收率。例如：

$$C_2H_5-C\equiv C-C_2H_5 + H_2 \xrightarrow[\text{或}Ni_2B]{Pd\text{-}BaSO_4/\text{喹啉}} \begin{matrix} C_2H_5 & & C_2H_5 \\ & C=C & \\ H & & H \end{matrix}$$

(Z)-己-3-烯

炔烃比烯烃更容易进行催化加氢，工业上往往利用这个性质控制氢气用量，使乙烯中的微量乙炔加氢转化为乙烯。该反应一般在室温和常压下就可进行。

(2) 碱金属/液氨还原

另一种由炔烃制备烯烃的方法是在液氨溶液中，用碱金属（Li、Na、K）还原炔烃，主要得到反式（E型）烯烃产物。例如：

$$C_2H_5-C\equiv C-C_2H_5 \xrightarrow[\text{液}NH_3]{Na} \begin{matrix} C_2H_5 & & H \\ & C=C & \\ H & & C_2H_5 \end{matrix}$$

(E)-己-3-烯

利用不同催化体系还原炔烃可获得顺式或反式烯烃，这在合成具有一定构型的烯烃化合物时有很好的应用价值。例如作为诱饵的云杉蚜虫的性信息素的中间产物，其合成如下：

$$HO(CH_2)_{10}C\equiv CCH_2CH_3 \xrightarrow[\text{液氨}]{Na} \begin{matrix} HO(H_2C)_{10} & & H \\ & C=C & \\ H & & C_2H_5 \end{matrix}$$

十四碳-11-炔-1-醇　　　　(E)-十四碳-11-烯-1-醇

练习题 4-4: 写出下列化合物分别在① H_2/铂、② H_2/林德拉催化剂和③钠/液氨的条件下反应的主要产物。

（1）环己基$-C\equiv CC_2H_5$　　　（2）$(CH_3)_2C(OH)-C\equiv CCH_3$

4.3.4 硼氢化-还原与硼氢化-氧化反应

与烯烃的硼氢化反应机理相似，在低温下，非末端炔烃通过硼氢化得到烯基硼烷，然后烯基硼烷与乙酸反应生成Z型烯烃，这个反应过程称为**硼氢化-还原反应**。例如：

$$6\,C_2H_5C\equiv CC_2H_5 \xrightarrow[0℃]{B_2H_6/\text{醚}} 2\left(\begin{matrix} C_2H_5 & & C_2H_5 \\ & C=C & \\ H & & \end{matrix}\right)_3 B \xrightarrow[25℃]{CH_3COOH} 6\begin{matrix} C_2H_5 & & C_2H_5 \\ & C=C & \\ H & & H \end{matrix}$$

末端炔烃生成的烯基硼烷在碱性过氧化物中氧化，得烯醇，异构后生成醛；而二元取代的乙炔，经此反应通常得到两种酮的混合物。这个反应过程称为**硼氢化-氧化反应**。例如：

$$6\,RC{\equiv}CH \xrightarrow{B_2H_6} 2\left(\begin{matrix}R & & H\\ & C{=}C & \\ H & & \end{matrix}\right)_3 B \xrightarrow[OH^-]{H_2O_2} 6\left[\begin{matrix}R & & H\\ & C{=}C & \\ H & & OH\end{matrix}\right] \rightleftharpoons 6\,RCH_2CHO$$

$$RC{\equiv}CR' \xrightarrow{B_2H_6} \xrightarrow[OH^-]{H_2O_2} RCH_2\overset{O}{\overset{\|}{C}}R' + R\overset{O}{\overset{\|}{C}}CH_2R'$$

注意，使用无取代基的硼烷，炔烃的两个π键可被连续硼氢化，为了停留在烯基硼烷阶段，常使用带有大位阻基团的硼烷试剂，如二(1,2-二甲基丙基)硼烷、9-硼杂双环[3.3.1]壬烷（简称9-BBN）、二环己基硼烷等。

二(1,2-二甲基丙基)硼烷　　9-BBN　　二环己基硼烷

使用这些修饰过的硼烷试剂进行硼氢化-氧化反应是将末端炔烃转化为醛的有效方法。例如：

$$CH_3CH_2C{\equiv}CH \xrightarrow[THF]{(C_6H_{11})_2BH} \begin{matrix}C_2H_5 & & H\\ & C{=}C & \\ H & & B(C_6H_{11})_2\end{matrix} \xrightarrow[OH^-]{H_2O_2} CH_3CH_2CH_2CHO$$

练习题 4-5： 完成下列反应，写出主要产物。

（1）$C_6H_{11}{-}C{\equiv}CCH_3 \xrightarrow[②\,CH_3COOH]{①\,B_2H_6}$ （A）

（2）$HC{\equiv}CCH_3 \xrightarrow[②\,H_2O_2/OH^-]{①\,9\text{-BBN}}$ （B）　　（3）$C_2H_5C{\equiv}CCH_3 \xrightarrow[②\,H_2O_2/OH^-]{①二环己基硼烷}$ （C）

4.3.5　亲电加成

炔烃能够与常见的亲电试剂如卤素、氢卤酸、水等发生亲电加成反应，但反应活性没有烯烃高。由于sp碳原子的电负性比sp^2碳原子的电负性强，使电子与sp碳原子结合得更为紧密，尽管三键比双键多一对电子，也不容易给出电子与亲电试剂结合，因而使三键的亲电加成反应比双键的亲电加成反应慢。因此，炔烃的亲电加成反应常常需要催化剂。

（1）与卤素的加成

炔烃和氯、溴反应先生成一分子二卤代烯烃，继续进行，则生成四卤代烷烃。例如：

$$CH\equiv CH \xrightarrow[FeCl_3或SnCl_2]{Cl_2} \underset{H}{\overset{Cl}{}}\!\!>C=C<\!\!\underset{Cl}{\overset{H}{}} \xrightarrow[FeCl_3]{Cl_2} Cl_2CH-CHCl_2$$

如果1 mol卤素添加到1 mol炔烃中，则产物是二卤代烯烃。并且产物通常是顺式和反式异构体的混合物，但以反式结构为主，例如：

$$CH_3(CH_2)_3C\equiv CH \xrightarrow{Br_2} \underset{72\%}{\underset{Br}{\overset{CH_3(CH_2)_3}{}}\!\!>C=C<\!\!\underset{H}{\overset{Br}{}}} + \underset{28\%}{\underset{Br}{\overset{CH_3(CH_2)_3}{}}\!\!>C=C<\!\!\underset{Br}{\overset{H}{}}}$$

实验证明，炔烃与Br_2的亲电加成反应机理，也是生成环状类溴鎓离子中间体，然后溴负离子从环的背面与碳原子加成，得到反式为主的加成产物。

炔烃虽然能与两分子卤素加成，但与一分子卤素加成生成二卤代烯烃后，由于电负性大的卤原子吸电子的结果，使得双键碳原子上的电子云密度降低，不利于再与卤素进行亲电加成反应。因此，卤素与炔烃的加成较易控制在只加一分子卤素这一步。

烯烃可使溴的四氯化碳溶液立刻褪色，而炔烃却需要几分钟。故分子中同时存在非共轭的碳碳双键和三键时，在它与溴反应时，首先进行的是双键的加成：

$$CH_2=CHCH_2C\equiv CH + Br_2 \xrightarrow{低温} BrCH_2\overset{Br}{\overset{|}{C}}HCH_2C\equiv CH$$

（2）与氢卤酸的加成

炔烃和氢卤酸的加成反应是分两步进行的，一元取代乙炔与氢卤酸的加成反应遵循马氏规则。例如：

$$CH_3C\equiv CH \xrightarrow{HCl} CH_3-\overset{Cl}{\overset{|}{C}}=CH_2 \xrightarrow{HCl} CH_3-\underset{Cl}{\underset{|}{\overset{Cl}{\overset{|}{C}}}}-CH_3$$

当炔键两侧都有取代基时，一般得到的是两种异构体的混合物。

由于卤原子加成会使双键的反应活性降低，因此通过控制反应条件，炔烃与氢卤酸的加成也可以停留在一分子加成阶段。这也是制卤代烯的一种方法。如氯乙烯的制备：

$$HC\equiv CH + HCl \xrightarrow[或HgSO_4]{CuCl} CH_2=CH-Cl$$

氯乙烯是聚氯乙烯（PVC）的单体。PVC目前是世界上最大的通用型合成树脂材料之一。氯乙烯另一种工业制备方法“乙烯氧氯化法”参见9.8.2。

（3）自由基加成

在过氧化物或者光照条件下，炔烃和溴化氢发生自由基加成反应，得反马氏规则的加成产物。

$$n\text{-}C_4H_9C\equiv CH + HBr \xrightarrow[\text{或光照}]{\text{过氧化物}} n\text{-}C_4H_9CH{=}CHBr \xrightarrow[\text{过氧化物或光照}]{HBr} n\text{-}C_4H_9\underset{\underset{Br}{|}}{C}HCH_2Br$$

第二步自由基加成，溴加在2位碳原子上形成的自由基稳定，故得1,2-二溴己烷。

（4）与水的加成

炔烃与水的加成常用汞盐作催化剂，遵循马氏规则，除乙炔反应生成乙醛外，所有炔烃和水的加成均生成酮，不对称二元取代乙炔与水的加成产物通常是两种酮的混合物，但末端炔烃与水的加成产物为甲基酮。例如：

$$CH\equiv CH + H_2O \xrightarrow[HgSO_4]{H_2SO_4} \left[CH_2{=}CH{-}OH \right] \xrightarrow{\text{分子重排}} CH_3{-}\overset{O}{\overset{\|}{C}}{-}H \text{（乙醛）}$$

$$\text{1-乙炔基环己醇 } (C_6H_{10}(OH)C\equiv CH) \xrightarrow[H_2SO_4,HgSO_4]{H_2O} C_6H_{10}(OH){-}\overset{O}{\overset{\|}{C}}{-}CH_3 \quad (91\%)$$

水先与三键加成，生成一个不稳定的中间体——烯醇。烯醇很快发生异构化，形成稳定的醛或酮。实验数据表明乙醛总键能为2741 kJ/mol，乙烯醇的总键能为2678 kJ/mol，即乙醛比乙烯醇更稳定。

$$-\overset{|}{C}{=}\overset{|}{C}{-}OH \rightleftharpoons -\overset{|}{\underset{H}{\underset{|}{C}}}{-}\overset{|}{C}{=}O$$

烯醇式　　　　酮式

某些化合物中的一个官能团改变其结构成为另一种官能团异构体，并且能迅速地相互转换，成为处于动态平衡的两种异构体的混合物，这种现象称作**互变异构**（tautomerism）现象。这两种异构体称作**互变异构体**（tautomers）。上述烯醇式结构和酮式结构的互变异构又称作**酮-烯醇互变异构**（keto-enol tautomerism）。

4.3.6 炔与亲核试剂的加成

在碱或催化剂的作用下，一些带活泼氢原子的化合物，如HCN、ROH、RCOOH等，作为亲核试剂与炔等发生亲核加成反应，生成含有碳碳双键的化合物。其中重要的是与乙炔反应生成含有“乙烯基”的化合物，该类反应叫**乙烯基化反应**。例如：

$$HC\equiv CH \xrightarrow[KOH,150\sim180℃]{C_2H_5OH} CH_2{=}CHOC_2H_5 \text{（乙基乙烯基醚）}$$

$$HC\equiv CH \xrightarrow[NH_4Cl\text{-}CuCl]{HCN} CH_2{=}CHCN \text{（丙烯腈）}$$

$$HC\equiv CH \xrightarrow[Zn(OAc)_2,\ 170\sim210℃]{CH_3COOH} CH_2{=}CHOCOCH_3 \text{（乙酸乙烯酯）}$$

以乙基乙烯基醚的制备为例，介绍炔与亲核试剂加成反应机理。首先乙醇在KOH作用下，生成乙醇钾盐，其解离成带负电荷的乙氧基负离子（$C_2H_5O^-$）：

$$C_2H_5OH + KOH \rightleftharpoons C_2H_5O^-K^+ + H_2O$$

然后$C_2H_5O^-$作为亲核试剂进攻炔的碳碳三键，发生加成反应生成烯基碳负离子中间体，最后烯基碳负离子从一个乙醇分子那夺得一个质子，生成乙基乙烯基醚和$C_2H_5O^-$，而生成的$C_2H_5O^-$继续参与整个加成反应的循环。具体过程如下：

$$C_2H_5O^- \xrightarrow[\text{慢}]{CH\equiv CH} C_2H_5O-CH=CH^- \xrightarrow{H-OC_2H_5} C_2H_5O-CH=CH_2 + C_2H_5O^-$$

关于不对称炔烃的亲核加成方向，通常是亲核试剂进攻位阻较小的碳碳三键的碳。

炔的乙烯基化反应在有机合成中有重要应用。如乙烯基乙醚主要用作化学中间体、香料及润滑油添加剂等，也可在医药上用作麻醉剂、镇痛剂。

丙烯腈是合成纤维，合成橡胶（如丁腈橡胶）和合成树脂（如ABS树脂）的重要单体，聚丙烯腈纤维其性能极似羊毛，因此也叫人造羊毛。

乙酸乙烯酯主要用作制造维尼纶的原料，涂料工业用于制造建筑涂料和乳胶涂料，塑料工业用于制造树脂，玻璃工业用于制造安全玻璃等。

4.3.7 氧化反应

炔烃也能与高锰酸钾、臭氧等氧化剂发生反应，生成羧酸或二氧化碳。

$$RC\equiv CH \xrightarrow{KMnO_4} RCOOH + CO_2 + H_2O$$

$$CH_3(CH_2)_3C\equiv CH \xrightarrow[\text{②}H_2O]{\text{①}O_3} CH_3(CH_2)_3COOH + HCOOH$$

利用氧化获得的羧酸结构可以反推碳碳三键在碳链中的位置，也可以利用炔烃使高锰酸钾溶液褪色的现象检验化合物结构中是否存在碳碳三键。

练习题 4-6： 两种未知结构的炔烃在高锰酸钾氧化下的产物如下，试推断这两种炔烃可能的结构。

（1）C_6H_5—COOH和 CO_2、H_2O　　（2）$HOOCCH_2CH_2COOH + 2CH_3COOH$

4.3.8 聚合反应

乙炔通常只发生几个分子的聚合，例如在催化条件下，乙炔可生成链状的二聚物乙烯基乙炔，该化合物可以继续聚合成链状的三聚物二乙烯基乙炔。

$$2CH\equiv CH \xrightarrow[NH_4Cl]{CuCl} \underset{\text{乙烯基乙炔}}{CH_2=CHC\equiv CH} \xrightarrow[CuCl+NH_4Cl]{CH\equiv CH} \underset{\text{二乙烯基乙炔}}{CH_2=CHC\equiv CCH=CH_2}$$

二聚体乙烯基乙炔在合成上是有价值的，可以与氯化氢发生碳碳三键的选择性加成得到2-氯丁-1,3-二烯，该化合物是合成具有阻燃性质的氯丁橡胶［参见5.4（3）］的单体。

$$CH_2{=}CHC{\equiv}CH + HCl \xrightarrow[NH_4Cl]{CuCl} CH_2{=}CH\underset{\displaystyle Cl}{\underset{|}{C}}{=}CH_2$$

乙炔也可以在催化条件下聚合成环状三聚物或者四聚物，这类产物为苯以及芳香族化合物的结构研究提供了有用的线索。

$$3\ CH{\equiv}CH \xrightarrow[60\sim70℃,\ 1.5\ MPa]{500℃或(C_6H_5)_3P/Ni(CO)_2} \text{苯}$$

$$4\ CH{\equiv}CH \xrightarrow[50℃,\ 1.5\sim2\ MPa]{Ni(CN)_2/THF} \text{环辛四烯}$$

环辛四烯(80%)

在催化剂的作用下，以乙炔为单体可聚合成典型的共轭高聚物：

$$n\,CH{\equiv}CH \xrightarrow{TiCl_4\text{-}Al(C_2H_5)_3} {+}CH{=}CH{+}_n$$

聚乙炔经溴或碘掺杂之后导电性会提高到金属水平，除此之外，它还具有非常特殊的光学、电学、磁学和可逆电化学性质，在光电化学电池、非线性光学材料等领域展示出诱人的前景。

4.4　炔烃的制备与应用

4.4.1　炔烃的一般制备方法

制备炔烃主要有两条途径：①邻二卤代烷、偕卤化物（即同碳二卤代物）消除两分子HX；②炔的烷基化反应。炔的烷基化反应本章已经介绍，现介绍二卤代烷脱卤化氢制备炔烃。

邻二卤化物或偕卤化物先脱去一个HX生成乙烯基卤化物，然后在强碱性加热的条件下再脱去一个HX生成炔烃。NaOH、KOH的醇溶液以及叔丁醇钾为常用的碱。例如：

$$R-\underset{Cl}{\underset{|}{CH}}-\underset{Cl}{\underset{|}{CH}}-R \xrightarrow[\triangle]{KOH/醇} R-\underset{Cl}{\underset{|}{C}}{=}CH-R \xrightarrow[\triangle]{KOH/醇} R-C{\equiv}C-R$$

$$(CH_3)_3C-\underset{Br}{\underset{|}{CH}}-\underset{Br}{\underset{|}{CH_2}} \xrightarrow[\triangle]{叔丁醇钾} (CH_3)_3C-C{\equiv}CH$$

在$NaNH_2$作用下，在可能的情况下，倾向于生成端炔。例如：

$$CH_3CH_2CH_2-CCl_2-CH_3 \xrightarrow[②H_2O]{①NaNH_2,150℃} CH_3CH_2CH_2-C{\equiv}CH$$

4.4.2 乙炔的制备及应用

乙炔是有机合成的重要原料之一，也是合成橡胶、合成纤维和塑料的单体，而且是高温氧炔焰的燃料，生产生活中用量比较大。工业上可利用煤、石油或天然气生产乙炔，其生产过程需满足大量且低廉的工艺特点。

（1）电石法生产乙炔

将煤在焦化后获得的焦炭与氧化钙在2000℃高温电炉中反应制得碳化钙（电石），电石与水反应生成乙炔。这种生产乙炔的方法又称作电石法。反应过程如下：

$$3C + CaO \xrightarrow{2000℃} CaC_2 + CO$$

$$CaC_2 + 2H_2O \longrightarrow CH\equiv CH + Ca(OH)_2$$

该方法耗电量大，成本较高，除少数国家外，均不用此法。但我国由于“富煤、少油、贫气”的资源禀赋，电石法仍然是我国制备乙炔的主要方法，也是以乙炔为基本原料生产如丙烯腈等产品的主要原料来源。

（2）天然气或石油生产乙炔

工业上由天然气生产乙炔是采用甲烷的部分氧化法，在天然气丰富的地区采用这个方法是比较经济的，具体制备方法参见2.5.3。

（3）乙炔的应用

乙炔是一种散发着乙醚气味的无色气体，燃烧时的火焰非常明亮，可用作照明。

$$2CH\equiv CH + 5O_2 \longrightarrow 4CO_2 + 2H_2O \qquad \Delta H = -2648\ kJ/mol$$

乙炔在氧气中燃烧形成的氧炔焰最高温度可达3000℃，被广泛地用作熔接或者切割金属。

乙炔不稳定，与空气混合易形成爆炸性混合物，乙炔的爆炸极限为3%～80%（体积分数）。因此，可以将乙炔存储在装有丙酮和多孔物质（如硅藻土、浮石或木炭）的钢瓶中。

阅读与思考

由于乙炔成本高，某些以乙炔为原料生产化学品的路线逐渐被以乙烯、丙烯等路线所取代，如“乙烯氧氯化法”制备氯乙烯（参见9.8.2），“丙烯氨氧化法”生产丙烯腈，请结合我国的资源禀赋，谈谈我国乙炔法生产这类产品的合理性以及应解决和注意的问题。

4.4.3 丙炔的来源与应用

丙炔为无色气体，存在于石油气的C3馏分中。与空气形成爆炸性混合物，有汞盐存在时，在稀硫酸中可生成丙酮；可在催化剂作用下聚合成1,3,5-三甲基苯。

丙炔以有机膦配位体的钯为催化剂通过羰基化、酯化反应来合成有机玻璃单体α-甲基丙烯酸甲酯，是一条绿色的合成方法，原子利用率达到100%。

$$CH_3C\equiv CH + CO + CH_3OH \xrightarrow{Pd} CH_2=C(CH_3)-C(=O)-OCH_3$$

传统的丙酮氰醇法［参见12.3.1（1）］制备α-甲基丙烯酸甲酯的主要缺点是原料氢氰酸为剧毒物质，硫酸对设备的耐腐蚀要求高。新工艺不涉及腐蚀性和有毒物质，产品纯度高，但由于丙炔消耗大，供应不足，制约了该工艺的推广应用。

4.5 逆合成分析法——以炔烃为原料的合成为例

炔烃是重要的化工原料，由其衍生出的很多化合物，在有机合成中有重要地位。如叶醇，即(*Z*)-己-3-烯-1-醇，天然存在于草莓、圆柚等植物中，是制备高级香料紫罗兰香水主要成分的重要中间体，它的工业制备方法，曾经属于“重要机密”。

$$\underset{CH_3CH_2}{\overset{H}{\diagdown}}C=C\underset{CH_2CH_2OH}{\overset{H}{\diagup}}$$

如何从简单易得的基本有机化工原料来合成该化合物？

4.5.1 逆合成分析法简介

通常设计有机化学合成路线的方法有两种。一种是从已给的原料出发，通过有机反应逐步转变为所需要的化合物。这种方法适用于目标化合物比较简单，反应步骤不太长的合成设计。

例如由乙炔为起始原料来合成丙酮。根据已有的知识储备，很容易就想到必须在乙炔的结构上“引入”一个甲基，生成丙炔，然后与水加成来制备目标产物。

$$CH\equiv CH \xrightarrow[\text{液氨}]{NaNH_2} CH\equiv CNa \xrightarrow{CH_3Br} CH\equiv CCH_3 \xrightarrow[Hg^{2+}/H_2SO_4]{H_2O} CH_3\overset{O}{\overset{\|}{C}}CH_3$$

碳链的增加　　　　官能团的转换

另一种方法称为逆合成分析法，即从目标化合物开始，通过官能团转换、“切断”（用“⋮”表示穿过被切断的键）和倒推（用“⇒”表示），以得到简单的起始原料。

目标化合物 ⇒ 中间体 ⇒ 中间体 ···⇒ 基础原料

特别是复杂有机化合物分子的合成路线设计，逆合成分析是常用也是最有效的方法。例如，由简单的原料乙烯、乙炔合成叶醇的逆合成分析如下：

$$\underset{CH_3CH_2}{\overset{H}{}}\!\!\!\!\!\!\!\!\!\!\!\! \quad C{=}C \quad \underset{CH_2CH_2OH}{\overset{H}{}} \xrightarrow{\text{官能团转换}} \overset{\text{合成子}}{CH_3CH_2} \;\vdots\; \overset{\text{合成子}}{C{\equiv}C} \;\vdots\; \overset{\text{合成子}}{CH_2CH_2OH}$$

$CH_3CH_2 \Downarrow BrCH_2CH_3 \Downarrow CH_2{=}CH_2$

$C{\equiv}C \Downarrow CH{\equiv}CH$

$CH_2CH_2OH \Downarrow$ 环氧乙烷（O） $\Downarrow CH_2{=}CH_2$

4.5.2 逆合成分析的一般步骤

在设计一种合成方法时，应主要考虑基本骨架的构成、官能团的引入及立体化学三个因素。结合叶醇的合成设计，介绍逆合成分析的一般步骤：

（1）根据分子的结构特点对某一化学键“切断”产生“合成子”

“切断”是使分子转变为一种可能得到的原料的方法。“合成子”是在切断化学键时得到的概念性分子碎片，这样就获得了不太复杂的可以在合成过程中加以“装配”的结构单元。

在叶醇的逆合成分析中，考虑产物的结构是*Z*型，可以由碳碳三键通过林德拉催化剂或Ni_2B催化加氢得到。而乙炔有两个活泼氢，易形成碳负离子亲核试剂，正好满足左边和右边分别通过亲核取代“装配”两个“合成子”的需要。

（2）找出对应于合成子的试剂或合成等效体

左边的“合成子”为“$CH_3CH_2^+$”，可以由炔碳负离子与卤代乙烷（等效体）进行烷基化反应得到，而卤代乙烷又可以通过乙烯与HX加成得到。

右边的“合成子”为“$^+CH_2CH_2OH$”，可以由炔碳负离子与环氧乙烷（等效体）反应制备，而环氧乙烷可由乙烯环氧化得到。

（3）按照逆合成分析写出合成路线及各步的反应条件

通过逆合成分析，确定由基础原料乙烯、乙炔合成叶醇的路线如下：

$$CH_2{=}CH_2 \xrightarrow{HBr} BrCH_2CH_3$$

$$CH{\equiv}CH \xrightarrow{NaNH_2} NaC{\equiv}CH$$

$$BrCH_2CH_3 + NaC{\equiv}CH \longrightarrow CH_3CH_2C{\equiv}CH \xrightarrow{NaNH_2} CH_3CH_2C{\equiv}CNa$$

$$CH_2{=}CH_2 \xrightarrow[Ag,\ 250^{\circ}C]{O_2} \text{环氧乙烷（O）}$$

$$CH_3CH_2C{\equiv}CNa + \text{环氧乙烷} \xrightarrow{H_2O} CH_3CH_2C{\equiv}CCH_2CH_2OH \xrightarrow{H_2/Ni_2B} \underset{C_2H_5}{\overset{H}{}}C{=}C\underset{CH_2CH_2OH}{\overset{H}{}}$$

有机合成路线的设计主要靠经验，随着有机化学知识储备的增加，可选择的合成路线逐渐丰富，要尽可能选择基础原料易得，成本低，合成步骤少，反应条件温和，产率高，副反应少，无污染的合成路线。

综合练习题

1.用系统命名法命名或写出下列化合物的结构式。

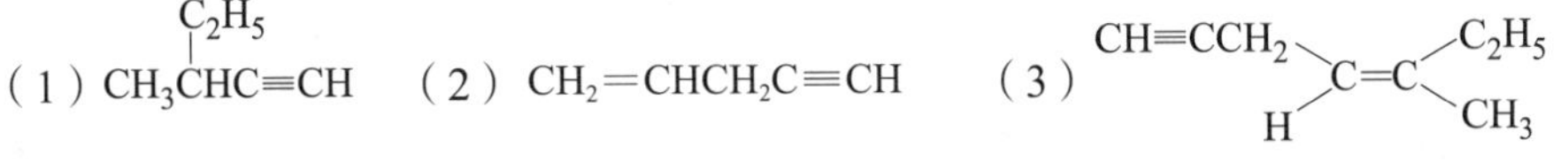

（4）环戊基乙炔　（5）4-苯基戊-2-炔　（6）(*E*)-4-乙炔基-5-甲基庚-2-烯

2.关于下列化合物性质叙述正确的是（　）。

（1）丙炔不溶于水，而溶于乙醚；

（2）丙炔的pK_a大于水，故丙炔的酸性比水强；

（3）丙炔经硼氢化-还原的产物是*Z*构型；

（4）实验生成的丙炔亚铜不再使用时应立即加酸予以处理；

（5）乙酸乙烯酯的水解产物是乙酸和乙醛。

3.用简单的化学方法鉴别下列各组化合物。

（1）丙烯、丙炔和环丙烷　（2）环己烷、己-1-炔和己-2-炔

4.采取适当的化学方法实现下列转化。

$$(C_2H_5)HC=CH(CH_3)\ (\text{顺式}) \longrightarrow (C_2H_5)HC=CH(CH_3)\ (\text{反式})$$

（C_2H_5、CH_3同侧，H、H同侧 → C_2H_5与H同侧，H与CH_3同侧）

5.写出下列反应各步的主要有机产物或反应条件。

（1）$C_6H_5CH=CH_2 \xrightarrow[CCl_4]{Br_2} (A) \xrightarrow[-2HBr]{KOH/醇} (B)$

（2）$CH\equiv CH \xrightarrow{(A)} CH\equiv CNa \xrightarrow{C_2H_5Cl} (B)$ —— $\xrightarrow[Hg^{2+}/H_2SO_4]{H_2O} (C)$；—— $\xrightarrow[②\ H_2O_2/OH^-]{①\ 9\text{-}BBN} (D)$

（3）$CH_2=CHCH_3 \xrightarrow[500℃]{Cl_2} (A) \xrightarrow{(B)} CH_2=CHCH_2C\equiv CCH_3 \xrightarrow[低温]{1\ molBr_2} (C)$

（4）环己亚甲基（环己烷=CH_2）$\xrightarrow[②\ Zn/H_3O^+]{①\ O_3}$ —— $HCHO \xrightarrow{(A)} \xrightarrow{H_2O} HOCH_2C\equiv CH$；—— $(B) \xrightarrow{CH_3C\equiv CNa} \xrightarrow{H_2O} (C) \xrightarrow[Ni_2B]{H_2} (D)$

（5）$CH_3(CH_2)_3C\equiv CH$ —— $\xrightarrow{B_2H_6}$ $\xrightarrow[0℃]{CH_3COOH}$ (A)；—— $\xrightarrow[ROOR]{HBr}$ (B) $\xrightarrow[CCl_4]{Br_2}$ (C)

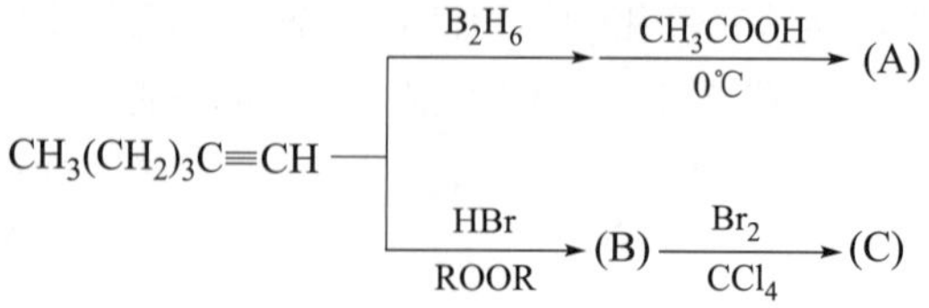

（6）[1,5-己二烯骨架式] $\xrightarrow[CCl_4]{Br_2(足量)}$ (A) $\xrightarrow[液氨]{NaNH_2}$ $\xrightarrow{H_2O}$ (B)

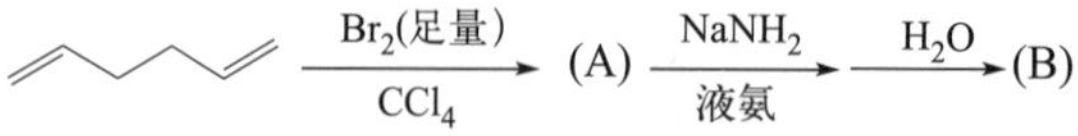

6. 按指定条件合成下列化合物（无机试剂、溶剂、催化剂任选）。

（1）以乙炔为原料合成氯丁橡胶的单体2-氯丁-1,3-二烯；

（2）以乙炔和甲醇为原料合成乙烯基甲基醚（$CH_2=CHOCH_3$）；

（3）以电石为原料合成“人造羊毛”聚丙烯腈；

（4）以丙烯为原料合成1,3,5-三甲基苯。

7. 末端炔烃与溴水反应，生成了一种如下的溴代酮化合物，请写出该产物生成的反应机理。提示：参考烯烃与溴水反应的机理。

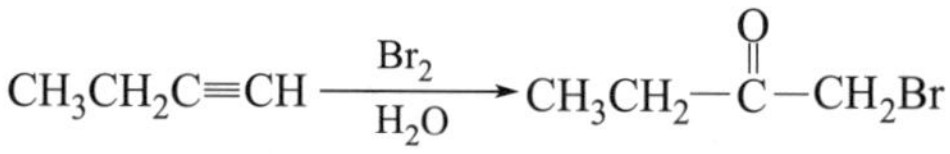

$$CH_3CH_2C\equiv CH \xrightarrow[H_2O]{Br_2} CH_3CH_2-\overset{O}{\overset{\|}{C}}-CH_2Br$$

8. 3-羟基-3-甲基丁-2-酮（结构见右图）可作为紫外光固化涂料中的光引发剂，也是有机合成中应用广泛的合成子，可作为具有生物活性的天然产物和医药中间体。

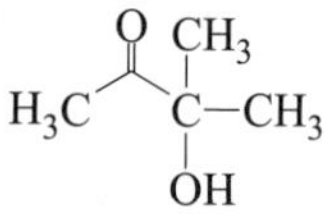

$$H_3C-\overset{O}{\overset{\|}{C}}-\underset{OH}{\overset{CH_3}{C}}-CH_3$$

（1）请用逆合成分析法，设计一条以乙炔和一个碳的有机物为原料进行合成该化合物的路线。

（2）如果起始原料不做限制，请选择一条更经济可行的合成路线。简要说明理由。

9. 很多药物通过引入含炔基的取代基加以修饰，这样的化合物通常很容易被人体吸收，而且低毒，比相应的烯烃或烷烃化合物更具活性。如3-甲基戊-1-炔-3-醇（结构见右图）可作为非处方的安眠药，请以乙炔为原料合成该化合物。写出各步反应式。

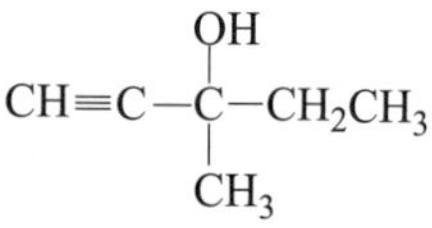

$$CH\equiv C-\underset{CH_3}{\overset{OH}{C}}-CH_2CH_3$$

10. 异戊二烯（$CH_2=CH\underset{CH_3}{C}=CH_2$）主要用于生产聚异戊二烯橡胶，也是丁基橡胶的第二单体，还用于制造农药、医药、香料及黏结剂等。工业上制备异戊二烯的一种方法是以乙炔和丙酮为原料制备。写出该方法的各步反应式。

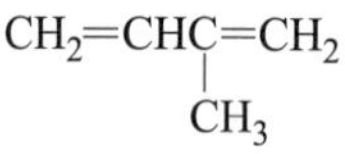

第5章

二烯烃　周环反应

分子中含有两个碳碳双键的烯烃叫二烯烃（alkadiene），开链二烯烃的通式为C_nH_{2n-2}。分子中两个双键被一个单键所隔开的叫共轭二烯烃（conjugated diene），其具有特殊的物理和化学性质，常作为橡胶制造的原料。

周环反应（pericyclic reaction）是指在反应中不形成离子或自由基中间体，通过环状过渡态进行的协同反应。由共轭二烯烃与烯烃或炔烃等不饱和化合物生成环状化合物的反应是其中的一类。周环反应是现代有机合成中常用的反应之一。

5.1　二烯烃的分类与命名

5.1.1　二烯烃的分类

根据分子中两个双键的相对位置，二烯烃分为累积二烯烃（cumulative dienes）、隔离二烯烃（isolated dienes）和共轭二烯烃。

（1）累积二烯烃

累积二烯烃结构不很稳定，其结构特点是两个碳碳双键连接在同一个sp杂化的碳原子上。这两个双键的三个碳原子位于一条直线上，两端的碳原子均为sp^2杂化（图5.1），它们未参与杂化的p轨道分别与中间碳原子上两个相互垂直的p轨道重叠，形成两个互相垂直的π键，两个碳原子上的取代基分别位于相互垂直的平面上。

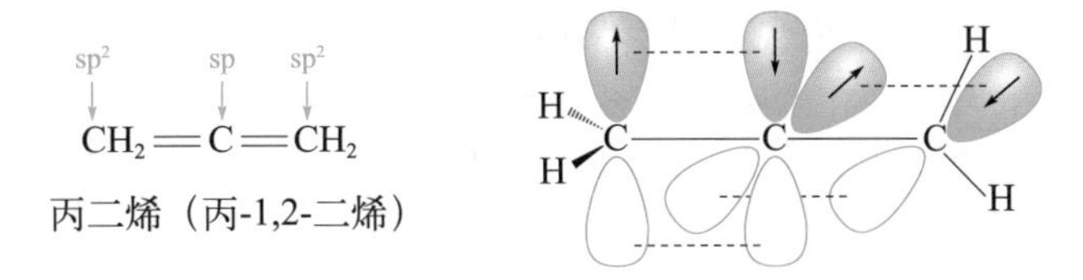

图5.1　累积二烯烃的结构

（2）隔离二烯烃

隔离二烯烃也称孤立二烯烃，其结构特点是分子中的两个双键被两个或两个以上的单键隔开，例如戊-1,4-二烯：

$$CH_2=CH-CH_2-CH=CH_2$$

一般情况下，隔离二烯烃的双键之间几乎不发生相互影响，其化学性质与一般单烯烃相似。

（3）共轭二烯烃

共轭二烯烃的结构特点是分子中双键和单键相互交替，例如丁-1,3-二烯：

$$CH_2=CH-CH=CH_2$$

由于两个双键相互影响，共轭二烯烃除了具有烯烃双键的性质外，还具有特殊的稳定性和反应特性。

5.1.2 二烯烃的命名

二烯烃的系统命名与烯烃相似，但词尾用二烯（adiene）代替烯（ane），并用两个数字表示双键的位置，如果双键具有顺/反异构，则要在整个名称前标明双键的*Z*/*E*构型以及对应的双键碳原子编号。例如：

(2*E*,4*E*)-己-2,4-二烯　　(2*E*,4*Z*)-3-甲基己-2,4-二烯

在共轭二烯烃中，两个双键还可以分布在单键σ键的同侧或异侧，形成两种不同的空间构象，这两种构象一般来说能够随着σ键的旋转相互转化，但在环状结构等旋转受限的分子中会产生不可相互转化的异构体，需在命名时加以区分，分别称为*s*-顺式和*s*-反式，*s*表示双键之间的单键。例如：

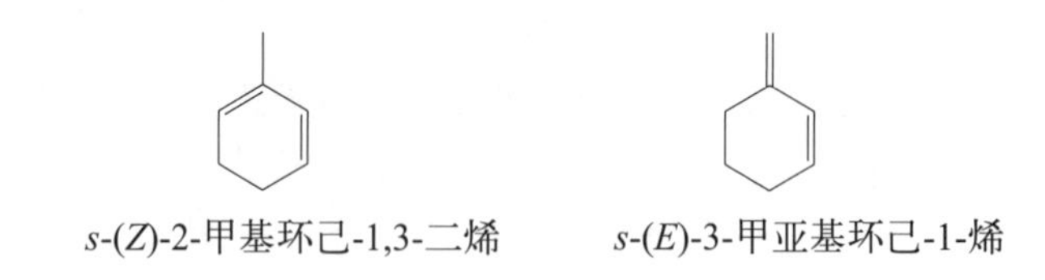

s-(*Z*)-2-甲基环己-1,3-二烯　　*s*-(*E*)-3-甲亚基环己-1-烯

5.2 共轭二烯烃的结构和共轭效应

5.2.1 共轭二烯烃的结构

丁-1,3-二烯是最简单的共轭二烯烃，以其为例介绍共轭二烯烃的结构（图5.2）。

丁-1,3-二烯中碳碳双键的键长为0.134 nm，比乙烯双键的0.133 nm略长，而碳碳单键的键长为0.148 nm，比乙烷单键的0.154 nm短，且四个碳原子和六个氢原子处于同一个平面中，呈现出键长平均化、结构平面化、能量稳定化的特殊稳定性。

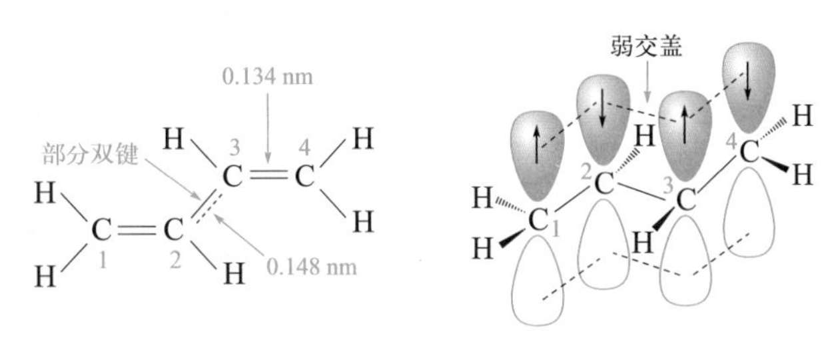

图5.2 丁-1,3-二烯的结构

丁-1,3-二烯分子中的四个碳原子均为sp^2杂化，处在同一平面，它们未杂化的p轨道互相平行且重叠，虽然C_2和C_3分属两个π键，但两个π键的电子云也发生了一定程度的重叠，使得C_2和C_3之间的共价键也具有部分双键的性质，电子云密度增大，键长缩短，同时导致原来碳碳双键的键长增大。

5.2.2 共轭效应

（1）π-π共轭效应

丁-1,3-二烯中的四个π电子并不是“定域”在C_1-C_2和C_3-C_4之间，而是“离域”到共轭的四个碳原子上，这就降低了分子整体的能量，增加了分子的稳定性。像丁-1,3-二烯这类具有单双键交替排列结构的共轭体系，被称为**π-π共轭体系**。碳碳三键、羰基（—C=O）、氰基（—C≡N）等含有π键的官能团也能与双键的π键形成π-π共轭体系。

共轭分子中任何一个原子受到外界试剂的作用，均会影响分子的其它部分，这种电子通过共轭体系传递的现象，叫作**共轭效应**（conjugated effect，用*C*表示），其中由π电子离域体现的共轭效应称为**π-π共轭效应**。

不同二烯烃的氢化热数据能反映出共轭二烯烃所具有的这一稳定性，氢化热值越大，分子能量越高，稳定性越差。表5.1列入了不同二烯烃与单烯烃的氢化热。

表5.1 不同二烯烃与单烯烃的氢化热对比

烯烃	氢化热/（kJ/mol）	烯烃	氢化热/（kJ/mol）
$CH_3CH=CH_2$	125.9	$(CH_3)_2C=CH_2$	118.8
$CH_3CH_2CH=CH_2$	126.8	$CH_2=CH-CH=CH_2$	238.9
$(CH_3)_2C=C(CH_3)_2$	111.3	$CH_2=C(CH_3)-(CH_3)C=CH_2$	226.0
$CH_3CH_2CH_2CH=CH_2$	125.9	$CH_2=CH-CH_2-CH=CH_2$	254.4
(*Z*)-$CH_3CH_2CH=CHCH_3$	119.7	$CH_3-CH=CH-CH=CH_2$	226.4
(*E*)-$CH_3CH_2CH=CHCH_3$	115.5	$CH_3-CH_2-CH=C=CH_2$	297.0

戊-1,2-二烯的氢化热明显高于戊-1,4-二烯，说明累积二烯烃的稳定性不如孤立的二烯

烃；戊-1,4-二烯的氢化热与戊-1-烯氢化热的2倍接近，仅多2.6 kJ/mol，说明孤立二烯烃的稳定性与一般单烯烃相似；共轭结构的戊-1,3-二烯氢化热比非共轭的戊-1,4-二烯少28 kJ/mol，说明共轭二烯烃稳定性高于孤立的二烯烃。

从氢化热数据能看出二烯烃的稳定性顺序为：共轭二烯烃>孤立二烯烃>累积二烯烃。

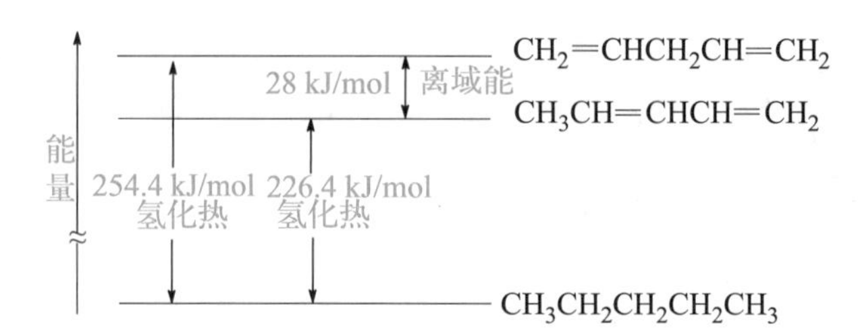

同碳共轭二烯烃和孤立二烯烃氢化热之间的差值，是由于共轭体系π电子离域导致的分子更加稳定的能量，称为**离域能**（delocalization energy），也称**共轭能**。离域能越大，表示共轭结构越稳定。

（2）p-π共轭效应

π键与相邻原子上的p轨道发生的共轭叫**p-π共轭体系**，分为多电子、缺电子与等电子p-π共轭三种类型。比如：

$CH_2=CH-\ddot{Cl}$	$CH_2=CH-\overset{+}{C}H_2$	$CH_2=CH-\dot{C}H_2$
多电子p-π共轭	缺电子p-π共轭	等电子p-π共轭

p-π共轭体系中，双键相邻的原子或基团中有一个p轨道与形成双键的p轨道相互平行，可以侧面重叠，形成共轭体系。p-π共轭体系中电子的离域作用称为**p-π共轭效应**。

氯乙烯中氯原子的p轨道与双键的π键形成了“3原子4电子”的多电子p-π共轭体系，氯原子p轨道上的孤对电子向双键离域，C—X键的极性减弱，致使氯原子的活泼性降低（参见9.6.2）；对于烯丙基正离子和自由基，它们也与双键构成p-π共轭体系，使得双键上的电子向p空轨道或带未成电子的p轨道离域，致使体系的能量降低而增加了稳定性。

（3）超共轭效应

超共轭效应（hyperconjugative effect）是指一个σ键（通常是C—H）里的电子和相邻的π轨道或非键的p轨道之间发生的一定程度的重叠，使整个体系变得稳定的电子效应。超共轭效应主要有σ-π和σ-p超共轭效应，它们都比共轭效应弱得多。

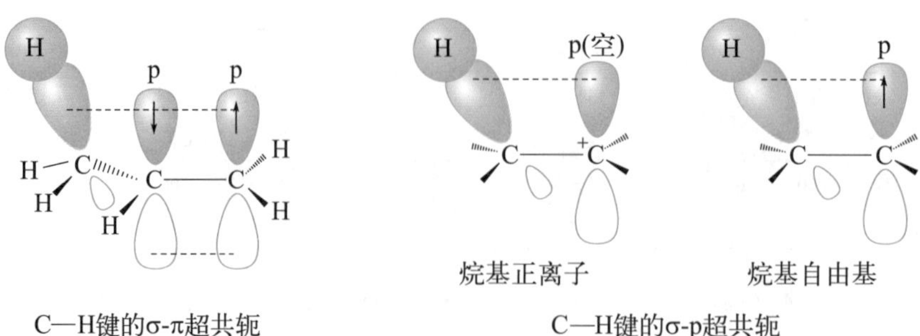

C—H键的σ-π超共轭　　C—H键的σ-p超共轭

戊-1,3-二烯的氢化热比丁-1,3-二烯的低12.5 kJ/mol（表5.1），这就是由于其双键与相邻甲基上的C—H σ键形成σ-π共轭体系，σ键电子云得到离域，致使戊-1,3-二烯的稳定性增加，氢化热降低。

在探讨碳正离子稳定性时（参见3.4.2）知道，由于带正电荷的碳拥有空的p轨道，其与邻位C—H σ键通过σ-p超共轭使正电荷得到分散，故参与共轭的C—H σ键越多，碳正离子越稳定；同样，不同烷基自由基也由于σ-p超共轭效应而得到稳定（参见3.4.3）。

碳正离子和自由基的稳定性次序均为：3°＞2°＞1°＞CH_3。

练习题5-1： 下列分子中存在哪些类型的共轭效应？电子云的偏转方向是什么？

（1）$CH{\equiv}CCH{=}CHCH_3$ （2）$CH_3CH{=}CHCHO$ （3）$CH_3\overset{+}{C}HCH{=}CH_2$

（4）$\overset{-}{C}H_2CH{=}CH_2$ （5）$CH_3\overset{+}{C}HCH_3$ （6）$CH_3CH{=}CH_2$

（4）共轭效应与诱导效应的比较

共轭效应与诱导效应是有机化学中最重要的两种电子效应，表5.2为二者的对比。

表5.2 诱导效应与共轭效应的对比

项目	诱导效应（*I*）	共轭效应（*C*）
产生原因	取代基电负性差异引起的电子偏转	存在共轭结构引起的电子离域
影响体系	任意相邻的单键	共轭体系内部的任意位置
影响距离	短，一般三个键	远，取决于共轭体系长短
极性变化	单一变化，逐步递减	交替变化，一般无衰减

诱导效应是由于电负性不同的取代基影响，使整个分子中的成键电子云向某一方向偏移，使分子发生极化的效应。诱导效应沿着分子链诱导传递，是短程力，随着分子链的增长而迅速减弱，用*I*表示，给电子和吸电子诱导效应的基团及强弱见第1章［参见1.3.4（4）］。

共轭效应沿着共轭链传递，属长距离电子效应，强度一般不因共轭链的长度而受影响，极性交替出现。在共轭体系上，凡能增强共轭体系π电子云密度的取代基有**给电子共轭效应**，用+*C*表示，如—R、—OH、—OR、—NH_2等；凡能降低共轭体系π电子云密度的取代基有**吸电子共轭效应**，用−*C*表示，如—NO_2、—COOH、—CN、—CHO等。

一个分子中同时存在两种效应时，要考虑两种效应的综合结果。如在卤代乙烯中，卤素有给电子共轭效应，但同时又有吸电子诱导效应，静态下吸电子诱导效应比给电子共轭效应强，故卤代烯烃双键上的电子云密度低于相应的烯烃，发生亲电加成反应较烯烃难。但在试剂进攻双键的瞬间还存在更为重要的**动态共轭效应**和**动态诱导效应**。在静态效应和动态效应不一致时，起决定作用的是动态效应。以在氯乙烯与氯化氢的加成反应为例：

$$\overset{2}{C}H_2=\overset{1}{C}H-Cl \xrightarrow{H^+} \begin{cases} \overset{\delta^+}{C}H_2\text{---}\overset{\overset{H^{\delta^+}}{\vdots}}{C}H-Cl \longrightarrow \overset{+}{C}H_2-CH_2-Cl \\ \text{过渡态（Ⅰ）} \qquad \text{碳正离子（Ⅰ）} \\ \overset{\overset{H^{\delta^+}}{\vdots}}{C}H_2\text{---}\overset{\delta^+}{C}H-Cl \longrightarrow CH_3-\overset{+}{C}H-Cl \xrightarrow{Cl^-} CH_3CHCl_2 \\ \text{过渡态（Ⅱ）} \qquad \text{碳正离子（Ⅱ）} \qquad \text{马氏加成产物} \end{cases}$$

在碳正离子形成过程中，过渡态（Ⅱ）带部分正电荷的碳原子本身就有吸电子的倾向，一方面造成了氯原子对碳正离子的吸电子诱导效应弱化，另一方面，氯原子p轨道上的孤对电子离域以稳定碳正离子的动态共轭效应增强。综合这两方面的因素，动态共轭效应强于动态诱导效应，按过渡态（Ⅱ）进行的活化能低，因此亲电加成方向仍然符合马氏规则。

在3,3,3-三氟丙烯与卤化氢的加成反应中，产物以反马加成为主：

$$CF_3CH=CH_2 + HCl \longrightarrow CF_3CH_2CH_2Cl$$

这是由于氟原子具有很高的电负性，使得三氟甲基成为很强的吸电子基团。第一步H^+的加成有两种方向：

$$CF_3-\overset{+}{C}H-CH_3 \qquad\qquad CF_3-CH_2-\overset{+}{C}H_2$$

马氏加成（Ⅲ）　　　　反马加成（Ⅳ）

按马氏加成方向生成的中间体（Ⅲ）碳正离子与吸电子的三氟甲基直接相连，强化了碳正离子的正电性，使得该碳正离子更不稳定，而反马加成的中间体（Ⅳ）与吸电子的三氟甲基距离较远，影响较小，故最终的加成产物以反马加成为主。

练习题 5-2：写出下列加成反应的主要产物。

（1）$CH_3OCH=CH_2 + HBr$　　（2）$CH_2=CHCN + HBr$

（3）$CH_2=CHCl + HBr$　　（4）$CH_2=CHCHO + H_2O$

5.3 共轭二烯烃的化学性质

5.3.1 1,2-加成和1,4-加成

与单烯烃相比，共轭二烯烃在发生亲电加成反应时，其产物和反应历程都体现了双键共轭的特殊性。如丁-1,3-二烯分别与Br_2和HBr发生加成时，都得到了两种加成产物：

$$\overset{1}{C}H_2=\overset{2}{C}H-\overset{3}{C}H=\overset{4}{C}H_2+Br_2 \longrightarrow \underset{Br}{\underset{|}{C}H_2}-\underset{Br}{\underset{|}{C}H}-CH=CH_2 + \underset{Br}{\underset{|}{C}H_2}-CH=CH-\underset{Br}{\underset{|}{C}H_2}$$

3,4-二溴丁-1-烯（1,2-加成产物）　　1,4-二溴丁-2-烯（1,4-加成产物）

$$\overset{1}{C}H_2{=}\overset{2}{C}H{-}\overset{3}{C}H{=}\overset{4}{C}H_2 + HBr \longrightarrow \underset{\substack{|\\H}}{CH_2}{-}\underset{\substack{|\\Br}}{CH}{-}CH{=}CH_2 + \underset{\substack{|\\H}}{CH_2}{-}CH{=}CH{-}\underset{\substack{|\\Br}}{CH_2}$$

3-溴丁-1-烯（1,2-加成产物）　　1-溴丁-2-烯（1,4-加成产物）

第一种产物是反应试剂Br_2和HBr的两个原子分别在同一个碳碳双键上的加成，称为**1,2-加成**，该产物的结构与一般单烯烃的亲电加成产物类似。

第二种产物是反应试剂Br_2和HBr的两个原子分别加到共轭体系的两端（C_1和C_4），原来的两个双键消失，同时在C_2和C_3之间生成了新的双键，这种加成方式称为**1,4-加成**，又称**共轭加成**。在1,4-加成中，共轭体系作为一个整体参与了加成反应。

以丁-1,3-二烯与HBr的亲电加成为例，该反应的机理是分两步进行的：

$$\overset{1}{C}H_2{=}\overset{2}{C}H{-}\overset{3}{C}H{=}\overset{4}{C}H_2 \xrightarrow[-Br^-]{HBr} \underset{\substack{|\\H}}{\overset{1}{C}H_2}{-}\overset{2+}{C}H{-}\overset{3}{C}H{=}\overset{4}{C}H_2 \longleftrightarrow \underset{\substack{|\\H}}{\overset{1}{C}H_2}{-}\overset{2}{C}H{=}\overset{3}{C}H{-}\overset{4+}{C}H_2$$

（Ⅰ）　　（Ⅱ）

（Ⅰ）$\xrightarrow{Br^-}$ 1,2-加成 → $\underset{\substack{|\\H}}{CH_2}{-}\underset{\substack{|\\Br}}{CH}{-}CH{=}CH_2$（动力学控制的产物）

（Ⅱ）$\xrightarrow{Br^-}$ 1,4-加成 → $\underset{\substack{|\\H}}{CH_2}{-}CH{=}CH{-}\underset{\substack{|\\Br}}{CH_2}$（热力学控制的产物）

第一步是丁-1,3-二烯与H^+作用生成碳正离子中间体（Ⅰ），带正电荷的C_2上空的p轨道与双键形成p-π共轭体系，正电荷交替传递离域到C_4，其正电荷的离域也可用共振结构式（Ⅱ）表示。量子化学的计算也表明，共轭体系两端碳上带的正电荷多一些。

第二步，Br^-加到C_2（1,2-加成产物）或加到C_4（1,4-加成产物）。这两种加成是同时发生的，两者的比例受反应温度、反应时间和溶剂等因素的影响。通常情况下，在较低反应温度时以1,2-加成为主，在较高反应温度下1,4-加成为主要产物：

$$\overset{1}{C}H_2{=}\overset{2}{C}H{-}\overset{3}{C}H{=}\overset{4}{C}H_2 + HBr \begin{cases} \xrightarrow{0℃} \underset{\substack{|\\H}}{CH_2}{-}\underset{\substack{|\\Br}}{CH}{-}CH{=}CH_2 \quad 71\% \\ \xrightarrow{40℃} \underset{\substack{|\\H}}{CH_2}{-}CH{=}CH{-}\underset{\substack{|\\Br}}{CH_2} \quad 85\% \end{cases}$$

低温时得到的1,2-加成为主的产物在40℃长时间加热，最后也得到了40℃反应时1,4-加成为主的产物，这说明该转化是可逆的。1,2-加成和1,4-加成反应的进程与能量变化如图5.3所示。

由图5.3得知，1,2-加成过渡态的活化能低，反应速率比较快，可以通过缩短反应时间和降低反应温度来控制主要产物。这种利用各种产物生成速率差异来控制产物分布的反应称为**动力学控制反应**，也称为**速率控制反应**，其主要产物称**动力学（速率）控制产物**。

1,4-加成过渡态的活化能比较高，但产物比较稳定。在较高反应温度时能满足1,4-加成所需的较高能量，反应平衡时以稳定的1,4-加成产物为主。这种让反应体系达成平衡后再

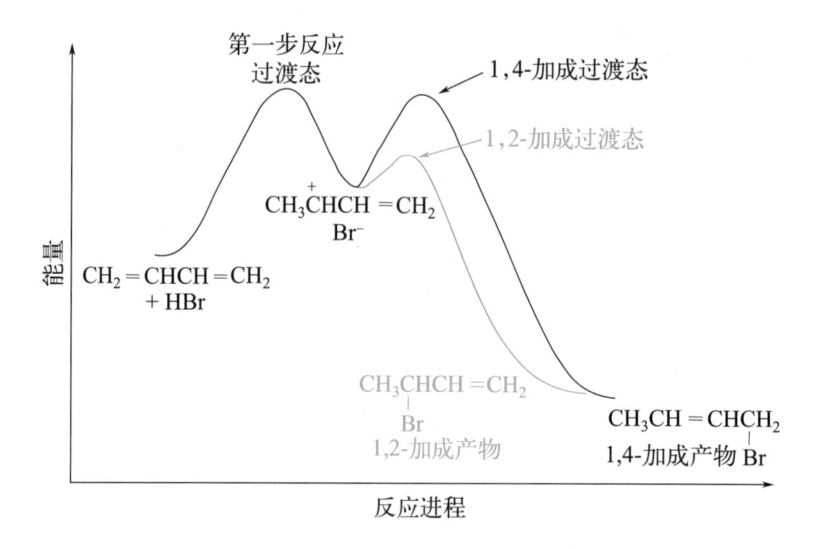

图5.3 丁-1,3-二烯与HBr加成反应的进程与能量关系图

分离产物，利用各产物稳定性差异来控制产物分布的反应称为热力学控制反应，也称平衡控制反应，其主要产物称热力学（平衡）控制产物。

> **练习题 5-3：** 请用超共轭效应解释，为什么丁-1,3-二烯与HBr发生亲电加成反应，生成的1,4-加成产物比1,2-加成产物在热力学上更稳定。

5.3.2 双烯合成（Diels-Alder反应）

共轭二烯烃可以与某些具有碳碳双键、碳碳三键的不饱和化合物进行1,4-环加成反应，生成六元环状化合物，这类反应称为双烯合成（dienes synthesis），也叫狄尔斯-阿尔德（Diels-Alder）反应，这是非常重要的合成环状化合物的方法。例如：

$$CH_2=CH-CH=CH_2 + \underset{\text{亲双烯体}}{CH_2=CH-\overset{O}{\overset{\|}{C}}CH_3} \xrightarrow{30℃} \text{4-乙酰基环己烯}$$

$$\text{环戊二烯} + CH_2=CH-COOH \xrightarrow{\triangle} \text{双环加成产物（COOH）} \quad 90\%$$

双烯合成中提供共轭双烯的化合物叫双烯体（diene），提供重键的化合物称为亲双烯体（dienophile）。研究表明，双烯合成反应一般是电子由双烯体流向亲双烯体，当双烯体上连有给电子基团、亲双烯体上连有吸电子基团时，反应更容易发生。该反应是经过环状过渡态一步完成的协同反应，要求双烯体采用*s*-顺式进行加成反应，若共轭二烯烃的两个双键被固定为*s*-反式则不发生反应，如下列*s*-反式的化合物不能发生双烯合成反应：

练习题 5-4：写出下列各组化合物进行双烯合成反应的主要产物。

(1) + $COOCH_3$—C≡C—$COOCH_3$　(2) + 　(3) + CH≡CH

阅读与思考

金刚烷（ ）由环戊二烯二聚体催化加氢再异构化制得，是一种新型有机材料，可用作合成抗癌药物、高级润滑剂、光敏材料等的原料。请写出环戊二烯二聚的反应式，查阅文献了解金刚烷的发现、人工合成发展历程及应用前景。

5.3.3 聚合反应

共轭二烯烃比单烯烃更容易发生聚合反应，常见的共轭二烯类聚合物单体有：

$CH_2{=}CH{-}CH{=}CH_2$　丁-1,3-二烯

$CH_2{=}C(CH_3){-}CH{=}CH_2$　异戊二烯（2-甲基丁-1,3-二烯）

$CH_2{=}C(Cl){-}CH{=}CH_2$　2-氯丁-1,3-二烯

共轭二烯烃的聚合有多种方式。例如，异戊二烯的聚合就有1,2-加聚、3,4-加聚和1,4-加聚等三种方式：

$\left[CH_2{-}C(CH_3)(CH{=}CH_2)\right]_n$　1,2-加聚产物

$\left[CH(C(CH_3){=}CH_2){-}CH_2\right]_n$　3,4-加聚产物

$\left[CH_2C(CH_3){=}CHCH_2\right]_n$　1,4-加聚产物

其中1,4-加聚的产物是最具有应用价值的聚合物，属于共轭聚合。由于1,4-加聚产物主链上存在碳碳双键，所以又存在顺式和反式加聚产物：

$$\left[-CH_2(H_3C)C=C(H)CH_2-\right]_n \qquad \left[-H_2C(H_3C)C=C(H)CH_2-\right]_n$$

顺-1,4-加聚产物　　反-1,4-加聚产物

顺式和反式聚合物在性能上有较大差异。例如，天然橡胶为顺-1,4-聚异戊二烯，常温下有较高弹性；杜仲胶为反-1,4-聚异戊二烯，常温下为半结晶的塑料。

聚合反应中各种加成产物的比例会影响聚合物的性能，而产物的组成由不同的反应条件，特别是催化剂的性质决定的。因此，催化剂的选择和开发对这类聚合反应尤为重要。

5.4 重要二烯烃的制备及应用

(1) 丁-1,3-二烯

丁-1,3-二烯主要由石油裂解而得的C4馏分（如丁烯、丁烷等）发生进一步脱氢获得，是制备丁钠橡胶、顺丁橡胶和丁苯橡胶的重要原料：

$$\left.\begin{array}{r} CH_3CH_2CH=CH_2 \\ CH_3CH=CHCH_3 \\ CH_3CH_2CH_2CH_3 \end{array}\right] \xrightarrow[\text{加热}]{\text{脱氢催化剂}} CH_2=CH-CH=CH_2$$

丁钠橡胶（butyl sodium rubber）具有良好的耐磨和耐屈挠性能，但弹性低，黏合力小，耐寒性能较好，是由丁-1,3-二烯在金属钠作用下聚合而得：

$$nCH_2=CH-CH=CH_2 \xrightarrow[60^\circ C]{Na} \left[CH_2-CH=CH-CH_2\right]_n$$

丁-1,3-二烯在齐格勒-纳塔催化剂［$Al(C_2H_5)_3$-$TiCl_4$及其改进物］作用下，发生1,4-加成的聚合反应，生成顺-1,4-聚丁二烯的产物，也称为顺丁橡胶（*cis*-polybutadiene，BR）：

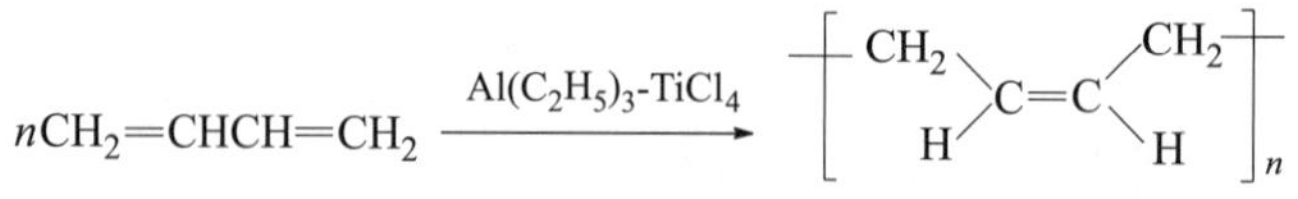

$$nCH_2=CHCH=CH_2 \xrightarrow{Al(C_2H_5)_3\text{-}TiCl_4} \left[-CH_2(H)C=C(H)CH_2-\right]_n$$

顺-1,4-聚丁二烯

顺丁橡胶是仅次于丁苯橡胶的第二大合成橡胶，硫化后其耐寒性、耐磨性和弹性特别优异，特别适用于制造汽车轮胎和耐寒制品。

丁-1,3-二烯可与其它多种单体进行共聚，制备各种橡胶或塑料共聚物。例如：

① 丁苯橡胶（styrene-butadiene rubber，SBR），是丁-1,3-二烯与苯乙烯的共聚物，是世界上用量最大的通用合成橡胶品种，具有良好的耐热性、耐磨性、耐老化性。

$$nCH_2{=}CHCH{=}CH_2 + m\,C_6H_5CH{=}CH_2 \xrightarrow{\text{聚合}} \left[CH_2CH{=}CHCH_2\right]_n\left[CH(C_6H_5){-}CH_2\right]_m$$

丁苯橡胶

丁苯橡胶的物理机械性能、加工性能及制品的使用性能接近于天然橡胶，可与天然橡胶及多种合成橡胶并用，广泛用于轮胎、胶带、胶管、电线电缆等领域。

② 丁腈橡胶（nitrile butadiene rubber，NBR），是丙烯腈与丁-1,3-二烯的共聚物，耐油性极好，耐磨性较高，耐热性较好，粘接力强，主要用于制造耐油橡胶制品，如实验室所用的丁腈手套。

$$n\,CH_2{=}CHCH{=}CH_2 + m\,CH_2{=}CH(CN) \xrightarrow{\text{聚合}} \left[CH_2CH{=}CHCH_2\right]_n\left[CH_2{-}CH(CN)\right]_m$$

丁腈橡胶

③ ABS树脂（acrylonitrile butadiene styrene plastic，ABS），是丙烯腈、丁-1,3-二烯、苯乙烯三种单体的三元共聚物，其组成结构可表示如下：

$$\left[CH_2CH(CN)\right]_n\left[CH_2CH{=}CHCH_2\right]_m\left[CH(C_6H_5){-}CH_2\right]_p$$

ABS树脂兼有三种组元的共同性能，既具有耐化学腐蚀、耐热，又有一定的表面硬度、高弹性和韧性，还具有热塑性塑料的加工成型特性并改善电性能，是一种原料易得、综合性能良好、价格便宜、用途广泛的“坚韧、质硬、刚性”的工程塑料。

（2）异戊二烯

异戊二烯（isoprene），系统命名为2-甲基丁-1,3-二烯，工业上主要以石油裂解产物中相应的C5馏分（主要是异戊烷和异戊烯）进行部分脱氢获得：

$$\left.\begin{array}{l} CH_2{=}C(CH_3)CH_2CH_3 \\ CH_3CH(CH_3)CH_2CH_3 \end{array}\right] \xrightarrow[\text{加热}]{\text{脱氢催化剂}} CH_2{=}C(CH_3){-}CH{=}CH_2$$

天然橡胶（natural rubber，NR）的结构被确认为是顺式的、1,4-聚合的聚异戊二烯结构，但天然橡胶软且发黏，经过硫化处理建立硫桥，将相邻的聚合物链连成网状结构，克服了天然橡胶黏软的缺点，增加了产物的硬度的同时仍然保持弹性。

硫化可以发生在线状高分子链的双键处，也可发生在双键旁的α-碳原子上：

$$\begin{array}{c} \cdots-CH_2-\overset{CH_3}{\overset{|}{C}}=CH-\underset{\underset{\underset{S}{|}}{\overset{|}{S}}}{CH}- \quad \cdots \quad -CH_2-\overset{CH_3}{\overset{|}{CH}}-\underset{\underset{\underset{S}{|}}{\overset{|}{S}}}{CH}-CH_2-\cdots \\ \cdots-CH_2-\underset{CH_3}{\underset{|}{C}}=CH-CH- \quad \cdots \quad -CH_2-\underset{CH_3}{\underset{|}{CH}}-CH-CH_2-\cdots \end{array}$$

使用齐格勒-纳塔催化剂或丁基锂为催化剂合成的顺-1,4-聚异戊二烯，它的各项性能接近天然橡胶，被称为“人工合成的天然橡胶”。

$$nCH_2=\overset{CH_3}{\overset{|}{C}}-CH=CH_2 \xrightarrow{Al(C_2H_5)_3\text{-}TiCl_4} \left[\begin{array}{c} CH_3 \quad\quad H \\ \quad C=C \quad \\ -CH_2 \quad\quad CH_2- \end{array} \right]_n$$

顺-1,4-聚异戊二烯

丁基橡胶（isobutylene isoprene rubber，IIR）是合成橡胶的一种，由异丁烯和少量的异戊二烯（1.5% ～ 4.5%）共聚合成：

$$nCH_2=CH\underset{CH_3}{\underset{|}{C}}=CH_2 + m\overset{CH_3}{\overset{|}{\underset{CH_3}{\underset{|}{C}}}}=CH_2 \xrightarrow{\text{聚合}} \left[CH_2CH=\underset{CH_3}{\underset{|}{C}}CH_2\right]_n\left[\overset{CH_3}{\overset{|}{\underset{CH_3}{\underset{|}{C}}}}-CH_2\right]_m$$

丁基橡胶

丁基橡胶一般被应用于制作轮胎，在建筑防水领域丁基橡胶已全面普及代替沥青。

（3）2-氯丁-1,3-二烯

2-氯丁-1,3-二烯也被称为2-氯丁二烯（chloroprene），可通过乙炔二聚再与氯化氢加成来制备（参见4.3.8），其反应机理：

$$\underset{\delta^+}{CH_2}=CH-C\equiv\underset{\delta^-}{CH} + \overset{\delta^+}{H}-\overset{\delta^-}{Cl} \xrightarrow{1,4\text{-加成}} \underset{Cl}{\underset{|}{CH_2}}-CH=C=CH_2 \xrightarrow{\text{重排}} CH_2=CH-\underset{Cl}{\underset{|}{C}}=CH_2$$

2-氯丁-1,3-二烯用于合成有阻燃性的氯丁橡胶：

$$nCH_2=CH\underset{Cl}{\underset{|}{C}}=CH_2 \xrightarrow{AlR_3\text{-}TiCl_4} \left[\begin{array}{c} -CH_2 \quad\quad H \\ \quad C=C \quad \\ Cl \quad\quad CH_2- \end{array} \right]_n \text{氯丁橡胶}$$

氯丁橡胶（cloroprene rubber，CR）是一种性能优良的通用橡胶，耐老化、耐热，耐油、耐化学腐蚀性优异，被广泛应用于抗风化产品、黏胶鞋底、涂料等。

5.5 周环反应*

5.5.1 周环反应的特征：协同反应历程

周环反应进行的动力是加热或光照，不受溶剂极性、酸碱性、催化剂、引发剂等因素的影响，是经过环状过渡态一步完成的协同反应。电环化反应（electrocyclic reaction）和环加成反应（cycloaddition reaction）都属于周环反应的范畴。

① 电环化反应：链型共轭体系两端的碳原子之间π电子环化形成σ单键的单分子反应：

热或光

② 环加成反应：Diels-Alder反应为典型的环加成反应：

△

周环反应的产物具有高度的立体专一性，即一种特定构型的反应物在光照或加热条件下只能得到特定构型的产物。

周环反应的这些特点，能够利用分子轨道对称守恒原理（conservation of molecular orbital symmetry）予以解释：反应的成键过程就是分子轨道的重新组合过程，反应中分子轨道的对称性必须是守恒的。

5.5.2 前线轨道理论

前线轨道理论（frontier orbital theory）可用来表达反应过程中分子轨道的对称守恒原则，在分子轨道中，电子占据的能量最高的分子轨道，称为最高占有分子轨道（HOMO），没有被电子占据的能量最低的分子轨道，称为最低未占有分子轨道（LUMO）。HOMO和LUMO便是所谓的前线轨道，是决定一个体系发生化学反应的关键。

图5.4为几种类型烯烃的π分子轨道能级图。以丁-1,3-二烯为例，在基态时，ψ_2为HOMO，π电子在这个轨道中所受束缚最小，最活泼，往往是参与反应的电子；ψ_3^*为LUMO，在光照条件下，有HOMO中的π电子被激发进入LUMO，所以这个LUMO分子轨道如何变化对某些反应能否进行也起着决定作用。其它能量的分子轨道对于化学反应虽然有影响，但是影响很小，可以忽略。

5.5.3 电环化反应

共轭多烯分子可以在光照或加热条件下发生反应，关环生成环状结构的烯烃，起决定作用的是其HOMO，为了使共轭多烯两端碳原子的p轨道旋转关环生成σ键，必须经过一个能量最低的过渡态，使这两个p轨道发生同相重叠，因此，电环化反应的立体选择性主要取决于HOMO的对称性。

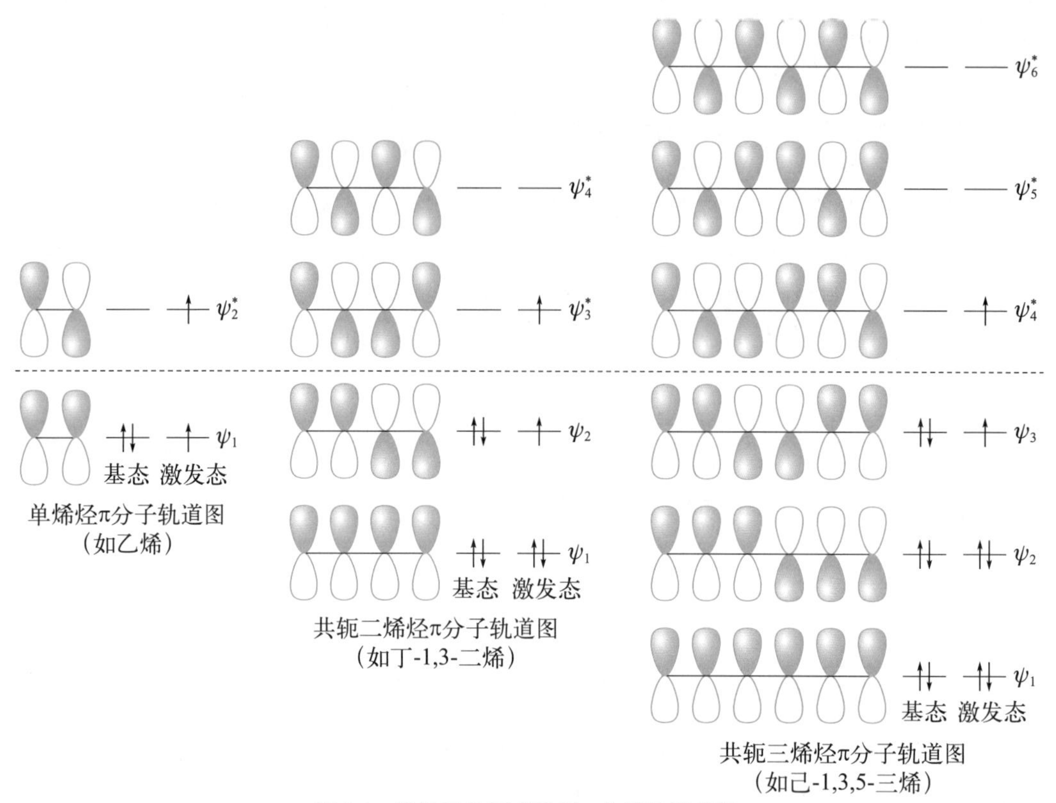

图5.4　烯烃和共轭多烯烃π分子轨道能级

（1）4*n*型电环化反应

π电子数为4*n*的共轭多烯发生电环化反应的规律是相同的。以丁-1,3-二烯为例，反应在基态时（加热条件），只有当HOMO（ψ_2）两端的原子采取顺旋（conrotatory）方式，才能使分子轨道位相相同的一端相互接近而成键，这叫**对称允许**，反之，如果对旋（disrotatory），则位相不同不能成键，叫**对称禁阻**；而在光照条件下，基态的HOMO（ψ_2）中的π电子被激发，进入原先的LUMO（ψ_3^*），ψ_3^*成为新的HOMO，此时只有对旋才能成键：

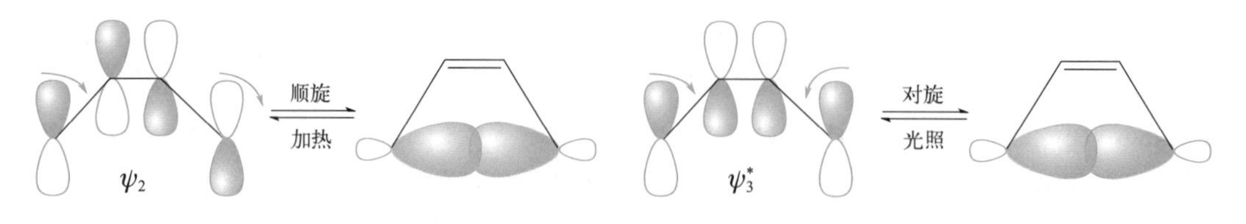

热作用下丁-1,3-二烯顺旋成键　　　　光作用下丁-1,3-二烯对旋成键

资料卡片

在电环化反应中，顺旋可分为顺时针顺旋和逆时针顺旋两种，对旋也可分内向对旋和外向对旋两种，阅读了解这几种旋转方式。

若共轭体系两端碳原子上带有取代基，在加热或光照条件下，在生成单键变为环状结构的过程中，会带动其取代基按照对称允许的方向一起旋转，生成不同的立体结构产物。例如：

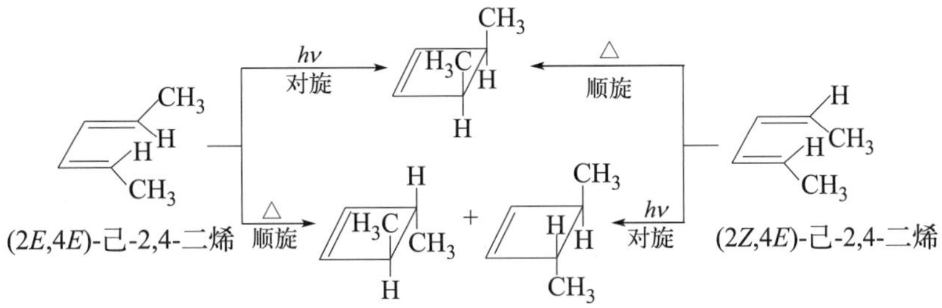

(2*E*,4*E*)-己-2,4-二烯　$h\nu$ 对旋；△ 顺旋　(2*Z*,4*E*)-己-2,4-二烯

需要说明的是，(2*E*,4*E*)-己-2,4-二烯的加热顺旋产物和(2*Z*,4*E*)-己-2,4-二烯的光照对旋产物相同，都是一对对映体（参见第6章）。

（2）4*n*+2型电环化反应

π电子数为4*n*+2的共轭多烯体系发生电环化反应的规律也是相似的。如己-1,3,5-三烯，根据图5.4的分子轨道图，基态（加热时）时HOMO为ψ_3，对旋是对称允许的，在光照下ψ_4^*为HOMO，顺旋是对称允许的，这和4*n*电子体系中对称允许的旋转方式正好相反。例如：

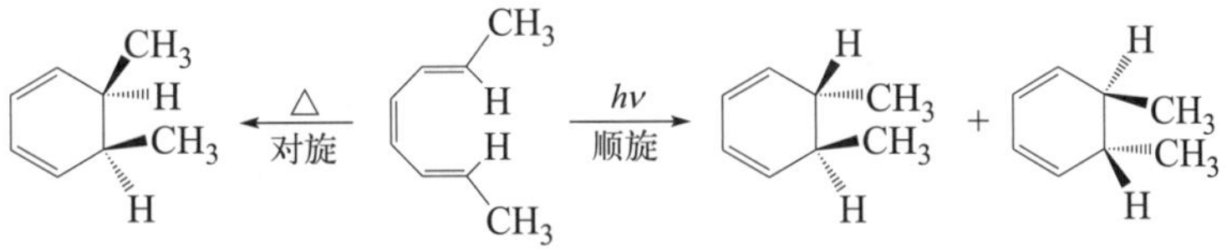

△ 对旋；$h\nu$ 顺旋

注意，电环化反应的逆反应以产物（开链化合物）的分子轨道能级来判定其反应的对称性。例如，顺-3,4-二甲基环丁烯在加热条件下的开环反应，应按产物己-1,3-二烯的4*n*体系来判断反应产物的立体专一性，故在加热条件下是顺旋开环：

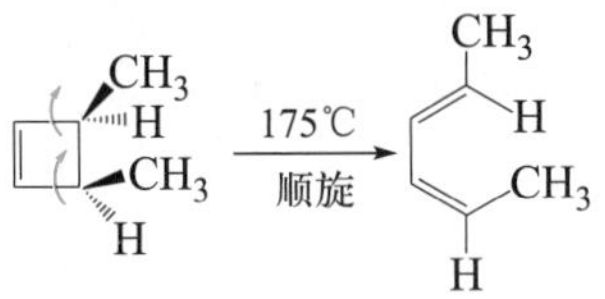

175℃ 顺旋

在不同共轭多烯烃体系中，两种类型电环化反应的规律总结见表5.3。

表 5.3　共轭多烯的电环化反应规律

反应物π电子数	反应条件	对称允许
4*n*	加热	顺旋
	光照	对旋
4*n*+2	加热	对旋
	光照	顺旋

练习题 5-5： 写出下列开环反应的两种产物，并分析哪一种是主要产物。

(A) $\xleftarrow[\text{逆时针顺旋}]{\triangle}$ [环丁烯，取代基 Ph、H、H、Ph] $\xrightarrow[\text{顺时针顺旋}]{\triangle}$ (B)

5.5.4 环加成反应

环加成反应是在加热或光照条件下，发生在两个分子间的协同反应，根据参与反应体系两个分子的π电子数，分为［2+2］环加成和［4+2］环加成两类。

（1）［2+2］环加成

最简单的［2+2］环加成反应是乙烯二聚生成环丁烷的反应，此反应只有在光照的条件下才能发生。根据图5.4的乙烯分子轨道图，在光照的条件下，乙烯的一个π电子被激发到ψ_2^*轨道，此时ψ_2^*是HOMO，它与另一个基态乙烯分子的LUMO作用，这两个轨道的对称性相互匹配满足对称允许的条件，即位相相同的部分可以同时交盖成键：

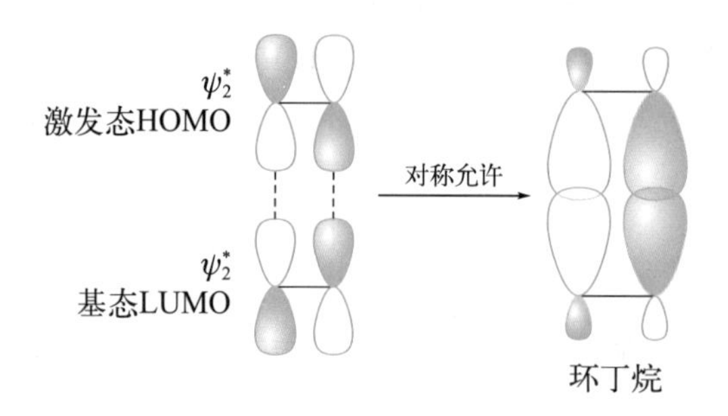

在加热条件即基态时乙烯的HOMO是ψ_1，两个π电子占据后只能与另外一个分子的LUMO相互作用，根据乙烯分子轨道图，这两个轨道的位相不匹配，属于对称禁阻。

（2）［4+2］环加成

双烯合成，即Diels-Alder反应，是典型的［4+2］环加成反应。以丁-1,3-二烯与乙烯为例，在加热条件下，双烯体和亲双烯体均处于基态，一个分子的HOMO与另外一个分子的LUMO轨道的两端位相相同，对称允许，采取“头对头”（最大重叠）同面加成方式：

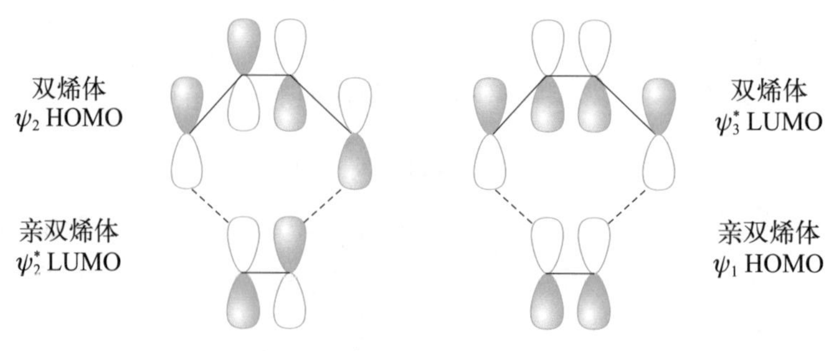

双烯合成（热作用下的对称允许）

在光照作用下，乙烯的最外层π电子跃迁到反键轨道ψ_2^*上，其与丁-1,3-二烯的LUMO对称性不匹配，属于对称禁阻，从丁-1,3-二烯的激发态角度也能得出同样的结论：

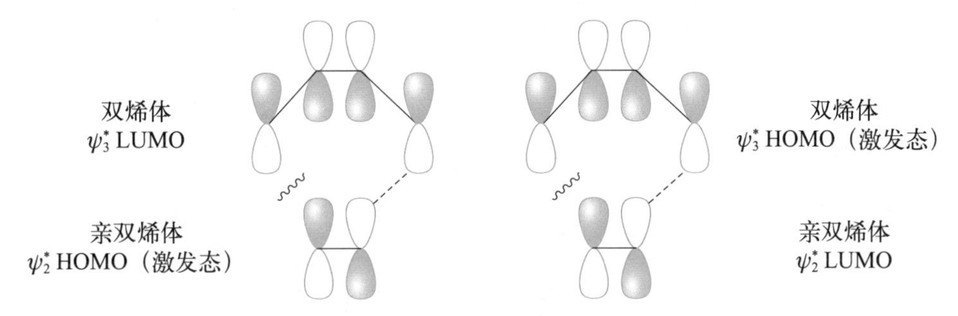

双烯合成（光作用下的对称禁阻）

实验结果表明，大多数环加成反应中，双烯体提供HOMO，而亲双烯体提供LUMO。亲双烯体不饱和碳上连有$-NO_2$、$-CHO$、$-CN$、$-X$等吸电子基团时，会使LUMO能量降低，有利于反应的进行。例如：

+ CHO–CH=CH_2 $\xrightarrow{\triangle}$ CHO (100%)

（3）环加成反应的特点

① 环加成反应也有一些特定的规律，两种类型环加成反应的规律总结见表5.4。

表5.4 环加成的反应规律

反应物π电子数	加热（基态）	光照（激发态）
$4n$	禁阻	允许
$4n+2$	允许	禁阻

② 当双烯体与亲双烯体上均有取代基时，从反应式看，有可能产生两种不同的反应物，以两个取代基处于邻位或对位的产物为主要产物。例如：

$\xrightarrow[\triangle]{CH_2=CHCO_2Me}$ CO_2Me + CO_2Me

主要产物

Ph $\xrightarrow[\triangle]{CH_2=CHCHO}$ Ph CHO + Ph CHO

主要产物

③ 环加成反应是立体专一的顺式加成反应，参与反应的亲双烯体的顺反关系在反应

前后保持不变。例如：

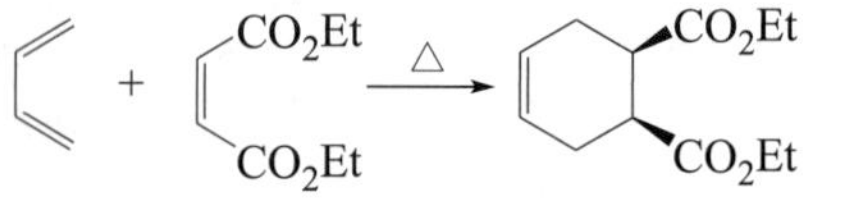

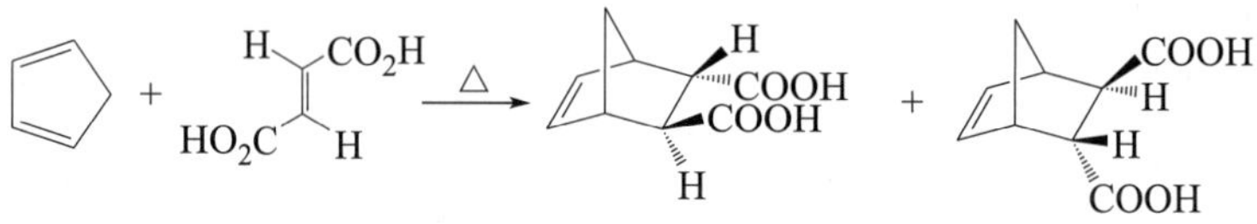

CO_2Et　△　CO_2Et
CO_2Et　CO_2Et

H　CO_2H　△　H　COOH　COOH　+　COOH　H
HO_2C　H　H　H　COOH

练习题 5-6： 写出下列环加成反应的主要产物。

（1）H + CHCHO
OCH_3　CH_2

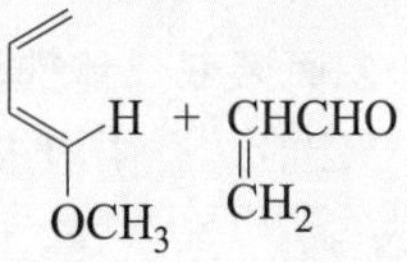

（2）+　OHC　H
H

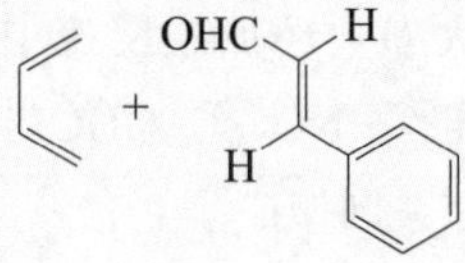

④ 在生成桥环化合物的环加成反应中，若可生成两种立体异构体，则优先生成稳定的内型（endo）加成产物，而外型（exo）产物很少。例如：

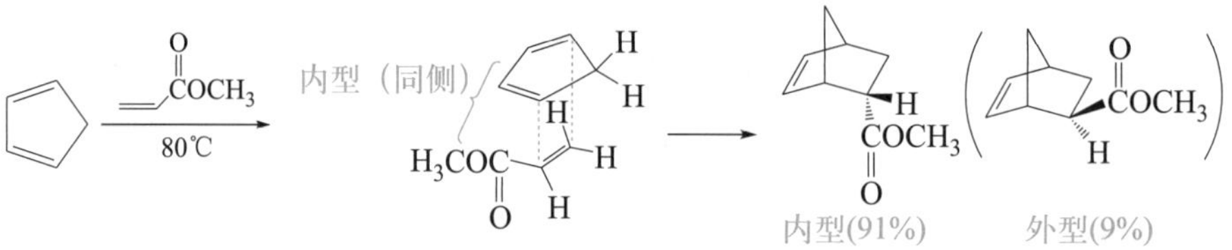

O
$COCH_3$
80℃
内型（同侧）　H　H
H　H_3COC　H　O　H
H　$COCH_3$　O　O　$COCH_3$　H

内型(91%)　外型(9%)

实验证明：内型加成产物是受动力学控制，而外型加成产物是受热力学控制，内型产物通过加热或在一定条件下久置也可能转化为外型产物。

综合练习题

1. 用系统命名法命名或写出下列化合物的结构。

（1）C_2H_5　C=C　H　H　C=C　CH_3　H　H

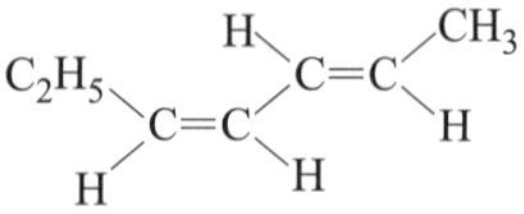

（2）CH_3　C=C　Br　H　C=CH_2　CH_3

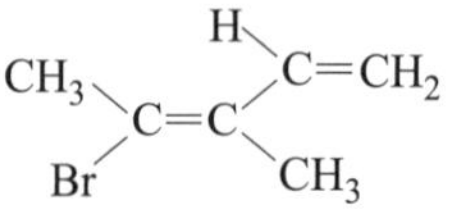

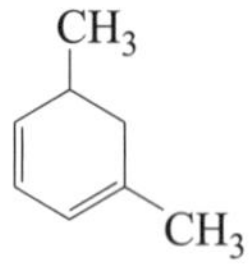

（3）CH_3　CH_3

（4）H　C=C　H　H　C=C　H　H　CH_3

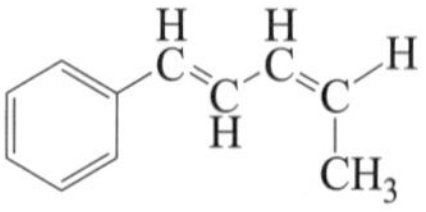

（5）Br

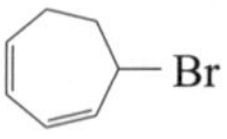

（6）*s*-(*Z*)-丁-1,3-二烯

（7）(1*Z*,3*Z*)-1,4-二溴丁-1,3-二烯

（8）反-环己-4-烯-1,2-二羧酸二甲酯

2. 写出下列简称对应的高分子材料的名称以及单体的结构式。

（1）BR （2）SBR （3）NBR （4）CR （5）ABS （6）IIR

3. 试推断2-甲基丁-1,3-二烯与溴化氢进行加成反应时，在低温和高温下的主要产物。请写出机理，并从中间体稳定性分析，给予合理的解释。

4. 环戊-1,3-二烯与氯化氢进行加成反应时，主要生成3-氯环戊烯，很少有4-氯环戊烯，请结合反应历程给予合理的解释。

5. 下列关于化合物性质的说法正确的是（ ）

（1） 和 与足量氢气进行氢化时，前者放出的热量较多；

（2）烯丙基正离子比乙烯基正离子稳定；

（3）与丁-1,3-二烯发生Diels-Alder反应时，丙烯腈的活性比丙烯高；

（4） 不能作为双烯体进行双烯合成反应。

6. 完成下列反应，写出各步反应的主要产物。

（1）$CH_2{=}CH\overset{CH_3}{\overset{|}{C}}{=}CH_2 \xrightarrow[\text{浓热}]{KMnO_4}$（A）

（2）$CH_2{=}CHCH{=}CHCF_3 \xrightarrow[1:1]{HBr}$ (A) + (B)
主产物

（3）$CH_3CH_2\overset{Cl}{\overset{|}{C}}HCH_2CH{=}CH_2 \xrightarrow[\triangle]{NaOH/\text{乙醇}}$ (A) $\xrightarrow[\triangle]{CH_2=CHCHO}$ (B)

（4）$CH_2{=}CHCH_3 \xrightarrow[\text{磷钼酸铋}]{O_2+NH_3}$ (A) $\xrightarrow[\triangle]{CH_2=CH\overset{CH_3}{\overset{|}{C}}=CH_2}$ (B)

（5）$H_2C{=}C(CH_3)\text{–}CH{=}CH_2$ + HOOC(H)C=C(H)COOH $\xrightarrow{\triangle}$ (A)

（6）$H_2C{=}C(CH_3)\text{–}C(CH_3){=}CH_2$ + $CH_2{=}CH\overset{O}{\overset{\|}{C}}CH_3 \xrightarrow{\triangle}$ (A)

（7） + $CH_2{=}CHCOOCH_3 \xrightarrow{\triangle}$ (A)

（8） + $\xrightarrow{\triangle}$ (A)

7. 按指定要求合成下列有机物，反应中涉及的无机试剂、有机溶剂和催化剂可任选。

（1）由四个碳原子及以下的烃为原料合成 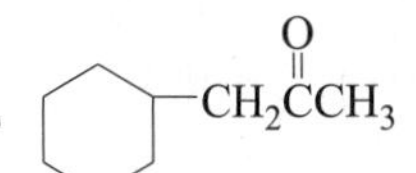

（2）以丁-1,3-二烯和丙烯为原料合成

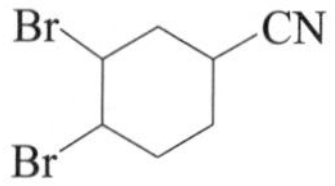

（3）以五个碳原子及以下的烃为原料合成H_3C—　—CHO

（4）以五个碳原子及以下的烃为原料合成

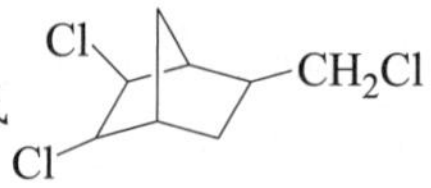

8. 下列化合物均能与丙烯腈发生双烯合成反应，请将它们按反应速率由大到小排序，写出主要产物。

（1）丁-1,3-二烯　　（2）2-氯丁-1,3-二烯　　（3）2-甲氧基丁-1,3-二烯

9. 丁-1,3-二烯与下列化合物发生双烯合成反应，请将它们按反应速率由快到慢排序。

（1）$CH_2{=}CHCHO$　　（2）$CH_3C{\equiv}CCH_3$　　（3）

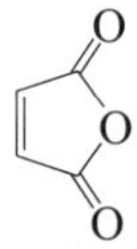

10. 杜仲胶为反式结构，与常规天然橡胶均为由异戊二烯组成的高分子化合物。杜仲胶是我国特有的一种野生天然高分子资源，是具有橡塑二重性的优异高分子材料。

（1）分别写出杜仲胶与常规天然橡胶的结构式；

（2）杜仲胶与氯丁橡胶共混胶具有良好的吸声性能和隔音性能，某化工企业有丰富的电石资源，请仅以此为有机原料来源，设计一条合成氯丁橡胶的合成路线；

（3）萜烯类化合物是由若干异戊二烯结构单元组成的碳氢化合物，α-萜品烯存在于多年生草本植物墨角兰的精油中，是一种可防止细胞氧化损伤和老化的抗氧化剂，经臭氧氧化分解为 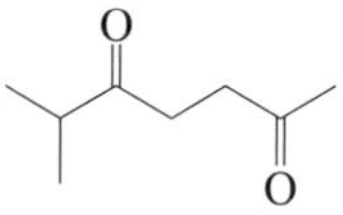　　和 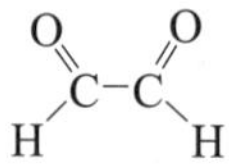　　两种化合物，试确定α-萜品烯的结构。

11. 工业上环戊二烯主要来源于煤焦油的轻苯馏分以及烃类裂解制乙烯时副产的C5馏分。环戊二烯为主要原料合成并经双键异构化所得的5-乙亚基-2-降冰片烯（ 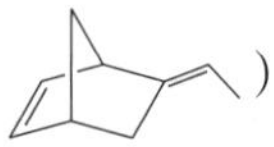　）具有耐臭氧、耐酸碱等性能，可用作橡胶制品和耐冲击性塑料的改性材料。

（1）请设计一个简单易行的合成路线，以环戊二烯为主要原料制备5-亚乙基-2-降冰片烯，写出各步反应式；

（2）5-乙亚基-2-降冰片烯也可由环戊二烯与3-氯丁-1-烯反应，再经转化而得，写出该制备过程的各步反应式；

（3）计算上述两种合成方法的原子利用率，哪种方法更符合绿色化学理念？

（4*）降冰片烯二酸酐可用作橡胶硫化调节剂、树脂增塑剂等。可由环戊二烯与顺丁烯二酸酐通过双烯合成来制备，写出该制备过程的反应式。

12. 柠檬烯（ 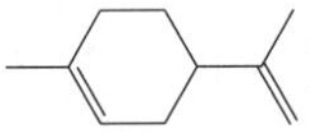 ）广泛存在于天然的植物精油中，复方柠檬烯用于利胆、溶石、促进消化液分泌和排除肠内积气。其催化加氢可得对蓋烷（一种优良的溶剂），在铂催化下脱氢芳构化可生成对伞花烃（分子式$C_{10}H_{14}$，一种祛痰、止咳、平喘药物）。

（1）请以催化裂化汽油过程中产生的一种C5馏分为原料合成柠檬烯，写出反应式；

（2）写出对蓋烷和对伞花烃的结构式；

（3）柠檬烯在酸催化下与水反应可得萜品二醇（分子式$C_{10}H_{20}O_2$），是一种祛痰药，写出该转化的反应式；

（4）松油醇有多种异构体，是紫丁香型香精的主剂，可由萜品二醇在酸催化下脱一分子水而得。写出该转化可能生成的几种异构体的结构式。

第6章

立体化学

立体化学（stereochemistry）是研究分子中原子或原子团在空间的排布状况，从三维空间揭示分子的结构及其对化合物的物理性质和化学反应的影响。前面学习的顺、反异构，*Z*、*E*异构和构象异构均属于立体异构。

对映异构（enantiomer）属于立体异构中的一类。对映异构体的分子式相同、构造相同，只是分子的构型不同。本章将重点学习有机化合物分子的手性（chirality）和对映异构现象，简要介绍有机反应中的立体结构、外消旋体拆分和手性合成。

6.1 同分异构体的分类

同分异构是有机化学中的常见现象，有两种基本类型：构造异构和立体异构。

（1）构造异构

构造异构是由原子互相连接的次序和方式不同产生的，一般分为碳链异构、官能团位置异构和官能团异构（含互变异构）等。例如：

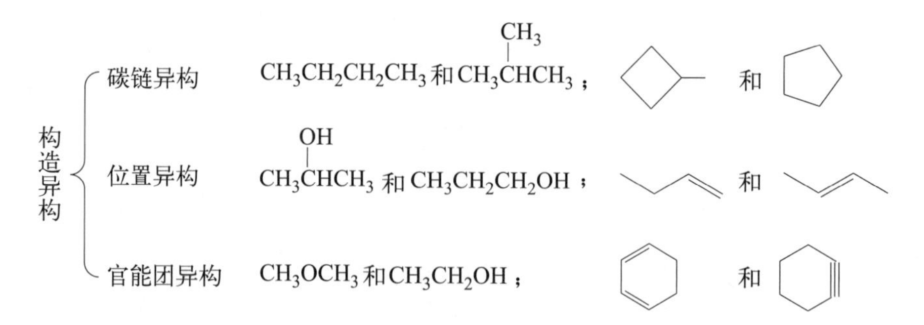

（2）立体异构

立体异构体的分子构造相同，但原子在空间的排列方式不同。分类如下：

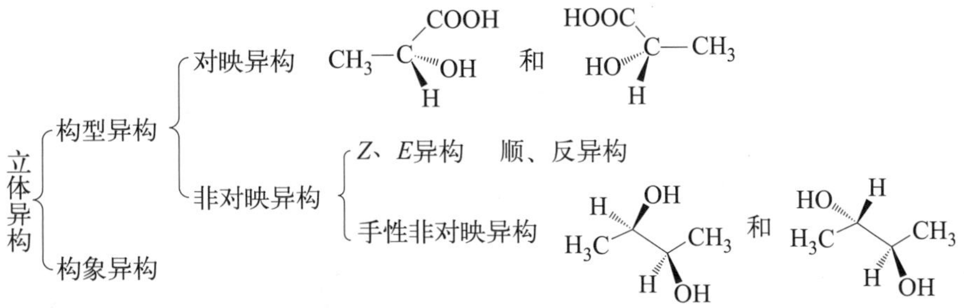

- 立体异构
  - 构型异构
    - 对映异构　CH_3—C(COOH)(OH)(H)　和　HOOC—C(CH_3)(HO)(H)
    - 非对映异构
      - Z、E异构　顺、反异构
      - 手性非对映异构　（H, OH, H_3C, CH_3, H, OH）　和　（HO, H, H_3C, CH_3, H, OH）
  - 构象异构

对映异构体是互为实物与镜像而不能叠合的一对立体异构体，简称对映体。对映异构体都有旋光性，所以又称旋光异构体。

化合物的性质由其结构决定，那么存在对映体的化合物具有怎样的结构呢？

6.2 对映异构

6.2.1 手性和对映体

人的左右手互为实物与镜像的关系，不能相互叠合（注意，这里的叠合不是双手合十），像左右手这种成对映关系的特征称为手性。无法与其镜像叠合的物质称为手性物质，而能够与其镜像叠合的物质称为非手性物质。

具有手性的分子称为手性分子（chiral molecule）。同手性物质一样，手性分子也有一个跟它呈镜像关系的异构体。

例如，乳酸（2-羟基丙酸）是手性分子，有如下一对对映体。人体血液和肌肉中只含有右边立体结构的单一对映体，而酸奶、一些水果和植物中的乳酸则是以两种单一对映体混合物的形式存在。

HOOC—C*(H)(OH)(CH_3)	HO—C*(H)(H_3C)—COOH
(−)-乳酸（左旋）	(+)-乳酸（右旋）
$[\alpha]_D^{25}=-3.8$	$[\alpha]_D^{25}=+3.8$

一对对映体是两种不同的化合物，但很多物理性质，如熔点、沸点、相对密度、折射率、光谱图以及在一般溶剂中的溶解度等都相同。

分子是否具有手性，与分子结构本身的对称性有关。设想分子中有一平面，它可以把分子分成互为镜像的两半，这个平面就是对称面；如果能从分子中找到一个点，从分子中任何一个原子（团）出发，过这个点作一条直线，在其延长线等距处，可以遇到一个同样的原子（团），这个点就是对称中心。

凡是具有对称面或对称中心的分子，均能与其镜像叠合，都是非手性分子。而既没有对称面，又没有对称中心的分子，均不能与其镜像叠合，基本可以判断该分子是手性分子。

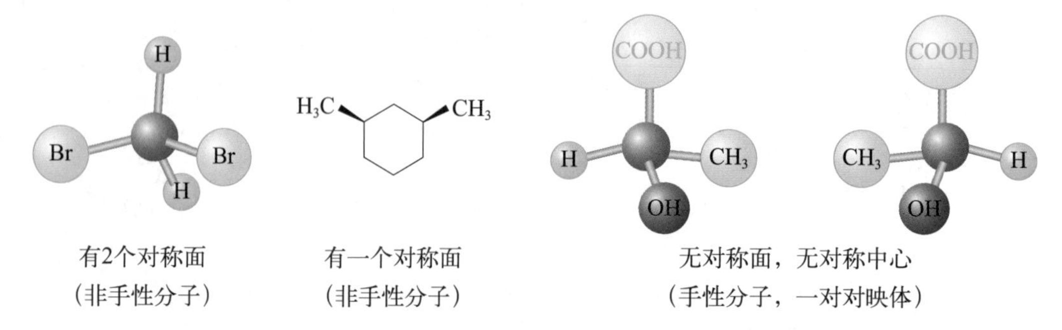

有2个对称面（非手性分子）　　有一个对称面（非手性分子）　　无对称面，无对称中心（手性分子，一对对映体）

二溴甲烷有2个对称面，顺-1,3-二甲基环己烷有一个对称面，它们均不是手性分子，而乳酸分子既没有对称面，也没有对称中心，是手性分子，存在一对对映体。又如：

有对称中心（非手性分子）　　有对称中心（非手性分子）　　无对称中心，无对称面（手性分子）

6.2.2 手性原子和手性分子

当分子中的某一个碳原子与四个不相同原子（团）相连时，该碳原子就是**手性碳原子**（chiral carbon atom），也称为**不对称碳原子**（asymmetric carbon），用C*表示。这个碳原子也称为**手性中心**（chirality center）。手性碳原子都是sp^3杂化的。

只有一个手性碳原子的化合物，肯定是手性分子，有一对对映体。例如，丙氨酸和乳酸分子中，都有一个碳原子分别连着四个不同的原子（团），这个碳原子就是手性碳原子。

(L)-(+)-丙氨酸 $[\alpha]_D^{25}=+8.5$　　(D)-(−)-丙氨酸 $[\alpha]_D^{25}=-8.5$　　(*R*)-(−)-乳酸 $[\alpha]_D^{25}=-3.8$　　(*S*)-(+)-乳酸 $[\alpha]_D^{25}=+3.8$

分子中是否含有手性原子与分子本身是否有手性是两个概念，二者并没有必然的联系，不能根据分子中有无手性碳原子来判断分子是否有手性，而应该依据分子的对称性来判断。

含有手性碳原子的分子不一定是手性分子，而不含手性碳原子的分子未必不是手性分子。例如，下面的酒石酸结构中虽有两个手性碳原子，但存在对称面，不是手性分子；而下面的丙二烯型衍生物，两个取代基处于相互垂直的平面上，它们虽没有手性碳原子，但它们与其镜像不能叠合，所以是手性分子。

(2*R*, 3*S*)-酒石酸
（非手性分子）

丙二烯类化合物（无手性碳原子，
手性分子）

资料卡片

有一些化合物虽然不含手性碳原子，却是手性分子。除丙二烯型外，还有一些螺环类、联苯类等化合物，它们与自身的镜像不能叠合，故也是手性分子。请阅读含有“手性轴”的化合物。

除手性碳原子外，碳同族元素硅和锗，以及氮、磷、硫、砷等原子，当其连有四个不同的原子（团）时也是手性中心。例如，下面两个手性分子的手性中心分别是手性硅和手性氮。

练习题 6-1：请用 * 标记四环素分子中所有的手性碳原子。

6.2.3　比旋光度

光在各个平面上都有振动，当光通过偏振光片或Nicol棱镜时，透过的光只能在一个平面上振动，这种光称为偏振光（plane-polarized light）。当偏振光通过手性分子配制的溶液时，偏振光就会发生偏转。手性分子的这种特性称为旋光性（optical activity），因此手性分子也被称为旋光性物质（或光活性物质）。

手性分子均具有旋光性，而非手性分子没有旋光性。对映体都有旋光性，二者的旋光角度相同，但是旋光方向相反。能够使偏振光发生右旋的，称为右旋物质，用“+”表示；能够使偏振光发生左旋的，称为左旋物质，用“−”表示。偏振光转过的旋转角度称作旋光度（observed rotation），用“α”表示。

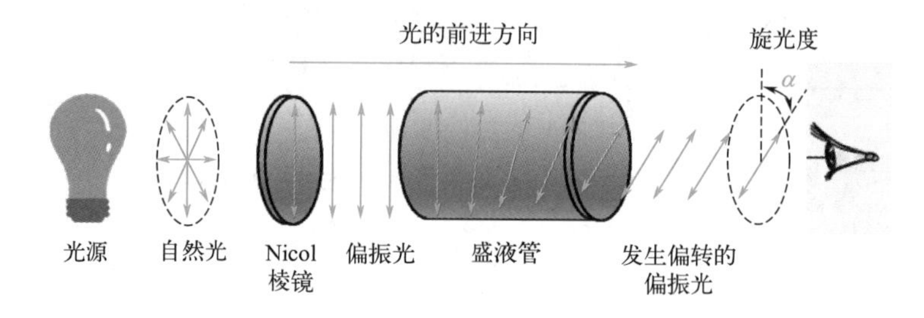

手性分子的旋光度和旋光方向用旋光仪测定。旋光度与物质的结构、样品浓度、盛液管长度、偏振光波长及测定温度等有关。通常把溶液的浓度规定为1 g/mL，盛液管长度规定为1 dm，并把这种条件下测得的旋光度叫**比旋光度**（specific rotation），用$[\alpha]$表示。比旋光度只取决于化合物的结构，是化合物各自特有的物理常数。

实际测定比旋光度时，一般可以用任何浓度的溶液，在任一长度的盛液管中进行测定，然后将实际测得的旋光度α，按下式换算成比旋光度$[\alpha]$。

$$[\alpha]_{\lambda}^{t}=\frac{\alpha}{lc}$$

式中，t为温度，℃；λ为光源的波长，nm，如果光源为钠光灯则可用D表示；l为盛液管长度，dm；c为样品溶液的浓度，g/mL。

例如，在25℃时，以钠光灯为光源测得人体产生的乳酸溶液的比旋光度可表示为$[\alpha]_{D}^{25}=+3.8(水)$，而德氏乳杆菌发酵产生的乳酸溶液，其比旋光度为$[\alpha]_{D}^{25}=-3.8(水)$。

乳酸的一对对映体的旋光角度相同，但旋光方向相反，若把两个单一的对映体等量混合，则旋光消失，这种没有旋光的混合物，记作(±)-乳酸，称为**外消旋体**（racemates）。

> **练习题 6-2：** 25℃下，将2.0 g某旋光物质溶于50 mL水中，放置于50 cm长的盛液管中，测得的旋光度为+13.4°，计算该旋光物质的比旋光度。

6.3 具有单个手性碳原子的化合物

6.3.1 手性分子的表示方法

在立体化学中，表达分子立体构型的主要方法有楔形式和**费歇尔（Fischer）投影式**。

```
        OH                    COOH
$C_2H_5$—C◀COOH             H—┼—OH
        H                     CH3
     楔形式               费歇尔投影式
```

费歇尔投影式又称十字式，它是对四面体构型进行投影得到的，将手性碳原子置于交叉点，习惯上将主碳链放在纵向，由化合物命名规则确定的最小编号的碳放在上方，交叉点两个横向的键表示向纸面前方伸出的键，两个竖直的键表示向纸面背后伸去的键。

费歇尔投影式虽然是用平面结构式表示三维结构，但是却严格地表达了各原子（团）的空间关系，因此在使用费歇尔投影式时要注意以下几点：

① 不能离开纸面翻转，若翻转180°，则变成其对映体；

② 在纸面上旋转180°，其构型不变，但若旋转90°或270°时，变成其对映体；

③ 保持一个基团固定，而把其它三个基团顺时针或逆时针地调换位置，构型不变；

④ 任意两个基团调换偶数次，构型不变；调换奇数次，构型改变。

练习题 6-3： 下列费歇尔投影式中，与（A）具有相同构型的是________；与（A）成对映体关系的是________。

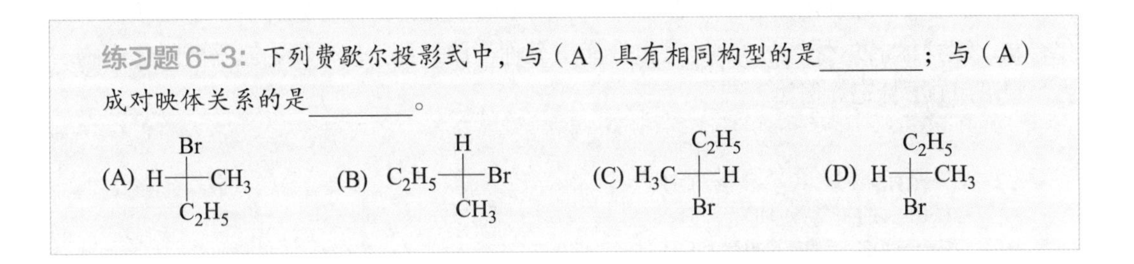

在转化为费歇尔投影式时，可以采取将楔形式旋转，使两个基团朝向自己的观察方式，也可以"站在"楔形式任意两个基团与手性碳构成的平面之间（如下图中箭头方向），使两个基团水平朝向自己，将左边的基团置于费歇尔投影式横键左侧，右边的基团置于横键的右侧，再观察两个"背向"自己的基团，上前方的基团置于费歇尔投影式的上方，下后方的基团置于下方，完成转换。例如，乳酸的一对对映体由楔形式转换成费歇尔投影式的过程如下：

练习题 6-4： 将下列化合物转换成费歇尔投影式。

6.3.2 构型的标记

构型的标记方法主要有两种：D/L标记法和*R*/*S*标记法。

（1）D/L标记法

D/L标记的是化合物的相对构型，以甘油醛的构型为对照标准。利用费歇尔投影式表示甘油醛一对对映体的构型，把羟基在右边的定义为D型，它的对映体则被定义为L型。D/L标记法是人为规定的，不能表示旋光的真实方向。

在保证手性碳原子构型不变的条件下，凡是从D-甘油醛通过化学转换得到的化合物，都具有同D-甘油醛相同的构型，即D型化合物；反之，则为L型化合物。例如：

D-(−)-甘油酸　D-(+)-甘油醛　L-(−)-甘油醛　L-(+)-甘油酸

D/L标记法只能表示出分子中含有一个手性碳原子的构型，对含有多个手性碳原子的化合物，这种标记并不合适，有时甚至会产生名称上的混乱，但单糖、氨基酸类化合物一直习惯沿用D/L标记。例如：

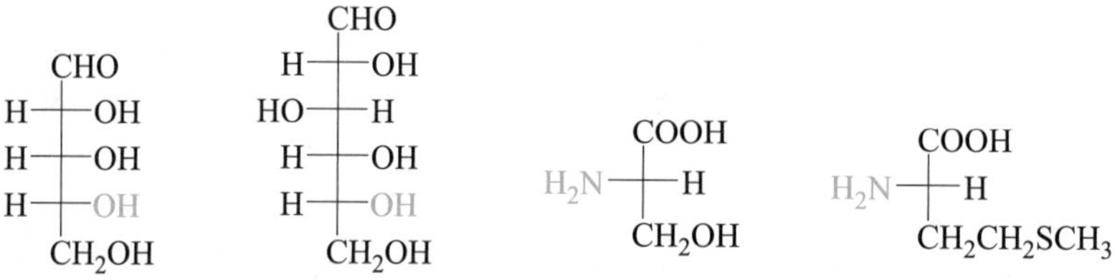

D-(−)-核糖　D-(+)-葡萄糖　L-(+)-丝氨酸　L-(+)-蛋氨酸

（2）*R*/*S*标记法

R/*S*标记的是化合物的绝对构型，是根据手性碳原子所连接的四个原子（团）在空间的排列来标记的。例如：丁-1-烯和HBr发生亲电加成反应时，反应过程如下：

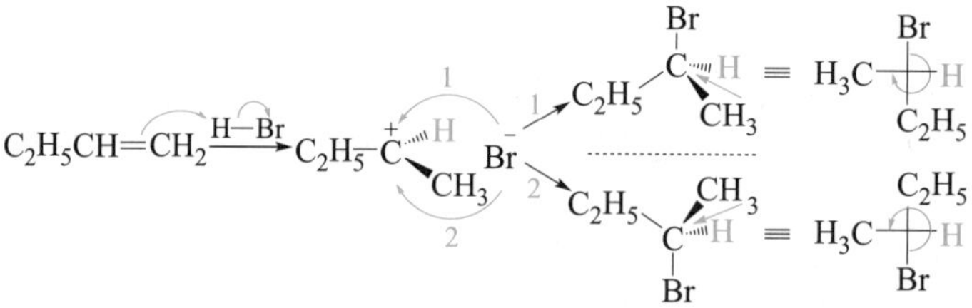

$$C_2H_5CH{=}CH_2 \xrightarrow{H-Br} C_2H_5\overset{+}{C}H(CH_3) + Br^-$$

由于生成的中间体碳正离子具有平面结构，溴负离子从上下两个方向进攻的概率是等同的，结果得到等量的一对对映体（外消旋体）。如何用*R*/*S*标记法来标记这对对映体的构型？

将手性碳原子所连接的四个原子（团）按次序规则（参见3.2.2）排序：Br＞C_2H_5＞CH_3＞H，先将最小的H置于观察者的远方，其它三个面向观察者，这三个原子（团）由大到小的排列顺序若是顺时针，则该手性碳原子为*R*构型，若按逆时针排列则为*S*构型。

顺时针　逆时针

(*R*)-2-溴丁烷　(*S*)-2-溴丁烷

在费歇尔投影式中，若最小原子（团）处于横键上，依次由大到小观察其它三个原子（团），按顺时针排列的为*S*构型，逆时针排列的为*R*构型；若最小的原子（团）处于竖键上，按顺时针排列的为*R*构型，逆时针排列的为*S*构型。例如：

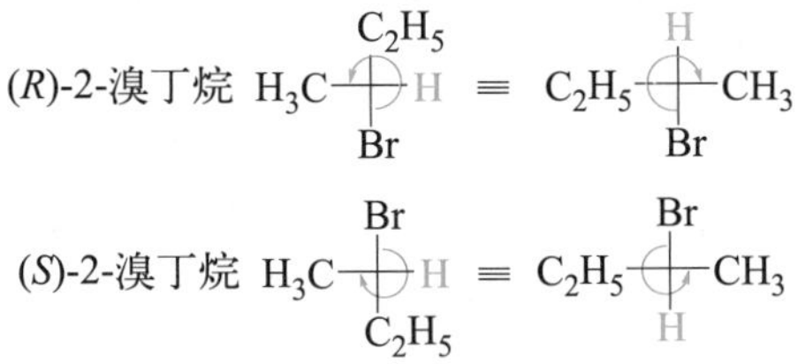

(*R*)-2-溴丁烷 H_3C—C(C_2H_5 上, H 右, Br 下) ≡ C_2H_5—C(H 上, CH_3 右, Br 下)

(*S*)-2-溴丁烷 H_3C—C(Br 上, H 右, C_2H_5 下) ≡ C_2H_5—C(Br 上, CH_3 右, H 下)

在一个化学反应中，如果手性碳原子构型保持不变，产物的构型与反应物的相同，但它的*R*/*S*标记可能会因与手性碳相连的原子（团）发生变化而改变。反之，如果反应后手性碳原子的构型发生了转化，产物构型的*R*/*S*标记也不一定与反应物不同。例如：

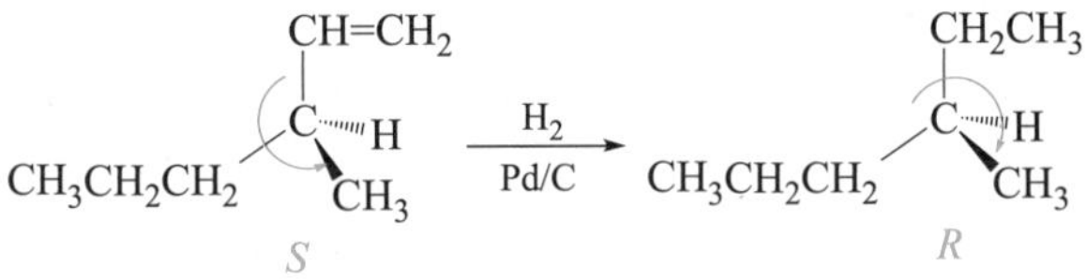

$CH=CH_2$, H, CH_3, $CH_3CH_2CH_2$ 连于 C（*S*） $\xrightarrow[Pd/C]{H_2}$ CH_2CH_3, H, CH_3, $CH_3CH_2CH_2$ 连于 C（*R*）

当分子中有多个手性碳原子的化合物，用*R*/*S*标记法，可分别独立考虑每一个手性中心，可把含有其它手性中心的基团当成一个简单的取代基来处理，最后将每个手性碳原子的构型一一标出。

练习题6-5： 用*R*/*S*标记下列化合物中手性碳原子的构型。

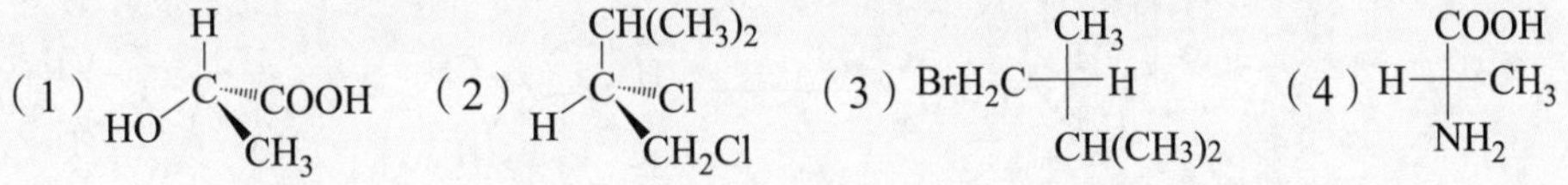

（1）H、HO、COOH、CH_3 连于 C　（2）$CH(CH_3)_2$、H、Cl、CH_2Cl 连于 C　（3）CH_3（上）、BrH_2C（左）、H（右）、$CH(CH_3)_2$（下）　（4）COOH（上）、H（左）、CH_3（右）、NH_2（下）

6.4 具有多个手性碳原子的化合物

6.4.1 含有2个手性碳原子的化合物

含有一个手性碳原子的化合物有一对对映体，含有2个手性碳原子的化合物理论上有4种立体构型。例如：3-溴丁-2-醇，有如下四种立体异构体：

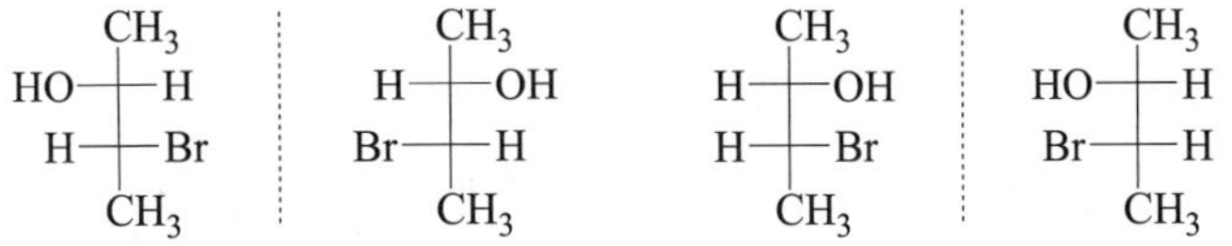

	(Ⅰ)	(Ⅱ)	(Ⅲ)	(Ⅳ)
上	CH_3	CH_3	CH_3	CH_3
C2	HO—H	H—OH	H—OH	HO—H
C3	H—Br	Br—H	H—Br	Br—H
下	CH_3	CH_3	CH_3	CH_3
构型	(2*R*,3*R*)	(2*S*,3*S*)	(2*S*,3*R*)	(2*R*,3*S*)

这四个异构体中，（Ⅰ）和（Ⅱ）是一对对映体，（Ⅲ）和（Ⅳ）是一对对映体。虽然（Ⅰ）与（Ⅲ）和（Ⅳ），以及（Ⅱ）与（Ⅲ）和（Ⅳ）也是立体异构体，但它们没有镜像关系，是**非对映体**（diastereomers）。非对映体之间旋光度不同，旋光方向可能相同，也可能相反，它们的物理性质也不同，因此非对映体的混合物可以用一般的物理方法分离提纯。

3-溴丁-2-醇的四种立体异构体，可由丁-2-烯与次溴酸发生亲电加成反应得到。例如：顺-丁-2-烯与次溴酸发生亲电加成反应，第一步Br^+加成后，在π键方向上、下形成的两种环状溴鎓离子过渡态均有对称面，故具有相同的结构，第二步HO^-按①和②加成方向，可得到（Ⅰ）和（Ⅱ）这对对映体，这两者等量混合后得到外消旋体，该反应过程如下：

顺-丁-2-烯 —HOBr→ ① (Ⅰ) (2*R*,3*R*)；② (Ⅱ) (2*S*,3*S*) | (Ⅰ) (2*R*,3*R*)

（Ⅲ）和（Ⅳ）这对对映体可由反-丁-2-烯与次溴酸发生亲电加成反应得到：

反-丁-2-烯 —HOBr→ ③④ (Ⅲ) (2*S*,3*R*)；⑤⑥ (Ⅳ) (2*R*,3*S*)

反-丁-2-烯加成立体产物之间的关系看似不像顺-丁-2-烯加成产物一对对映体那么直观。第一步形成了2种结构的溴鎓离子，HO^-进攻溴鎓离子看似生成了4种结构的立体异构体。但按③和④路线生成的2种产物的构型均为（2*S*,3*R*），所以它们是同一种分子，即结构（Ⅲ）；同理，按⑤和⑥路线生成的2种立体产物也是等同的，即结构（Ⅳ）。

对于多个手性中心的分子，对映异构每个手性碳原子的构型都对应相反。结构（Ⅲ）(2*S*,3*R*)-3-溴丁-2-醇，与结构（Ⅳ）(2*R*,3*S*)-3-溴丁-2-醇，构型对应相反，又都没有对称面和对称中心，所以是一对对映体，它们等量混合后也是外消旋体。

6.4.2 内消旋体

含有*n*个手性碳原子的化合物，最多可以有2^n种立体异构。但有些分子的立体异构体小于这个最大数。

例如：酒石酸（2,3-二羟基丁二酸）分子含有两个手性碳原子，但只有三种立体异构体：

COOH H—┼—OH HO—┼—H COOH	COOH HO—┼—H H—┼—OH COOH	COOH H—┼—OH H—┼—OH COOH	≡	COOH HO—┼—H HO—┼—H COOH
（Ⅰ）	（Ⅱ）	（Ⅲ）		（Ⅳ）
(2*R*,3*R*)-(+)-酒石酸	(2*S*,3*S*)-(-)-酒石酸	(2*R*,3*S*)-酒石酸		(2*S*,3*R*)-酒石酸

（Ⅰ）和（Ⅱ）是一对对映体。（Ⅲ）和（Ⅳ）看起来呈对映关系，但它们各自在纸面上旋转180°，就能得到彼此，所以它们是同一个分子，按照次序规则，*R*比*S*优先，故系统命名法采用（Ⅲ）的命名。多手性碳原子的立体异构体中，像（Ⅰ）和（Ⅲ），只有一个手性碳原子构型不同的非对映体，叫**差向异构体**（epimers）。

（Ⅲ）结构中存在一个对称面将分子分成具有互为镜像关系的两部分，两个手性碳原子所连接基团的构造完全相同但构型相反，旋光性在同一分子内相互抵消，因此整个分子没有旋光性。这种虽含有手性碳原子，但却不是手性分子，因而也没有旋光性的化合物称为**内消旋体**（meso compound）。

内消旋体与外消旋体均无旋光性，但它们的本质不同。内消旋体是一个单纯的分子，而外消旋体是两个互为对映体的手性分子的等量混合物。内消旋体和外消旋体与单一对映体的物理性质也有较大区别（表6.1）。

表6.1 酒石酸的物理性质

酒石酸	熔点/℃	溶解度	$[\alpha]_D^{25}$(20%H_2O)	pK_{a1}	pK_{a2}
(2*R*,3*R*)-(+)-酒石酸	170	139	+12	2.93	4.23
(2*S*,3*S*)-(−)-酒石酸	170	139	−12	2.93	4.23
内消旋体（酒石酸）	140	125	无旋光性	3.11	4.80
(±)-酒石酸	206	20.6	无旋光性	2.96	4.24

6.4.3 含多个手性碳原子的化合物

含有2个手性碳原子的化合物最多有4个立体异构体，含3个手性碳原子的化合物立体异构体的数目最多有8个，连续用*R*、*S*标记手性中心，将这些立体异构体排列，则得到如下各组对映关系：

含有2个手性碳原子的化合物			含有3个手性碳原子的化合物			
像	*RR*	*SR*	*RRR*	*RRS*	*RSS*	*SRS*
镜像	*SS*	*RS*	*SSS*	*SSR*	*SRR*	*RSR*

这些立体异构体中，若存在对称面或对称中心，则立体异构体的数目少于最大值。例如：戊醛糖（2,3,4,5-四羟基戊醛）有8种立体异构（即4对对映体），如果把戊醛糖的两端

氧化成羧基，就只有四种立体异构体了：

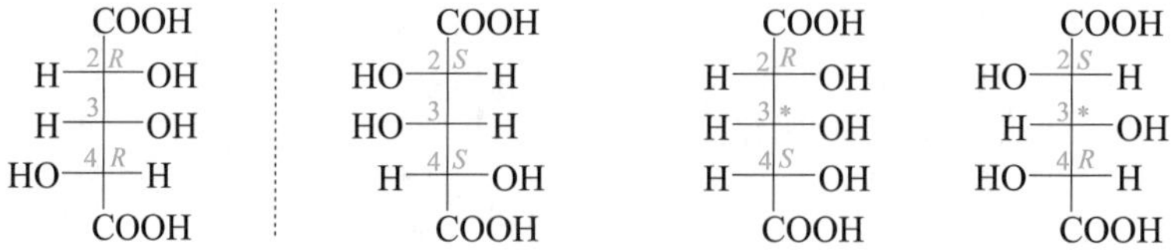

(Ⅰ) 左旋体　(Ⅱ) 右旋体　(Ⅲ) 内消旋体　(Ⅳ) 内消旋体

（Ⅰ）和（Ⅱ）是一对对映体，它们的C_2和C_4所连基团不仅构造相同，构型也相同，所以（Ⅰ）和（Ⅱ）中的C_3不是手性碳原子；（Ⅲ）和（Ⅳ）都有对称面，它们都是内消旋体，虽然它们的C_3所连接的四个基团不同，是手性碳原子，可是对分子的手性不起作用，这种手性碳原子称为假手性碳原子。

6.5　环状化合物的立体异构

有两个取代基的环状化合物就会产生顺、反异构体。若环上有手性碳原子，则还有对映体。判断脂环烃类衍生物是否具有手性，可简单地将环视为平面结构处理，结果一致。

例如1, 2-二氯环丙烷有三种构型异构体，既有顺、反异构体，也有对映异构体。

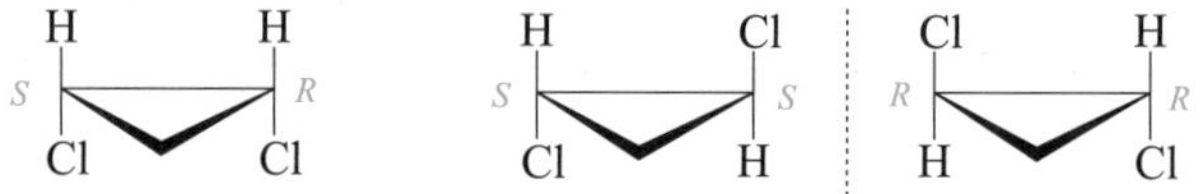

(Ⅰ) 内消旋体　(Ⅱ)　对映体　(Ⅲ)

（Ⅰ）和（Ⅱ）、（Ⅲ）既是顺反异构体，也是非对映体。其中（Ⅰ）有一个对称面，为内消旋体，是非手性分子；（Ⅱ）和（Ⅲ）都是手性分子，是一对对映体。

一些环烯烃发生催化加氢或亲电加成反应时，也可以生成对映体。例如，环己烯与溴的加成，由于该反应的机理是经过环状溴鎓离子过渡态，第二步Br^-的加入方向不是随机的，只能从环的背面进攻，故加成的两个溴处于原来双键的异侧：

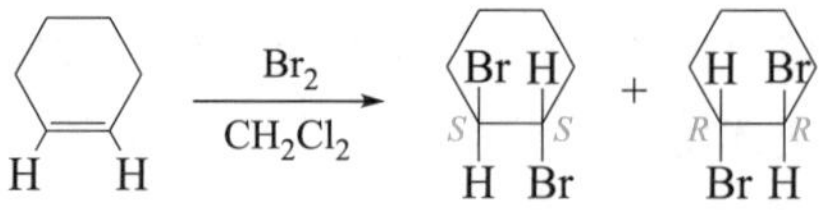

由于这两个化合物均没有对称面，也没有对称中心，因此它们都是手性分子。也不难看出，它们是一对对映体。

练习题6-6：画出环戊烯与稀冷高锰酸钾溶液反应产物的立体构型，用*R*/*S*在图中标记手性碳原子，并用系统命名法命名。

6.6 外消旋体的拆分

在有机合成中，如果生成的产物是手性分子，得到的往往是外消旋体或者是对映体比例不同的混合物。

大多数药物分子都具有手性。在医疗过程中，起作用的往往只是单一旋光体，其对映体一般不会有医疗效果，有的甚至会对患者造成很大的损害。

比如左氧氟沙星具有抗菌的功效，而其对映体却没有任何抗菌功效；广泛使用的青霉素是*S*构型的，其对映体*R*构型青霉素则有毒性。目前，三分之一的手性药物是单一旋光体。

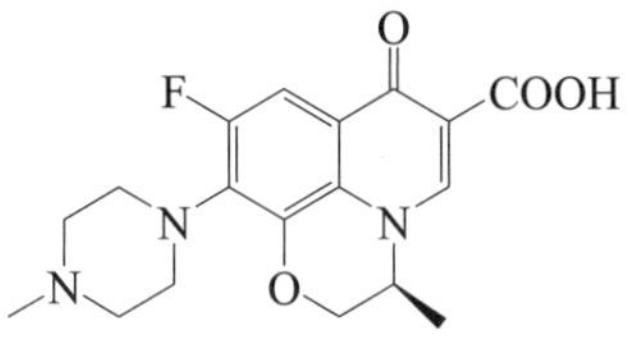

左氧氟沙星 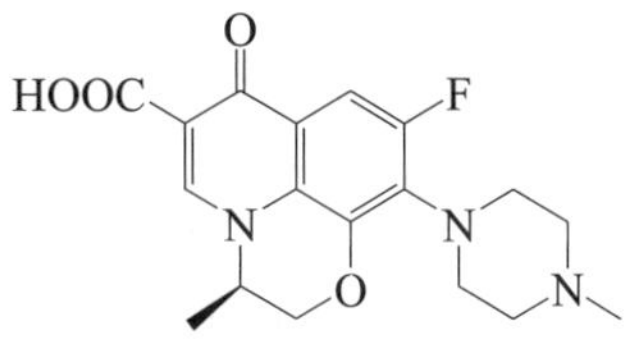　　无活性物质

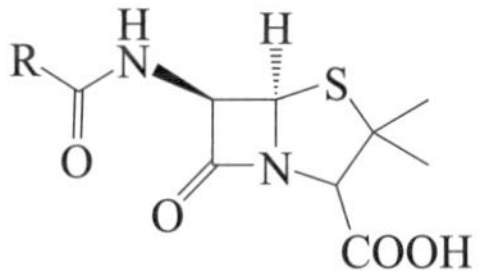

(*S*)-青霉素 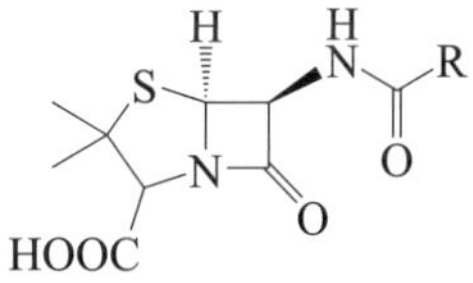　　(*R*)-青霉素

将混合的对映体进行分离提纯变成单一旋光体的过程称为“拆分”。鉴于对映体具有相同的物理性质，必须用特殊方法进行拆分，目前主要拆分法有下列几种：

① 化学拆分法　对映体与非手性化合物反应后得到的产物依然是对映体，但是对映体和手性化合物反应后可以得到非对映体。非对映体的物理性质差异较大，可以进行有效分离。化学拆分法最适合酸或者碱的外消旋体的拆分。

例如，分离乳酸对映体的混合物时，先将混合物与具有天然光学活性的碱反应，得到一对非对映体盐，再进行分离、酸化，即可得到单一的旋光化合物。

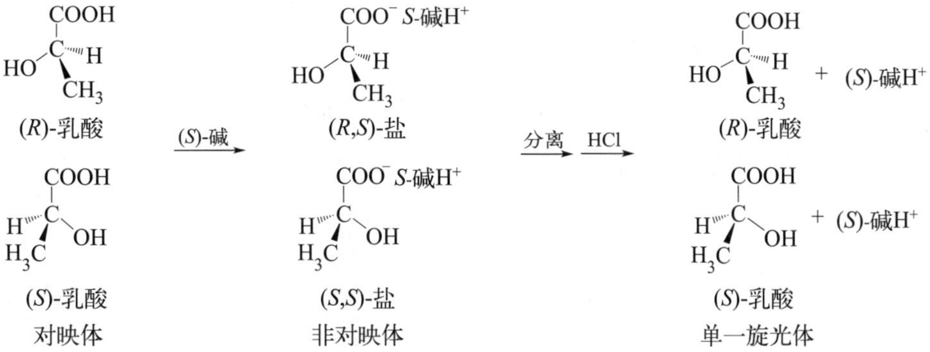

(*R*)-乳酸　(*S*)-碱 →　(*R*,*S*)-盐　分离 → HCl →　(*R*)-乳酸 + (*S*)-碱H^+

(*S*)-乳酸 对映体　　(*S*,*S*)-盐 非对映体　　(*S*)-乳酸 单一旋光体 + (*S*)-碱H^+

拆分酸性物质常用的拆分剂主要是光学纯的生物碱，如：马钱子碱、麻黄碱、奎尼丁

等。拆分碱性物质常用的旋光性酸是酒石酸、扁桃酸、樟脑-β-磺酸等。

② 柱色谱拆分法 柱色谱分离是分离提纯有机产物的主要方法，也可以用于对映体的分离。色谱柱中需要填充手性材料，利用对映体和填充材料之间吸附-脱附能力差异，可以有效地分离对映体。

③ 酶催化拆分法 大多数酶的活性物质都是具有手性的蛋白质，在反应中具有专一的立体选择性。因此，利用酶做催化剂，可以得到单一旋光性化合物。

例如，外消旋的丙氨酸经过乙酰化后，得到外消旋的*N*-乙酰基丙氨酸，再利用由猪肾中提取的一种酰基转移酶进行水解。由于L-*N*-乙酰基丙氨酸的水解速率远大于D-*N*-乙酰基丙氨酸，因此，外消旋的*N*-乙酰基丙氨酸被转化为L-丙氨酸和D-*N*-乙酰基丙氨酸，再利用二者在乙醇中的溶解度差异即可进行分离。

(±)-丙氨酸 $\xrightarrow{Ac_2O}$ (±)-*N*-乙酰基丙氨酸

$\xrightarrow{\text{酰基转移酶}}$ L-丙氨酸（溶于乙醇） + D-*N*-乙酰基丙氨酸（不溶于乙醇）

6.7 手性合成（不对称合成）

通过化学反应可以在非手性分子中形成手性碳原子，但得到的产物一般是两种构型都有的外消旋体。不经过拆分直接合成出具有旋光性物质的方法，叫**手性合成**（或不对称合成）。

通过手性试剂或酶做催化剂只合成出一种旋光体而无需拆分，那对有机合成工作大有裨益。例如，(−)-去甲肾上腺素是一种抗休克的血管活性药物，其对映体则无药用价值。以多巴胺为原料，通过酶催化反应，几乎可以100%的生成(−)-去甲肾上腺素。

多巴胺 $\xrightarrow[\text{多巴胺}\beta\text{-单氧化酶}]{O_2}$ (−)-去甲肾上腺素

在手性合成时，得到的对映体混合物就会出现一个单一对映体的含量大于另外一个，那么该混合物就有旋光性，这种情况称为**对映体过量**（enantiomeric excess），用“ee”表示：

ee=主要单一对映体的含量（%）－ 次要单一对映体的含量（%）

ee也可表示拆分的效率。手性合成（或拆分）效率也可以用产物的**光学纯度**（optical

purity，简称OP）来表示，可通过测量对映混合物的比旋光度，计算得到：

$$\text{光学纯度（OP）} = \frac{[\alpha]_{\text{对映混合物实测值}}}{[\alpha]_{\text{单一对映体}}} \times 100\%$$

理论上，这两种表示方法的结果相同。

例如，实验合成了外消旋体的丙氨酸，25℃时，测量拆分后的样品比旋光度$[\alpha] = +7.65$。那么该样品的ee和光学纯度分别是多少？拆分后这两种丙氨酸异构体的实际组成是多少？

从前面的例题中已知(+)-丙氨酸的$[\alpha]_D^{25} = +8.5$，由公式，代入数据：

$$ee = \text{光学纯度（OP）} = (7.65 \div 8.5) \times 100\% = 90\%$$

由于得到的ee为90%，那么可知(+)-丙氨酸的含量为95%，(−)-丙氨酸的含量为5%。

综合练习题

1. 指出下列分子是否有对称面和对称中心。

（1）H_3C, H, Cl, C—C, Cl, H, CH_3　（2）H, Br, CH_3, H, Br, CH_3　（3）H_3C–◯–CH_3

2. 用R/S标出下列化合物的构型。

（1）CH_3, H, C, CH_2CH_3, Br　（2）$CH=CH_2$, Br, C, CH_3, Cl　（3）H, Cl

（4）Cl, H　（5）CH_3; Cl—H; H—Br; CH_2CH_3　（6）CH_2Br; H—CH_3; Cl—H; CH_3

3. 判断下列各组结构式之间的相互关系（等同、对映体、非对映体和内消旋体）。

（1）CH_2OH; H—CH_3; CH_2CH_3 与 CH_2CH_3; H_3C—H; CH_2OH　（2）CH_3; H—OH; Cl—H; CH_3 与 CH_3; HO—H; H—Cl; CH_3

（3）CH_3; H—Cl; H—Cl; CH_3 与 CH_3; Cl—H; Cl—H; CH_3　（4）CH_3, CH_3 与 CH_3, CH_3

（5）H, Br, Br, H 与 H, H, Br, Br　（6）Cl–◯–Cl 与 Cl–◯–Cl

4. 用费歇尔投影式表示下列化合物对映体的结构。

（1）(*R*)-2-氯丁烷　　（2）(2*S*, 3*R*)-2-溴-3-氯丁烷

（3）(*R*)-3-甲基戊-1-炔　　（4）(2*R*, 4*S*)-2-溴-4-甲基己烷

5. 2-氯-3-羟基丁二酸的四种立体异构体的部分物理性质如下。请将下表缺失的数据补充完整，并回答下列问题。

序号	构型	熔点/℃	[α]
Ⅰ	2*R*,3*R*	173	
Ⅱ			+31.3（乙酸乙酯）
Ⅲ	2*S*,3*R*		
Ⅳ		167	+9.4（水）

不用画出结构，由表中信息推断，下列说法不正确的是（　　）。

（1）Ⅰ和Ⅲ或Ⅳ为非对映体；

（2）Ⅱ和Ⅲ或Ⅳ为差向异构体；

（3）Ⅰ和Ⅱ等量混合，Ⅲ和Ⅳ等量混合，均为外消旋体；

（4）Ⅰ和Ⅱ等量混合，Ⅲ和Ⅳ等量混合，熔点分别为173℃和167℃。

6. 顺-丁-2-烯与Br_2加成得到2种立体产物，而反-丁-2-烯与溴加成只得到一种内消旋体。

（1）请写出这两个反应的机理；

（2）用费歇尔投影式表示这两个反应产物的构型，并用*R*/*S*标记所有手性碳原子的构型。

7. 为什么1-甲基环己烯与HBr的加成产物没有手性？若在光照条件下，产物有几个光学异构体？彼此之间是否有对映关系？用*R*/*S*标记此反应中所有手性碳原子的构型。

8. 薄荷醇可用于香水、牙膏、饮料和糖果的赋香剂，有清凉止痒作用。其结构式如右：

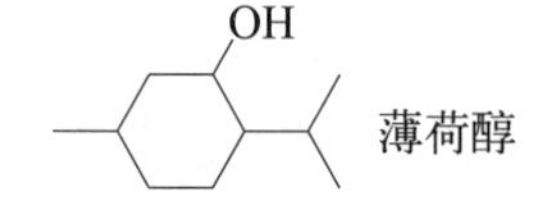

薄荷醇

（1）用*标出所有的手性碳原子。

（2）理论上薄荷醇有几个旋光异构体？

（3）天然薄荷油中，(−)-薄荷醇（$[\alpha]_D = -51$）和(+)-新薄荷醇（$[\alpha]_D = +21$）为主要成分。测得天然薄荷油混合样品的$[\alpha]_D = -33$，假设样品只含这两种异构体，请计算它们在混合物中各自的百分含量。

9. 天然肾上腺素（结构见右图），$[\alpha]_D^{25} = -50$，用于治疗心脏停搏和突发的严重过敏性反应，其对映体则无药用价值，甚至是有毒的。某课题组利用生物不对称合成方法制备出一批手性肾上腺素，将含有1 g样品的20 mL液体，放入一个盛液管为10 cm的旋光仪中，测得数据为−2.45° 。

天然肾上腺素

（1）请用*R*/*S*标记天然肾上腺素的构型；

（2）在该合成反应中天然肾上腺素产物的ee值和光学纯度是多少？产品纯度是多少？

第7章

单环芳烃、非苯芳烃

芳烃（aromatic hydrocarbon）是具有芳香性（aromaticity）碳氢化合物的简称，亦称芳香烃，如苯（benzene）、萘（naphthalene）等。本章所论的单环芳烃是含有苯环结构单元，具有特殊稳定性，性能不同于前述章节中的烷烃、烯烃和炔烃等的一类碳氢化合物。

有些碳氢化合物中虽不含苯环，但具有与苯环相似的环状结构和化学性质，称为非苯芳香烃，也在本章一起讨论。

7.1 芳烃的分类、异构和命名

7.1.1 芳烃的分类

芳香烃根据分子中所含芳环的数目分为单环芳烃、多环芳烃和非苯芳烃。多环芳烃又按芳环的结合方式分为多核芳烃和稠环芳烃。

单环芳烃指分子中仅含一个苯环的芳烃，包括苯及其同系物、苯基取代的不饱和烃等；多核芳烃是指分子中两个或两个以上苯环通过单键或碳链连接的芳烃；稠环芳烃是指分子中含两个或两个以上芳环，且芳环之间共用两个相邻碳原子结合的芳烃；非苯芳烃是指分子中不含苯环，但具有芳香性的闭环碳氢化合物。例如：

① 单环芳烃

CH_3　CH_2CH_3　$CH=CH_2$

苯 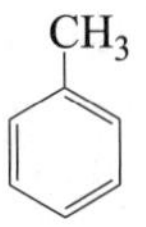　甲苯 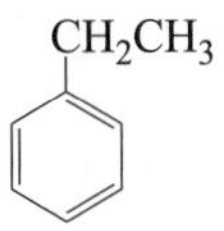　乙苯 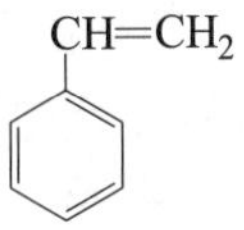　苯乙烯

② 多核芳烃

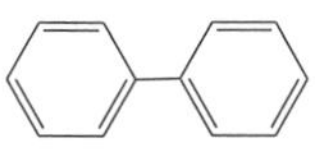

CH_2

二联苯 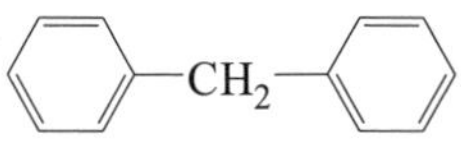　二苯甲烷

③ 稠环芳烃

④ 非苯芳烃

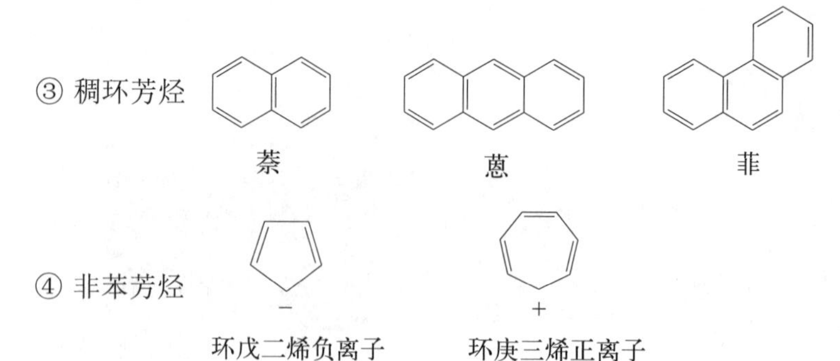

本章只讨论单环芳烃和非苯芳烃，多环芳烃将在第8章讨论。

7.1.2 芳烃的异构

苯的分子式为C_6H_6，是最简单的单环芳烃。带有取代基的苯，不仅存在侧链上取代基的碳链异构，还存在取代基在苯环上的位置异构。

① 取代基的碳链异构，例如：

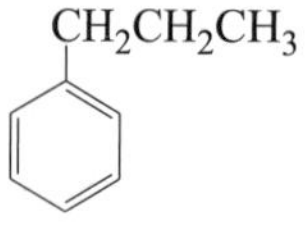

$CH_2CH_2CH_3$　　$CH(CH_3)_2$

丙苯 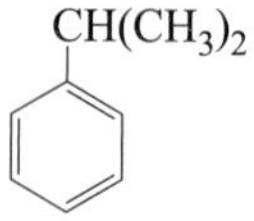　　异丙苯

② 取代基在苯环上的位置异构，例如：

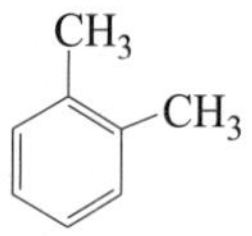

CH_3 / CH_3　　CH_3 / CH_3　　CH_3 / CH_3

邻二甲苯 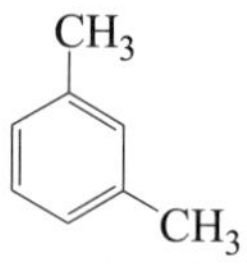　　间二甲苯 　　对二甲苯

7.1.3 芳烃的命名

苯的一元烃基取代物的命名：烷基取代苯以苯环为母体，烷基作取代基，称为“某基苯”（“基”字可省）；若取代基为不饱和烃基，或为较复杂基团时，则把苯环作为取代基。例如：

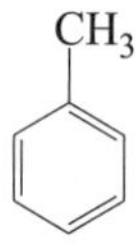

CH_3　　$CH(CH_3)_2$　　$CH{=}CH_2$　　$CH_3CH_2CHCHCH_3$（CH_3）　　$CH_2CH{=}CH_2$

甲苯 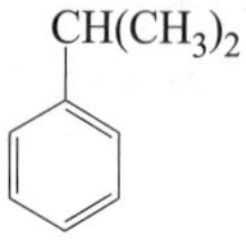　　异丙苯 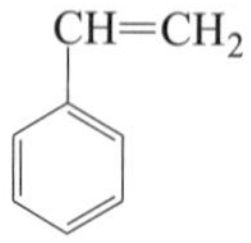　　苯乙烯 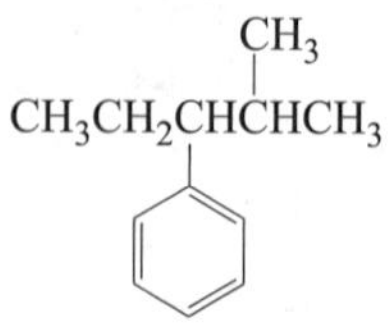　　2-甲基-3-苯基戊烷 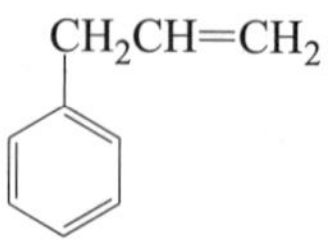　　3-苯基丙-1-烯

苯的二元烷基取代物有三种构造异构体。命名时，通常以两个烷基的相对位置来表示取代基的位置，如用“邻（*o*-）”“间（*m*-）”“对（*p*-）”表示，在使用系统命名时使用1,2-、1,3-、1,4-表示。例如：

系统命名法：	1,2-二甲苯	1,3-二甲苯	1,4-二甲苯
	邻二甲苯（*o*-二甲苯）	间二甲苯（*m*-二甲苯）	对二甲苯（*p*-二甲苯）

多元烷基苯中，由于烷基的位置不同也产生多种同分异构体。如三个烷基相同的三元烷基苯有三种同分异构体，命名时，三个烷基的相对位置除可用数字表示外，还可用“连、均、偏”来表示。

1,2,3−三甲苯（连三甲苯）　　1,3,5-三甲苯（均三甲苯）　　1,2,4-三甲苯（偏三甲苯）

对于苯的多取代化合物，取代基编号遵循最低位次组原则，如果还有多种选择，则根据取代基首字母顺序确定取代基表达顺序，使首个字母在前的取代基位次尽可能小。例如：

2-乙基-1-异丙基-4-甲基苯　　2-甲基-1,4-二硝基苯　　1-溴-3-氯-5-硝基苯

在含有多官能团芳香化合物的系统命名中，按照官能团在表1.2中的排序，排序最靠前的叫**主体基团**，固定编号为1，在命名时作为有机化合物的“母体”（作后缀表示类别）；排序在后的则作为取代基。命名时，取代基按英语字母顺序列出。例如：

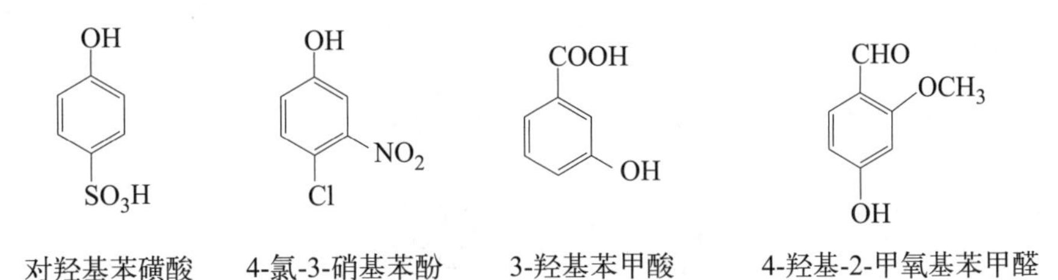

对羟基苯磺酸　　4-氯-3-硝基苯酚　　3-羟基苯甲酸　　4-羟基-2-甲氧基苯甲醛

为便于表达，在结构式的书写中，通常采取简写来表示某些取代基。例如：将苯分子去掉一个氢原子后的剩余部分叫作苯基（phenyl），以C_6H_5—或Ph表示；甲苯分子中的甲基去掉一个氢原子后的剩余部分叫苄基（benzyl）或苯甲基（phenylmethyl），以Bn表示；芳烃分子芳环上去掉一个氢原子后的剩余部分叫芳基（aryl group），统一用Ar表示。

练习题 7-1： 试写出C_9H_{12}所有含有苯环的异构体结构式，并用系统命名法命名。

7.2 苯的结构

近代物理方法测定证明，苯分子中的6个碳原子和6个氢原子均在同一平面上，C—C键长均等于0.139 nm（大于烯烃C=C双键的0.133 nm，而小于烷烃C—C键的0.154 nm），6个碳原子组成一个正六边形，所有键角均为120°。

（1）价键理论对苯结构的解释

现代价键理论认为，苯分子中的碳原子均为sp^2杂化，每个碳原子的3个sp^2杂化轨道分别与相邻的两个碳原子的sp^2杂化轨道和氢原子的s轨道重叠形成3个σ键。另外，成环的六个碳原子上各有1个未参与杂化的p轨道带有一个电子垂直于苯环所在平面，p轨道之间彼此重叠形成一个闭合共轭大π键，电子云对称分布在苯环平面的上方和下方（图7.1）。

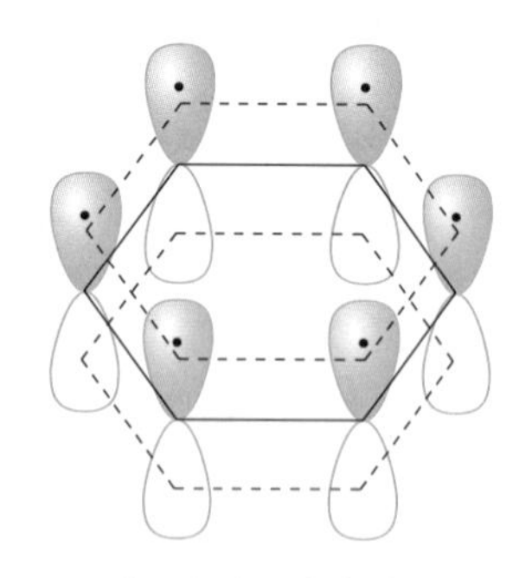

(a) 苯p轨道形成的大π键

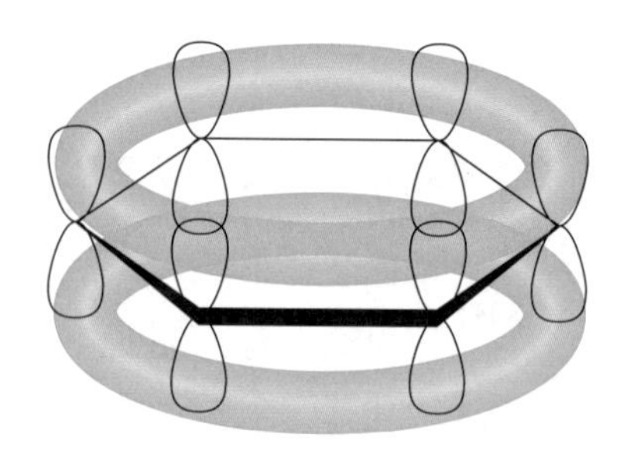

(b) 苯大π键电子云分布

图7.1 苯分子的大π键及π电子云分布

共轭的大π键使得电子云分布平均化，π键电子高度离域，使分子能量大大降低，苯环的C—C键长也平均化，不存在单双键之分，因此苯环具有高度的稳定性。

（2）共振论对苯结构的解释

共振论认为苯分子结构是多个经典结构构成的共振杂化体［参见1.3.5（2）］：

共振杂化体比任何一个单独的共振式的能量都低，也都更加稳定。由图7.2可知，环己烯的氢化热为120 kJ/mol，推测假想的“环己三烯”的氢化热则为120 kJ/mol×3=360 kJ/mol，但实际上实测苯的氢化热为208 kJ/mol，比假想的“环己三烯”的氢化热低152 kJ/mol。这一差值即为苯的共振能或离域能。离域能越大，体系的能量越低，分子越稳定。

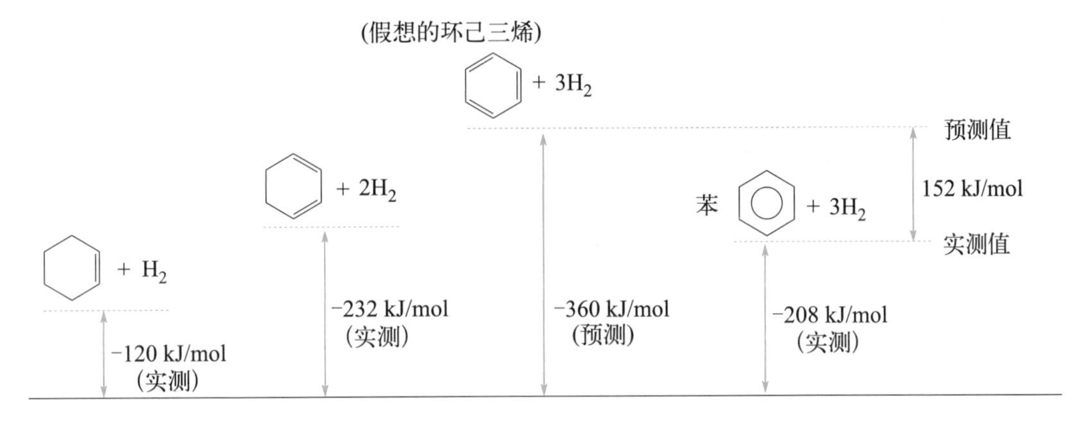

图7.2　环己烯、环己-1,3-二烯、假想的环己三烯和苯的氢化热比较

> **练习题7-2：** 根据前面所学知识和图7.2中的数据，推测环己-1,4-二烯的氢化热是多少？环己-1,3-二烯的离域能是多少？

（3）分子轨道理论对苯结构的解释

将杂化轨道理论与分子轨道理论相结合，可以认为：苯环上6个碳原子中未参与杂化的6个p轨道线性组合成6个π分子轨道（图7.3），其中π_1、π_2、π_3为成键轨道，π_1的能量最低，π_2、π_3的能量相等，为简并轨道；π_4^*、π_5^*、π_6^*为反键轨道，其中π_4^*、π_5^*也是简并轨道。

根据电子填充原则，基态时，苯分子中的6个π电子都填充在3个成键轨道上，形成大π键，这6个离域的π电子总能量和它们分别处于孤立的，即“定域”的π轨道中相比，要低得多。这说明，苯环中的离域大π键结构比三个独立双键的结构稳定。

基于上述讨论，可以得出：苯分子是正六边形的对称分子，所有碳原子和氢原子均处于同一平面，电子云均匀地分布在苯环的上下两边；苯分子并不存在单双键交替的结构，而是形成一个电子云密度平均化的离域大π键，使六个碳具有同样的电子云密度；苯分子形成的这种离域大π键，其能量要比三个孤立的双键低。因此苯环具有特殊的稳定性。

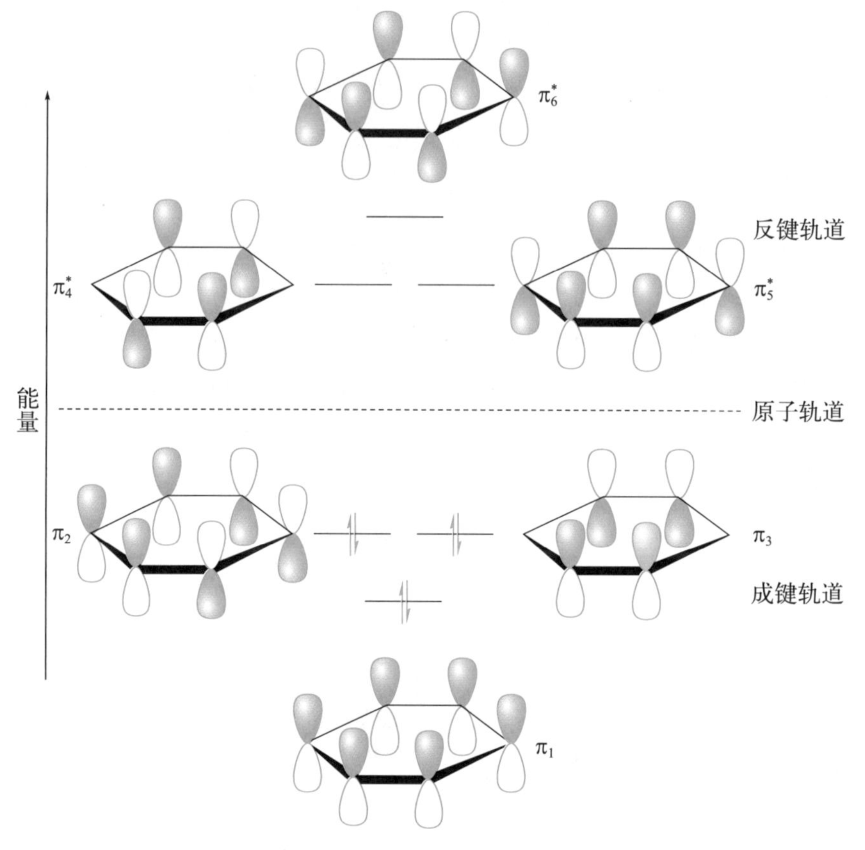

图 7.3　苯的 π 分子轨道和能级

为此，苯环表现出不易发生加成、氧化反应，而易于进行取代反应的特性，被称为芳香性。

需要说明的是，虽然 更能真实地表达苯环的结构，但基于习惯，在一般文献资料中大多还是以 或 来表示苯的结构。

7.3　单环芳烃的物理性质

单环芳烃沸点随分子量的增大而升高，同碳数的异构体之间沸点比较接近；熔点除与分子量有关外，还与其结构有关，对称性高的对位异构体的熔点一般比邻位、间位异构体的高。如沸点比较接近的三种二甲苯的熔点，邻二甲苯（−25.2℃）、间二甲苯（−47.9℃）和对二甲苯（13.2℃）相差较大，因此可通过分步冷冻结晶技术实现分离。

常见单环芳烃的物理常数见表 7.1。

单环芳烃的相对密度一般小于 1，高于分子量相近的脂肪烃。单环芳烃常温下大多为无色液体，有一定毒性，不溶于水，可溶于乙醚、石油醚、四氯化碳等大部分有机溶剂，而且苯、甲苯、二甲苯等本身也是许多有机物的优良溶剂。

表 7.1 常见单环芳烃的物理常数

名称	熔点/℃	沸点/℃	相对密度	名称	熔点/℃	沸点/℃	相对密度
苯	5.5	80.1	0.879	异丙苯	−96	152.4	0.862
甲苯	−95	110.6	0.867	连三甲苯	−25.5	176.1	0.894
乙苯	−95	136.1	0.867	偏三甲苯	−43.9	169.2	0.876
邻二甲苯	−25.2	144.4	0.880	均三甲苯	−44.7	164.6	0.865
间二甲苯	−47.9	139.1	0.864	叔丁苯	−57.8	169	0.867
对二甲苯	13.2	138.4	0.861	苯乙烯	−31	145	0.906
丙苯	−99.6	159.3	0.862	苯乙炔	−45	142	0.903

7.4 单环芳烃的化学性质

单环芳烃的化学反应包括两部分：苯环的反应和侧链取代基的反应。

7.4.1 苯环的亲电取代反应

由于苯环上闭合大π键电子云的高度离域，使得苯环非常稳定，在一般条件下大π键难以断裂进行加成和氧化反应；苯环上大π键电子云分布在苯环平面的两侧，流动性大，易引起亲电试剂的进攻发生亲电芳香取代反应（electrophilic aromatic substitution）。

苯的亲电取代反应主要包括以下几种反应：

R
烷基化反应
HO_3S
磺化
COR
酰基化反应
O_2N
硝化
氯甲基化反应
CH_2Cl
X
卤代反应
加特曼-科赫反应
CHO

苯的π电子云分别位于环的上下方，当芳环与亲电试剂作用时，发生取代反应：

$$C_6H_5\text{—}H + \overset{\delta^+}{E}\text{—}\overset{\delta^-}{Nu} \longrightarrow C_6H_5\text{—}E + \overset{\delta^+}{H}\text{—}\overset{\delta^-}{Nu}$$

E^+为亲电试剂，由反应试剂E—Nu在催化或极性环境中发生异裂而产生，E^+为路易斯酸。

亲电试剂E^+进攻苯环，很快生成π络合物，然后亲电试剂与π体系发生加成，生成σ络合物，亲电试剂E^+所连接的碳原子由sp^2杂化变成sp^3杂化，原本的共轭体系被破坏，形成了4个π电子离域在5个碳原子上的离子型中间体，此时，σ络合物处于能量较高状态，很不稳定，易从sp^3杂化态的碳原子上消除一个质子重回sp^2杂化态，得到取代产物。就其反应的本质是亲电加成–质子消除机理：

$$\overset{\delta^+}{E}—\overset{\delta^-}{Nu} \xrightarrow[\text{（异裂）}]{\text{催化剂}} E^+ + Nu^-$$

快 慢（亲电加成） $-H^+$（质子消除） sp^3

π络合物 σ络合物 取代苯

中间产物σ络合物可用下面三种共振结构式来表示：

π络合物 σ络合物

σ络合物这步的生成速率比较慢，是整个取代反应的速率控制步骤。苯的亲电取代反应过程的能量变化如图7.4所示，亲电取代反应活性取决于σ络合物的稳定性。

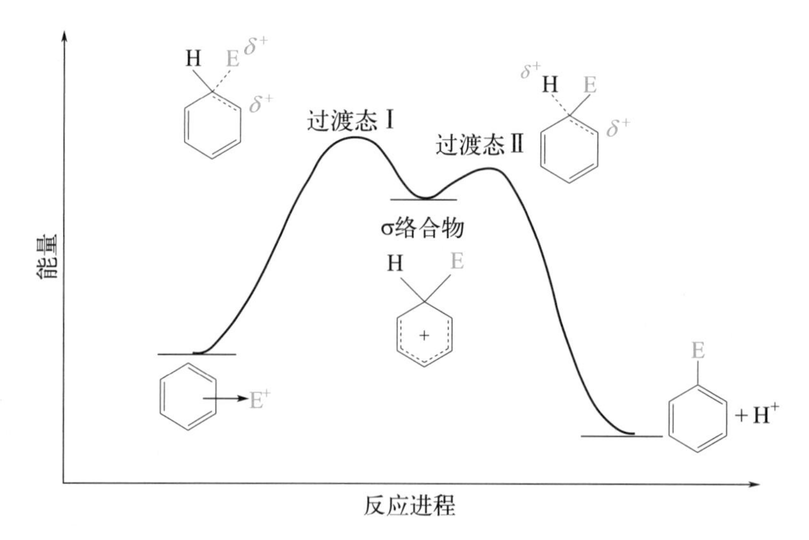

图7.4 苯亲电取代反应过程的能量变化示意图

（1）卤代反应（halogenation）

苯在卤素单质催化剂（Fe、$FeCl_3$、$FeBr_3$、$AlCl_3$等）的作用下，苯环上的氢原子被卤素原子取代，生成卤代苯。

$$C_6H_6 + X-X \xrightarrow{Fe或FeX_3} C_6H_5X + H-X$$

卤素卤代反应的活性：$F_2 > Cl_2 > Br_2 > I_2$。氟太活泼，碘活性差，所以芳烃的卤代一般是指氯代或溴代。例如：

$$C_6H_6 + Cl_2 \xrightarrow{FeCl_3} C_6H_5Cl + HCl$$

$$C_6H_6 + Br_2 \xrightarrow[\triangle]{Fe} C_6H_5Br + HBr$$

三卤化铁的作用是促使卤素分子极化而解离：

$$FeX_3 + X_2 \longrightarrow FeX_4^- + X^+$$

由此生成的卤素正离子X^+作为亲电试剂进攻苯环，即得到卤苯。

一卤代后，由于卤原子吸电子的诱导效应使苯环上的电子云密度降低，再进行卤代的活性降低，反应可以停留在一卤代阶段。但在更强条件下，可以继续发生二卤代，生成二卤苯。按概率推论，二卤代产物中邻、间、对三种异构体的数量比应该为2∶2∶1，考虑邻位空间位阻的影响，邻位产物会有所减少，但实验结果却是邻位+对位的产物占绝对优势，而间位的产物很少，这说明苯环上的取代反应位置并不是随机的。

$$C_6H_5Cl \xrightarrow[FeCl_3]{Cl_2} \text{邻二氯苯 (39\%)} + \text{间二氯苯 (6\%)} + \text{对二氯苯 (55\%)}$$

甲苯的卤代也有类似结果，由于甲基对苯环的供电子效应，使苯环电子云密度增大，更有利于亲电卤代反应的进行，与卤苯的二卤代相比，反应条件较温和。例如：

$$C_6H_5CH_3 \xrightarrow[CH_3COOH,\ 25℃]{Cl_2/FeCl_3} \text{邻氯甲苯 (60\%)} + \text{间氯甲苯 (1\%)} + \text{对氯甲苯 (39\%)}$$

（2）硝化反应（nitration）

苯与浓硝酸和浓硫酸的混合物（也叫混酸）共热，苯环上的氢原子被硝基取代生成硝基苯。

$$C_6H_6 + HNO_3 \xrightarrow[50\sim60℃]{H_2SO_4} C_6H_5-NO_2 + H_2O$$

在此反应中，浓硫酸（作为酸）与硝酸（作为碱）发生酸碱反应，生成亲电试剂硝酰正离子（$\overset{+}{N}O_2$）：

$$O_2N-\ddot{O}H + H-O-\underset{\underset{O}{\|}}{\overset{\overset{O}{\|}}{S}}-OH \rightleftharpoons O_2\overset{+}{N} + H_2O + \overset{-}{O}SO_3H$$

硝酸　　硫酸　　硝酰正离子

然后，硝酰正离子与苯环发生亲电加成，形成芳基正离子中间体（σ络合物）：

$$C_6H_6 + \overset{+}{N}O_2 \xrightarrow{慢} [C_6H_6NO_2]^+$$

最后，σ络合物消除质子，恢复稳定的芳香体系，得到硝基苯：

$$[C_6H_6NO_2]^+ + \overset{-}{O}SO_3H \xrightarrow{快} C_6H_5-NO_2 + HOSO_3H$$

由于硝基极强的吸电子效应，使苯环电子云密度显著降低，使得再进行亲电取代反应的活性显著降低，欲再进行硝化反应，需要更苛刻的反应条件，如发烟硝酸和发烟硫酸，而且二取代的优势产物与卤苯的二卤代产物也截然不同，间位取代的二硝基苯为主要产物：

$$C_6H_5NO_2 + HNO_3(发烟) \xrightarrow[95℃]{H_2SO_4(发烟)} \underset{6\%}{o\text{-}C_6H_4(NO_2)_2} + \underset{93\%}{m\text{-}C_6H_4(NO_2)_2} + \underset{1\%}{p\text{-}C_6H_4(NO_2)_2}$$

甲苯的硝化反应条件要温和得多，而优势产物却与甲苯的卤代和卤苯的二卤代具有相同的规律，即邻位和对位的产物为优势产物：

$$C_6H_5CH_3 + HNO_3 \xrightarrow[30℃]{H_2SO_4} \underset{58\%}{o\text{-}CH_3C_6H_4NO_2} + \underset{4\%}{m\text{-}CH_3C_6H_4NO_2} + \underset{38\%}{p\text{-}CH_3C_6H_4NO_2}$$

（3）磺化反应（sulfonation）

苯与98%的浓硫酸共热，或与发烟硫酸在室温下作用，苯环上的氢原子被磺酸基取代，生成苯磺酸：

$$C_6H_6 \underset{或H_2SO_4\cdot SO_3,\ 25℃}{\overset{H_2SO_4,70\sim80℃}{\rightleftharpoons}} C_6H_5SO_3H$$

苯磺酸是一种强酸，易溶于水，难溶于有机溶剂。有机化合物分子中引入磺酸基后可增加其水溶性，此性质使其常用于合成染料、药物或洗涤剂。

磺化反应历程一般认为：由缺电子的SO_3中带部分正电荷的硫原子作为亲电试剂，进攻苯环而发生的亲电取代反应。反应历程如下：

$$2H_2SO_4 \rightleftharpoons SO_3 + H_3O^+ + HSO_4^-$$

$$C_6H_6 + \left[O{=}S({=}O){=}O \longleftrightarrow O^-{-}\overset{+}{S}({=}O){-}O^- \right] \underset{}{\overset{慢}{\rightleftharpoons}} [C_6H_6SO_3^-]^{\sigma} \overset{-H^+}{\rightleftharpoons} C_6H_5SO_3^- \xrightarrow{H^+} C_6H_5SO_3H$$

苯磺酸进一步发生磺化反应需要更强烈的反应条件，其取代的位置选择性与硝基类似，即主要发生在第一磺酸基的间位。

$$C_6H_5SO_3H + H_2SO_4\cdot SO_3 \overset{200\sim300℃}{\rightleftharpoons} m\text{-}C_6H_4(SO_3H)_2\ (90\%) + H_2SO_4$$

甲苯的磺化与其硝化类似，反应温度也温和了许多：

$$C_6H_5CH_3 \underset{25℃}{\overset{浓H_2SO_4}{\rightleftharpoons}} o\text{-}CH_3C_6H_4SO_3H\ (32\%) + m\text{-}CH_3C_6H_4SO_3H\ (6\%) + p\text{-}CH_3C_6H_4SO_3H\ (62\%)$$

苯的磺化反应是可逆反应，σ络合物正反应（脱H^+）的活化能E_2和逆反应（脱SO_3）的活化能E_1差别很小（图7.5）。苯磺酸在稀酸和一定压力下加热，或者在过热水蒸气作用下

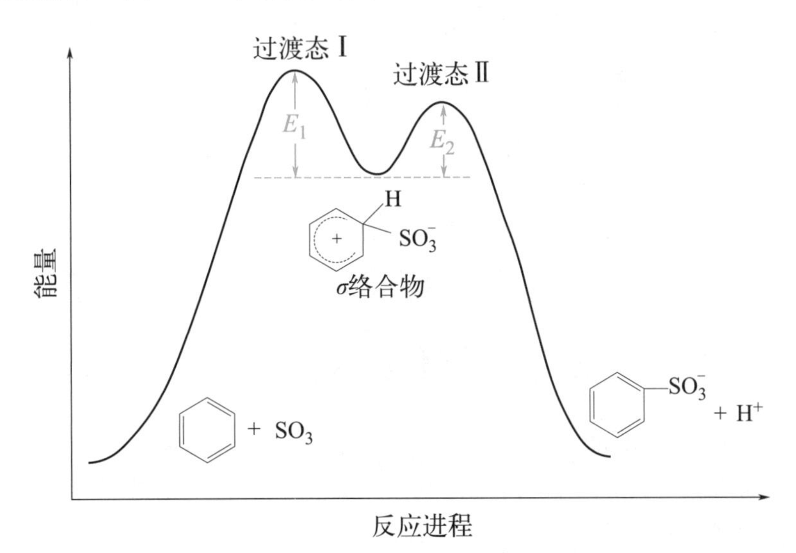

图7.5　苯磺化反应过程的能量变化

可水解脱去磺酸基。在有机合成中可以用于占位，当新的基团引入后再水解脱除。例如：

$$\text{苯酚} \xrightarrow[\triangle]{H_2SO_4} \text{对羟基苯磺酸} \xrightarrow{2Br_2} \text{3,5-二溴-4-羟基苯磺酸} \xrightarrow[100℃]{H_3O^+} \text{2,6-二溴苯酚}$$

常用的磺化剂还有SO_3和氯磺酸等。例如：

$$C_6H_6 + ClSO_3H \longrightarrow C_6H_5SO_3H + HCl$$

若氯磺酸过量，则生成苯磺酰氯：

$$C_6H_6 + 2\,ClSO_3H \longrightarrow C_6H_5SO_2Cl + H_2SO_4 + HCl$$

苯磺酰氯

该反应在苯环上引入一个氯磺酸基（$-SO_2Cl$），因此叫作氯磺化反应。

（4）傅瑞德尔－克拉夫茨（Friedel-Crafts）反应

在无水$AlCl_3$等催化下，芳烃环上的氢原子被烷基或酰基取代的反应，称为傅瑞德尔-克拉夫茨反应，简称傅-克反应。

傅-克反应包括烷基化和酰基化反应。常用的路易斯酸催化剂的催化活性大致为：$AlCl_3 > FeCl_3 > SbCl_5 > SnCl_4 > BF_3 > TiCl_4 > ZnCl_2$。质子酸$H_2SO_4$、HF等也是常用的催化剂。

① 傅-克烷基化反应　在催化剂作用下，芳烃环上的氢原子被烷基取代，生成芳烃烷基取代物的反应，叫傅-克烷基化反应。例如：

$$C_6H_6 + RCl \xrightarrow{AlCl_3} C_6H_5R + HCl$$

傅-克烷基化反应是通过碳正离子中间体进行的：

首先卤代烷被三氯化铝极化异裂，生成亲电试剂碳正离子R^+和$[AlCl_4]^-$：

$$R-\ddot{Cl}: + AlCl_3 \longrightarrow \left[\overset{\delta^+}{R}-\overset{\delta^-}{Cl}\cdots AlCl_3\right] \longrightarrow R^+ + AlCl_4^-$$

所以在傅-克反应中卤代烷烃的活泼性：RF > RCl > RBr > RI。

亲电试剂碳正离子R^+进攻富电子的苯环，发生亲电加成反应，生成一个不稳定的芳基正离子中间体（或σ络合物），然后在$[AlCl_4]^-$的作用下，迅速脱去一个H^+生成烷基苯，恢复到稳定的苯环结构。

$$C_6H_6 + R^+ \longrightarrow [C_6H_6R]^+ \xrightarrow{AlCl_4^-} C_6H_5R + HCl + AlCl_3$$

例如：

$$C_6H_6 + BrCH_2CH_2F \xrightarrow[-20℃]{BF_3} C_6H_5CH_2CH_2Br$$

由于烷基化反应是通过碳正离子中间体进行的，碳正离子会向更稳定的方向重排，所以三个碳以上的卤代烷进行烷基化反应时，常伴有重排（异构化）现象发生。例如：

$$C_6H_6 + CH_3CH_2CH_2Cl \xrightarrow[\triangle]{AlCl_3} C_6H_5CH(CH_3)_2 \; (64\%\sim68\%) + C_6H_5CH_2CH_2CH_3 \; (36\%\sim32\%)$$

该反应的重排反应过程如下：

$$CH_3CH_2CH_2Cl \xrightarrow{AlCl_3} CH_3CH_2\overset{+}{C}H_2 \xrightarrow{C_6H_6} C_6H_5CH_2CH_2CH_3 \text{（次要产物）}$$

$$CH_3CH_2\overset{+}{C}H_2 \xrightarrow{\text{重排}} CH_3\overset{+}{C}HCH_3 \text{（仲碳正离子稳定）} \xrightarrow{C_6H_6} C_6H_5CH(CH_3)_2 \text{（主要产物）}$$

亲电试剂碳正离子重排和进攻苯环是竞争反应，重排需要时间，所以重排产物的比重受反应温度和催化剂催化活性影响较大，如低温、三氯化铁催化下的重排产物就占比较小。傅-克烷基化反应的重排效应，使其难以合成正构烷基苯。

苯环上引入烷基，由于烷基对苯环的供电子效应，使苯环电子云密度增大，亲电取代反应活性增大，所以难以停留在一取代产物，往往得到一、二或多元取代的混合物。但所幸烷基化反应又是可逆的，一方面可以使用过量的苯可使多烷基苯发生脱烷基反应，从而得到较好产量的一烷基苯；另一方面，多烷基苯最终生成最稳定的取代产物（受热力学控制的反应产物）。例如：

$$C_2H_5Br \xrightarrow[AlCl_3]{\text{苯(过量)}} C_6H_5C_2H_5$$

$$C_2H_5Br \xrightarrow[AlCl_3]{\text{苯(0.3 mol)}} 1,3,5\text{-}(C_2H_5)_3C_6H_3$$

苯与多卤代烷也可以发生傅-克烷基化反应。例如：

$$2C_6H_6 + CH_2Cl_2 \xrightarrow{AlCl_3} C_6H_5-CH_2-C_6H_5$$

傅-克烷基化反应也可以分子内成环。例如：

$$C_6H_5CH_2CH_2CH_2CH_2Cl \xrightarrow{AlCl_3} \text{四氢萘}$$

由于亲电试剂是烷基正碳离子，所以烷基化试剂还可以是烯烃和醇等可形成碳正离子的试剂。例如：

$$C_6H_6 + \text{环己烯} \xrightarrow{H_2SO_4} C_6H_5-C_6H_{11} \quad 65\%$$

$$(CH_3)_3COH \xrightarrow{H^+} (CH_3)_3C\overset{+}{O}H_2 \xrightarrow{-H_2O} (CH_3)_3C^+ \xrightarrow{C_6H_6} C_6H_5-C(CH_3)_3$$

又如，工业上就是利用苯与乙烯、丙烯来制备乙苯和异丙苯：

$$C_6H_6 + CH_2{=}CH_2 \xrightarrow[\text{HCl(微量)}]{AlCl_3} C_6H_5-C_2H_5$$

$$C_6H_6 + CH_3CH{=}CH_2 \xrightarrow{H_2SO_4} C_6H_5-CH(CH_3)_2$$

乙苯催化脱氢得到的苯乙烯是合成橡胶和合成塑料以及合成离子交换树脂的重要原料。异丙苯是制备苯酚和丙酮的原料（参见 11.4.2）

练习题 7-3： 预测下列反应的主要产物。

（1）C_6H_6（过量）$+ CHCl_3 \xrightarrow{AlCl_3}$ (A)　　（2）C_6H_6 + 环戊烯 $\xrightarrow{H_2SO_4}$ (B)

（3）$C_6H_6 + CH_3\overset{CH_3}{\overset{|}{C}}{=}CH_2 \xrightarrow{H_2SO_4}$ (C)　　（4）C_6H_6 + 环己醇（$C_6H_{11}-OH$）$\xrightarrow{BF_3}$ (D)

练习题 7-4： 写出下列反应的机理。

$$C_6H_6 + (CH_3)_2CHCH_2Cl \xrightarrow{AlCl_3} C_6H_5-C(CH_3)_3 \quad 100\%$$

② **傅-克酰基化反应**　在无水路易斯酸催化下，芳烃与酰基化试剂（常用的是酰卤或酸酐）反应，芳环上的氢被酰基取代，生成芳酮的反应，叫**傅-克酰基化反应**。

$$C_6H_6 \xrightarrow[AlCl_3]{R-\overset{O}{\overset{\|}{C}}-Cl} C_6H_5-\overset{O}{\overset{\|}{C}}-R + HCl$$

$$C_6H_6 \xrightarrow[AlCl_3]{(RCO)_2O} C_6H_5-\overset{O}{\overset{\|}{C}}-R + RCOOH$$

羧酸与$SOCl_2$、PCl_3、PCl_5反应生成酰氯，与PBr_3反应制备酰溴；在脱水剂乙酸酐或P_2O_5存在下两个羧酸分子之间脱水生成酸酐。例如：

$$RCOOH + SOCl_2 \longrightarrow RCOCl + SO_2 + HCl$$

$$2R-\overset{O}{\overset{\|}{C}}-OH \xrightarrow[\triangle]{P_2O_5或乙酐} R-\overset{O}{\overset{\|}{C}}-O-\overset{O}{\overset{\|}{C}}-R + H_2O$$

傅-克酰基化反应的亲电试剂是酰基化试剂与催化剂作用生成的酰基正离子。反应历程如下：

$$RCOCl + AlCl_3 \rightleftharpoons R\overset{+}{C}=O + AlCl_4^-$$

$$C_6H_6 + R\overset{+}{C}=O \longrightarrow [C_6H_6(H)(COR)]^+ \xrightarrow{-H^+} C_6H_5COR \xrightarrow{AlCl_3} C_6H_5-\underset{R}{\underset{|}{C}}=O \cdots AlCl_3$$

由于酮羰基氧有孤对电子，会与缺电子的$AlCl_3$相配位，因此，最后需要加稀酸处理才能得到游离的酮。

当苯环上连有强吸电子基，如硝基、羰基、氰基等，苯环上的电子云密度大大降低，则难以发生傅-克烷基化和酰基化反应，所以硝基苯可作为这类反应的溶剂。由于羰基的致钝作用，傅-克酰基化反应不存在多元取代，也不会发生重排反应。

在制备含有三个或三个以上碳原子的直链烷基取代苯，通常是先通过酰基化反应制成芳酮，然后用锌汞齐加盐酸或黄鸣龙改良法［参见12.3.4（2）］还原来实现。例如：

$$C_6H_6 + CH_3CH_2CH_2\overset{O}{\overset{\|}{C}}Cl \xrightarrow{AlCl_3} C_6H_5-\overset{O}{\overset{\|}{C}}CH_2CH_2CH_3 \xrightarrow[HCl]{Zn\text{-}Hg} C_6H_5-(CH_2)_3CH_3$$

通过傅-克酰基化得到的芳酮也是重要的化工中间体。酮可催化加氢还原得到醇，醇可制备卤代烃，实现多种转化：

$$Ar\overset{O}{\overset{\|}{C}}R \xrightarrow{H_2/Ni} \underset{醇}{Ar\overset{OH}{\overset{|}{C}}HR} \xrightarrow[或SOCl_2]{HCl} \underset{卤代烃}{Ar\overset{Cl}{\overset{|}{C}}HR}$$

练习题7-5： 完成下列反应，写出主要产物。

$$C_6H_5CH_2CH_2\overset{O}{\overset{\|}{C}}Cl \xrightarrow{AlCl_3} (A) \begin{cases} \xrightarrow{Zn\text{-}Hg/HCl} (B) \\ \xrightarrow{H_2/Ni} (C) \xrightarrow{SOCl_2} (D) \end{cases}$$

（5）氯甲基化（chloromethylation）反应

在无水$ZnCl_2$存在下，芳烃与甲醛及HCl作用，芳环上氢原子被氯甲基取代的反应，称为氯甲基化反应。在实际操作中一般用三聚甲醛代替甲醛。

$$C_6H_6 + HCHO + HCl \xrightarrow[60℃]{ZnCl_2} C_6H_5-CH_2Cl \quad (79\%)$$

此反应的亲电试剂是甲醛与HCl作用产生的$[H_2C=\overset{+}{O}H]Cl^- \longleftrightarrow [H_2\overset{+}{C}-OH]Cl^-$。

苄氯是重要的有机合成中间体，其结构与化学特性将在第9章（参见9.8.3）详细介绍。

（6）加特曼-科赫（Gattermann-Koch）反应

在路易斯酸和CuCl作用下，苯、甲苯等与等量的CO和 HCl的混合气体发生作用，生成相应芳香醛的反应，称为加特曼-科赫反应。例如：

$$C_6H_6 + CO + HCl \xrightarrow[\triangle]{AlCl_3,CuCl} C_6H_5-CHO \quad (90\%)$$

此反应的有效亲电试剂是$[H\overset{+}{C}=O]AlCl_4^-$。由于甲酰氯（HCOCl）不稳定，在室温下立即分解为CO和HCl，故苯甲醛不能直接用甲酰氯与苯通过傅-克反应来制备。

7.4.2 苯环的加成反应

苯环在强烈的条件下，如催化剂、高温、高压或光照，也可发生某些加成反应。如苯的催化加氢、光化学加卤素等。如：

$$C_6H_6 + 3\,H_2 \xrightarrow[\text{或Ni,150℃,10 MPa}]{\text{Pt, 175℃}} C_6H_{12}$$

$$C_6H_6 + 3\,Cl_2 \xrightarrow{\text{紫外线}} C_6H_6Cl_6$$

六氯化苯　　　　γ−异构体

六氯化苯（$C_6H_6Cl_6$）又称1,2,3,4,5,6-六氯环己烷（六六六），曾经是重要的农药，以γ-异构体杀虫能力最强，由于其结构稳定，不易降解，污染环境，现已被禁用。

7.4.3 苯环的氧化反应

顺丁烯二酸酐（俗称顺酐），又名马来酸酐，是制备不饱和树脂和双马型聚酰亚胺树脂等的重要原料。苯在高温、催化剂存在下可被空气氧化，成为工业制备顺酐的方法之一：

$$C_6H_6 + O_2 \xrightarrow[400\sim500℃]{V_2O_5} \text{(马来酸酐)}\ (70\%)$$

7.4.4 苯环的聚合反应

在无水氯化铝和氯化铜催化下，苯可在35 ～ 50℃下发生聚合反应，生成具有耐高温（分解温度超过530℃）、导电、润滑等性能的功能高分子材料——聚苯（polyphenyl）。

$$(n+2)\ C_6H_6 \xrightarrow[35\sim50℃]{AlCl_3,\ CuCl_2} C_6H_5-[C_6H_4]_n-C_6H_5$$

7.4.5 苯同系物侧链的反应

（1）卤代反应

在紫外线照射或高温条件下，苯的烷基侧链可以发生自由基卤代反应。但由于苯环烷基侧链α位C—H键与苯环的大π键存在σ-π超共轭效应，使烷基侧链上的α-H均裂解离能减小，活性增大，所以α-H更易被卤原子（氯或溴）取代；再者取代反应生成的苄基自由基活性中间体，其α-碳上的未成对电子所在的p轨道与苯环形成p-π共轭体系而稳定（参见9.8.3），也有利于取代反应的进行。例如：

$$C_6H_5-CH_3 + Cl_2 \xrightarrow{h\nu} C_6H_5-CH_2Cl$$

苯环烷基侧链α位的溴代可在光照下与Br_2反应得到，也常用NBS为溴化剂来制备。例如：

$$C_6H_5-CH_2CH_3 \xrightarrow[\text{或NBS/引发剂}]{Br_2/h\nu} C_6H_5-\underset{\displaystyle Br}{\underset{|}{C}}HCH_3$$

（2）氧化反应

烷基取代苯上含有α-H的侧链易被氧化。常用的氧化剂有高锰酸钾、重铬酸钾、稀硝酸等。不论侧链长短，总是α-碳原子被氧化成羧基。例如：

$$C_6H_5-\overset{\alpha}{C}HR(R') \xrightarrow[H_2SO_4,\ \triangle]{KMnO_4} C_6H_5-COOH$$

$$\text{1-}CH(CH_3)_2\text{-3-}C_2H_5\text{-}C_6H_4 \xrightarrow[\triangle]{Na_2Cr_2O_7/H^+} \text{1,3-}C_6H_4(COOH)_2$$

$$O_2N-C_6H_4-CH_3 \xrightarrow[H_2SO_4,\triangle]{K_2Cr_2O_7} O_2N-C_6H_4-COOH$$

86%

当与苯环直接相连的α碳上没有氢时，则侧链不被氧化。如叔丁苯，即使在强烈的条件下氧化，也不会发生侧链的氧化，而是苯环被氧化破环：

$$C_6H_5-C(CH_3)_3 \xrightarrow[\text{高温，高压}]{[O]} \underset{\text{三甲基乙酸}}{(CH_3)_3CCOOH} + CO_2 + H_2O$$

此外，工业上由相应的二甲苯氧化制备对应的苯二甲酸［参见13.5.2（4）］、由均四甲苯制备均苯四酸二酐［参见13.8.2（5）］，它们都是重要的工业化工原料。

（3）聚合反应

侧基重键也可以发生聚合反应，如聚苯乙烯的制备：

$$n\ C_6H_5-CH=CH_2 \xrightarrow[80\sim90℃]{PhCOOCOPh\ (\text{过氧化苯甲酰})} \left[-CH(C_6H_5)-CH_2-\right]_n$$

乙苯催化脱氢是苯乙烯的主要制备方法。聚苯乙烯是重要的高分子材料，透明性、着色性良好，可以加工成色彩诱人的日用塑料产品，也可以改性加工成工程塑料或发泡塑料制品等。

苯乙炔在无水$AlCl_3$、BF_3、BBr_3、齐格勒-纳塔催化剂等催化下，可以离子型本体聚合；苯乙炔也可以在偶氮、过氧化物类等引发自由基聚合。例如：

$$n\ C_6H_5-C\equiv CH \xrightarrow[70℃]{AlCl_3/\text{苯乙炔}=0.35(\text{摩尔比})} \left[-C(C_6H_5)=CH-\right]_n$$

聚苯乙炔在掺杂和非掺杂状态都表现出光导性质和荧光特性，目前广泛应用于激光器件、电致发光材以及光探测器等领域。

7.5 苯环上亲电取代反应的定位规律

7.5.1 苯环上亲电取代反应的定位规则

苯环上的6个氢原子是等价的，所以，亲电取代反应活性位均等。但在不同一取代苯的氯代、硝化和磺化等反应发生的主要位置却有着很强的“倾向”性：像甲苯的硝化、磺化不但反应条件更温和，而且主要产物是邻、对位产物，间位产物较少；像硝基苯制备二硝基苯、苯磺酸制备苯二磺酸，不但反应条件变得苛刻，而且主要产物为间位取代。这是由于不同取代基对苯环存在电子效应和空间位阻效应，使五个氢被取代的机会不再均等。

(1) 定位基团的分类

表7.2为不同一取代苯的硝化反应相对速率（以苯的硝化反应速率为1）及产物分布。

表 7.2 一取代苯的硝化反应结果

取代基		相对速率	硝化产物的分布/%			邻+对/%	定位基
			邻位	间位	对位		
致活基团	$-OH$	很快	40	<2	58	98	邻、对位定位基
	$-OCH_3$	2×10^5	31	2	67	98	
	$-NHCOCH_3$	很快	19	2	79	98	
	$-CH_3$	25	58	4	38	96	
	$-C(CH_3)_3$	15	16	11	73	89	
弱致钝基团	$-CH_2Cl$	0.71	32	15.5	51.5	83.5	
	$-F$	3×10^{-2}	12	痕量	88	约100	
	$-Cl$	3.3×10^{-2}	31	<0.2	69	约100	
	$-Br$	3.3×10^{-2}	36	痕量	63	约100	
	$-I$	0.18	41	<0.2	59	约100	
强致钝基团	$-COOC_2H_5$	3.7×10^{-3}	24	72	4	28	间位定位基
	$-COOH$	$\leqslant10^{-3}$	19	80	1	20	
	$-NO_2$	6.0×10^{-8}	5	93	2	7	
	$-\overset{+}{N}(CH_3)_3$	1.2×10^{-8}	0	89	11	11	
	$-CF_3$	2.6×10^{-5}	6	91	3	9	
	$-CCl_3$	慢	7	64	29	36	

由表7.2可知，在亲电取代反应中，苯环上的原有取代基不仅对亲电取代反应有明显的活化或钝化作用，而且对后续基团进入苯环的位置有定位效应（orienting effect）。按照取代基在亲电取代反应中起活化或钝化作用以及定位效应分为三类：

① 第一类定位基团 又称邻、对位定位基团。这类基团为供电子基团，使苯环电子云密度增大，亲电取代反应活性增加。这类基团与芳环直接相连的原子多数带有孤对电子，它们定位效应由强到弱的大致次序为：$-O^-$、$-NR_2$、$-NHR$、$-NH_2$、$-OH$、$-OR$、$-NHCOR$、$-OCOR$、$-Ph$、$-R$等。

② 第二类定位基团 又称间位定位基团。这类基团为吸电子基团，使苯环电子云密度降低，从而减慢亲电取代反应的速度。这类基团与苯环直接相连的原子上一般连有极性不饱和键或带有正电荷（$-CF_3$、$-CCl_3$除外），它们钝化苯环的能力由强到弱的次序为：$-\overset{+}{N}R_3$、$-NO_2$、$-CF_3$、$-CN$、$-SO_3H$、$-CHO$、$-COR$、$-COOH$、$-COOR$、$-CONH_2$等。

③ 第三类定位基团 这类定位基团也是吸电子基团，但吸电子的能力弱于第二类定位基团，对苯环上的亲电取代反应起着弱钝化作用，新引进的取代基团主要进入邻、对位。属于这类的基团有：F、Cl、Br、I、CH_2Cl等。

（2）定位规则的解释

根据亲电取代反应机理，亲电试剂总是优先进攻电子云密度最大、空间位阻最小的位置，并生成最稳定的σ配合物。这就决定了亲电试剂的定位选择性，这种选择性由苯环上已有取代基的电子效应结果决定，并受空间位阻效应影响。

① 第一类定位基团的定位解释 苯环上的供电子取代基使其邻、对位电子云密度增大，致使亲电试剂优先进攻邻、对位。

诱导效应　　超共轭效应

首先以甲苯为例，甲苯中的甲基碳原子为sp^3杂化，苯环中碳原子为sp^2杂化，sp^2杂化的碳原子电负性大，因此甲基可通过$+I$效应向苯环提供电子。同时甲基的三个C—H σ键与苯环的π键形成σ-π共轭体系（也称超共轭体系），σ-π共轭体系产生的超共轭效应使C—H键σ电子云向苯环转移。

显然，甲基的$+I$效应和σ-π超共轭效应均使苯环上电子云密度增加，由于电子共轭传递的结果，使甲基的邻、对位上电子云增加的较多。所以，甲苯的亲电取代反应不仅比苯容易，而且主要应当发生在甲基的邻位和对位。

亲电试剂（E^+）进攻甲基的邻位、对位和间位所产生的三种不同σ配合物稳定性不同：

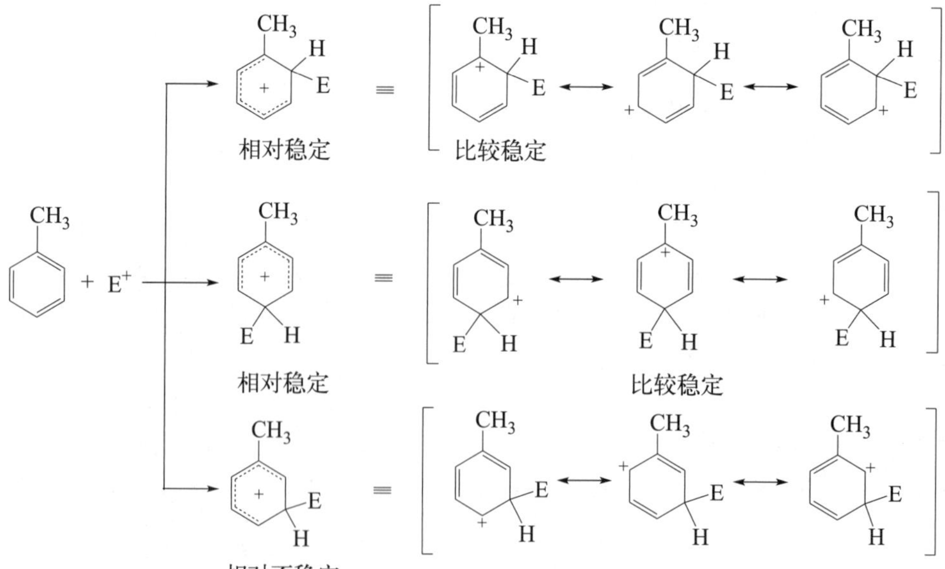

相对稳定　比较稳定

相对稳定　比较稳定

相对不稳定

亲电试剂进攻邻位和对位，生成的共振结构式中都有一个比较稳定的叔碳正离子，其带正电荷的碳原子与供电子的甲基直接相连，有利于正电荷分散，因此该共振结构式能量相对较低，对共振杂化体的贡献大；而亲电试剂进攻间位生成的共振结构式中的碳正离子均为仲碳正离子，稳定性较差。因此，亲电试剂进攻邻、对位形成的σ络合物稳定，反应的活化能也低（图7.6），反应也容易进行。

能量
反应进程
或
+ E+
CH3
H
E

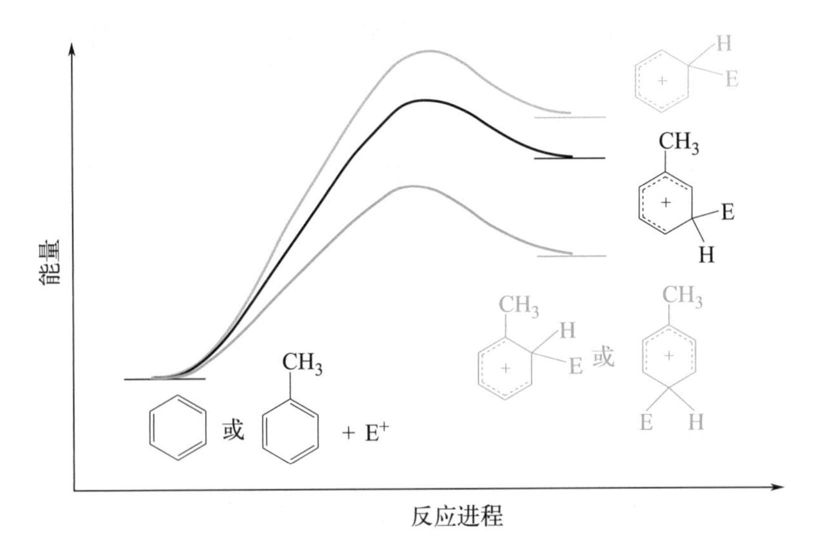

图7.6　甲苯和苯进行亲电取代反应活化能的比较

其次，还有苯环上带有孤对电子的基团，如$-NH_2$、$-OH$、$-OCH_3$等。从诱导效应来看，由于取代基氧（或氮）的电负性比碳大，对苯环表现出吸电子诱导效应（$-I$），而氧（或氮）原子上的孤对电子又通过p-π共轭作用分散到苯环，由于这种给电子的共轭效应（$+C$）远大于吸电子的诱导效应，因此这类取代基总体上使苯环的电子云密度增加，有利于亲电取代反应。

以苯酚为例，当亲电试剂进攻羟基的邻、间、对位时形成的三种碳正离子中间体，它们的共振杂化体和共振结构式可表示如下：

:OH
+ E+
相对稳定
稳定
相对稳定
稳定
相对不稳定

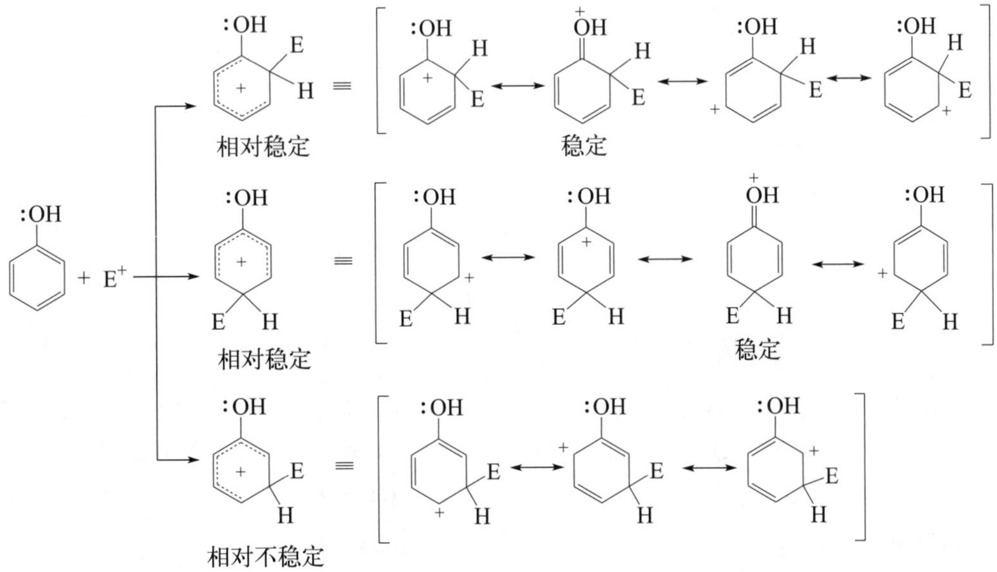

从苯酚发生亲电取代反应产生的碳正离子中间体来看,邻位和对位取代反应的中间体都有一个特别稳定的“八隅体”结构的共振结构式，因此包含这些共振结构式的共振杂化体碳正离子也特别稳定，而且容易形成，而间位取代的中间体碳正离子就没有这种“八隅体”结构的稳定共振结构式。因此，苯酚的亲电取代反应比苯容易，而且主要发生在邻位和对位。

② 第二类定位基团的定位解释 苯环上的吸电子取代基使其邻、对位电子云密度降低，致使亲电试剂优先进攻电子云密度相对较大的间位。

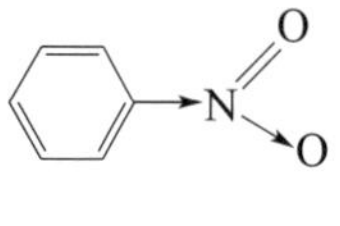

硝基的诱导效应 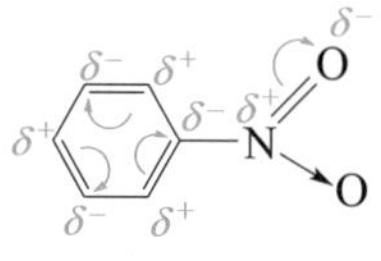　　硝基的共轭效应

以硝基苯为例，因氮原子的电负性比碳大，所以对苯环具有吸电子诱导效应（$-I$）；同时硝基中的氮氧双键与苯环的大π键形成π-π共轭体系，使苯环上的电子云向着电负性大的氮原子和氧原子方向流动（$-C$效应）。两种电子效应作用方向一致，均使苯环上电子云密度降低，尤其是硝基的邻、对位降低的更多。因此，硝基不仅使苯环钝化，亲电取代反应比苯困难得多，而且得到的主要是间位产物。

亲电试剂进攻硝基苯的邻位、对位和间位时的三种碳正离子中间体可表示如下：

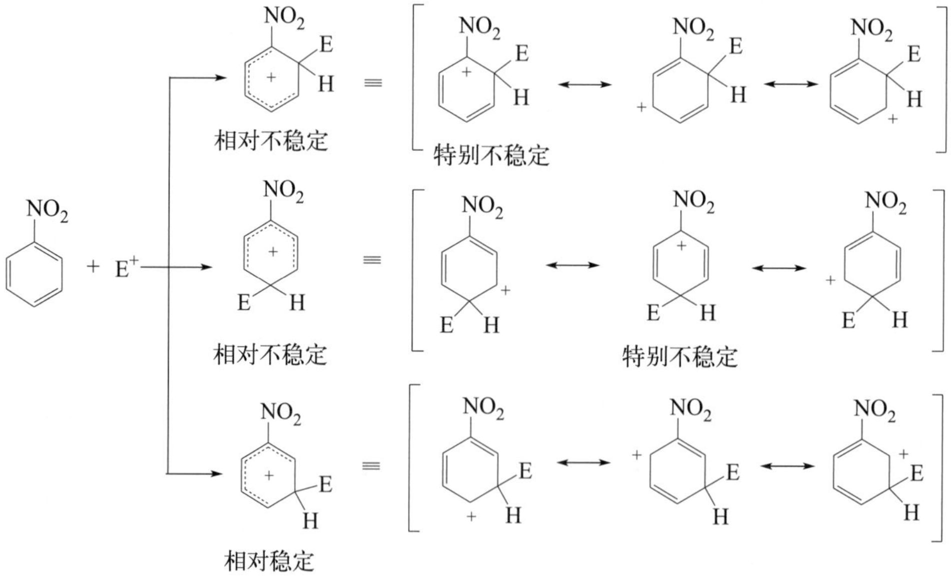

相对不稳定　特别不稳定

相对不稳定　特别不稳定

相对稳定

在硝基苯的邻位和对位亲电取代生成的碳正离子的共振结构式中均有带正电荷的碳原子与吸电子的硝基直接相连，使得正电荷更集中，稳定性低，不易生成；从间位取代的中间体共振结构式可知，正电荷被分散到三个不与硝基直接相连的碳原子上，因此稳定性相对较高而容易生成。图7.7为硝基苯和苯亲电取代的活化能比较。

间位定位基，如氰基、羧基、羰基、磺酸基等对苯环也具有类似硝基的电子效应。如苯环上只有这类取代基，将难以发生傅-克反应和加特曼-科赫反应。若钝化基团的效应会被另一个活化基团的活化效应所削弱或覆盖，也可发生傅-克反应。例如：

$$\text{OCH}_3,\ \text{NO}_2 \xrightarrow[\text{HF}]{(\text{CH}_3)_2\text{CHOH}} \text{OCH}_3,\ \text{NO}_2,\ \text{CH(CH}_3)_2\ (85\%)$$

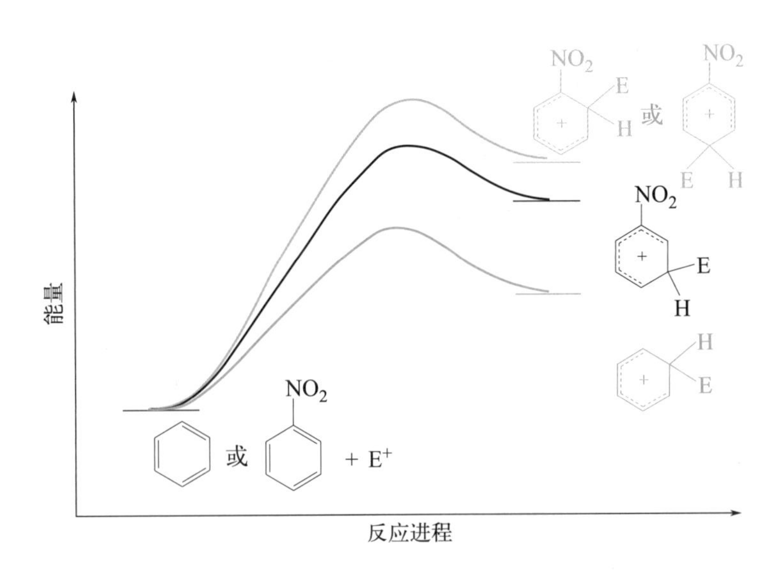

图7.7　硝基苯和苯亲电取代的活化能比较

练习题 7-6： 判断下列化合物，哪些不能发生傅-克反应？

(1) —CHO　　(2) —$COCH_3$　　(3) —Cl

(4) —CCl_3　　(5) H_3C—, CH_3, —$COCH_3$, CH_3　　(6) —$CH(CH_3)_2$

③ 第三类定位基团的定位解释　卤素对苯环具有吸电子诱导效应（$-I$）和供电子p-π共轭效应（$+C$），由于$-I$强于$+C$，总的结果使苯环电子云密度降低，所以卤素对苯环上亲电取代反应有弱致钝作用，亲电取代比苯困难。但当亲电试剂进攻苯环时，动态共轭效应起主导作用，$+C$又使卤素的邻位和对位电子云密度相对高于间位，因此邻、对位产物为主产物。

以氯苯为例，亲电试剂进攻氯苯的邻位、对位和间位时的三种碳正离子中间体可表示如下：

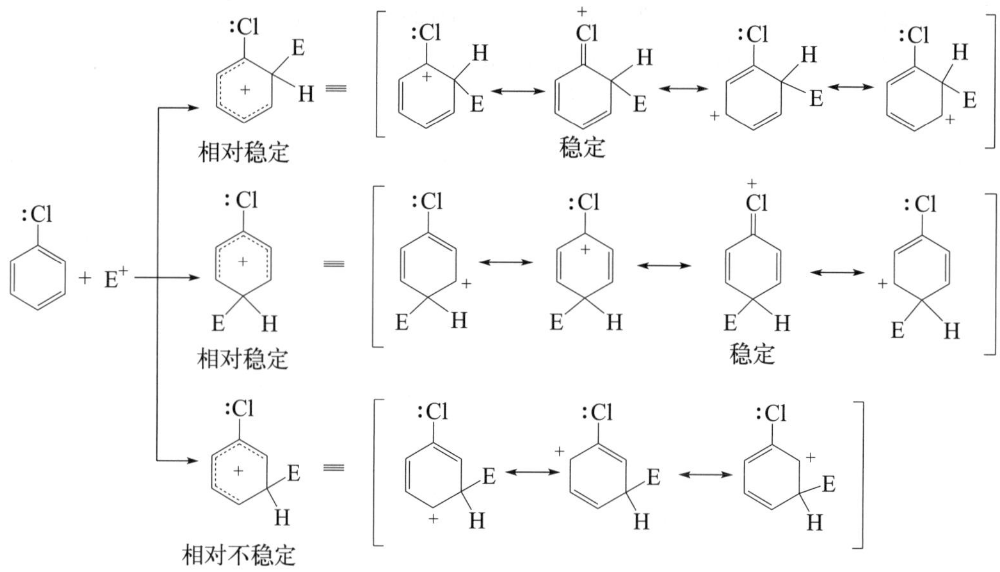

相对稳定　稳定

相对稳定　稳定

相对不稳定

卤苯发生邻位和对位取代反应的中间体都有一个特别稳定的“八隅体”结构的共振结构式，而间位取代的中间体碳正离子就没有这种共振结构式。因此，卤苯的亲电取代以邻、对位产物为主。

练习题 7-7： 请参考图 7.6 和图 7.7，画出由苯以及氯苯与亲电试剂 E^+ 发生亲电取代反应生成各中间体的能量变化曲线。

练习题 7-8： 下列芳香化合物和苯发生硝化反应，主要产物为邻、对位，且反应速率比苯快的有（　），比苯慢的有（　）；主要产物为间位的有（　）。
①乙苯　②溴苯　③三氯甲基苯　④苯甲酸　⑤苯磺酸

（3）影响亲电取代异构体比例的因素

取代苯在亲电取代反应时，取代基的体积、亲电试剂的体积、反应温度和催化剂等，均会影响亲电取代反应各产物的比例，但不会改变定位规则。

① 原有取代基的空间效应　烷基是邻、对位定位基，表 7.3 为不同烷基取代苯的硝化反应产物分布，随苯环原有烷基体积依次增大，即对邻位的空间位阻依次增大，邻位产物比例依次减小，而对位产物的依次上升，间位产物的比例虽也有所增加，但增幅较小。

表 7.3　一元烷基苯硝化反应产物异构体的分布

一元烷基苯	原有取代基	邻位产物/%	对位产物/%	间位产物/%
甲苯	$—CH_3$	58	38	4
乙苯	$—C_2H_5$	45	48	7
异丙苯	$—CH(CH_3)_2$	30	62	8
叔丁苯	$—C(CH_3)_3$	16	73	11

② 新引入取代基的空间效应 以甲苯的卤代为例，因为溴的体积比氯大，受甲基空间位阻的影响也更明显，故邻位取代产物减少，而对位取代产物的比例增加较多：

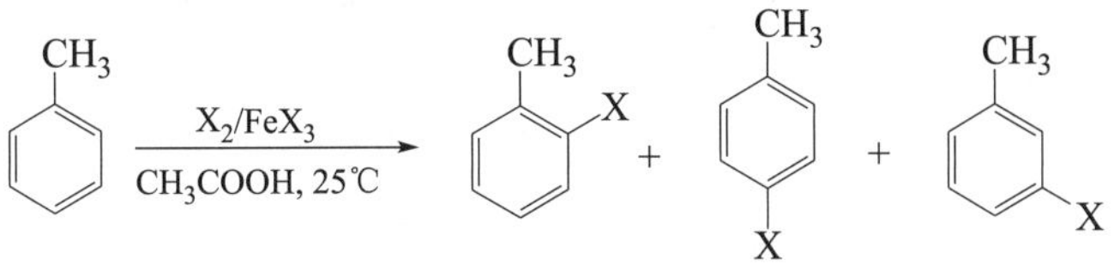
CH3
X2/FeX3
CH3COOH, 25℃
CH3
X
+
CH3
X
+
CH3
X

X=Cl	60%	39%	1%
X=Br	33%	66%	1%

③ 反应温度的影响 反应温度不仅影响反应速率，而且影响反应的限度（平衡），低温对邻位取代反应有利（动力学/速度控制），而高温有利于对位（热力学/平衡控制）产物的生成。例如，甲苯的磺化反应：

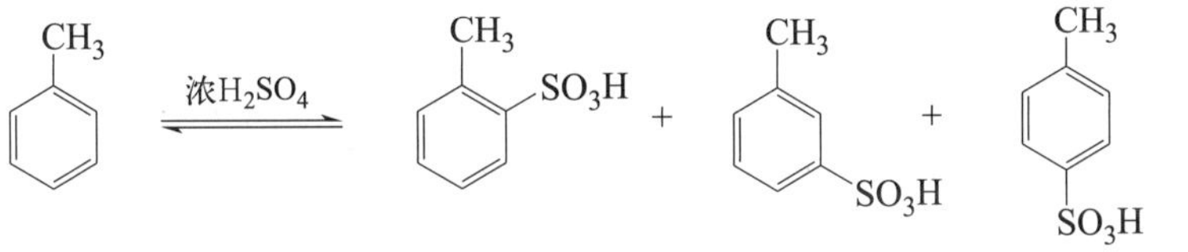
CH3
浓H2SO4
CH3
SO3H
+
CH3
SO3H
+
CH3
SO3H

反应温度0℃	43%	4%	53%
反应温度100℃	13%	8%	79%

7.5.2 二取代苯亲电取代反应定位规律

如果苯环上已有两个取代基，再进行亲电取代反应时，第三个取代基进入的主要位置服从以下定位规则：

① 当原有的两个取代基定位效应一致，第三取代基遵循定位规则进入指定的位置，但有时也要考虑空间效应的影响，如处于间位两个取代基中间的位置很难进入。

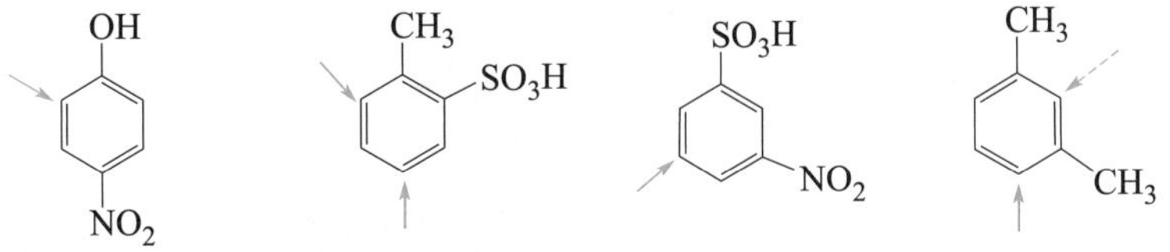
OH
NO2
CH3
SO3H
SO3H
NO2
CH3
CH3

② 当原有的两个取代基的定位效应不一致时，原有的两个取代基同为邻、对位定位基，或同为间位定位基，第三取代基进入的主要位置由定位能力强的基团来决定；若原有的两个取代基为不同类，第三取代基进入的主要位置由邻、对位定位基来决定。

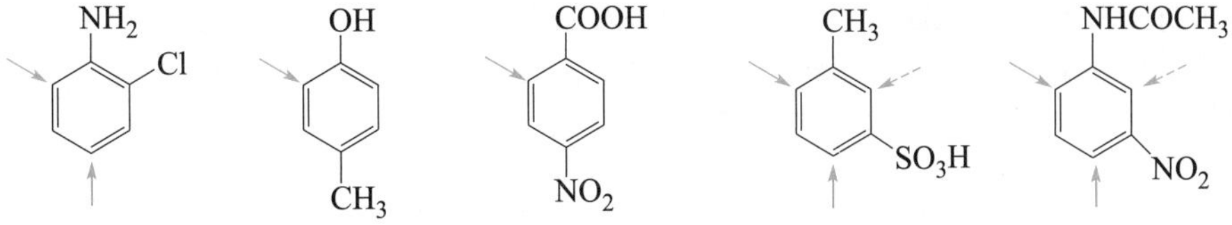
NH2
Cl
OH
CH3
COOH
NO2
CH3
SO3H
NHCOCH3
NO2

7.5.3 定位规律的应用

根据定位规则，可以预测取代基进入的主要位置，从而得知主要产物，最主要的应用是针对目的产物，利用定位规则设计合理的合成路线。

例1：硝基氯苯的邻、对、间位异构体均是有机合成的重要原料，以苯为原料，根据市场对产品的需求，可以选择合适的路线得到所需的产品。

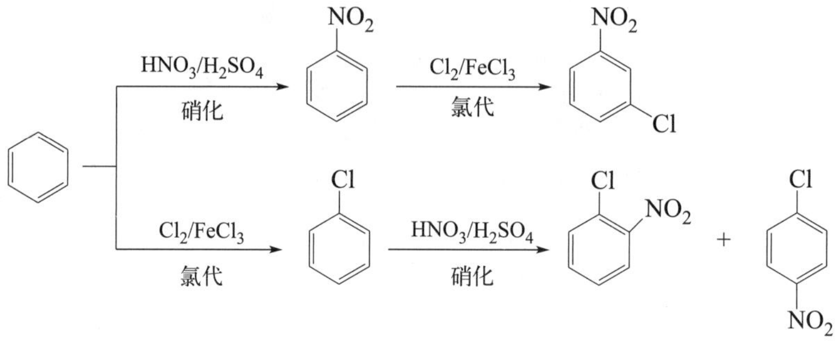

HNO_3/H_2SO_4 硝化 $Cl_2/FeCl_3$ 氯代 Cl NO_2

$Cl_2/FeCl_3$ 氯代 HNO_3/H_2SO_4 硝化 Cl Cl NO_2 + Cl NO_2

例2：以苯及两个碳原子的有机物为原料设计一条合理的路线合成 NO_2 C_2H_5 Cl 。

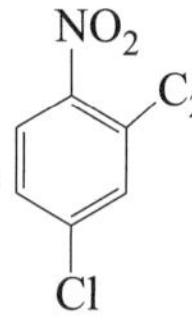

由逆合成分析法从第三个取代基的引入分析。首先，对硝基氯苯不能发生傅-克反应，故无法引入乙基；其次，若由邻硝基乙苯进行氯代反应，由定位规则可知主要得到的是乙基邻、对位产物，与目的产物不同；第三条路线就是通过间氯乙苯来制备，逆合成分析如下：

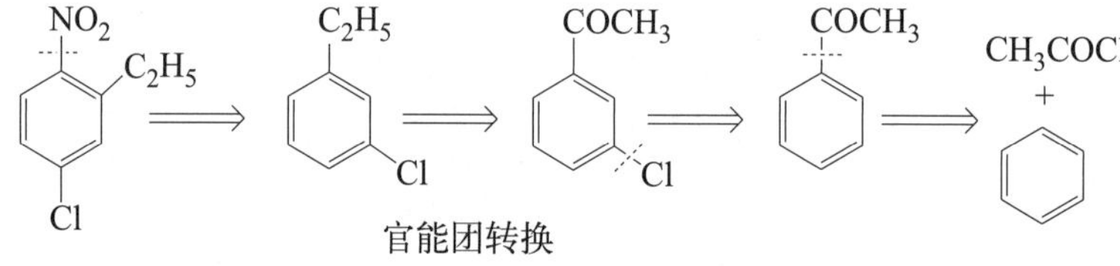

NO_2 C_2H_5 Cl ⟹ C_2H_5 Cl ⟹ $COCH_3$ Cl ⟹ $COCH_3$ ⟹ CH_3COCl +

官能团转换

合成路线如下：

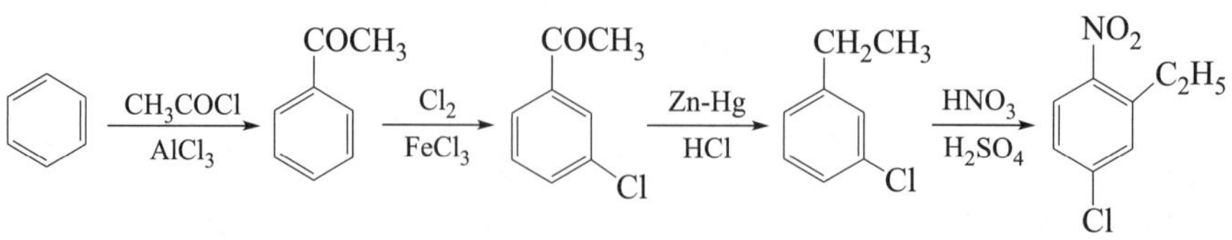

$\xrightarrow[AlCl_3]{CH_3COCl}$ $COCH_3$ $\xrightarrow[FeCl_3]{Cl_2}$ $COCH_3$ Cl $\xrightarrow[HCl]{Zn\text{-}Hg}$ CH_2CH_3 Cl $\xrightarrow[H_2SO_4]{HNO_3}$ NO_2 C_2H_5 Cl

有时目的产物的合成路线不止一条，那就要根据产率、原料来源、价格以及生产过程等多因素，选择最合理的合成路线。

7.6 单环芳烃的来源和制备

7.6.1 煤的干馏

煤经过干馏所得黑色黏稠液体，被称为煤焦油，其中含有上万种有机化合物，不乏苯及其同系物。按照沸点，可将煤焦油分馏成若干馏分，各馏分的主要有机物组成参见表1.1。苯及其同系物主要存在于沸点范围低于180℃的轻油中。以轻油为原料，通过萃取、磺化法和分子筛吸附法等进行分离，可以得到苯及其同系物。

7.6.2 甲醇制芳烃

我国“富煤、贫油、少气”的资源特点，由煤基甲醇生产芳烃（methanol to aromatics，MTA）成为一条有益的工艺路线，不仅可以降低芳烃生产成本，而且可以通过利用煤炭资源弥补石油资源的不足来生产基本化工原料，可降低我国的对外石油依存度。

我国除了开发MTA工艺外，还探索出了甲醇制对二甲苯工艺（methanol to paraxylene，MTPX），甲醇制对二甲苯联产低碳烯烃工艺（PX & MTO），甲醇制芳烃工艺联产低碳烯烃、联产汽油等多种具有创新性的芳烃生产工艺，其中催化剂的性能优化是上述工艺技术进步和发展的核心。

 资料卡片

煤经甲醇制芳烃（MTA）是非石油路线合成优质芳烃（苯、甲苯、二甲苯）的重要途径，可有效缓解中国芳烃供给不足与甲醇产能过剩的矛盾，具有良好的发展前景。请阅读了解煤经甲醇制备芳烃的反应路径。

7.6.3 从石油裂解轻油中分离

石油中芳烃含量较低，但在石油炼制的催化裂解工段，从裂解气中分离精制得到高分子合成单体三烯（乙烯、丙烯、丁二烯等）的同时，还可从裂解轻油中抽提分离得到三苯：苯、甲苯和二甲苯等。

7.6.4 石油的芳构化

虽然石油自身含苯及其同系物较少，但在一定的温度和压力下，使石油中的烷烃、环烷烃经催化重整、催化脱氢等过程转化为苯及其同系物。反应过程如下：

$$CH_3CH_2CH_2CH_2CH_2CH_3 \xrightarrow[-H_2]{环化} \text{环己烷} \xleftarrow{异构化} \text{甲基环戊烷}$$

$$\text{环己烷} \xrightarrow[催化脱氢]{-3H_2} \text{苯}$$

$$CH_3(CH_2)_5CH_3 \xrightarrow[-H_2]{环化} \text{甲基环己烷} \xleftarrow{异构化} \text{1,3-二甲基环戊烷}$$

$$\text{甲基环己烷} \xrightarrow[催化脱氢]{-3H_2} \text{甲苯}$$

这一过程主要是将轻汽油中含6～8个碳原子的烃类，在催化剂铂或钯等存在下，于450～500℃进行环化、异构化和脱氢等一系列复杂反应转变为芳烃，并同时副产H_2，工业上将此过程称为**铂重整**，这一系列的化学反应，称为**芳构化反应**。

阅读与思考

碳八芳烃（即C8芳烃）各组分均可用作化工原料。煤焦化过程所得粗苯中含C8芳烃约6%。轻汽油中的C8组分经催化重整，可获得哪些C8芳烃？查阅资料，简述各组分的主要用途。

7.7 芳香性与非苯芳烃

7.7.1 芳香性

从苯及其衍生物的结构与性能的讨论，可知其芳香性是指在结构上分子具有环状闭合共轭体系，π电子高度离域，体系能量低，较稳定，在化学反应性上表现为芳环结构不易被氧化、加成，而芳环上的氢易被取代的性质。

“芳香性”规律是对芳香化合物普遍性质的总结，表7.4列出了芳香烃、反芳香烃和非芳香烃的一些特征。

芳香性首先是由于π电子离域而产生的稳定性所致。休克尔（Hückel）在研究中发现：如果一个单环闭合共轭体系，只要成环原子处于同一平面，π电子数为$4n+2$个（n=0, 1, 2…整数），那么就具有芳香性，这就是**休克尔（Hückel）规则**。符合休克尔规则，但又不含苯环的烃类叫**非苯芳烃**（nonbenzenoid aromatic hydrocarbon），包括一些环多烯和芳香离子。

表 7.4　芳香烃、反芳香烃和非芳香烃的特征

特征	芳香烃	反芳香烃	非芳香烃
平面性	环共平面趋势	环平面扭曲趋势	一般为非平面
键长交替	平均化	单双键交替明显	类似于一般烯烃
稳定性	稳定化	去稳定化	中等
反应性	易于亲电取代，不易于亲电加成	不易于亲电取代，更易于亲电加成	均有可能
环外^{1}H NMR	去屏蔽	屏蔽	中等
外加磁场	产生抗磁环电流	产生顺磁环电流	产生多向电流

按休克尔规则，环丁二烯的π电子数为4，不符合4*n*+2规则，因此没有芳香性。但环丁二烯的4个π电子数，两个π电子占据能量最低的成键轨道，两个简并的非键轨道各有一个π电子，这是极不稳定的双基自由基结构。这类化合物不但没有芳香性，而且它们的能量都比相应的直链多烯烃要高得多。所以通常把这种具有4*n*个π电子的平面环状共轭多烯，叫作反芳香性化合物（antiaromatic compound）。

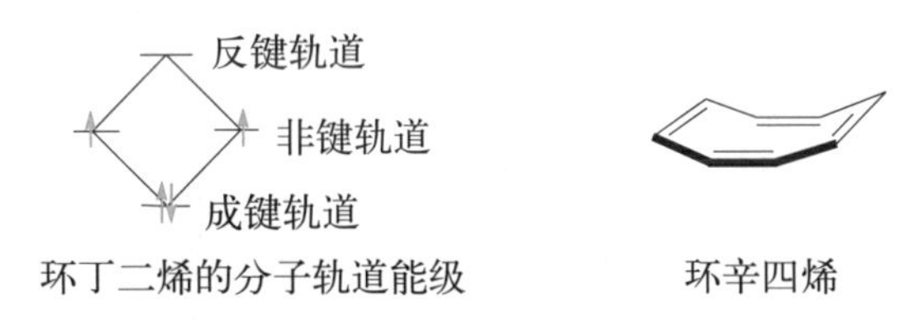

环丁二烯的分子轨道能级　　环辛四烯

环辛四烯虽然π电子数为8，但其为非平面分子，4*n*规则不适用，因此，环辛四烯不是反芳香性化合物，它具有烯烃的性质，是非芳香性化合物（nonaromatic compound）。

芳香化合物包括：无机芳香化合物［如富勒烯（如C_{60}）、碳纳米管等］和有机芳香化合物（如芳香烃和芳香杂环化合物）。芳香烃又包括苯系芳烃和非苯系芳烃。

随着对芳香性研究的不断深入，芳香性的内涵和外延仍在不断扩展。

7.7.2　非苯芳烃

（1）环多烯类芳香化合物

单环共轭多烯又叫环多烯、轮烯（annulene），通式为C_nH_n（$n \geqslant 10$）。环多烯每个碳原子各有一个未参加杂化的p轨道，它们之间彼此重叠形成一个闭合的共轭体系。π电子数符合休克尔规则的环多烯及其芳香性，见表7.5。

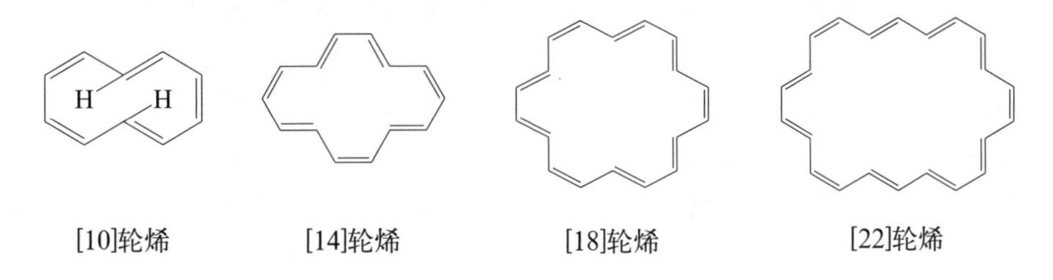

[10]轮烯　　[14]轮烯　　[18]轮烯　　[22]轮烯

表 7.5 符合 π 电子数为 4*n*+2 型环多烯的芳香性判断

n	π电子数	环多烯	是否共平面	芳香性判断
1	6	C_6H_6（苯）	是	有
2	10	$C_{10}H_{10}$（[10]轮烯）	否	无
3	14	$C_{14}H_{14}$（[14]轮烯）	是	有
4	18	$C_{18}H_{18}$（[18]轮烯）	是	有
5	22	$C_{22}H_{22}$（[22]轮烯）	是	有

[10] 轮烯的碳骨架类似于萘，由于2个反式双键上的H处于环内，它们相互排斥，使得环碳原子不在同一平面上，所以没有芳香性，实验也证明，[10] 轮烯很活泼。[14] 轮烯、[18] 轮烯、[22] 轮烯，它们结构比较舒展，碳原子基本处于同一平面，因此具有芳香性。

（2）非苯芳香烃离子

虽然某些环烯烃分子不是芳香烃，但其共轭结构的离子却具有芳香性，这些离子化合物被称为**非苯芳香烃离子**。例如，环丙烯正离子、环戊烯负离子、环庚三烯正离子、环辛四烯二负离子等，它们都具有平面的闭合环状共轭结构，π 电子数都符合 4*n*+2 规则，因此具有芳香性：

环丙烯正离子 环戊二烯负离子 环庚三烯正离子 环辛四烯二负离子

环戊二烯负离子又称茂（简称 Cp^-），可由环戊二烯与金属Na或碱（如NaH、三乙胺等）作用来制备，而环戊二烯负离子与 $FeCl_2$ 作用可得二茂铁：

2 (环戊二烯, H H) —Na / 或NaH→ 2 (环戊二烯负离子) —$FeCl_2$→ Fe (二茂铁)

二茂铁又称二环戊二烯合铁，常温下为橙黄色粉末，有樟脑气味。二茂铁是一种具有芳香族性质的有机过渡金属化合物，可发生磺化、傅-克反应等，与酸、碱、紫外线不发生作用，具有高度热稳定性、化学稳定性和耐辐射性。二茂铁是最重要的金属茂基配合物，其衍生物在化工、医药、航天、环保等行业具有广泛的应用。

茂金属配合物通常指的是铁、钴、镍、锆等过渡金属与环戊二烯负离子配合形成的化合物，有很好的催化性能，茂金属催化剂是新一代高效聚烯烃催化剂。

综合练习题

1. 命名或写出下列化合物的结构。

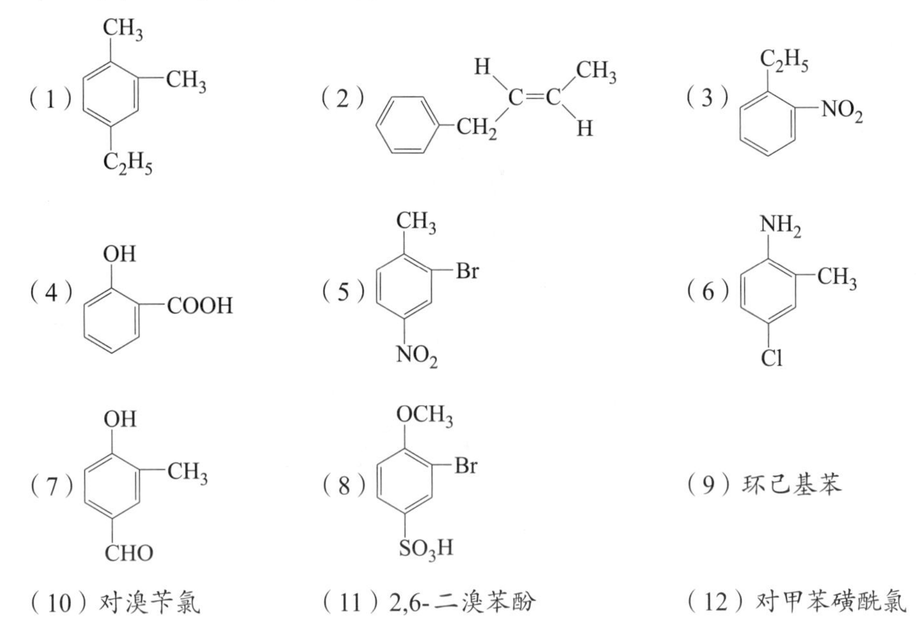

（9）环己基苯

（10）对溴苄氯　（11）2,6-二溴苯酚　（12）对甲苯磺酰氯

2. 写出下列化合物硝化反应的主要产物。

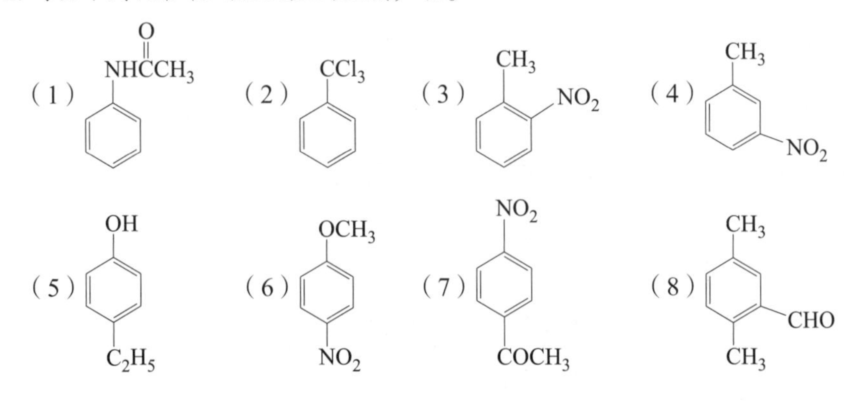

3. 将下列各组化合物按进行硝化反应由难到易排序。

（1）甲苯、对硝基甲苯、4-甲氧基苯酚；

（2）C_6H_5Br、C_6H_5CHO和$C_6H_5NHCOCH_3$。

4. 将下列各组化合物按一元氯代反应的相对速率，由快到慢排序。

（1）苯、氯苯、甲苯、硝基苯、苯甲醛；

（2）苯甲酸、对二甲苯、对苯二甲酸、对甲氧基苯甲酸。

5. 关于下列化合物的性质说法正确的是（　　）。

（1）环丙烯正离子的π电子数符合$4n+2$规则，故其有芳香性；

（2）[10]轮烯的π电子数符合$4n+2$规则，故其有芳香性；

（3）环庚三烯的π电子数与苯相同，故其有芳香性；

（4）环戊二烯比环庚三烯的酸性强。

6. 用简单的化学方法区别下列各组化合物。

（1）苯、甲苯和环己-1,4-二烯；

（2）乙苯、苯乙烯和苯乙炔。

7. 完成下列反应，写出各步反应的主要反应条件或有机产物。

（1）苯 $\xrightarrow[AlCl_3]{CH_3Cl}$（A）$\xrightarrow{(B)}$ $C_6H_5CH_2Cl$ $\xrightarrow[AlCl_3]{苯}$（C）

（2）苯 $\xrightarrow[H_2SO_4]{(CH_3)_2CHOH}$（A）$\xrightarrow[H_2SO_4]{HNO_3}$（B）$\xrightarrow[H^+]{KMnO_4}$（C）

（3）苯 $\xrightarrow[AlCl_3]{(A)}$ $C_6H_5COCH_3$ $\xrightarrow[FeBr_3]{Br_2}$（B）$\xrightarrow[HCl]{Zn\text{-}Hg}$（C）

（4）氯苯 $\xrightarrow[AlCl_3]{CH_3COCl}$（A）$\xrightarrow{(B)}$ 1-Cl-2-NO_2-4-$COCH_3$苯

（5）$C_6H_5CH_2CH_2C(OH)(CH_3)_2$ $\xrightarrow{H_2SO_4}$（A）

（6）$C_6H_5(CH_2)_3COCl$ $\xrightarrow{AlCl_3}$（A）$\xrightarrow[HCl]{Zn\text{-}Hg}$（B）$\xrightarrow{(C)}$ 邻苯二甲酸（1,2-(COOH)$_2C_6H_4$）

（7）苯 $\xrightarrow{(A)}$ C_6H_5CHO $\xrightarrow[FeCl_3]{Cl_2}$（B）$\xrightarrow[HCl]{Zn\text{-}Hg}$（C）$\xrightarrow[引发剂]{NBS}$（D）

（8）$C_6H_5C(CH_3)_3$ $\xrightarrow[\triangle]{浓H_2SO_4}$（A）$\xrightarrow[浓H_2SO_4]{浓HNO_3}$（B）$\xrightarrow{(C)}$ 邻硝基叔丁基苯（1-$C(CH_3)_3$-2-NO_2苯）

（9）苯 $\xrightarrow[400\sim500℃]{O_2/V_2O_5}$（A）$\xrightarrow[②\ 苯/AlCl_3]{①\ H_2/Ni}$（B）$\xrightarrow[HCl]{Zn\text{-}Hg}$（C）$\xrightarrow[(多聚磷酸)]{PPA}$（E）

（C）$\xrightarrow{SOCl_2}$（D）$\xrightarrow{AlCl_3}$（E）

（10）$C_6H_5OCH_3$ $\xrightarrow[H_2SO_4]{HNO_3}$ → （A）$\xrightarrow[HF]{(CH_3)_2CHOH}$（B）

→ $O_2N\text{-}C_6H_4\text{-}OCH_3$（对位） $\xrightarrow[FeBr_3]{Br_2}$（C）

8. 写出下列各反应的机理。

（1）苯 + $C_6H_5-CH_2OH$ $\xrightarrow{H_2SO_4}$ $C_6H_5-CH_2-C_6H_5$

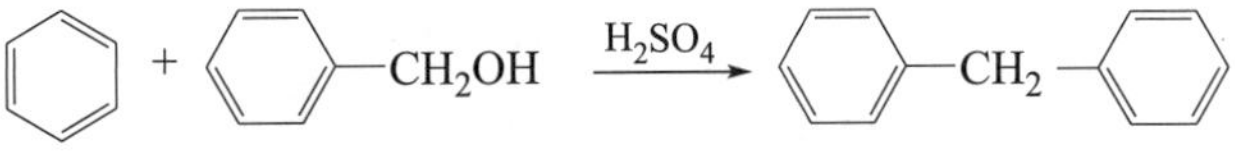

（2）2 $C_6H_5-CH=CH_2$ $\xrightarrow{H_2SO_4}$ （1-甲基-3-苯基茚满，CH_3）

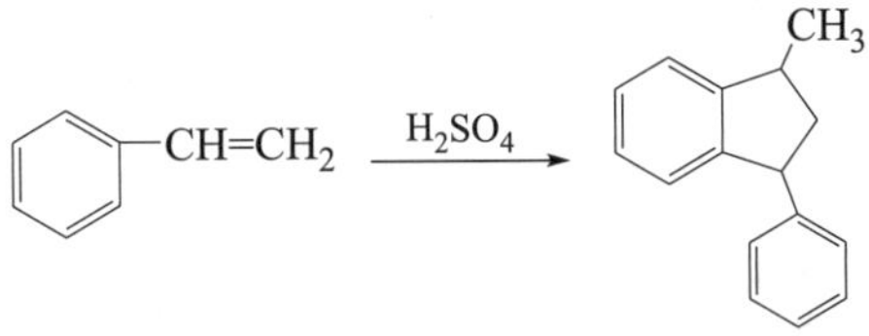

9. 三种硝基化合物$C_6H_5NO_2$、$C_6H_5CH_2NO_2$和$C_6H_5CH_2CH_2NO_2$，在硝化反应中得间位异构体的量分别为93%、67%和13%。请结合取代基的电子效应，对反应结果给出一个合理的解释。

10. 某芳香化合物的实验式为CH，分子量为208，其在酸性高锰酸钾下的氧化产物只有对苯二甲酸一种，试推测该烃的可能结构。

11. 用指定原料合成下列各化合物，催化剂、溶剂及无机试剂任选。

（1）以甲苯为原料同时合成 $O_2N-C_6H_4-COOH$ 和 （COOH，NO_2）

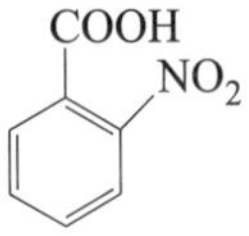

（2）以甲苯为原料同时合成 （O_2N，COOH，Br） 和 （Br，COOH，O_2N）

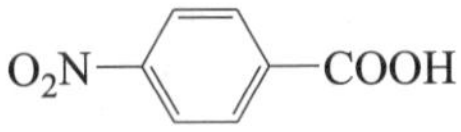

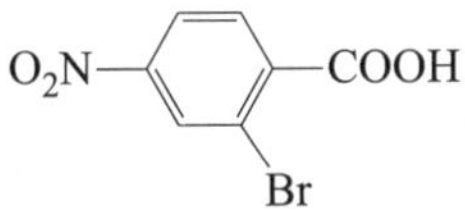

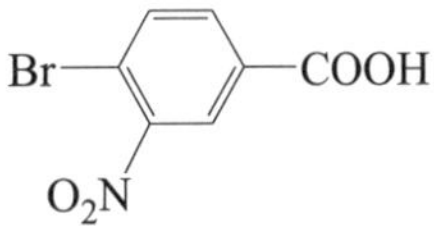

（3）以苯甲醚为原料合成 （OCH_3，Br，Br，NO_2）

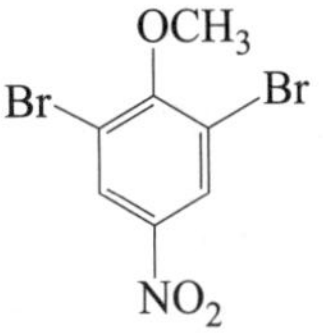

（4）以苯及一个碳原子的有机物为原料合成 （COOH，O_2N，Br）

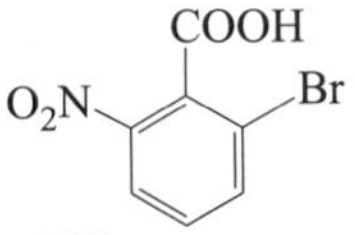

（5）以苯及三个碳原子的有机物为原料合成 $C_6H_5-CH=CHCH_3$

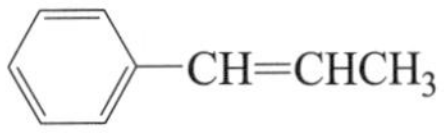

（6）以苯及两个碳原子的有机物为原料合成 （O_2N，Br，$\overset{O}{\parallel}$ CCH_3）

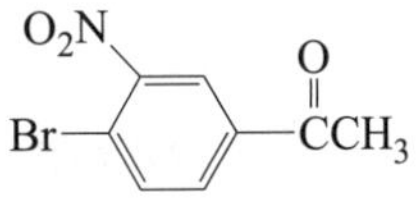

12. 马拉沙嗪是溃疡性结肠炎的治疗药，而2-氯-5-硝基苯甲酸是制备马拉沙嗪的重要中间体化合物。请以甲苯为原料，设计一个合理的路线合成该中间体。写出有关反应式。

13. 煤焦油经分离提纯可得苯、甲苯和二甲苯等基本有机化工原料。苯和甲苯可制备紫外线吸收剂，以间二甲苯为主要原料可制备酮麝香。两种化合物合成路线如下：

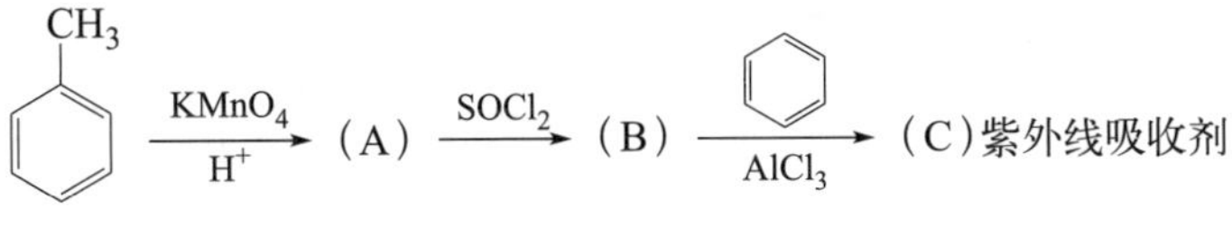

$C_6H_5CH_3$ $\xrightarrow[H^+]{KMnO_4}$ （A） $\xrightarrow{SOCl_2}$ （B） $\xrightarrow[AlCl_3]{苯}$ （C）紫外线吸收剂

$$\text{间二甲苯} \xrightarrow[H_2SO_4]{(D)} \text{1-叔丁基-3,5-二甲基苯} \xrightarrow[AlCl_3]{(E)} (F) \xrightarrow[H_2SO_4]{HNO_3} \text{酮麝香}$$

（1）写出化合物A的结构式；
（2）写出由化合物B与苯制备该紫外线吸收剂的反应式；
（3）能实现该转化的化合物D有哪些？请查阅资料，哪种原料成本上有优势？
（4）1-叔丁基-3,5-二甲基苯是热力学控制的产物还是动力学控制的产物？为什么？
（5）写出化合物E、F的结构式。

14. 万山麝香为人工合成香料，有强烈而细腻的龙涎香和麝香的香气。以乙苯、丙酮和乙炔为主要原料合成万山麝香的路线如下：

$$2\ CH_3CCH_3 (C{=}O) \xrightarrow[KOH]{HC\equiv CH} \xrightarrow{H^+} (A) \xrightarrow[Pd]{H_2} (B) \xrightarrow{(C)} (CH_3)_2CClCH_2CH_2CCl(CH_3)_2$$

$$\xrightarrow[AlCl_3]{C_6H_5C_2H_5} (D) \xrightarrow{(E)} \text{（万山麝香）}$$

（1）请推断化合物A、B的结构式；
（2）写出满足上述转化的反应条件C；
（3）写出2,5-二氯-2,5-二甲基己烷与乙苯合成化合物D的反应式；
（4）写出由化合物D合成万山麝香的反应式。

15. 聚乙烯基二茂铁可作高分子氧化还原试剂，同时其氧化态和还原态颜色不同，因此可以作为氧化还原指示剂。其以环戊二烯为主要原料的合成路线如下：

$$2\ \text{环戊二烯} \xrightarrow{NaH} 2(A) \xrightarrow{(B)} \text{二茂铁 (Fe)} \xrightarrow[AlCl_3]{CH_3COCl} (C) \xrightarrow{(D)} \text{(1-羟乙基)二茂铁 (CH(OH)CH}_3\text{)}$$

$$\xrightarrow[\triangle]{\text{浓}H_2SO_4} (E) \xrightarrow{\text{聚合}} \text{聚乙烯基二茂铁}$$

（1）写出化合物A的结构式和反应试剂B和D；
（2）写出二茂铁与乙酰氯合成化合物C的反应式；
（3）写出化合物E聚合生成聚乙烯基二茂铁的反应式。

第 8 章

多环芳烃、杂环化合物

多环芳烃（polycyclic aromatic hydrocarbons）是指分子中含两个或两个以上苯环的芳烃，按照苯环相互联结方式，分为多核芳烃（如联苯类和多苯代脂肪烃）和稠环芳烃（如萘、蒽、菲等）。多环芳烃是煤焦油的重要成分，也是一类重要的化工原料。

杂环化合物（heterocyclic compounds）是分子中含有杂环结构的有机化合物，普遍存在于动植物体内和医疗药物分子结构中，包括非芳香杂环化合物和芳香杂环化合物。

8.1　多核芳烃

多核芳烃又分为多苯代脂肪烃（如二苯甲烷、1,2-二苯乙烯等）和联苯型（如联苯、对联三苯等）两类。例如：

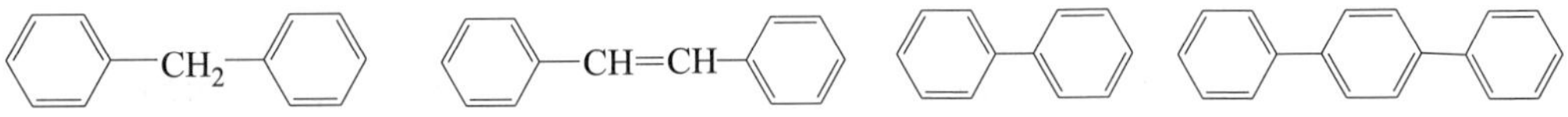

$C_6H_5-CH_2-C_6H_5$　　$C_6H_5-CH=CH-C_6H_5$　　$C_6H_5-C_6H_5$　　$C_6H_5-C_6H_4-C_6H_5$

二苯甲烷　　1,2-二苯乙烯　　联苯　　对联三苯

多苯代脂肪烃的苯环相距较远时主要显示单环芳烃衍生物的性质，而苯环相距较近时，特别是与苯环相连的亚甲基和次甲基上的氢原子受苯环的影响，显得比较活泼，易被取代、氧化和显酸性。

二苯甲烷的制备及其氧化生成二苯甲酮的过程如下：

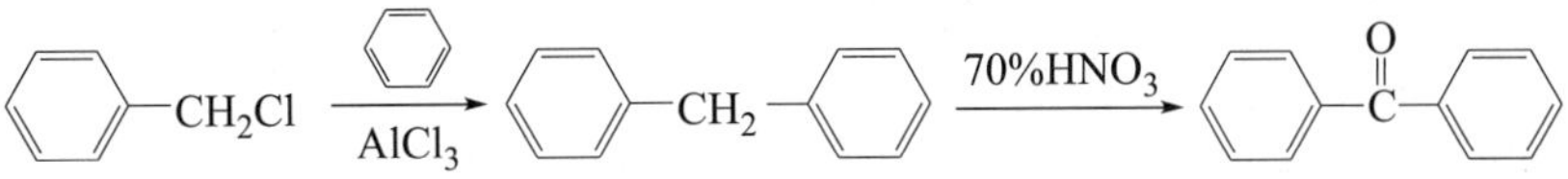

$$C_6H_5-CH_2Cl \xrightarrow[AlCl_3]{C_6H_6} C_6H_5-CH_2-C_6H_5 \xrightarrow{70\%HNO_3} C_6H_5-\overset{O}{\overset{\|}{C}}-C_6H_5$$

二苯甲烷　　二苯甲酮

二苯甲烷为无色针状结晶，有香叶油和甜橙油香气，曾用作香叶油的代用品，配制皂

用香精和香水等，也用于染料生产。二苯甲酮是紫外线吸收剂和有机颜料、医药、香料、杀虫剂的中间体。

8.1.1 联苯

两个苯环以单键连接的化合物称为联苯（biphenyl）。联苯为白色晶体，熔点70.5℃，沸点255.9℃，不溶于水，能溶于乙醚、乙醇、四氯化碳等，主要用作溶剂、传热剂、果实防霉剂，是重要的有机合成中间体。

3 2 2′ 3′ 4 1 1′ 4′ 5 6 6′ 5′

在高温煤焦油中约含3.0%的联苯，可从洗油馏分（馏程为230～300℃的馏出物）中回收。实验室可由碘苯与铜粉共热而制得（参见9.6.4）。联苯的工业制备是将苯蒸气通过红热的铁管热解得到：

$$2\,C_6H_6 \xrightarrow[\text{Fe}]{700\sim800℃} C_6H_5{-}C_6H_5 + H_2$$

联苯的另一来源是甲苯加热脱烷基制苯时的副产物，这一过程的副产物联苯逐渐成为联苯的主要来源。

8.1.2 联苯衍生物

联苯的化学性质与苯相似，在两个苯环上均可发生磺化、硝化等取代反应。联苯可看成是苯的一个氢原子被苯基取代，而苯基是邻、对位定位基团，取代基主要进入苯基的对位。若一个环上已有活化基团，则发生同环取代，若是钝化基团，则发生异环取代。例如，联苯的硝化反应：

$$C_6H_5{-}C_6H_5 \xrightarrow[H_2SO_4]{HNO_3} C_6H_5{-}C_6H_4{-}NO_2 \xrightarrow[H_2SO_4]{HNO_3} O_2N{-}C_6H_4{-}C_6H_4{-}NO_2$$

4,4′-二硝基联苯（主要产物）

4,4′-二硝基联苯催化加氢还原可得4,4′-二氨基联苯（俗称联苯胺）。联苯胺是重要的染料中间体，也可用作聚氨酯生产中的扩链剂。工业上由硝基苯还原生成氢化偶氮苯，再经重排而得：

$$2\,C_6H_5{-}NO_2 \xrightarrow[NaOH]{Zn} C_6H_5{-}NH{-}NH{-}C_6H_5 \xrightarrow[\triangle]{HCl} H_2N{-}C_6H_4{-}C_6H_4{-}NH_2$$

氢化偶氮苯　　　　联苯胺

8.2 稠环芳烃

分子中含有两个或两个以上芳环，芳环之间通过共用相邻两个碳原子稠合而成的芳烃，如萘、蒽、菲、萸等。

8.2.1 萘

萘（naphthalene）分子式为$C_{10}H_8$，是稠环芳烃中最简单的一种。萘为白色的片状晶体，熔点80.3℃，沸点218℃，有特殊的难闻气味，易升华，不溶于水而溶于有机溶剂，广泛用作制备染料、树脂、溶剂等的原料，曾用作驱虫剂。

萘是煤焦油中含量最多的化合物，高温煤焦油中萘占比为8%～12%，用到的萘多数是从煤焦油中提取得到。

萘是最简单的稠合芳香化合物，由两个稠合苯环组成。萘分子的结构及其π分子轨道示意图、碳原子的编号以及碳碳键长如图8.1所示。

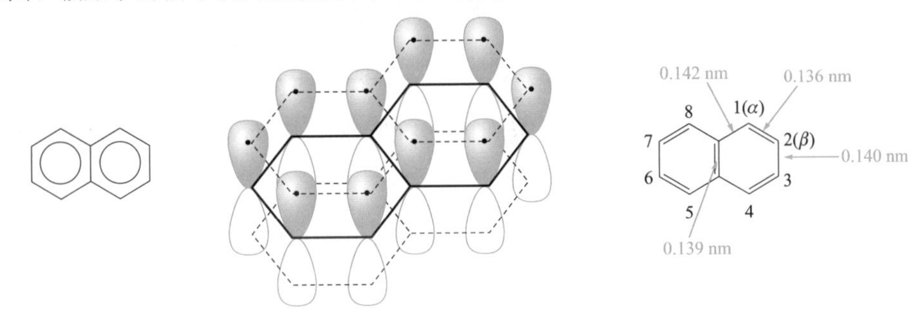

图8.1 萘分子的结构及其大π键示意图

萘分子的十个碳原子和八个氢原子处于同一个平面上，每个碳原子以sp^2杂化轨道与相邻的碳原子以及氢原子的原子轨道相互重叠而形成σ键，每个碳原子还有一个未参加杂化的p轨道肩并肩形成10原子10电子的大π键。

由于π电子的离域，萘具有255 kJ/mol的共振能（离域能），平均单环的离域能为127.5 kJ/mol，低于苯的152 kJ/mol，因此，萘的稳定性比苯弱。萘比苯容易发生氧化、加成和亲电取代反应。

（1）亲电取代反应

萘可发生卤化、硝化、磺化等亲电取代反应。α位电子云密度比β位高，亲电取代反应首先发生在α位。

① 卤代　萘的溴代反应比苯容易，无需催化剂，在CCl_4溶液中加热回流反应即可进行，主要产物是α-溴萘：

$$\text{萘} + Br_2 \xrightarrow[\text{加热}]{CCl_4} \text{α-溴萘} + HBr$$

α-溴萘可用作冷冻剂以及分子量大的物质的溶剂，也可作干燥物品的热载体。

② 硝化　萘的硝化反应速率比苯的硝化要快得多。萘与混酸在室温或稍热的条件下即可发生硝化反应，主要产物为α-硝基萘：

$$\text{萘} + HNO_3 \xrightarrow[30\sim60^\circ C]{H_2SO_4} \text{α-硝基萘 (79\%)} + H_2O$$

α-硝基萘常用于制备合成偶氮染料的中间体α-萘胺：

$$\text{α-硝基萘} \xrightarrow[\text{或} Na_2S_2/H_2O]{Fe + HCl} \text{α-萘胺}$$

③ 磺化　萘的磺化是可逆反应，在低于80℃时磺化主要生成α-萘磺酸，在较高温度（165℃）时主要生成β-萘磺酸。α-萘磺酸与硫酸共热到165℃时，也会转变为β-萘磺酸：

$$\text{萘} + H_2SO_4 \xrightleftharpoons[\text{(动力学控制)}]{<80^\circ C} \text{α-萘磺酸} \quad 96\%$$

$$\text{α-萘磺酸} \xrightarrow{H_2SO_4,\ 165^\circ C} \text{β-萘磺酸}$$

$$\text{萘} + H_2SO_4 \xrightleftharpoons[\text{(热力学控制)}]{165^\circ C} \text{β-萘磺酸} \quad 85\%$$

萘的α位活性大，磺化反应所需的活化能低，反应速率比较快，故低温时，α-萘磺酸为主要产物，但由于磺酸基的体积比较大，受异环α位上氢的阻碍，稳定性较差；在高温时生成β-萘磺酸不存在取代基的空间干扰，所以比较稳定。所以，低温时的磺化反应受动力学控制，而高温时受热力学控制。

α-萘磺酸　　β-萘磺酸

两种萘磺酸均为重要的化工中间体，可以通过化学转化得到萘酚和萘胺。例如，萘酚可由萘磺酸碱熔、酸化得到。β-萘酚的制备如下：

$$\text{β-萘磺酸} \xrightarrow[300^\circ C]{NaOH} \text{β-萘酚钠 (ONa)} \xrightarrow{H^+} \text{β-萘酚 (OH)}$$

萘胺可由萘酚与氨水和亚硫酸铵在高压下作用制得，如β-萘胺的制备：

$$\beta\text{-萘酚} + NH_3 \underset{150℃,\text{加压}}{\overset{(NH_4)_2SO_3\text{溶液}}{\rightleftharpoons}} \beta\text{-萘胺}(NH_2)$$

这个反应叫**布赫雷尔（Bucherer）反应**，是一个可逆反应，β-萘胺或α-萘胺在亚硫酸盐存在下也容易水解生成对应的萘酚。如可用α-萘胺水解制备α-萘酚：

$$\alpha\text{-萘胺}(NH_2) \xrightarrow[\text{加热}]{NaHSO_3\text{水溶液}} \alpha\text{-萘酚}(OH)$$

萘的磺化反应在有机合成上有重要的应用，特别是高温磺化产物经过上述转化可以得到其它途径很难制备的β-萘酚和β-萘胺。α和β两种萘酚、萘胺都是合成染料的重要中间体，也可用于医药行业。

④ 酰基化反应 萘的傅-克酰基化反应与反应温度和溶剂的极性有关。在低温和非极性溶剂（如CS_2、CCl_4等）中主要生成α酰基化产物，在较高温度和极性溶剂（如硝基苯）中主要生成β取代物。例如：

$$\text{萘} \xrightarrow[CS_2,-15℃]{CH_3COCl/AlCl_3} \alpha\text{-}COCH_3\ (75\%) + \beta\text{-}COCH_3\ (25\%)$$

$$\text{萘} \xrightarrow[C_6H_5NO_2,25℃]{CH_3COCl/AlCl_3} \beta\text{-}COCH_3\ (90\%)$$

（2）亲电取代反应规律

萘衍生物进行取代反应的定位要比苯衍生物复杂。第二取代基的位置由原有取代基的性质、位置以及反应条件决定。但由于α位的活性高，在一般条件下，第二取代基容易进入α位。此外，环上的原有取代基还决定发生“同环取代”还是“异环取代”。

① 当原取代基具有供电子电子效应时，由于它能使同环的苯环活化，因此亲电取代反应发生“同环取代”，若原取代基是在α位，则取代反应主要发生在同环另一α位；若原取代基是在β位，则取代反应主要发生在与其相邻的α位。例如：

$$1\text{-}OCH_3\text{萘} + CH_3COCl \xrightarrow{AlCl_3} 1\text{-}OCH_3\text{-}4\text{-}COCH_3\text{萘}$$

$$2\text{-}CH_3\text{萘} \xrightarrow[H_2SO_4]{HNO_3} 1\text{-}NO_2\text{-}2\text{-}CH_3\text{萘}$$

但也有特殊情况，如β-甲基萘的磺化反应发生在6位，这可能是磺酸基位阻大，且磺化反应是可逆反应，生成的6-甲基萘-2-磺酸比较稳定的缘故：

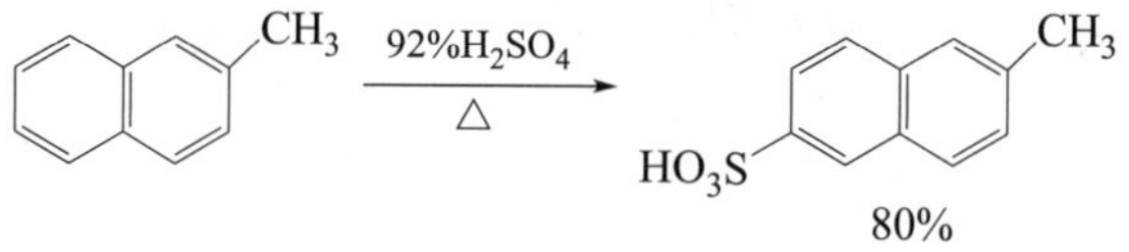

$$\text{(2-甲基萘, }CH_3\text{)} \xrightarrow[\triangle]{92\%H_2SO_4} \text{(6-甲基萘-2-磺酸, }CH_3,\ HO_3S\text{)}\quad 80\%$$

② 当原取代基具有吸电子效应时，因其直接相接的苯环被钝化，因此亲电取代反应为“异环取代”，亲电取代主要发生在异环的α位。例如：

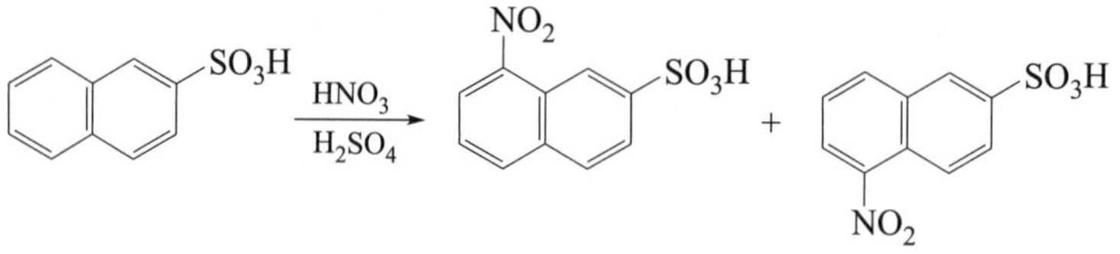

$$\text{(萘-2-磺酸, }SO_3H\text{)} \xrightarrow[H_2SO_4]{HNO_3} \text{(}NO_2,\ SO_3H\text{)} + \text{(}SO_3H,\ NO_2\text{)}$$

练习题 8-1： 完成下列反应，写出主要产物。

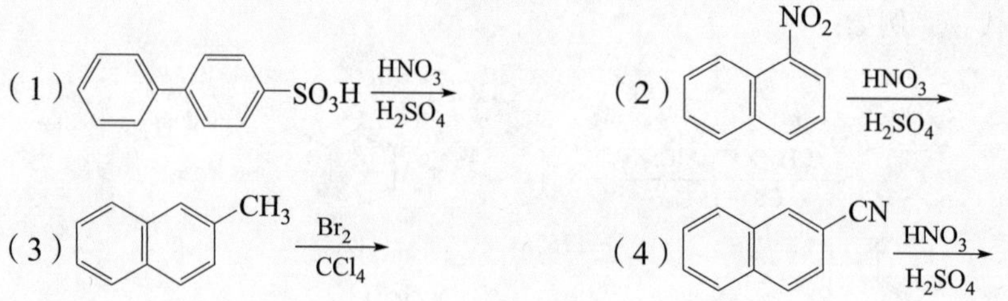

（1）$\text{(联苯-4-磺酸, }SO_3H\text{)} \xrightarrow[H_2SO_4]{HNO_3}$

（2）$\text{(1-硝基萘, }NO_2\text{)} \xrightarrow[H_2SO_4]{HNO_3}$

（3）$\text{(2-甲基萘, }CH_3\text{)} \xrightarrow[CCl_4]{Br_2}$

（4）$\text{(2-萘甲腈, }CN\text{)} \xrightarrow[H_2SO_4]{HNO_3}$

（3）氧化反应

萘比苯容易氧化。在室温时，用弱氧化剂，如三氧化铬的乙酸溶液处理萘，生成萘-1,4-醌：

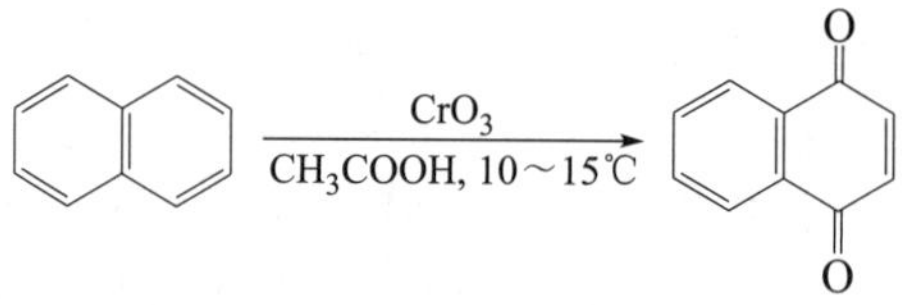

$$\text{(萘)} \xrightarrow[CH_3COOH,\ 10\sim15℃]{CrO_3} \text{(萘-1,4-醌, O, O)}$$

萘-1,4-醌还有其它合成方法（参见11.10.2）。萘-1,4-醌为黄色晶体，可用于合成药物、染料、杀菌剂，也可用于高分子合成的聚合调节剂。

在高温时，以五氧化二钒为催化剂，用空气氧化萘，生成邻苯二甲酸酐，这是工业上生产邻苯二甲酸酐的一种方法：

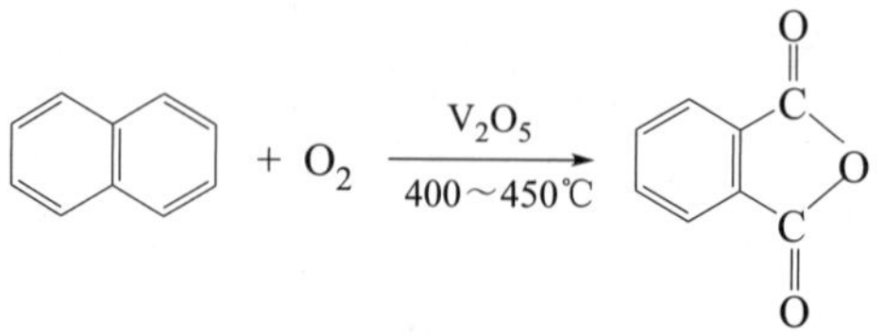

$$\text{(萘)} + O_2 \xrightarrow[400\sim450℃]{V_2O_5} \text{(邻苯二甲酸酐, C=O, O, C=O)}$$

邻苯二甲酸酐又称苯酐，是重要的有机化工原料之一，可作为聚合物及其增塑剂、染料的合成原料。

练习题 8-2： 含有共轭环己二烯二酮结构的一类化合物称为醌（quinone）。萘醌理论上有六种异构体，请写出其中的三个并命名。目前只制得三种稳定存在的萘醌，查阅文献，了解是哪三种。

（4）加氢反应

工业上，在加压、加热的条件下，萘通过催化加氢制备四氢化萘和十氢化萘：

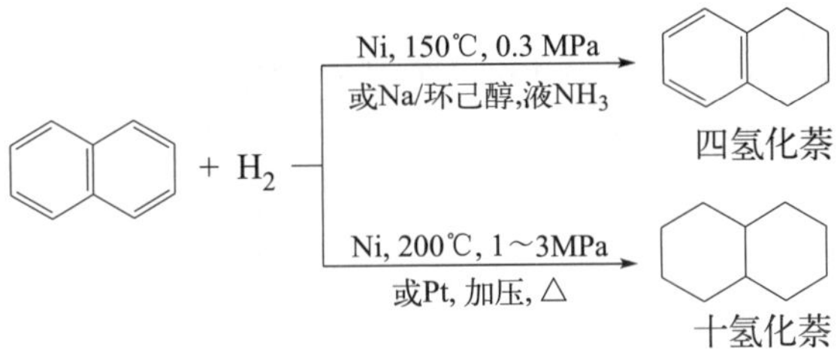

Ni, 150℃, 0.3 MPa 或Na/环己醇,液NH_3 → 四氢化萘

+ H_2

Ni, 200℃, 1～3MPa 或Pt, 加压, △ → 十氢化萘

四氢化萘又称萘满，沸点208℃；十氢化萘又称萘烷，沸点195.8℃（顺式）和187.3℃（反式），它们都是良好的高沸点溶剂。

8.2.2 蒽和菲

蒽（anthracene）和菲（phenanthrene）互为同分异构体，分子式均为$C_{14}H_{10}$，均由三个苯环稠合而成，分子中所有原子均处于同一平面。

蒽是白色片状带有蓝色荧光的晶体，有毒，熔点216℃，沸点340℃，不溶于水，也不溶于乙醇和乙醚，但在苯中溶解度较大。煤焦油是蒽的主要来源，大约含有1.5%的蒽。

菲是带光泽的无色晶体，熔点101℃，沸点340℃，不溶于水，溶于乙醇、苯和乙醚中，溶液有蓝色的荧光。菲是煤焦油中含量较多的组分，约占煤焦油的5%，仅次于萘的含量。

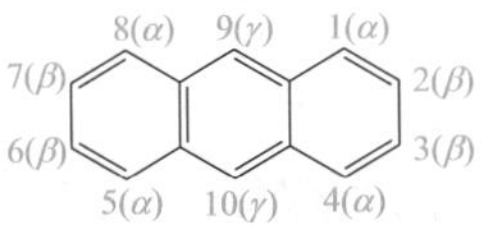

8(α) 9(γ) 1(α) 7(β) 2(β) 6(β) 3(β) 5(α) 10(γ) 4(α)

蒽的结构与编号

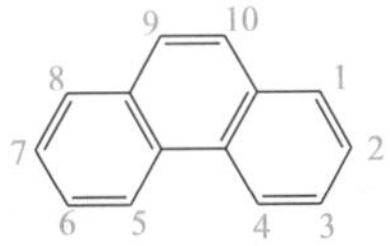

9 10 8 1 7 2 6 5 4 3

菲的结构与编号

蒽和菲的共振能分别为347 kJ/mol和381 kJ/mol。蒽、菲、萘和苯的π电子离域能（平均单环共振能）大小的次序为：苯（152 kJ/mol）>萘（127.5 kJ/mol）>菲（127 kJ/mol）>蒽（115.7 kJ/mol）。这就意味着芳香性由苯、萘、菲、蒽依次降低，氧化性和加成反应活性依次增加。蒽和菲的9、10位比较活泼，容易发生加成、亲电取代和氧化等反应。

（1）加成反应

蒽和菲容易发生加成反应，显示它们具有非芳香族多烯的特征，蒽在9位和10位进行1,4-加成，而菲在9位和10位进行1,2-加成，加成产物都具有两个分离的、独立的苯环结构，比较稳定。例如：

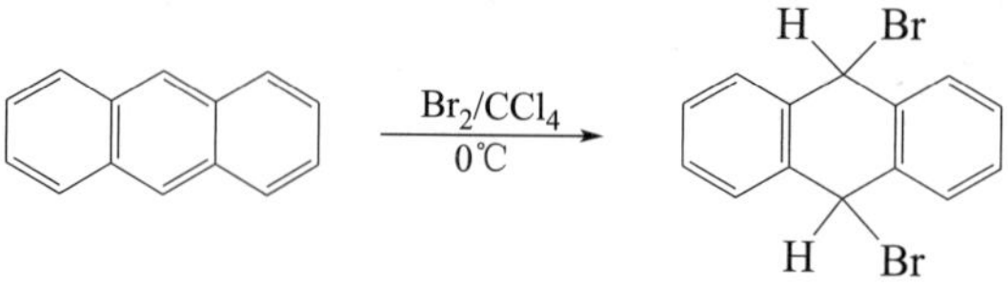

H Br
Br_2/CCl_4
0℃
H Br

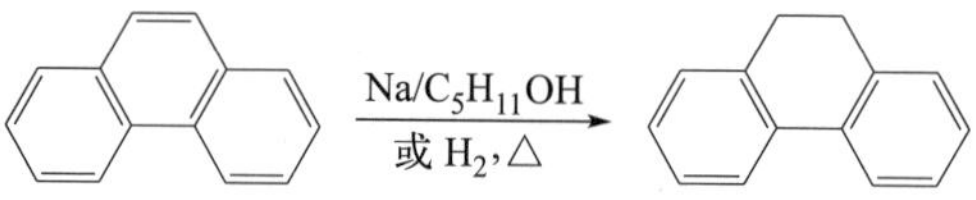

$Na/C_5H_{11}OH$
或 H_2,△

蒽的芳香性弱还表现在其中间的环可与亲双烯体进行1,4-加成（Diels-Alder反应）。例如，蒽与苯炔合成三蝶烯：

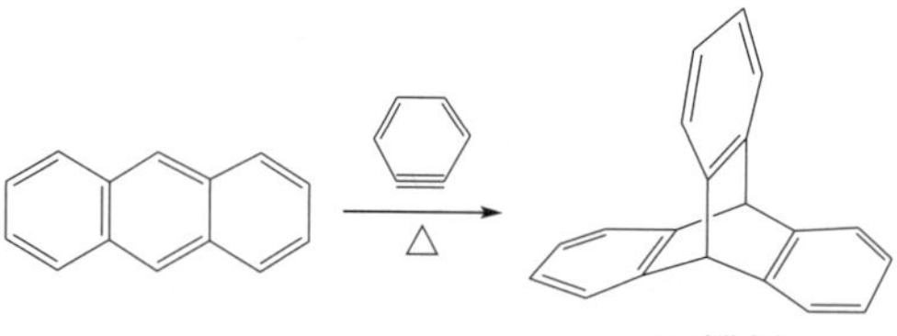

△

三蝶烯

三蝶烯及其衍生物是一类具有独特的三维刚性结构的化合物，并已在包括分子机器、光电器件及超分子化学等领域显示出广阔的应用前景。

（2）取代反应

蒽在加热条件下即可与溴发生取代反应，而菲需在催化剂作用下才能与溴反应发生取代反应，并伴随着生成部分加成产物：

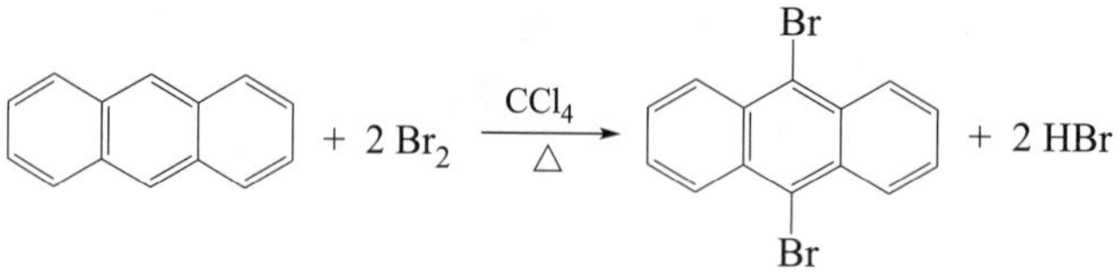

$+ 2Br_2 \xrightarrow[\triangle]{CCl_4}$ Br ... Br $+ 2HBr$

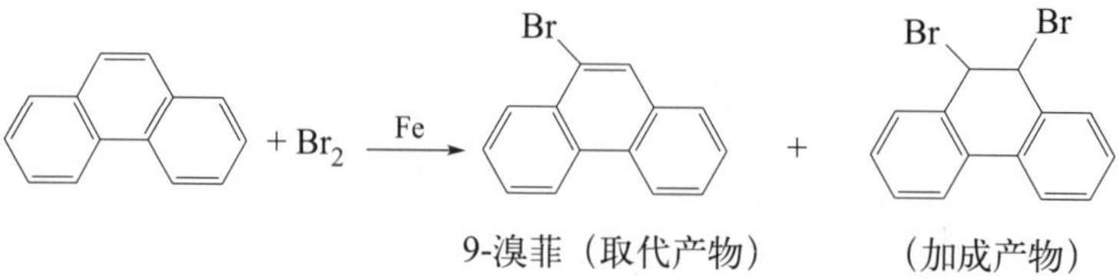

$+ Br_2 \xrightarrow{Fe}$ Br $+$ Br Br

9-溴菲（取代产物） （加成产物）

（3）氧化反应

蒽和菲易被氧化，分别生成蒽-9,10-醌和菲-9,10-醌：

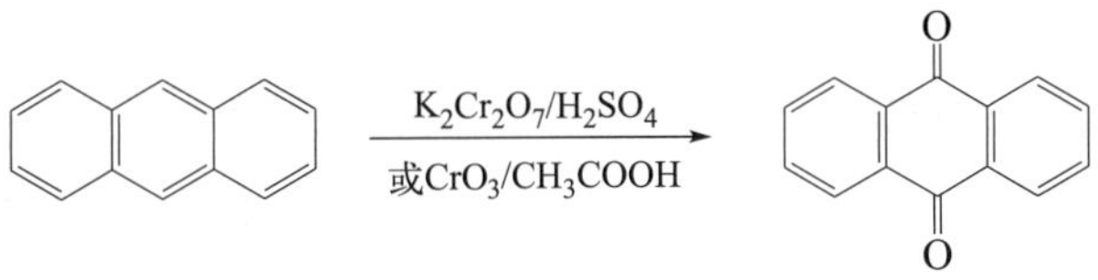

$K_2Cr_2O_7/H_2SO_4$ 或 CrO_3/CH_3COOH

(蒽-9,10-醌)

$K_2Cr_2O_7/H_2SO_4$ 或 CrO_3/H_2SO_4

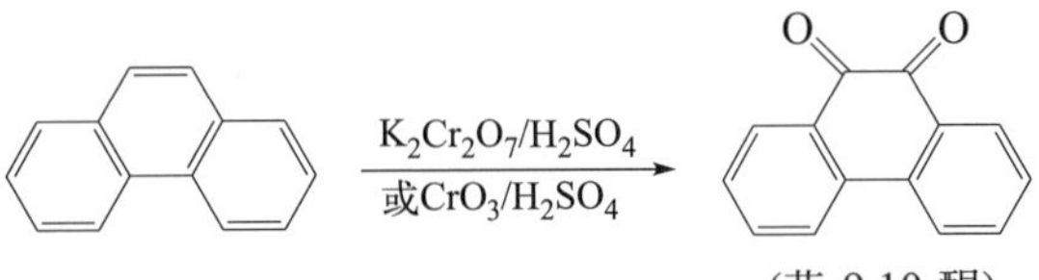

(菲-9,10-醌)

菲醌（phenanthraquinone）中最主要的是菲-9,10-醌，具有抑菌能力，用于拌种可防止谷物黑穗病、棉花苗期病，还可作为纸浆防腐剂。

蒽醌（anthraquinone）中最主要的是蒽-9,10-醌，为淡黄色针状晶体，溶于浓硫酸和热的苯，微溶于乙醇、乙醚和氯仿，不溶于水。近些年研究发现，蒽-9,10-醌有加速分离木材中纤维素的作用，可使纤维素的产率提高3% ～ 5%，蒸煮时间缩短30%。

蒽-9,10-醌还可由邻苯二甲酸酐和苯通过傅-克酰基化反应等方法得到（参见11.10.3），其与发烟硫酸反应可制备重要的染料中间体蒽-9,10-醌-2-磺酸，继续磺化得到的两种二磺酸混合物，其钠盐可作水煤气和半水煤气的脱硫剂。

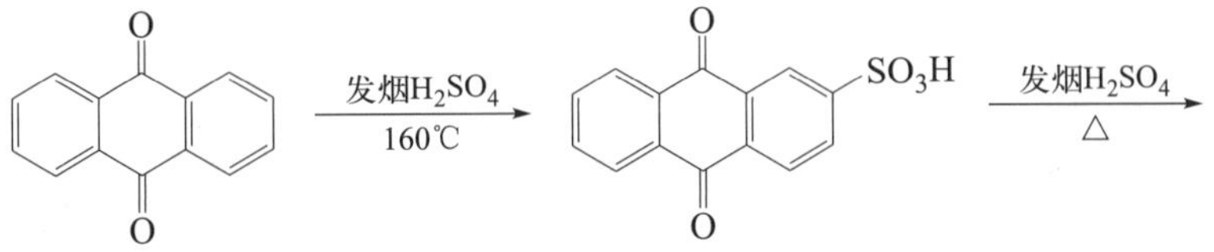

发烟H_2SO_4 160℃ → 蒽-9,10-醌-2-磺酸 发烟H_2SO_4 △ →

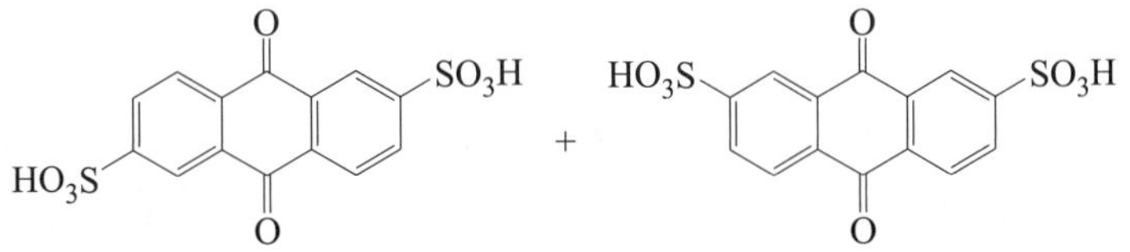

蒽-9,10-醌-2,6-二磺酸 + 蒽-9,10-醌-2,7-二磺酸

8.2.3 薁

薁（azulene），又名蓝烃，分子式$C_{10}H_8$，蓝色或绿色叶片状晶体，熔点99℃，沸点242℃，不溶于水，可溶于乙醇、乙醚、丙酮，在较高温度下可异构化为萘。

薁由一个七元环一个五元环稠合而成，为萘的异构体，平面结构，可视为由环戊二烯负离子和环庚三烯正离子稠合而成，分子中共有10个π电子，符合$4n+2$规则，是典型的非苯芳烃。

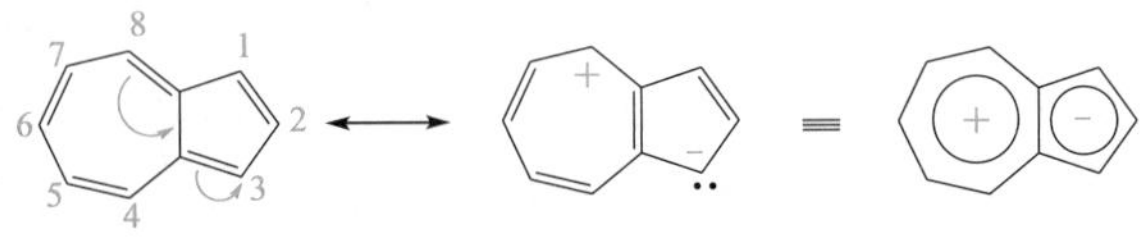

薁可起某些典型的芳香烃亲电取代反应，薁的小环为负极性，硝化、酰基化、溴化等亲电取代反应易发生在小环的1、3位。例如，薁的傅-克酰基化反应：

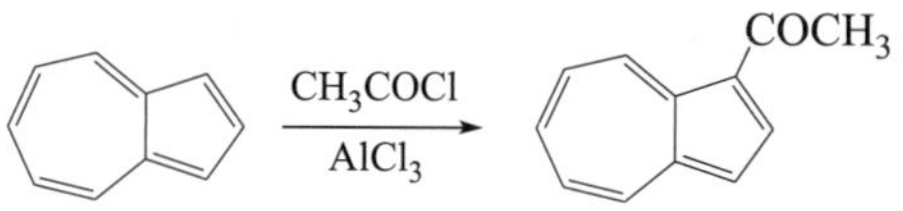

$$\xrightarrow[AlCl_3]{CH_3COCl}$$ $COCH_3$

薁衍生物在自然界中存在于菊科、樟科等植物以及部分真菌中。

8.2.4 煤焦油中的其它稠环芳烃

芴（fluorene）、荧蒽（fluoranthene）为不完全由苯环稠合的稠环芳烃，二氢苊（acenaphthene）可以看作萘的衍生物，它们在高温煤焦油中的含量分别约为2%、2.5%和2%。另外煤焦油中还存在少量的芘（pyrene）、苝（perylene）和䓛（chrysene）等稠环芳烃。

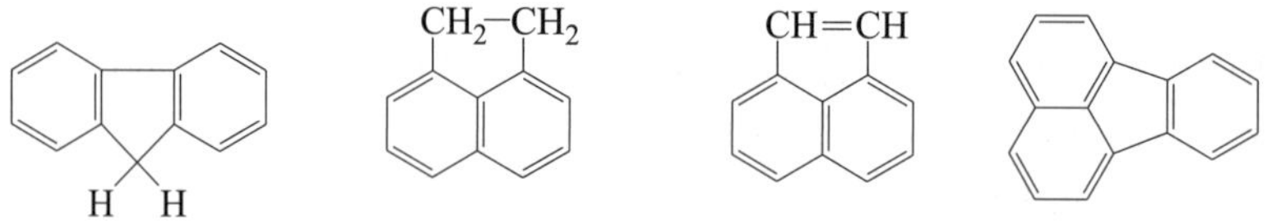

CH_2—CH_2　CH=CH

H H

芴　二氢苊　苊　荧蒽

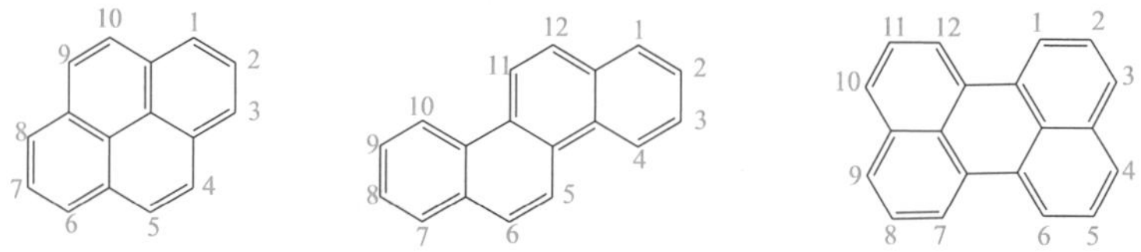

10 1 2 3 4 5 6 7 8 9

芘

12 1 2 3 4 5 6 7 8 9 10 11

䓛

11 12 1 2 3 4 5 6 7 8 9 10

苝

如把休克尔规则用于稠环化合物，则是计算成环原子外围（即周边）的π电子数，而芘和苝的外围π电子数分别为14和18，符合4n+2规则，因此，它们也有芳香性。

芴为白色结晶性粉末，有蓝色荧光，主要用于合成医药、农药、染料和功能材料等的原料，也可用作液体闪光剂等。芴显弱酸性（pK_a=23），其亚甲基比较活泼，既可与强碱反应生成盐，又可被催化氧化生成芴-9-酮：

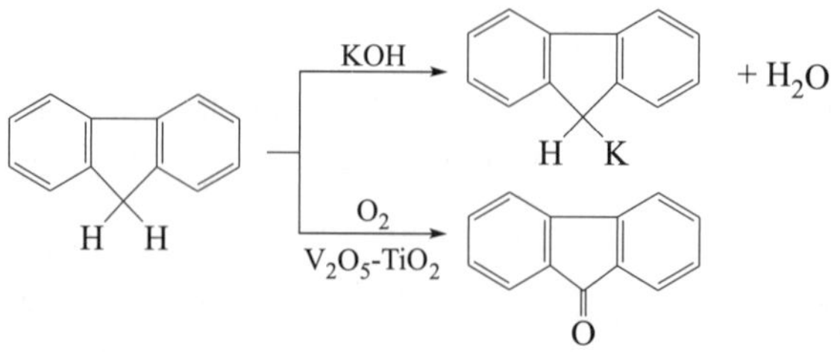

KOH　+ H_2O

H K

H H

O_2

V_2O_5-TiO_2

O

芴与氢氧化钾生成的钾盐水解又得到原来的芴，故可利用这种性质从煤焦油中分离芴。芴-9-酮是一种鲜艳黄色结晶，主要用于合成功能高分子材料，在静电复印业中用来制作感光材料，在医学上可用于合成抗癌药物等。

荧蒽为白色或淡黄色针状或片状结晶，可用作非磁性金属表面探伤荧光剂，合成黄色、蓝色还原染料等。

二氢苊为白色针状结晶，可用于合成染料、聚酯树脂、荧光颜料、杀虫剂等。二氢苊脱氢得苊，可用于功能高分子合成。

某些含四个或四个以上苯环的稠环芳烃有致癌作用，如苯并[α]芘（benzo[a]pyrene）微量存在于煤焦油高沸点的馏分中，有较强的致皮肤癌的作用。汽油机和柴油机排出的废气、烟草燃烧和烧焦的食物中，也含有微量的苯并[α]芘。测定空气中苯并[α]芘的含量是环保部门的重要检测指标之一。

苯并[α]芘

此外，还有一些致癌烃多为蒽和菲的衍生物，如当蒽的9位或10位上有烃基时，其致癌性增强。

资料卡片

煤在炼焦炉里隔绝空气加热、分解，得到固态的焦炭、低沸点小分子物质焦炉煤气以及分子量较大、常温下为液体的煤焦油。煤焦油中含有大量的多环、稠环化合物和含氧、硫、氮的杂环化合物，这与煤的结构有着密切关系。请阅读了解煤的结构。

8.3　杂环化合物

杂环化合物（heterocyclic compounds）是指具有环状结构的分子中，其成环的原子除了碳原子以外，还含有至少一个杂原子的化合物。常见的杂原子（heteroatom）有氧、硫和氮。杂环化合物广泛存在于自然界，种类繁多，数量庞大，环醚、内酰胺、内酯、环状酸酐等非芳香杂环化合物，它们的性质与相应的脂肪族化合物相近，在后续的有关章节中讨论。本节将重点介绍环中具有 $4n+2$ 个电子的芳香杂环化合物。

8.3.1　杂环化合物的分类和命名

根据杂环结构可将杂环化合物分为单杂环和稠杂环两大类。单杂环又可根据成环原子数分为五元杂环和六元杂环等。常见的主要单杂环、稠杂环化合物的名称及命名编号如下：

（1）五元杂环化合物

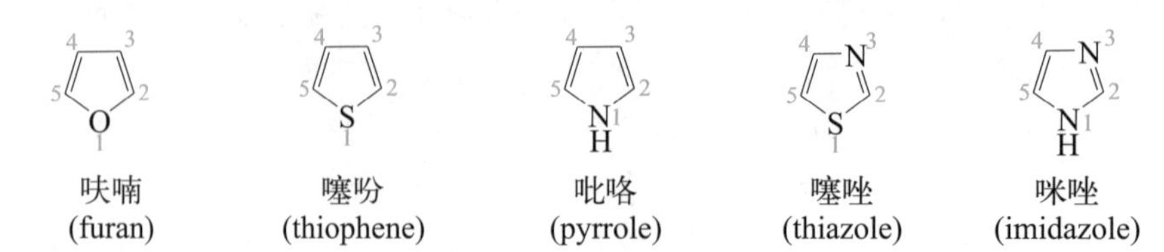

（2）六元杂环化合物

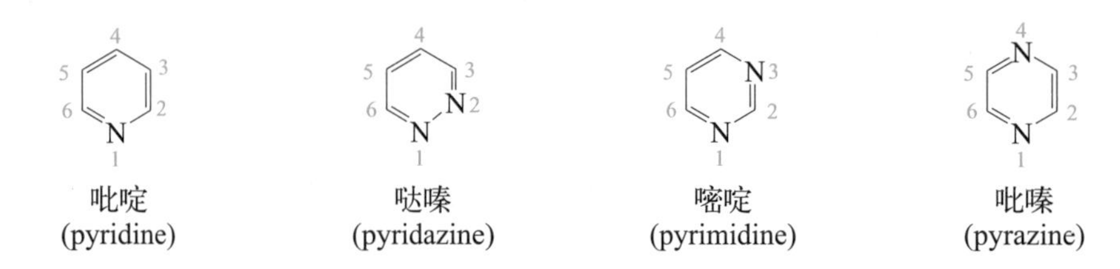

（3）稠杂环化合物

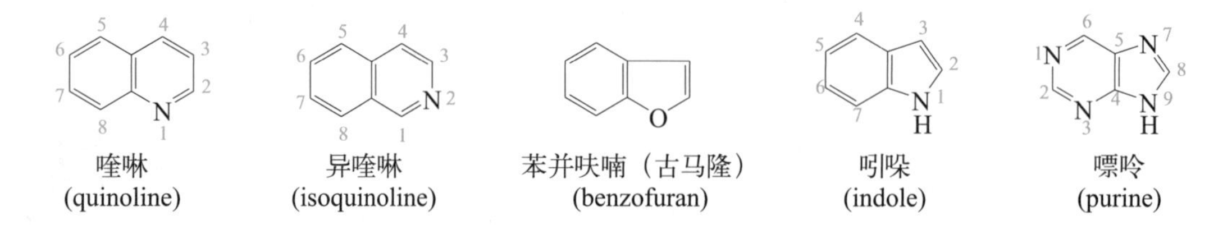

杂环化合物的命名我国主要采用英文俗名的译音，选用同音汉字，并以“口”字旁来表示这些化合物的环状结构。带有取代基的杂环化合物的命名规则如下：

① 从杂原子开始编号，杂原子编为1，然后依次编号（与杂原子相邻的碳原子也可编为α，然后依次为β、γ等），若编号有几种可能时，应选择使含有取代基的原子编号最小的顺序编号；

② 当环上含有两个或以上相同的杂原子时，按O、S、N的次序编号，若两个杂原子都是N，则由连有H或者取代基的N原子开始编号；

③ 稠杂环的编号，一般和稠环芳烃相同（如喹啉、异喹啉），少数稠杂环，如嘌呤、尿酸等另有一套编号；

④ 当杂环上连有—R、—NO_2、—X（卤素）、—OH、—NH_2等取代基时，通常以杂环为母体；当杂环上连有—CHO、—COOH、—SO_3H等时，则将杂环作为取代基，官能团视为母体。

例如：

2,5-二甲基呋喃（α,α'-二甲基呋喃）

4-甲基吡啶（γ-甲基吡啶）

吡啶-3-甲酸（β-吡啶甲酸）

吲哚-3-乙酸（β-吲哚乙酸）

4-甲基咪唑　　5-甲基噻唑　　4-氯嘧啶　　8-羟基喹啉　　呋喃-2-甲醛（α-呋喃甲醛）

8.3.2 杂环化合物的结构和芳香性

（1）五元杂环化合物的结构和芳香性

呋喃、噻吩和吡咯，这三种简单的杂环母核的衍生物种类繁多，有些是重要的工业原料，有些是具有重要生理作用的物质。

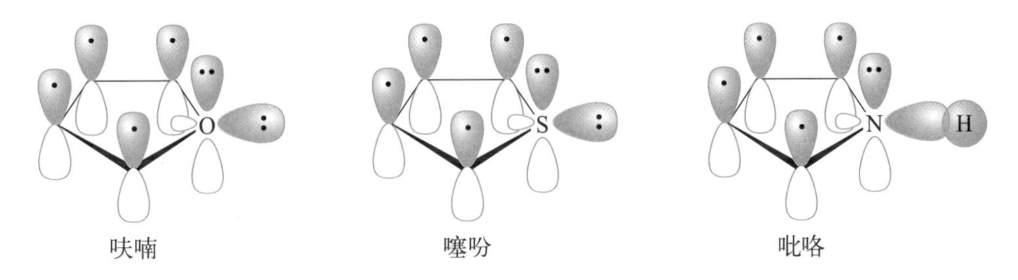

五元单杂环，如呋喃、噻吩和吡咯，在结构上均符合休克尔的$4n+2$规则，成环的4个碳原子和1个杂原子（O、S、N）都是sp^2杂化，彼此以σ键相连形成平面环状结构，环上所有原子都共平面。四个碳原子未参与杂化的p轨道上各有一个电子，杂原子未参与杂化的p轨道上有两个电子，这些p轨道垂直于σ键所在的平面，形成了具有6个π电子的闭合共轭体系。因此，呋喃、噻吩和吡咯均具有芳香性。

但由于环中杂原子的电负性不同，电子云密度平均化程度也不同，所以芳香性有差异，分子的离域能以及键长数据如下：

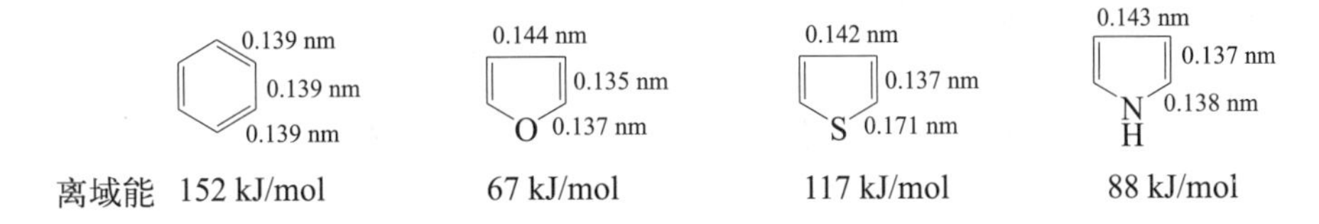

氧原子电负性最大，在呋喃中氧原子周围的电子云密度较大，π电子共轭减弱，芳香性最小；硫原子的电负性较小，原子半径又大，原子核对共轭π电子的吸引力较小，故噻吩环上的电子云密度分布比较均匀，芳香性较强。氮原子电负性介于氧与硫之间，故芳香性也介于呋喃和噻吩之间，但它们的芳香性都小于电子云密度高度平均化的苯环。

（2）六元杂环化合物的结构和芳香性

在六元杂环化合物中，吡啶是最常见的。吡啶的氮原子与碳原子处在同一平面上，原子间是以sp^2杂化轨道相互重叠形成六个σ键。环上的六个原子各有一个电子在未参与杂化的p轨道上，这些与环平面垂直的p轨道相互重叠形成共轭体系，吡啶的结构也符合休克尔规则，因此具有芳香性。

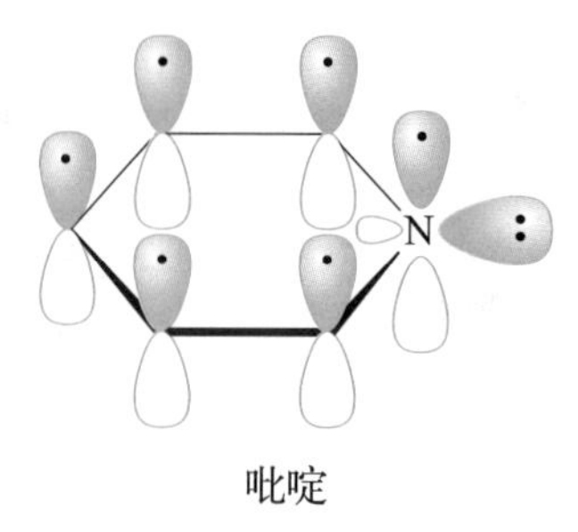

吡啶

练习题 8-3： 利用休克尔规则，判断下列杂环化合物是否具有芳香性。

（1） N S　（2） N N N H　（3） N-H N　（4） H_3C-N $N-CH_3$

8.3.3 五元杂环化合物

呋喃、噻吩和吡咯由于各自杂原子是以未共用电子对的形式参与共轭体系，这样形成了“5原子6π电子”的共轭体系，使环上的电子云密度增加，这三种杂环化合物都比苯更易发生亲电取代反应，并且亲电取代反应首先发生在α位。

（1）呋喃

呋喃存在于松木焦油中，为无色液体，熔点−85.6℃，沸点31.4℃，有特殊气味，有麻醉和弱刺激作用，吸入后可引起头晕、恶心等。呋喃难溶于水，易溶于乙醚、丙酮、苯等有机溶剂，易挥发，易燃。呋喃蒸气遇有被盐酸浸过的松木时即呈绿色，此反应叫**松木反应**，可鉴别呋喃的存在。

呋喃具芳香性，其α位易发生卤代反应、傅-克反应、硝化和磺化等亲电取代反应，但硝化、磺化反应需要在较为缓和的反应条件或试剂下进行：

$$\text{呋喃} + CH_3COONO_2 \xrightarrow{-5\sim-30℃} \text{2-硝基呋喃}(-NO_2) + CH_3COOH$$

乙酰基硝酸酯

$$\text{呋喃} + \text{吡啶}N^{+}-SO_3^{-} \xrightarrow{ClCH_2CH_2Cl} \text{呋喃}-SO_3^{-}\cdot\text{吡啶}N^{+}H \xrightarrow{HCl} \text{呋喃}-SO_3H$$

呋喃的傅-克反应一般用比较弱的路易斯酸（BF_3、$ZnCl_2$、$SnCl_4$等）作催化剂，否则将得到多烷基取代物，甚至产生树脂状物质。

此外，呋喃还具有共轭双键的性质，可与亲双烯体（如马来酸酐）发生Diels-Alder反应。在工业上用糠醛（α-呋喃甲醛）脱羰基的方法来制备呋喃：

$$\text{糠醛(-CHO)} + H_2O \xrightarrow[400\sim415^\circ C]{ZnO\text{-}Cr_2O_3\text{-}MnO_2} \text{呋喃} + CO_2 + H_2$$

在实验室可采用糠酸加热脱羧得到呋喃：

$$\text{糠酸(-COOH)} \xrightarrow[\triangle]{Cu,\ \text{喹啉}} \text{呋喃} + CO_2$$

呋喃在Ni、Pd-C等催化下加氢是制备四氢呋喃（THF）的又一种方法。例如：

$$\text{呋喃} + 2\,H_2 \xrightarrow[100^\circ C,\ 5\ MPa]{Ni} \text{四氢呋喃}$$

四氢呋喃为重要的溶剂，也可用作有机合成的原料。

练习题 8-4： 完成下列反应，写出主要反应产物。

（1）$\text{呋喃} \xrightarrow[SnCl_4]{(CH_3CO)_2O}$

（2）$\text{马来酸酐}\ (HC{-}C(=O){-}O{-}C(=O){-}CH,\ HC{=}CH) \xrightarrow[\triangle]{\text{呋喃}}$

（2）糠醛

糠醛又名α-呋喃甲醛，无色透明液体，沸点161.7℃，在空气中氧化逐渐变为黄色至棕褐色，能溶于醇、醚等有机溶剂中。糠醛在醋酸存在下与苯胺作用呈深红色，此反应可用于鉴别糠醛，同时也可用于鉴别其它戊糖。

糠醛具有无α-氢的醛和不饱和的呋喃杂环的双重化学性质，主要用作工业溶剂，也可用于制造糠醛树脂和制取糠醇、糠酸、四氢呋喃、马来酸酐等。例如：

$$\text{糠酸(-COOH)} \xleftarrow[Cu_2O\text{-}HgO,\ 55^\circ C]{O_2/NaOH} \text{糠醛(-CHO)} \xrightarrow[100\sim200^\circ C]{H_2/Cu，\text{铬铁矿}} \text{糠醇}(-CH_2OH)$$

$$\text{马来酸酐（顺丁烯二酸酐）} \xleftarrow[320\sim350^\circ C]{2O_2/V_2O_5\text{-}TiO_2\text{-}SiO_2} \text{糠醛} \xrightarrow[170\sim180^\circ C,\ 7\sim10\ MPa]{3H_2，\text{骨架镍}} \text{四氢糠醇}(-CH_2OH)$$

糠醛在工业上由农副产品如米糠、玉米芯、甘蔗渣、花生壳、高粱秆等用稀酸加热蒸煮制取。这些原料含有戊多糖，在稀硫酸加热下水解为戊醛糖，然后进一步脱水生成糠醛：

$$(C_5H_8O_4)_n \xrightarrow[H_2SO_4,\triangle]{nH_2O} n\ \begin{array}{l} HO-CH-CH-OH \\ H-CH\quad HO-C-H \\ O-H\qquad CHO \end{array} \xrightarrow[\triangle]{-3nH_2O} n\ \text{(呋喃环)}-CHO$$

戊聚糖 戊醛糖 糠醛

（3）噻吩

噻吩天然存在于石油中，含量可高达数个百分点，在煤焦油的粗苯中噻吩约占0.5%。噻吩是一种无色、有恶臭、能催泪的液体，沸点84℃，不溶于水，可混溶于乙醇、乙醚等多数有机溶剂，在浓硫酸的存在下，与靛红作用显蓝色。

工业上以C4馏分（丁烷、丁烯、丁二烯）和硫快速通过高温反应器而制得。例如：

$$\begin{array}{l} CH_2-CH_2 \\ CH_3\quad CH_3 \end{array} + 4S \xrightarrow{600\sim650℃} \text{(噻吩)} + 3H_2S$$

也可以用乙炔通过下列反应来制备：

$$2HC\equiv CH + S \xrightarrow{300℃} \text{(噻吩)}$$

$$2HC\equiv CH + H_2S \xrightarrow[400℃]{Al_2O_3} \text{(噻吩)} + H_2$$

噻吩的芳香性仅略弱于苯，在五元杂环化合物中是最稳定的。比苯更容易发生卤代、磺化、硝化、傅-克反应等亲电取代反应，反应主要发生在α位。除此之外，噻吩还能发生氯甲基化反应：

$$\text{(噻吩)} + HCHO + HCl \xrightarrow[0℃]{ZnCl_2} \text{(噻吩-2-基)}-CH_2Cl$$

噻吩催化加氢则生成四氢噻吩，后者被氧化生成环丁砜：

$$\text{(噻吩)} + 2H_2 \xrightarrow[200℃,\ 20\ MPa]{MoS_2} \text{(四氢噻吩)} \xrightarrow[\text{或浓}HNO_3]{KMnO_4} \text{(环丁砜, } O=S=O\text{)}$$

环丁砜（sulfolane）为无色透明液体，是一种优良的非质子极性溶剂，除脂肪烃外，能溶解大多数有机化合物，是石油化工上芳烃抽提工艺中的理想溶剂。此外，环丁砜还可作为吸收CO_2、H_2S、RSH等气体的净化剂。

噻吩的衍生物中有许多是重要的药物，如维生素H（又称生物素）及先锋霉素等。

（4）吡咯

吡咯为无色油状液体，沸点131℃，难溶于水，易溶于乙醇、乙醚等有机溶剂。吡咯及其同系物主要存在于骨焦油中，煤焦油中存在的量很少。吡咯及其低级同系物的蒸气或其醇溶液，能使浸过浓盐酸的松木片变成红色。

吡咯的衍生物在自然界分布很广，植物中的叶绿素、动物体内的血红素都是吡咯的衍生物，在动、植物的生理上起着重要作用。

工业上以乙炔或呋喃与氨反应来制备吡咯：

$$2\,CH\equiv CH + NH_3 \xrightarrow{\triangle} \text{吡咯} + H_2$$

$$\text{呋喃} + NH_3 \xrightarrow[450℃]{Al_2O_3} \text{吡咯} + H_2O$$

由于吡咯分子中氮上的电子对参与共轭形成芳杂环，所以不易与H^+结合，因此吡咯表现出很弱的碱性（pK_b=13.6）。实际上吡咯显弱酸性（pK_a=17.5）与醇相当，但比酚弱，可与强碱，如$NaNH_2$、KOH作用，生成盐，例如：

$$\text{吡咯} + KOH(\text{固体}) \longrightarrow \text{吡咯钾(N-K)} + H_2O$$

相对呋喃、噻吩比较而言，吡咯的反应活性最强，所以，有一些特殊的性质。如吡咯进行傅-克酰基化反应无需催化剂即可进行：

$$\text{吡咯} + (CH_3CO)_2O \xrightarrow{150\sim200℃} \text{2-}COCH_3\text{吡咯}\quad(60\%)$$

吡咯的卤代反应不易控制，常得到四卤化物。在碱性介质中，吡咯可与碘反应制得四碘吡咯（伤口消毒剂）：

$$\text{吡咯} + 4\,I_2 + 4\,NaOH \longrightarrow \text{2,3,4,5-四碘吡咯} + 4\,NaI + 4\,H_2O$$

吡咯还可以与芳基重氮盐发生类似于芳胺那样的偶合反应：

$$\text{吡咯} + C_6H_5N_2Cl \xrightarrow{CH_3COONa} \text{2-}(N{=}N{-}C_6H_5)\text{吡咯} + HCl$$

吡咯及其衍生物广泛用于医药、农药、橡胶硫化促进剂、环氧树脂固化剂等领域。

8.3.4 六元杂环化合物——吡啶

吡啶（pyridine，简称Py）主要存在于煤焦油及页岩油中，为无色、有强烈臭味的液体，熔点−42℃，沸点115.5℃，可与水、乙醇、乙醚任意混溶，常用作溶剂和缚酸剂。

（1）弱碱性

吡啶环上的氮原子还有一对未共用电子对处于sp^2杂化轨道上，因未参与共轭，故可与H^+结合，所以，吡啶具有弱碱性（pK_b=8.75），容易和无机酸生成盐：

$$C_5H_5N + HCl \longrightarrow C_5H_5N^+H\ Cl^-$$

吡啶也容易和一系列路易斯酸生成酸碱配合物，如与SO_3的加成物$C_5H_5N^+ \cdot SO_3^-$可作为缓和的磺化剂，用于五元杂环芳香化合物的磺化。

$$C_5H_5N + SO_3 \longrightarrow C_5H_5N^+-SO_3^-$$

吡啶能与卤代烃作用生成盐，再处理得*N*-烃基吡啶四氟硼酸盐类离子液体。例如：

$$C_5H_5N + RI \longrightarrow C_5H_5N^+R\ I^- \xrightarrow{AgBF_4} C_5H_5N^+R\ BF_4^- + AgI\downarrow$$

吡啶与酰氯作用生成的盐是一种良好的酰化剂：

$$C_5H_5N + C_6H_5COCl \longrightarrow C_5H_5N^+COC_6H_5\ Cl^-$$

（2）取代反应

吡啶由于环中氮原子的电负性比碳原子大，使得环上碳原子的电子云密度降低，形成缺电子的芳杂环，因此吡啶的亲电取代反应比苯难进行，主要发生在β位。相对来说，吡啶较易发生亲核取代反应，取代基往往进入α位。

① 亲核取代反应　与硝基苯相似，吡啶与强的亲核试剂起亲核取代反应，主要生成α取代产物：

$$C_5H_5N + NaNH_2 \longrightarrow \alpha\text{-}NH_2C_5H_4N$$

吡啶环α或γ位的碳缺电子，如果这两个位置上有好的离去基团（如Cl^-、Br^-等），可与氨（或胺）、RO^-、OH^-等亲核试剂发生取代反应，例如：

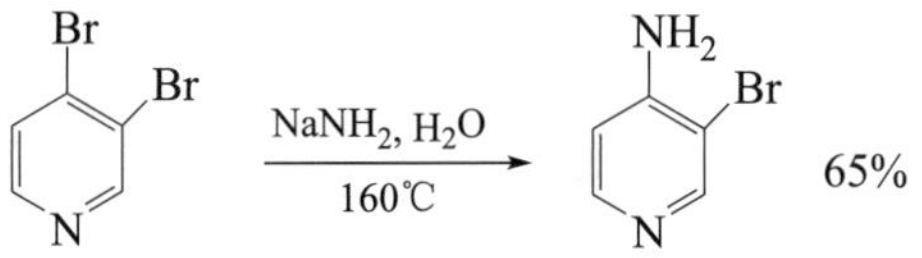

Br, Br, N $\xrightarrow[160℃]{NaNH_2,\ H_2O}$ NH_2, Br, N 65%

练习题 8-5：完成下列反应，写出主要反应产物。

（1）N $\xrightarrow{SO_3}$（A）$\xrightarrow{NH}$（B）　（2）NO_2, Cl, N $\xrightarrow{CH_3ONa}$（A）

② 亲电取代反应　吡啶的亲电取代反应活性与硝基苯相似，所以，吡啶不能进行傅-克反应，硝化、磺化和卤化反应一般要在强烈条件下才能发生，反应发生在β位。

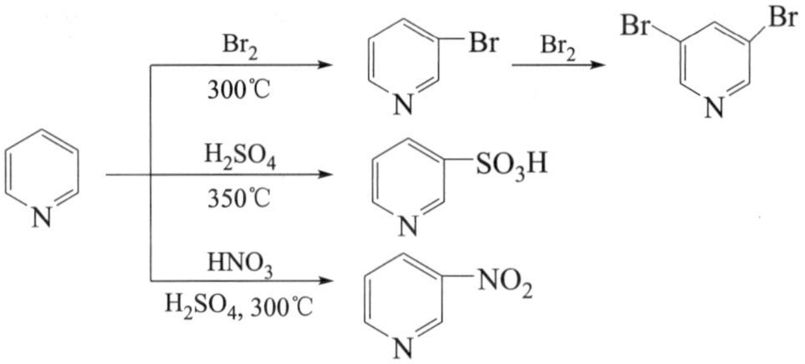

N $\xrightarrow[300℃]{Br_2}$ N, Br $\xrightarrow{Br_2}$ Br, Br, N

N $\xrightarrow[350℃]{H_2SO_4}$ N, SO_3H

N $\xrightarrow[H_2SO_4,\ 300℃]{HNO_3}$ N, NO_2

（3）氧化与还原

吡啶比苯稳定，不易被氧化剂氧化。吡啶的同系物被氧化时总是侧链先氧化而芳杂环不破坏，氧化生成相应的吡啶甲酸。例如：

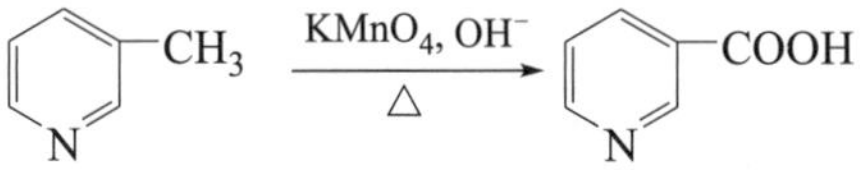

N, CH_3 $\xrightarrow[\triangle]{KMnO_4,\ OH^-}$ N, COOH

吡啶-3-甲酸（烟酸）

吡啶经催化加氢，或用乙醇/钠还原，可得六氢吡啶（又称哌啶）：

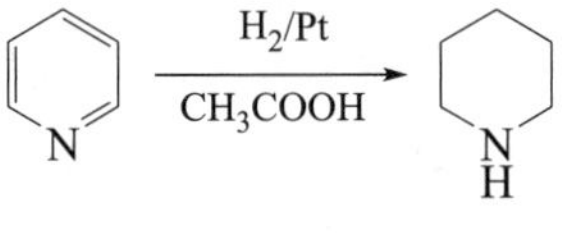

N $\xrightarrow[CH_3COOH]{H_2/Pt}$ N, H

许多重要的天然化合物，如维生素B_6、一些生物碱［如烟碱（尼古丁）、毒芹碱、颠茄碱（阿托品）等］以及一些药物、染料中含有吡啶或哌啶环。

8.3.5 稠杂环化合物

（1）苯并呋喃（古马隆）

苯并呋喃是由苯环和呋喃环稠合而成，又称氧茚，香豆酮，俗称古马隆，常温下为无色油状液体，具有芳香气味，熔点−18℃，沸点174℃，不溶于水，可混溶于苯、石油醚、乙醚、无水乙醇，贮存日久能缓慢聚合。

苯并呋喃可从煤焦油分离得到，蒸馏截取煤焦油的160 ～ 185℃馏分（主要含苯并呋喃和茚），经聚合生成古马隆-茚树脂，而这也是苯并呋喃的主要用途之一。

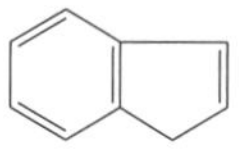

茚 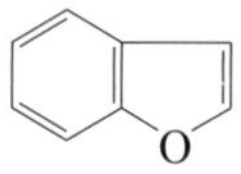　　氧茚　　乙胺碘呋酮

苯并呋喃（古马隆）

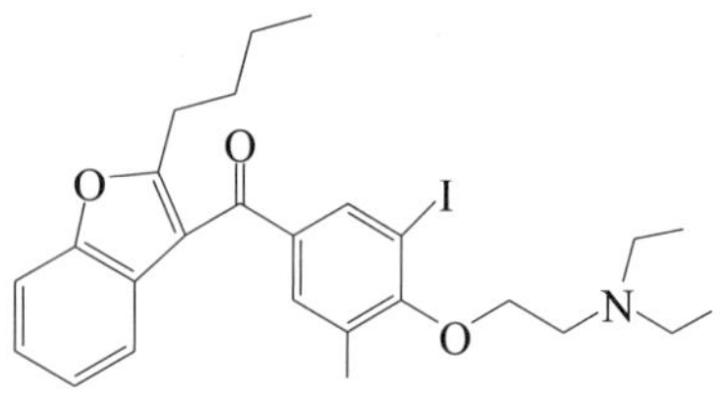

古马隆-茚树脂分子中含芳香杂环结构，与橡胶的相容性好，有助于溶解硫黄、硬脂酸，减少它们的喷霜倾向，同时，也有助于提高炭黑在橡胶中的分散性，增加胶料的黏性。固体型的古马隆-茚树脂可用作丁苯胶、丁腈胶、氯丁胶的有机补强剂。

苯并呋喃类衍生物具有非常广泛的生物作用，如治心血管病、抗菌、抗肿瘤和抗炎等。例如，乙胺碘呋酮属于抗心律失常药，苯并呋喃是其重要的合成原料。

（2）吲哚、异吲哚

吲哚少量存在于煤焦油中，可由煤焦油的220 ～ 260℃馏分分离得到。吲哚及其衍生物也天然存在于素馨花、水仙花、茉莉花和柑橘花等中。吲哚的化学性质与吡咯相似，碱性极弱，吲哚也与松木反应，呈红色。

吲哚是由苯环和吡咯环稠合而成，也称为苯并吡咯，有吲哚和异吲哚两大类：

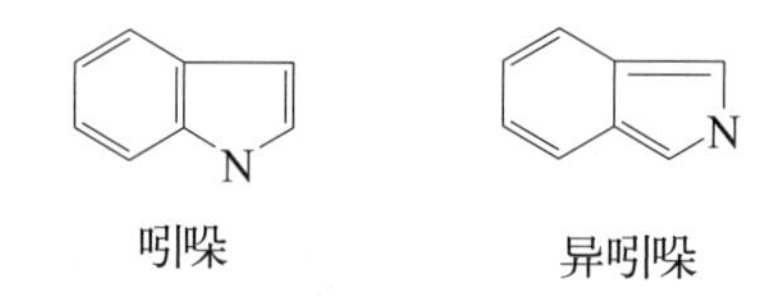

吲哚　　异吲哚

蛋白质降解时，其中色氨酸组分变成吲哚和3-甲基吲哚残留于粪便中，是粪便的臭气成分。但纯粹的吲哚在浓度极稀时有素馨花的香气，故可用作香料。

吲哚的衍生物在自然界分布很广，许多天然化合物的结构中都含有吲哚环，β-吲哚乙酸是植物的生长激素，5-羟色胺是人体重要的神经递质，吲哚衍生物与生命活动密切相关。

（3）喹啉和异喹啉

喹啉和异喹啉也称为苯并吡啶，存在于煤焦油和骨焦油中，是常见的芳香稠杂环化合物，它们互为同分异构体，是由苯环与吡啶稠环合成。

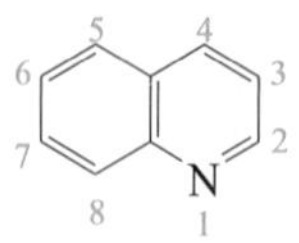

喹啉 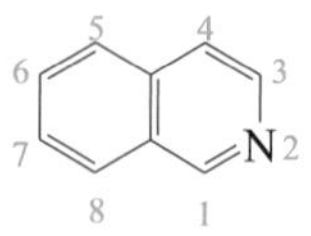　　异喹啉

喹啉为一种具有强烈臭味的无色吸湿性液体，沸点238℃，可做高沸点溶剂。

喹啉与吡啶类似，有弱碱性（喹啉pK_b=9.15，异喹啉pK_b=8.86），碱性比吡啶弱，可与酸成盐。由于芳杂环上氮原子的吸电子作用，吡啶环的电子云密度低，喹啉的亲电取代反应主要发生在苯环的α位（5位和8位），而异喹啉主要发生在5位；喹啉的亲核取代反应主要发生在吡啶环的α位，而异喹啉主要发生在1位。例如：

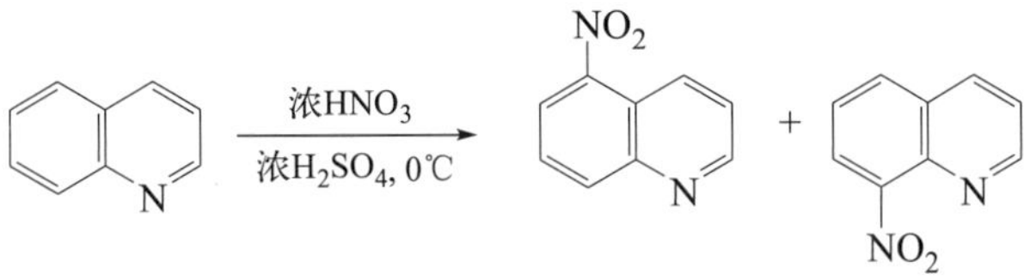

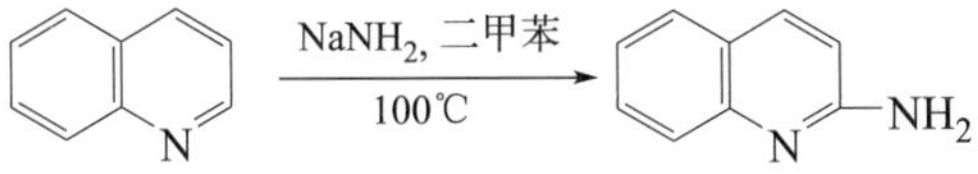

强氧化剂可将喹啉和异喹啉氧化断裂为单环，氧化优先发生在较富电子的苯环，还原时则是相对缺电子的吡啶环先被还原。例如，喹啉氧化生成二羧酸，继续反应，则α位的羧基容易脱羧：

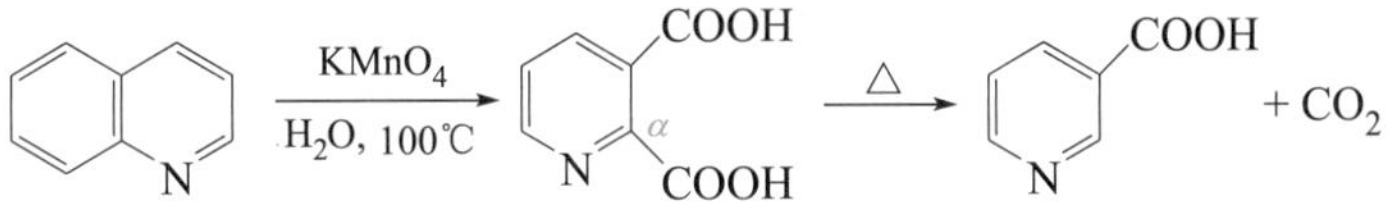

烟酸

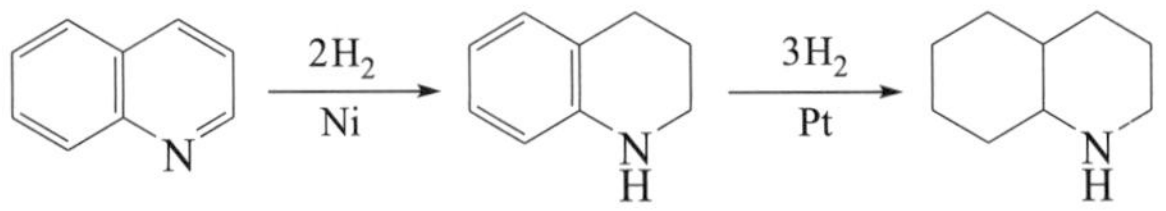

1,2,3,4-四氢喹啉 十氢喹啉

喹啉比较重要的衍生物有阿托方（又名辛可芬，治疗风湿病）、奎宁（又名金鸡纳碱，抗疟药，结构参见第1章）、氯喹（抗疟疾和抗炎药）、喜树碱（抗癌药物）等。

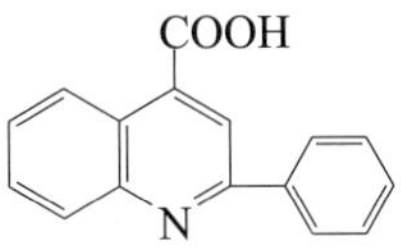

阿托方 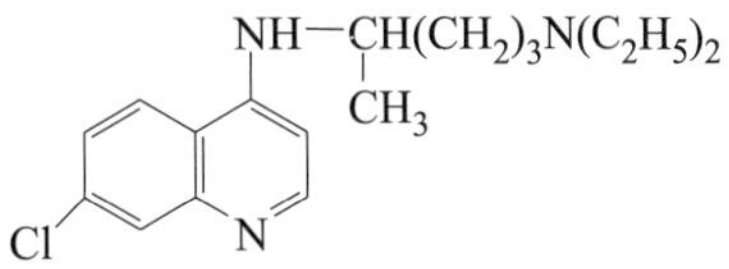 氯喹

异喹啉的衍生物比较重要的有罂粟碱、小檗碱（黄连素）等。

（4）硫茚、咔唑和氧芴

硫茚（thianaphthene），又名苯并噻吩，为薄片状结晶，熔点32℃，沸点221℃，难溶于水，易溶于醇醚、苯、丙酮等有机溶剂，易发生磺化反应。

工业上主要从煤焦油的粗萘中提取，可用作除莠剂、杀菌剂、杀虫剂，也用作植物生长激素和合成还原染料等。

咔唑（carbazole），又名9-氮芴，二苯并吡咯，存在于高温煤焦油馏分中，是一种三环芳香杂环化合物，白色晶体或淡棕色粉末，熔点246℃，沸点355℃，微溶于水，溶于乙醇、乙醚等多数有机溶剂。主要用于杀虫剂、染料、橡胶抗氧剂等的制备。

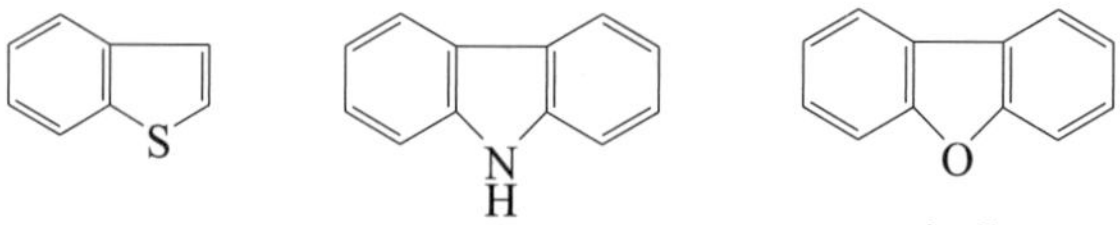

硫茚　咔唑　氧芴

氧芴（9-fluorenone），又名二苯并呋喃，在煤焦油中的含量约为1%，是一种挥发性的白色至淡黄色结晶粉末，熔点83℃，沸点287℃，不溶于水，溶于乙醇、丙酮、苯，易溶于乙醚。主要用于医药、消毒剂、防腐剂、染料、合成树脂及高温润滑剂等的原料。

8.3.6 嘧啶、嘌呤及其衍生物

（1）嘧啶

嘧啶（pyrimidine）是一种弱碱性（pK_b=11.30）含氮杂环有机化合物，具有芳香性，其衍生物尿嘧啶（uracil）、胸腺嘧啶（thymine）、胞嘧啶（cytosine）是核酸的重要组成成分。

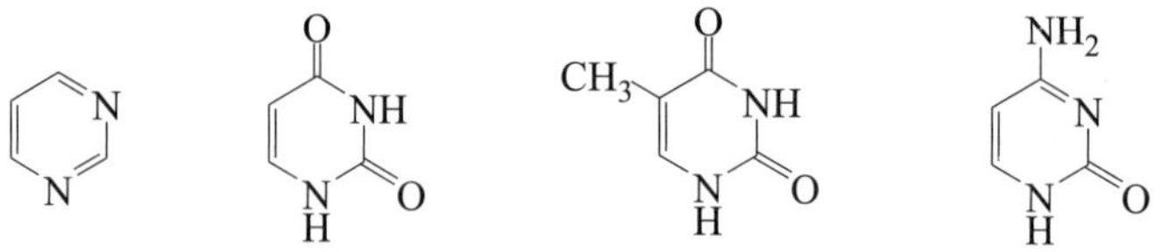

嘧啶　尿嘧啶　胸腺嘧啶　胞嘧啶

尿嘧啶、胸腺嘧啶、胞嘧啶是酮式和烯醇式两个互变异构体形成的平衡体系：

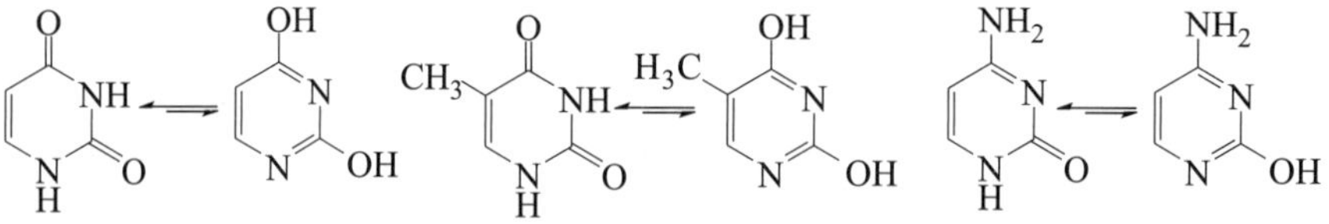

尿嘧啶　胸腺嘧啶　胞嘧啶

嘧啶环比吡啶环稳定，对冷的碱溶液、氧化剂有一定的稳定性。

嘧啶的衍生物广泛存在于自然界和人工合成药物中，如维生素B_1、磺胺嘧啶、抗癌药物5-氟尿嘧啶及其衍生物和一些安眠药中都含有嘧啶环。

（2）嘌呤及其衍生物

嘌呤（purine）可看作是由一个嘧啶环和一个咪唑环，共用两个碳原子稠合而成的芳香稠杂环化合物。嘌呤的编号比较特殊，是1884年由Fischer在研究其结构时提出的，一直沿用至今。核酸中存在两种重要的嘌呤衍生物，腺嘌呤（adenine）和鸟嘌呤（guanine）：

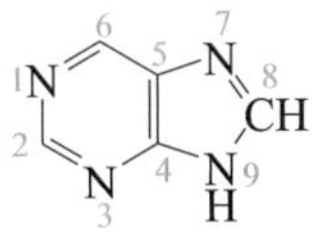

嘌呤 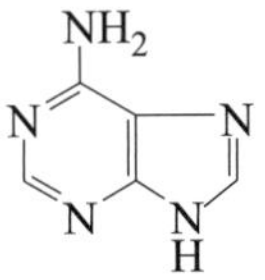　腺嘌呤 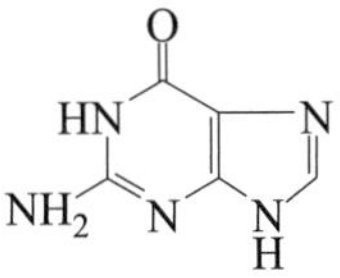　鸟嘌呤

嘌呤本身不存在于自然界，但它的衍生物广泛存在，如尿酸、黄嘌呤、咖啡碱、茶碱、可可碱等广泛地存在动、植物体中。

腺嘌呤和鸟嘌呤是核酸的两种碱基，与另外三种碱基——尿嘧啶、胸腺嘧啶和胞嘧啶一起，构成了对生命的遗传和蛋白质合成起决定作用的DNA和RNA。

综合练习题

1.命名或者写出下列化合物的结构。

（1）$(C_6H_5)_3CH$　（2） 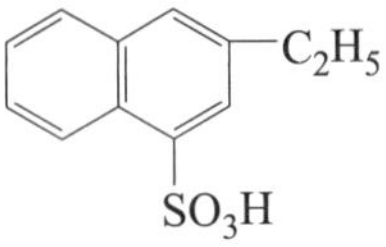　（3）

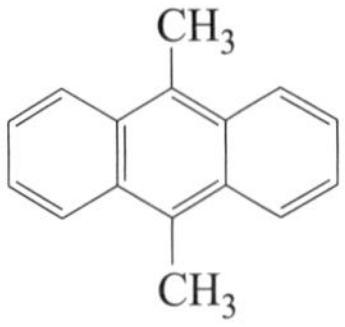

（4） 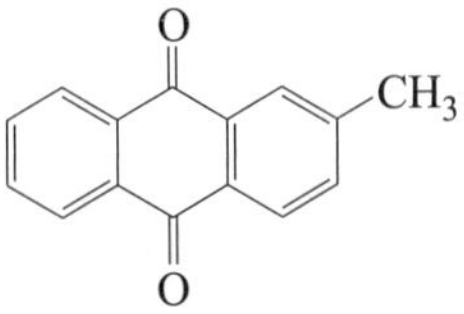　（5） 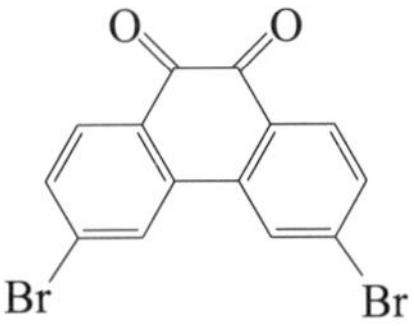　（6）4-溴联苯

（7）5-硝基萘-2-磺酸　（8）1,4-二氢萘　（9）

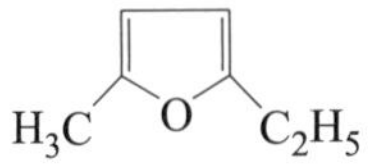

（10） 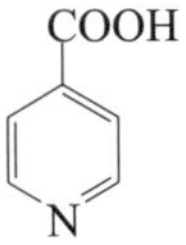　（11） 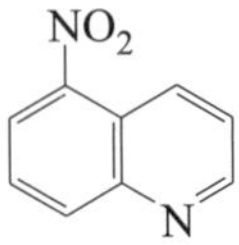　（12）

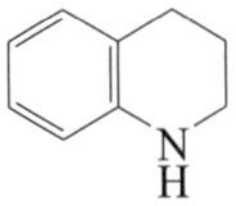

（13）5-溴噻唑　（14）糠醛　（15）四碘吡咯　（16）3-甲基异喹啉

2.指出下列化合物发生一元硝化后可能得到的主要产物，写出其结构式。

（1） 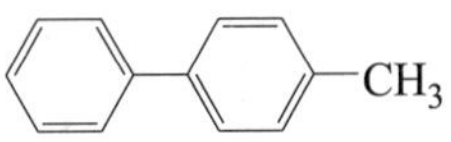　（2） 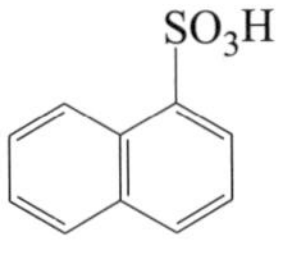　（3） 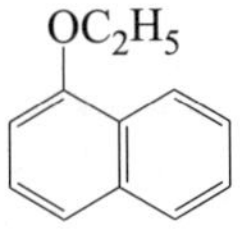　（4）

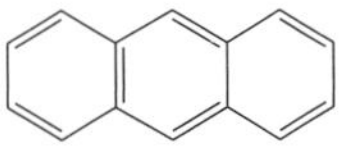

3.把下列化合物按亲电取代反应的活性由高到低排序。

（1） 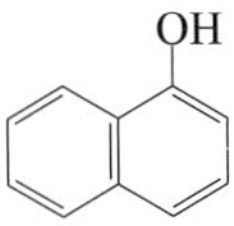　（2） 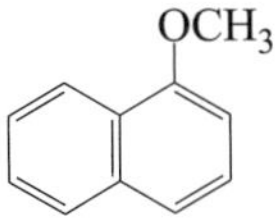　（3） 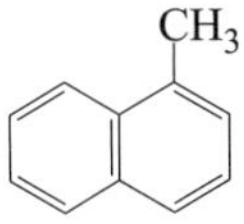　（4）

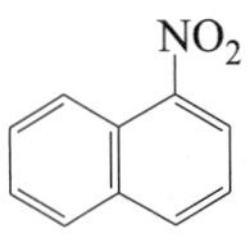

4.下列化合物哪些具有芳香性？

（1）N O（2）O（3）N−N O CH_3（4）N N H

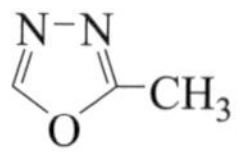

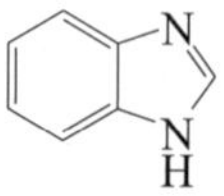

5.在高温焦油中，茚的含量约占0.25%～0.3%。下列关于茚的性质说法正确的有（　）。

（1）茚分子中的所有碳原子和氢原子均处于同一平面；

（2）茚可使高锰酸钾溶液和溴的四氯化碳溶液褪色；

（3）茚分子结构中的小环部分不具有芳香性；

（4）茚在强碱作用下生成的茚负离子具有芳香性。

6.用简单的化学方法鉴别下列各组化合物。

（1）苯、呋喃和吡咯　　（2）噻吩、喹啉和糠醛

7.完成下列反应，写出各步反应的主要产物或反应条件。

（1）$\xrightarrow[\text{Ni, 150℃}]{H_2}$（A）$\xrightarrow[H^+]{KMnO_4}$（B）

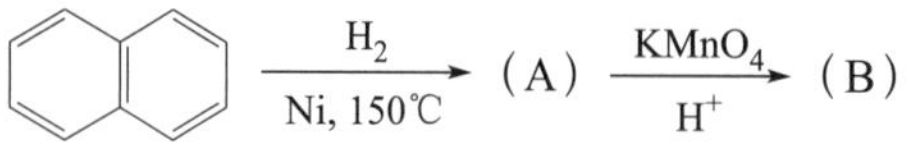

（2）$\xrightarrow{\text{(A)}}$ $COCH_3$ $\xrightarrow[HCl]{Zn\text{-}Hg}$（B）$\xrightarrow[H_2SO_4]{HNO_3}$（C）

（3）$\xrightarrow[H_2SO_4]{HNO_3}$（A）$\xrightarrow{\text{(B)}}$ NH_2 $\xrightarrow[\triangle]{NaHSO_3\text{水溶液}}$（C）

（4）$\xrightarrow[V_2O_5,\ \triangle]{O_2}$（A）$\xrightarrow{\triangle}$（B）

（5）S + C O C O O $\xrightarrow{AlCl_3}$（A）

（6）O $+ NH_3$ $\xrightarrow[\triangle]{Al_2O_3}$（A）$\xrightarrow[\triangle]{(CH_3CO)_2O}$（B）

（7）N $\xrightarrow{NaNH_2}$（A）；$\xrightarrow{C_6H_5COCl}$（B）

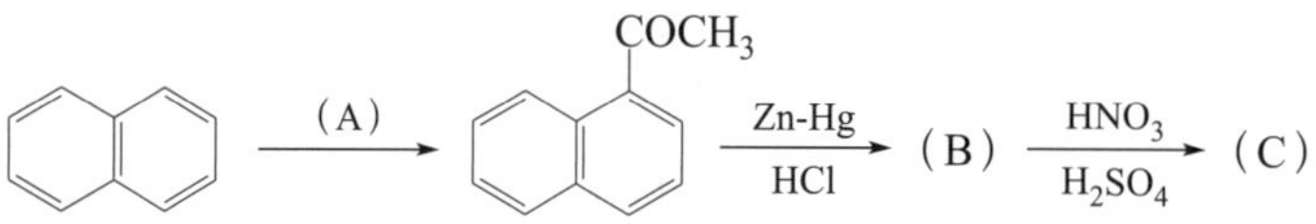

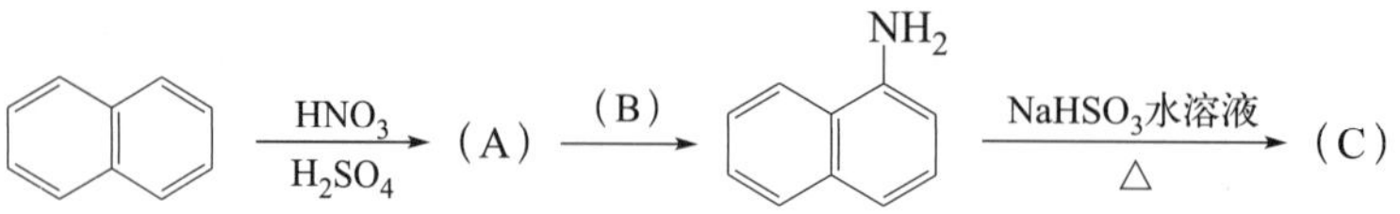

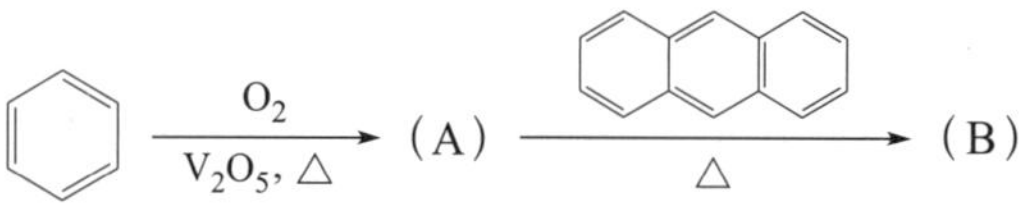

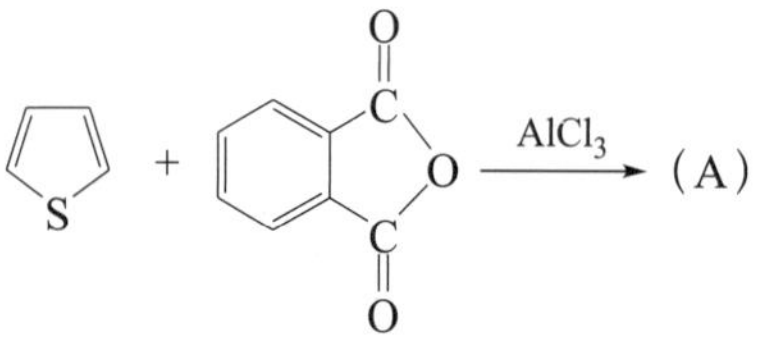

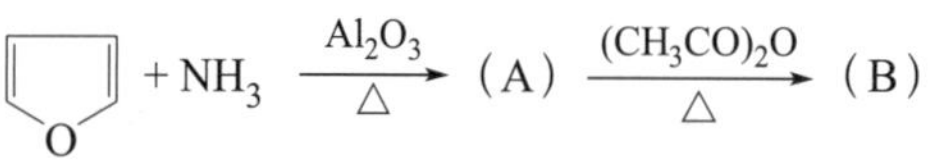

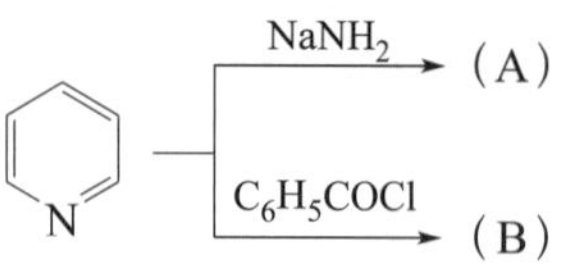

（8）N $\xrightarrow[\text{浓}H_2SO_4]{\text{浓}HNO_3}$（A）；$\xrightarrow[\triangle]{KMnO_4}$（B）

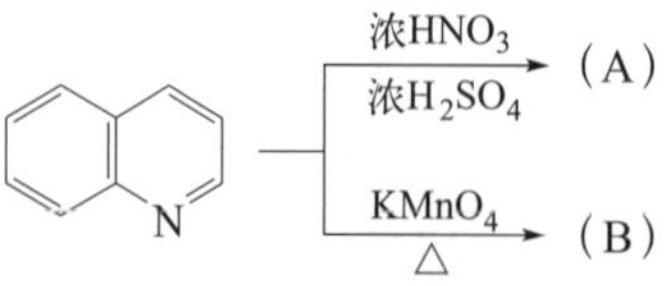

8.按指定原料合成下列化合物。

（1）以甲苯和苯为原料以与书中例题不同的路线合成二苯甲酮；

（2）以萘为原料合成 1-溴-5-硝基萘（结构式：萘环1位Br，5位NO_2）；

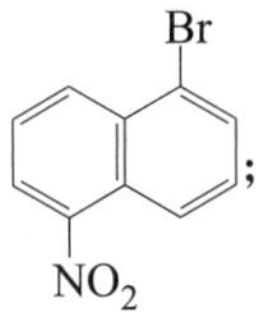

（3）由糠醛分别制备呋喃、糠酸和马来酸酐；

（4）由喹啉制备吡啶-3-甲酸（烟酸）。

9. 两种克利夫酸互为同分异构体，分子式均为$C_{10}H_9NO_3S$，均为制备偶氮染料和硫化染料的原料。以萘为原料，在165℃下磺化，然后再硝化、还原得到混合克利夫酸。

（1）写出这两种克利夫酸的结构式，并用系统命名法命名；

（2）写出由萘合成混合克利夫酸的反应式。

10. 古马隆树脂是苯并呋喃和茚的共聚物，可用于替代天然树脂和酯化松香，以配制绝缘涂料和防锈涂料。经蒸馏截取煤焦油中160 ~ 185℃馏分（主要成分是苯并呋喃和茚），在硫酸和三氯化铝作用下聚合而成。写出该聚合反应的反应式。

11. 咔唑与蒽、菲共同存在于高温焦油馏分中，含量与蒽相当，随着煤焦油精细化工的发展及有机合成技术的进步，蒽、菲和咔唑的利用途径也在不断开发，需求日益增加。

（1）利用休克尔规则判断咔唑是否具有芳香性；

（2）写出咔唑与KOH反应的化学反应式；

（3）以蒽为原料合成染料中间体蒽-9,10-醌-2-磺酸，写出相关反应式；

（4）菲-9,10-醌在农业上用作杀菌拌种剂，请以菲为原料合成之。

12. 高温焦油中的芴和二氢苊的含量较高，各约占1.0% ~ 2.0%，它们作为医药、农药、染料、工程塑料的原料，日益受到重视。

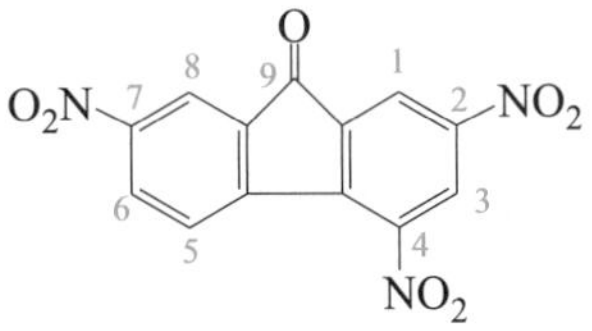

2,4,7-三硝基芴-9-酮 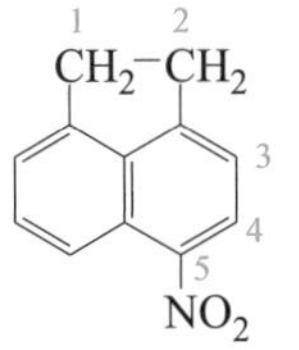　　1,2-二氢-5-硝基苊

（1）解释为什么芴的pK_a比二氢苊的小；

（2）芴也可在$FeCl_3$催化作用下，由联苯与卤代烃反应制得，写出该转化的反应式；

（3）请写出由芴制备光敏剂2,4,7-三硝基芴-9-酮的反应式；

（4）1,2-二氢-5-硝基苊可用作光刻胶增感剂，请以二氢苊为原料合成之；

（5）萘-1,8-二甲酸酐可用作染料、农药、医药及聚酯树脂的中间体，请查阅文献，写出由二氢苊制备该化合物的反应式。

第9章

卤代烃、烃基卤硅烷

卤代烃（halohydrocarbon）为烃分子中的一个或多个氢原子被卤原子取代后的化合物。卤原子是卤代烃的官能团，由于C—X键是极性键，性质较活泼，能发生多种化学反应转化成其它类型化合物，所以卤代烃是有机合成中的重要中间体，起着重要的桥梁作用。

硅与碳为同主族相邻元素，在化学性质上有一定的相似性。氯硅烷是生产硅外延片过程中的硅源，也是制备有机硅高聚物的重要原料，故在本章一起介绍。

9.1 卤代烃的分类和命名

9.1.1 卤代烃的分类

按照分子中母体烃的类别分为卤代烷烃、卤代烯烃和卤代芳烃等。本章所说的卤代芳烃是指卤原子与芳环直接相连。此外，按照与卤原子相连碳原子的类型，卤代烷烃可分为伯卤烷、仲卤烷和叔卤烷。例如：

CH_3CH_2Cl	$(CH_3)_2CHBr$	$(CH_3)_3CCl$	$CH_2{=}CHCl$	C_6H_5—I
氯乙烷 伯卤烷	异丙基溴 仲卤烷	叔丁基氯 叔卤烷	氯乙烯 卤代烯烃	碘代苯 卤代芳烃

根据分子中卤原子的数目，分为一元、二元、三元卤代烃等，二元和二元以上的卤代烃称为多卤烃。

9.1.2 卤代烃的命名

卤代烃的命名可以采用普通命名法和系统命名法。普通命名法由烃基的名称与卤原子的名称构成，称为“某基卤”，例如：

$CH_3(CH_2)_3Cl$ 正丁基氯

$CH_3CH(CH_3)CH_2Cl$ 异丁基氯

$CH_2{=}CHCH_2Br$ 烯丙基溴

$C_6H_5CH_2Cl$ 苄基氯（氯化苄）

有些卤代烷常用俗名，如$CHCl_3$、$CHBr_3$和CHI_3分别称为氯仿、溴仿和碘仿，CCl_4称为四氯化碳。

在多卤烷的命名中，也常用“对称”和“不对称”、“偏”等字来命名：如$ClCH_2CH_2Cl$又称“对称二氯乙烷”，CH_3CHCl_2又称不对称二氯乙烷或偏二氯乙烷。

卤代烃的系统命名法与烃类的命名类似：首先选择最长碳链为主链，卤原子和支链均作为取代基，称为“某烃”；含有碳碳双键、三键的卤代烃命名时，以烯烃、炔烃为母体，从靠近不饱和键的一端编号，使不饱和键位次编号最小，其它原则与烃类的命名相同。例如：

$CH_3CH(Cl)CH_2CH(CH_3)CH_3$ 2-氯-4-甲基戊烷

$(Cl)(H_3C)C{=}C(H)CH(CH_3)_2$ (*Z*)-2-氯-4-甲基戊-2-烯

2-溴-4-氯甲苯

4-氯-5-甲基环己烯

练习题 9-1：用系统命名法命名下列化合物。

（1）$BrCH_2CHFCH(CH_3)CH_2I$ （2）（环己烷椅式构象，含 H、Cl、CH_3、H）（3）Br—环戊二烯—Br （4）$H—C(Cl)(C_6H_5)—CH_3$

9.2 卤代烃的结构与物理性质

卤代烷烃的C—X为极性键，由于卤原子的电负性较大，成键电子对偏向卤原子。卤原子的电负性越大，碳卤键的极性越大，这可以从不同卤代烃的偶极矩得到证实（表9.1）。

表 9.1 不同卤代甲烷的偶极矩及碳卤键的解离能和键长

卤代烃	CH_4	CH_3F	CH_3Cl	CH_3Br	CH_3I
偶极矩/(10^{-30}C · m)	0	6.07①	6.47	5.79	5.47
解离能/(kJ/mol)	439.3	460.2	355.6	297.1	238.5
C—X键长/nm	—	0.142	0.177	0.194	0.213

① 氟原子电负性虽大于氯，但CH_3F正负中心的距离短，偶极矩反而小于CH_3Cl。

卤代烯烃、卤代芳烃的结构参见本章9.6节。卤代烃的结构变化引起物理性能与烷烃的较大差异，一些常见的卤代烃物理常数列入表9.2中。常温常压下，氯甲烷、溴甲烷、氯乙烷、氯乙烯、溴乙烯是气体，其它常见的低级卤代烃为液体，高级卤代烃是固体。纯净的一卤代烷是无色的，但碘代烷易分解产生游离碘，久置后逐渐变为红棕色。

卤代烃的沸点随分子中碳原子数的增加而升高。烃基相同的卤代烃，碘代烃的沸点最高，其次是溴代烃、氯代烃。支链越多的异构体沸点越低。

卤代芳烃的相对密度均大于1。一元卤烷的相对密度大于同碳数的烷烃，除一氯代烷的相对密度小于1，溴代和碘代烷烃及多氯代烷的相对密度都大于1；相同烃基的卤烷，氯烷的相对密度最小，碘烷的相对密度最大。在同系列中，卤代烷的相对密度随碳原子数的增加而下降。

表 9.2 一些常见卤代烃的物理常数

卤代烷	Cl		Br		I	
	沸点/℃	相对密度	沸点/℃	相对密度	沸点/℃	相对密度
CH_3X	−24	0.92	3.5	1.73	42.5	2.28
CH_3CH_2X	12.2	0.91	38.4	1.43	72.3	1.93
$CH_3CH_2CH_2X$	46.2	0.89	71.0	1.35	102.4	1.75
CH_2X_2	40	1.34	99	2.49	180(分解)	3.32
CHX_3	61.2	1.49	151	2.89	升华	4.01
CX_4	76.8	1.60	190	3.42	升华	4.32
XCH_2CH_2X	83.5	1.26	131	2.17	200(分解)	2.13
CH_2=CHX	−14	0.91	16	1.49	56	2.04
CH_2=$CHCH_2X$	45	0.94	71	1.40	103	1.84
C_6H_5X	132	1.11	156	1.50	188	1.83
$C_6H_5CH_2X$	179	1.10	201	1.44	218	1.75
环己基-X	143	1.00	166	1.32	180(分解)	1.62

所有卤代烃均不溶于水，而溶于醇、醚、烃等有机溶剂中。有些卤代烷自身就是很好的溶剂，如1,2-二氯乙烷、氯仿、四氯化碳等。

不少卤代烷带有不愉快的气味，其蒸气有毒，特别是碘代烷，应防止吸入。氯乙烯对眼睛有刺激性，是一种致癌物。苄基型和烯丙型卤代烷常具有催泪性等。

9.3 卤代烷烃的化学性质

9.3.1 与金属的反应

卤代烷（R—X）可与多种活泼金属反应，如Mg、Li、Na、Al、Zn等，生成有机金属化合物（organometallic compound）。由于金属原子与碳原子直接成键，使得卤代烷中的R基由带部分正电荷（具有亲电性）转化为带部分负电荷（具有亲核性），这种转变叫作**极性**

翻转（umpolung），有机金属化合物在有机化学中有着十分广泛的用途。

（1）与金属镁的反应

1901年法国化学家Victor Grignard首次实现了在无水乙醚中卤代烷与金属镁之间的化学反应，得到了有机镁化合物（RMgX），该化合物称为**格利雅（Grignard）试剂**。

$$RX + Mg \xrightarrow{\text{无水乙醚}} RMgX$$

溶剂醚的作用是与格利雅试剂中的Mg^{2+}形成配位化合物，有助于试剂的形成和稳定。THF和其它醚类也可作为溶剂。

$$(H_5C_2)_2O\!: \rightarrow \underset{X}{\overset{R^{\delta-}}{Mg^{\delta+}}} \leftarrow \!:O(C_2H_5)_2$$

制备格利雅试剂的卤代烷活性次序为RI＞RBr＞RCl。需要注意的是乙烯氯、氯苯这类化合物制备对应的格利雅试剂，需要高沸点的THF作溶剂。

格利雅试剂中C—Mg键的极性很大，性质非常活泼，因此在制备和使用时均要求在无水溶剂和干燥的容器中进行，操作时要隔绝空气中的水蒸气和二氧化碳等气体。

① 与含活泼氢化合物的反应 格利雅试剂与含有活泼氢的化合物，如HX、H_2O、ROH、NH_3（含RNH_2、R_2NH）和末端炔烃HC≡CR等反应，被还原为烃。例如：

$$RMgX + H—Y \longrightarrow RH + Mg\begin{matrix}Y\\X\end{matrix}$$

(Y=X、OH、OR、NH_2、C≡CR′等)

利用末端炔烃与格利雅试剂反应，是制备炔基格利雅试剂的方法。

格利雅试剂与活泼氢化合物的反应是定量进行的，可用甲基格利雅试剂与含活泼氢化合物反应，通过测量生成甲烷的体积，即可算出所测化合物中活泼氢的数目。

② 作为亲核试剂的反应 RMgX作为亲核试剂的用途十分广泛，如可与甲醛、醛、酮反应分别生成伯、仲、叔醇；与环氧乙烷反应生成增加两个碳的伯醇；与有机腈类化合物反应生成酮；低温下与CO_2反应生成多一个碳原子的羧酸。格利雅试剂的反应通式如下：

RMgX:
- $\xrightarrow{①\ HCHO/醚\quad ②\ H_3O^+}$ RCH_2OH
- $\xrightarrow{①\ 环氧乙烷/醚\quad ②\ H_3O^+}$ RCH_2CH_2OH
- $\xrightarrow{①\ R'CHO/醚\quad ②\ H_3O^+}$ R—CH(OH)—R′
- $\xrightarrow{①\ R'CN/醚\quad ②\ H_3O^+}$ RCOR′(酮)
- $\xrightarrow{①\ R'COR''/醚\quad ②\ H_3O^+}$ R—C(OH)(R″)—R′
- $\xrightarrow{①\ CO_2/醚\quad ②\ H_3O^+}$ RCOOH(羧酸)

此外，格利雅试剂还可与羧酸衍生物反应生成醇［参见13.7.3（1)］。因此在制备RMgX时，分子中除了回避含活泼氢的基团，还要注意—C=O（羰基）、—CN等官能团的影响，必要时需要预先保护起来。

练习题 9-2： 完成下列反应，写出主要反应产物。

（1）间氯溴苯（1-溴-3-氯苯） + Mg：

$$\xrightarrow{THF} (A)$$

$$\xrightarrow{无水乙醚} (B) \xrightarrow[② H_3O^+]{① CH_3CHO} (C)$$

（2）$C_2H_5C{\equiv}CH \xrightarrow{CH_3MgBr} (A) \xrightarrow[② H_3O^+]{① CO_2/醚} (B)$

（2）与金属锂反应

卤代烃与金属锂在无水非极性溶剂（如乙醚、苯、石油醚等）中生成有机锂化合物。

$$CH_3CH_2CH_2CH_2Br + 2Li \xrightarrow[-10℃]{乙醚} CH_3CH_2CH_2CH_2Li + LiBr$$

有机锂化合物的性质与格利雅试剂相似，但反应性能更活泼，可用来制备活性较低的有机金属化合物。例如，烷基锂与碘化亚铜制备二烷基铜锂试剂：

$$2RLi + CuI \xrightarrow{乙醚} R_2CuLi + LiI$$

二烷基铜锂减弱了烷基锂的活性，提高了试剂的安全性。二烷基铜锂可与卤代烃发生偶联反应，制备复杂结构的烷烃，这种方法称为科瑞-郝思（Corey-House）合成法。例如：

$$R_2CuLi + R'X \xrightarrow{乙醚} R—R' + RCu + LiX$$

$$(CH_3CH_2)_2CuLi \xrightarrow[乙醚]{CH_3(CH_2)_2Br} CH_3(CH_2)_3CH_3 + CH_3CH_2Cu + LiBr$$

$$(CH_3)_2CuLi + 氯代环己烷 \xrightarrow{乙醚} 甲基环己烷 + CH_3Cu + LiCl$$

（3）与其它金属的反应

金属钠可在无水条件下实现卤代烷（一般为伯卤烷）的偶联，生成结构对称的烷烃，这种方法称为武兹（Wurtz）反应。例如：

$$RX + 2Na \longrightarrow RNa + NaX$$

$$RNa \xrightarrow{RX} R—R + NaX$$

$$2CH_3CH_2Br + 2Na \longrightarrow CH_3CH_2CH_2CH_3 + 2NaBr$$

使用卤代芳烃和卤代烷烃的混合物，以醚或苯为溶剂，在Na作用下可发生偶联反应，这是制备直链烷基苯的一种方法，叫武兹-菲蒂希（Wurtz-Fittig）反应。例如：

$$C_6H_5Br + CH_3(CH_2)_3Br + 2\,Na \xrightarrow[20℃]{乙醚} C_6H_5CH_2(CH_2)_2CH_3 + 2NaBr$$

（4）还原反应

卤代烃可以被还原为烃，在无水介质中卤代烷可以被$LiAlH_4$还原为烷烃。例如：

$$n\text{-}C_8H_{17}Br \xrightarrow{LiAlH_4} n\text{-}C_8H_{18}$$

练习题9-3：完成下列反应，写出主要反应产物。

$$2\,CH_3CH{=}CH_2 \xrightarrow[光]{2HBr} 2\,(A)$$

$$2\,(A) \xrightarrow{2Na} (B)$$

$$2\,(A) \xrightarrow[乙醚]{4Li} 2\,(C) \xrightarrow[乙醚]{CuI} (D) \xrightarrow{C_6H_5CH_2Br} (E)$$

9.3.2 亲核取代反应

由于卤烷C—X键的极性，与卤原子直接相连的碳带部分正电荷，容易受到带负电荷或有未共用电子对的亲核试剂（OH^-、RO^-、CN^-、$RC{\equiv}C^-$、$^-ONO_2$、$RCOO^-$、X^-、H_2O、ROH、NH_3等）的进攻，卤原子带着一对电子以负离子的形式离去，从而发生取代反应：

$$\underset{亲核试剂}{Nu^-} + \underset{底物}{R{-}X} \longrightarrow \underset{取代产物}{R{-}Nu} + \underset{离去基团}{X^-}$$

亲核试剂常用Nu^-表示，受亲核试剂进攻的化合物称为底物（substrate），反应中被取代的卤素以X^-形式离去，称为离去基团（leaving group）。这种由亲核试剂进攻而引起的取代反应，叫亲核取代反应（nucleophilic substitution，简称S_N）。

（1）水解反应生成醇

卤烷在碱性（KOH、NaOH）水溶液中加热，卤原子被羟基（—OH）取代生成醇的反应，称为水解反应。

$$RX + NaOH \xrightarrow[\triangle]{H_2O} ROH + NaX$$

一般不用此反应制备醇，绝大多数情况下是用醇来制备卤代烷。只有当一些复杂分子需要引入羟基时，可以通过先引入卤原子，再水解的方法来实现。

（2）与醇钠反应生成醚

卤烷与醇钠在无水或相应的醇溶液中反应，卤原子被烷氧基取代生成醚的反应，叫威廉森（Williamson）合成法，这是制备醚的常用方法。

$$RX + R'ONa \longrightarrow ROR' + NaX$$

在该反应中，卤代物一般为伯卤代烷，仲、叔卤代烷与醇钠反应时，易发生消除反应生成烯烃。所以通常用仲醇钠、叔醇钠与伯卤烷反应来合成醚（参见10.9.2）。

（3）与氰化钠反应生成腈

卤烷（除叔卤烷外）与NaCN或KCN作用，卤原子被氰基（—CN）取代生成腈（RCN）。

$$RX + NaCN \longrightarrow RCN + NaX$$

该反应是有机合成中增长碳链的方法之一，反应引入的新官能团“—CN”可以进一步转化为—COOH、—$CONH_2$、—CH_2NH_2等基团，将在第13章羧酸及其衍生物中详细论述。

（4）与氨反应生成胺

卤烷与氨反应，卤原子被氨基取代生成伯胺。

$$RX + 2NH_3(\text{过量}) \longrightarrow RNH_2 + NH_4X$$

生成的伯胺仍然是亲核试剂，可与卤代烃继续反应生成仲胺、叔胺及季铵盐，只有在氨过量的情况下才得到伯胺［参见14.2.3（2）］。

（5）与$AgNO_3$-醇溶液反应

卤代烷在硝酸银的醇溶液中反应生成硝酸酯和卤化银沉淀。

$$RX + AgNO_3 \xrightarrow{\text{醇}} RONO_2 + AgX\downarrow$$

此反应可用于卤代烃的分析鉴定。结构相同的卤代烃反应活性次序为：RI＞RBr＞RCl。

烃基结构不同的卤代烃与硝酸银的醇溶液反应时，苄卤、烯丙基卤、叔卤烷在室温下立即产生沉淀；仲溴烷几分钟后有淡黄色沉淀产生，仲氯烷则需要加热才有白色沉淀产生；伯卤烷中除碘代烷在室温下产生黄色沉淀，其它伯卤烷则需要加热才能产生沉淀。卤代芳烃、卤代乙烯不发生该反应。

（6）与羧酸盐反应生成酯

卤代烃与羧酸盐在丙酮或相转移催化剂（如季铵盐）存在下生成羧酸酯。活性较高的碘代或溴代伯卤烷以及苄基卤方可发生此反应。例如：

$$C_6H_5CH_2Cl + C_6H_5COONa \xrightarrow{\text{季铵盐}} C_6H_5CH_2OC(=O)C_6H_5$$

（7）与炔钠（钾）的反应

炔碳负离子和伯卤烷作用生成碳链增长的炔烃，这个反应称为炔的烷基化反应［参见4.3.2（1）］。

$$RC\equiv C^- + R'CH_2-X \longrightarrow RC\equiv C-CH_2R' + X^-$$

（8）卤原子交换反应

在丙酮溶剂中，碘离子可作为亲核试剂与氯代烷、溴代烷反应生成碘代烷。例如：

$$CH_3CH(Br)CH_3 + NaI \xrightarrow[\triangle]{\text{丙酮}} CH_3CH(I)CH_3 + NaBr\downarrow$$

NaI能溶于丙酮，而NaCl、NaBr溶解度很小而析出。卤代烃的反应活性顺序为伯卤代烃＞仲卤代烃＞叔卤代烃。该反应提供了一个由较廉价的氯代或溴代烃制备碘代烃的方法。

练习题 9-4： 用简单的化学方法鉴别下列化合物。

C_6H_5-Cl、$C_6H_5-CH_2Cl$ 和 $C_6H_{11}-Cl$（环己基氯）

9.3.3 消除反应

从分子中脱去一个简单分子生成不饱和键的反应称为消除反应（elimination reaction），用E表示。

（1）脱卤化氢

卤代烃分子，由于卤原子的吸电子诱导效应沿碳链传递，不仅与卤原子直接相连的α-碳原子带部分正电荷，β-H原子也有一定的酸性。在碱作用下，卤代烃既能发生取代反应生成醇，也可消除β-H和卤原子生成烯烃。例如：

$$-\overset{|\beta}{\underset{H}{C}}-\overset{|\alpha}{\underset{X}{C}}- \xrightarrow[H_2O]{NaOH} \begin{cases} \xrightarrow[-NaX]{\text{取代反应}} -\underset{H}{C}-\underset{OH}{C}- \\ \xrightarrow[-HX]{\text{消除反应}} >C=C< \end{cases}$$

取代反应与消除反应是一对竞争反应，哪种产物占优势与反应物结构和反应条件有关，将在本章9.5.4中详细讨论。

由于卤代烃不溶于水，消除反应一般在强碱的醇溶液中进行，醇的作用是溶解卤代烃与强碱，促使反应顺利进行。卤代烷消除反应的活性顺序为：3° RX＞2° RX＞1° RX。

当存在两个或两个以上β-H原子时，消除HX的方式遵循**查依采夫规则**，主要产物是双键碳上连接烃基最多的烯烃。例如：

$$CH_3-\underset{H}{\overset{\overset{\beta'}{H}}{C}}-\underset{Br}{\overset{\overset{\alpha}{H}}{C}}-\underset{H}{\overset{\overset{\beta}{H}}{C}}-H \xrightarrow[C_2H_5OH]{NaOH} \underset{81\%}{CH_3CH=CHCH_3} + \underset{19\%}{CH_3CH_2CH=CH_2}$$

连二卤代烃（两个卤原子分别连在两个相邻碳原子上）或偕二卤代烃（两个卤原子连接在同一个碳原子上）消除一分子卤化氢得到卤代烯烃，继续消除一分子卤化氢生成炔烃，这是制备炔烃的一种方法。例如：

$$RCH_2CHX_2 \xrightarrow[KOH,\triangle]{乙醇} RCH=CHX \xrightarrow[KOH,\triangle]{乙醇} RC\equiv CH$$

$$C_6H_5\underset{Br}{CH}\underset{Br}{CH}C_6H_5 \xrightarrow[NaOH,\triangle]{乙醇} C_6H_5C\equiv CC_6H_5$$

连二卤代烃脱卤化氢时，也可以生成热力学上较稳定的共轭二烯烃。例如：

$$\text{1,2-二溴环己烷} \xrightarrow[三甘醇二甲醚，100℃]{异丙醇钾} \text{1,3-环己二烯} \quad (55\%)$$

（2）脱卤素

连二卤代烷在乙酸或乙醇溶液中与金属锌粉、镁粉反应，或与碘化钠的丙酮溶液反应则脱除卤素生成烯烃，例如：

$$CH_3\underset{Br}{CH}-\underset{Br}{CH}CH_3 \xrightarrow[或NaI/丙酮]{Zn/C_2H_5OH} CH_3CH=CHCH_3$$

有机合成中可以通过烯烃先与卤素反应生成连二卤代烷，然后再用脱卤素的方法来保护碳碳双键，或分离提纯烯烃。

练习题9-5： 写出下列化合物在乙醇钠、乙醇作用下的主要消除产物。

（1）$CH_3CH_2\underset{Br}{C}(CH_3)_2$　（2）环己烷，一个碳上连Br和H_3C，相邻碳上连CH_3和H　（3）环己烯-Br（3-溴环己烯）

9.4　亲核取代反应机理与影响因素

卤代烷的亲核取代反应可用于各种官能团的转变以及碳-碳键的形成，在有机合成中具有广泛的应用。研究表明，卤代烷的亲核取代反应主要按两种历程进行，即单分子亲核取代反应（unimolecular nucleophilic substitution，简称S_N1）和双分子亲核取代反应（bimolecular nucleophilic substitution reaction，简称S_N2）。

9.4.1　单分子亲核取代（S_N1）反应

S_N1反应历程分两步进行，以叔丁基溴碱性水解为例，实验研究表明，其水解反应速率只与叔丁基溴的浓度有关，与亲核试剂碱的浓度无关，该反应的动力学方程为：

$$r = k[(CH_3)_3CBr]$$

反应历程如下：

第一步，在溶剂作用下卤代烃经能量较高的过渡态，异裂生成Br^-和碳正离子中间体：

$$(CH_3)_3C—Br \xrightarrow{\text{慢}} [(CH_3)_3C\cdots\cdots Br]^{\neq} \longrightarrow (CH_3)_3C^+ + Br^-$$

第二步，碳正离子中间体与亲核试剂结合，生成取代产物：

$$(CH_3)_3C^+ + HO^- \xrightarrow{\text{快}} [(CH_3)_3C\cdots\cdots OH]^{\neq} \longrightarrow (CH_3)_3C—OH$$

第一步卤代烷的解离决定整个反应的速率，而这一步的速率只取决于叔丁基溴的浓度，所以动力学上表现为单分子一级反应。

叔丁基溴碱性水解反应进程中的能量变化如图9.1所示。

由图可见，叔卤烷的碱性水解是两步反应，$\Delta E_1 > \Delta E_2$，第一步卤代烷的解离是整个反

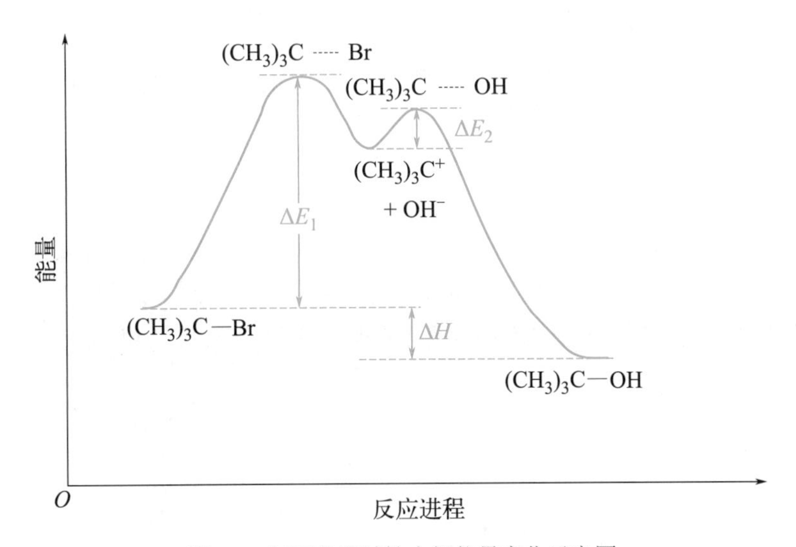

图9.1　叔丁基溴碱性水解能量变化示意图

应的速率控制步骤，其难易取决于C—X键的极性和碳正离子的稳定性，因此对S_N1反应而言，反应活性顺序为：叔卤烷＞仲卤烷＞伯卤烷。

其次，中间体碳正离子中的碳原子为sp^2杂化，平面构型，亲核试剂从平面两侧进攻的概率相等，可得到几乎等量的“构型保持”和“构型翻转”产物，所以S_N1反应的立体化学特征是产物外消旋化。例如，有手性的叔卤烷与乙醇的溶剂解反应：

(S)-$(CH_3)_2CH(H_3C)(C_2H_5)C$—Br $\xrightarrow[-Br^-]{慢}$ H_3C, $(CH_3)_2CH$, C_2H_5 碳正离子 $\xrightarrow{H\ddot{O}C_2H_5,\ -H^+}$ (S)-产物（OC_2H_5）；$\xrightarrow{H\ddot{O}C_2H_5,\ -H^+}$ (R)-产物（OC_2H_5）

阅读与思考

如果在反应体系中只有底物和溶剂，那么底物就将与溶剂发生反应，溶剂就成了试剂，这样的反应称为溶剂解反应（solvolysis reaction）。S_N1反应以溶剂解的方式进行时分三步，以上面的例题为例，画出该反应过程的能量变化示意图。

由于S_N1反应经历碳正离子中间体，所以常伴有重排产物和消除产物。例如：

$$H_3C-C(CH_3)_2-CH_2Br \xrightarrow{慢} H_3C-C(CH_3)_2-CH_2^+ \ (伯碳正离子)$$

$$H_3C-C(CH_3)_2-CH_2^+ \xrightarrow{①\ C_2H_5OH\ ②\ -H^+} H_3C-C(CH_3)_2-CH_2OC_2H_5$$

$$H_3C-C(CH_3)_2-CH_2^+ \xrightarrow{重排} H_3C-\overset{+}{C}(CH_3)-CH_2CH_3 \ (叔碳正离子) \xrightarrow{①\ C_2H_5OH\ ②\ -H^+} H_3C-C(CH_3)(OC_2H_5)-C_2H_5$$

$$H_3C-\overset{+}{C}(CH_3)-CH_2CH_3 \xrightarrow{-H^+} H_3C-C(CH_3)=CHCH_3$$

练习题 9-6： 补充完成 (S)-(1-溴乙基)苯进行S_N1碱性水解反应的外消旋化过程，用曲箭头“⌒”表示电子转移的方向，并标出产物的R、S构型。

H_3C—C(Br)(H)—C_6H_5 ⟶ [　　] 中间体 ⟶ 产物Ⅰ；⟶ 产物Ⅱ

9.4.2 双分子亲核取代（S_N2）反应

实验证明，溴甲烷的碱性水解是一步反应：亲核试剂（OH^-）直接由背面进攻卤代烃的α碳原子，该碳原子由sp^3杂化转变为sp^2杂化，并形成不稳定的"一碳五键"的过渡态，随后离去基团离去，完成取代反应。

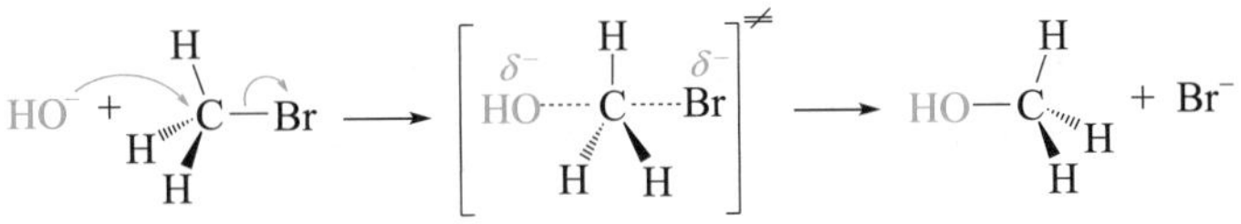

$HO^- + CH_3Br \longrightarrow [HO^{\delta-}\cdots CH_3 \cdots Br^{\delta-}]^{\neq} \longrightarrow HO—CH_3 + Br^-$

过渡态（一碳五键）

该反应的过渡态的形成涉及两个分子，因此取代反应的速率取决于两个反应物的浓度，为典型的二级动力学反应：

$$r = k[CH_3Br][OH^-]$$

从立体化学观点来看，若卤素所连碳原子为手性碳，因亲核试剂只能从卤原子的背面进攻，故取代产物的构型完全翻转，这种翻转称为**瓦尔登（Walden）转化**。

Walden转化是S_N2反应的一个重要标志。卤代甲烷和伯卤代烷最容易进行S_N2反应，其次是仲卤代烷、叔卤烷。例如，卤烷的卤原子交换反应：

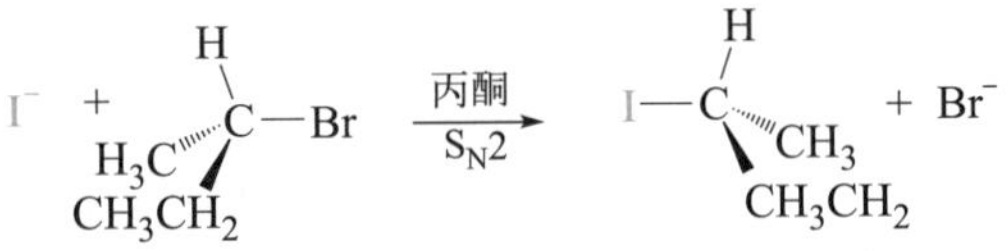

I^- + (S)-2-溴丁烷 $\xrightarrow[S_N2]{丙酮}$ (R)-2-碘丁烷 + Br^-

(S)-2-溴丁烷　　(R)-2-碘丁烷

练习题 9-7：完成下列反应，写出主要反应产物，并以顺、反或R、S标注产物的构型。

（1）$\xrightarrow[S_N2]{OH^-}$（　）

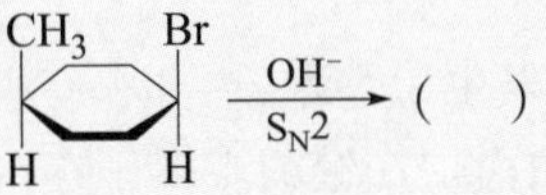

（2）$\xrightarrow[S_N2]{CN^-}$（　）

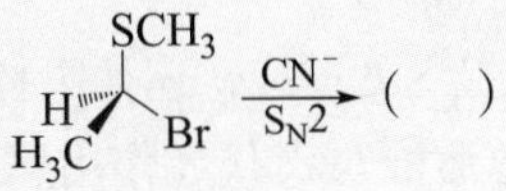

9.4.3 离子对机理*

在亲核取代反应中，有些情况下S_N1反应的产物往往不能完全外消旋化，不少情况下仅发生部分构型的转化，水解产生的混合物有旋光性。例如，在60%水-乙醇溶液中左旋2-溴辛烷的水解：

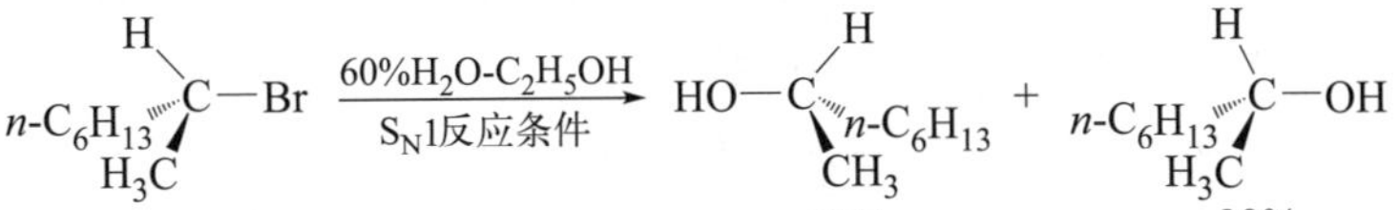

$\xrightarrow[S_N1反应条件]{60\%H_2O-C_2H_5OH}$

(R)-(−)-2-溴辛烷　$[\alpha]$=−34.6

(S)-(+)-辛-2-醇　67%　$[\alpha]$= +9.90

(R)-(−)-辛-2-醇　33%　$[\alpha]$=−9.90

针对这种现象，温斯坦（Winstein）提出离子对（ion pairs）反应机理，认为反应物在溶剂中的解离是分步进行的。可表示为：

$$R-X \rightleftharpoons \underset{\text{紧密离子对}}{[R^+ \ X^-]} \rightleftharpoons \underset{\text{溶剂分隔离子对}}{[R^+ \| X^-]} \rightleftharpoons [R^+] + [X^-]$$

在紧密离子对中R^+和X^-之间尚有部分键合的特征，亲核试剂只能从C—X键的背面进攻，导致构型翻转；在溶剂分隔离子对中，离子被溶剂隔开，如果亲核试剂介入溶剂的位置进攻中心碳原子，则产物保持原构型，若亲核试剂介入溶剂的背面进攻，则发生构型翻转；当反应物全部解离成离子后再进行反应，就得到外消旋产物。

实验证明，碳正离子越稳定，产物的外消旋化程度越高。

9.4.4 影响亲核取代反应的因素

（1）烃基结构的影响

对S_N1反应而言，反应的难易取决于碳正离子的稳定性，因此不同饱和烃发生S_N1反应的活性次序为：$R_3CX > R_2CHX > RCH_2X > CH_3X$。例如：不同卤代烃在极性很强的甲酸溶液中水解按$S_N1$反应历程进行，它们的相对反应速率如下：

$$RBr + H_2O \xrightarrow[S_N1]{\text{甲酸}} ROH + HBr$$

反应底物	$(CH_3)_3C-Br$	$(CH_3)_2CH-Br$	CH_3CH_2-Br	CH_3-Br
相对速率	10^8	45	1.7	1

伯卤烷一般易发生S_N2反应，但如果控制条件，也会发生S_N1反应。如在有机分析鉴定中，用硝酸银的乙醇溶液与卤代烃作用属于S_N1反应，伯卤烷在银或汞离子存在下，可促使碳卤键的断裂：

$$RX + Ag^+ \rightleftharpoons \overset{\delta^+}{R}\text{---}X\text{---}\overset{\delta^+}{Ag} \rightleftharpoons R^+ + AgX\downarrow$$

对于S_N2反应，α-碳原子上的氢被烷基取代后，由于烷基的推电子效应使得α-碳原子上的电子云密度增加，不利于亲核试剂对反应中心的接近；卤代烃α-碳上的支链越多，越阻碍亲核试剂的接近，使反应的活化能提高，反应速度降低。通常伯卤烷最容易发生S_N2取代，仲卤烷其次，叔卤烷最难。例如，卤代烃在极性的丙酮溶液中与KI生成碘代烷的反应是S_N2反应，不同结构溴代烷的相对反应速率如下：

$$RBr + I^- \xrightarrow{\text{丙酮}} RI + Br^-$$

反应底物	CH_3Br	CH_3CH_2Br	$(CH_3)_2CHBr$	$(CH_3)_3CBr$
相对速率	145	1	0.0078	可忽略不计

对S_N2反应，一般认为空间位阻（立体效应）的影响大于电子效应。当伯卤代烷的β位上有侧链时，空间位阻作用使取代反应速率明显下降。例如，同样是制备碘代烷的反应：

反应底物	$H-CH_2-CH_2Br$	$H_3C-CH_2-CH_2Br$	$H_3C-CH(CH_3)-CH_2Br$	$H_3C-C(CH_3)_2-CH_2Br$
相对速率	1	0.8	0.03	1.3×10^{-5}

乙烯型卤代烃（RCH＝CHX）和卤代芳烃（Ar—X）很难发生亲核取代反应。

烯丙基卤（$RCH=CHCH_2X$）和苄基卤（Bn—X）既易进行S_N1反应，又易进行S_N2反应。对S_N1反应而言，烯丙基卤和苄基卤在溶剂作用下生成碳正离子中间体：

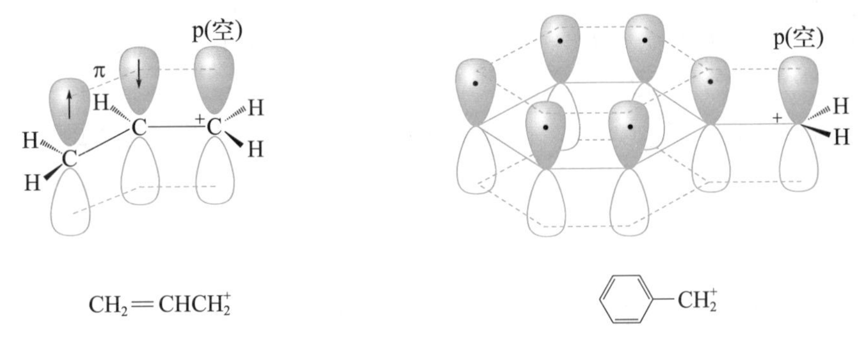

烯丙基碳正离子p-π共轭体系　　　　苄基碳正离子p-π共轭体系

碳正离子的空p轨道分别与碳碳双键、苯环形成p-π共轭体系，正电荷得以分散，从而稳定性增加。因此，烯丙基卤和苄基卤的亲核取代反应一般按S_N1机理进行。

烯丙基卤和苄基卤同时也是伯卤代烃，在过渡态时，碳碳双键、苯环与正在断裂的C—X键和亲核试剂正在形成的C—Nu键已形成初步的共轭结构，过渡态的负电荷得到分散，稳定性增加，两者也有较大的S_N2反应活性。

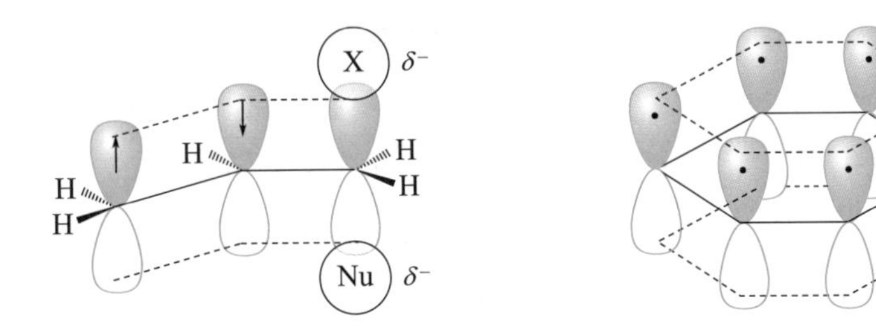

烯丙基卤进行S_N2反应的过渡态示意图　　　　苄基卤进行S_N2反应的过渡态示意图

（2）离去基团的影响

无论S_N1还是S_N2反应，离去基团的碱性越弱，越易离去，所以，卤原子离去能力的次序为：$I^- > Br^- > Cl^- > F^-$。

除卤原子外，还有一些基团可作为离去基团，如$C_6H_5SO_3^-$、p-$CH_3C_6H_4SO_3^-$、H_2O等碱性比较弱，属于较好的离去基团；而碱性较强的基团，如NH_2^-、RNH^-、CN^-、RS^-、HO^-、

RO^-等，属于较差的离去基团。

（3）亲核试剂的影响

在S_N1反应中，反应的速率控制步骤是C—X键解离形成碳正离子，亲核试剂没有参与这步反应，所以亲核试剂对其反应速率无明显影响。

在S_N2反应中，亲核试剂进攻底物形成反应的过渡态，亲核试剂的亲核性愈强，浓度愈高，反应速度愈快。

需要注意亲核性与碱性是两个不同的概念，亲核性指亲核试剂与带正电荷的碳原子的结合能力，而碱性则是与质子结合的能力。

试剂的亲核性与下列因素有关：

① 当亲核原子相同时，亲核性一般与碱性一致，试剂的碱性越强，其亲核性也越强。显然，带负电的亲核试剂比相应的中性共轭酸有更强的亲核性。例如，亲核性：$NH_2^- > NH_3$；又如$RO^- > HO^- > C_6H_5O^- > CH_3COO^- > ROH > H_2O$。

② 当亲核原子为同族元素时，亲核性的强弱与碱性强弱正好相反。原子序数增大，原子的半径增加，其可极化性增大，所以亲核性增强。例如亲核性：$RS^- > RO^-$；又如$R_3P > R_3N$。

试剂的亲核性不是固定不变的，如在质子溶剂（如羧酸、醇、水、氨等）中，卤负离子与质子形成氢键的能力随电负性增加而增强，也就是溶剂化作用增大，但在反应时去溶剂化需要能量，导致反应性降低，所以在水或醇溶剂中，溶剂化作用导致亲核性排序为：$I^- > Br^- > Cl^- > F^-$；在极性非质子溶剂［如丙酮、二甲亚砜（DMSO）等］中，这些阴离子试剂不被溶剂分子所包围，呈现自由离子状态存在，所以反应性高，因此DMF溶液中，亲核性与碱性一致，即：$F^- > Cl^- > Br^- > I^-$。有研究表明，在丙酮中各卤负离子的亲核性比较接近。

值得注意的是，碘负离子既是良好的离去基团，又是良好的亲核试剂，利用此特性，可以在有机合成中制备有意义的S_N2反应产物。例如，由手性卤代烃合成构型保持的硫醇，可以先制备碘烷，然后再次取代，利用两次构型翻转实现构型保持：

$$(R)\text{-2-溴辛烷}\ \xrightarrow[-Br^-]{I^-}\ (S)\text{-2-碘辛烷}\ \xrightarrow[-I^-]{HS^-}\ (R)\text{-辛-2-硫醇}$$

(R)-2-溴辛烷　(S)-2-碘辛烷　(R)-辛-2-硫醇

③ 当亲核原子是同周期原子时，亲核性与碱性一致。原子的原子序数越大，其电负性越强，则给电子的能力越弱，即亲核性越弱。例如，亲核性：$NH_2^- > HO^- > F^-$；又如$NH_3 > H_2O$；再如$R_3P > R_2S$。

④ 具有空间位阻的亲核试剂是较差的反应试剂，亲核性降低。例如：

$$CH_3I + CH_3O^- \longrightarrow CH_3OCH_3 + I^- \quad 快$$

$$CH_3I + (CH_3)_3CO^- \longrightarrow CH_3OC(CH_3)_3 + I^- \quad 较慢$$

（4）溶剂的影响

介电常数（ε）可作为溶剂极性的量度，以吡啶为界，将常见的溶剂分为：极性溶剂（介电常数$\varepsilon \geqslant 12.4$）和非极性溶剂（$\varepsilon < 12.4$，如卤代烃、醚、芳烃、环烷烃等）。极性溶剂又分为极性质子溶剂（如水、醇等）和极性非质子溶剂（如丙酮、DMF、DMSO等）。

部分溶剂的介电常数次序：水（78）＞DMSO（49）＞DMF（36.7）＞甲醇（33）＞乙醇（24）＞丙酮（21）＞吡啶（12.4）＞THF（7.6）＞乙醚（4.3）＞苯（2.3）。

溶剂极性的大小对反应历程的影响比较大，极性质子溶剂有利于S_N1反应，极性非质子溶剂对S_N2反应有利。S_N1反应首先发生的是卤代烷的解离，质子可与反应产生的负离子通过溶剂化作用而稳定，促进了C－X键的极化异裂，反应活化能降低，所以强极性质子溶剂更有利于发生S_N1反应。

S_N2反应中亲核试剂对底物的进攻形成负电性过渡态，极性质子溶剂易通过氢键对亲核试剂溶剂化而减弱其亲核性，不利于S_N2反应；相反，极性非质子溶剂很少溶剂化亲核试剂，从而使其亲核性增强，有利于S_N2反应。

练习题9-8：预测下列各组化合物，哪个碱性较强？在质子溶剂中哪个亲核性较强？

（1）CH_3SH 和 CH_3S^-　　（2）H_2N^- 和 NH_3　　（3）HO^- 和 HS^-

（4）R_2N^- 和 RO^-　　（5）I^- 和 Cl^-　　（6）R_3C^- 和 RO^-

9.5 消除反应机理与影响因素

消除反应也分两种反应历程，即单分子消除反应（unimolecular elimination，简称E1）和双分子消除反应（bimolecular elimination reaction，简称E2）。

9.5.1 单分子消除反应（E1）机理

E1反应与S_N1反应是竞争反应。第一步反应两者相同，在溶剂作用下卤代烃异裂生成卤负离子和碳正离子中间体；第二步，碳正离子中间体若被亲核试剂（Nu^-）捕获，则为S_N1反应，生成取代物，若亲核试剂作为碱（B^-）攫取碳正离子相邻碳原子上的氢，生成烯烃，则为E1反应。这种竞争反应过程可表述如下：

Nu　H　Nu:⁻　①　+　H　②　:B　−HB　C=C　烯烃

①亲核取代产物　　碳正离子　　②消除反应产物

E1反应的速率控制步骤是碳正离子的生成，只涉及反应物卤代烃，E1的反应速率只与卤代烃的浓度成正比，与碱的浓度无关，故称单分子消除反应。

至于S_N1和E1竞争反应何者占优，与底物的结构、反应条件等有关。例如：叔丁基氯在不同温度下的水解反应：

$$(CH_3)_3CCl + H_2O \xrightarrow{25℃} (CH_3)_3COH\ (83\%) + (CH_3)_2C{=}CH_2\ (17\%)$$

$$(CH_3)_3CCl + H_2O \xrightarrow{65℃} (CH_3)_3COH\ (64\%) + (CH_3)_2C{=}CH_2\ (36\%)$$

可见，加热有利于提高E1消除反应产物的比例。

另外，与S_N1反应类似，E1反应也可能会发生碳正离子的重排。

9.5.2 双分子消除反应（E2）机理

在较高浓度的强碱作用下，叔丁基氯发生消除反应生成烯烃的速率与起始氯代烷和碱的浓度都成正比，动力学表现为二级反应，这个过程称为双分子消除反应，简称E2反应。

$$(CH_3)_3CCl + NaOH \longrightarrow CH_2{=}C(CH_3)_2 + NaCl + H_2O$$

$$r = k[(CH_3)_3CCl][OH^-]$$

该消除反应过程可表示如下：

$$HO^- + H_3C{-}C(CH_3)_2Cl \longrightarrow [HO\cdots H\cdots CH_2{=}C(CH_3)_2\cdots Cl]^{\neq} \longrightarrow (CH_3)_2C{=}CH_2 + H_2O + Cl^-$$

过渡态

E2反应的特点：在浓的强碱条件下的一步反应，只有一个过渡态，无重排产物。首先，被消除的两个基团必须处于相邻且反式共平面的位置，这种反式消除的空间位阻小，而且使参与反应的两个碳原子各自新形成的p轨道能相互平行，从而能够“肩并肩”重叠形成π键；其次，若有两种反式共平面的构象可以选择，则主要产物符合查依采夫规则。例如：

$$\xrightarrow[-HCl]{C_2H_5ONa}\ (CH_3)_2CH{-}C_6H_9{-}CH_3\ 75\% \ +\ (CH_3)_2CH{-}C_6H_9{-}CH_3\ 25\%$$

9.5.3 影响消除反应的因素

（1）烃基结构的影响

对于E1反应，反应的快慢取决于碳正离子的稳定性，所以不同烃基结构的卤代烃发生

E1反应的活性顺序为：叔卤代烃＞仲卤代烃＞伯卤代烃。

对于E2反应，由于过渡态类似烯烃，双键碳原子上连接的烃基越多，烯烃的能量越低，也就越稳定（参见3.4.1）。因此叔卤代烃的反应活性最高，其次是仲卤代烃，再次是伯卤代烃。伯卤代烷难发生消除反应，但当伯卤烷的β-碳原子上支链增多时，阻碍试剂从背面进攻α-碳原子，不利于S_N2而更有利于E2反应。

一般情况下，无论是E1还是E2反应，主要产物都符合查依采夫规则，但如下烃基结构的卤代烃，主要消除产物为与碳碳双键、芳环共轭的烯烃：

$$CH_2{=}CHCH_2\underset{Cl}{\underset{|}{C}}H\overset{CH_3}{\overset{|}{C}}HCH_3 \xrightarrow{HO^-} CH_2{=}CHCH{=}CH\overset{CH_3}{\overset{|}{C}}HCH_3 + CH_2{=}CHCH_2CH{=}\overset{CH_3}{\overset{|}{C}}CH_3$$

主要产物（共轭结构）　　次要产物

$$C_6H_5{-}CH_2\underset{Br}{\underset{|}{C}}H\overset{CH_3}{\overset{|}{C}}HCH_3 \xrightarrow{HO^-} C_6H_5{-}CH{=}CH\overset{CH_3}{\overset{|}{C}}HCH_3 + C_6H_5{-}CH_2CH{=}\overset{CH_3}{\overset{|}{C}}CH_3$$

主要产物　　次要产物

（2）离去基团的影响

E1和E2的速率控制步骤都涉及C－X键的断裂，离去基团的碱性越弱越易离去，反应越容易进行。

（3）试剂的影响

E1反应的速率控制步骤没有碱的参与，故碱的浓度与强度均无影响。试剂的碱性越强、浓度越大，越有利于E2反应，使用浓的强碱进行消除反应时，主要按E2反应历程进行。

但随着碱性增强、碱体积增大（如叔丁醇钠），抑或是卤代烃的β-H空间位阻增大，反查依采夫规则的产物增加，甚至成为主要产物。例如：

$$(CH_3)_3CCH_2C(CH_3)_2Br \longrightarrow (CH_3)_3CCH{=}C(CH_3)_2 + (CH_3)_3CCH_2C(CH_3){=}CH_2$$

C_2H_5ONa/C_2H_5OH	14%	86%
t-BuOK/*t*-BuOH	2%	98%

（4）溶剂的影响

E1首先发生C－X键的极化异裂，极性大的溶剂有利于生成的碳正离子和负离子的溶剂化而稳定，对E1反应有利；极性弱的溶剂对E2反应有利。

9.5.4 亲核取代与消除反应的竞争

在亲核试剂的作用下，卤代烷可能发生S_N1、S_N2、E1和E2等多种反应，影响因素众多，是否有简单的指导原则，可预测反应的结果，判定反应大致按哪种途径进行？

通过对取代和消除反应各影响因素的分析，可知影响取代和消除反应相互竞争的三个主要因素：亲核试剂的碱性、卤代烃的空间位阻以及亲核（碱性）位点周围的空间体积。

（1）亲核试剂碱性强弱的影响

弱亲核试剂，如H_2O、ROH等，只与能发生S_N1、E1的底物反应；碱性弱、亲核性强的试剂，如：I^-、Br^-、RS^-、N_3^-、CN^-、$RCOO^-$、PR_3、NH_3等，更易进行取代反应；强碱，如HO^-、RO^-、H_2N^-、R_2N^-等，使消除反应的可能性增加。

（2）底物反应位点空间位阻的影响

不带支链的伯卤代烃空间位阻小，更易发生取代反应；带支链的伯卤烷、仲卤烷和叔卤烷空间位阻大，发生消除反应的可能性增加。

（3）亲核试剂（强碱）空间位阻的影响

空间位阻小的碱，如：HO^-、CH_3O^-、$C_2H_5O^-$、H_2N^-等可能发生取代反应；空间位阻大的碱，如：$(CH_3)_3CO^-$、$[(CH_3)_2CH]_2N^-$等，更易发生消除反应。

在大量的实验结果的基础上，表9.3总结了在一般情况下各种底物与不同亲核试剂反应的主要机理。

表 9.3　卤代烷与亲核试剂（碱）反应的可能机理

亲核试剂（碱）的类型	甲基卤	伯卤代烷		仲卤代烷	叔卤代烷
		无空间位阻	带支链		
弱亲核试剂（如H_2O、C_2H_5OH）	不反应	不反应	不反应	慢S_N1、E1少	S_N1、E1
弱碱性、亲核能力强的亲核试剂（如I^-）	S_N2	S_N2	S_N2	S_N2	S_N1、E1
强碱性、无位阻的亲核试剂（如CH_3O^-）	S_N2	S_N2	E2	E2	E2
强碱性、有空间位阻的亲核试剂［如$(CH_3)_3CO^-$］	S_N2	E2	E2	E2	E2

此外，溶剂和反应温度，对取代和消除的竞争反应也有影响。增大溶剂的极性有利于取代反应，不利于消除反应，因此，由卤代烃制备醇时要用KOH的水溶液，而由卤代烃制备烯烃时要用KOH的醇溶液；因卤代烃消除反应的活化过程中要拉长β位的C—H键，所以消除反应的活化能比取代反应的大，升高反应温度有利于消除反应。

总之，卤代烃按何种机理进行反应受很多因素的影响，上述分析是基于影响比较大的几个因素进行的探讨，针对具体反应仍需结合反应条件进行具体分析。

练习题 9-9： 确定下列反应体系中的主要机理（S_N1、S_N2、E1或E2），并写出主要产物的结构式。

（1）1-溴丙烷分别在ⓐ $(CH_3)_3COK$的叔丁醇溶液，ⓑ NaCN的丙酮溶液；

（2）1-溴-2-甲基丙烷分别在ⓐ NaI的丙酮溶液，ⓑ C_2H_5ONa的乙醇溶液；

（3）2-溴丙烷分别在ⓐ C_2H_5ONa的乙醇溶液，ⓑ C_2H_5OH。

9.6 卤代烯烃与卤代芳烃

9.6.1 卤代烯烃的分类

卤代烯烃有两个官能团——双键和卤素。一元卤代烯烃分为三类：乙烯型卤代烃、烯丙型卤代烃和孤立型卤代烯烃。例如：

$RCH{=}CH{-}X$	$RCH{=}CHCH_2X$	$RCH{=}CH(CH_2)_nX, (n \geqslant 2)$
乙烯型卤代烃	烯丙型卤代烃	孤立型卤代烯烃

乙烯型卤代烃： 卤原子直接与双键碳原子相连的卤代烯烃，这类化合物的卤原子很不活泼，在一般条件下不发生取代反应。

烯丙型卤代烃： 卤原子与双键相隔一个饱和碳原子的卤代烯烃，这类化合物卤原子很活泼，很容易进行亲核取代反应。

孤立型卤代烯烃： 卤原子与双键相隔两个或两个以上的饱和碳原子的卤代烯烃，这类化合物的卤原子活泼性基本和卤烷中的卤原子相同。

9.6.2 乙烯型卤代烯烃

乙烯型卤代烃由于卤原子直接与双键碳原子相连，卤原子上的p轨道与碳碳双键的π键形成了“3原子4电子”的p-π共轭体系，电子云分布趋向平均化，因此C－X键的偶极矩减小，极性减弱，致使氯原子的活泼性降低。

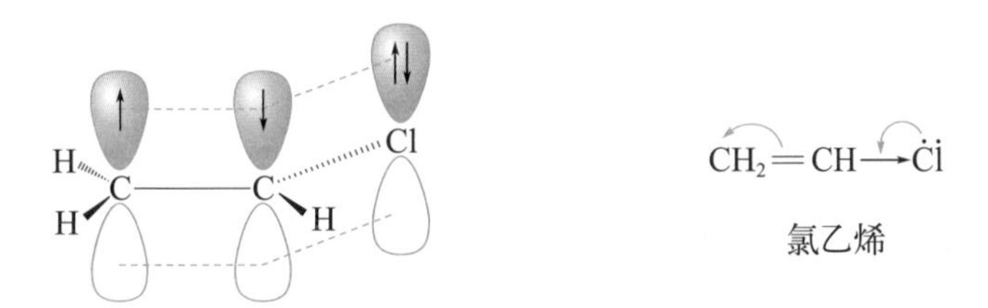

氯乙烯的结构和p-π共轭体系

乙烯型卤代烃不易发生一般的亲核取代反应，氯乙烯中的氯原子很难被羟基、氨基或氰基所取代，即使在加热下也不与硝酸银的乙醇溶液反应；它的亲电加成速率也较一般烯烃慢，但加成产物仍符合马氏规则。例如：

$$CH_2{=}CHCl + HBr \longrightarrow CH_3\underset{\displaystyle Br}{\underset{|}{C}}H{-}Cl$$

乙烯型卤代烃的消除反应也比卤代烷困难，需要在强碱加热的条件下才能反应，例如：

$$C_6H_5{-}CH{=}CHBr \xrightarrow[215\sim230^\circ C]{KOH} C_6H_5{-}C{\equiv}CH \quad 66\%$$

溴乙烯和碘乙烯可以在无水乙醚中与镁制备格利雅试剂，但氯乙烯制备格利雅试剂时需要配位能力更强、沸点更高的THF作溶剂。

9.6.3 烯丙型卤代烃

烯丙基氯（系统命名为3-氯丙-1-烯）是制备丙三醇（参见10.5.5）和重要化工原料环氧氯丙烷（参见10.10.3）的原料。工业上通过丙烯高温气相氯化法制备。

$$CH_2{=}CHCH_3 + Cl_2 \xrightarrow{500℃} CH_2{=}CHCH_2Cl + HCl$$

烯丙型溴的制备可用NBS作溴化剂，过氧化苯甲酰作引发剂，通过自由基反应来制备。例如：

$$\text{环己烯} + \text{NBS} \xrightarrow[\text{CCl}_4,\ \text{沸腾}]{(C_6H_5CO)_2O_2} \text{3-溴环己烯} + \text{丁二酰亚胺}$$

(NBS)

烯丙基卤既容易发生S_N1亲核取代反应，又容易发生S_N2亲核取代反应（参见9.4.4）。例如：在室温下，烯丙基氯即可与硝酸银的乙醇溶液发生S_N1反应，快速析出氯化银沉淀，反应活性与叔丁基氯相当。原因是在Ag^+作用下，烯丙基氯中C—X键异裂，形成烯丙基碳正离子，p-π共轭使烯丙基碳正离子的正电荷分散从而更稳定，过渡态活化能降低，S_N1反应速率加快。

$$CH_2{=}CH{-}\dot{C}H_2 \longleftrightarrow \dot{C}H_2{-}CH{=}CH_2 \qquad \overset{\cdot}{CH_2{\cdots}CH{\cdots}CH_2}$$

烯丙基自由基

$$CH_2{=}CH{-}\overset{+}{C}H_2 \longleftrightarrow \overset{+}{C}H_2{-}CH_2{=}CH_2 \qquad \overset{+}{CH_2{\cdots}CH{\cdots}CH_2}$$

烯丙基碳正离子

1-氯丁-2-烯的碱性水解得到两种产物，这是由于按如下所示的S_N1反应历程进行：

$$CH_3CH{=}CHCH_2Cl \longrightarrow [CH_3CH{=}CH\overset{+}{C}H_2 \longleftrightarrow CH_3\overset{+}{C}HCH{=}CH_2]$$

$$CH_3\overset{\delta^+}{C}H{\cdots}CH{\cdots}\overset{\delta^+}{C}H_2$$

$$CH_3\overset{\delta^+}{C}H{\cdots}CH{\cdots}\overset{\delta^+}{C}H_2 \xrightarrow{HO^-} \begin{cases} \text{①}\ CH_3CH{=}CHCH_2OH \\ \text{②}\ CH_3CH(OH)CH{=}CH_2 \end{cases}$$

从生成的烯丙基碳正离子的共振结构式看，正电荷分布在1位和3位，亲核试剂HO^-分别进攻1位和3位，生成丁-2-烯-1-醇和丁-3-烯-2-醇，这种现象叫**烯丙位重排**。

9.6.4 卤代芳烃

卤代芳烃可由芳烃的卤代来合成。氯苯可作溶剂和重要的有机化工原料，由苯与氯气在催化剂作用下制备，工业上也采用苯气相氧氯化法，即将苯蒸气、空气及HCl混合，以氯化铜等为催化剂在氯化反应器中反应得到：

$$C_6H_6 + HCl + \frac{1}{2}O_2 \xrightarrow[300℃]{CuCl_2} C_6H_5Cl + H_2O$$

氯原子的p轨道与苯环的大π键形成p-π共轭体系，氯原子的孤对电子向苯环离域，导致C—X键的偶极矩减小，极性减弱，异裂解离能增大，致使氯原子的活泼性降低，很难被亲核取代。例如，溴苯在$AgNO_3$的乙醇溶液中，数日未有沉淀产生。

如同氯乙烯，氯苯制备格利雅试剂也不能用乙醚作溶剂，要用高沸点的THF。

氯苯中氯的电负性比碳大，又有吸电子诱导效应，且吸电子诱导效应大于给电子的共轭效应，使苯环上的电子云密度降低而钝化亲电取代反应。

卤代芳烃在苛刻条件下可以发生亲核取代反应。例如，由氯苯生产苯胺、二苯醚和苯酚，都是在高温、高压和催化剂的条件下进行的：

$$C_6H_5Cl \xrightarrow[180\sim220℃,\ 67.5\ MPa]{NH_3,\ CuCl\text{-}NH_4Cl} C_6H_5NH_2$$

$$C_6H_5\text{—}Cl + NaO\text{—}C_6H_5 \xrightarrow[\text{约}350℃,\ 10\ MPa]{CuO} C_6H_5\text{—}O\text{—}C_6H_5$$

$$C_6H_5Cl \xrightarrow[\text{约}360℃,\ 20\ MPa]{10\%\ NaOH,\ Cu} C_6H_5ONa \xrightarrow{HCl} C_6H_5OH$$

若苯环上卤原子的邻位或对位有强的吸电子基团，则降低了苯环上的电子云密度，对亲核取代反应起活化作用，反应条件较为温和。例如：

$$\text{邻-}NO_2C_6H_4Cl \xrightarrow[NaOH,\ \triangle]{CH_3OH} \text{邻-}NO_2C_6H_4OCH_3$$

$$2,4,6\text{-}(NO_2)_3C_6H_2Cl \xrightarrow[\text{温热}]{Na_2CO_3,H_2O} \xrightarrow{H_3O^+} 2,4,6\text{-}(NO_2)_3C_6H_2OH$$

若苯环上有供电子基团，则亲核取代反应难度加大，而且反应产物不同。例如：

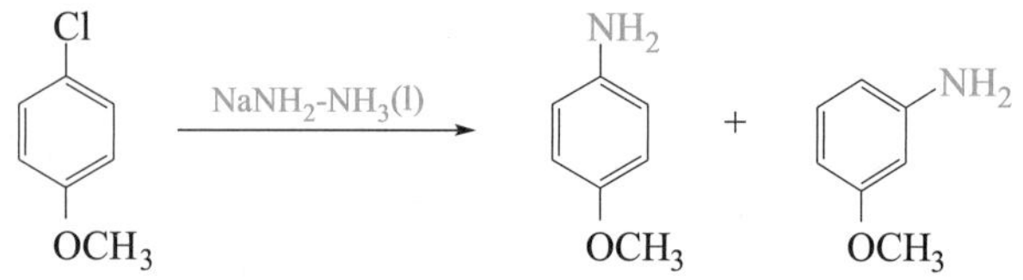

这就预示着卤代芳烃有不同的取代反应机理。根据上述实例，可以表述为：

① 当卤代芳烃苯环上有吸电子基团时，取代反应历程为“**加成-消除**”机理（也叫**芳香亲核取代机理，S_NAr**）。例如：

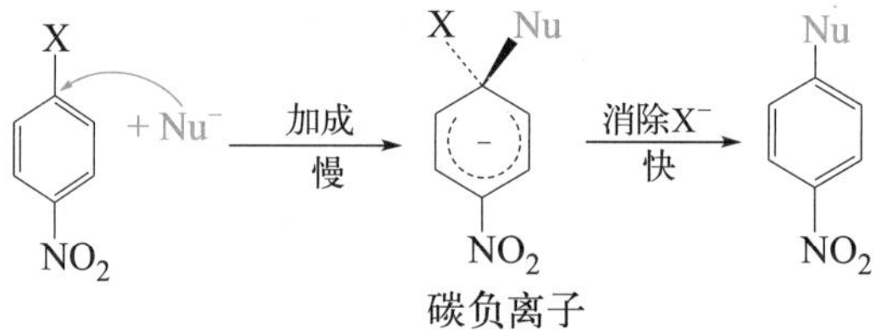

可见，加成-消除机理决定反应快慢的是加成步骤，取决于反应中间体碳负离子的稳定性；在卤原子的邻、对位有第二类定位基时，吸电子取代基可以使碳负离子更稳定，所以倾向于选择加成-消除机理。

② 当卤苯或卤代芳烃苯环上有供电子基团时，取代反应历程为“**消除-加成**”机理（也叫**苯炔机理**）。例如：

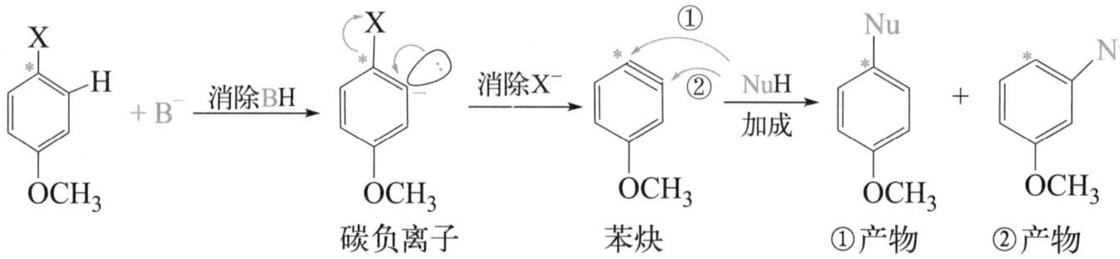

苯环上卤原子的邻、对位存在第一类定位基时，供电子取代基使苯环电子云密度增大，亲核试剂对苯环的加成进一步增大苯环的电子云，导致碳负离子更不稳定，难以按照加成-消除机理发生反应，在极端苛刻的条件下，强碱（B^-）以BH形式消除β-H，同时以X^-的形式消除卤原子，形成不稳定的苯炔，最后亲核试剂对苯炔加成，完成反应。

此外，卤代芳烃与卤代烷还可通过**武兹-菲蒂希**反应偶联，可制备取代芳香化合物［参见9.3.1（3）］，实验室可用卤代芳烃与铜粉共热生成联苯，这种方法叫**乌尔曼（Ullmann）反应**。

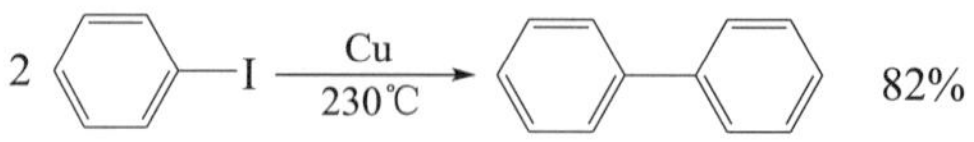

9.7 卤代烃的制备

制备卤代烃的途径很多。在高温或光照条件下烷烃、环烷烃的卤代反应，烯烃、炔烃与卤素或氢卤酸的加成反应，芳环及侧链α-H的卤代反应等均能制备相应的卤代烃，这些方法在烯烃、炔烃、芳烃等章节中已有详细介绍，不再赘述。

卤代烃的重要制备途径是由醇来制备，常用氢卤酸、卤化磷（PBr_3、PI_3和PCl_5）和亚硫酰氯（$SOCl_2$）等试剂。各类反应的通式如下：

$$R-OH + HX \rightleftharpoons R-X + H_2O$$

$$3ROH \xrightarrow[\text{或}P+X_2]{PX_3} 3RX + H_3PO_3 \ (X = Br, I)$$

$$ROH + PCl_5 \longrightarrow RCl + HCl + POCl_3$$

$$ROH + SOCl_2 \xrightarrow{\triangle} RCl + SO_2\uparrow + HCl\uparrow$$

由醇与卤化氢制备卤代烃可能会有重排和消除副产物，其它试剂与醇反应制备卤代烃一般重排副产物较少（参见10.3.2）。

9.8 重要的卤代烃

9.8.1 几种甲烷卤代物

氯代甲烷是一类非常重要的化合物，广泛应用于工业、农业、农药和有机合成中。具体包括CH_3Cl、CH_2Cl_2、$CHCl_3$（氯仿）、CCl_4，它们各自的沸点和相对密度见表9.2。

CH_3Cl主要用作有机硅的原料，也用作溶剂、冷冻剂等。

CH_2Cl_2是实验室中常用的溶剂，还可代替易燃的石油醚和乙醚作为脂肪和油的萃取剂，也用作乙酯纤维溶剂、牙科局部麻醉剂、冷冻剂和灭火剂等。

$CHCl_3$（俗称氯仿），无色而有甜味的液体，不燃。能溶解油脂、蜡、有机玻璃和橡胶等，可用作抗生素、香料、油脂、树脂、橡胶的溶剂和萃取剂。曾用作麻醉剂。氯仿易在光作用下被空气中的氧气氧化分解，生成毒性很强的光气：

$$2CHCl_3 + O_2 \xrightarrow{\text{日光}} 2\ Cl_2C{=}O + 2HCl$$

因此氯仿要存放在棕色瓶中，工业产品通常加少量乙醇，使生成的光气与乙醇作用生成无毒的碳酸二乙酯。

CCl_4为无色液体，不溶于水，与乙醇、乙醚可以任意比例混合，是常用的有机溶剂，有一定毒性，能损害肝脏。其蒸气密度大，不燃烧，不导电，常用作灭火剂，但遇明火或高温易产生剧毒的光气和氯化氢烟雾，所以，使用时应注意通风：

$$CCl_4 + H_2O \xrightarrow{\text{高温}} COCl_2 + 2HCl$$

三碘甲烷（CHI_3），俗称碘仿，黄色粉末或晶体，微溶于水，溶于苯、乙醚、丙酮。主要在医药和生物化学中用作防腐剂和消毒剂。

9.8.2 氯乙烯

氯乙烯（vinyl chloride）主要用于制造聚氯乙烯，也可与乙酸乙烯酯、丁二烯等共聚，用作多种聚合物的共聚单体，是塑料工业的重要原料，也可用作冷冻剂等。聚氯乙烯（polyvinyl chloride，PVC）是最重要的通用高分子材料之一，用途极其广泛。

工业上氯乙烯的制备主要有乙炔气相合成法和乙烯氧氯化法。

（1）乙炔气相合成法

乙炔气相合成法又称电石法。由乙炔与HCl在催化剂作用下加成得到氯乙烯：

$$CH\equiv CH + HCl \xrightarrow[150\sim 160^{\circ}C]{HgCl_2/\text{活性炭}} CH_2=CHCl$$

乙炔气相合成法工艺简单，产品纯度高，但由于乙炔主要由电石制备，耗电量大，成本高，并有汞污染问题，因此低汞及无汞催化剂的研发是当前关注的热点。

（2）乙烯氧氯化法

本方法往往与氯碱工业相结合，利用食盐电解所得的氯气与乙烯加成，先得二氯乙烷，然后在高温下裂解消除一分子HCl而得氯乙烯：

$$CH_2=CH_2 + Cl_2 \longrightarrow CH_2Cl-CH_2Cl \xrightarrow[400^{\circ}C]{\text{裂解}} \underset{\text{氯乙烯}}{CH_2=CHCl} + HCl$$

副产物HCl与空气（或氧气）又发生如下反应，氯得以回收：

$$2HCl + \frac{1}{2}O_2 \longrightarrow Cl_2 + H_2O$$

乙烯氧氯化法的总反应式为：

$$2CH_2=CH_2 + Cl_2 + \frac{1}{2}O_2 \longrightarrow 2CH_2=CHCl + H_2O$$

该工艺摆脱了氯化汞的毒害，也可以实现氯碱工业的氯平衡。氯乙烯在引发剂过氧化物或偶氮二异丁腈（AIBN）作用下，聚合生成聚氯乙烯：

$$nCH_2=CHCl \xrightarrow[50^{\circ}C,\ 1.0\ MPa]{AIBN} \left[CH_2-\underset{Cl}{\underset{|}{CH}} \right]_n$$

聚氯乙烯具有极好的耐化学腐蚀性，电绝缘性优良，不会燃烧，常用来制造塑料制品、合成纤维、薄膜、管材等。但聚氯乙烯热稳定性和耐光性较差，在100℃以上或长时间阳光暴晒分解释放氯化氢，因此，制造塑料时需加稳定剂。

9.8.3 苄氯（苯氯甲烷）

苄氯（benzyl chloride），又名氯化苄、苯氯甲烷，是一种催泪性液体，也是重要的有机合成中间体。工业上可通过苯的氯甲基化反应［参见7.4.1（5）］或甲苯氯化来制备。例如：

$$C_6H_5-CH_3 + Cl_2 \xrightarrow[\text{或高温}]{h\nu} C_6H_5-CH_2Cl$$

甲苯的氯化为自由基取代反应，形成苄基自由基中间体，其α-碳上的未成对电子所在的p轨道与苯环形成p-π共轭体系，π电子向带未成对电子的p轨道离域而稳定，使得甲基上的氢原子易于被卤代。苄溴在实验室可通过甲苯与NBS反应来合成。

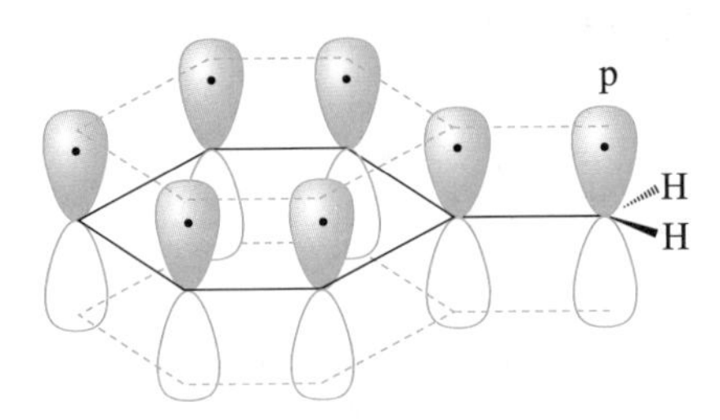

苄基自由基p-π共轭体系

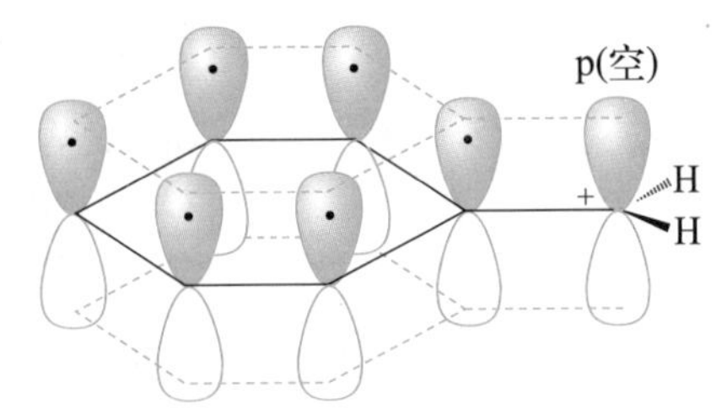

苄基碳正离子p-π共轭体系

苄氯与烯丙基氯相似，可发生卤代烷烃的全部化学反应，而且反应活性更高，是有机合成的重要中间体，常用作苯甲基化试剂。特别是在亲核取代反应中，因为p-π共轭效应使苄基碳正离子非常稳定，所以易发生S_N1亲核取代反应，又因苄氯也是伯卤代烃，所以也易发生S_N2亲核取代反应。例如：苄基氯易水解成苯甲醇，是工业上制备苯甲醇的方法之一：

$$C_6H_6 \xrightarrow[ZnCl_2,\ 60℃]{(HCHO)_3 + HCl} C_6H_5CH_2Cl \xrightarrow[H_2O]{NaOH} C_6H_5CH_2OH$$

此外，苄氯还可与CN^-、RO^-、NH_3、I^-等亲核试剂反应，得到相应的取代产物。

9.8.4　氟利昂*

氟利昂是低碳原子数的氟氯代烷烃的商品名（freon），广泛用作制冷剂，并带动了电子元件清洗、发泡和喷雾剂等领域的技术进步。

由于氟原子电负性最大，半径却很小，分子极性不大，氟利昂常温下多为气体或低沸点液体，易压缩成不燃性液体，解除压力后立即气化，同时吸收大量的热，被广泛应用于制冷剂。由于C—F键的键长短、键能大，所以不易发生化学键的断裂，化学性质很稳定。

氟利昂大致分为三类，包括：

① 氯氟烃类（简称CFC，由C、Cl、F三种元素组成）；

② 氢氯氟烃类（简称HCFC，由C、H、F、Cl四种元素组成）；

③ 氢氟烃类（简称HFC，由C、H、F三种元素组成）。

CFC和HCFC类氟利昂进入大气层后，在紫外线作用下可与臭氧发生化学反应，破坏臭氧层，已被禁止或限制使用。HFC型氟利昂不破坏臭氧层，是未来制冷剂的主要发展方向。

9.8.5 四氟乙烯与聚四氟乙烯*

四氟乙烯（tetrafluoroethene），常温常压下为无色气体，沸点76.3℃，不溶于水，溶于有机溶剂。主要用作制造新型的耐热塑料、工程塑料、新型灭火剂和抑雾剂的原料。

工业上以三氯甲烷为原料，合成四氟乙烯的路线如下：

$$CHCl_3 + 2HF \xrightarrow{SbCl_5} CHF_2Cl + 2HCl$$

$$2CHF_2Cl \xrightarrow[\text{裂解}]{600 \sim 800℃} CF_2{=}CF_2 + 2HCl$$

四氟乙烯经聚合而制得聚四氟乙烯：

$$nCF_2{=}CF_2 \xrightarrow[25℃,\ 0.5\ MPa]{(NH_4)_2S_2O_8,\ H_2O} {-}\!\!\left[CF_2{-}CF_2\right]\!\!_n{-}$$

聚四氟乙烯（polytetrafluoroethylene，PTFE），俗称“塑料王”，商品名“特氟隆”。这种材料具有抗酸、抗碱、耐热、耐寒等特点，可在−180 ～ 260℃长期使用。由于聚四氟乙烯是疏水性的，常被用作不粘锅表面涂层。又由于其具有摩擦系数极低的特性，用作润滑剂时，可减少摩擦、磨损和机器能耗。另外，它还通常在外科手术中用作移植材料。

9.9 烃基卤硅烷*

含碳硅键的有机化合物称为有机硅化合物（organosilicon compound）。硅是ⅣA元素，与碳是同族相邻元素，其外层电子构型为$3s^23p^2$，与碳类似，通常以sp^3杂化状态成键，也能生成与烷烃类似的硅化合物。例如：

CH_4	$CHCl_3$	CCl_4	CH_3OH
甲烷	三氯甲烷	四氯化碳	甲醇
SiH_4	$SiHCl_3$	$SiCl_4$	SiH_3OH
甲硅烷	三氯甲硅烷	四氯化硅	甲硅醇

硅原子半径（0.17 nm）比碳的（0.077 nm）大，极化度要比碳大得多，硅的电负性（1.8）比碳（2.5）和氢的（2.2）电负性都小，所以不论Si—C键，还是Si—H键，Si总是偶极的正极，因此，硅易遭受亲核试剂的进攻，这对硅化合物的化学性质有深刻影响。

从表9.4硅和碳的各类共价键的键能看，Si—O > C—C > Si—Si，可见，硅难以形成长硅链化合物，但易于形成Si—O长链。

表 9.4 常见的硅键和碳键的平均键能 单位：kJ/mol

项目	C	Si	O	H	F	Cl	Br	I
Si	301.2	221.8	451.9	318.0	564.8	380.7	309.6	234.3
C	347.3	301.2	359.8	414.2	485.3	339.0	284.5	217.6

由表9.4的键能数据还可知Si—H键比C—H键易断裂，故硅烷化学性质比较活泼，硅烷中的氢可被卤素、羟基、烷氧基取代，生成卤硅烷、硅醇、硅氧烷等硅化合物。

有机硅化合物中有Si—C键，且至少有一个有机基团直接与硅原子相连，习惯上也包括含O、S、N等有机基团与硅原子相连接的化合物。

9.9.1 烃基卤硅烷的性质及制备

烃基卤硅烷是最重要的有机硅化合物，是制备有机硅高聚物的基本原料。烃基卤硅烷包括：一烃基三卤硅烷（$RSiX_3$）、二烃基二卤硅烷（R_2SiX_2）、三烃基一卤硅烷（R_3SiX）。其中R可为脂肪族烃基，也可为芳香族烃基。

烃基氯硅烷是比水重的液体，由于硅氯键易断裂，性质活泼，可发生水解、醇解等亲核取代反应，硅原子上所连接的所有氯均可被羟基或烷氧基取代。例如：

$$R_3SiCl + H_2O \xrightarrow{OH^-} R_3SiOH + HCl$$

$$(CH_3)_2SiCl_2 + 2H_2O \xrightarrow{OH^-} (CH_3)_2Si(OH)_2 + 2HCl$$

$$(CH_3)_2SiCl_2 + 2CH_3OH \xrightarrow{OH^-} (CH_3)_2Si(OCH_3)_2 + 2HCl$$

烃基烷氧基硅烷容易水解得到相应的硅醇：

$$(C_2H_5)_3SiOC_2H_5 + H_2O \longrightarrow (C_2H_5)_3SiOH + C_2H_5OH$$

硅醇易发生分子间脱水生成硅醚或聚硅醚。所以，烃基烷氧基硅烷与烃基氯硅烷一样，也是合成有机硅高分子的原料，而且反应缓慢容易控制，有利于工业操作。

有机卤硅烷的主要制备方法如下。

（1）直接法制备

工业上在高温下，将卤代烃（如CH_3X、C_2H_5X以及PhX）蒸气通过加热的硅粉在铜粉催化下，直接制备卤硅烷，产物为混合物。

$$2\,RX + Si \xrightarrow[300\sim500^\circ C]{Cu} R_2SiX_2\text{（主要产物）}$$

并含有$RSiX_3$、R_3SiX副产物。真正有工业生产价值的是二甲基二氯硅烷和二苯基二氯硅烷，它们是合成有机硅化合物重要的化工原料。

（2）格利雅试剂与卤硅烷作用

$SiCl_4$与格利雅试剂作用可生成各类烃基氯硅烷，通过调节格利雅试剂的用量，可使一种烃基氯硅烷为主要产物。

$$SiCl_4 \xrightarrow{RMgCl} RSiCl_3 \xrightarrow{RMgCl} R_2SiCl_2 \xrightarrow{RMgCl} R_3SiCl \xrightarrow{RMgCl} R_4Si$$

9.9.2 有机硅高聚物

有机硅高聚物又称为聚硅氧烷，主链（或骨架）是由硅、氧交替组成的高分子，硅原子上常带有甲基、苯基、乙烯基等有机基团。主要类型如下。

（1）硅油

硅油（silicone oil）通常指在室温下保持液体状态的线型聚硅氧烷产品。甲基硅油，也称普通硅油，有机基团全部为甲基，是以$(CH_3)_2SiCl_2$和少量的$(CH_3)_3SiCl$为原料，经水解缩聚而得：

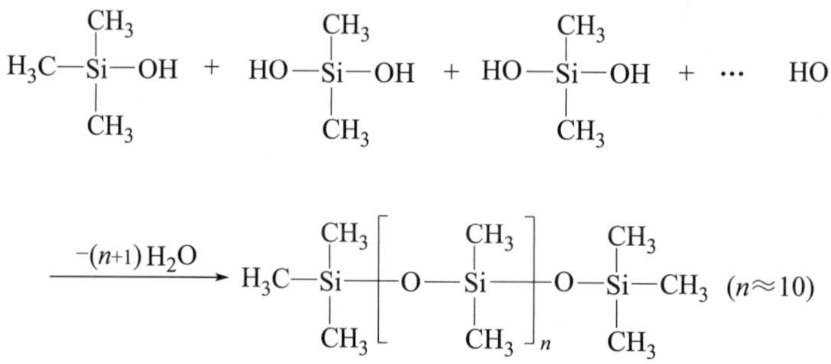

$$H_3C-\underset{CH_3}{\overset{CH_3}{Si}}-OH + HO-\underset{CH_3}{\overset{CH_3}{Si}}-OH + HO-\underset{CH_3}{\overset{CH_3}{Si}}-OH + \cdots \quad HO-\underset{CH_3}{\overset{CH_3}{Si}}-CH_3$$

$$\xrightarrow{-(n+1)H_2O} H_3C-\underset{CH_3}{\overset{CH_3}{Si}}\left[-O-\underset{CH_3}{\overset{CH_3}{Si}}-\right]_n O-\underset{CH_3}{\overset{CH_3}{Si}}-CH_3 \quad (n\approx 10)$$

硅油是低分子聚合物，无色油状液体。改性硅油是指二甲基硅油分子中的部分甲基被其它有机基团取代，以改进硅油的某种性能，使其适用于不同场合。硅油主要用作高级润滑油、扩散泵油、加热介质，苯基硅油可在180～220℃长时间使用。

（2）硅橡胶

硅橡胶（silicone rubber）是一种直链状、高分子量（$>1.5\times10^5$）的聚硅氧烷，硅橡胶无毒无味，并具有良好的耐高低温性、电绝缘性、耐老化性、防霉性和化学稳定性，因而在航空航天、医疗卫生和电子电器工业等领域中得到广泛应用。

甲基硅橡胶是用高纯度的$(CH_3)_2SiCl_2$水解缩合而得：

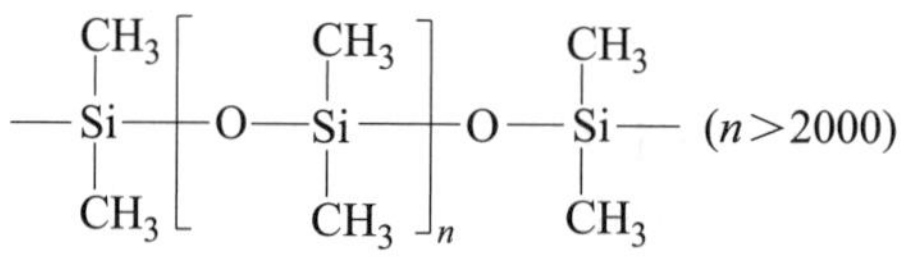

$$-\underset{CH_3}{\overset{CH_3}{Si}}\left[-O-\underset{CH_3}{\overset{CH_3}{Si}}-\right]_n O-\underset{CH_3}{\overset{CH_3}{Si}}- \quad (n>2000)$$

硅橡胶的种类也很多，普通的硅橡胶主要由含甲基和少量乙烯基的硅氧链节组成，苯基的引入可提高硅橡胶的耐高、低温性能，三氟丙基的引入则可提高硅橡胶的耐温及耐油性能。

高温硫化硅橡胶的分子量一般在60万左右，由于这类橡胶耐高温，抗老化，在国防及尖端技术方面得到应用，此外作为医用高分子材料，在人工心脏瓣膜、血管及其它人造器官等方面得到应用。

（3）有机硅树脂

有机硅树脂（organic silicone resin）是高度交联的网状结构的聚有机硅氧烷，其分子量介于硅油与硅橡胶之间，可以加工成塑料制品、制成涂料。

通常是用甲基三氯硅烷、二甲基二氯硅烷、苯基三氯硅烷、二苯基二氯硅烷或甲基苯基二氯硅烷的各种混合物，在有机溶剂如甲苯存在下，在较低温度下水解缩合，得到环状的、线型的和交联聚合物的混合初始产物，然后于空气中热氧化或在催化剂存在下进一步缩聚，最后形成高度交联的立体网络结构。

有机硅树脂还具有突出的耐候性，即使在紫外线强烈照射下也耐泛黄，另一突出的性能是优异的电绝缘性能。此外，有机硅树脂还具防水、防烟雾、防霉菌等特性，主要用作涂料及电子包封料等。

综合练习题

1. 用系统命名法命名下列化合物或写出化合物的结构式。

（1）Br、H、H 与 C_2H_5、H、Br 分别连接于 C—C 两端（楔形式）　（2）H(Cl)C=C(Cl)C_2H_5　（3）$BrCH_2\underset{\displaystyle CH_3}{CH}C\equiv CCH_3$

（4）Cl—环己烷—CH_3　（5）Cl—苯环(F)—Br　（6）$ClCH_2$—苯环(CH_3)—Br

（7）1-(溴甲基)-4-氯苯　（8）烯丙基溴　（9）碘仿

2. 将下列各组化合物的偶极矩按从大到小排序。

（1）CH_3F、CH_3Cl、CH_3Br和CH_3I；

（2）$Cl_2C{=}CCl_2$、$ClCH{=}CH_2$和CH_3CH_2Cl。

3. 将下列各组试剂按亲核性由强到弱排序。

（1）C_2H_5OH、$C_2H_5O^-$、HO^-、$C_6H_5O^-$、CH_3COO^-；

（2）$(CH_3)_3C^-$、NH_2^-、HO^-、F^-；

（3）在质子溶剂中的F^-、Cl^-、Br^-、I^-。

4. 将下列各组化合物按反应速率由快到慢排序，并简要说明理由。

（1）水解反应：

A：C_6H_5—CH_2Br　B：O_2N—C_6H_4—CH_2Br　C：H_3C—C_6H_4—CH_2Br

（2）与$AgNO_3$的乙醇溶液反应：

A：$CH_2{=}CHCH_2Cl$　B：$(CH_3)_2CHCl$　C：$(CH_3)_2CHCH_2Cl$　D：$CH_3CH{=}CHCl$

（3）在丙酮溶液中与NaI的反应：

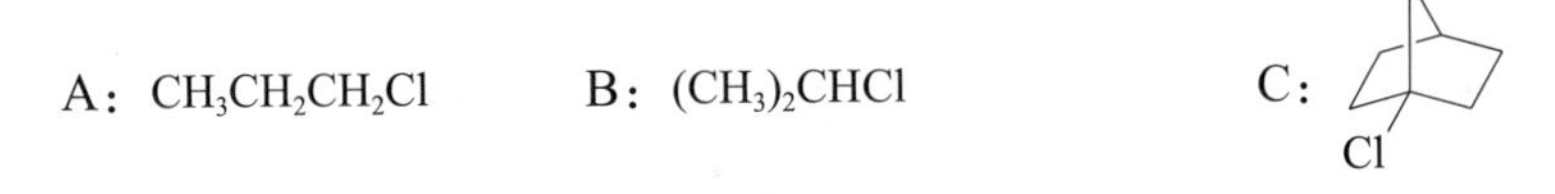

5. 下列关于卤代烃各类反应特性，说法正确的是（　）。

（1）叔丁基溴水解反应中，升高反应温度，则消除产物比例提高；

（2）2-溴丙烷在乙醇钠的乙醇溶液反应体系中主要发生的是E2反应；

（3）增大溶剂的极性不利于消除反应，而有利于取代反应，尤其有利于S_N1反应；

（4）某卤代烃取代反应后的混合产物有旋光性，则该反应一定是S_N2反应。

6. 写出1-溴丁烷在下列反应条件下反应所得到的主要有机物。

（1）NaOH水溶液　（2）NaOH/乙醇溶液，加热　（3）$(CH_3)_2CuLi$/乙醚

（4）溴苯/Na，乙醚　（5）$CH_3C\equiv CNa$　（6）CH_3COONa/季铵盐

7. 用简单的化学方法鉴别下列化合物。

（1）$C_6H_5-CH=CHCl$、$C_6H_5-CH_2CH_2Cl$ 和 $C_6H_5-CH(Cl)CH_3$

（2）1-甲基-1-溴环己烷（环己基上连 CH_3 和 Br）、环己基$-CH(I)CH_3$ 和 环己基$-CH_2Cl$

8. 完成下列反应，写出各步反应的主要条件或有机产物。

（1）$CH_2=CHCH_3 \xrightarrow[500°C]{Cl_2} (A) \xrightarrow[H_2O]{KOH} (B)$

$CH_2=CHCH_3 \xrightarrow[光照]{HBr} (C) \xrightarrow{(D)} CH_3(CH_2)_4CH_3$

（2）苯 $\xrightarrow{(A)}$ $C_6H_5CH_2Cl$ $\xrightarrow{HC\equiv CNa} (B) \xrightarrow[Hg^{2+}/H_2SO_4]{H_2O} (C)$

（3）$C_6H_5CH_2CHBrCH_3 \xrightarrow[C_2H_5OH, \triangle]{KOH} (A) \xrightarrow{(B)} C_6H_5CH=CHCH_2Br \xrightarrow{NaCN} (C)$

（4）环己基$-CH=CH_2 \xrightarrow[②\ H_2O_2/OH^-]{①\ B_2H_6} (A) \xrightarrow{(B)}$ 环己基$-CH_2CH_2Cl \xrightarrow[乙醚]{Mg} (C) \xrightarrow[②\ H_3O^+]{①\ CH_3CN/醚} (D)$

（5）苯 $\xrightarrow{(A)}$ $C_6H_5Cl \xrightarrow{(B)} C_6H_5MgCl$

$C_6H_5MgCl \xrightarrow[②\ H_3O^+]{①\ CO_2/THF} (C)$

$C_6H_5MgCl \xrightarrow[②\ H_3O^+]{①\ 环氧乙烷/THF} (D)$

（6）$CH_3CH_2C\equiv CH \xrightarrow[过氧化物]{1\ mol\ HBr} (A)$

$CH_3CH_2C\equiv CH \xrightarrow{HBr（足量）} (B) \xrightarrow[-2HBr]{KOH/C_2H_5OH} (C)$

（7）甲基环己烷 $\xrightarrow[\text{光照}]{Br_2}$ (A) —(B)→ 1-甲基环己烯（$-CH_3$）；—(C)→ 亚甲基环己烷（$=CH_2$）

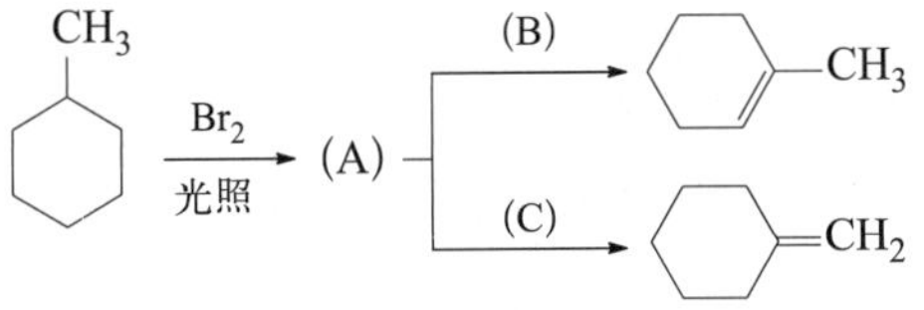

（8）Fischer投影式：CH_3（上），H—C—Br，H—C—CH_3，C_2H_5（下） $\xrightarrow[\text{丙酮}]{I^-}$ (A) 并标出手性碳原子的构型

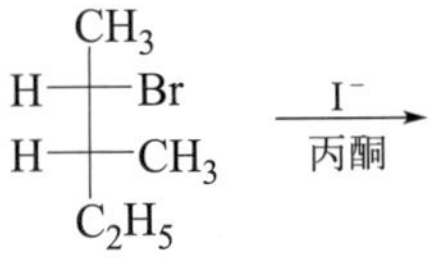

（9）H、Ph、H—C—C—H、Ph、Br（楔形式） $\xrightarrow[C_2H_5OH]{KOH}$ (A)

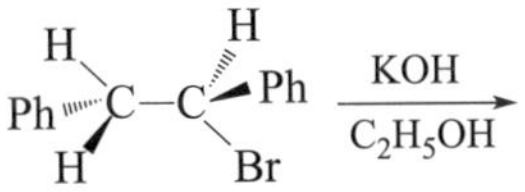

（10）椅式环己烷（H、Br、C_2H_5、H） $\xrightarrow[C_2H_5OH]{KOH}$ (A)

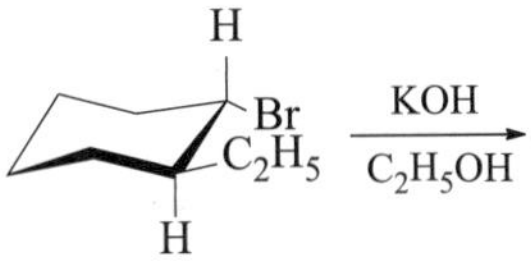

9. 聚氯乙烯（PVC）是通用高分子材料。工业上有电石（乙炔）法和乙烯氯氧化法等制备路线，请写出这两种制备聚氯乙烯的主要反应式。

10. 按指定原料合成下列化合物，反应中涉及的溶剂、催化剂及无机试剂可任选。

（1）以丙烯为原料合成1,2-二溴-3-氯丙烷；

（2）以丙烯为原料合成1,1,2,2-四溴丙烷；

（3）由环己醇合成3-溴环己烯；

（4）由苯、乙酸为原料合成对溴苯乙酮（Br—C_6H_4—$COCH_3$）；

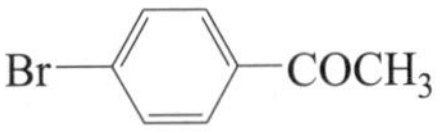

（5）香精苄基乙基醚（C_6H_5—$CH_2OC_2H_5$）有类似菠萝样的水果香气，请以甲苯和乙醇钠为原料合成之；

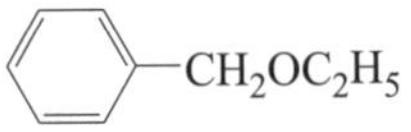

（6）乙酸苄酯（C_6H_5—CH_2OCCH_3，C上为=O）可作茉莉、白兰、玉簪、月下香等香精的调和香料，请以苯、甲醛和乙酸为原料合成之。

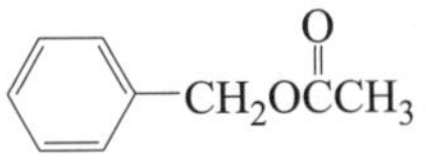

11. 写出下列反应的机理，并简要说明理由。

（1）C_6H_5—$CH_2CH{=}CH_2$ $\xrightarrow{HBr}$ C_6H_5—$CH(Br)CH_2CH_3$

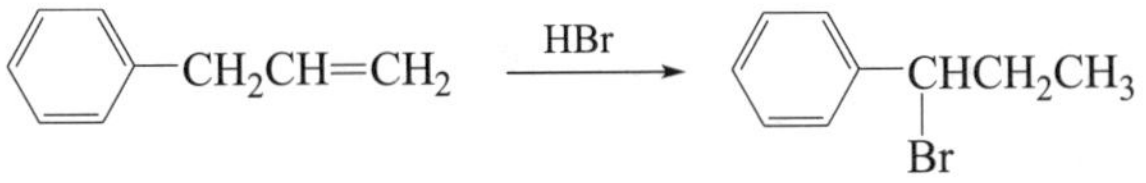

（2）$(CH_3)_3CCH_2Br$ $\xrightarrow[C_2H_5OH\text{-}H_2O]{Ag^+}$ $H_3C—C(OC_2H_5)(CH_3)—C_2H_5$ + $H_3C—C(OH)(CH_3)—C_2H_5$ + $(CH_3)_2C{=}CHCH_3$

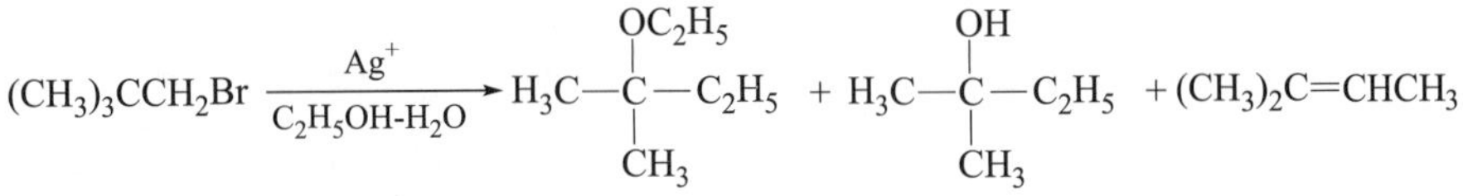

12. (2*R*,3*R*)-2-碘-3-甲基己烷（结构见右图）的甲醇溶液，缓慢加热后发生溶剂解反应，得到2种甲醚化的立体异构体。

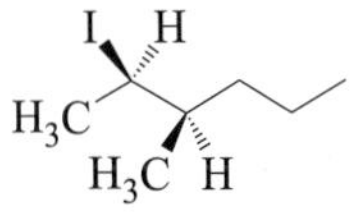

（1）判断该转化的反应机理，简要说明理由；

（结构图：I、H；H_3C；H_3C、H）

（2）这两种异构体产物是对映体还是非对映体？

（3）请从右图的立体构型开始，用机理来解释（2）的结果。要求用曲箭头标出电子转移的方向，并标出最终产物的*R*、*S*构型。

13. 某企业为合理利用资源，以苯为原料经氯苯生产合成解热、镇痛药非那西丁的中间体（化合物D）的同时，并联产邻氯苯胺（染料、医药等重要中间体）。生产路线如下：

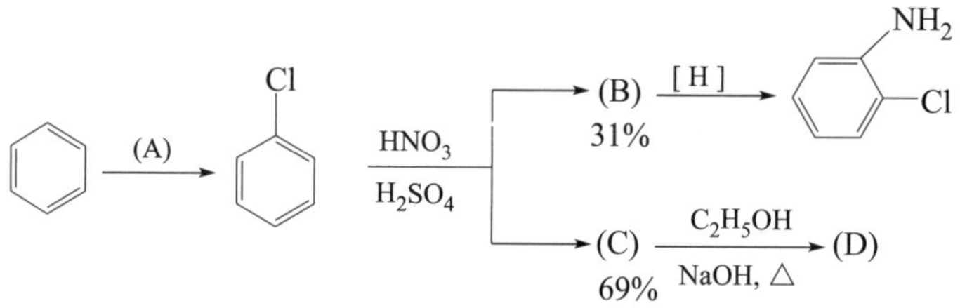

(A)
Cl
HNO_3
H_2SO_4
(B) 31%
[H]
NH_2
Cl
(C) 69%
C_2H_5OH
NaOH, △
(D)

（1）本企业采用苯气相氧氯化法生产氯苯，请写出该转化的反应式；

（2）写出化合物B的结构简式；

（3）写出化合物C合成化合物D的反应式。

14. 分别用（a）顺-1-氯-2-甲基环己烷、（b）反-1-氯-2-甲基环己烷为原料，设计合成单一的反-2-甲基环己基乙酸酯的转化路线，其它试剂任选。写出有关反应式。

15. 在55℃下，不同的溴烷和乙醇钠在乙醇中反应，其取代和消除产物的百分比如下表所示。

项目	CH_3CH_2Br	$CH_3(CH_2)_3Br$	$(CH_3)_2CHCH_2Br$	$PhCH_2CH_2Br$
S_N2产物/%	99	91	40.4	5.4
E2产物/%	1	9	59.6	94.6

由表中数据可知，卤代烃β-碳原子上的支链影响取代和消除产物的比例。

（1）卤代烃的烷基结构对取代和消除反应比例的影响规律，并给予简要的解释。

（2）根据总结的规律，预测正丙基溴在此条件下的主要产物及其百分含量的范围。

（3）为什么1-溴-2-苯基乙烷消除反应产物的比例要高得多？请给予合理的解释。写出该消除产物的结构式。

（4）若提高反应温度，则对各消除反应产物的比例有何影响？

第10章

醇和醚

醇（alcohol）是指脂肪烃、脂环烃或芳香烃侧链中的氢原子被羟基（—OH）取代而成的化合物，也可看作是水分子中的一个氢被烃基（芳基除外）取代的化合物。

醚（ether）分子可看成是水分子中的两个氢均被烃基所取代的化合物，也可看成是醇羟基上的氢原子被烃基取代的化合物。

硫和氧在元素周期表中同属第ⅥA族，所以，具有相似结构和性质的硫醇和硫醚也将放在本章一并讨论。

10.1 醇的结构、分类和命名

10.1.1 醇的结构

醇分子中的羟基官能团称为醇羟基。羟基中的氧原子与水分子中的氧原子一样，采取不等性sp^3杂化。以甲醇为例，两个sp^3杂化轨道分别与氢原子的1s轨道和甲基碳原子的sp^3杂化轨道相互重叠形成氧氢和碳氧σ键，剩下的两个sp^3杂化轨道分别被两对孤对电子占据。甲醇的氧氢键的键长与水中的一样均为0.096 nm，而碳氧键的键长为0.143 nm，键角∠COH为108.9°。

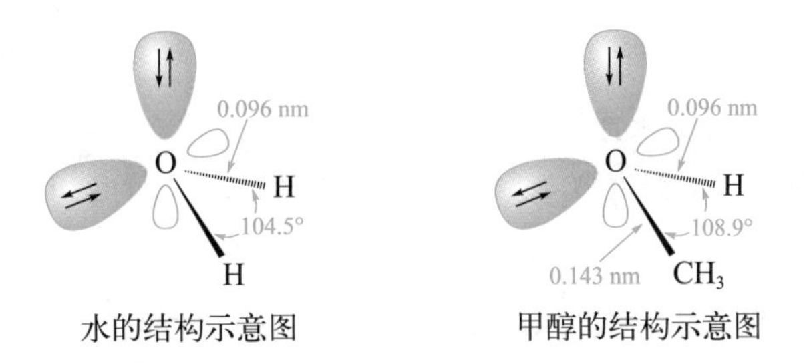

水的结构示意图　　甲醇的结构示意图

由于氢和碳的电负性比氧小，所以醇羟基中氧原子的电子云密度高，显负电性，而与之相连的碳和氢原子上的电荷密度低，显正电性，因此醇是极性分子。

10.1.2 醇的分类

根据羟基所连接碳原子的类型，醇分为伯醇、仲醇、叔醇；根据羟基所连烃基的种类，分为脂肪醇、脂环醇和芳香醇。例如：

CH_3CH_2OH	OH	$(CH_3)_3COH$	CH_2OH
乙醇（伯醇） 脂肪醇	环己醇（仲醇） 脂环醇	叔丁醇（叔醇） 脂肪醇	苄醇（伯醇） 芳香醇

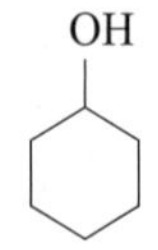

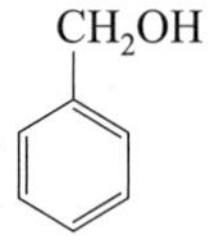

脂肪醇又根据烃基部分是否含有不饱和键而分为饱和醇和不饱和醇。例如：

$CH_3CH(OH)CH_3$	$CH_2{=}CHCH_2OH$	$CH{\equiv}CCH_2OH$
丙-2-醇 饱和醇	烯丙醇 不饱和醇	炔丙醇 不饱和醇

醇也可按羟基数目进行分类，分别是一元醇、二元醇、三元醇等，含两个以上羟基的醇也称为多元醇。例如：

$CH_3CH_2CH_2OH$	$CH_2(OH)-CH_2(OH)$	$CH_2(OH)-CH(OH)-CH_2(OH)$
正丙醇 一元醇	乙二醇（甘醇） 二元醇	丙三醇（甘油） 三元醇

10.1.3 醇的异构和命名

醇分子由于羟基官能团位置不同或碳链的异构而形成的同分异构现象称为醇的构造异构，此外，同碳数的醇与醚也是同分异构体。分子式为C_3H_8O的醇和醚，有以下异构体：

$CH_3CH_2CH_2OH$	$CH_3CH(OH)CH_3$	$CH_3OC_2H_5$
正丙醇	异丙醇（丙-2-醇）	乙甲醚

醇的习惯命名法是按烃基的习惯名称后面加一“醇”字；对简单的醇，可以甲醇作为母体，把其它醇作为甲醇的衍生物。丁醇各构造异构体的习惯命名和衍生物命名如下：

$CH_3CH_2CH_2CH_2OH$	$CH_3CH(OH)CH_2CH_3$	$CH_3CH(CH_3)CH_2OH$	$(CH_3)_3COH$
正丁醇 正丙基甲醇	仲丁醇 乙基甲基甲醇	异丁醇 异丙基甲醇	叔丁醇 三甲基甲醇

醇的系统命名法的命名原则如下：

① 首先选择含有羟基的最长碳链作为主链；主链中碳原子的编号从靠近羟基的一端开始，按取代基英文名称顺序依次标出取代基的位次、数目和名称，羟基的位置用它所连接的碳原子位次标出，并写在“醇”字的前面。例如：

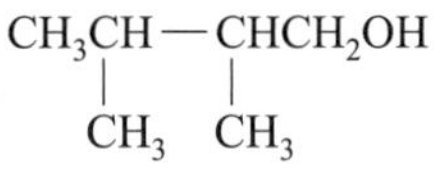

$CH_3CH(CH_3)CH(CH_3)CH_2OH$ 2,3-二甲基丁-1-醇

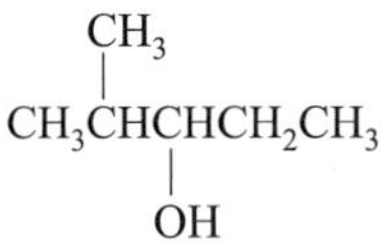

$(CH_3)_2CHCH(OH)CH_2CH_3$ 2-甲基戊-3-醇

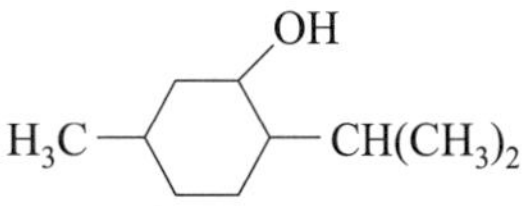

2-异丙基-5-甲基环己-1-醇（薄荷醇）

② 对不饱和醇，选择以含羟基的最长碳链为主碳链，若主链等长则含不饱和键的链长优先，编号时以羟基的位次最小为原则，命名时先烯（炔）后醇。例如：

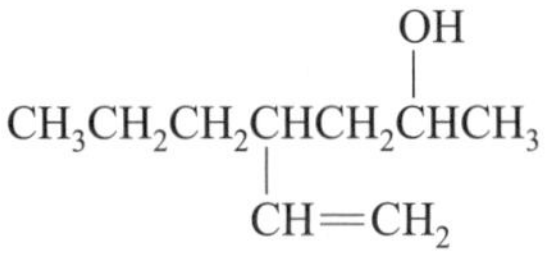

$CH_3CH_2CH_2CH(CH=CH_2)CH_2CH(OH)CH_3$ 4-乙烯基庚-2-醇

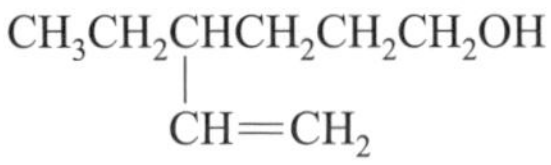

$CH_3CH_2CH(CH=CH_2)CH_2CH_2CH_2OH$ 4-乙基己-5-烯-1-醇

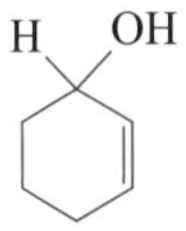

环己-2-烯-1-醇

③ 命名含有芳基的醇，可将芳基作为取代基。例如：

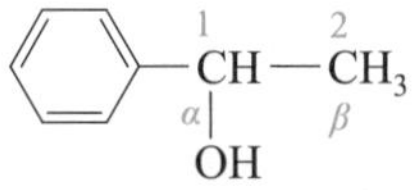

$C_6H_5-CH(OH)-CH_3$ 1-苯乙醇（α-苯乙醇）

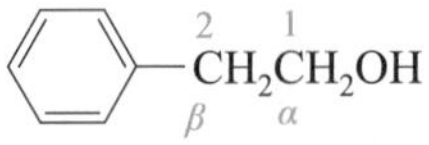

$C_6H_5-CH_2CH_2OH$ 2-苯乙醇（β-苯乙醇）

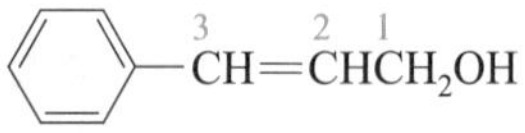

$C_6H_5-CH=CHCH_2OH$ 3-苯基丙-2-烯-1-醇（肉桂醇）

④ 对多元醇，结构简单的常以俗名称呼（如甘醇、甘油等），结构复杂的应尽可能选择包含多个羟基在内的碳链作为主链，依羟基的数目称二醇、三醇等，并把羟基的数目和位次放在醇名之前。

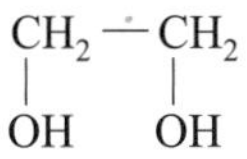

$HOCH_2-CH_2OH$ 乙-1,2-二醇（α-二醇）

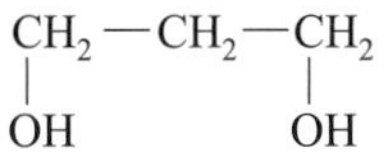

$HOCH_2-CH_2-CH_2OH$ 丙-1,3-二醇（β-二醇）

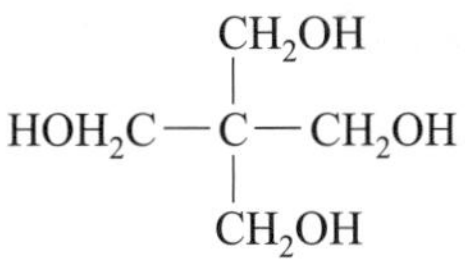

$C(CH_2OH)_4$ 2,2-二羟甲基丙-1,3-二醇（俗名：季戊四醇）

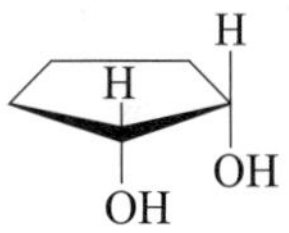

顺-环戊-1,2-二醇（α-二醇）

另外，两个羟基处于相邻两个碳原子上的，叫α-二醇，两个羟基所在的碳原子中间相隔一个碳原子的叫β-二醇，相隔两个碳原子的叫γ-二醇，余可类推。

练习题 10-1： 用系统命名法命名下列化合物。

（1）Fischer 投影式：上 C_2H_5，左 H，右 OH，下 CH_3

（2）$CH_3CH(OH)-CH=C(CH_3)(C_2H_5)$（H 与 $CH_3CH(OH)$ 连于同一双键碳）

（3）$CH_3CH_2CH(CH_2OH)CH(OH)CH_3$

10.2 醇的物理性质

与对应的烃相比，醇分子的极性和分子量增大，而且可形成分子间氢键，分子间相互作用力（范德华力和氢键）远大于同碳原子数的烃，所以其熔点、沸点、密度和水溶解度均大于对应的烃。常见醇的物理常数列入表 10.1。

$$\cdots H-O(R)\cdots H-O(H)\cdots H-O(R)\cdots H-O(H)\cdots$$

醇与水分子间的氢键

表 10.1 醇的物理常数

结构式	名称	熔点/℃	沸点/℃	相对密度	溶解度
CH_3OH	甲醇	−97.6	64.7	0.791	∞
CH_3CH_2OH	乙醇	−114.1	78.2	0.789	∞
$CH_3CH_2CH_2OH$	丙醇	−126.5	97.4	0.804	∞
$(CH_3)_2CHOH$	异丙醇	−88.5	82.4	0.786	∞
$CH_3CH_2CH_2CH_2OH$	正丁醇	−90	117.2	0.810	7.9
$(CH_3)_2CHCH_2OH$	异丁醇	−108	108	0.802	9.5
$CH_3CH_2CH(OH)CH_3$	仲丁醇	−115	99.5	0.806	12.5
$(CH_3)_3COH$	叔丁醇	25.5	82.3	0.789	∞
$CH_3(CH_2)_3CH_2OH$	正戊醇	−78.5	137.3	0.814	2.7
$CH_3(CH_2)_4CH_2OH$	正己醇	−46.7	158	0.814	0.6
CH_2=$CHCH_2OH$	烯丙醇	−129	97	0.855	∞
环己基—OH	环己醇	25.1	161.1	0.962	3.6
苯基—CH_2OH	苯甲醇	−15	205	1.046	4.0
CH_2OHCH_2OH	乙二醇	−11.5	198	1.109	∞
$CH_3CHOHCH_2OH$	丙-1,2-二醇	−60	187.3	1.036	∞
$CH_2OHCH_2CH_2OH$	丙-1,3-二醇	−26.7	214	1.053	∞
$CH_2OHCHOHCH_2OH$	丙三醇	18	290（分解）	1.261	∞

低级醇为无色中性液体，较高级的醇为黏稠的液体，高级醇（C12 以上）为无色无味的蜡状固体。

醇由于羟基的存在，可与水分子形成氢键，低级的一元醇水溶性较好，甲醇、乙醇、丙醇能与水互溶。随一元醇碳链增长，烃基比例增大，烃基对羟基的遮蔽作用增强，醇羟基与水可形成的氢键比例减少，自正丁醇开始，在水中溶解度逐渐降低，癸醇以上的醇几乎不溶于水。高级醇的溶解性质与烃类相似，它们不溶于水而溶于有机溶剂。

由于醇分子间的氢键缔合作用，直链饱和一元醇的沸点随分子量的增加而有规律地增高，每增加一个CH_2系差，沸点约升高18 ～ 20℃，这是由于醇从液态变为气态时，需要克服范德华力和氢键（氢键的断裂约需21 ～ 30 kJ/mol）。低级直链饱和一元伯醇的沸点比分子量接近的烷烃沸点要高得多，例如，甲醇的沸点为64.7℃，乙烷的沸点为−88.6℃。

醇与醇分子间的氢键

醇在气相或非极性溶剂的稀溶液中，醇分子间彼此相距甚远，可以单分子形式存在。

直链饱和一元醇的熔点和密度除甲醇、乙醇、丙醇外，其余均随分子量的增加而升高，且相对密度比水小，比烷烃大。

多元醇分子中含有两个及以上的羟基，可以形成更多的氢键，因此沸点更高，在水中的溶解度也大。如乙二醇的沸点198℃，丙三醇（甘油）的沸点为290℃，它们均与水混溶。

10.3 醇的化学性质

醇分子中的C—O键和O—H键都是较强的极性键，对醇的化学性质起着决定性的作用，羟基氧上有孤对电子，作为路易斯碱，与质子或路易斯酸结合生成鎓盐，或作为亲核试剂，如醇与羧酸的酯化反应等。受羟基的影响，α位和β位上的氢原子也有一定的活性。

醇化学反应的主要活性位点表示如下：

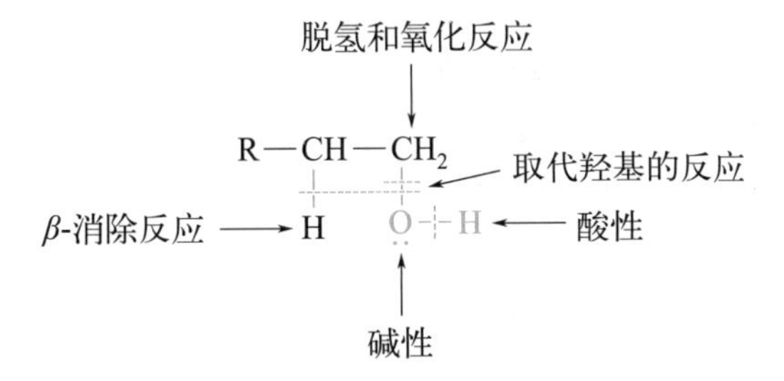

此外，烃基结构也会影响醇的反应性能，或导致反应历程的改变，如重排反应。

10.3.1 醇的酸碱性

（1）醇的酸性

醇可与活泼金属（Na、K、Mg、Al等）反应，放出氢气，其羟基的氢原子被金属所取代。

例如：

$$CH_3CH_2OH + Na \longrightarrow CH_3CH_2ONa + \frac{1}{2}H_2$$

乙醇　　　　乙醇钠

$$3\,(CH_3)_2CHOH + Al \longrightarrow [(CH_3)_2CHO]_3Al + \frac{3}{2}H_2$$

异丙醇　　　　异丙醇铝

$$(CH_3)_3COH + K \longrightarrow (CH_3)_3COK + \frac{1}{2}H_2$$

叔丁醇　　　　叔丁醇钾

醇的pK_a为16～18，水的pK_a=15.74，醇与活泼金属的反应速率比水慢。不同烃基结构的醇和活泼金属反应的活性取决于醇的酸性，酸性越强，反应速率越大。在溶液中，醇的酸性强弱次序一般为：甲醇＞伯醇＞仲醇＞叔醇。

醇与活泼金属反应生成的醇金属盐（即醇的共轭碱RO^-）是比OH^-强的强碱，常被用作碱性试剂或亲核试剂使用。醇盐遇水立即全部水解，重新游离出醇：

$$RCH_2ONa + H_2O \rightleftharpoons RCH_2OH + NaOH$$

该水解是一个可逆反应，平衡偏向于生成醇的一边。由于金属钠昂贵，工业上生产乙醇钠时，就利用上述反应原理，利用乙醇与氢氧化钠反应来制备：

$$CH_3CH_2OH + NaOH \longrightarrow CH_3CH_2ONa + H_2O\uparrow$$

将固体NaOH溶于乙醇和纯苯溶液中，加热回流，反应生成的水与苯形成共沸物，在共沸蒸馏过程中将反应混合物中的水不断除去，使得平衡向有利于生成醇钠的方向移动。

（2）醇的碱性

醇羟基氧原子有孤对电子，可接受质子表现出碱性。如醇羟基可质子化生成鎓盐：

$$R-\ddot{\underset{\cdot\cdot}{O}}-H + H^+ \longrightarrow R-\overset{H}{\underset{\cdot\cdot}{O^+}}-H$$

醇是路易斯碱，能与质子或路易斯酸结合生成盐，盐的生成对醇的进一步反应起到很好的促进作用。

10.3.2 生成卤代烃

（1）与氢卤酸反应

醇与氢卤酸作用，羟基被卤素取代而生成卤代烃和水，该反应是可逆反应。

$$R-OH + HX \rightleftharpoons R-X + H_2O$$

氢卤酸的性质影响反应的速率。例如，正丙醇与不同氢卤酸的反应：

$$CH_3CH_2CH_2OH + HI \xrightarrow{\triangle} CH_3CH_2CH_2I + H_2O$$

$$CH_3CH_2CH_2OH + HBr \xrightarrow[\triangle]{H_2SO_4} CH_3CH_2CH_2Br + H_2O$$

$$CH_3CH_2CH_2OH + HCl \xrightarrow[\triangle]{ZnCl_2} CH_3CH_2CH_2Cl + H_2O$$

醇与氢卤酸的反应是羟基被卤素取代的亲核取代反应，由于卤素亲核能力的差异：$I^- > Br^- > Cl^-$，且HX的酸性HI＞HBr＞HCl，因此氢卤酸的反应活性次序是：HI＞HBr＞HCl。

醇的结构对醇与氢卤酸反应速率的影响也很大。例如：

$$CH_3\underset{\displaystyle OH}{\underset{|}{C}}HCH_2CH_3 + HBr \xrightarrow{\triangle} CH_3\underset{\displaystyle Br}{\underset{|}{C}}HCH_2CH_3 + H_2O$$

$$(CH_3)_3COH + HCl \xrightarrow{25℃} (CH_3)_3CCl + H_2O$$

不同烃基结构的醇反应活性顺序为：烯丙醇、苄醇、叔醇＞仲醇＞伯醇＞CH_3OH。

醇与氢卤酸作用生成卤代烃的反应是亲核取代反应，分以下2个阶段：

$$R-\ddot{\underset{..}{O}}-H + H^+ \longrightarrow R-\underset{..}{\overset{H}{\overset{|}{O^+}}}-H \xrightarrow[S_N1/S_N2]{X^-} R-X + H_2O$$

醇羟基是一个极差的离去基团，首先在酸作用下，羟基先质子化生成镁盐，然后在亲核试剂X^-的进攻下，质子化的羟基以水分子形式离去，同时卤素与碳原子结合生成卤代烃。

室温下，醇与活性最小的浓HCl反应，只有叔醇能顺利反应。若在**卢卡斯试剂**（Lucas reagent，由浓HCl与无水$ZnCl_2$所配制的溶液）作用下，叔醇（或苄醇、烯丙醇）立即使反应溶液出现浑浊或分层（因生成物氯代烃不溶于反应试剂）；仲醇几分钟后出现浑浊或分层，而伯醇放置一小时也无此现象的发生，需要在加热的条件下反应才能进行。

卢卡斯试剂与醇的反应机理：无水氯化锌作为路易斯酸与醇羟基中氧原子上的未共用电子对形成配合物，使羟基转变成比质子化羟基更容易离去的基团，促使取代反应顺利进行：

$$RCH_2-\underset{H}{\ddot{O}}: \underset{}{\overset{ZnCl_2}{\rightleftharpoons}} RCH_2-\underset{H}{\dot{\ddot{O}}^+}-\bar{Z}nCl_2 \xrightarrow{-[HOZnCl_2]^-} RCH_2Cl$$

Cl^-

$$[HOZnCl_2]^- + H^+ \longrightarrow ZnCl_2 + H_2O$$

卢卡斯试剂与甲醇、乙醇反应的生成物一氯甲烷和一氯乙烷常温下是气体，在未分层前已挥发，而高于6个碳的醇不溶于卢卡斯试剂，难以区分反应前后的变化。因此卢卡斯试剂适用于3～6个碳原子的伯、仲、叔醇的特征鉴别。

大多数伯醇与氢卤酸的反应是按S_N2机理进行，而叔醇、苄醇、烯丙类醇以及大多数仲醇和烷基位阻较大的伯醇与氢卤酸的反应基本上是按 S_N1 机理进行，由于有碳正离子中间体的形成，有些反应会发生重排。例如，3-甲基丁-2-醇与HBr的反应：

$$CH_3CH(CH_3)CH(OH)CH_3 \xrightleftharpoons{HBr} CH_3CH(CH_3)CH(\overset{+}{O}H_2)CH_3 \xrightleftharpoons{-H_2O} CH_3CH(CH_3)\overset{+}{C}HCH_3 \xrightarrow{重排} CH_3\overset{+}{C}(CH_3)CH_2CH_3$$

$$CH_3CH(CH_3)\overset{+}{C}HCH_3 \xrightarrow{Br^-} CH_3CH(CH_3)CH(Br)CH_3 \quad 次要产物$$

$$CH_3\overset{+}{C}(CH_3)CH_2CH_3 \xrightarrow{Br^-} CH_3C(CH_3)(Br)CH_2CH_3 \quad 主要产物$$

又如，2-环丁基丙-2-醇与HCl生成2-氯-1,1-二甲基环戊烷的反应，经历了扩环重排：

$$环丁基-C(CH_3)_2-OH \xrightarrow{HCl} 环丁基-C(CH_3)_2-\overset{+}{O}H_2 \xrightarrow{-H_2O} 环丁基-C^+(CH_3)_2 \xrightarrow{扩环重排}$$

$$2,2-二甲基环戊基正离子 \xrightarrow{Cl^-} 2-氯-1,1-二甲基环戊烷$$

在溶液中，伯、仲、叔碳正离子每一级的能量差约为46 ～ 63 kJ/mol。环丁烷的环张力大（109.6 kJ/mol），重排为环戊基后环张力（27 kJ/mol）变小，虽然扩环重排后，由叔碳正离子重排到仲碳正离子，能量增加约46 ～ 63 kJ/mol，但重排后体系的总能量降低，稳定性增加，有利于重排反应的发生。

需要说明的是，在很多反应体系中，生成稳定碳正离子的重排反应与未重排反应也是一种竞争反应，所以，有时几种反应产物会同时存在。

练习题10-2： 用简单的化学方法鉴别下列各组化合物。

（1）叔丁醇、仲丁醇和异丁醇　　（2）苄醇、环己醇和正己醇

练习题10-3： 写出下列反应机理，并预测哪种是主要产物。

$$(CH_3)_3CCH_2OH \xrightarrow{HBr} (CH_3)_2C(Br)CH_2CH_3 + (CH_3)_3CCH_2Br$$

（2）与卤化磷的反应

醇与三溴化磷或三碘化磷、五氯化磷反应生成相应的卤烷。在实际操作中，常用赤磷与溴或碘代替三卤化磷。这类卤化剂的活性比氢卤酸高，重排副产物少，对仲醇和有些易发生重排反应的伯醇，反应温度应低于0℃，以避免重排。

$$3\ ROH \xrightarrow[\text{或}P+X_2]{PX_3} 3\ RX + H_3PO_3 \quad (X=Br, I)$$

$$ROH + PCl_5 \longrightarrow RCl + HCl + POCl_3$$

三溴化磷或三碘化磷对伯醇、仲醇转化为烷基溴或烷基碘有着非常好的收率，但叔醇、芳香醇转化为卤代产物的收率不高。例如：

$$CH_3(CH_2)_{14}CH_2OH \xrightarrow[P]{I_2} CH_3(CH_2)_{14}CH_2I \quad (85\%)$$

$$\text{环戊醇(—OH)} \xrightarrow{PBr_3} \text{溴代环戊烷(—Br)} \quad (90\%)$$

$$(CH_3)_3CCH_2OH + PBr_3 \longrightarrow (CH_3)_3CCH_2Br \quad (60\%)$$

(3) 与$SOCl_2$的反应

亚硫酰氯（$SOCl_2$）又名氯化亚砜，通常是将伯醇、仲醇转化为烷基氯的最佳试剂，反应条件温和，反应快，产率高，副产物SO_2和HCl均是气体，易于分离，一般也不发生重排。

$$ROH + SOCl_2 \xrightarrow{\triangle} RCl + SO_2\uparrow + HCl\uparrow$$

醇与$SOCl_2$反应的立体化学特征与反应条件有关。当手性碳原子与羟基相连时，在醚等溶剂中反应，为S_Ni机理（分子内亲核取代反应），产物中手性碳原子的构型保持；如果在醇与$SOCl_2$混合液中加入吡啶、三乙胺，则发生S_N2反应，得到构型转化的氯代产物。例如：

$$\text{H,CH}_3\text{,C}_2\text{H}_5\text{C—OH} \xrightarrow[-HCl]{SOCl_2\text{醚}} \text{H,CH}_3\text{,C}_2\text{H}_5\text{C—O—S(=O)—Cl} \xrightarrow[\text{构型保持}]{S_Ni} \text{H,CH}_3\text{,C}_2\text{H}_5\text{C—Cl}$$

$$\text{H,CH}_3\text{,C}_2\text{H}_5\text{C—OH} \xrightarrow[\text{吡啶}]{SOCl_2} \text{吡啶鎓(N}^+\text{—H)}\ Cl^- + \text{H,CH}_3\text{,C}_2\text{H}_5\text{C—O—S(=O)—Cl} \xrightarrow[\text{构型反转}]{S_N2} \text{H}_3\text{C,H,C}_2\text{H}_5\text{C—Cl}$$

10.3.3 生成酯

含氧酸与醇作用生成酯的反应称为**酯化反应**（esterification）。

醇与有机羧酸反应失去一分子水，生成羧酸酯，在反应中，醇作为亲核试剂进攻羰基，羧酸中的羟基作为离去基团。

$$R'CO\,OH + H\,OR \underset{\triangle}{\overset{H^+}{\rightleftharpoons}} R'COOR + H_2O$$

羧酸衍生物酰卤、酸酐等与醇发生醇解反应也能生成酯［参见13.7.3（1）］。

无机含氧酸，包括硫酸、硝酸、磷酸等，它们均可与醇反应生成酯。

$$HO-\overset{\overset{O}{\|}}{\underset{\underset{O}{\|}}{S}}-OH \qquad HO-\overset{\overset{O}{\|}}{\underset{\underset{OH}{|}}{P}}-OH \qquad O^{-}\!-\!\overset{+}{N}(=O)\!-\!OH$$

硫酸　　磷酸　　硝酸

硫酸与醇反应，生成硫酸一烷基酯和二烷基酯。例如：

$$CH_3OH + HOSO_2OH \rightleftharpoons CH_3OSO_2OH \xrightleftharpoons{CH_3OH} CH_3OSO_2OCH_3$$

硫酸　　硫酸氢甲酯　　硫酸二甲酯

硫酸二甲酯［$(CH_3)_2SO_4$］和硫酸二乙酯［$(C_2H_5)_2SO_4$］均为常用的烷基化试剂。硫酸二甲酯有剧毒，而硫酸二乙酯的毒性较低，刺激作用也弱，属中等或低毒类化合物。

高级醇的酸性硫酸酯的钠盐，是合成洗涤剂的主要原料，如十二烷基硫酸钠（$C_{12}H_{25}OSO_2ONa$）具有去污、乳化和优异的发泡力，是一种阴离子表面活性剂。

磷酸与醇生成磷酸一烷基、二烷基和三烷基酯：

$$ROH + HOP(O)(OH)OH \xrightarrow{-H_2O} ROP(O)(OH)OH \xrightarrow[-H_2O]{ROH} ROP(O)(OR)OH \xrightarrow[-H_2O]{ROH} ROP(O)(OR)OR$$

磷酸一烷基酯　　磷酸二烷基酯　　磷酸三烷基酯

烷基磷酸酯可作为多种金属矿和非金属矿的浮选捕收剂。因烷基结构不同，磷酸烷基酯可作溶剂、萃取剂、增塑剂及消泡剂等。

硝酸与醇形成的酯类药物具有扩血管、抗血栓形成的作用。常见的有硝酸异山梨酯、硝酸甘油、四硝酸季戊四醇酯等。其中以硝酸甘油最为常用，其制备方法如下：

$$\begin{array}{l}CH_2OH\\ |\\ CHOH\\ |\\ CH_2OH\end{array} + 3\,HONO_2 \longrightarrow \begin{array}{l}CH_2ONO_2\\ |\\ CHONO_2\\ |\\ CH_2ONO_2\end{array} + 3\,H_2O$$

甘油三硝酸酯

硝酸甘油片的主要成分为硝酸甘油，属于血管扩张药，能够扩张冠状动脉，能够用于治疗冠状动脉粥样硬化性心脏病的治疗。同时，甘油三硝酸酯也是一种炸药。

10.3.4 脱水反应

醇分子内脱水和分子间脱水是竞争反应，反应温度对醇的脱水反应产物有很大影响，低温有利于醇分子间取代反应进行而生成醚，高温有利于醇分子内的消除反应，即分子内脱水生成烯烃。例如乙醇的脱水：

$$CH_2(\beta)H-CH_2(\alpha)OH \xrightarrow[\text{或}Al_2O_3,\ 360^\circ C]{\text{浓}H_2SO_4\ (98\%),\ 170^\circ C} \underset{\text{乙烯}}{CH_2=CH_2} + H_2O$$

$$CH_3CH_2O-H + HO-CH_2CH_3 \xrightarrow[\text{或}Al_2O_3,\ 240\sim260^\circ C]{\text{浓}H_2SO_4\ (98\%),\ 140^\circ C} \underset{\text{乙醚}}{CH_3CH_2OCH_2CH_3} + H_2O$$

醇的结构对产物也有很大的影响，一般醇脱水的反应活性为叔醇＞仲醇＞伯醇，且叔醇脱水一般不生成醚，而生成烯烃。

（1）生成烯烃

当分子中有多个不同的β-H时，醇脱水消除反应符合查依采夫规则，脱去的是羟基和含有氢较少的β-碳原子上的氢原子，即生成双键碳原子上连有较多取代基的烯烃。例如：

$$CH_3C(CH_3)(OH)CH_2CH_3 \xrightarrow[\triangle]{H_3PO_4} \underset{84\%}{CH_3C(CH_3)=CHCH_3} + \underset{16\%}{CH_2=C(CH_3)CH_2CH_3} + H_2O$$

$$\text{1-甲基环己醇} \xrightarrow[\triangle]{H_2SO_4} \underset{93\%}{\text{1-甲基环己烯}} + \underset{7\%}{\text{亚甲基环己烷}} + H_2O$$

若醇羟基脱水后形成的碳碳双键能够与其它不饱和键或者芳环形成共轭结构，则这种结构的产物稳定，是主要产物。例如：

$$C_6H_5-CH_2CH(OH)CH_2CH_3 \xrightarrow{H^+} C_6H_5-CH=CHCH_2CH_3$$

醇在酸作用下发生分子内脱水的反应通常是按E1反应机理进行，伯醇脱水反应温度一般在170～180℃，仲醇在100～140℃，叔醇在25～80℃。由于反应历程生成碳正离子，因此当伯醇或仲醇在酸催化下发生消除反应脱水时，时常会有重排发生。例如：

$$CH_3C(CH_3)_2-CH(OH)CH_3 \underset{\triangle}{\overset{H_3PO_4}{\rightleftharpoons}} CH_3C(CH_3)_2-CH(\overset{+}{O}H_2)CH_3 \overset{-H_2O}{\rightleftharpoons} CH_3C(CH_3)_2-\overset{+}{C}HCH_3 \xrightarrow{-H^+} \underset{3\%}{CH_3C(CH_3)_2-CH=CH_2}$$

$$CH_3C(CH_3)_2-\overset{+}{C}HCH_3 \xrightarrow{\text{甲基迁移(重排)}} \underset{\text{叔碳正离子(更稳定)}}{CH_3-\overset{+}{C}(CH_3)-CH(CH_3)CH_3}$$

$$\underset{64\%}{CH_3-C(CH_3)=C(CH_3)CH_3} \xleftarrow{-H^+} CH_3-\overset{+}{C}(CH_3)-CH(CH_3)CH_3 \xrightarrow{-H^+} \underset{33\%}{CH_2=C(CH_3)-CH(CH_3)CH_3}$$

常用的脱水剂除浓硫酸外还有氧化铝。以氧化铝作脱水剂时，很少有重排现象，且脱水剂经再生后可重复使用，但一般反应温度要求较高。

练习题 10-4： 写出下列化合物发生分子内脱水的主要产物。

（1）$CH_3CH_2CH(CH_3)CH_2OH \xrightarrow[\triangle]{浓H_2SO_4}$

（2）$CH_3CH_2CH(CH_3)CH_2OH \xrightarrow[\triangle]{Al_2O_3}$

（3）（1-甲基环丁基）甲醇 $-CH_2OH \xrightarrow[\triangle]{Al_2O_3}$

（4）环己-2-烯-1-醇 $\xrightarrow[\triangle]{浓H_2SO_4}$

（2）生成醚

两个伯醇分子间脱水成醚，反应一般是按S_N2反应机理进行，这是制备对称结构单醚的一种普遍方法。例如，甲醇分子间脱水生成二甲醚：

$$CH_3OH \xrightarrow{H^+} CH_3\overset{+}{O}H_2 \xrightarrow[-H_2O]{CH_3\ddot{O}H} CH_3\underset{H}{\overset{+}{O}}CH_3 \xrightarrow{-H^+} CH_3OCH_3$$

两种不同结构的醇混合，在酸催化下的脱水反应可得三种结构的醚，不对称结构混醚的制备一般采用威廉森合成法（参见10.9.2）。但含有叔烷基的混醚可由叔醇与伯醇在稀酸的条件下按S_N1反应机理进行，可得产率很好的混醚。例如：

$$(CH_3)_3COH + CH_3CH_2OH（过量）\xrightarrow[40℃]{15\%H_2SO_4} (CH_3)_3COCH_2CH_3\ (95\%)$$

10.3.5 氧化和脱氢

醇的氧化和脱氢在广义上讲都属于氧化反应。伯醇和仲醇分子中，与醇羟基直接相连的碳原子上都连有氢原子，这类氢原子受相邻羟基的影响，比较活泼，在一定的氧化条件下容易被氧化。

（1）强氧化剂的氧化

在酸性溶液中，伯醇被高锰酸钾或重铬酸钾（钠）氧化为醛，醛很容易被氧化成羧酸，而仲醇被氧化为酮。

$$\underset{伯醇}{RCH_2OH} \xrightarrow[或\ Na_2Cr_2O_7/H_2SO_4]{KMnO_4/H_2SO_4} \underset{醛}{RCHO} \xrightarrow{[O]} \underset{羧酸}{RCOOH}$$

$$R-\underset{OH}{CH}-R' \xrightarrow[\text{或}Na_2Cr_2O_7/H_2SO_4]{KMnO_4/H_2SO_4} R-\overset{O}{\overset{\|}{C}}-R'$$

仲醇　　　　　　　　　　　　　　酮

$$\text{环己醇} \xrightarrow[H_2O]{Na_2Cr_2O_7/H_2SO_4} \text{环己酮} \quad (96\%)$$

脂环醇被硝酸氧化时，碳环上碳链发生断裂而生成同碳数的二元羧酸。例如环己醇氧化制备的己二酸是聚酯（如聚己二酸乙二醇酯）和聚酰胺（如尼龙-66）的原料。

$$\text{环己醇} \xrightarrow[V_2O_5,\ 55\sim60℃]{50\%HNO_3} \begin{array}{l} CH_2CH_2COOH \\ | \\ CH_2CH_2COOH \end{array}$$

叔醇在一般条件下不易被氧化，但在剧烈氧化条件（如浓硝酸、长时间加热）时，则发生碳链的断裂，被氧化成含碳原子数较少的混合物。

（2）温和氧化剂的氧化

温和氧化剂指能将伯醇和仲醇分别氧化成醛、酮，而对碳碳双键、碳碳三键不产生影响的氧化剂，反应溶剂一般是丙酮和二氯甲烷，通常要求在低温下进行。

① PCC试剂和沙瑞特试剂 PCC试剂（CrO_3与吡啶盐酸盐的复合物），沙瑞特试剂［Sarrett reagent，CrO_3与二吡啶形成的配合物，$(C_5H_5N)_2\cdot CrO_3$］是很好的能将伯醇有限地氧化为醛的试剂，也可将仲醇氧化为酮。例如：

$$CH_3(CH_2)_5CH_2OH \xrightarrow[CH_2Cl_2]{PCC} CH_3(CH_2)_5CHO \qquad (78\%)$$

$$\text{香茅醇（}\cdots CH_2OH\text{）} \xrightarrow[CH_2Cl_2]{PCC} \text{香茅醛（}\cdots CHO\text{）}$$

香茅醇　　　　　　　　　　　　　　香茅醛

$$\text{(OH, CH}_3\text{, OH 取代环己烯)} \xrightarrow[CH_2Cl_2]{(C_5H_5N)_2\cdot CrO_3} \text{(O, CH}_3\text{, OH 取代环己烯酮)}$$

此外，**琼斯试剂**（Jones reagent，CrO_3的H_2SO_4水溶液）也能将仲醇氧化成酮，而不影响不饱和键（参见12.4.1）。

② 活性二氧化锰氧化 使用新制备的二氧化锰（高锰酸钾与硫酸锰在碱性条件下制备）可选择性地将烯（或炔）丙位的伯醇、仲醇氧化到α, β-不饱和醛、酮，分子中不饱和键和其它位置的醇羟基均不被氧化。例如：

$$HOCH_2CH_2CH{=}CHCH_2OH \xrightarrow{MnO_2} HOCH_2CH_2CH{=}CHCHO$$

练习题 10-5： 选择适当的氧化试剂，实现下列转化。

（1）$CH_3C\equiv CCH_2OH \xrightarrow{(A)} CH_3C\equiv CCHO$

（2）环己基甲醇（$C_6H_{11}CH_2OH$）$\xrightarrow{(B)}$ 环己基-COOH；$\xrightarrow{(C)}$ 环己基-CHO

（3）$C_6H_5CH=CHCH_2OH \xrightarrow{(D)} C_6H_5CH=CHCHO$

③ 欧芬脑尔氧化 在异丙醇铝或叔丁醇铝存在下，仲醇被丙酮（或甲乙酮、环己酮）氧化成酮，丙酮被还原成异丙醇，此反应称为**欧芬脑尔（Oppenauer）氧化反应**。该方法特别适合于分子中含有碳碳双键或其它对酸不稳定基团的醇的氧化，但一般不用此法将伯醇氧化到醛（副产物多）。例如：

$$\text{紫罗兰醇（}-CH=CHCH(OH)CH_3\text{）} \xrightarrow[\text{丙酮（过量）}]{Al[OCH(CH_3)_2]_3} \text{紫罗兰酮（}-CH=CHC(=O)CH_3\text{）} + CH_3CH(OH)CH_3$$

紫罗兰醇　　　　紫罗兰酮

欧芬脑尔氧化反应是可逆反应，其逆反应叫**麦尔外因-彭道夫（Meerwein-Ponndorf）还原反应**，可用于由不饱和醛、酮制备对应的不饱和醇。例如，由巴豆醛制备巴豆醇：

$$CH_3CH=CHCHO \xrightarrow[(CH_3)_2CHOH]{Al[OCH(CH_3)_2]_3} CH_3CH=CHCH_2OH + CH_3COCH_3$$

巴豆醛　　　　巴豆醇

（3）脱氢反应

在催化剂存在下，伯醇和仲醇通过脱氢反应生成醛、酮，并副产氢气。这是工业上制备乙醛、丙酮、环己酮等的一种方法：

$$CH_3CH_2-OH \underset{325℃}{\overset{Cu}{\rightleftharpoons}} CH_3CHO + H_2$$

$$CH_3CH(OH)CH_3 \underset{300\sim500℃}{\overset{Cu}{\rightleftharpoons}} CH_3C(=O)CH_3 + H_2$$

$$\text{环己醇（}C_6H_{11}-OH\text{）} \xrightarrow[250\sim300℃]{CuCrO_4} \text{环己酮（}C_6H_{10}=O\text{）} + H_2$$

脱氢反应是可逆的，为使脱氢反应顺利进行，同时通入空气，将脱下的氢转化成水，放出热量，用于补充脱氢时需要的能量。如甲醇制备甲醛采用的就是氧化脱氢法：

$$2CH_3OH + O_2 \xrightarrow[600\sim700℃]{Ag} 2HCHO + 2H_2O$$

10.4 醇的制备方法

10.4.1 烯烃水合

烯烃与水的加成制备醇分为直接水合法和间接水合法。不对称烯烃与水的加成按马氏规则进行，由于反应过程有中间体碳正离子生成，因此需要考虑重排的发生（参见3.4.2）。

（1）直接水合法

烯烃在酸催化下直接与水加成制备醇，一般在高温、高压下进行。

$$R-CH=CH_2 + HOH \xrightarrow{H^+} R-\underset{\displaystyle OH}{\overset{}{C}}HCH_3$$

（2）间接水合法

烯烃的间接水合，即用98%浓H_2SO_4吸收烯烃后生成烃基硫酸氢酯，再经水解制得醇。

$$R-CH=CH_2 \xrightarrow{H_2SO_4} R-\underset{\displaystyle OSO_3H}{C}HCH_3 \xrightarrow{H_2O} R-\underset{\displaystyle OH}{C}HCH_3$$

10.4.2 硼氢化-氧化反应

烯烃与乙硼烷通过硼氢化-氧化反应生成醇，在第3章烯烃的化学性质中已有详细介绍，经该反应得到的醇，相当于烯烃与水的反马氏加成产物。特别对末端烯烃，这是制备伯醇很好的方法，且没有重排产物。例如：

$$CH_3-\overset{\displaystyle CH_3}{C}=CH_2 \xrightarrow{B_2H_6} \xrightarrow{H_2O_2,\ OH^-} CH_3-\overset{\displaystyle CH_3}{C}H-CH_2OH$$

硼氢化-氧化反应在立体化学上为顺式加成，即H和OH加在碳碳双键的同侧。例如：

$$\text{1-甲基环戊烯} \xrightarrow[\text{② } H_2O_2,\ OH^-]{\text{① } B_2H_6} \text{(H, OH, } CH_3\text{, H)} + \text{(OH, H, H, } CH_3\text{)}$$

10.4.3 羰基化合物还原

醛、酮、羧酸和羧酸酯等含有羰基的化合物，可以被不同的还原剂还原为醇。除酮被还原为仲醇，其它羰基化合物还可被还原为伯醇。

（1）催化氢化

醛、酮催化加氢还原生成相应的醇，常用催化剂为Ni、Pt和Pd等。反应通常在醇溶剂中加压进行。

$$RCHO \xrightarrow[Ni]{H_2} RCH_2OH$$

$$R\overset{\overset{\displaystyle O}{\|}}{C}R' \xrightarrow[Pt]{H_2} R\overset{\overset{\displaystyle OH}{|}}{C}HR'$$

羧酸酯在加压的条件下催化加氢可得到2分子醇，铜、铬氧化物是工业上常用的还原酯的催化剂。例如，由草酸酯还原制备乙二醇：

$$CH_3O\overset{\overset{\displaystyle O}{\|}}{C}-\overset{\overset{\displaystyle O}{\|}}{C}OCH_3 \xrightarrow[Cu/SiO_2]{4H_2} HOCH_2CH_2OH + 2CH_3OH$$

羧酸难以用催化加氢的方法还原，在合成上往往先将羧酸转化为酯，这样就有多种方法可以还原到醇。

（2）金属氢化物还原

金属氢化物$NaBH_4$和$LiAlH_4$等常作为还原剂用来还原醛、酮合成醇，对分子中碳碳双键和碳碳三键没有影响。$LiAlH_4$还原能力强，还可还原羧酸及羧酸衍生物，对分子中的硝基、氰基也将一同还原；而$NaBH_4$一般只还原醛、酮，在单独使用的情况下无法还原羧酸、酯类等化合物。例如：

$$(CH_3)_3CCOOH + LiAlH_4 \xrightarrow[\text{② } H_2O]{\text{① 无水乙醚}} (CH_3)_3CCH_2OH$$

$$C_6H_5-CH=CHCHO \xrightarrow[\text{② } H_2O]{\text{① } NaBH_4} C_6H_5-CH=CHCH_2OH$$

肉桂醛　　　　肉桂醇

（3）金属钠和醇还原

在金属钠和醇作用下，也可将羧酸酯还原到醇。此反应对碳碳双键没有影响，主要用于高级脂肪酸酯的还原。例如：

$$CH_3(CH_2)_{10}COOC_2H_5 \xrightarrow[C_2H_5OH]{Na} CH_3(CH_2)_{10}CH_2OH + C_2H_5OH$$

10.4.4 由格利雅试剂制备

格利雅试剂与醛或酮上的羰基发生亲核加成反应，水解即生成醇。该反应必须在干醚（如无水乙醚或四氢呋喃）中进行。

$$R-MgX + \underset{R''}{\overset{R'}{>}}C=O \xrightarrow{\text{干醚}} R-\underset{R''}{\overset{R'}{|}}{C}-OMgX \xrightarrow{H_3O^+} R-\underset{R''}{\overset{R'}{|}}{C}-OH$$

（R′、R″= H或烃基）

格利雅试剂与甲醛的反应可合成增加一个碳原子的伯醇，与其它醛和酮反应分别合成仲醇和叔醇。例如：

$$C_6H_5-MgBr + CH_3CHO \xrightarrow{\text{乙醚}} \xrightarrow{H_3O^+} C_6H_5-\overset{OH}{\overset{|}{C}}HCH_3$$

$$C_2H_5MgBr + CH_3\overset{O}{\overset{\|}{C}}CH_3 \xrightarrow{\text{乙醚}} \xrightarrow{H_3O^+} C_2H_5-\underset{CH_3}{\underset{|}{\overset{OH}{\overset{|}{C}}}}-CH_3$$

另外，格利雅试剂可以与环氧乙烷反应，合成增加两个碳原子的伯醇。例如：

$$C_6H_5-MgBr \xrightarrow[\text{② } H_3O^+]{\text{① 环氧乙烷}} C_6H_5-CH_2CH_2OH$$

格利雅试剂与羧酸酯或酰氯的反应可合成叔醇，所合成叔醇中两个同样的烃基均来自格利雅试剂［参见13.7.3（1）］。

从格利雅试剂合成醇，可由简单的醇或卤代烃合成烃基结构复杂的醇，反应中所使用的原料，包括卤代烃、醛、酮都可较容易地从相应的醇制得。那么，对结构复杂的醇，可以选择不同的合成路线，根据原料来源、价格来确定合理的合成方法。例如，制备2-甲基戊-2-醇的合成路线：

$$\underset{\text{丙酮}\ ①}{CH_3CH_2CH_2MgBr + CH_3\overset{O}{\overset{\|}{C}}CH_3} \Rightarrow \left[CH_3CH_2CH_2 \vdots \underset{CH_3}{\underset{|}{\overset{CH_3}{\overset{|}{C}}}}-OH\right] \Leftarrow \underset{\text{戊-2-酮}\ ②}{CH_3MgBr + CH_3CH_2CH_2\overset{O}{\overset{\|}{C}}CH_3}$$

2-甲基戊-2-醇

有两种合成路线可以选择：①正丙基格利雅试剂与丙酮制备；② 由甲基格利雅试剂与戊-2-酮制备。比较两种路线，丙酮属于大宗商品，来源广，正丙基格利雅试剂也容易得到。因此，第①条路线更为合理。

有机锂试剂（RLi）与醛、酮的亲核加成也是制备醇的重要方法，反应机理与格利雅试剂的反应相似，但比格利雅试剂更活泼［参见12.3.1（1）］。

练习题 10-6： 选择适当的格利雅试剂和醛、酮合成下列化合物。

（1）$(CH_3)_2CHCH(OH)CH_3$　　（2）$(CH_3)_2CHCH_2CH_2OH$

（3）1-乙基环己醇（环己烷环上同一碳连 OH 和 CH_2CH_3）　　（4）$C_6H_5CH_2C(CH_3)(OH)CH_3$

10.4.5 卤代烃水解

醇比相应的卤代烃更易得到，因此通常都是由醇制备卤代烃。但由于烯丙基氯和苄氯可分别从丙烯和甲苯经高温氯化制得，容易获得，且两种卤代烃分子中的氯是较强的离去基团，因此烯丙醇和苄醇通常用烯丙基氯和苄氯水解来制备。例如，由丙烯制备烯丙醇的反应如下：

$$CH_2{=}CHCH_3 \xrightarrow[500℃]{Cl_2} CH_2{=}CHCH_2Cl \xrightarrow[H_2O]{Na_2CO_3} CH_2{=}CHCH_2OH$$

苯甲醇（benzyl alcohol）俗称苄醇，可由苄氯水解制备。苄氯也可由苯与甲醛的氯甲基化反应制得。由甲苯或苯为原料，制备苄醇的反应如下：

$$C_6H_5CH_3 \xrightarrow[光照]{Cl_2} C_6H_5CH_2Cl \xrightarrow[H_2O]{NaOH} C_6H_5CH_2OH$$

$$C_6H_6 \xrightarrow[ZnCl_2,\ 60℃]{(HCHO)_3\ +\ HCl} C_6H_5CH_2Cl$$

苯甲醇是芳醇中最简单也是最重要的，具微弱的麻醉作用，存在于茉莉等香精中，是极有用的定香剂，用于配制香皂、日用化妆香精等。

10.4.6 α-二醇的制备

烯烃的环氧化-水解反应是制备α-二醇的常用方法之一。过氧乙酸、过氧苯甲酸、间氯过氧苯甲酸等都是常用的烯烃环氧化试剂，可以在非水溶液中与烯烃生成良好的环氧化物。该方法制备的α-二醇为反式加成产物，即加上的两个羟基在双键的异侧。例如：

$$>C{=}C< \xrightarrow{RCOOH\ (R-C(=O)-OOH)} >C{-}C<\ (\text{环氧}, O) \xrightarrow{H_3O^+} >C(OH){-}C(OH)<$$

$$\text{顺-3-己烯}\ (H, CH_2CH_3 / H, CH_2CH_3) \xrightarrow{PhCO_3H} \text{环氧化物} \xrightarrow{H_3O^+} \text{3,4-己二醇} \equiv \text{Fischer投影式: } CH_2CH_3;\ H{-}C{-}OH;\ HO{-}C{-}H;\ CH_2CH_3$$

烯烃在稀冷的$KMnO_4$或者OsO_4条件下氧化，再水解也可得到连二醇，这种加成称为双键的二羟基化。

$$\mathrm{>C{=}C<} \xrightarrow{OsO_4} \text{中间体（锇酸酯）} \xrightarrow{H_2O} \mathrm{-\underset{OH}{C}-\underset{OH}{C}-}\ (\alpha\text{-二醇}) \xleftarrow{OH^-/H_2O} \text{中间体（锰酸酯）} \xleftarrow{冷KMnO_4} \mathrm{>C{=}C<}$$

中间体　中间体

α-二醇

由于$KMnO_4$或者OsO_4的氧化，先与烯烃的双键生成了一个环状过渡态，故水解生成的二醇是顺式加成的产物，即两个羟基加在双键的同侧。例如：

$$\mathrm{CH_3CH_2CH{=}CHCH_2CH_3} \xrightarrow{KMnO_4} \text{环状锰酸酯} \xrightarrow[H_2O]{HO^-} \text{顺式二醇} \equiv \text{（Fischer投影式：}\mathrm{H{-}C{-}OH,\ H{-}C{-}OH}\text{，上下为}\mathrm{CH_2CH_3}\text{）}$$

OsO_4价格昂贵，毒性大，易挥发。高锰酸钾的冷稀溶液可以将烯烃二羟基化，但在大多数情况下产率略有降低。

凡是连二醇或连多元醇，均能被高碘酸或四乙酸铅氧化，使得连有羟基的两个碳原子之间的碳碳键发生断裂，形成酮、醛或羧酸。

$$\mathrm{-\underset{OH}{C}-\underset{OH}{C}-} + HIO_4 \longrightarrow \mathrm{>C{=}O} + \mathrm{O{=}C<} + H_2O + HIO_3$$

$$\mathrm{-\underset{OH}{C}-\underset{OH}{C}-} \xrightarrow[C_6H_6]{Pb(CH_3COO)_4} \mathrm{>C{=}O} + \mathrm{O{=}C<} + 2CH_3COOH + (CH_3COO)_2Pb$$

这一反应是定量进行的，可以根据氧化物的消耗量来推断α-二醇的含量。例如：

$$\mathrm{CH_3\overset{CH_3}{\underset{HO}{C}}-\underset{OH}{C}HCH_3} \xrightarrow{HIO_4} \text{环状高碘酸酯} \longrightarrow \mathrm{(CH_3)_2C{=}O} + \mathrm{O{=}C(CH_3)H}$$

10.5 重要的醇

10.5.1 甲醇

甲醇（methanol）为无色透明易燃挥发性的极性液体，有毒性，饮用或其蒸气与眼接触可致盲。熔点−97.6℃，沸点64.7℃，能与水、乙醇、乙醚、苯等有机溶剂混溶。蒸气与空气形成爆炸性混合物，爆炸极限6.0% ～ 36.5%（体积分数）。

甲醇最早是由木材干馏制得，近代工业以天然气（甲烷）和合成气（$CO+H_2$）为原料，在高温、高压和催化剂条件下合成甲醇。

天然气制甲醇的反应如下：

$$CH_4 + \frac{1}{2}O_2 \xrightarrow[\text{通过铜管}]{10\ MPa,\ 200℃} CH_3OH$$

煤经合成气制甲醇的反应如下：

$$CO + 2H_2 \xrightarrow[8\ MPa,\ 230 \sim 280℃]{Cu\text{-}Zn\text{-}Al} CH_3OH \quad \Delta H = -90.8\ kJ/mol$$

反应气中含有少量的CO_2发生以下反应：

$$CO_2 + 3H_2 \longrightarrow CH_3OH + H_2O \quad \Delta H = -49.5\ kJ/mol$$

我国甲醇产量的81%为煤基甲醇。合成气制甲醇有高压（30 MPa）、中压（10 ～ 15 MPa）和低压（5 ～ 10 MPa）三条工艺路线。目前主要商用催化剂是以铜基为主并包含ZnO和Al_2O_3等组成的复合物。

2010年我国煤经甲醇制烯烃项目成功运行，目前煤制烯烃有两种工艺，MTO工艺是利用甲醇生产乙烯、丙烯为主的产品，而MTP工艺则是以丙烯为主要产品。

甲醇是基本有机原料，主要用于制造甲醛、醋酸、甲胺和硫酸二甲酯等多种有机产品。随着煤制烯烃以及甲醇汽油、甲醇燃料的发展，极大地促进了甲醇生产的发展。

10.5.2 乙醇

乙醇（ethanol）俗称酒精，无色液体，熔点−114.1℃，沸点78.2℃，具有特殊气味，易燃，能与水混溶。乙醇用途广泛，是常用的溶剂，也是各种有机合成工业的重要原料。不少国家已开始单独用乙醇作汽车燃料或掺到汽油中使用以节约汽油。

工业上乙醇的来源主要是乙烯水合和微生物发酵。淀粉类粮食作物如甘薯、谷物等经微生物发酵后即转化为酒精，这是利用了微生物的生物化学过程：

$$\underset{\text{淀粉}}{(C_6H_{10}O_5)_n} \xrightarrow{\text{糖化酶}} \underset{\text{麦芽糖}}{C_{12}H_{22}O_{11}} \xrightarrow{\text{麦芽糖酶}} \underset{\text{葡萄糖}}{C_6H_{12}O_6} \xrightarrow{\text{酒化酶}} C_2H_5OH + CO_2$$

我国自主开发的以煤基合成气为原料，经甲醇、二甲醚羰基化、催化加氢合成乙醇工艺，不需要贵金属催化剂，是一条环境友好型新技术路线。反应过程如下：

$$CO + CH_3OCH_3 \xrightarrow{H\text{-丝光沸石}} CH_3COOCH_3$$

$$CH_3COOCH_3 + 2H_2 \xrightarrow{Cu/ZnO} CH_3CH_2OH + CH_3OH$$

该反应体系为无水体系，产物分离直接得到无水乙醇。而发酵法和乙烯水合法生产的乙醇通过分馏最高只能得到95.6%的乙醇。因为95.6%的乙醇与4.4%的水形成了共沸物，在沸点时蒸出仍然是同样比例的组分，要想得到无水乙醇需要后续处理。

检验乙醇中是否有水，可加入少量无水硫酸铜，如呈蓝色，则表明有水分存在。

10.5.3 乙二醇

乙二醇（ethylene glycol，EG）俗称甘醇，为无色、带有甜味、有毒性的黏稠液体，熔点−11.5℃，沸点198℃，相对密度1.109，可与水混溶，几乎不溶于乙醚。

乙二醇是重要的、战略性的大宗化工基本原料，是合成纤维、合成树脂和涤纶等的重要原料。目前工业上普遍采用石油（乙烯）路线的环氧乙烷直接水合法制备乙二醇：

$$\underset{\diagdown\ \text{O}\ \diagup}{CH_2-CH_2} + H_2O \xrightarrow[190\sim200^\circ C,\ 2.2\ MPa]{H^+} \underset{OH\quad\ OH}{\overset{}{CH_2-CH_2}}$$

我国自20世纪80年代开始研究煤基乙二醇的制备，2008年在世界上首创“万吨级CO气相催化合成草酸酯和草酸酯催化加氢合成乙二醇”成套技术，并获得成功。通常所说“煤制乙二醇”就是特指“草酸酯法”，主要反应过程如下：

首先，CO与亚硝酸甲酯的偶联反应生成草酸二甲酯，然后催化氢化则得到乙二醇：

$$2CH_3ONO + 2CO \longrightarrow (COOCH_3)_2 + 2NO$$

$$(COOCH_3)_2 + 4\,H_2 \xrightarrow[2\sim3\ MPa,\ 200^\circ C]{Cu/SiO_2} \underset{OH\ \ OH}{CH_2CH_2} + 2\,CH_3OH$$

最后，利用上述2个反应中生成的甲醇和NO，实现亚硝酸甲酯的再生：

$$2CH_3OH + 2NO + 0.5O_2 \longrightarrow 2CH_3ONO + H_2O$$

“草酸酯法”工艺流程短，成本低，是国内煤制乙二醇的主要方法。另外，草酸二甲酯也是煤基生成可降解塑料聚乙醇酸的中间体［参见13.6.3（2）］。

此外，碳酸乙烯酯制备碳酸二甲酯时，也同时联产乙二醇［参见13.9.3（2）］。

因分子中两个羟基产生的氢键作用，乙二醇沸点和相对密度均比同碳数的烃高得多，也比同碳数的一元醇高，所以乙二醇可做高沸点溶剂。乙二醇溶于水后可降低水的冰点，因此也是很好的防冻剂。

乙二醇与环氧乙烷作用生成聚乙二醇（polyethylene glycol，PEG）：

$$\underset{OH\ \ OH}{CH_2CH_2} \xrightarrow[H^+\text{或}OH^-]{\underset{\diagdown\ O\ \diagup}{CH_2-CH_2}} \underset{OH\qquad\qquad\quad OH}{CH_2CH_2OCH_2CH_2} \xrightarrow[H^+\text{或}OH^-]{\underset{\diagdown\ O\ \diagup}{CH_2-CH_2}} \underset{OH\qquad\qquad\qquad\qquad\quad OH}{CH_2CH_2OCH_2CH_2OCH_2CH_2}$$

乙二醇（甘醇）　　二甘醇　　三甘醇

$$\xrightarrow[H^+\text{或}OH^-]{n\,\underset{\diagdown\ O\ \diagup}{CH_2-CH_2}} HOCH_2CH_2O(CH_2CH_2O)_{n+1}CH_2CH_2OH$$

聚乙二醇（PEG）

聚乙二醇醚类是广泛使用的非离子型表面活性剂，随着平均分子量的不同，性质也有差异，可用作增塑剂、软化剂、增湿剂、润滑剂及气体净化剂等。

10.5.4 丁-1,4-二醇

丁-1,4-二醇（butane-1,4-diol，BDO），为无色或淡黄色油状液体，可燃，有吸湿性，味苦，但入口略有甜味，能溶于甲醇、乙醇和丙酮，微溶于乙醚。

BDO用途广泛，其作为聚对苯二甲酸-己二酸-丁二醇酯（PBAT）、聚丁二酸丁二醇酯（PBS）可生物降解材料的关键原料，发展迅猛。

目前我国BDO生产的主流工艺是乙炔-甲醛法。我国电石（制备乙炔）及甲醇（制备甲醛）产量常年居世界前列，原料供应充足。该方法的主要反应如下：

$$HC\equiv CH + 2HCHO \xrightarrow[90\sim110℃,0.5\sim2\ MPa]{乙炔亚铜/铋} HOH_2CC\equiv CCH_2OH$$

$$HOH_2CC\equiv CCH_2OH \xrightarrow[Ni]{H_2} HOCH_2CH_2CH_2CH_2OH$$

此外，生产BDO的方法还有顺酐加氢法、烯丙醇法等。

BDO用途广泛，可作为增链剂和聚酯原料用于生产聚氨酯弹性体和软质聚氨酯泡沫塑料，还是生产四氢呋喃（tetrahydrofuran，THF）的重要原料。THF是性能优良的溶剂，特别适用于溶解聚氯乙烯、聚偏氯乙烯等，其制备方法如下：

$$HO(CH_2)_4OH \xrightarrow[或浓H_2SO_4,\ 80\sim100℃]{H_3PO_4,\ 260\sim280℃,\ 9\sim10\ MPa} \text{(四氢呋喃环)} + H_2O$$

10.5.5 丙三醇

丙三醇又名甘油（glycerol），是具有甜味的黏稠液体，与水完全互溶，吸湿性强，不溶于乙醚、氯仿等有机溶剂。丙三醇分子中的三个羟基均可形成氢键缔合，因此其沸点比乙二醇还高。

最早丙三醇是由油脂水解制得，近代工业以石油热裂气中的丙烯为原料，采用氯醇法进行生产，其主要反应过程如下：

$$CH_3CH{=}CH_2 \xrightarrow[500℃]{Cl_2} \underset{\displaystyle Cl}{CH_2}CH{=}CH_2 \xrightarrow{HOCl} \underset{Cl}{CH_2}-\underset{OH}{CH}-\underset{Cl}{CH_2} + \underset{Cl}{CH_2}-\underset{Cl}{CH}-\underset{OH}{CH_2}$$

$$\xrightarrow[60℃]{Ca(OH)_2} ClCH_2-\underbrace{CH-CH_2}_{O} \xrightarrow[150℃]{10\%\ NaOH} \underset{OH}{CH_2}-\underset{OH}{CH}-\underset{OH}{CH_2}$$

甘油广泛应用于食品、医药、化妆品、纺织等行业，也是生产醇酸树脂、赛璐玢（玻璃纸）和炸药的重要原料。

10.6 醚的结构、分类和命名

醚是醇或酚羟基中的氢被烃基取代的产物，醚的通式为R—O—R′、Ar—O—R或Ar—

O—Ar。醚分子中的氧基“—O—”也叫**醚键**。醚键两边烃基相同的醚称为**单醚**（对称醚），不相同的叫**混醚**（不对称醚），若醚键两端碳原子通过碳链连接成环则称为**环醚**，如环氧乙烷等。

脂肪醚的醚键氧原子与醇羟基中的氧一样，也是sp^3杂化。其中两个sp^3杂化轨道分别与两个烃基碳的sp^3杂化轨道形成σ键，另外两个sp^3杂化轨道被两对孤对电子分别占据。醚键的∠COC键角接近111°。例如，二甲醚的醚键键角为111.7°，C—O键的键长约为0.142 nm。

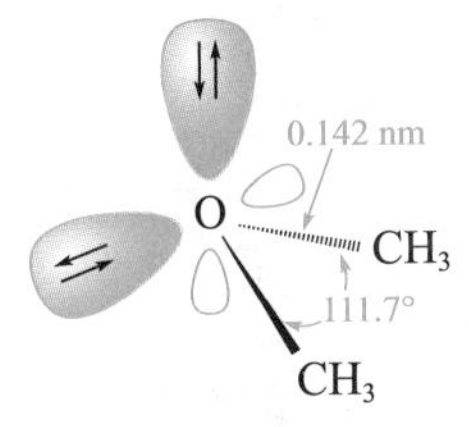

甲醚的结构示意图

醚的命名一般用习惯命名法命名，即将氧原子所连接的两个烃基的名称，按英文名称字母次序写在“醚”字之前，但芳醚则将芳烃基放在烷基之前命名：

$CH_3OCH_2CH_3$　　$CH_3CH_2OCH_2CH_3$　　C_6H_5—OCH_3

乙基甲基醚　　(二)乙醚　　苯甲醚（茴香醚）

单醚可在相同烃基名称之前加“二”字（可省）。比较复杂的醚可用系统命名法命名，取碳链最长的烃基作为母体，以烷氧基作为取代基，称为“某烷氧基某烷”。

$CH_2{=}CHCH_2OCH_2CH{=}CH_2$　　OCH_3

(二)烯丙基醚　　3-甲氧基壬烷

环醚一般可以用环氧某烷来命名。常见的环醚命名如下：

CH_2—CH_2（O）　　CH_3—CH—CH_2（O）　　O　　O O

环氧乙烷　　环氧丙烷　　四氢呋喃　　1,4-二氧六环

10.7　醚的物理性质

醚是醇或酚羟基中的氢被烃基取代的产物，失去了分子间的氢键，所以熔点、沸点、相对密度与相同分子量的醇相比，都大幅度降低。一些醚的物理常数见表10.2。

甲醚、甲乙醚在常温下为气体，其它大多数醚为液体。醚分子中氧原子可与水生成氢键，但由于醚键两端烃基的遮蔽作用，氢键大多比较弱，多数醚不溶于水。乙醚的溶解度与同碳数的正丁醇相当，只能稍溶于水，而多数有机化合物易溶于乙醚，故常用乙醚从水溶液中提取易溶于乙醚的物质。

表 10.2 常见醚的物理常数

中文名	结构式	熔点/℃	沸点/℃	相对密度
甲醚	CH_3OCH_3	−138.5	−24.9	0.661
乙甲醚	$CH_3OC_2H_5$	−139	10.8	0.697
乙醚	$C_2H_5OC_2H_5$	−116	34.5	0.714
正丙醚	$(CH_3CH_2CH_2)_2O$	−122	90.5	0.736
正丁醚	$(n\text{-}C_4H_9)_2O$	−95.3	142	0.769
乙二醇二甲醚	$CH_3OCH_2CH_2OCH_3$	−58	83	0.862
环氧乙烷	(三元环，含 O)	−111.7	10.7	0.870
1,4-二氧六环	(六元环，含两个 O)	11.8	101	1.034
二苯醚	$C_6H_5-O-C_6H_5$	27	258	1.073
苯甲醚	$C_6H_5-OCH_3$	−37	154	0.994
四氢呋喃	(五元环，含 O)	−108	65.4	0.888

但四氢呋喃和 1,4-二氧六环由于氧原子裸露在外，容易和水分子中的氢原子形成氢键，故能和水完全互溶，常用作溶剂。

醚分子的孤对电子可以与醇或其它氢键供体形成氢键，但它不能与另一个醚分子形成氢键。因此，与相似分子量的醇相比，醚更易挥发。醚类一般具有麻醉作用，如乙醚是临床常用的吸入麻醉剂。

10.8 醚的化学性质

10.8.1 锌盐的生成和醚键的断裂

醚分子的极性很小，化学性质比较稳定，在常温下不与金属钠作用，对碱、氧化剂和还原剂都十分稳定。一般的醚也很难水解，只有与稀硫酸在加压、加热的条件下才可水解生成相应的两个醇。

醚键的氧原子上具有未共用电子对，有弱碱性，其 pK_b 约为 17.5，遇强无机酸，如浓盐酸、浓硫酸等可形成锌盐（oxonium salt）。锌盐是一种弱碱强酸盐，仅在浓酸中能稳定存在，遇水很快分解为原来的醚，利用这一性质可分离提纯醚。例如：

$$R-\ddot{\underset{\cdot\cdot}{O}}-R + HX \longrightarrow \left[R-\underset{\cdot\cdot}{\overset{H}{\overset{|}{O}}}-R\right]^+ X^- \xrightarrow{H_2O} R-O-R + H_3O^+ + X^-$$

锌盐

格利雅试剂、BF_3和$AlCl_3$都是有机反应中常用的试剂，醚还可以与这些缺电子的路易斯酸形成配合物。例如：

$$2\ R\ddot{\underset{\cdot\cdot}{O}}R + R'MgX \longrightarrow R'-\underset{\underset{ROR}{\uparrow}}{\overset{\overset{ROR}{\downarrow}}{Mg}}X \quad 和 \quad \begin{array}{l} R\ddot{\underset{\cdot\cdot}{O}}R + BF_3 \longrightarrow R_2O\rightarrow BF_3 \\ R\ddot{\underset{\cdot\cdot}{O}}R + AlCl_3 \longrightarrow R_2O\rightarrow AlCl_3 \end{array}$$

醚与质子形成鲜盐后，增加了碳氧键的极性，因此在加热条件下与强酸HI或浓HBr作用，醚键会发生断裂，根据醚中烃基的构造不同发生S_N1或S_N2反应，生成醇和卤代烷。如在过量氢卤酸作用下，生成的醇会进一步转化为卤代烷。例如：

$$CH_3CH_2OCH_3 \xrightarrow{HI} CH_3CH_2\underset{H}{\overset{+}{O}}CH_3 \xrightarrow[S_N2]{I^-} CH_3I + CH_3CH_2OH$$

$$CH_3CH_2OH \xrightarrow[过量]{HI} CH_3CH_2I$$

甲基伯烷基醚与氢碘酸作用时，是按S_N2机理进行反应，因而优先得到碘甲烷，把生成的碘甲烷蒸馏到硝酸银的酒精溶液里，按照所生成的碘化银的含量，就可计算出原来分子中的甲氧基含量。

叔烷基醚在反应中能生成较稳定的叔碳正离子，因此按S_N1机理进行反应。例如：

$$(CH_3)_3COCH_3 \xrightarrow{HI} (CH_3)_3C\underset{H}{\overset{+}{O}}CH_3 \xrightarrow{S_N1} (CH_3)_3C^+ + CH_3OH \xrightarrow[过量]{HI} CH_3I$$

$$(CH_3)_3C^+ \xrightarrow{I^-} (CH_3)_3C-I$$

混合醚C－O键断裂的顺序为：叔烷基＞仲烷基＞伯烷基＞甲基＞芳基。

芳醚由于醚键中的氧（sp^2杂化）与芳环形成p-π共轭（参见11.1.1），因此Ar－O键不易断裂，二芳基醚很难发生断键，芳基烷基醚的断键总是优先在脂肪烃基的一边断裂，此反应常用于酚羟基的保护。例如：

$$p\text{-}CH_3C_6H_4OH \xrightarrow[NaOH]{(C_2H_5)_2SO_4} p\text{-}CH_3C_6H_4OC_2H_5 \xrightarrow[H^+]{KMnO_4} p\text{-}HOOCC_6H_4OC_2H_5 \xrightarrow[(HI)]{KI,\ H_3PO_4} p\text{-}HOOCC_6H_4OH + C_2H_5I$$

环醚在氢卤酸作用下先开环生成卤代醇，不对称环醚开环得到两种产物的混合物，酸过量的时候生成二卤代烷。例如：

$$\text{3-甲基四氢呋喃} \xrightarrow[\triangle]{HBr} BrCH_2\underset{CH_3}{\underset{|}{C}}HCH_2CH_2OH + HOCH_2\underset{CH_3}{\underset{|}{C}}HCH_2CH_2Br$$

练习题10-7: 写出下列反应的主要产物，并指出何者为S_N1反应，何者为S_N2反应。

（1）$CH_3OCH_2CH_2CH_3$ 与 HI（过量）　　（2）$(CH_3)_3COCH_2CH_3$ 与 HBr

（3）$CH_3OCH_2CH_2OCH_3$ 与 HI（过量）　　（4）$C_6H_5-CH_2O-C_6H_5$ 与 HBr

10.8.2 过氧化物的生成

含有α-氢的烷基醚与空气长期接触，在醚的α碳氢键上发生自由基型反应，生成过氧化物。过氧化物性质不稳定，难挥发，温度较高时能迅速分解而发生爆炸。

$$R-O-\overset{\alpha}{C}H(H)CH_3 \xrightarrow{O_2} R-O-CH(OOH)CH_3$$

过氧化物爆炸性极强，蒸馏含有该化合物的醚时，过氧化物残留在容器中，继续加热即会爆炸。为避免意外，在使用存放时间较长的乙醚、四氢呋喃等之前，应先用碘化钾淀粉试纸进行检查，如果含有过氧化物则会游离出碘，使淀粉试纸变蓝。

除去醚中过氧化物的方法是加入适量的亚硫酸钠（Na_2SO_3）或者与新配制的硫酸亚铁（$FeSO_4$）溶液一起振荡，使过氧化物分解。贮存醚时宜放入棕色瓶中保存于阴凉处，并加入少量抗氧化剂（如对苯二酚）或金属钠、铁屑等，以防止过氧化物的生成。

10.9 醚的制备

10.9.1 醇分子间脱水——甲醚和乙醚的制备

单醚的制备可由醇与浓硫酸共热脱水生成，如二甲醚、二乙醚的制备。磷酸、对甲苯磺酸以及路易斯酸，如$ZnCl_2$、BF_3等也是醇制备醚的常用催化剂。反应通式如下：

$$2ROH \xrightarrow[\triangle]{\text{浓}H_2SO_4} ROR + H_2O$$

工业上甲醚、乙醚的制备也用Al_2O_3作脱水剂。例如：

$$2CH_3CH_2OH \xrightarrow[240\sim260^\circ C]{Al_2O_3} CH_3CH_2OCH_2CH_3 + H_2O$$

无水乙醚由普通乙醚用氯化钙处理后，再用金属钠丝处理以除去所含微量的水或醇。

二甲醚（dimethyl ether，DME）又称甲醚，在常压下是一种无色气体或压缩液体，具有轻微醚香味，可用作消毒剂、麻醉剂。在制冷剂和溶剂方面，二甲醚可以替代氢氟碳化物等对环境有害的物质。

乙醚（ethyl ether）为无色透明液体，有特殊刺激气味，带甜味，极易挥发，在医学上常用作麻醉剂。乙醚的极性小，较稳定，能溶解树脂、油脂、硝化纤维等，是一种常用的良好有机溶剂和萃取剂。

10.9.2 威廉森合成法

由卤代烃与醇钠（或钾）在无水条件下制备醚，醇钠（钾）的烷氧基离子是个强亲核试剂，其与卤代烃作用时，烷氧基取代卤烃中的卤原子而生成醚。这种方法叫**威廉森（Williamson）合成法**。这是一个 S_N2 反应历程，主要用于混醚的制备。例如：

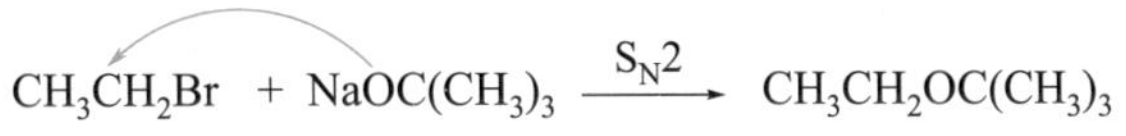

$$CH_3CH_2Br + NaOC(CH_3)_3 \xrightarrow{S_N2} CH_3CH_2OC(CH_3)_3$$

溴乙烷　　叔丁醇钠　　叔丁基乙基醚

注意，在制备叔烃基的混醚时，应采用叔醇钠与伯卤烷作用，反之则得不到醚，而是发生消除反应生成烯烃：

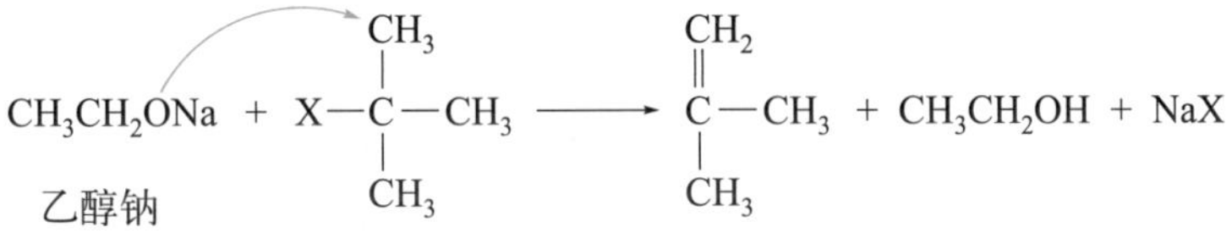

$$CH_3CH_2ONa + X-C(CH_3)_2-CH_3 \longrightarrow CH_2{=}C(CH_3)-CH_3 + CH_3CH_2OH + NaX$$

乙醇钠　　叔卤烷　　异丁烯

芳香醚可由酚钠与卤代烷、硫酸酯作用来制备。例如，橙花醚是一种皂用香精，可由 β-萘酚的钠盐制备如下：

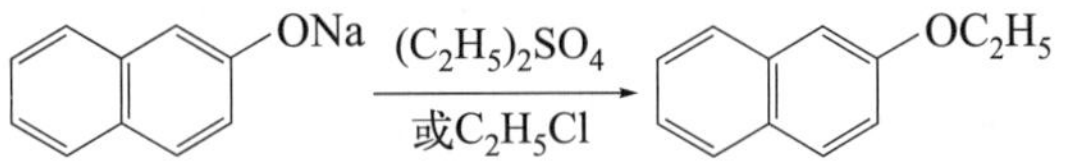

$$C_{10}H_7ONa \xrightarrow[\text{或}C_2H_5Cl]{(C_2H_5)_2SO_4} C_{10}H_7OC_2H_5$$

2-乙氧基萘（橙花醚）

二苯醚的制备可由卤苯与苯酚钠（钾）以铜粉或亚铜盐为催化剂加热缩合而得。

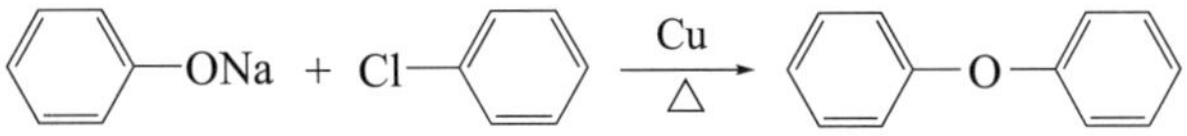

$$C_6H_5ONa + Cl-C_6H_5 \xrightarrow[\triangle]{Cu} C_6H_5-O-C_6H_5$$

练习题 10-8： 选择适当的卤代烃和醇钠为原料合成下列醚。

（1）$CH_3CH_2CH(CH_3)OCH_2CH_3$　　（2）1-甲基-1-乙氧基环己烷（环己烷环上连 CH_3 与 OCH_2CH_3）

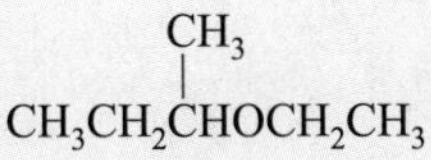

（3）环己基—O—环己基　　（4）$C_6H_5-CH_2O-$（邻甲基苯基，H_3C）

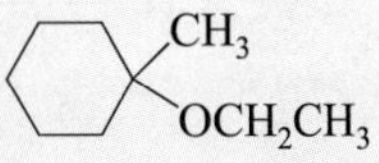

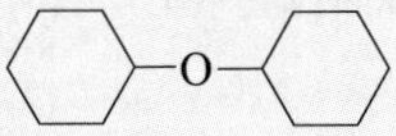

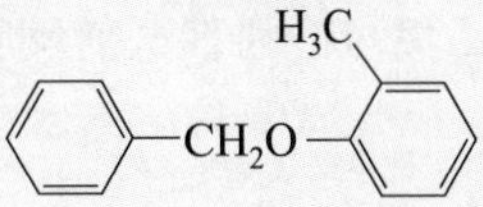

10.10 重要的环醚

10.10.1 环氧乙烷

环氧乙烷（ethylene oxide，EO）主要用于制乙二醇、抗冻剂、乳化剂、塑料等，是重要的有机合成中间体。工业上环氧乙烷由乙烯环氧化制备［参见3.4.5（2）］，其化学性质非常活泼，在酸、碱催化下，易与亲核试剂发生开环反应，该类反应属于S_N2反应。

在路易斯酸$AlCl_3$作用下，环氧乙烷与苯可直接制备苯乙醇：

$$C_6H_6 \xrightarrow[AlCl_3]{\text{环氧乙烷}} C_6H_5CH_2CH_2OH$$

在质子酸催化下，环氧乙烷可与亲核试剂H_2O、ROH、ArOH、HX、HCN等发生开环反应，反应通式如下：

$$\underset{O}{CH_2-CH_2} \xrightarrow{H^+} \underset{\underset{H}{O^+}}{CH_2-CH_2} \xrightarrow[-H^+]{:NuH} \underset{OH}{CH_2}-\overset{Nu}{CH_2}$$

质子化环醚

例如：

$$\underset{O}{CH_2-CH_2} \xrightarrow{H^+} \begin{cases} \xrightarrow{CH_3OH} HOCH_2CH_2OCH_3 \\ \xrightarrow{C_6H_5OH} HOCH_2CH_2OC_6H_5 \\ \xrightarrow{HX} HOCH_2CH_2X \quad (X=\text{卤素}) \\ \xrightarrow{HCN} HOCH_2CH_2CN \end{cases}$$

在碱催化下，环氧乙烷可与亲核试剂HO^-、RO^-、ArO^-、$RCOO^-$、氨（或胺）、RMgBr等发生开环反应，反应的通式如下：

$$\underset{O}{CH_2-CH_2} \xrightarrow{Nu^-} \underset{O^-}{CH_2}-\overset{Nu}{CH_2} \xrightarrow{H^+} \underset{OH}{CH_2}-\overset{Nu}{CH_2}$$

例如，环氧乙烷与格利雅试剂反应可用于制备增加2个碳的伯醇，其与氨作用生成乙醇胺：

$$CH_3CH_2C\equiv CMgBr \xrightarrow[\text{乙醚}]{\underset{O}{CH_2-CH_2}} \xrightarrow{H_3O^+} CH_3CH_2C\equiv CCH_2CH_2OH$$

$$CH_2-CH_2 \text{(环氧乙烷)} \xrightarrow{NH_3} \underset{O^-}{CH_2}\overset{\overset{+}{NH_3}}{CH_2} \longrightarrow \underset{HO}{CH_2}\overset{NH_2}{CH_2} \xrightarrow{\text{环氧乙烷}} HN(CH_2CH_2OH)_2 \xrightarrow{\text{环氧乙烷}} N(CH_2CH_2OH)_3$$

一乙醇胺　二乙醇胺　三乙醇胺

三种乙醇胺均是重要的化工原料，是用于生产防静电剂、非离子型洗涤剂、乳化剂、表面活性剂和农药分散剂的原料。

乙二醇与环氧乙烷反应可得聚乙二醇（参见10.5.3），由环氧乙烷聚合可得聚环氧乙烷（polyethylene oxide，PEO），又称聚氧化乙烯、缩乙二醇醚：

$$n\ CH_2-CH_2 \text{(环氧乙烷)} \longrightarrow \left[OCH_2CH_2 \right]_n$$

聚环氧乙烷（PEO）

环氧乙烷也是制备多种聚醚型表面活性剂的重要原料。聚醚型表面活性剂分子的亲水端由聚乙二醇链段组成，而疏水端由碳链较长的特定起始剂（如ROH、RC_6H_4OH、RCOOH、胺类RNH_2等）提供。以脂肪酸在碱作用下与环氧乙烷生成聚醚的反应为例，其反应过程如下：

$$CH_2-CH_2 \text{(环氧乙烷)} \xrightarrow{RCOO^-} RCOOCH_2CH_2O^- \xrightarrow{(n-1)\ \text{环氧乙烷}} RCOO(CH_2CH_2O)_n^-$$

$$RCOO(CH_2CH_2O)_n^- \xrightarrow{RCOOH} RCOO(CH_2CH_2O)_nH + RCOO^-$$

10.10.2 环氧丙烷

环氧丙烷（propylene oxide，PO）主要用途是制聚多元醇（聚醚），进而制造聚氨酯。环氧丙烷也是合成树脂、增塑剂、乳化剂、湿润剂、洗涤剂、杀菌剂等的原料。

环氧丙烷传统的制备方法是氯醇法，即以丙烯为原料，经与次氯酸加成、皂化而得：

$$CH_3CH=CH_2 \xrightarrow{HOCl} CH_3\underset{OH}{CH}-\underset{Cl}{CH_2} \xrightarrow{Ca(OH)_2} CH_3CH-CH_2 \text{(环氧)}$$

我国在2018年攻克了双氧水法制环氧丙烷成套技术，10万吨/年双氧水法制环氧丙烷工业示范项目成功运行。这是一条很有发展前途的绿色制备技术。

$$CH_3CH=CH_2 \xrightarrow[TS\text{-}1]{H_2O_2} CH_3CH-CH_2 \text{(环氧)} + H_2O$$

在酸、碱催化下，环氧丙烷和环氧乙烷一样可与亲核试剂发生开环反应，只是环氧丙烷是不对称的环氧化合物，在酸催化下，亲核试剂加到取代基多的碳原子上，而在碱催化下，则加到取代基少的碳原子上。例如，甲醇在酸、碱条件下与环氧丙烷反应的主要产物如下：

$$CH_3\underset{\backslash O /}{CH-CH_2} \xrightarrow{H^+} CH_3\underset{\backslash \overset{+}{O}H /}{CH-CH_2} \xrightarrow{CH_3OH} CH_3\overset{OCH_3}{\overset{|}{CH}}-\underset{\underset{OH}{|}}{CH_2}$$

$$CH_3\underset{\backslash O /}{CH-CH_2} \xrightarrow[CH_3OH]{NaOCH_3} CH_3\underset{\underset{O^-}{|}}{CH}-\overset{OCH_3}{\overset{|}{CH_2}} \xrightarrow{CH_3OH} CH_3\underset{\underset{OH}{|}}{CH}-\overset{OCH_3}{\overset{|}{CH_2}}$$

10.10.3 环氧氯丙烷

环氧氯丙烷（epichlorohydrin，ECH）系统命名为3-氯-1,2-环氧丙烷，为无色液体，沸点116℃，不溶于水，溶于乙醇、丙酮等多种有机溶剂。化学性质活泼，主要用于制造环氧树脂，也是生产甘油衍生物、缩水甘油衍生物的重要原料。

工业上由丙烯制备环氧氯丙烷的传统方法有氯醇法（参见10.5.5），目前我国几家科研院所开发的双氧水法制环氧氯丙烷新工艺已完成中试，进入工业化阶段。

$$ClCH_2CH=CH_2 \xrightarrow[TS\text{-}1]{H_2O_2} ClCH_2\underset{\backslash O /}{CH-CH_2} + H_2O$$

环氧氯丙烷自身能开环聚合或与其它单体共聚，制备多种特殊用途的高分子化合物。

10.10.4 1,4-二氧六环

1,4-二氧六环又称二噁烷（dioxane）或1,4-二氧杂环己烷，为无色液体，熔点11.8℃，沸点101℃，能与水和多种有机溶剂混溶，化学性质稳定，是一种优良的有机溶剂、萃取剂、分散剂和稳定剂，在医药、化妆品、香料等特殊精细化学品制造领域应用广泛。

1,4-二氧六环由乙二醇在硫酸等催化下脱水而得，也可以由环氧乙烷直接二聚。

$$2\ HOCH_2CH_2OH \xrightarrow[\text{或}\ H_3PO_4]{\text{发烟}H_2SO_4} \text{(1,4-二氧六环)} + 2\ H_2O$$

$$O\langle\begin{matrix}CH_2\\|\\CH_2\end{matrix} + \begin{matrix}CH_2\\|\\CH_2\end{matrix}\rangle O \xrightarrow[\triangle]{40\%H_2SO_4} \text{(1,4-二氧六环)}$$

10.10.5 冠醚*

冠醚（crown ether）是分子中含有多个“$-OCH_2CH_2-$”结构单元的大环多醚。冠醚可看作是多分子乙二醇缩聚而成的大环化合物。冠醚有一定的毒性，必须避免吸入其蒸气或与皮肤接触。

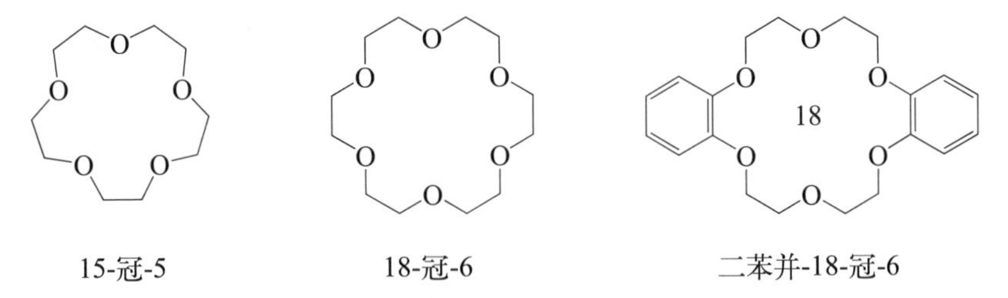

15-冠-5　　18-冠-6　　二苯并-18-冠-6

冠醚命名时把环上所含原子的总数标注在“冠”字之前，把其中所含氧原子数标注在名称之后，如15-冠-5、18-冠-6、二苯并-18-冠-6。

冠醚通常采用威廉森合成法制取，以18-冠-6为例：

$$\text{三甘醇} + \text{1,2-二(2-氯乙氧基)乙烷} \xrightarrow[\triangle,\ 18h]{KOH/THF}$$

三甘醇　　1,2-二(2-氯乙氧基)乙烷

1,2-二(2-氯乙氧基)乙烷可由三甘醇与$SOCl_2$反应得到。

冠醚性质稳定，和氧化剂、还原剂、活泼金属、碱、稀酸等不起反应。但由于冠醚大环结构中的氧原子上含有未共用电子对，随环的大小可与不同金属离子形成稳定的配合物，且各有一定的熔点，因此，常用于分离各种金属离子的混合物。例如，12-冠-4和15-冠-5可分别与Li^+、Na^+形成配合物，而18-冠-6可与K^+配位。

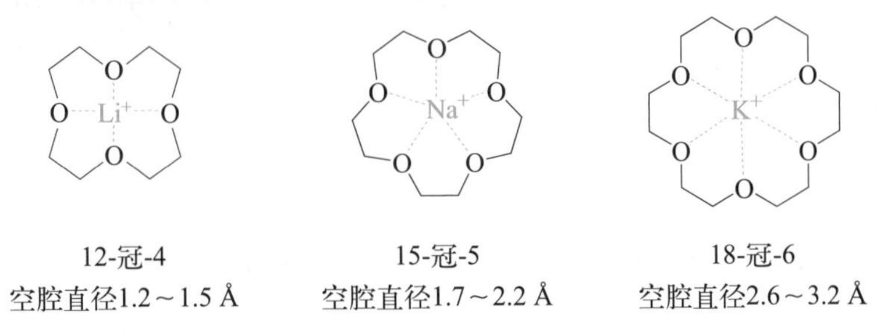

12-冠-4 空腔直径1.2～1.5 Å　　15-冠-5 空腔直径1.7～2.2 Å　　18-冠-6 空腔直径2.6～3.2 Å

由于冠醚分子中亲油性的亚甲基排列在环的外侧，利用冠醚可与各种金属盐、铵盐、有机阳离子化合物等形成稳定配合物的特性，可将各种盐类溶于有机溶剂。冠醚作为优良的两相反应的**相转移催化剂**（phase transfer catalyst），能使非均相反应易于进行，选择性加强，并可提高产品的收率和纯度。例如：

$$CH_3(CH_2)_5Br + CH_3\overset{\overset{\displaystyle O}{\|}}{C}OK \xrightarrow[\text{苯}]{\text{18-冠-6}} CH_3\overset{\overset{\displaystyle O}{\|}}{C}O(CH_2)_5CH_3 + KBr$$

仅溶于非极性溶液（不溶于水）　　不溶于非极性溶液（溶于水）

溴己烷不溶于水，乙酸钾不溶于苯，而乙酸根又不是一个很强的亲核试剂，反应难以进行。如果将18-冠-6添加到溶液中，则生成的非极性冠醚-钾配合物与游离的乙酸根离子一起溶解在苯中，提高了乙酸根的亲核性，使得羧酸钾与卤代烃的酯化反应得以顺利进行。

10.11 硫醇、硫醚*

醇和醚分子中的氧原子被硫原子所代替而形成的化合物，分别被称为硫醇（thiol）和硫醚（thioether）。命名时只需将原“醇”和“醚”名称中的醇和醚分别改称为“硫醇”和“硫醚”即可：

$CH_3CH(SH)CH_3$　　$CH_3CH=CHCH_2SH$　　$CH_3SC_2H_5$　　$C_6H_5-S-C_2H_5$

异丙硫醇　　丁-2-烯-1-硫醇　　乙甲硫醚　　苯乙硫醚

官能团—SH称为巯基，—S—称为硫醚键。

低级硫醇、硫醚有恶臭味，浓度极低即可被人嗅出，如我国常用四氢噻吩、叔丁硫醇作为燃气的示警添加剂。洋葱、大蒜中含有硫醇及其衍生物，故有特殊气味。石油及煤中有机硫也有以巯基和硫醚键等形式存在。

10.11.1 硫醇

硫与氧均在周期表ⅥA族，但硫的原子半径大，而电负性小于氧。硫醇很难形成氢键，故不能缔合，也难溶于水，其沸点低于相应的醇，但高于分子量相近的烷烃。如甲硫醇、乙硫醇的沸点分别为6℃和35℃，而甲醇和乙醇的沸点分别为65℃和78℃。

（1）硫醇的制备

硫醇可由NaSH或KSH与卤代烃发生亲核取代反应来制备，也可以由醇蒸气与H_2S混合在高温下通过ThO_2来制备：

$$RX + KSH \xrightarrow{\triangle} RSH + KX$$

$$R-OH + H-SH \xrightarrow[400^\circ C]{ThO_2} RSH + H_2O$$

（2）硫醇的化学性质

① 有弱酸性　硫醇的酸性比醇强，可与NaOH等强碱生成盐：

$$CH_3CH_2SH + NaOH \longrightarrow C_2H_5S^- Na^+ + H_2O$$

② 重金属解毒剂　硫醇可与重金属汞、铜、银、铅等形成不溶于水的硫醇盐，降低重金属的毒性，临床上常用某些含有巯基的化合物作重金属中毒时的解毒剂：

$$2\,RSH + HgCl_2 \longrightarrow (RS)_2Hg\downarrow + 2\,HCl$$

$$\begin{matrix} NaOOC-CH-SH \\ | \\ NaOOC-CH-SH \end{matrix} + Pb^{2+} \longrightarrow \begin{matrix} NaOOC-CH-S \\ | \\ NaOOC-CH-S \end{matrix}\!\!>\!Pb\downarrow + 2H^+$$

2,3-二巯基丁二酸钠为我国首创的广谱金属解毒药，其解锑毒的能力为二巯丙醇的10倍，还可用于解救铅、汞、砷、镍、铜等金属中毒。

③ 氧化反应　硫醇容易被氧化形成二硫化物，二硫化物又可被还原为硫醇。硫醇与二硫化物的相互转换是生物体中重要的氧化还原过程。

a.硫醇易被温和的氧化剂，如H_2O_2、I_2或O_2（空气）等氧化成二硫化物：

$$2RS-H + H_2O_2 \longrightarrow RS-SR + 2H_2O$$

在石油工业中，利用该反应生成的二硫化物无酸性以避免酸性的腐蚀，并除去恶臭味。

b.硫醇与强氧化剂，如HNO_3、$KMnO_4$等作用，可被氧化成烷基磺酸：

$$RS-H \xrightarrow{\text{浓}HNO_3} R-S(=O)-OH \xrightarrow{\text{浓}HNO_3} R-S(=O)_2-OH$$

烷基亚磺酸　　烷基磺酸

④ 酯化反应　硫醇可以与酰卤或酸酐作用，形成硫代羧酸酯，例如：

$$RSH + R'COCl \longrightarrow R'COSR + HCl$$

⑤ 与醛（酮）的反应　在酸性催化剂存在下，可形成缩硫醛（酮）来保护羰基，与缩醛、缩酮化合物相比，反应效率更高。缩硫醛（酮）催化氢化，使原羰基还原为亚甲基：

$$RC(=O)R' \xrightarrow[H^+]{HSCH_2CH_2SH} \text{(1,3-二硫戊环, R, R')} \xrightarrow[\text{雷尼 Ni}]{2\,H_2} RCH_2R' + CH_3CH_3 + 2\,NiS$$

$$\text{环己酮} \xrightarrow[HCl]{HS(CH_2)_3SH} \text{(螺环二硫缩酮)} \xrightarrow[\text{雷尼 Ni}]{H_2} \text{环己烷}$$

上式最后一步叫脱硫缩醛（酮）反应，属于脱硫反应的范畴。

10.11.2　硫醚

低级硫醚为无色液体，有臭味，沸点比相应的醚高。硫醚不与水形成氢键，不溶于水。

（1）硫醚的制备

单硫醚可由硫化钾与卤烷或烷基硫酸酯制备；混硫醚可由硫醇金属与卤烷作用制备（类似威廉森合成法）：

$$2CH_3I + K_2S \xrightarrow{\triangle} (CH_3)_2S + 2KI$$

$$2(CH_3)_2SO_4 + K_2S \xrightarrow{\triangle} (CH_3)_2S + 2CH_3OSO_2OK$$

$$RX + R'SNa \xrightarrow{\triangle} R'SR + NaX$$

（2）硫醚的化学性质

硫醚的化学性质相当稳定，但硫原子易形成高价化合物，如硫醚在常温下易被硝酸、H_2O_2等氧化成亚砜，在强烈的氧化条件下，能被发烟硝酸、高锰酸钾等氧化成砜：

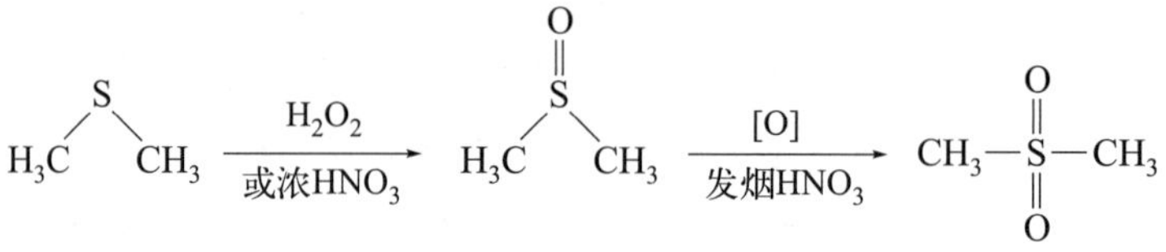

$$H_3C-S-CH_3 \xrightarrow[\text{或浓}HNO_3]{H_2O_2} H_3C-\overset{O}{\overset{\|}{S}}-CH_3 \xrightarrow[\text{发烟}HNO_3]{[O]} CH_3-\underset{O}{\underset{\|}{\overset{O}{\overset{\|}{S}}}}-CH_3$$

二甲亚砜　　　　二甲砜

二甲亚砜（dimethyl sulfoxide，DMSO）吸湿性很强，是一种既溶于水又溶于有机溶剂的极为重要的非质子极性溶剂，在石油和高分子工业常用作优良溶剂。二甲砜用作无机及有机物质的高温溶剂。环丁砜是吸收CO_2、H_2S、RSH等气体的净化剂；苯丙砜是治疗麻风病的药物。

环丁砜：$\begin{matrix} CH_2-CH_2 \\ | \\ CH_2-CH_2 \end{matrix} \rangle SO_2$　　苯丙砜：$n\text{-}C_3H_7-\underset{O}{\underset{\|}{\overset{O}{\overset{\|}{S}}}}-C_6H_5$

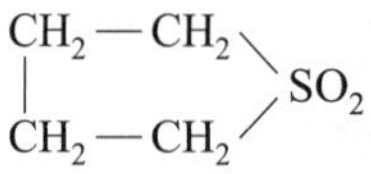

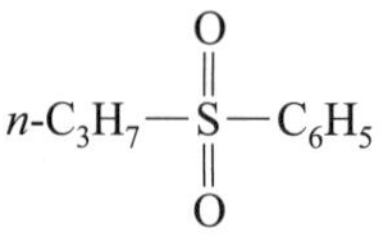

聚苯硫醚（polyphenylene sulfide，PPS）是一种综合性能优异的特种工程塑料，由硫化钠和对二氯苯在极性溶剂中经缩聚反应制备。反应式为：

$$n\,Na_2S + n\,Cl-C_6H_4-Cl \longrightarrow \left[C_6H_4-S \right]_n + 2n\,NaCl$$

PPS具有机械强度高、耐高温、化学稳定性好、难燃、电性能优良等优点，在电子、汽车、机械及化工领域均有广泛应用。

综合练习题

1. 命名或写出下列化合物的结构式。

（1）$(CH_3)_3COH$

（2）$CH_3CH_2\underset{CH=CH_2}{\underset{|}{C}}HCH_2OH$

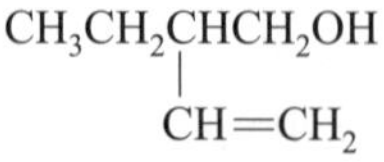

（3）$CH_3CH=\underset{CH_2CH_2CH_3}{\underset{|}{C}}CH_2OH$

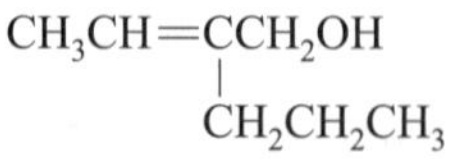

（4）肉桂醇

（5）季戊四醇

（6）反-环己-1,4-二醇

（7）1-甲基环己-2-烯-1-醇结构式（环上C1带 H_3C 与 OH）

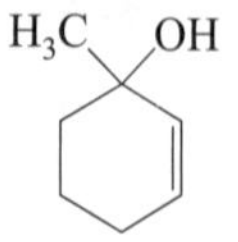

（8）$C_6H_5-\underset{C_2H_5}{\underset{|}{C}}=CH\underset{OH}{\underset{|}{C}}HCH_3$

（9）$C_6H_5-OCH_3$

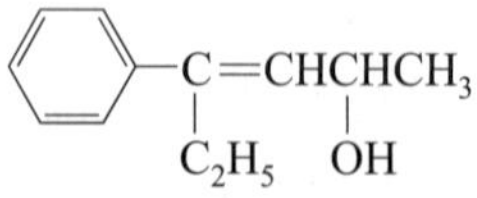

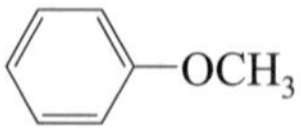

（10）1,4-二氧六环　　（11）2-乙氧基乙醇　　（12）12-冠-4

2. 按指定性质比较下列各组化合物的活性。

（1）预测下列化合物的沸点，由高到低排序。

①甘油　②$CH_3OC_2H_5$　③$CH_3CH_2CH_2OH$　④$CH_3CH_2CH_3$

（2）预测下列化合物在水中的溶解度，从高到低排序。

①丙-2-醇　②$C_2H_5OC_2H_5$　③$CH_3(CH_2)_3CH_2OH$　④$CH_3(CH_2)_4CH_2OH$

（3）预测下列化合物与卢卡斯试剂反应速率由快到慢的次序。

①β-苯乙醇　②α-苯乙醇　③环己醇

3. 选出所有符合条件的答案。

（1）下列制备醇或醇的反应说法不正确的是（　）。

① 用金属钠和醇还原酯到醇，而不影响酯中的碳碳双键；

② 间硝基苯甲酸可以被$LiAlH_4$还原到间硝基苯甲醇；

③ PCC试剂或沙瑞特试剂可将肉桂醇氧化成肉桂醛；

④ 伯醇与氢卤酸的反应都是按S_N2机理进行的。

（2）关于下列化合物性质的说法正确的是（　）。

① 硫醇的酸性比同碳数醇的要强；

② 储藏醚类化合物时可在醚中加少许铁屑以避免过氧化物的形成；

③ 醇与活泼金属反应的活性从大到小次序是：叔醇＞仲醇＞伯醇＞甲醇；

④ 乙二醇在水中的溶解度大，其水溶液的冰点又低，故是很好的防冻剂。

4. 用简单的化学方法鉴别下列各组化合物。

① 苯甲醚、苄醇和巴豆醇　② $CH_3CH_2CH_2CH_2OH$和$(CH_3)_3COH$

5. 请以煤化路线，即以合成气（CO、H_2）为原料，写出合成下列化合物的主要反应。

①甲醇　②乙醇　③乙二醇

6. 完成下列转化，写出各步反应的主要反应条件或有机产物。

（1）写出下列化合物分子内脱水的主要产物。

① $C_6H_5CH_2CH(OH)CH_3 \xrightarrow[\triangle]{浓H_2SO_4}$（A）

② $C_6H_5CH_2CH(OH)CH(CH_3)_2 \xrightarrow[\triangle]{浓H_2SO_4}$（B）

③ $CH_3CH_2C(OH)(CH_3)_2 \xrightarrow[\triangle]{Al_2O_3}$（C）

④ $CH_3CH_2C(OH)(CH_3)C(OH)(CH_3)CH_2CH_3 \xrightarrow[\triangle]{Al_2O_3}$（D）

（2）环己酮 $\xrightarrow[②\ H_3O^+]{①\ NaBH_4}$（A）$\xrightarrow[无水ZnCl_2]{HCl}$（B）

（3）$CH_3C{\equiv}CH \xrightarrow[乙醚]{CH_3MgBr}$（A）$\xrightarrow[乙醚]{CH_3COCH_3}$ $\xrightarrow{H_2O}$（B）

（4）写出下列反应产物的立体结构式（用费歇尔投影式）。

$$\underset{\text{Ph}}{\overset{\text{H}_3\text{C}}{}}\text{C}=\text{C}\underset{\text{H}}{\overset{\text{CH}_3}{}} \xrightarrow[\text{② } H_2O_2/OH^-]{\text{① } BH_3} (A) + (B)$$

（5）写出下列反应各步主要产物，并指出D、E是顺式还是反式结构。

1-甲基环己烯：

$(A) \xleftarrow{H_2O/H^+}$ 1-甲基环己烯 $\xrightarrow{\text{过氧醋酸}} (C) \xrightarrow{H_3O^+} (D)$

$(B) \xleftarrow[\text{② } H_2O_2, OH^-]{\text{① } B_2H_6}$ 1-甲基环己烯 $\xrightarrow[\text{② } H_2O]{\text{① 冷}KMnO_4} (E) \xrightarrow{HIO_4} (F)$

（6）苯乙醛是花香型香精的调和香料，可由苯经下列反应制得。

$$C_6H_6 \xrightarrow[AlCl_3]{(A)} C_6H_5CH_2CH_2OH \xrightarrow{(B)} C_6H_5CH_2CHO$$

（7）异丁烯实现下列转化的条件和产物。

$$CH_2=C(CH_3)_2 \xrightarrow{(A)} \underset{\backslash O /}{CH_2—C(CH_3)_2}$$

环氧化物 $\xrightarrow[H^+]{CH_3OH} (B)$

环氧化物 $\xrightarrow[CH_3OH]{CH_3ONa} (C)$

（8）下列两种化合物与足量浓HI反应的产物。

① 2-甲基四氢呋喃 $\xrightarrow{HI} (A)$　　② $H_3C-C_6H_4-OC_2H_5 \xrightarrow{HI} (B)$

（9）化合物B为涤纶纤维理想着色剂。其合成路线如下：

$$\underset{OH\quad\ \ OH}{CH_2—CH_2} \xrightarrow[OH^-]{2\ \underset{\backslash O /}{CH_2—CH_2}} \xrightarrow{H_2O} (A) \xrightarrow[H^+,\ \triangle]{2\ CH_2=C(CH_3)COOH} (B)$$

7. 由指定原料合成下列化合物（无机试剂、催化剂和溶剂可以任选）：

（1）由乙醇合成正丁醚

（2）用四个碳原子及以下的烃为原料合成 $C_6H_{11}-C(OH)(CH_3)-CH_3$

（3）以苯、乙烯、丙烯为原料合成 $C_6H_5-CH_2CH_2C(OH)(CH_3)CH_3$

（4）以环己酮、丙烯为原料合成 2-丙基环己醇（结构式：环己烷环上连有 $CH_2CH_2CH_3$ 和 —OH）；

（5）选择简单易得的醇、酮为原料合成 $(CH_3)_2CHCH{=}C(CH_3)_2$；

（6）以乙炔、甲醛为原料合成四氢呋喃。

8.（1）写出由 螺[4.3]辛-5-酮（环戊酮与环丁烷螺连）转化到 双环戊烯（两个五元环共用C=C）的各步反应及重排过程的机理，简要说明理由；

（2）若从该酮合成 5-氯螺[4.3]辛烷（Cl 取代于原羰基碳），请提出一个合理的转化途径。

9. 写出下列转化的反应机理。

（1）$HOCH_2CH{=}CHCH_3 \xrightarrow{HBr} BrCH_2CH{=}CHCH_3 + CH_2{=}CHCH(Br)CH_3$

（2）$C_6H_5-CH_2CH_2CH(OH)C(CH_3)_3 \xrightarrow{H_2SO_4}$ 1,1,2-三甲基-1,2,3,4-四氢萘

（3）$H_2C{-}CHCH_2CH_2CH_2Br$（环氧乙烷环，O 连接两个碳）$\xrightarrow{CH_3O^-}$ 2-(CH_2OCH_3)四氢呋喃

10. 按指定原料合成下列两种香料。

（1）由肉桂醛和乙酸合成用作风信子、铃兰等香精的调和香料乙酸肉桂酯；

（2）苯甲酸苄酯可用作依兰等香精的调和香料，请仅以甲苯为原料合成之。

11. 2-苯基丙-2-醇有玫瑰香气，用于调制玫瑰、铃兰等花香型香精。请以苯和不超过三个碳的有机物来合成，要求设计不少于两种合成路线，并根据原料来源等因素对这几种合成路线进行评价。

12. 叔丁基甲基醚是优良的高辛烷值汽油添加剂和抗爆剂。某同学设计用叔丁基溴与甲醇钠来制备，结果却生成了一种无色气体。

（1）写出该气体的结构式；

（2）分析他失败的原因；

（3）请选用正确的卤代烃和醇钠合成叔丁基甲基醚；

（4）工业上叔丁基甲基醚的制备是以异丁烯和甲醇为原料，在酸性催化剂存在下反应而得。请写出该转化的反应机理。

13. 某企业现有对二异丙苯过氧化制备对苯二酚装置，并联产丙酮。已知该企业有丰富的甲醇，请以该企业现有的有机产品为原料，合成可用于食品的油溶性抗氧化剂BHA。BHA通常是下列两种异构体的混合物，两者混合后有一定的协同作用。

3-BHA：（4-甲氧基苯酚，OH对位为OCH_3，OH邻位为$C(CH_3)_3$）　　2-BHA：（4-甲氧基苯酚，OCH_3邻位为$C(CH_3)_3$）

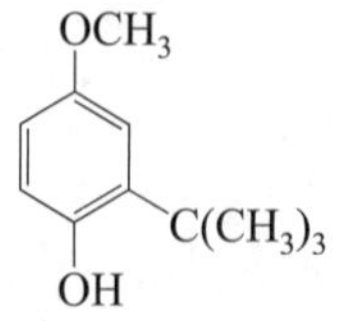

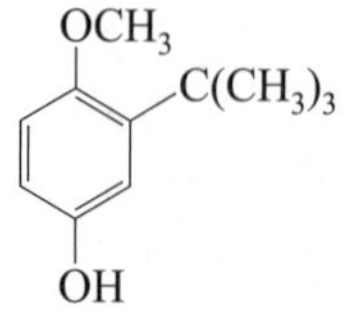

（1）请设计合理路线合成BHA，写出有关反应式，并预测哪种异构体为主要产物；

（2）用系统命名法命名上述两种BHA异构体。

14. 异丙醚是动植物油脂、蜡、树脂等的良好溶剂。工业上，异丙醚可从丙烯硫酸水合制异丙醇的副产品中回收。

（1）写出丙烯与硫酸反应水合制备异丙醇的反应式。

（2）当硫酸水合反应后的物料在解吸塔用蒸汽汽提，使异丙醇与异丙醚从酸液中释出后，通过蒸馏，从塔顶首先获得的是哪种产品？简要说明理由。

（3）异丙醇催化脱氢也是制备丙酮的一种方法，写出该转化的反应式。

15. 某煤焦化企业现有丰富的电石资源和从煤焦油中提取的对甲苯酚，以及焦炉煤气制甲醇装置和合成氨装置。请充分利用该企业现有资源，设计合成下列化合物。

（1）三乙醇胺是吸收CO_2和H_2S等气体的净化剂。写出合成该化合物的各步反应式。

（2）合成可降解塑料PBAT（己二酸/对苯二甲酸丁二醇酯的共聚物）的关键单体原料丁-1,4-二醇。写出各步反应式。

（3）对甲苯甲醚用于配制水仙花、紫罗兰等香精。写出合成该化合物的各步反应式。

第 11 章 酚和醌

羟基（—OH）与芳环直接相连的化合物称为酚（phenols）。酚及其衍生物在自然界广泛存在，如香兰素、麝香草酚等均有特殊香味，儿茶酚是绿茶和红酒中的抗氧化物质。酚也是重要的化工原料，广泛用于制备药物、染料及塑料工业。

醌（quinone）是一类分子中含有共轭环己二烯酮结构的化合物，可由相应的芳香烃、酚或芳胺氧化得到。自然界的某些天然染料（如茜红等）及辅酶等含有醌型结构。醌可作为有机合成试剂，制备医药和染料等。

11.1 酚的结构、分类与命名

按酚中羟基的数目可分为一元酚和多元酚，按羟基所连的芳环类型可分为苯酚（phenol）、萘酚（naphthol）、蒽酚（anthranols）等。

11.1.1 酚的结构

最简单的酚是苯酚。苯酚中芳碳原子和羟基氧原子均为 sp^2 杂化。氧原子的三个 sp^2 杂化轨道，一个与氢原子的1s轨道重叠形成O—H σ键，一个与碳原子的 sp^2 杂化轨道“头碰头”重叠形成C—O σ键，还有一个 sp^2 杂化轨道被一对孤对电子占据。此外，氧原子未参

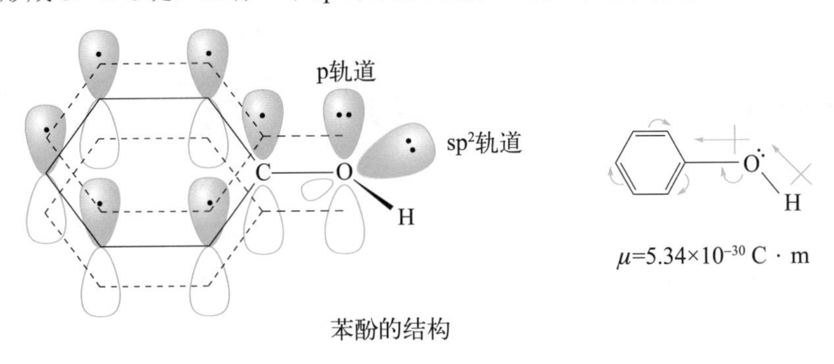

苯酚的结构

与杂化的p轨道与芳环的大π键“肩并肩”侧面重叠形成p-π共轭体系，氧原子p轨道上的孤对电子向苯环离域，从而增加了苯环的电子云密度，也致使氧原子自身电子云密度降低，O—H键减弱，氢原子更易以质子的形式解离。

p-π共轭使C—O键强度增加，键长缩短，甲醇中C—O键键长0.143 nm，而苯酚中C—O键键长只有0.136 nm；酚的偶极矩μ为5.34×10^{-30} C·m，方向由—OH指向芳环，说明氧原子给电子的共轭效应大于吸电子的诱导效应。

11.1.2 酚的命名

系统命名法命名时一般以酚作为母体，苯环上所连的其它基团作为取代基。编号时从羟基所连的碳原子开始，依据“最低位次原则”，对芳环上的碳原子依次编号，最后将取代基的位次与名称列于母体名称前；多元酚需注明每个羟基的位次，并在“酚”前标明酚羟基的个数。

3-甲基苯酚（间甲苯酚）　5-氯-2-甲基苯酚　苯-1,4-二酚（对苯二酚）　2-硝基苯酚（邻硝基苯酚）

对于有固定编号的稠环芳烃编号时尽可能使—OH的位次较小，如果芳环上同时有羧基或羰基等优先次序更高的官能团，此时—OH只能作为取代基。

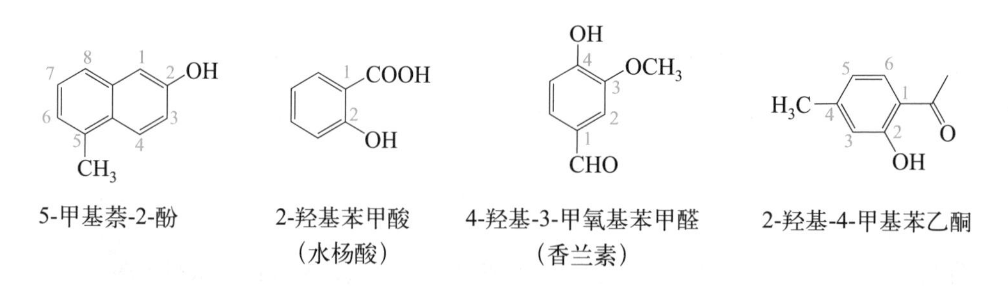

5-甲基萘-2-酚　2-羟基苯甲酸（水杨酸）　4-羟基-3-甲氧基苯甲醛（香兰素）　2-羟基-4-甲基苯乙酮

练习题 11-1： 用系统命名法命名下列化合物。

（1）　（2）

（3）　（4）

11.2 酚的物理性质

由于酚分子之间可发生氢键缔合，多数酚为结晶固体或高沸点液体，比分子量相近的芳烃和卤代芳烃具有更高的熔点和沸点。酚与水分子之间也可以形成氢键，因此酚在水中有一定的溶解度，酚微溶于冷水，能溶于热水，易溶于酒精、乙醚等有机溶剂。表11.1列出了常见酚的物理常数。

酚与酚的分子间氢键　　酚与水的分子间氢键

表 11.1 常见酚的物理常数

名称	熔点/℃	沸点/℃	溶解度	pK_a
苯酚	43	181.7	8.2	9.98
邻甲苯酚	30.9	191	2.5	10.20
间甲苯酚	11.5	202.2	0.5	10.01
对甲苯酚	34.8	201.9	1.8	10.14
邻氯苯酚	7	174.9	2.8	8.50
间氯苯酚	32	214	2.6	9.00
对氯苯酚	42	216	2.7	9.38
邻硝基苯酚	46	216	0.2	7.22
间硝基苯酚	97	194	1.3	8.39
对硝基苯酚	115	279（分解）	1.6	7.15
2,4-二硝基苯酚	114.8	312.1	0.6	4.09
2,4,6-三硝基苯酚	122	300（爆炸）	1.4	0.25
邻苯二酚	105	245	45.1	9.85
间苯二酚	111	281	147.3	9.81
对苯二酚	173.4	285	6	10.35

酚类化合物有毒，可通过皮肤、黏膜侵入人体引起中毒，其蒸气由呼吸道吸入，对神经系统损害更大。酚通过废水的排放污染地表水和地下水，对环境和生态产生诸多不利影响。因此，在利用酚的时候要做好防护，并做好废酚处理工作。

11.3 酚的化学性质

酚羟基与芳环直接相连，p-π 共轭的结果使氧原子上的孤对电子离域到芳环，芳环电子密度升高，更易接受亲电试剂的进攻，发生芳香亲电取代；由于氧原子自身电子密度降低，碱性与亲核性降低，与醇中的羟基的性质又有区别。

酚发生的主要化学反应表述如下：

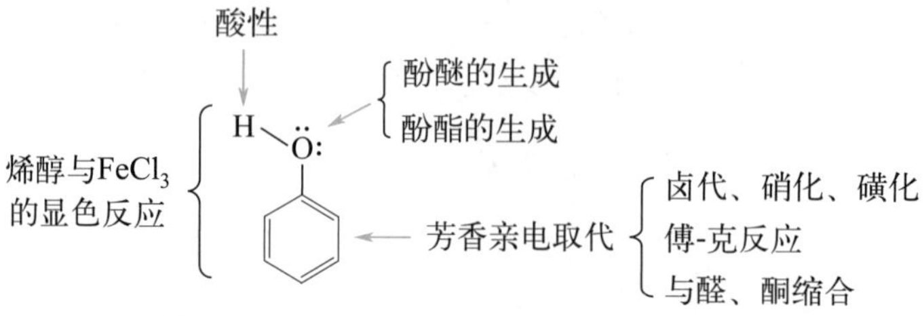

酸性

酚醚的生成
酚酯的生成

烯醇与$FeCl_3$的显色反应

芳香亲电取代：卤代、硝化、磺化；傅-克反应；与醛、酮缩合

11.3.1 酚羟基的反应

（1）酚羟基的酸性

苯酚的酸性（$pK_a \approx 10$）比醇（$pK_a \approx 16$）强得多，但比碳酸（pK_a=6.38）和羧酸（pK_a约为3～5）弱。

苯酚能溶解于NaOH水溶液，但不能与$NaHCO_3$作用生成盐。在酚钠水溶液中通入CO_2，酚即游离出来。利用这一性质，工业上常用来回收和处理含酚废水。

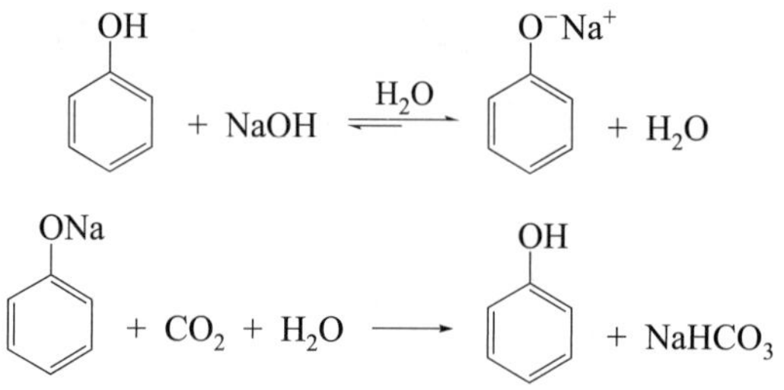

$$C_6H_5OH + NaOH \xrightleftharpoons{H_2O} C_6H_5O^-Na^+ + H_2O$$

$$C_6H_5ONa + CO_2 + H_2O \longrightarrow C_6H_5OH + NaHCO_3$$

酚的酸性比醇强，这与酚解离质子后，酚氧负离子的稳定性有关。酚氧负离子中负电荷并非定域在氧原子上，而是通过p-π共轭离域到邻位的芳环上，特别是邻、对位的芳碳原子上：

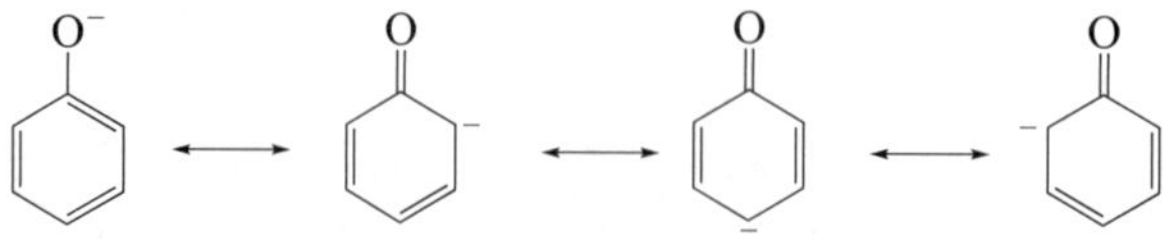

O^- ⟷ O ⟷ O ⟷ O

电荷离域使酚负离子更稳定，有利于质子的解离，酸性增强。而醇解离质子后生成的RO^-负电荷定域在氧上，因此酸性弱于酚。

酚中苯环上的取代基对其酸性有很大影响。吸电子基使得苯环的电子云密度降低，酚解离质子后形成的负电荷可有效分散而稳定，使得酚的酸性增强，尤其当吸电子基处于邻、对位时，酸性进一步增强；而供电子基增加了苯环上的电子云密度，不利于负电荷的分散，使酚羟基的质子不易解离，酸性减弱。

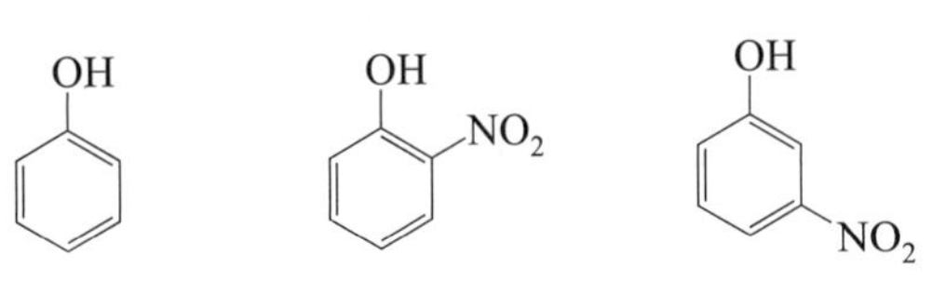

	苯酚	邻硝基苯酚	间硝基苯酚	对硝基苯酚
pK_a	9.98	7.22	8.39	7.15

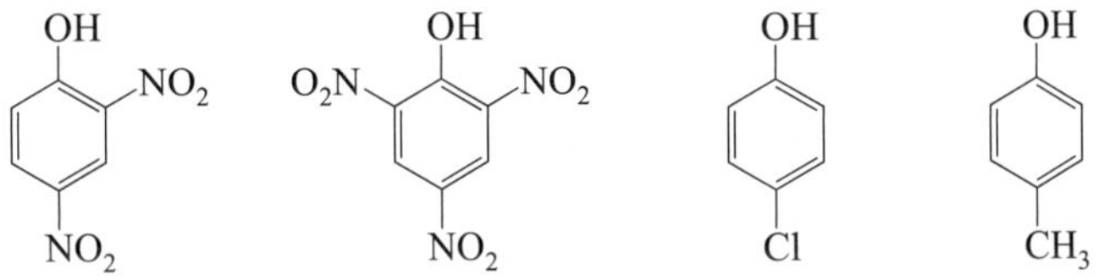

	2,4-二硝基苯酚	2,4,6-三硝基苯酚	对氯苯酚	对甲基苯酚
pK_a	4.09	0.25	9.38	10.14

其它因素如取代基的空间位阻、分子内氢键、溶剂性质等也会影响酚的酸性。

练习题 11-2： 试比较下列化合物酸性的强弱，并说明理由。

（1）苯酚和对羟基苯甲醛　　（2）间羟基苯甲腈和对羟基苯甲腈

（3）邻氟苯酚和对氟苯酚

（2）酚羟基的醚化

酚难发生分子间脱水成醚，酚醚的合成一般采用威廉森合成法（参见10.9.2），将酚与卤代烃在碱（NaOH、Na_2CO_3 等）存在下共热，酚生成酚氧负离子，与卤代烃发生 S_N2 亲核取代。例如：

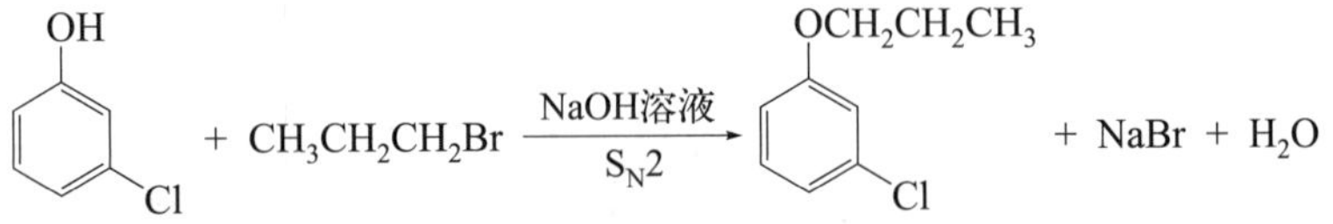

$$\text{间氯苯酚} + CH_3CH_2CH_2Br \xrightarrow[S_N2]{\text{NaOH溶液}} \text{间氯苯基}-OCH_2CH_2CH_3\ (63\%) + NaBr + H_2O$$

注意，酚氧负离子不但有亲核性，还有碱性，该方法适用于伯卤代烃和烯丙型卤代烃，对于仲或叔卤代烃，会发生消除反应。

硫酸二甲酯和硫酸二乙酯也是常见的甲基化或乙基化试剂，将酚转变为芳甲醚或芳乙醚。例如：

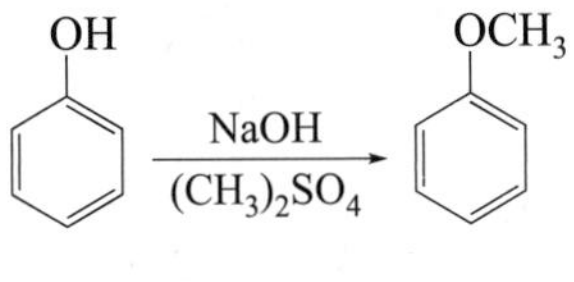

$$C_6H_5OH \xrightarrow[(CH_3)_2SO_4]{NaOH} C_6H_5OCH_3\ \text{茴香醚}$$

硫酸二甲酯和硫酸二乙酯都有一定毒性，而碳酸二甲酯是一种低毒环保型试剂，可代替剧毒的硫酸二甲酯作为甲基化试剂，目前，高选择性催化剂的研发是重点。

$$\text{C}_6\text{H}_5\text{OH} + \text{CH}_3\text{OCOCH}_3(\text{C=O}) \xrightarrow{\text{催化剂}} \text{C}_6\text{H}_5\text{OCH}_3 + \text{CH}_3\text{OH} + \text{CO}_2$$

酚醚在浓HI或HBr作用下，又分解为酚：

$$\text{C}_6\text{H}_5\text{—OCH}_3 \xrightarrow{\text{HI}} \text{C}_6\text{H}_5\text{—OH} + \text{CH}_3\text{I}$$

在有机合成中，由于酚易氧化，酚醚往往作为酚羟基的保护基，完成反应后，用浓HI、HBr脱除保护基，得到目标产物。例如：

$$\text{(OH, CH}_3\text{)苯} \xrightarrow[(\text{CH}_3)_2\text{SO}_4]{\text{NaOH}} \text{(OCH}_3\text{, CH}_3\text{)苯} \xrightarrow[\text{H}^+]{\text{KMnO}_4} \text{(OCH}_3\text{, COOH)苯} \xrightarrow[\triangle]{\text{浓HBr}} \text{(OH, COOH)苯}$$

二芳醚可在铜或亚铜盐催化下，由酚钠与芳卤衍生物反应制备，此方法叫乌尔曼二芳醚合成。例如：

$$\text{C}_6\text{H}_5\text{—ONa} + \text{Br—C}_6\text{H}_4\text{—CH}_3 \xrightarrow{\text{CuI, K}_2\text{CO}_3} \text{C}_6\text{H}_5\text{—O—C}_6\text{H}_4\text{—CH}_3 \quad 89\%$$

若卤原子的邻位或对位有强的吸电子基团，则卤原子被活化，亲核取代反应变得容易，反应条件也较为温和。例如：

$$\text{C}_6\text{H}_5\text{—OH} + \text{Cl—C}_6\text{H}_3(\text{O}_2\text{N})\text{—NO}_2 \xrightarrow[\triangle]{\text{K}_2\text{CO}_3} \text{C}_6\text{H}_5\text{—O—C}_6\text{H}_3(\text{O}_2\text{N})\text{—NO}_2$$

练习题 11-3: 2-苄氧基萘既是一种合成香料，也可作为热敏涂料用来生产热敏纸，还是合成苄氧萘青霉素等药品的原料。请以萘和甲苯为原料合成该化合物。

(3) 酚羟基的酯化与弗莱斯（Fries）重排

由于p-π共轭效应的影响，酚的氧原子电子云密度降低，亲核性减弱。因此，不同于醇中的羟基，酚难以和羧酸直接反应，但可先将羧酸转化为更活泼的酰卤、酸酐等羧酸衍生物，然后再与酚反应生成酯：

$$\text{RCOOH} \xrightarrow[\text{或PCl}_5]{\text{SOCl}_2} \underset{\text{酰氯}}{\text{RCOCl}}$$

$$2\,\text{RCOOH} \xrightarrow[\triangle]{\text{P}_2\text{O}_5} \underset{\text{酸酐}}{(\text{RCO})_2\text{O}}$$

$$\text{RCOCl 或 }(\text{RCO})_2\text{O} \xrightarrow{\text{ArOH}} \underset{\text{酚酯}}{\text{RCOOAr}}$$

又如，水杨酸与乙酸酐在浓硫酸催化下酯化生成的乙酰水杨酸（阿司匹林），是广泛使用的解热镇痛药：

$$\text{C}_6\text{H}_4(\text{OH})\text{COOH} + \text{CH}_3\overset{\text{O}}{\overset{\|}{\text{C}}}\text{O}\overset{\text{O}}{\overset{\|}{\text{C}}}\text{CH}_3 \xrightarrow[85℃]{浓H_2SO_4} \text{C}_6\text{H}_4(\text{O}\overset{\text{O}}{\overset{\|}{\text{C}}}\text{CH}_3)\text{COOH} + \text{CH}_3\overset{\text{O}}{\overset{\|}{\text{C}}}\text{OH}$$

乙酰水杨酸

也可以将酚制成酚盐，以增加其亲核能力，再与酰氯或酸酐反应来制备酚酯。例如：

$$\text{C}_6\text{H}_5\text{ONa} + \text{CH}_3(\text{CH}_2)_6\overset{\text{O}}{\overset{\|}{\text{C}}}\text{Cl} \longrightarrow \text{C}_6\text{H}_5\text{O}\overset{\text{O}}{\overset{\|}{\text{C}}}(\text{CH}_2)_6\text{CH}_3 + \text{NaCl}$$

酚酯与$AlCl_3$等路易斯酸共热发生重排，低温、极性溶剂中酰基重排至对位，高温非极性溶剂或无溶剂条件下，酰基重排至邻位，该反应称为**弗莱斯重排**：

$$\text{C}_6\text{H}_5\text{OCOCH}_3 \xrightarrow[25℃]{AlCl_3,\ PhNO_2} \text{HO—C}_6\text{H}_4\text{—COCH}_3\ (p)\quad (75\%)$$

$$\text{C}_6\text{H}_5\text{OCOCH}_3 \xrightarrow[165℃]{AlCl_3,\ 无溶剂} o\text{-HOC}_6\text{H}_4\text{COCH}_3\quad (75\%)$$

当酚的芳环上有间位定位基存在时，弗莱斯重排一般不能发生。

11.3.2 芳环的反应

（1）卤代反应

控制不同温度和氯的用量，无溶剂条件下，苯酚与氯可生成邻氯苯酚、对氯苯酚，继续氯代可得2,4-二氯苯酚：

$$\text{C}_6\text{H}_5\text{OH} + \text{Cl}_2 \xrightarrow{40\sim150℃} \text{Cl—C}_6\text{H}_4\text{—OH}\ (p) \xrightarrow{\text{Cl}_2} \text{2,4-二氯苯酚}$$

$$\text{C}_6\text{H}_5\text{OH} + \text{Cl}_2 \xrightarrow{150\sim180℃} o\text{-ClC}_6\text{H}_4\text{OH} \xrightarrow{\text{Cl}_2} \text{2,4-二氯苯酚}$$

在水溶液中，苯酚与氯反应得到2,4,6-三氯苯酚，在$FeCl_3$催化下，则进一步氯代生成五氯苯酚（一种防霉、防腐剂，也是灭白蚁、钉螺等的药物）：

$$\text{C}_6\text{H}_5\text{OH} \xrightarrow[pH=10]{Cl_2/H_2O} \text{2,4,6-Cl}_3\text{C}_6\text{H}_2\text{OH} \xrightarrow[FeCl_3]{Cl_2} \text{C}_6\text{Cl}_5\text{OH}$$

在低温、弱或非极性溶剂（如CS_2、CCl_4等）中，酚的溴代可控制在一取代，通常发生在羟基的对位，如果对位被占据，则发生邻位取代：

对甲基苯酚 $\xrightarrow[CHCl_3,\ 0℃]{Br_2}$ 2-溴-4-甲基苯酚 80%

在极性溶剂中，酚的溴代很难控制在一取代。如苯酚与溴水反应，立即生成2,4,6-三溴苯酚白色沉淀，即使仅含有10 μg/g苯酚的水溶液，与溴水反应也能立即生成三溴苯酚析出，因此，该反应可用于苯酚的鉴别和定量检测。如果溴水过量，三溴苯酚继续反应，生成黄色的2,4,4,6-四溴环己-2,5-二烯-1-酮析出。

苯酚 $\xrightarrow[20℃]{Br_2/H_2O}$ 2,4,6-三溴苯酚（白色沉淀） $\xrightarrow{过量Br_2/H_2O}$ 2,4,4,6-四溴环己-2,5-二烯-1-酮（黄色沉淀）

酚与溴水反应时，若酚羟基的邻、对位有磺酸基也将同时被溴取代。

练习题11-4: 2,4-D除草剂（2,4-二氯苯氧乙酸，$Cl-C_6H_3(Cl)-OCH_2COOH$）是植物生长调节剂和除草剂，请以苯酚和两个碳的有机物为原料，设计一条合成该除草剂的路线。

（2）硝化与亚硝化

酚的硝化不需要使用混酸，在水或醋酸溶液中稀硝酸即可使芳环硝化，因酚易被氧化，需控制反应在低温下进行。例如：

$H_3C-C_6H_4-OH \xrightarrow[5℃]{HNO_3,\ HOAc} H_3C-C_6H_3(NO_2)-OH + H_2O$

苯酚用稀硝酸硝化，得到邻硝基苯酚和对硝基苯酚的混合物，用浓硝酸硝化则得到2,4-二硝基苯酚和2,4,6-三硝基苯酚（苦味酸）。浓硝酸具有强氧化性，苯酚直接硝化制备苦味酸往往产率很低。

苯酚 $\xrightarrow[CHCl_3,15℃]{稀HNO_3}$ 邻硝基苯酚（26%） + 对硝基苯酚（61%） $\xrightarrow{浓HNO_3}$ 2,4-二硝基苯酚 + 2,4,6-三硝基苯酚（苦味酸）

邻硝基苯酚中羟基与邻位硝基形成分子内氢键，不但使邻硝基苯酚熔沸点降低，也使它的水溶性较差，能随水蒸气蒸馏出来；而对硝基苯酚中羟基不但能与另一个分子的硝基以分子间氢键缔合，而且和水分子之间也能以氢键缔合，不随水蒸气挥发。因此采用水蒸气蒸馏可以分离这两种异构体。

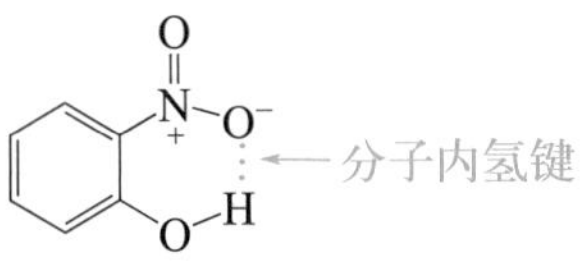

分子内氢键

分子间氢键

邻硝基苯酚
熔点：44℃
沸点：214℃

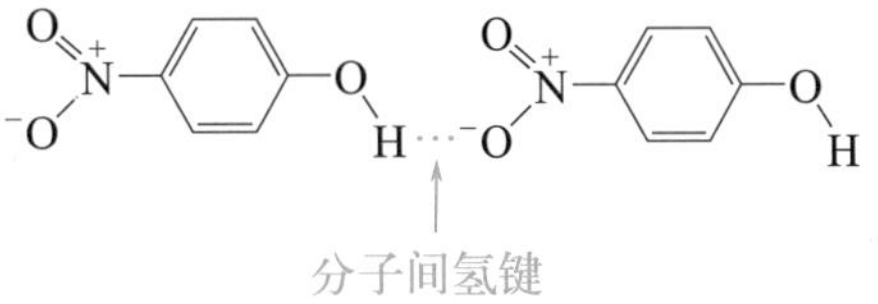

对硝基苯酚
熔点：114℃
沸点：279℃

练习题11-5：下列化合物哪些能形成分子内氢键（或随水蒸气蒸馏挥发出来）？

（1）邻羟基苯甲醛　（2）对羟基苯乙酮　（3）邻氟苯酚　（4）间溴苯酚
（5）邻氨基苯酚　（6）邻羟基苯甲酸　（7）邻氯甲苯

由于羟基是强致活基团，酚可以与弱亲电试剂亚硝酰正离子反应（由亚硝酸脱水得到），在芳环上引入亚硝基，亚硝基可以互变异构成肟：

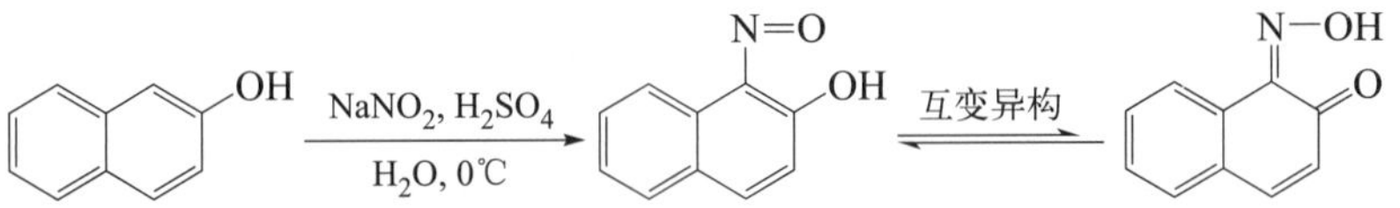

$NaNO_2, H_2SO_4$；H_2O, 0℃；互变异构

（3）磺化

酚与浓硫酸共热，可以在羟基的邻位或对位引入磺酸基，随温度的升高，更稳定的对位产物的比例逐渐上升，继续磺化，可得二磺酸化合物：

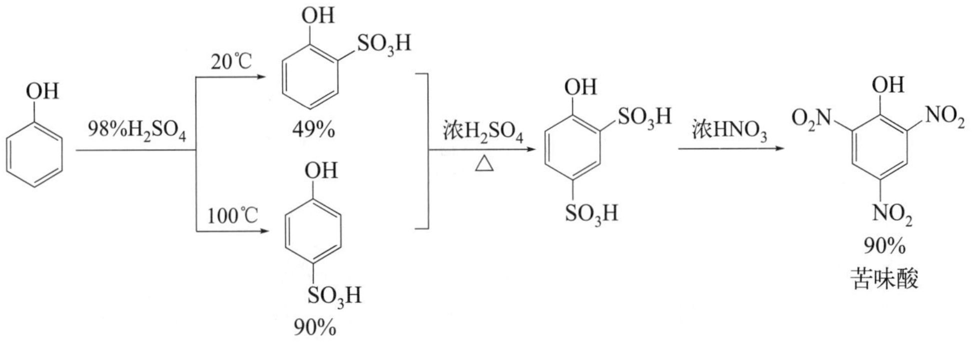

98%H_2SO_4；20℃ 49%；100℃ 90%；浓H_2SO_4 △；浓HNO_3；90% 苦味酸

在酚的芳环上引入两个磺酸基后，芳环被显著钝化，不易被氧化，这时再与浓硝酸作用，利用磺化反应的可逆性，两个磺酸基被置换生成2,4,6-三硝基苯酚，这是苦味酸的间接制备方法，产率可提升至90%。

利用磺化反应的可逆性，磺酸基在有机合成中经常作为“占位基”，将不该反应却特别活泼的位置首先占据，从而使后续基团进入应该进入的位置，然后在高温、稀酸条件下除去磺酸基，得到目标产物［参见7.4.1（3）］。

练习题11-6： 思考如何由苯酚合成 邻溴苯酚（OH、Br 取代苯环）？

（4）傅-克反应

由于酚羟基的活化作用，酚很容易发生傅-克反应，烷基化反应通常采用烯烃、醇为烷基化试剂，质子酸为催化剂，在芳环上引入烷基。例如：对叔丁基苯酚是农药克螨特、合成香料及合成树脂的原料，可由苯酚和异丁烯合成：

$$C_6H_5OH + H_2C{=}C(CH_3)_2 \xrightarrow{\text{浓}H_2SO_4} p\text{-}HOC_6H_4C(CH_3)_3$$

酚的酰基化反应很容易进行，使用BF_3、$ZnCl_2$等较弱的路易斯酸催化剂，酚则可以直接和羧酸发生傅-克酰基化反应，酰基主要进入对位：

$$HO{-}C_6H_5 + CH_3COOH \xrightarrow{BF_3} HO{-}C_6H_4{-}\overset{O}{\overset{\|}{C}}{-}CH_3$$

当用$AlCl_3$作催化剂时，由于酚羟基易与缺电子的$AlCl_3$形成配合物导致芳环电子密度降低，亲电取代活性降低，升高温度，有利于反应的顺利发生。例如：

$$C_6H_5{-}\ddot{O}{-}H \xrightarrow{AlCl_3} C_6H_5{-}\overset{\overset{-}{A}lCl_3}{\overset{|}{\ddot{O}^+}}{-}H \xrightarrow{-HCl} \left[C_6H_5{-}\ddot{O}{-}AlCl_2 \longleftrightarrow C_6H_5{-}\overset{+}{\ddot{O}}{=}\overset{-}{A}lCl_2\right]$$

$$C_6H_5{-}O{-}AlCl_2 + n\text{-}C_6H_{13}{-}\overset{O}{\overset{\|}{C}}{-}Cl \xrightarrow[\text{② } H_2O]{\text{① } AlCl_3,\ C_6H_5NO_2,\ 140℃} o\text{-}HOC_6H_4COC_6H_{13}\text{-}n + p\text{-}HOC_6H_4COC_6H_{13}\text{-}n$$

由于酚的傅-克酰基化反应会同时发生羟基酰化成酯的副反应，最好用酚醚衍生物进行。

（5）酚的催化加氢

苯酚及其烷基取代物可在铂、钯、镍等催化下加氢，转变为环己醇及其衍生物。例如，鸢尾酯可用作香皂、化妆品及香精，可由对叔丁基苯酚经加氢、酯化制得：

$$\text{对叔丁基苯酚} \xrightarrow[Ni]{H_2} \text{4-叔丁基环己醇} \xrightarrow[\text{浓}H_2SO_4]{CH_3COOH} \text{4-叔丁基环己基乙酸酯（鸢尾酯）}$$

（6）与醛、酮的缩合

在酸性或碱性介质中，醛、酮也可以作为亲电试剂，与苯酚发生邻、对位的亲电取代反应。如苯酚与甲醛在催化剂作用下，在羟基的邻位或对位引入羟甲基（$-CH_2OH$）：

$$C_6H_5OH + HCHO \xrightarrow[\text{或}OH^-]{H^+} o\text{-}HOC_6H_4CH_2OH + p\text{-}HOC_6H_4CH_2OH$$

碱催化时，苯酚成为苯氧负离子，它比苯酚具有更强的亲核性：

$$C_6H_5O^- + H_2C{=}O \longrightarrow [\text{中间体}] \longrightarrow o\text{-}^-OC_6H_4CH_2OH$$

酸催化时，甲醛的羰基质子化，转变成亲电性更强的羟甲基正离子，对苯酚的芳环亲电取代：

$$HCHO \overset{H^+}{\rightleftharpoons} H_2C{=}\overset{+}{O}H \longleftrightarrow H_2\overset{+}{C}{-}OH$$

$$C_6H_5OH + H_2\overset{+}{C}OH\ (\text{羟甲基正离子}) \longrightarrow [\text{中间体}] \xrightarrow{-H^+} o\text{-}HOC_6H_4CH_2OH$$

$$C_6H_5OH + H_2\overset{+}{C}OH \longrightarrow [\text{中间体}] \xrightarrow{-H^+} p\text{-}HOC_6H_4CH_2OH$$

如果甲醛过量，羟甲基正离子会继续对苯酚的邻、对位进行取代：

$$C_6H_5OH + HCHO\ (\text{过量}) \xrightarrow{H^+} 2,6\text{-}(HOH_2C)_2C_6H_3OH + 2,4\text{-}(HOH_2C)_2C_6H_3OH$$

如果苯酚过量，则生成二苯甲烷类衍生物。例如：

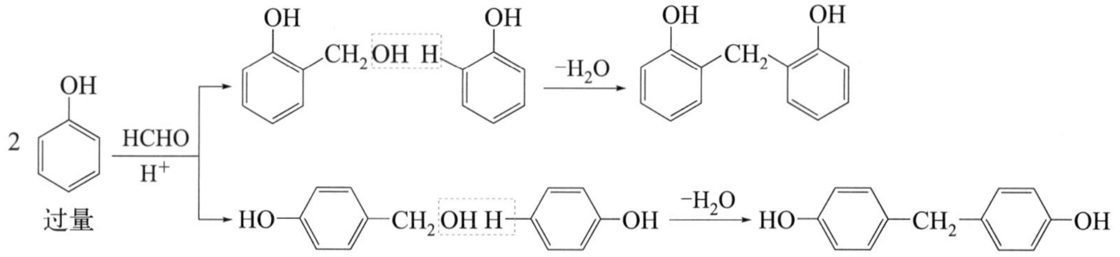

这些中间产物之间相互缩合，或者继续与过量的苯酚、甲醛缩合，最终生成线型或体型聚合物——酚醛树脂（phenol-formaldehyde resin）：

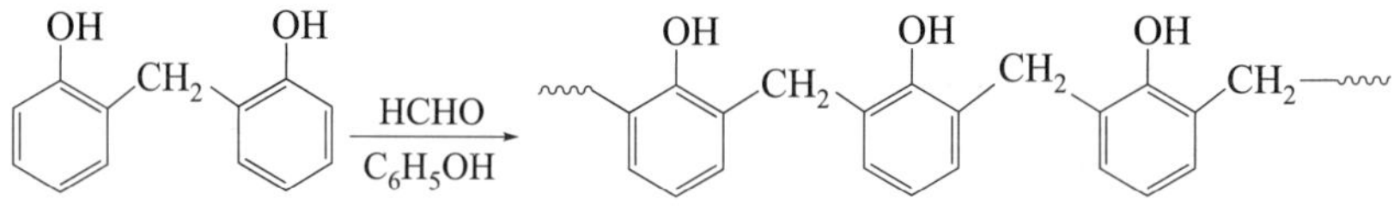

线型酚醛树脂

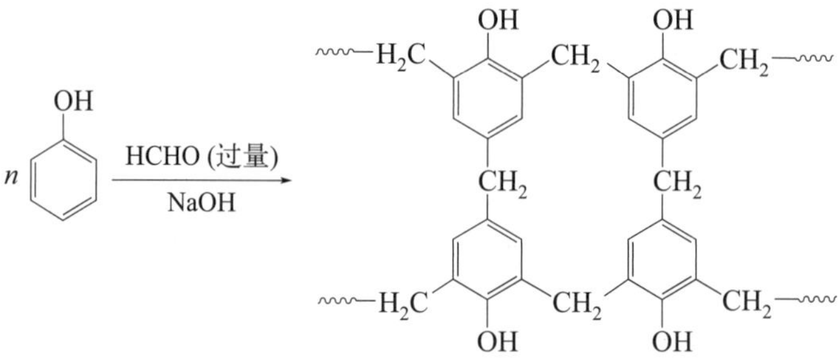

体型酚醛树脂

酚醛树脂是最早的人工合成树脂，具有独特的耐热、耐腐蚀、耐摩擦、高强度、低成本等优点，因而广泛应用于涂料、黏结剂等，经过改性及复合之后的酚醛树脂还可以作为耐高温材料用于航天工业。

阅读与思考

杯芳烃一般是指由酚和甲醛缩合而成的大环化合物，具有独特的空穴结构，作为第三代超分子化合物的主体分子，杯芳烃的研究和应用日益受到重视。阅读并了解杯芳烃的制备、结构和主要用途。

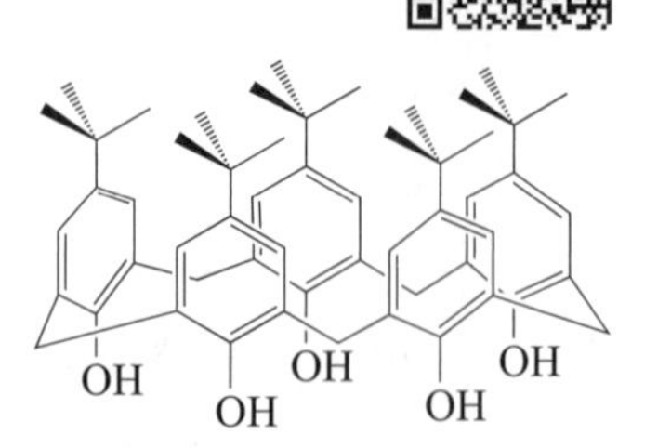

酚羟基的邻位、对位活性比较高，在酸性或碱性介质中，酚与醛、酮的反应也常用于有机合成反应。例如，由愈创木酚与乙醛酸合成香料香兰素：

$$\text{愈创木酚} \xrightarrow[\text{NaOH}]{\text{HCCOOH (O=)}} \text{4-(CH(OH)COONa)-2-OCH}_3\text{-苯酚} \xrightarrow[\text{Cu}^{2+}]{\text{O}_2} \text{4-(COCOONa)-2-OCH}_3\text{-苯酚} \xrightarrow[-\text{CO}_2]{\text{H}^+,\triangle} \text{香兰素 (4-CHO-2-OCH}_3\text{-苯酚)}$$

11.3.3　酚的显色反应

酚一般能与$FeCl_3$溶液发生显色反应，不同的酚呈现不同颜色，如苯酚显示蓝紫色。一般认为显色反应是由于酚与$FeCl_3$生成了有颜色的配合物：

$$6ArOH + FeCl_3 \rightleftharpoons [Fe(OAr)_6]^{3-} + 6H^+ + 3Cl^-$$

酚的显色反应可用于检验酚羟基的存在，常见酚的显色反应如表11.2所示。除酚外，具有烯醇结构的化合物与$FeCl_3$溶液也有显色反应。

表 11.2　常见酚的显色结果

名称	苯酚	邻甲苯酚	间甲苯酚	对甲苯酚	邻苯二酚	间苯二酚	对苯二酚
显色结果	蓝紫色	蓝色	蓝紫色	蓝色	深绿色	蓝紫色	暗绿色

11.4　酚的制备

11.4.1　提取法

中低温煤焦油中酚及其衍生物含量达10%～30%。从煤焦油分馏得到酚油、萘油、洗油、蒽油等馏分。

酚油馏分（170～210℃）主要含苯酚和甲酚，萘油馏分（210～230℃）主要含甲酚和二甲酚，洗油馏分（230～300℃）、蒽油馏分（280～360℃）中以高沸点酚为主。

煤焦油各馏分经碱、酸处理，再经减压蒸馏分离，可得到各种酚类化合物，但产量有限，远不能满足工业需求。

11.4.2　异丙苯法

工业上制备苯酚最主要的方法是以苯与丙烯为原料，先制备异丙苯，然后通入空气，经催化氧化生成过氧化氢异丙苯，在稀硫酸或强酸型阳离子交换树脂作用下分解，可得到苯酚和丙酮：

$$C_6H_6 \xrightarrow[H_3PO_4]{CH_2=CHCH_3} C_6H_5-CH(CH_3)-CH_3 \xrightarrow[110\sim120℃]{O_2(\text{或空气}),\ ROOR}$$

$$C_6H_5-C(CH_3)(OOH)-CH_3 \xrightarrow[75\sim78℃]{\text{稀}H_2SO_4} C_6H_5OH + H_3C-\overset{O}{\overset{\|}{C}}-CH_3$$

异丙苯法得到的两种产物均是重要的化工原料，每生产一吨苯酚约联产0.6吨丙酮，此路线也是丙酮最主要的工业来源。

11.4.3 芳磺酸碱熔法

将芳磺酸与固体NaOH共熔（称为碱熔），可以得到酚钠，酸化后得到酚。例如：

SO_3H 浓H_2SO_4 NaOH共熔 300～320℃ ONa H^+ OH

碱熔法是最早生产苯酚的方法，优点是设备简单，产率高，产品纯度好；缺点是生产工序多，反应中需要使用大量强酸、强碱，且在高温下进行生产，当芳环上有卤素、羧基、硝基等基团时，副反应较多。

11.4.4 从芳卤衍生物制备

酚羟基往往通过OH^-对芳环上卤素的取代间接引入，但芳环上取代情况不同，机理完全不同。

（1）芳香亲核取代机理（S_N2Ar机理）

卤代芳烃很不活泼，只有在高温、高压和催化剂的条件下才可被NaOH水溶液水解生成酚钠，再经酸化得到酚（参见9.6.4）。若卤原子的邻位或对位有强吸电子基团，对亲核取代反应起活化作用，水解反应条件较为温和。例如：2,4-二硝基氯苯在碱性水溶液中水解，生成2,4-二硝基苯酚：

Cl NO_2 NO_2 Na_2CO_3, H_2O, 100℃ OH NO_2 NO_2

该反应为加成-消除机理，第一步是决速步骤，亲核试剂OH^-进攻芳环形成高度离域的负离子中间体——迈森海默络合物，当卤素的邻、对位有强吸电子基时，可以进一步分散负电荷，使负离子中间体稳定，有利于水解反应的进行；第二步卤素离去，芳环结构恢复。

OH^- Cl NO_2 NO_2 HO Cl NO_2 NO_2 HO Cl NO_2 NO_2 HO Cl NO_2 NO_2 OH NO_2 NO_2

迈森海默络合物

（2）苯炔机理

如果卤代芳烃中没有强吸电子基团，它与NaOH在高温高压下看似经历“相同”的取代：

$$C_6H_5Cl \xrightarrow[\text{② } H^+,\ H_2O]{\text{① NaOH, } H_2O,\ 340^\circ C,\ 150\ atm} C_6H_5OH$$

实则机理截然不同：OH^-不仅可以作为亲核试剂，也可以作为碱，进攻卤素邻位的氢原子，生成苯炔中间体；苯炔不稳定，是具有高度张力的环炔，迅速接受OH^-的进攻，质子化后生成苯酚，这是一个先消去再加成的过程，称为“苯炔机理”（参见9.6.4）。

（3）Pd催化的交叉偶联反应

如果以钯和膦配体PR_3形成的金属配合物作为催化剂，卤苯与KOH的反应可以在相对温和的条件下进行：

$$C_6H_5X \xrightarrow[100^\circ C]{KOH,\ Pd(PPh_3)_4} C_6H_5OH$$

该反应是Pd^0催化下的交叉偶联反应（Pd-catalyzed cross-coupling reaction），Pd首先“插入”到C—X键之间，随后发生配体交换，OH^-取代卤素，最后还原消除，释放产物苯酚的同时，催化剂Pd^0再生：

$$C_6H_5X \xrightarrow{Pd} C_6H_5\text{—}Pd\text{—}X \xrightarrow[-X^-]{OH^-} C_6H_5\text{—}Pd\text{—}OH \xrightarrow{-Pd} C_6H_5OH$$

醇盐或胺（包括氨）与卤苯发生类似的反应，得到酚醚或苯胺［参见14.2.4（4）］。

11.4.5 从芳基重氮盐制备

芳基重氮盐的水解也是苯酚制备的常用方法，参见14.4.2。

11.5 重要的酚

11.5.1 苯酚

苯酚，俗名石炭酸，无色结晶，具有特殊气味，腐蚀力强，有毒。熔点43℃，沸点181.7℃。苯酚微溶于冷水，易溶于乙醇、乙醚等有机溶剂，在空气中逐渐氧化，颜色由无色变为粉色至褐色。

苯酚可用作防腐剂和消毒剂，还是有机合成的重要原料，主要用于制备酚醛树脂、双酚A、水杨酸、环己醇、环己酮、己二酸、己二胺、己内酰胺等化工产品及中间体，在合成纤维、塑料、合成橡胶、医药、农药、香料、染料、涂料等工业中有着重要用途。

11.5.2 甲苯酚

甲苯酚简称甲酚，有邻、间、对位三种异构体，均存在于煤焦油中，沸点相近，不易分离。常温下邻、对甲酚为低熔点结晶，间甲酚为无色或淡黄色液体。

工业上制备甲酚的方法很多，可由苯酚烷基化来制备，也可由甲苯磺化-碱熔法来制备。例如：

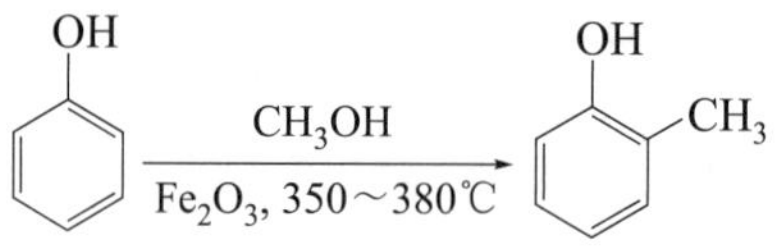

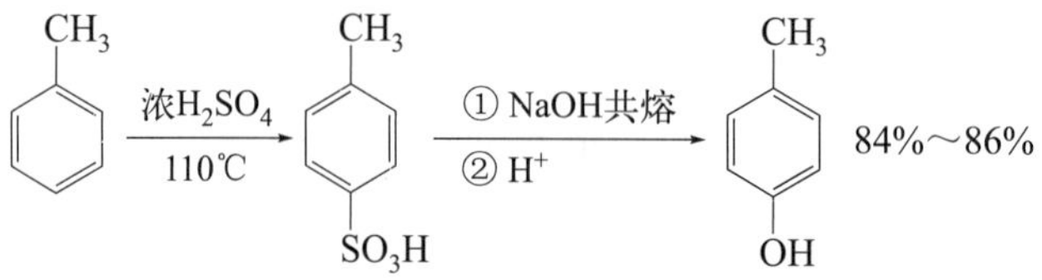

OH, $\xrightarrow[Fe_2O_3,\ 350\sim380℃]{CH_3OH}$ OH, CH_3

CH_3 $\xrightarrow[110℃]{浓H_2SO_4}$ CH_3, SO_3H $\xrightarrow[②\ H^+]{①\ NaOH共熔}$ CH_3, OH 84%～86%

甲酚可用于制备农药、染料、炸药、电木等，临床上使用的消毒剂“煤皂酚”（俗名来苏尔），就是含47%～53%三种甲苯酚混合的肥皂水溶液。

11.5.3 苯二酚

苯二酚存在邻、间、对三种异构体，均为无色固体，溶于水、乙醇、乙醚等。

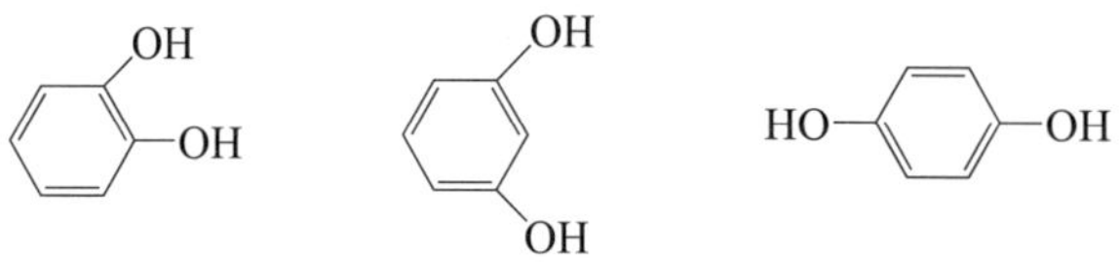

OH, OH 邻苯二酚　　OH, OH 间苯二酚　　HO—⟨⟩—OH 对苯二酚

邻苯二酚俗名儿茶酚（catechol），用作收敛剂，并用于制药物、染料等。木质素是含有复杂酚类的聚合物，其中含有丰富的邻苯二酚衍生物，造纸工业的纸浆废液经发酵提取乙醇后，剩下大量木质素，在碱性介质中经水解、氧化等反应后，也可以生产香兰素，由于原料来源丰富，是很有前途的合成法。反应过程如下：

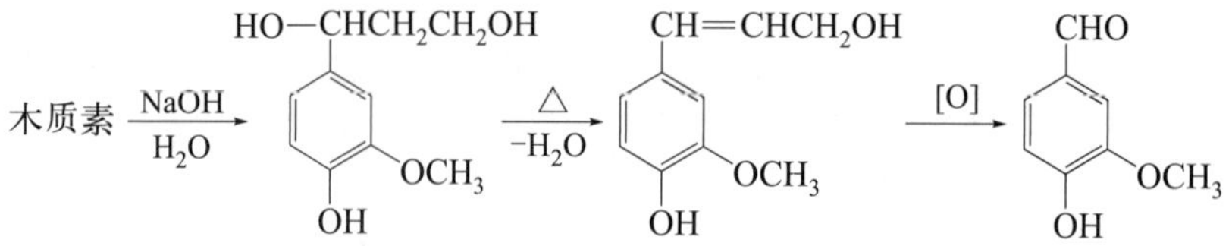

木质素 $\xrightarrow[H_2O]{NaOH}$ HO—$CHCH_2CH_2OH$, OCH_3, OH $\xrightarrow[-H_2O]{\triangle}$ $CH{=}CHCH_2OH$, OCH_3, OH $\xrightarrow{[O]}$ CHO, OCH_3, OH

间苯二酚主要用于合成树脂、染料、橡胶黏合剂、防腐剂、医药等；对苯二酚俗名“氢醌”，是强还原剂，可用作显影剂，还可用作高分子单体的阻聚剂、橡胶防老剂、稳定剂等，还可以用于生产蒽醌染料、偶氮染料等。对苯二酚易氧化成对苯醌，可由苯胺氧化成对苯醌后，再还原来制备：

$$C_6H_5NH_2 \xrightarrow[10℃]{Na_2Cr_2O_7,\ H_2SO_4} O{=}C_6H_4{=}O \xrightarrow{SO_2,\ H_2O} HO{-}C_6H_4{-}OH$$

11.5.4 萘酚

萘酚有α-萘酚和β-萘酚两种异构体，由相应的萘磺酸经碱熔法制备［参见8.2.1（1）］。

α-萘酚可用于制备农药、杀鼠剂、植物生长调节剂等，在染料工业中，是靛蓝和还原染料的中间体，也是医药和合成香料的原料；β-萘酚主要用于制备染料、有机颜料、香料、杀菌剂、橡胶抗氧剂等。

11.5.5 双酚A

双酚A学名2,2-二（4-羟基苯基）丙烷，简称二酚基丙烷，可由苯酚和丙酮制备：

$$2\,C_6H_5OH + H_3C{-}\overset{O}{\overset{\|}{C}}{-}CH_3 \xrightarrow[40℃]{H_2SO_4} HO{-}C_6H_4{-}C(CH_3)_2{-}C_6H_4{-}OH$$

双酚A可用于生产增塑剂、阻燃剂、抗氧剂、热稳定剂、橡胶防老剂、农药、涂料等精细化工产品，还可以用于生产聚碳酸酯、环氧树脂、聚砜树脂、聚苯醚树脂、不饱和聚酯树脂等多种高分子材料。

资料卡片

环氧树脂用途广泛，可用于涂料、胶黏剂、复合材料等，广泛用于机械、电子、光学仪器和高技术领域。请阅读了解双酚A制备环氧树脂的化学过程以及制备“万能胶”和“玻璃钢”的过程。

11.6 硫酚*

硫酚（thiophenol）是酚分子中氧原子被硫原子替代形成的化合物，命名时只需将原酚名称中的“酚”改为“硫酚”。最简单的硫酚是苯硫酚，有大蒜气味，液体，熔点−15℃，沸点169℃，易溶于醇、醚及苯。苯硫酚可由苯磺酰氯在硫酸中以锌还原而得：

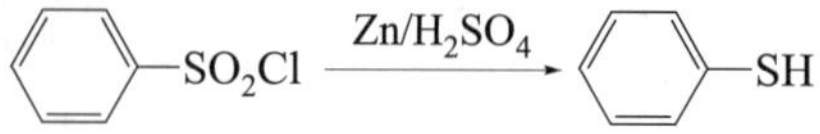

$$C_6H_5SO_2Cl \xrightarrow{Zn/H_2SO_4} C_6H_5SH$$

硫酚在空气中易氧化形成二硫化物：

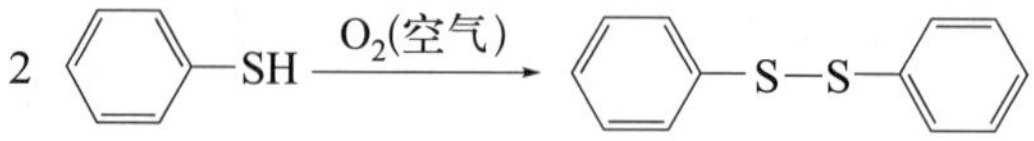

$$2\ C_6H_5SH \xrightarrow{O_2(空气)} C_6H_5\text{—S—S—}C_6H_5$$

硫酚呈弱酸性，如苯硫酚的pK_a为7.8，酸性要比相应的酚强。苯硫酚常用作染料、医药、农药、阻聚剂、抗氧剂等精细化学品的中间体。

11.7 醌的结构、分类与命名

醌（quinone）由对应的芳香烃、酚或芳胺氧化而来。由芳烃（萘、蒽、菲）制备对应醌的方法详见8.2节，本章不再赘述。

醌是一类环状共轭二烯酮类化合物，没有芳香性。苯醌有邻苯醌和对苯醌两种异构体，不存在间苯醌。萘醌理论上有6种异构体［参见8.2.1（3）］，但只有1,2、1,4、2,6三种异构体较容易制备；蒽醌结构更复杂，有10种异构体；菲醌中最主要的是菲-9,10-醌。

根据醌的类别，醌的母体名称分别为苯醌（benzoquinone）、萘醌（naphthoquinone）、蒽醌和菲醌等。苯醌从羰基开始编号，稠环化合物则按固定编号依次标注环上的碳原子，在母体名称“醌”前标注羰基的位次，并注明取代基的位置和名称。

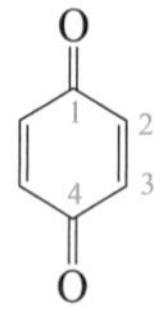

苯-1,4-醌（对苯醌）　苯-1,2-醌（邻苯醌）　2-氯苯-1,4-醌 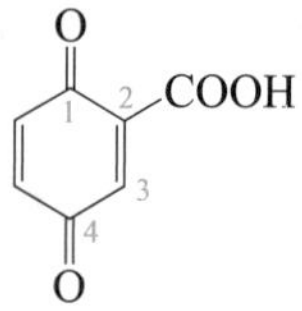　苯-1,4-醌-2-甲酸

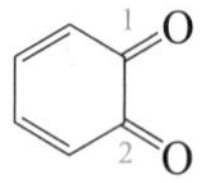

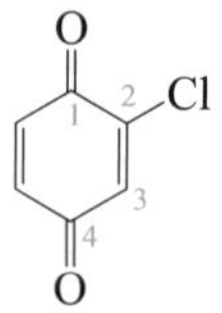

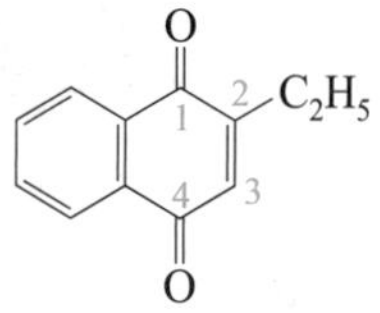

2-乙基萘-1,4-醌 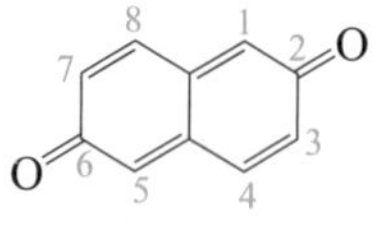　萘-2,6-醌 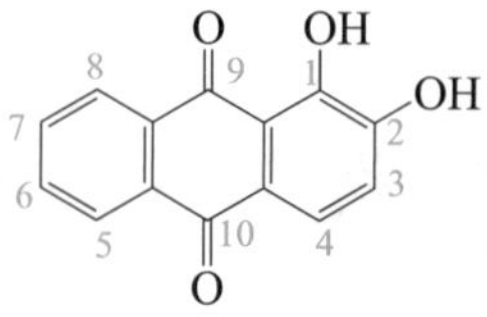　1,2-二羟基蒽-9,10-醌（茜素）　菲-9,10-醌

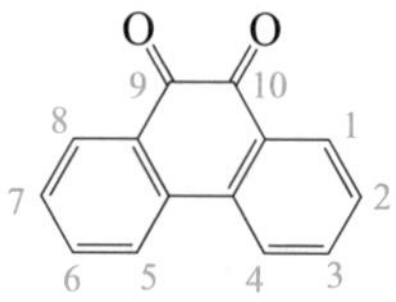

11.8 醌的物理性质

醌广泛存在于自然界中，呈现显著的颜色，可用作染料，例如对苯醌显黄色，1,2-二

羟基蒽-9,10-醌又叫茜素，从茜草根部提取，是一种红色染料。人工合成的蒽醌染料色泽鲜艳、色谱齐全、化学性质稳定，是重要的合成染料。

11.9　醌的化学性质

醌具有碳碳双键和碳氧双键构成的共轭结构，因此醌既可以发生烯烃的亲电加成反应，又可以发生醛酮的亲核加成反应，还可以发生1,4-加成（共轭加成）反应。

11.9.1　羰基的反应

对苯醌能和羟胺反应生成单肟或双肟，这是典型的羰基亲核加成反应，单肟和亚硝基酚是互变异构体，醌型和苯型化合物由于活泼氢位置的移动，可以相互转变。

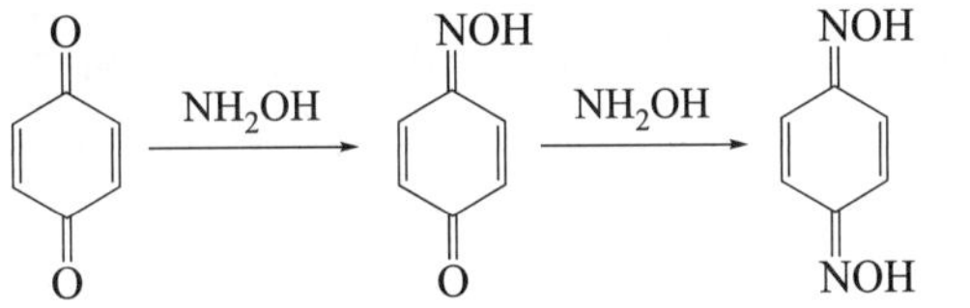

NH_2OH　　NH_2OH

对苯醌单肟　　对苯醌双肟

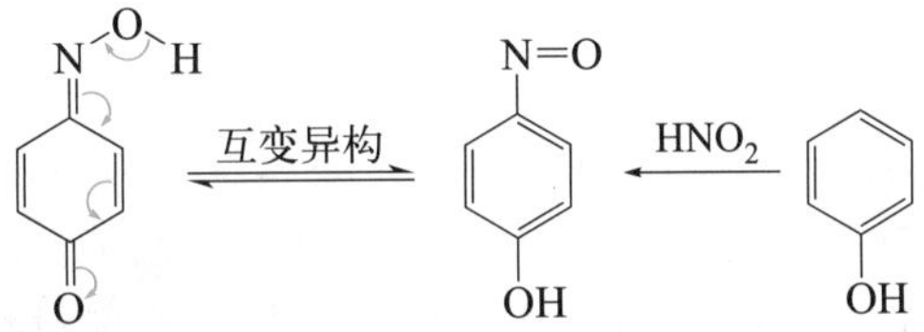

互变异构　　HNO_2

对苯醌单肟　　对亚硝基苯酚

11.9.2　碳碳双键的反应

对苯醌可以和溴水反应，使溴水褪色，生成二卤化物或四卤化物，这是典型的烯烃的亲电加成反应：

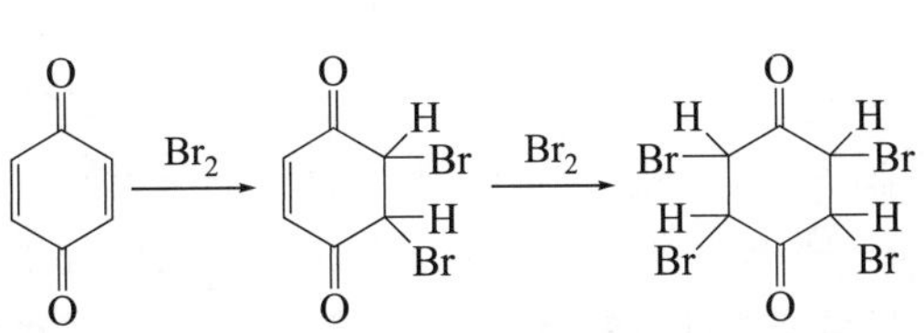

Br_2　　Br_2

对苯醌还可以作为缺电子的亲双烯体，与共轭二烯发生Diels-Alder反应：

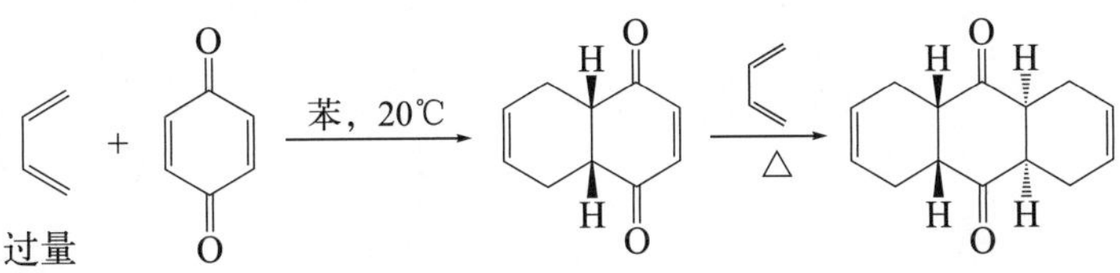

过量　　苯，20℃　　△

练习题 11-7： 在激素可的松的一种人工合成方法中，第一步是用 Diels-Alder 反应合成（结构式：含 CH_3、C_2H_5O 及两个 O 的双环二酮化合物），请问合成该化合物的双烯体和亲双烯体各是何种化合物？

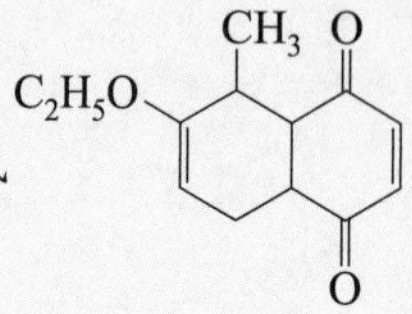

11.9.3 1,4-加成

醌中碳碳双键与羰基共轭，类似共轭二烯，也可以与HCl发生1,4-加成，但醌中双键受羰基影响，碳端带正电荷，氧端带负电荷，加成时，Cl加在碳上，H加在氧上，同时伴随双键的移动，加成产物又经历酮-烯醇互变异构，生成对苯酚衍生物。

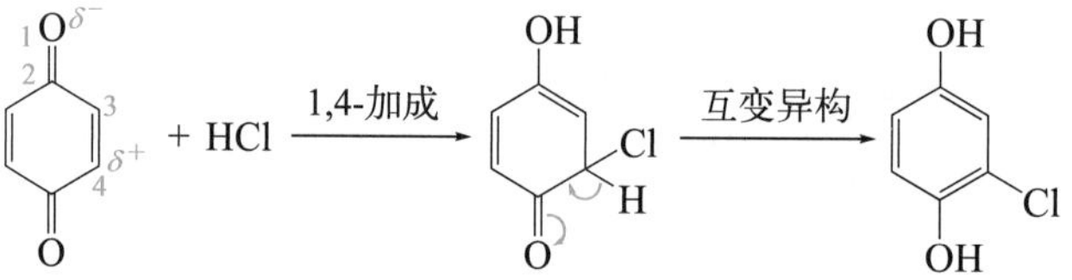

$$\text{对苯醌}\ (1\ O^{\delta-},\ 2,\ 3,\ 4\ \delta^{+}) + HCl \xrightarrow{\text{1,4-加成}} \text{(OH, Cl, H, O)} \xrightarrow{\text{互变异构}} \text{(OH, Cl, OH)}$$

11.9.4 醌的还原

对苯醌又称氢醌，可与对苯二酚通过氧化-还原反应相互转变。在相互转变的过程中，会生成一种稳定的暗绿色结晶——醌氢醌。醌氢醌是由苯醌作为电子受体，氢醌作为电子给体，以静电吸引结合的电荷转移配合物，氢键对稳定醌氢醌也具有重要作用。

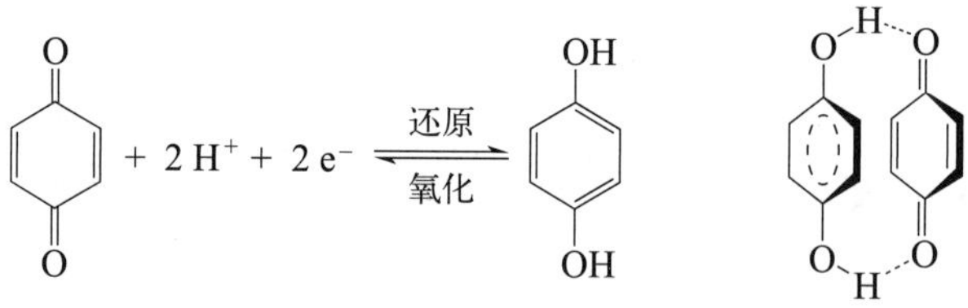

$$\text{对苯醌} + 2\,H^{+} + 2\,e^{-} \underset{\text{氧化}}{\overset{\text{还原}}{\rightleftharpoons}} \text{对苯二酚}$$

醌氢醌

醌和酚之间可逆的相互转变在生物体的呼吸过程中非常重要，泛醌作为其中关键的生物催化剂，在醌式和酚式之间相互转变，将电子和质子传递给分子氧，将其还原为水，将食物分解为能量、CO_2、H_2O，为身体供能。

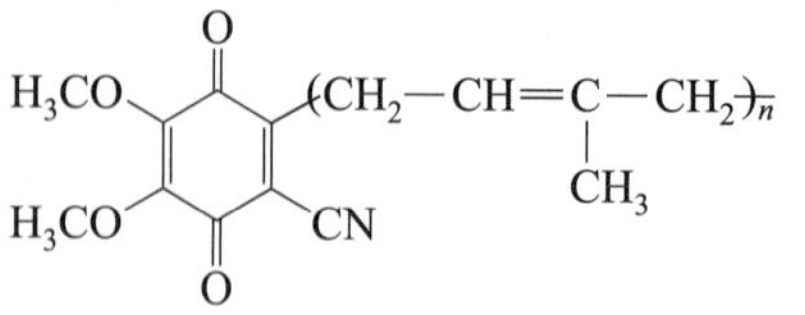

$$H_3CO,\ H_3CO,\ O,\ O,\ CN,\ \left(CH_2-CH=\underset{\substack{|\\CH_3}}{C}-CH_2\right)_n$$

泛醌

11.10 醌的制备

11.10.1 苯醌的制备

苯醌可由相应的二元酚或苯胺的氧化制备：

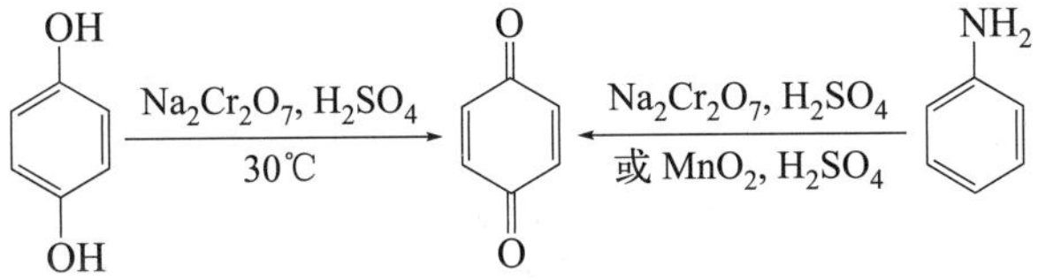

$$\text{对苯二酚}\xrightarrow[30℃]{Na_2Cr_2O_7,\ H_2SO_4}\text{对苯醌}\xleftarrow[\text{或}\ MnO_2,\ H_2SO_4]{Na_2Cr_2O_7,\ H_2SO_4}\text{苯胺}$$

对苯醌

$$\text{4-甲基邻苯二酚}\xrightarrow[\text{乙醚}]{Ag_2O}\text{4-甲基邻苯醌}$$

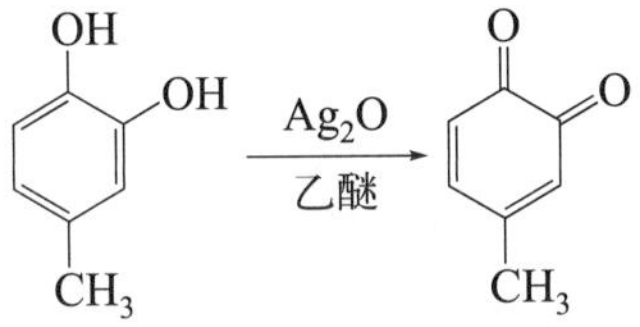

从经济和环境因素考虑，苯直接氧化法被认为是生产对苯醌最具潜力的方法。近年来的研究表明，铜系催化剂是苯氧化制备对苯醌最重要的催化剂，如$Cu^{II}/Ni^{II}N_4$在可见光照射下，室温下可将苯氧化为对苯醌，转化率为37%，选择性为95%：

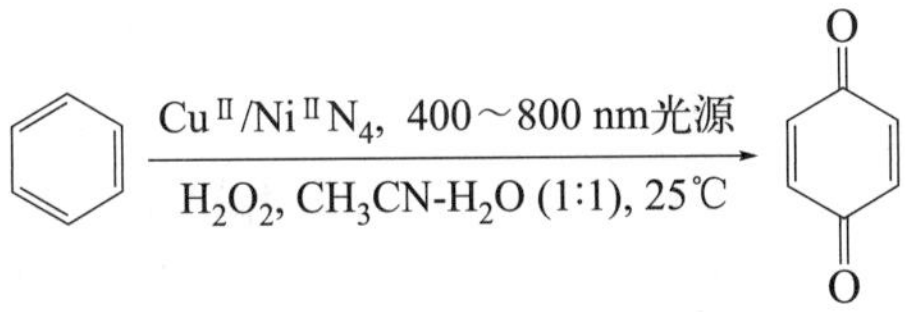

$$\text{苯}\xrightarrow[H_2O_2,\ CH_3CN\text{-}H_2O\ (1:1),\ 25℃]{Cu^{II}/Ni^{II}N_4,\ 400\sim800\ nm\text{光源}}\text{对苯醌}$$

11.10.2 萘醌的制备

萘-1,4-醌可由萘经CrO_3-CH_3COOH氧化制得［参见8.2.1（3）］，由于萘易氧化，该方法产率较低且副产物中含有大量含铬废水，改用铈盐为催化剂，萘-1,4-醌收率可达90%以上，工业上一般采用气相氧化法制备萘-1,4-醌。

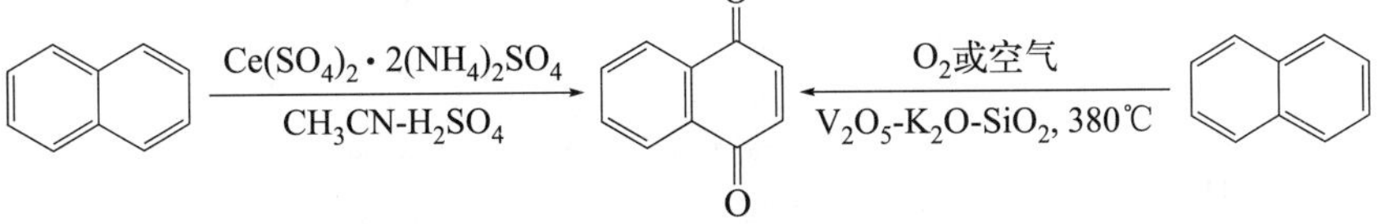

$$\text{萘}\xrightarrow[CH_3CN\text{-}H_2SO_4]{Ce(SO_4)_2\cdot 2(NH_4)_2SO_4}\text{萘-1,4-醌}\xleftarrow[V_2O_5\text{-}K_2O\text{-}SiO_2,\ 380℃]{O_2\text{或空气}}\text{萘}$$

萘-1,4-醌

萘-1,4-醌也是工业上邻苯二甲酸酐生产过程中的副产品，可分离回收。

11.10.3 蒽醌的制备

理论上讲，蒽醌有10种异构体，其中最重要的是蒽-9,10-醌，简称蒽醌，工业上可以由蒽气相氧化制备：

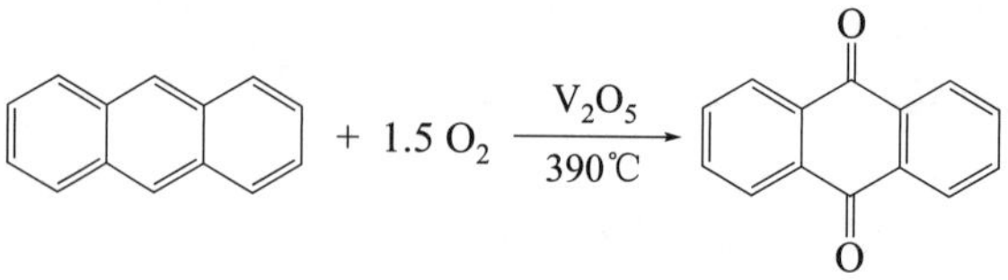

$$\text{蒽} + 1.5\,O_2 \xrightarrow[390℃]{V_2O_5} \text{蒽醌}$$

或是由邻苯二甲酸酐与苯的傅-克酰基化反应制备：

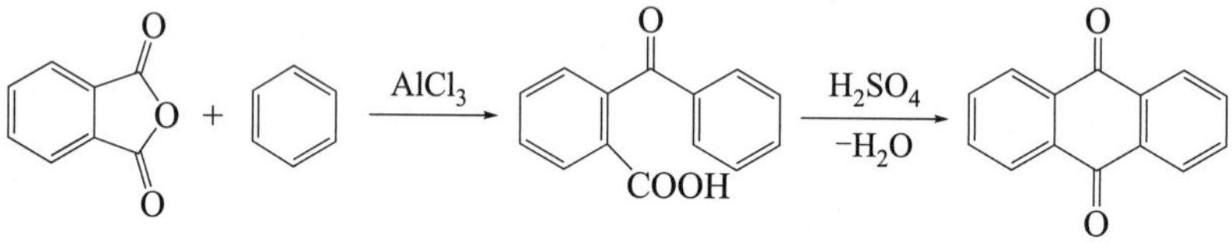

$$\text{邻苯二甲酸酐} + \text{苯} \xrightarrow{AlCl_3} \text{邻苯甲酰基苯甲酸（COOH）} \xrightarrow[-H_2O]{H_2SO_4} \text{蒽醌}$$

11.11 重要的醌

11.11.1 萘醌

萘-1,4-醌是一种重要的精细化工原料，是合成蒽醌、四氢蒽醌、高纯度 1-氨基蒽醌的中间体，也是合成 2,3-二氢萘-1,4-醌和苯并呋喃系列染料的原料，除此之外，还广泛应用于生产香料、医药、农药、增塑剂等中间体。

2,3-二氯萘醌是一种重要的农用杀菌剂，用于防治稻瘟病、小麦黑穗病、马铃薯晚疫病等，也可用于木材、木棉纤维、橡胶的防腐剂，可由萘-1,4-醌氯化而得：

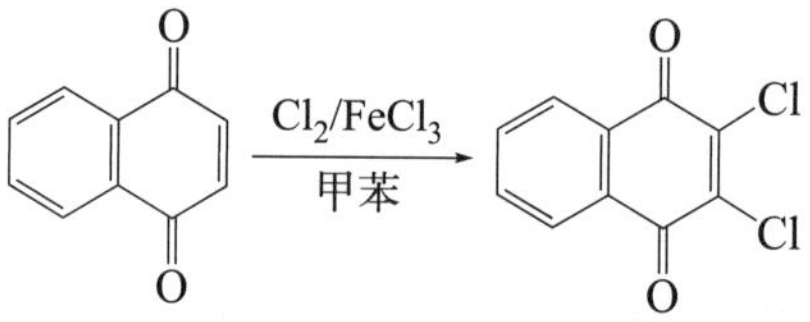

$$\text{萘-1,4-醌} \xrightarrow[\text{甲苯}]{Cl_2/FeCl_3} \text{2,3-二氯萘醌}$$

2-甲基萘-1,4-醌又名维生素 K_3，它与维生素 K_1 都是萘醌衍生物，均为良好的促凝血剂。

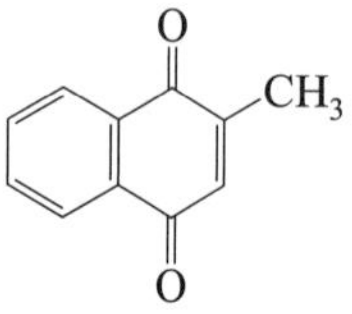

维生素K_3（2-甲基萘-1,4-醌，2位为 CH_3）

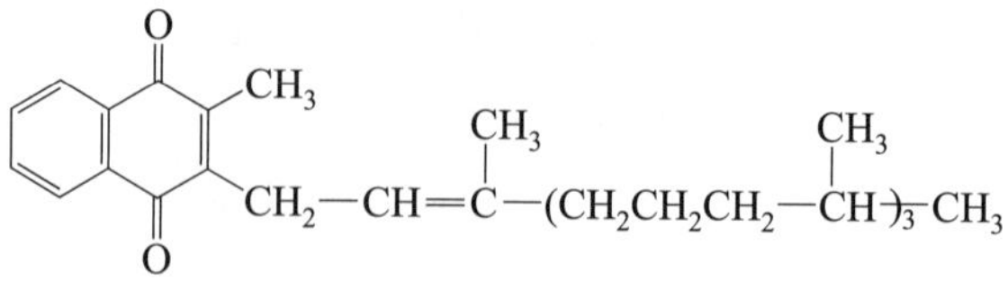

维生素K_1（2位为 CH_3，3位为 $CH_2-CH=C(CH_3)-(CH_2CH_2CH_2-CH(CH_3))_3-CH_3$）

11.11.2 蒽醌

蒽醌是生产蒽醌染料的重要原料，蒽醌染料约占染料市场总量的20% ～ 30%，仅次于偶氮染料，蒽醌染料因分子结构稳定、色泽鲜艳而获得关注，如还原蓝、分散紫等：

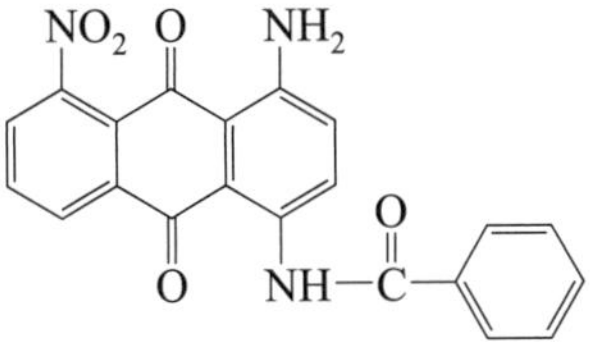

分散紫

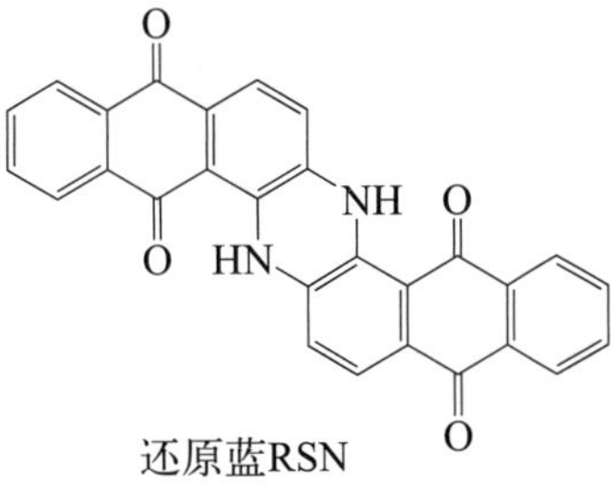

还原蓝RSN

蒽醌中有两个羰基，使邻位两个芳环钝化，因此蒽醌不易发生亲电取代反应。例如蒽醌不能发生傅-克酰基化反应，也很难用浓硫酸磺化，但用发烟硫酸并加热至160℃，可生成β-蒽醌磺酸，继续磺化，可得到等量蒽醌-2,6-二磺酸和蒽醌-2,7-二磺酸（参见8.2.2），其钠盐可作水煤气和半水煤气的脱硫剂。

练习题 11-8： 蒽醌-1,5-二磺酸和蒽醌-1,8-二磺酸是重要的染料中间体，蒽醌的磺化若用硫酸汞作催化剂，则生成α-蒽醌磺酸，继续磺化，可得到蒽醌-1,5-二磺酸和蒽醌-1,8-二磺酸的混合物。请写出上述转化的反应式。

综合练习题

1. 用系统命名法命名或写出下列化合物的结构。

（1）OH；CH_2CH_3；NO_2　（2）OH；CH_2OH　（3）Cl；OH；Br　（4）OH；OH；COOH

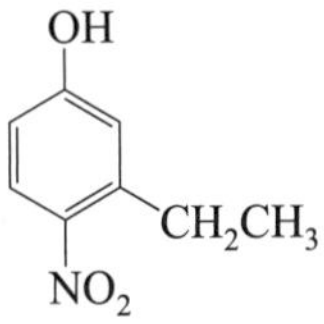

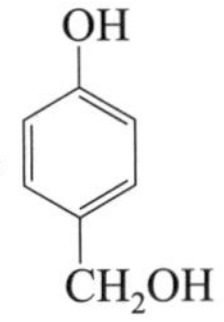

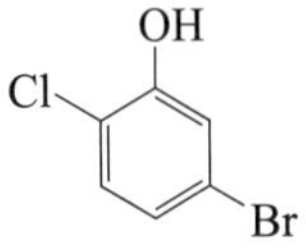

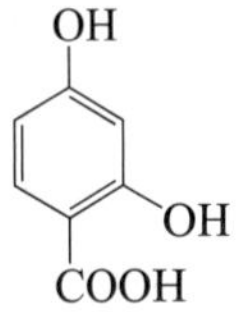

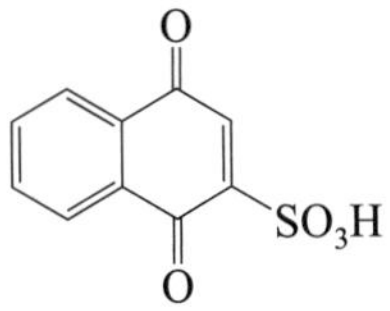

（5）O；O；SO_3H　（6）O；O；CH_3　（7）阿司匹林　（8）对苯醌双肟

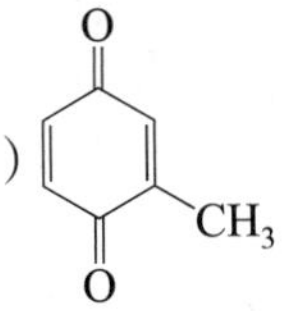

2. 常温下，将下列化合物在水中的溶解度从高到低排序。

（1）苯酚　（2）氯苯　（3）1,4-二氧六环　（4）环己醇

3. 用简单的化学方法鉴别下列各组化合物溶液。

（1）苯甲醚、苄醇和邻甲苯酚　（2）苯酚、环己醇和正丁醇

4. 将下列各组化合物的化学性质按指定要求排序。

（1）将下列各组化合物按酸性从强到弱排序，并简要说明理由。

（A）OH / OCH_3　（B）OH / CF_3　（C）OH　（D）OH

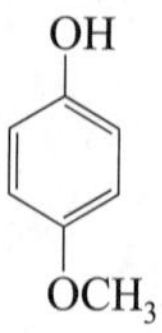

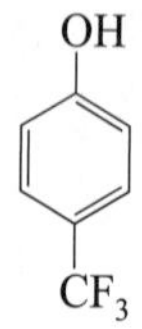

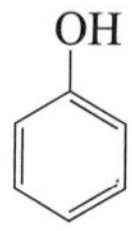

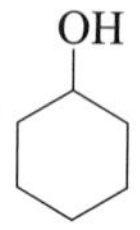

（2）将下列化合物按与NaOH的反应活性，由高到低排序。

（A）Br　（B）Br / NO_2　（C）Br / NO_2 / NO_2　（D）Br / NO_2 / NO_2

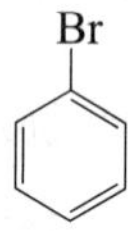

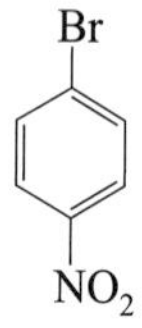

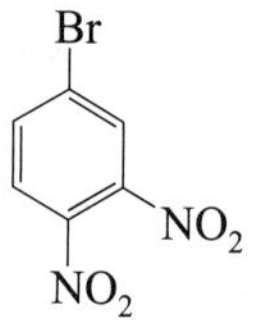

5. 写出对甲苯酚与下列试剂作用的反应式。

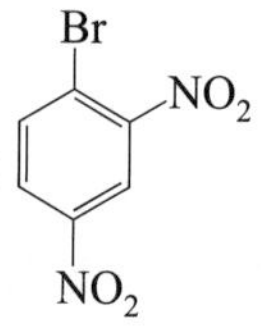

（1）Br_2水溶液　（2）PhCOCl　（3）$(CH_3CO)_2O$　（4）$NaOH/(C_2H_5)_2SO_4$

（5）$FeCl_3$溶液　（6）浓H_2SO_4　（7）稀HNO_3，低温　（8）$HCHO/H^+$（缩聚）

6. 完成下列转化，写出各步反应的主要反应条件或有机产物。

（1）$CH_2{=}CHCH_3$ $\xrightarrow[\text{引发剂BPO}]{\text{NBS}}$ (A) $\xrightarrow[K_2CO_3]{\text{OH, }CH_3}$ (B)

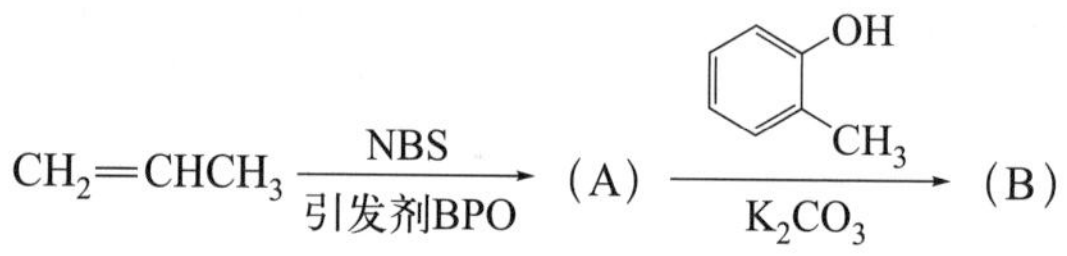

（2）OH, O, NO_2 $\xrightarrow[CH_3COOH]{Br_2}$ (A) $\xrightarrow{\text{浓HBr}}$ (B)

（3）H_3C, OH, CH_3 + O_2N—Cl $\xrightarrow[\text{二甲亚砜}]{NaOH}$ (A)

（4）$\xrightarrow{(A)}$ SO_3H / SO_3H $\xrightarrow[\text{② }CH_3I\text{ (足量)}]{\text{① 碱熔}}$ (B)

（5）OCH_3 $\xrightarrow[H_2SO_4]{HNO_3}$ (A) $\xrightarrow{(B)}$ Br, OCH_3, NO_2, NO_2 $\xrightarrow[\text{NaOH, △}]{Pd, PR_3}$ (C)；$\xrightarrow[NaOC_2H_5\text{, △}]{Pd, PR_3}$ (D)

（6）NH_2 $\xrightarrow[H_2SO_4]{MnO_2}$ (A) $\xrightarrow{\triangle}$ (B)　（7）HO—, Cl, —OH $\xrightarrow[H_2SO_4]{K_2Cr_2O_7}$ (A)

（8）Cl, Cl, Cl, Cl, OH, OH $\xrightarrow{Ag_2O}$ (A)

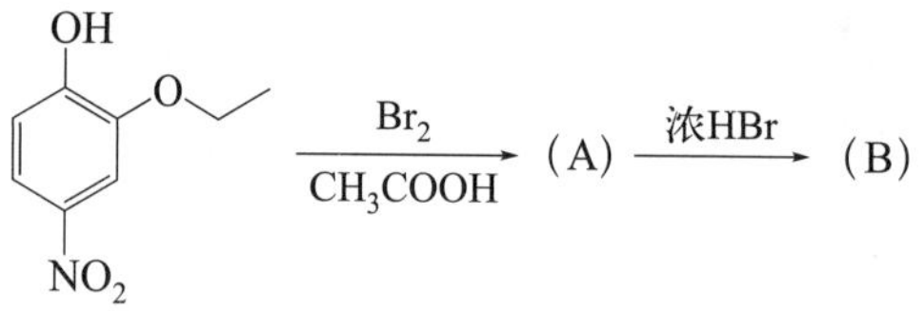

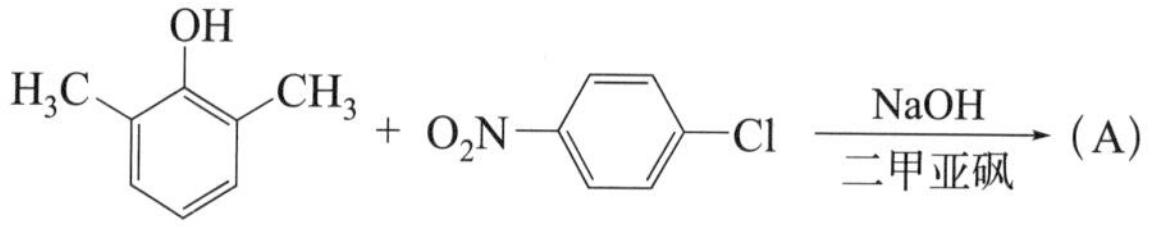

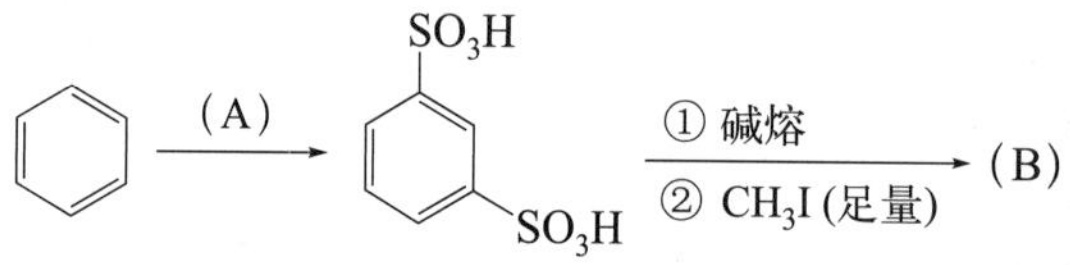

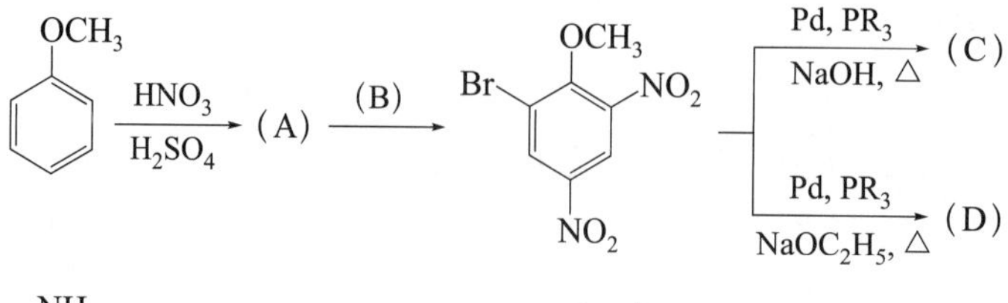

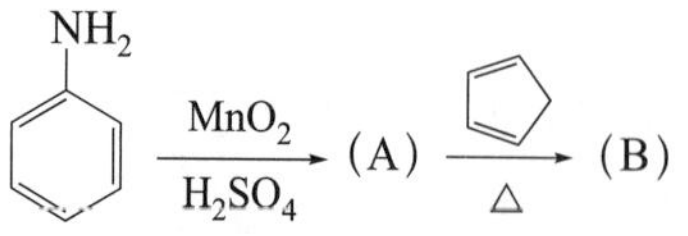

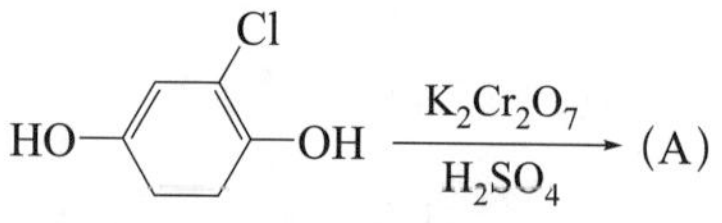

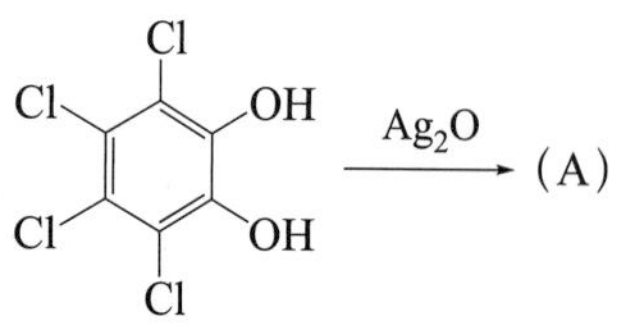

7. 不同温度下的弗莱斯重排反应结果如下。(1)哪种反应的活化能低?(2)哪种产物是热力学控制的产物?(3)可采取何种简便的方法对这两种产品进行有效分离?为什么?

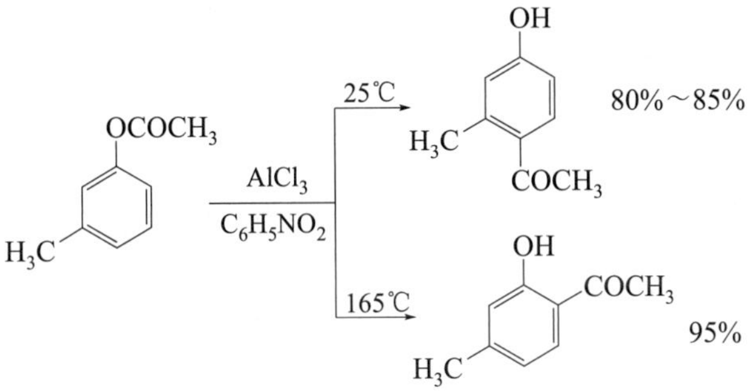

OCOCH$_3$ H$_3$C —$AlCl_3$ / $C_6H_5NO_2$→ 25℃: OH, H$_3$C, COCH$_3$ 80%～85%; 165℃: OH, COCH$_3$, H$_3$C 95%

8. 以对氯甲苯作为起始原料,高温高压下直接碱性水解不是制备对甲酚的好选择,因为会得到两种产物的混合物。这两种产物分别是什么?请写出该反应过程的机理。

9. 许多天然存在的酚是由非芳香前体通过最终产物的芳香性驱动的重排衍生而来,例如香芹酚是草药牛至、百里香的组分,可被用作驱肠虫(线虫)剂、杀菌剂和消毒剂,可由香芹酮经酸催化重排生成。试解释其转化机理。提示:考虑酮-烯醇互变异构。

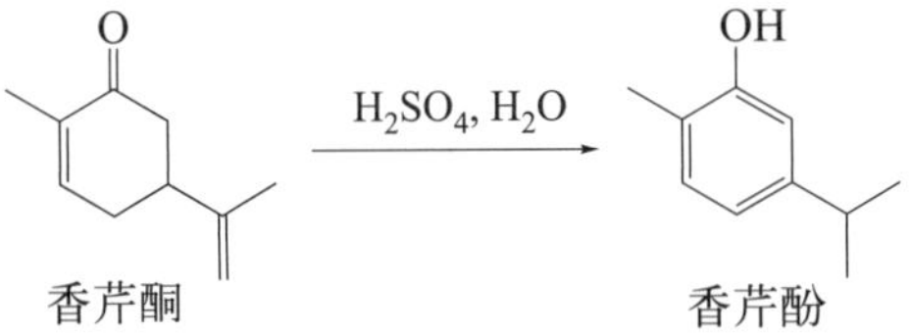

香芹酮 —H_2SO_4, H_2O→ 香芹酚

10. 按指定原料合成下列化合物,无机试剂、催化剂和溶剂可任选。

(1)以苯为原料合成2,4-二硝基苯酚

(2)由萘为原料合成1-甲氧基萘和2-甲氧基萘

(3)以苯为原料合成能除去稗草的除草剂 O$_2$N–C$_6$H$_4$–O–C$_6$H$_3$Cl$_2$(2,4-Cl)

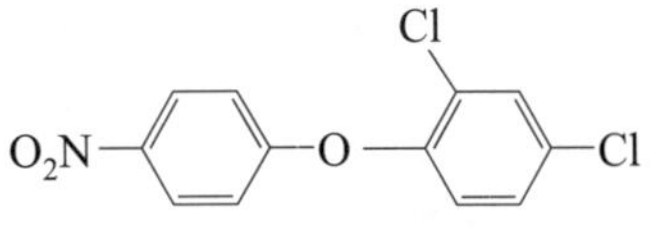

(4)以苯酚、四个碳及以下的有机物合成防老剂 (H$_3$C)$_3$C, OH, CH$_2$, OH, C(CH$_3$)$_3$, CH$_3$, CH$_3$

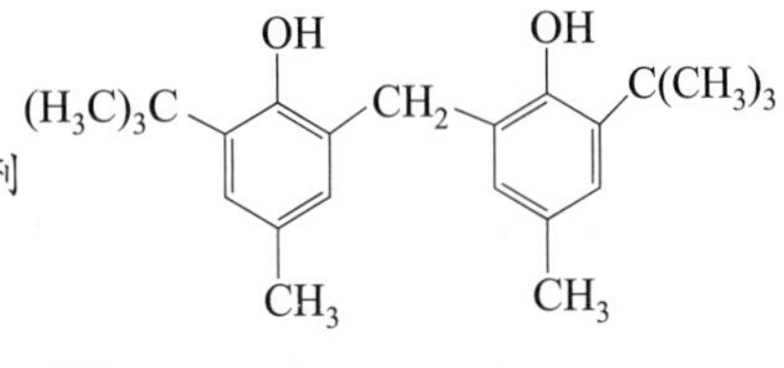

(5)以苯酚和甲醛为原料合成 Cl, OH, CH$_2$, OH, Cl, Cl, Cl (一种杀虫剂、杀菌剂)

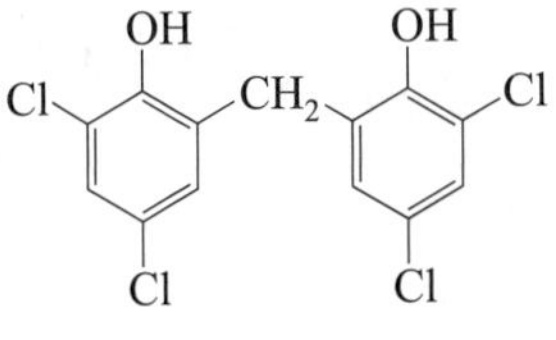

(6)以邻甲氧基苯酚和丙烯为原料合成祛痰镇咳药 OCH$_3$, –OCH$_2$CHCH$_2$OH, OH

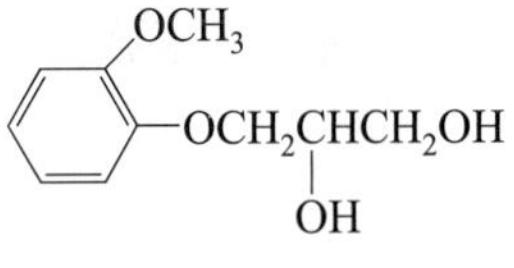

11. UV-BAD（O、CH_3、O、C、O、C、CH_3、O、C、O、OH、HO）是一类水杨酸酯型的紫外线吸收剂，试由水杨酸、苯和丙烯为原料合成该化合物。

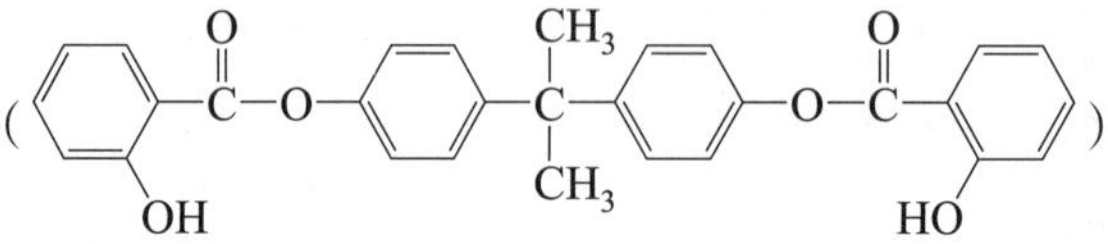

12. 由间甲苯酚为主要原料可合成麝香草酚（消炎、止痛）、薄荷醇（清热、解毒）及耐热型特种高分子功能材料PMnMA：

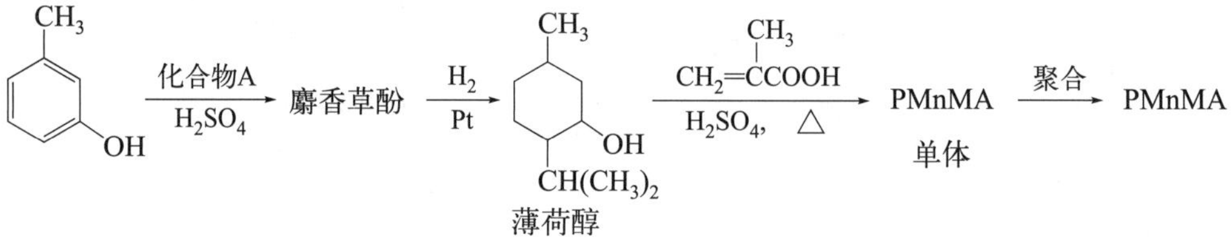

CH_3、OH $\xrightarrow[H_2SO_4]{化合物A}$ 麝香草酚 $\xrightarrow[Pt]{H_2}$ CH_3、OH、$CH(CH_3)_2$ 薄荷醇 $\xrightarrow[H_2SO_4,\ \triangle]{CH_2{=}C(CH_3)COOH}$ PMnMA单体 $\xrightarrow{聚合}$ PMnMA

（1）可以实现该转化的化合物A有哪些？你认为哪种原料比较适宜？

（2）写出麝香草酚的结构式；

（3）写出PMnMA的结构式。

13. 他莫昔芬（分子式$C_{26}H_{29}NO$）是一种临床上用于治疗乳腺癌和卵巢癌的药物，其由正丙苯为主要原料的合成路线如下：

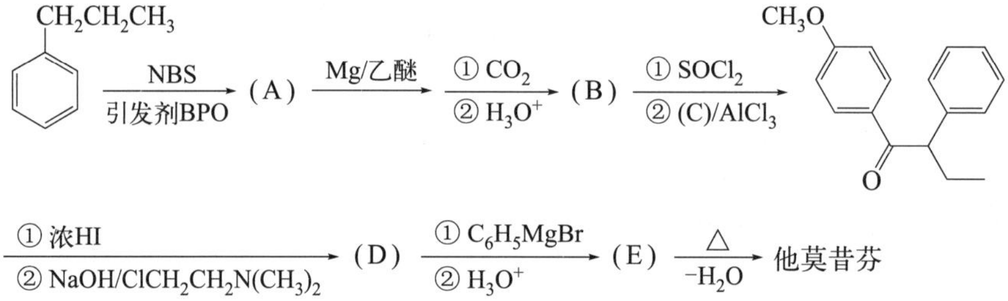

$CH_2CH_2CH_3$ $\xrightarrow[引发剂BPO]{NBS}$ (A) $\xrightarrow{Mg/乙醚}$ $\xrightarrow[②\ H_3O^+]{①\ CO_2}$ (B) $\xrightarrow[②\ (C)/AlCl_3]{①\ SOCl_2}$ CH_3O、O

$\xrightarrow[②\ NaOH/ClCH_2CH_2N(CH_3)_2]{①\ 浓HI}$ (D) $\xrightarrow[②\ H_3O^+]{①\ C_6H_5MgBr}$ (E) $\xrightarrow[-H_2O]{\triangle}$ 他莫昔芬

（1）试推断化合物A、B、C的结构式；

（2）写出由化合物D合成E的反应式；

（3）写出他莫昔芬的结构式。

14. 双氧水是一种重要的绿色化学试剂，2-叔戊基蒽醌（简称AAQ）是生产双氧水必不可少的高溶解度工作液载体。某企业以苯、萘为主要原料合成AAQ的路线如下：

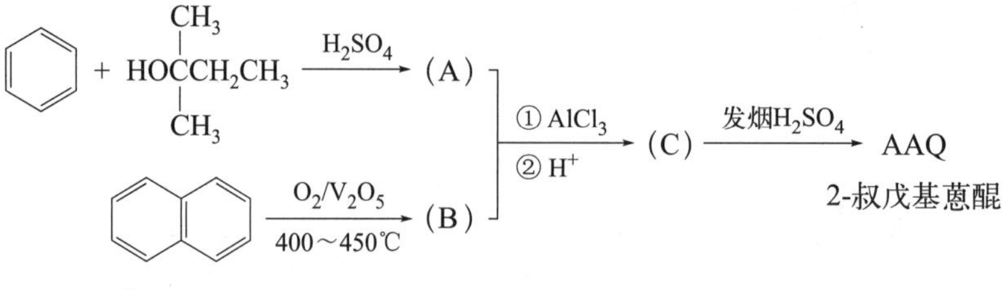

苯 + $HOC(CH_3)_2CH_2CH_3$ $\xrightarrow{H_2SO_4}$ (A)

萘 $\xrightarrow[400\sim450℃]{O_2/V_2O_5}$ (B)

(A) + (B) $\xrightarrow[②\ H^+]{①\ AlCl_3}$ (C) $\xrightarrow{发烟H_2SO_4}$ AAQ（2-叔戊基蒽醌）

（1）写出化合物A、B的结构简式；

（2）写出化合物C合成2-叔戊基蒽醌的反应式；

（3）若该企业有丰富的电石，有异丙苯制苯酚装置，请设计一条充分利用本企业化工原料，合成制备AAQ所需的2-甲基丁-2-醇的路线。

15. 某焦化厂从煤焦油中提取了三种化合物A、B和C，分子式均为C_7H_8O，都能与$FeCl_3$溶液发生显色反应。A与过量甲醛只生成线型高分子树脂，B常温下为液体，C与硫酸二甲酯作用后与高锰酸钾反应，然后再用浓HI处理，得到的芳香族产物能随水蒸气蒸出。

（1）写出化合物A、B、C的结构简式。

（2）写出A与甲醛合成高分子树脂的反应式。

（3）“兴丰宝”（化学式$C_9H_9ClO_3$）既可用作除草剂，也是植物生长刺激剂，防止番茄等果实早期落花落果，促进作物早熟。以化合物C为原料合成“兴丰宝”的路线如下：

$$\text{化合物C} \xrightarrow{NaOH} (D) \xrightarrow{ClCH_2COONa} (E) \xrightarrow{H^+} \xrightarrow{Cl_2} \text{兴丰宝}$$

① 写出由化合物D合成E的反应式；

② 写出“兴丰宝”的结构简式。

第12章

醛和酮

碳氧双键“C═O”称为“羰基”(carbonyl group),如果羰基碳原子连接至少一个氢原子的化合物称为醛(aldehyde),—CHO称为醛基;如果羰基碳原子连接两个烃基则称为酮(ketone),酮的羰基称为酮基。

醛、酮广泛存在于自然界,如天然香料肉桂醛是桂皮油中的主要成分,具有养肝明目、抗衰老等作用的食用香料覆盆子酮存在于蔷薇科属植物覆盆子中。醛、酮也是重要的有机化工原料,如甲醛、乙醛、丙酮等,在医药、能源、材料等方面都有着广泛应用。

12.1 醛、酮的结构与命名

12.1.1 醛、酮的结构

羰基(C═O)类似碳碳双键(C═C),羰基碳原子和氧原子均为sp^2杂化,羰基碳原子以sp^2杂化轨道形成三个σ键,并且分布在同一个平面上,键角接近120°,其中一个sp^2杂化轨道与氧的sp^2杂化轨道“头碰头”重叠形成σ键,碳原子和氧原子各有一个未参与杂化的p轨道垂直于三个σ键形成的平面,肩并肩侧面交盖形成π键。

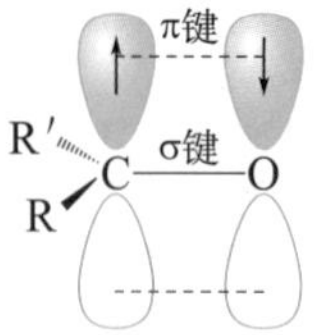

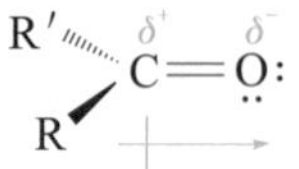

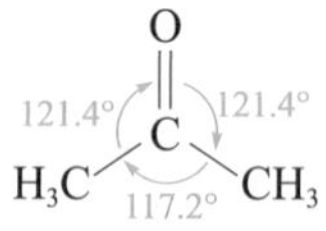

π键 σ键 R′ R C O

R′ R C^{δ^+}═O^{δ^-}:

O C H_3C CH_3 121.4° 121.4° 117.2°

羰基又不同于碳碳双键,无论σ键还是π键,共用电子对都偏向电负性更强的氧原子,导致C═O中碳端带部分正电荷,具有亲电性,氧端带部分负电荷,同时氧原子的sp^2杂化轨道还分别容纳两对孤对电子,因此氧端具有亲核性与弱碱性。

羰基具有极性,因此醛、酮是极性分子,有一定的偶极矩,甲醛的偶极矩为7.57×10^{-30}C·m,丙酮的偶极矩为9.50×10^{-30}C·m。C═O的键长较短(0.120 nm),键能较高

（690 ～ 750 kJ/mol）。

12.1.2 醛、酮的命名

IUPAC把醛、酮视为烷烃衍生物，烷烃的英文名称以-ane作为后缀，将-e替换为-al即为醛，替换为-one则为酮，相同碳原子数的醛、酮互为构造异构体。

许多天然醛、酮的俗名往往根据来源命名，如香茅醛、肉桂醛、覆盆子酮等等。

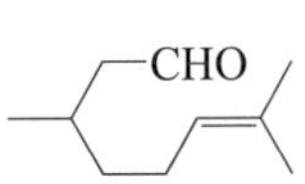

CHO　　　　CH═CHCHO　　　　HO　O

香茅醛 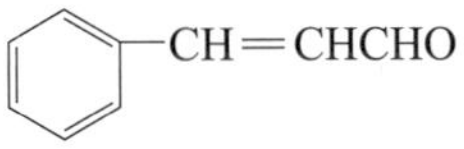　　　　肉桂醛 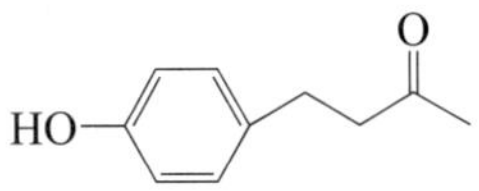　　　　覆盆子酮

简单的单酮可将连接羰基的两个基团名称作前缀，依英文字母顺序排列，再以类别名“酮（ketone）”或“甲酮”结尾，称某基某基（甲）酮（“甲”常被省略）。例如：

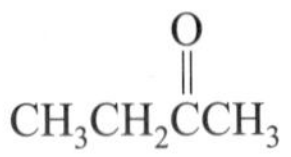

$CH_3CH_2\overset{O}{\overset{\|}{C}}CH_3$　　　　$\overset{O}{\overset{\|}{C}}C_2H_5$　　　　$\overset{O}{\overset{\|}{C}}CH_3$

乙基甲基（甲）酮
或丁-2-酮 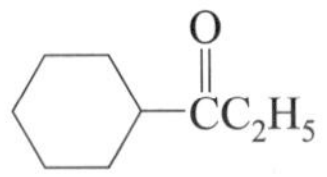　　　　环己基乙基酮 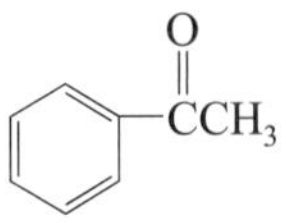　　　　甲基苯基酮
或苯乙酮

在无其它优先官能团时，醛、酮的系统命名法是选择包含羰基在内的最长碳链为主链，然后从靠近羰基的一侧依次编号，命名为“某醛”或“某-羰基位次-酮”，最后把取代基的位次和名称按照英文字母顺序放在母体名称前。主链中碳原子的位次除用阿拉伯数字标注外，也可以希腊字母标注，羰基邻位碳为“α”，然后依次为β、γ、δ等。

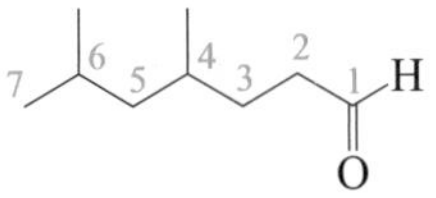

7 6 5 4 3 2 1 H O　　　　$\overset{\gamma}{Cl}CH_2\overset{\beta}{C}H_2\overset{\alpha}{C}H(CH_3)\overset{O}{\overset{\|}{C}}H$　　　　$CH_3\overset{\alpha}{C}H(Br)\overset{O}{\overset{\|}{C}}\overset{\alpha'}{C}H(Br)CH_3$

4,6-二甲基庚醛 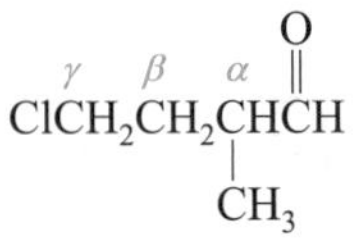　　　　4-氯-2-甲基丁醛
（γ-氯-α-甲基丁醛） 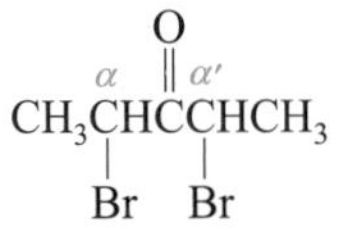　　　　2,4-二溴戊-3-酮
（α,α'-二溴戊-3-酮）

如果主链中含有不饱和键，依然从靠近羰基一侧编号，命名为“某烯（炔）醛”或“某烯（炔）酮”，在“烯（炔）”前标明不饱和键的位次，在醛、酮前标明羰基的位次。如果分子中既有醛基，又有酮基，则以醛作为母体，酮基称为“氧亚基”，作为取代基；具有2个醛基或酮基则用“二醛”或“二酮”作词尾。例如：

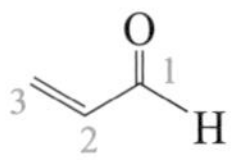

3 2 1 O H　　　　$\overset{8}{C}H_3\overset{7}{C}(OH)(CH_3)\overset{6}{C}H_2\overset{5}{C}H{=}\overset{4}{C}H\overset{3}{C}H_2\overset{2}{\overset{O}{\overset{\|}{C}}}\overset{1}{C}H_3$　　　　$\overset{4}{C}H_3\overset{3}{\overset{O}{\overset{\|}{C}}}\overset{2}{C}H_2\overset{1}{\overset{O}{\overset{\|}{C}}}H$　　　　$\overset{1}{C}H_3\overset{2}{\overset{O}{\overset{\|}{C}}}\overset{3}{C}H_2\overset{4}{\overset{O}{\overset{\|}{C}}}\overset{5}{C}H_3$

丙-2-烯醛 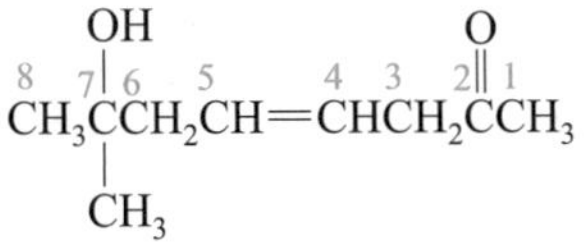　　　　7-羟基-7-甲基辛-4-烯-2-酮 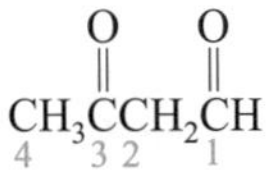　　　　3-氧亚基丁醛 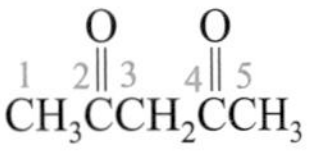　　　　戊-2,4-二酮
（β-戊二酮）

对于环状醛、酮，如果羰基在环内，称为环某酮，从羰基碳开始编号；如果羰基在环外，则以侧链作为母体，环作为取代基来命名；如果醛基与脂环或芳环直接相连，则称为“环某烷甲醛”或“芳甲醛”：

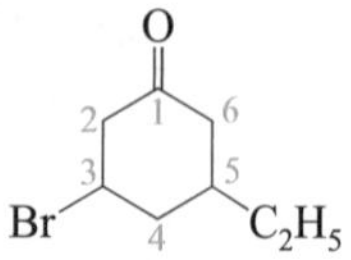

3-溴-5-乙基环己酮 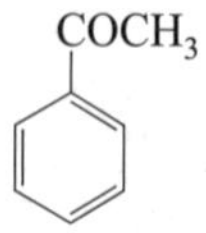　　1-苯基乙酮（苯乙酮） 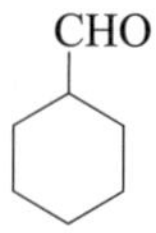　　环己烷甲醛 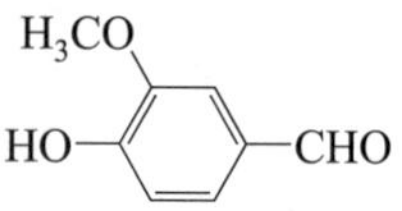　　4-羟基-3-甲氧基苯甲醛（香兰素）

当羧基、磺酸基和羧酸衍生物等优先次序高于羰基的官能团存在时，醛、酮的羰基则作为取代基，“C=O”可用“氧亚基”表示，“RCO—”可命名为“某酰基”，例如：

$HCCH_2COOH$ (C=O)　　$HO_3S-C_6H_4-CCH_3$ (C=O)　　$CH_3CCH_2COC_2H_5$ (C=O, C=O)

3-氧亚基丙酸 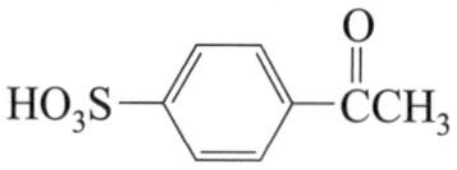　　对乙酰苯磺酸 　　3-氧亚基丁酸乙酯（乙酰乙酸乙酯）

练习题 12-1： 用系统命名法写出下列化合物的名称。

（1）$OHC-C_6H_{10}-COOH$

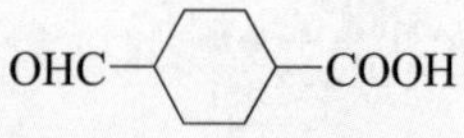

（2）

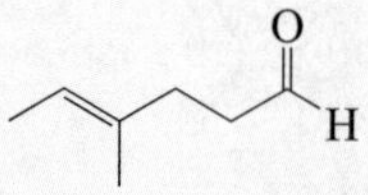

（3）

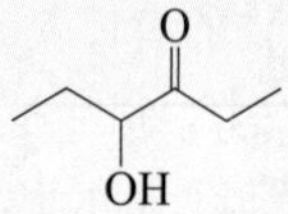

（4）$C_6H_5-CH_2-\overset{O}{\overset{\|}{C}}-\overset{O}{\overset{\|}{C}}-CH_2CH_3$

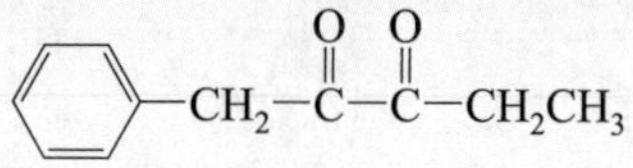

12.2 醛、酮的物理性质

由于羰基具有极性且是平面结构，彼此易于接近，因而醛、酮间具有较强的偶极-偶极相互作用，沸点高于分子量相近、分子大小相近的烃类化合物和醚；又由于醛酮中没有活泼氢，分子间不能以氢键缔合，所以醛、酮的沸点低于分子量近似的醇。室温下除了甲醛为气体，十二个碳原子以下的醛、酮为液体，高级醛、酮均为固体，芳香酮基本上都是固体。

醛、酮中的羰基氧可以与水中的活泼氢形成氢键，具有一定的水溶性。碳原子数低的羰基化合物如甲醛、丙酮等可以与水互溶，随着烃基增大，烃基的疏水性使水溶性降低，超过6个碳原子的醛、酮不溶于水。一些常见醛、酮的物理常数见表12.1。

12.3 醛、酮的化学性质

醛、酮的羰基是极性不饱和基团，碳端带部分正电荷，可以接受亲核试剂的进攻，引

表 12.1 常见醛、酮的物理常数

化合物	熔点/℃	沸点/℃	溶解度	化合物	熔点/℃	沸点/℃	溶解度
甲醛	−92	−21	易溶	戊-2-酮	−78	102	6.3
乙醛	−121	21	16	戊-3-酮	−40	102	5
丙醛	−81	49	7	环己酮	−45	155	2.4
丁醛	−99	76	微溶	苯甲醛	−26	178	0.3
戊醛	−92	103	微溶	苯乙醛	−10	193	微溶
己醛	−51	131	微溶	苯乙酮	21	202	不溶
丙酮	−95	56	互溶	苯丙酮	21	218	不溶
丁-2-酮	−86	80	26	二苯酮	48	306	不溶

起亲核加成反应；羰基的吸电子性导致邻位碳（α-C）上的氢（α-H）具有一定的酸性，易于烯醇化，并发生与烯醇化相关的α-卤代、羟醛缩合等反应；醛、酮第三类重要的反应是氧化还原反应，羰基既可以被氧化成酸，也可以被还原成醇。醛、酮的主要反应表述如下：

氧化还原反应 → $O^{\delta-}$ ‖ $C^{\delta+}$；R(H)；α C；H ← 酸性 {烯醇化、α-卤代、羟醛缩合等}；H；R'；Nu^-

亲核加成反应

12.3.1 羰基的亲核加成反应

醛、酮羰基的亲核加成既可以被酸催化，也可以被碱催化。酸催化时，羰基氧质子化，增加了羰基碳原子的亲电性，更易于被亲核试剂进攻，发生亲核加成反应：

$$\mathrm{RR'C{=}O} \xrightleftharpoons{H^+} \left[\mathrm{RR'C{=}\overset{+}{O}H} \longleftrightarrow \mathrm{RR'\overset{+}{C}{-}OH}\right] \xrightleftharpoons{Nu^-} \mathrm{R{-}C(Nu)(R'){-}OH}$$

(R, R′为烃基或氢)

碱催化时，亲核试剂直接进攻羰基碳原子，生成烷氧负离子，质子化后得到最终的加成产物：

$$\mathrm{RR'C{=}O} \xrightleftharpoons{Nu^-} \mathrm{R{-}C(Nu)(R'){-}O^-} \xrightleftharpoons{H^+} \mathrm{R{-}C(Nu)(R'){-}OH}$$

醛、酮的羰基碳接受亲核试剂进攻后，碳原子由sp^2杂化转变为sp^3杂化，键角由约120°降为109°左右，中心碳原子周围更加拥挤。因此，醛、酮亲核加成的活性不仅取决于羰基碳的亲电性（电子效应），还取决于羰基两侧基团的大小（位阻效应）。

氢原子体积小，且无推电子效应，因此醛的亲核加成活性较大；酮中羰基两侧均为烃基，不仅体积增大，进攻位阻增大，而且烃基通过诱导效应和超共轭效应削弱了羰基碳的亲电性。因此醛、酮亲核加成的大致活性顺序如下：

$$HCHO > RCHO > ArCHO > RCOCH_3 > RCOR' > ArCOAr'$$

按亲核原子将亲核试剂分为碳亲核试剂、氧亲核试剂、硫亲核试剂、氮亲核试剂，分别讲述它们对醛、酮的亲核加成。

练习题 12-2： 为什么芳香族醛（酮）的亲核加成活性低于脂肪族醛（酮）？试分析芳基如何影响醛（酮）的反应活性。

（1）碳亲核试剂对醛、酮的亲核加成

① HCN对醛酮的加成 醛以及大部分脂肪酮都可以与HCN加成，生成α-羟基腈，又叫α-氰醇。

$$RR'C{=}O + H{-}CN \rightleftharpoons NC{-}C(R')(R){-}OH$$

反应中加入少量碱可大大加快反应速率，加入酸，则使反应速率显著降低。显然，CN^-的浓度决定了反应速率。由于HCN是弱酸，电离出的CN^-浓度较低，而且HCN剧毒易挥发（沸点 26.5℃），因此通常避免直接使用氢氰酸，而将NaCN或KCN与醛酮先混合，然后将无机酸加入其中。为避免过量HCN的生成，又使自由的CN^-维持足够浓度，一般控制溶液为弱碱性（pH≈8）。

α-羟基腈的生成是可逆的，反应分两步进行：第一步CN^-对羰基亲核加成，羰基的π键断裂，在氰基与碳原子之间形成新的C－C σ键，这一步涉及π键的断裂，速率较慢，是决速步骤；第二步形成的烷氧负离子质子化，生成α-羟基腈，速率较快。

$$CN^- + RR'C{=}O \underset{}{\overset{慢}{\rightleftharpoons}} NC{-}C(R')(R){-}O^- \xrightleftharpoons[快]{H-CN} NC{-}C(R')(R){-}OH + CN^-$$

醛、酮与HCN的加成增长了化合物的碳链，α-羟基腈中的－CN既可水解为羧基（－COOH），也可还原为氨基（$-CH_2NH_2$），而且羟基（－OH）还可以脱水或卤代转化为烯键、卤素等官能团。

例如：由HCN对丙酮亲核加成制备丙酮氰醇，然后在酸催化下，经氰基水解、酯化、脱水等反应得到有机玻璃单体α-甲基丙烯酸甲酯，该方法又称为"**丙酮氰醇法**"。

$$(H_3C)_2C{=}O + HCN \rightleftharpoons H_3C{-}C(OH)(CH_3){-}CN \xrightarrow[CH_3OH,\ \triangle]{H_2SO_4} H_2C{=}C(CH_3){-}C(=O){-}OCH_3$$

丙酮氰醇　　　　α-甲基丙烯酸甲酯

阅读与思考

丙酮氰醇法是生产甲基丙烯酸甲酯较常用的方法，但原料氢氰酸为剧毒物。当前以异丁烯（或叔丁醇）为原料合成甲基丙烯酸甲酯是工业研究的热点，查阅资料，写出该方法制备甲基丙烯酸甲酯的相关反应式。另外，丙炔与甲醇、CO反应制备甲基丙烯酸甲酯也是现代发展起来的一种绿色化学合成方法，该反应又有什么优点？

② 有机金属试剂（R-M）对醛、酮的亲核加成 有机金属试剂含有极性的碳-金属键，共用电子对偏向电负性相对较强的碳原子，碳端带负电荷，具有很强的亲核性。

$$\overset{\delta^-}{C}—\overset{\delta^+}{Li} \qquad \overset{\delta^-}{C}—\overset{\delta^+}{Mg}$$

电负性： 2.5 1.0 2.5 1.2

格利雅试剂和有机锂试剂（RLi）与醛、酮的亲核加成是制备醇的重要方法。反应分两步进行：第一步有机金属试剂进攻醛、酮的羰基，发生亲核加成，生成烷氧负离子；第二步，烷氧负离子从水或稀酸中获得质子生成醇。例如：

$$R'R''C^{\delta+}=O^{\delta-} + \overset{\delta^-}{R}—M \xrightarrow[\text{回流}]{\text{无水}Et_2O\text{或THF}} R'R''C(R)—O^-M^+ \xrightarrow{H—OH} R'—\underset{R}{\overset{OH}{C}}—R'' \ (\text{醇})$$

（R′, R″ = H或烃基; M = MgX、Li等）

$$C_6H_5Br \xrightarrow[\text{乙醚}]{Mg} C_6H_5MgBr \xrightarrow[\text{② } H_2O]{\text{① } CH_3CH_2CHO} C_6H_5\overset{OH}{C}HCH_2CH_3$$

有机锂试剂与格利雅试剂性质相似，但比格氏试剂更活泼，与醛、酮的加成在低温（−78℃）下即可进行（其余条件同格氏试剂），对于空间位阻较大的二叔丁基酮，叔丁基格利雅试剂不易反应，但活泼的叔丁基锂试剂可以顺利加成：

$$(CH_3)_3C—\overset{O}{\overset{\|}{C}}—C(CH_3)_3 + (CH_3)_3CLi \xrightarrow[\text{② } H_2O]{\text{① 无水乙醚, } -70℃} (CH_3)_3C—\underset{C(CH_3)_3}{\overset{OH}{C}}—C(CH_3)_3$$

利用端基炔烃的酸性还可以制备炔钠，炔钠也是强亲核试剂，与醛、酮发生类似的加成反应，生成α-炔醇［参见4.3.2（3）］。例如：

$$R—C≡C^-Na^+ + R'R''C=O \longrightarrow R—C≡C—\underset{R''}{\overset{R'}{C}}—O^-Na^+ \xrightarrow{H_2O} R—C≡C—\underset{R''}{\overset{R'}{C}}—OH$$

乙炔和两分子醛、酮的反应可以制备1,4-二醇（参见10.5.4）。

③ 磷叶立德与醛酮的反应——Wittig反应　三苯膦对卤代烃亲核取代得到季鏻盐，带正电荷的鏻盐使相邻氢具有弱酸性，使用强碱（RONa、NaH、BuLi等）夺取邻位氢即可形成磷叶立德（phosphrous Ylide）。磷叶立德是一类特殊结构的偶极离子：

$$3C_6H_5MgBr \xrightarrow[\text{乙醚}]{PCl_3} (C_6H_5)_3\ddot{P} \xrightarrow[C_6H_6]{RCH_2-X} (C_6H_5)_3\overset{+}{P}-CH_2RX^-$$

$$(C_6H_5)_3\overset{+}{P}-CH_2RX^- + BuLi \xrightarrow{THF} \left[(C_6H_5)_3\overset{+}{P}-\overset{-}{C}HR \longleftrightarrow (C_6H_5)_3P=CHR\right] + BuH + LiX$$

磷叶立德

磷叶立德对水和空气都不稳定，因此无需分离，直接加入醛、酮，磷叶立德中带负电荷的碳原子进攻醛、酮的羰基，随后关环形成磷杂氧杂环丁烷，由于磷与氧的强结合力（P=O键能为575 kJ/mol），四元环分解生成烯烃与三苯氧膦［$(C_6H_5)_3P=O$］，这是制备烯烃的重要反应，称为维蒂希（Wittig）反应：

$$(C_6H_5)_3\overset{+}{P}-\overset{-}{C}HR + R'R''C=O \longrightarrow (C_6H_5)_3\overset{+}{P}-CHR-CR'R''-O^- \longrightarrow \text{(四元环)}\ (C_6H_5)_3P-CHR-CR'R''-O \longrightarrow RCH=CR'R''$$

Wittig反应生成双键位置确定的烯烃，除此之外，Wittig反应能生成用其它方法不易合成的环外双键，分子中同时存在酯基、炔基、烯基不受影响：

$$\text{α-四氢萘酮} \xrightarrow[Et_2O]{Ph_3P=CHCH_3} \text{1-亚乙基四氢萘 (}=CHCH_3\text{)}$$

Wittig反应具有一定的立体选择性，简单的磷叶立德与醛、酮反应通常得到*Z*-型烯烃，较稳定的磷叶立德，即$(C_6H_5)_3P=CHX$（X为强吸电子基团，如—CN、—C=O、—COOEt等），与醛、酮反应通常得到*E*-型烯烃。例如：

$$(C_6H_5)_3\overset{+}{P}-\overset{-}{C}HCH_2CH_2CH_3 + CH_3(CH_2)_4CHO \xrightarrow[-Ph_3P=O]{THF} \underset{H}{\overset{H_3CH_2CH_2C}{}}C=C\underset{H}{\overset{(CH_2)_4CH_3}{}}$$

$$(C_6H_5)_3\overset{+}{P}-\overset{-}{C}HCO_2Et + CH_3(CH_2)_4CHO \xrightarrow[-Ph_3P=O]{THF} \underset{EtO_2C}{\overset{H}{}}C=C\underset{H}{\overset{(CH_2)_4CH_3}{}}$$

练习题 12-3： 完成下列反应，写出主要产物。

（1）环己烯 $\xrightarrow[\text{② Zn, }H_2O]{\text{① }O_3}$ （A） $\xrightarrow{2\ Ph_3P{=}CH_2}$ （B）

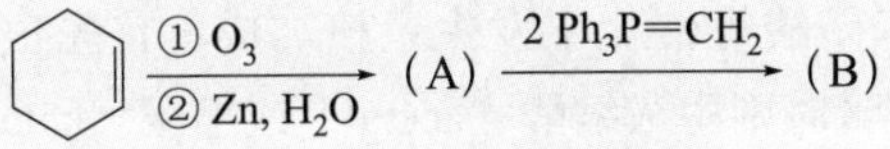

（2）环己酮 + $(C_6H_5)_3P{=}C(CH_3)CH_2CH_3$ ⟶ （A）

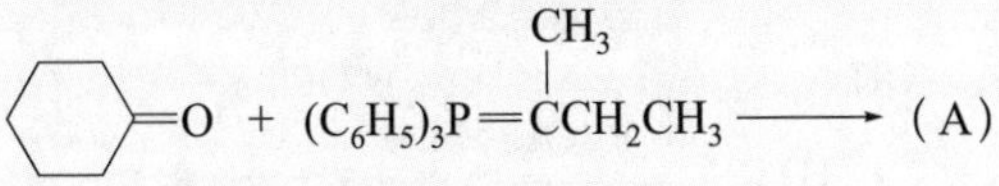

（2）硫亲核试剂对醛、酮的亲核加成

将醛、脂肪族甲基酮及七元环及以下的环酮与过量饱和$NaHSO_3$水溶液在冰浴中混合、振荡，即可生成α-羟基磺酸钠，α-羟基磺酸钠不溶于饱和$NaHSO_3$水溶液，以结晶形式析出。需注意HSO_3^-与CN^-的亲核性相近，但HSO_3^-体积庞大，位阻大的酮难以与之发生加成反应。

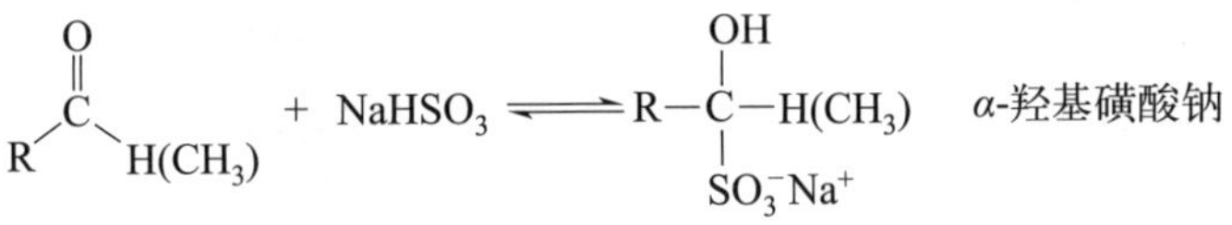

$$R{-}CO{-}H(CH_3) + NaHSO_3 \rightleftharpoons R{-}C(OH)(SO_3^-Na^+){-}H(CH_3)$$

α-羟基磺酸钠

生成的α-羟基磺酸钠纯化后，在稀酸或稀碱溶液中又可以分解为醛、酮。此反应可用作醛、酮的鉴定和纯化。

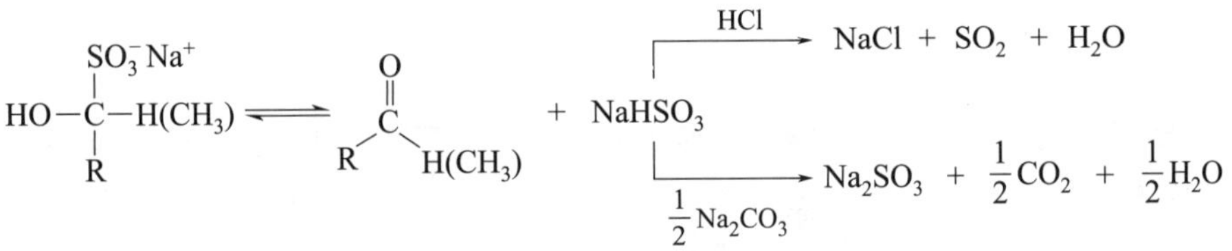

$$HO{-}C(R)(SO_3^-Na^+){-}H(CH_3) \rightleftharpoons R{-}CO{-}H(CH_3) + NaHSO_3$$

$$NaHSO_3 \xrightarrow{HCl} NaCl + SO_2 + H_2O$$

$$NaHSO_3 \xrightarrow{\frac{1}{2}Na_2CO_3} Na_2SO_3 + \frac{1}{2}CO_2 + \frac{1}{2}H_2O$$

例如，香茅油中约有40%的香茅醛（食用香精，配制柑橘和樱桃类香精），其粗产品提纯过程如下：

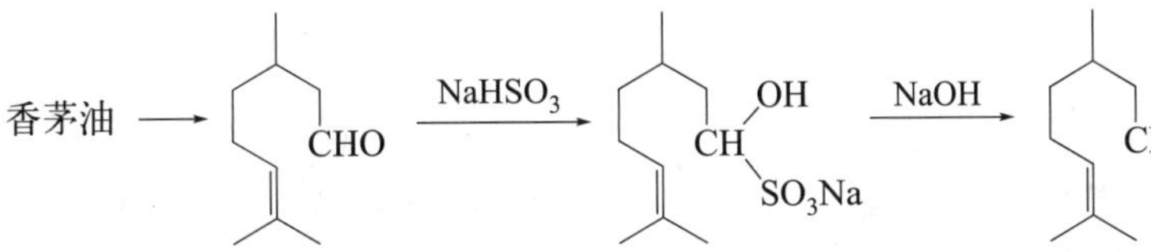

香茅油 ⟶ 粗香茅醛（…CHO） $\xrightarrow{NaHSO_3}$ 沉淀（…CH(OH)SO_3Na） $\xrightarrow{NaOH}$ 香茅醛（…CHO）

将α-羟基磺酸钠与等物质的量的NaCN混合，可以生成α-羟腈，工业上用这种方法由醛酮间接合成α-羟腈，避免使用剧毒有挥发性的HCN。

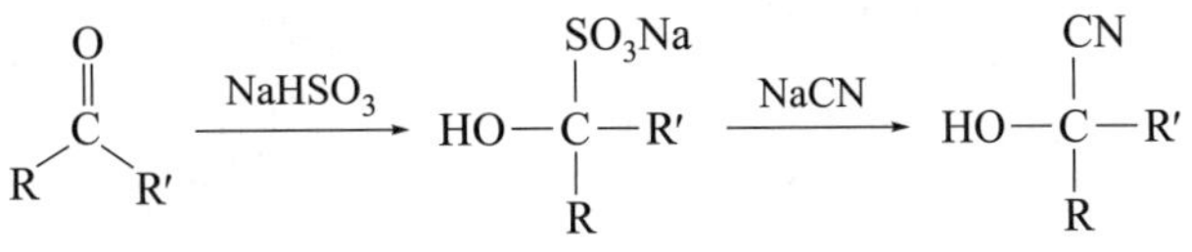

$$R{-}CO{-}R' \xrightarrow{NaHSO_3} HO{-}C(R)(SO_3Na){-}R' \xrightarrow{NaCN} HO{-}C(R)(CN){-}R'$$

（3）氧亲核试剂对醛、酮的亲核加成

醇与醛或酮在干燥的氯化氢或对甲苯磺酸等催化下发生亲核加成，首先生成半缩醛（Hemiacetal）或半缩酮（hemiketal），醇过量时则生成缩醛（acetal）或缩酮（ketal）：

$$\mathrm{RC(=O)H(R')} \underset{\text{干HCl}}{\overset{\mathrm{R''OH}}{\rightleftharpoons}} \mathrm{R-C(OH)(OR'')-H(R')} \underset{\mathrm{H^+}}{\overset{\mathrm{R''OH}}{\rightleftharpoons}} \mathrm{R-C(OR'')_2-H(R')}$$

半缩醛（酮）　　缩醛（酮）

半缩醛（酮）、缩醛（酮）形成的机理如下：

$$\mathrm{RC(=\ddot{O})H(R')} \overset{\mathrm{H^+}}{\rightleftharpoons} \mathrm{RC(=\overset{+}{O}H)H(R')} \xrightarrow{:\ddot{O}R''H} \rightleftharpoons \mathrm{R-C(OH)(\overset{+}{O}HR'')-H(R')} \overset{-\mathrm{H^+}}{\rightleftharpoons} \mathrm{R-C(OH)(OR'')-H(R')} \overset{\mathrm{H^+}}{\rightleftharpoons} \mathrm{R-C(\overset{+}{O}H_2)(OR'')-H(R')}$$

半缩醛（酮）

$$\overset{-\mathrm{H_2O}}{\rightleftharpoons} \left[\mathrm{R-\overset{+}{C}(OR'')-H(R')} \longleftrightarrow \mathrm{RC(=\overset{+}{O}R'')H(R')}\right] \overset{\mathrm{HOR''}}{\rightleftharpoons} \mathrm{R-C(OR'')(\overset{+}{O}HR'')-H(R')} \overset{-\mathrm{H^+}}{\rightleftharpoons} \mathrm{R-C(OR'')_2-H(R')}$$

缩醛（酮）

醛较易形成缩醛，大多数的酮不易形成缩酮，环状缩醛（酮）较链状缩醛（酮）具有更好的稳定性，可由醛（酮）与1,2-二醇或1,3-二醇制备，以苯或甲苯共沸除水可使平衡右移。例如：

$$\mathrm{C_6H_5CH_2\overset{O}{\overset{\|}{C}}CH_3} + \mathrm{HOCH_2CH_2OH} \xrightarrow[\text{苯}]{\text{对甲苯磺酸}} \mathrm{H_5C_6H_2C}\text{(1,3-二氧戊环)}\mathrm{CH_3} + \mathrm{H_2O}$$

78%

$$\mathrm{CH_3\overset{O}{\overset{\|}{C}}CH_2\overset{O}{\overset{\|}{C}}OC_2H_5} + \begin{matrix}\mathrm{CH_2OH}\\|\\\mathrm{CH_2OH}\end{matrix} \xrightarrow{\mathrm{H^+}} \mathrm{CH_3C}\text{(1,3-二氧戊环)}\mathrm{-CH_2\overset{O}{\overset{\|}{C}}OC_2H_5} + \mathrm{H_2O}$$

苹果酯（香料）

缩醛（酮）对碱、氧化剂稳定，但缩醛（酮）的形成是可逆反应，酸催化下在水溶液中缩醛（酮）易水解成原来的醛（酮）和醇，因此，缩醛（酮）在有机合成中广泛用作羰基的保护基。

$$\mathrm{R-C(OR'')_2-R'} + \mathrm{H_2O} \overset{\mathrm{H^+}}{\rightleftharpoons} \mathrm{R-\overset{O}{\overset{\|}{C}}-R'} + 2\,\mathrm{R''OH}$$

缩醛（酮）还可以用于产品的改性，如聚乙烯醇中含有许多亲水的羟基，不能作为合成纤维使用，为了提高其耐水性，在酸催化下用甲醛使其部分缩醛化，就得到性能优良的合成纤维，称为“维尼纶”：

$$\left[CH_2-\underset{OH}{CH}-CH_2-\underset{OH}{CH} \right]_n + n\,HCHO \xrightarrow{H_2SO_4} \left[H_2C-HC\overset{CH_2}{\frown}CH \right]_n + n\,H_2O$$

聚乙烯醇
(PVA)

维尼纶

练习题 12-4： 请以指定化合物并选择合适的有机原料实现下列转化。

（1）Br—C₆H₄ ⟶ $HOCH_2-C_6H_4-\overset{O}{\overset{\|}{C}}CH_3$

（2）$ICH_2CH_2-CHO \longrightarrow CH_3(CH_2)_3C\equiv C-CH_2CH_2CHO$

（4）氮亲核试剂对醛、酮的亲核加成

① 生成亚胺 氨或伯胺与醛、酮的反应可在酸（pH=4 ～ 5）催化下进行，但加成产物不稳定，随后脱水，生成的化合物称为亚胺（imine），由伯胺生成的取代亚胺又称为席夫碱（Schiff base）。反应机理为加成-消除反应机理：

$$\underset{R''}{\overset{R'}{>}}C=O + R-\ddot{N}H_2 \rightleftharpoons \left[\underset{R''}{\overset{R'}{>}}C\underset{RNH}{\overset{OH}{<}} \right] \underset{}{\overset{-H_2O}{\rightleftharpoons}} \underset{R''}{\overset{R'}{>}}C=N-R + H_2O$$

（R、R′、R″ = H或烃基）

亚胺

脂肪族取代亚胺不稳定，但芳胺与芳醛生成的亚胺较稳定。例如：

$$C_6H_5CHO + C_6H_5NH_2 \longrightarrow \left[C_6H_5-\underset{}{\overset{OH}{CH}}-\overset{H}{N}-C_6H_5 \right] \xrightarrow{-H_2O} C_6H_5-CH=N-C_6H_5$$

亚胺在稀酸中水解又得到原来的醛、酮和胺，因此，这也是保护羰基的一种方法。亚胺催化加氢是制备仲胺的重要方法［参见14.2.4（1）］。

② 生成烯胺 仲胺也可以与有α-H的醛、酮进行亲核加成，但加成物中氮上没有氢与生成的羟基一同脱水，因此羟基只能与邻位碳上的氢脱水形成碳-碳双键，生成的产物叫烯胺（enamine），烯胺的形成也是可逆的：

$$\underset{R}{\overset{R}{>}}\ddot{N}H + O=C\underset{\alpha\ CH_2R''}{\overset{R'}{<}} \rightleftharpoons R-\underset{R}{\ddot{N}}-\overset{R'}{\underset{OH}{C}}-\overset{\alpha}{\underset{H}{C}}HR'' \underset{\triangle}{\overset{-H_2O}{\rightleftharpoons}} R-\underset{R}{\ddot{N}}-\overset{R'}{C}=CHR''$$

烯胺

$$CH_3CH_2\overset{O}{\overset{\|}{C}}CH_2CH_3 \underset{}{\overset{H-N(\text{pyrrolidine})}{\rightleftharpoons}} CH_3CH_2-\underset{CH_2CH_3}{\overset{OH}{C}}-N(\text{pyrrolidine}) \underset{+H_2O}{\overset{-H_2O}{\rightleftharpoons}} CH_3CH=C(N\text{-pyrrolidinyl})CH_2CH_3$$

烯胺（90%）

③ 生成肟、腙、缩氨脲　一些胺的衍生物与醛、酮通过加成-消除（脱水），缩合生成极易结晶并具有一定熔点的亚胺衍生物，如醛、酮与羟胺（NH_2OH）、肼（NH_2NH_2）和氨基脲（$NH_2-NHCONH_2$）分别生成肟、腙和缩氨基脲。例如：

$$\text{环己酮} + NH_2OH \longrightarrow \text{环己酮肟(C=NOH)} + H_2O$$

环己酮肟

$$CH_3CH_2CHO + H_2NHN-C_6H_3(NO_2)_2 \longrightarrow CH_3CH_2CH=N-NH-C_6H_3(NO_2)_2 + H_2O$$

丙醛-2,4-二硝基苯腙（黄色沉淀）

$$CH_3CHO + H_2N-NH\overset{O}{\overset{\|}{C}}NH_2 \longrightarrow CH_3CH=N-NH\overset{O}{\overset{\|}{C}}NH_2 + H_2O$$

乙醛缩氨基脲

这类反应也是可逆的。在有机波谱成为常规测试方法之前，经常用对比熔点的方法，来判断一个未知结构的醛或酮是否与一个已知的醛、酮相同。

12.3.2　醛、酮α-氢的反应

醛、酮的α-H较为活泼（pK_a=16～21），主要有两个原因：羰基的吸电子诱导效应和α位C—H键对羰基的超共轭效应。

（1）酮-烯醇互变异构

在酸或碱催化下，醛（酮）可以快速转变成烯醇。在酸催化下，羰基氧接受质子，吸电子能力增强，α-H酸性增强，α-H解离形成烯醇：

$$-\underset{H}{\overset{|}{C}}-C{=}O \overset{H^+}{\rightleftharpoons} -\underset{H}{\overset{|}{C}}-C{=}\overset{+}{O}H \overset{-H^+}{\rightleftharpoons} >C{=}C<^{OH}$$

碱催化下，碱结合α-H产生α-碳负离子，α-碳负离子通过p-π共轭使负电荷离域到氧上，形成烯醇负离子，最后结合质子得到烯醇：

$$-\overset{|}{\underset{H}{C}}-C\overset{O}{\diagdown} \underset{HB}{\overset{B^-}{\rightleftharpoons}} \left[\overset{-}{C}-C\overset{O}{} \longleftrightarrow C=C\overset{O^-}{} \right] \underset{B^-}{\overset{HB}{\rightleftharpoons}} C=C\overset{OH}{}$$

α-碳负离子　　　　烯醇负离子

像醛、酮和烯醇这样能够相互转变又能同时存在的异构体叫作互变异构体，达到平衡时，更稳定的酮式是主要存在形式（酮式的总键能大于烯醇式），如丙酮中，仅有0.00015%以烯醇式存在，但在一些β-二羰基化合物中，烯醇式所占比例提高，甚至成为平衡体系中的主要存在形式：

$$H_3C-\overset{O}{\overset{\|}{C}}-CH_2-\overset{O}{\overset{\|}{C}}-OCH_2CH_3 \rightleftharpoons H_3C-\overset{OH}{\overset{|}{C}}=CH-\overset{O}{\overset{\|}{C}}-OCH_2CH_3$$

酮式（92.5%）　　　　烯醇式（7.5%）

$$H_3C-\overset{O}{\overset{\|}{C}}-CH_2-\overset{O}{\overset{\|}{C}}-CH_3 \rightleftharpoons H_3C-\overset{OH}{\overset{|}{C}}=CH-\overset{O}{\overset{\|}{C}}-CH_3$$

酮式（23.5%）　　　　烯醇式（76.5%）

烯醇式的含量与α-H的活泼性密切相关，β-二羰基化合物处于两个羰基间的活泼亚甲基较丙酮的α-H酸性更强，更活泼，因此烯醇含量更高；除此之外，上述烯醇式中还存在π-π共轭体系和分子内氢键，这些因素均能稳定烯醇结构，提高烯醇式含量。

练习题 12-5： 不对称酮，如丁-2-酮，能形成几种烯醇式结构？哪一种烯醇式结构更稳定？

（2）醛、酮的卤代反应与卤仿反应

① 卤代反应　醛、酮中的α-H可以被卤素取代，酸或碱催化下的卤代机理不同，卤代产物也不同。

a.酸催化条件下，烯醇中间体的形成为速率控制步骤；生成的烯醇快速进攻卤素，最后脱除质子，得到α-卤代酮：

$$R-CH_2-\overset{O}{\overset{\|}{C}}-CH_3 \underset{快}{\overset{HB}{\rightleftharpoons}} R-\underset{H}{\overset{H}{C}}-\overset{\overset{+}{O}H}{\overset{\|}{C}}-CH_3 \; (B^-) \underset{慢}{\overset{-HB}{\rightleftharpoons}} R-CH=C\overset{OH}{\underset{CH_3}{}}$$

$$R-CH=C\overset{\ddot{O}H}{\underset{CH_3}{}} \; (X-X) \xrightarrow[-X^-]{快} R-\underset{X}{\underset{|}{CH}}-C\overset{\overset{+}{O}H}{\underset{CH_3}{}} \xrightarrow[快]{-H^+} R-\underset{X}{\underset{|}{CH}}-\overset{O}{\overset{\|}{C}}-CH_3$$

对于不对称酮，酸催化下，烯醇作为中间体，α碳上的取代基越多，超共轭效应越强，

形成的烯醇就越稳定，因此，α-H反应活性次序为：

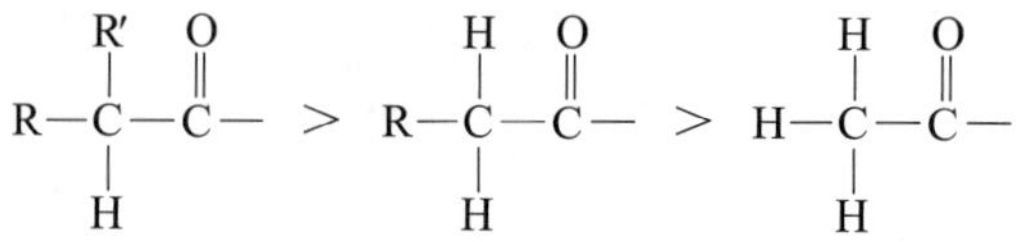

$$\mathrm{R{-}\overset{R'}{\underset{H}{C}}{-}\overset{O}{\overset{\|}{C}}{-}} > \mathrm{R{-}\overset{H}{\underset{H}{C}}{-}\overset{O}{\overset{\|}{C}}{-}} > \mathrm{H{-}\overset{H}{\underset{H}{C}}{-}\overset{O}{\overset{\|}{C}}{-}}$$

生成的α-卤代酮由于卤原子的吸电子诱导效应，降低了羰基氧的电子云密度，碱性减弱，质子化较未卤代前困难，形成烯醇的速率变慢，控制条件可使反应停留在一卤代。例如：

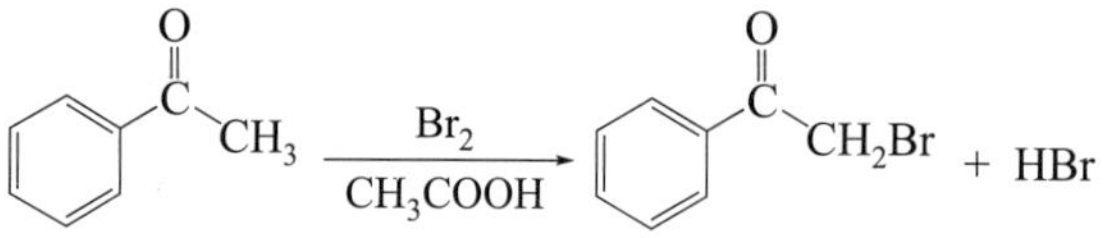

$$C_6H_5COCH_3 \xrightarrow[CH_3COOH]{Br_2} C_6H_5COCH_2Br + HBr$$

b.碱催化条件下，对于不对称酮的卤代反应，取代基少的一侧α-H酸性更强，因此，α-H反应活性次序与酸催化正好相反：

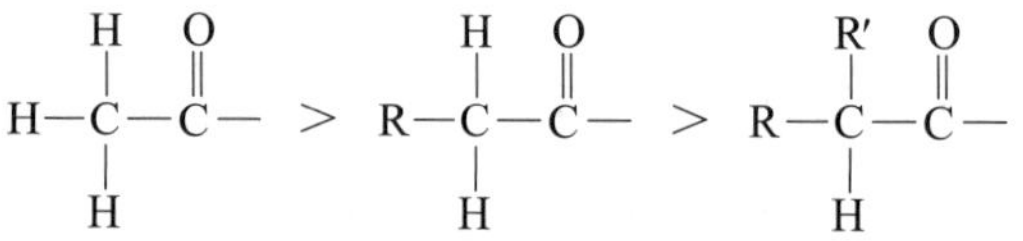

$$\mathrm{H{-}\overset{H}{\underset{H}{C}}{-}\overset{O}{\overset{\|}{C}}{-}} > \mathrm{R{-}\overset{H}{\underset{H}{C}}{-}\overset{O}{\overset{\|}{C}}{-}} > \mathrm{R{-}\overset{R'}{\underset{H}{C}}{-}\overset{O}{\overset{\|}{C}}{-}}$$

在碱催化剂下，醛、酮失去α-H形成烯醇负离子，生成的烯醇负离子进攻卤素，生成α-卤代酮：

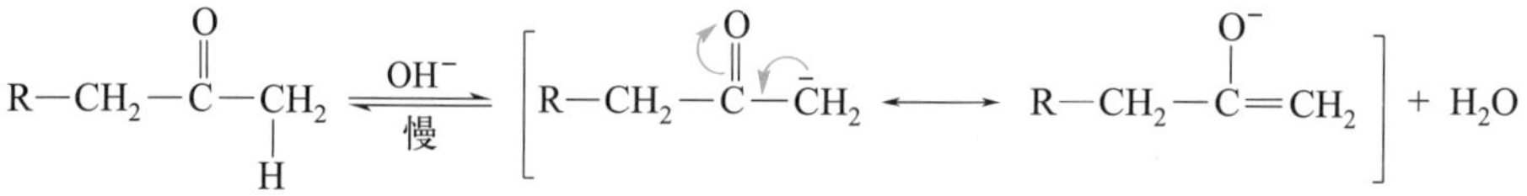

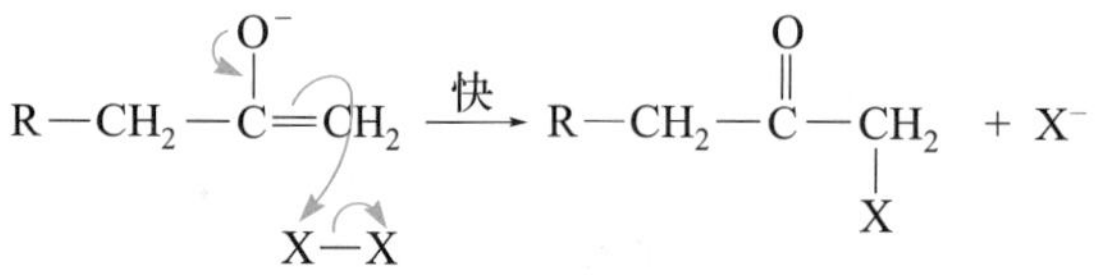

$$\mathrm{R{-}CH_2{-}\overset{O}{\overset{\|}{C}}{-}\underset{H}{CH_2}} \underset{慢}{\overset{OH^-}{\rightleftharpoons}} \left[\mathrm{R{-}CH_2{-}\overset{O}{\overset{\|}{C}}{-}\bar{C}H_2} \longleftrightarrow \mathrm{R{-}CH_2{-}\overset{O^-}{C}{=}CH_2}\right] + H_2O$$

$$\mathrm{R{-}CH_2{-}\overset{O^-}{C}{=}CH_2} + X{-}X \xrightarrow{快} \mathrm{R{-}CH_2{-}\overset{O}{\overset{\|}{C}}{-}\underset{X}{CH_2}} + X^-$$

在一卤代产物中，由于卤素的吸电子作用，使得该α-碳上的H酸性增强，更容易被碱夺氢形成烯醇负离子，反应很难停留在一卤代阶段，往往在同一个α-碳上发生完全卤代：

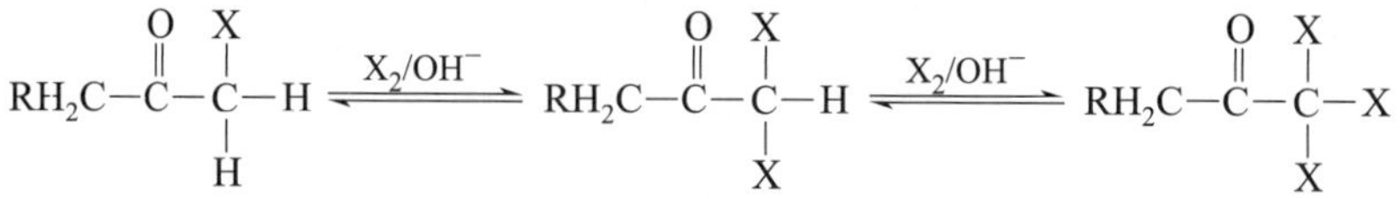

$$\mathrm{RH_2C{-}\overset{O}{\overset{\|}{C}}{-}\overset{X}{\underset{H}{C}}{-}H} \overset{X_2/OH^-}{\rightleftharpoons} \mathrm{RH_2C{-}\overset{O}{\overset{\|}{C}}{-}\overset{X}{\underset{X}{C}}{-}H} \overset{X_2/OH^-}{\rightleftharpoons} \mathrm{RH_2C{-}\overset{O}{\overset{\|}{C}}{-}\overset{X}{\underset{X}{C}}{-}X}$$

② **卤仿反应** 同碳三卤代酮由于$-CX_3$的吸电子诱导效应，羰基的亲电性增强，在碱性条件下易于接受OH^-的进攻，发生羰基与三卤甲基之间C—C键的断裂，生成少一个碳原子的羧酸盐和卤仿，该反应称为**卤仿反应**（haloform reaction）。例如：

$$RCH_2\overset{O}{\overset{\|}{C}}-CX_3 \xrightarrow{OH^-} RCH_2\underset{OH}{\underset{|}{\overset{O^-}{\overset{|}{C}}}}-CX_3 \longrightarrow RCH_2\overset{O}{\overset{\|}{C}}-OH \longrightarrow RCH_2\overset{O}{\overset{\|}{C}}-O^- + \underset{卤仿}{CHX_3}$$

$$+X_3C^-$$

$$(CH_3)_3C\overset{O}{\overset{\|}{C}}CH_3 \xrightarrow[或Cl_2/NaOH]{NaOCl} (CH_3)_3\overset{O}{\overset{\|}{C}}CONa + CHCl_3$$

当使用的卤素为碘时，碘仿以黄色且有特殊气味的固体析出，称为**碘仿反应**，常用来鉴别甲基酮或是如CH_3CHOH—结构的醇（可以被氧化成甲基酮）。尽管次卤酸钠是较强的氧化剂，发生卤仿反应时碳碳双键并不被氧化，例如：

$$C_6H_5-CH=CH-\overset{O}{\overset{\|}{C}}-CH_3 \xrightarrow[NaOH]{I_2} C_6H_5-CH=CH-COONa + CHI_3\downarrow$$

练习题12-6： 下列化合物哪些能发生碘仿反应？

（1）CH_3CH_2OH　　（2）CH_3CHO　　（3）乙酸

（4）α-苯乙醇　　（5）异丙醇　　（6）$CH_3COCH_2CH_2COOH$

12.3.3 缩合反应

（1）羟醛缩合

醛、酮中羰基的α-碳具有潜在的亲核性，而羰基碳具有亲电性，因此有α-H的醛、酮在酸或碱催化下缩合，生成β-羟基醛、酮，称为**羟醛缩合反应（Aldol反应）**。

① 自缩合反应 两分子相同醛酮之间的缩合称为自缩合反应。例如，乙醛在低温下（5℃）稀碱溶液中，生成3-羟基丁醛：

$$2\ CH_3-\overset{O}{\overset{\|}{C}}-H \xrightleftharpoons{10\%NaOH} CH_3-\underset{H}{\underset{|}{\overset{OH}{\overset{|}{C}}}}(\beta)-\underset{H}{\underset{|}{\overset{H}{\overset{|}{C}}}}(\alpha)-\overset{O}{\overset{\|}{C}}-H$$

a.碱催化下，反应分两步进行，首先碱（OH^-）夺取羰基的α-H，生成烯醇负离子；然后烯醇负离子作为亲核试剂进攻另一醛、酮的羰基，生成的烷氧负离子是比OH^-更强的碱，可从水中夺取氢生成β-羟基醛，同时OH^-再生：

$$\underset{H}{\underset{|}{H_2C}}-\overset{O}{\overset{\|}{C}}-H \xrightleftharpoons{-H_2O} \left[H_2\bar{C}-\overset{O}{\overset{\|}{C}}-H \longleftrightarrow H_2C=\overset{O^-}{\overset{|}{C}}-H\right] \quad (OH^-)$$

$$H_3C-\overset{O}{\overset{\|}{C}}-H + H_2C=\overset{O^-}{\overset{|}{C}}-H \rightleftharpoons H_3C-\underset{H}{\underset{|}{\overset{O^-}{\overset{|}{C}}}}-CH_2-\overset{O}{\overset{\|}{C}}-H \xrightleftharpoons{H_2O} H_3C-\underset{H}{\underset{|}{\overset{OH}{\overset{|}{C}}}}(\beta)-CH_2(\alpha)-\overset{O}{\overset{\|}{C}}-H + OH^-$$

b.酸催化下，机理略有不同，质子化的羰基亲电性增强，烯醇为亲核试剂进攻羰基：

$$H_3C-\overset{\overset{\displaystyle O}{\|}}{C}-H \xrightleftharpoons{H^+} CH_2-\overset{\overset{\displaystyle \overset{+}{O}H}{\|}}{C}-H \xrightleftharpoons{-H^+} H_2C=\overset{\overset{\displaystyle OH}{|}}{C}-H$$

$$H_3C-\overset{\overset{\displaystyle \overset{+}{O}H}{\|}}{C}-H + H_2\overset{\alpha}{C}=\overset{\overset{\displaystyle OH}{|}}{C}-H \rightleftharpoons H_3C-\underset{\underset{\displaystyle H}{|}}{\overset{\overset{\displaystyle OH}{|}}{C}}-CH_2-\overset{\overset{\displaystyle \overset{+}{O}H}{\|}}{C}-H \xrightleftharpoons{-H^+} H_3C-\underset{\underset{\displaystyle H}{|}}{\overset{\overset{\displaystyle OH}{|}}{\overset{\beta}{C}}}-\overset{\alpha}{CH_2}-\overset{\overset{\displaystyle O}{\|}}{C}-H$$

正丁醛在酸或稀碱中进行羟醛缩合，得到的产物再催化加氢，可制备驱蚊醇：

$$2\ CH_3(CH_2)_2\overset{\overset{\displaystyle O}{\|}}{C}H \xrightarrow[\text{或 } OH^-]{H^+} CH_3(CH_2)_2\overset{\overset{\displaystyle OH}{|}}{C}H-\underset{\underset{\displaystyle CH_2CH_3}{|}}{\overset{H}{C}}-\overset{\overset{\displaystyle O}{\|}}{C}-H \xrightarrow[Ni]{H_2} CH_3(CH_2)_2\overset{\overset{\displaystyle OH}{|}}{C}H-\underset{\underset{\displaystyle CH_2CH_3}{|}}{\overset{H}{C}}-CH_2OH$$

2-乙基己-1,3-二醇（驱蚊醇）

一般来说，凡是α-碳原子上有氢原子的β-羟基醛（酮）受热都容易失去一分子水，生成α,β-不饱和醛（酮），这是因为α-H较活泼，并且失水后生成的α,β-不饱和醛（酮）具有共轭结构，比较稳定。因此加热时两分子醛（酮）直接缩合可得到α,β-不饱和醛（酮）。例如：

$$H_3C-\underset{\underset{\displaystyle H}{|}}{\overset{\overset{\displaystyle OH}{|}}{C}}-CH_2-\overset{\overset{\displaystyle O}{\|}}{C}-H \xrightarrow{\triangle} CH_3-\overset{\beta}{CH}=\overset{\alpha}{CH}-\overset{\overset{\displaystyle O}{\|}}{C}-H + H_2O$$

巴豆醛

$$2\ CH_3CH_2CH_2\overset{\overset{\displaystyle O}{\|}}{C}H \xrightarrow[\triangle]{H^+\text{或}OH^-} CH_3CH_2CH_2CH=\underset{\underset{\displaystyle CH_2CH_3}{|}}{C}-\overset{\overset{\displaystyle O}{\|}}{C}-H \quad 75\%$$

有α-H的酮的羟醛缩合比醛困难。例如，丙酮在相同条件下仅生成5%的双丙酮醇。采用索氏提取器和不溶性$Ba(OH)_2$为催化剂，可以将产率提高至80%：

$$2\ H_3C-\overset{\overset{\displaystyle O}{\|}}{C}-CH_3 \xrightleftharpoons{Ba(OH)_2} H_3C-\underset{\underset{\displaystyle CH_3}{|}}{\overset{\overset{\displaystyle OH}{|}}{C}}-CH_2-\overset{\overset{\displaystyle O}{\|}}{C}-CH_3 \xrightarrow{\triangle} H_3C-\underset{\underset{\displaystyle CH_3}{|}}{C}=CH-\overset{\overset{\displaystyle O}{\|}}{C}-CH_3$$

双丙酮醇　　　　4-甲基戊-3-烯-2-酮 80%

不对称酮有两种α-H，酸、碱催化下两种氢的活泼性次序与醛（酮）卤代反应中的一致。因此，酸、碱条件不同，不对称酮的羟醛缩合主要产物也不同。例如：

$$2H_3CH_2C-\overset{O}{\overset{\|}{C}}-CH_3 \begin{cases} \xrightarrow[\triangle]{OH^-} H_3CH_2C-\overset{O}{\overset{\|}{C}}-CH=\overset{CH_3}{\overset{|}{C}}-C_2H_5 \\ \xrightarrow[\triangle]{H^+} H_3C-\overset{O}{\overset{\|}{C}}-\underset{CH_3}{\underset{|}{C}}=\overset{CH_3}{\overset{|}{C}}-CH_2CH_3 \end{cases}$$

练习题12-7：写出在稀碱、加热条件下，下列化合物自缩合的主要生成物。

（1）$CH_3\overset{CH_3}{\overset{|}{C}}HCHO$ （2）$CH_3CH_2\overset{O}{\overset{\|}{C}}CH_2CH_3$ （3）环己酮 （4）$C_6H_5\overset{O}{\overset{\|}{C}}CH_3$

② 交叉羟醛缩合　两分子不同醛、酮之间的缩合称为交叉羟醛缩合，例如乙醛与丙醛在碱催化下可以生成4种β-羟基醛混合物，实际应用价值受限。

如果其中之一为没有α-H的醛，如：甲醛、苯甲醛、三氯乙醛、糠醛等，不能形成相应的烯醇负离子，缩合产物可降低为2种。例如，2-甲基丙醛与甲醛的缩合：

$$H_3C-\underset{H}{\underset{|}{\overset{CH_3}{\overset{|}{C}}}}-\overset{O}{\overset{\|}{C}}-H + H-\overset{O}{\overset{\|}{C}}-H \xrightarrow{稀NaOH} \underset{主产物（90\%）}{H_3C-\underset{CH_2OH}{\underset{|}{\overset{CH_3}{\overset{|}{C}}}}-\overset{O}{\overset{\|}{C}}-H} + H_3C-\underset{H}{\underset{|}{\overset{CH_3}{\overset{|}{C}}}}-\overset{OH}{\overset{|}{C}H}-\underset{CH_3}{\underset{|}{\overset{CH_3}{\overset{|}{C}}}}-CHO$$

由于只有2-甲基丙醛有α-H，能够形成烯醇负离子，生成的烯醇负离子既可以进攻甲醛的羰基，生成交叉缩合的产物，也可以进攻另一分子2-甲基丙醛的羰基，生成自缩合产物。由于甲醛的羰基更活泼，空间位阻又小，产物以交叉缩合为主。

芳香醛与含有α-H的脂肪族醛、酮缩合，生成芳香族的α,β-不饱和醛、酮，这个反应叫**克莱森-施密特（Claisen-Schmidt）反应**。如苯甲醛与乙醛反应，生成肉桂醛：

$$C_6H_5-CHO + CH_3CHO \xrightarrow[10℃]{NaOH,\ H_2O} \underset{肉桂醛}{C_6H_5-CH=CHCHO}$$

为了降低乙醛自缩合的副产物，先将不能烯醇化的苯甲醛与碱混合，然后往混合液中滴加乙醛，乙醛遇碱一旦生成烯醇负离子即可被过量的苯甲醛捕获，主要生成交叉缩合的产物。

苯甲醛也可与丙酮发生克莱森-施密特反应：

$$C_6H_5-CHO + CH_3\overset{O}{\overset{\|}{C}}CH_3 \xrightarrow[25\sim31℃]{10\%\ NaOH} C_6H_5-CH=CH\overset{O}{\overset{\|}{C}}CH_3$$

练习题 12-8： 试解释为什么苯甲醛与丁-2-酮的克莱森-施密特反应在酸催化和碱催化的条件下主要产物不同？

$$C_6H_5CHO + CH_3COCH_2CH_3 \xrightarrow[\triangle]{OH^-} C_6H_5CH{=}CHCOCH_2CH_3$$

$$C_6H_5CHO + CH_3COCH_2CH_3 \xrightarrow[\triangle]{H^+} C_6H_5CH{=}C(CH_3)COCH_3$$

③ 分子内羟醛缩合　某些二羰基化合物还可以发生分子内的羟醛缩合，生成环状β-羟基醛、酮或环状α,β-不饱和醛、酮。羟醛缩合的可逆性促使张力最小的环（通常是5元环或6元环）易于在反应中形成，反应符合布朗克规则（参见2.7.3），尤其在高度稀释的条件下以分子内缩合为主。例如：

$$H_3C-\overset{O}{\overset{\|}{C}}-CH_2CH_2-\overset{O}{\overset{\|}{C}}-CH_3 \xrightarrow{NaOH,\ H_2O} \text{(3-羟基-3-甲基环戊酮)} \xrightarrow[\triangle]{-H_2O} \text{(3-甲基环戊-2-烯酮)}$$

$$\text{(二酮)} \xrightarrow{Na_2CO_3,\ H_2O} \text{(羟基二环酮，OH)} \xrightarrow[\triangle]{-H_2O} \text{(二环烯酮)}$$

练习题 12-9： 写出稀浓度下，如下化合物发生分子内缩合的各步产物。

（1）$CH_3CO(CH_2)_4COCH_3 \xrightarrow[\triangle]{KOH\text{-}H_2O}$（A）

（2）$CH_3\overset{O}{\overset{\|}{C}}CH_2CH_2CH_2\overset{O}{\overset{\|}{C}}CH_3 \xrightarrow{10\%\ NaOH}$（A）$\xrightarrow{\triangle}$（B）

（2）曼尼希反应（Mannich反应）

曼尼希反应是指具有活泼氢的化合物（如醛、酮、羧酸、酯、腈以及活化的芳环等），在酸催化下，与醛和胺（伯、仲胺）之间的缩合反应，羰基化合物进行曼尼希反应的产物为β-氨基羰基化合物，即胺甲基取代了活泼氢，因此又称为胺甲基化反应：

$$R'-\overset{O}{\overset{\|}{C}}-\underset{\text{活泼氢}}{CH_2R} + HCHO + HN(CH_3)_2 \xrightarrow{H^+} R'-\overset{O}{\overset{\|}{C}}-\overset{\alpha}{\underset{R}{CH}}-\overset{\beta}{CH_2}N(CH_3)_2$$

β-氨基酮（曼尼希碱）

若用不对称酮为原料，产物为混合物，因反应通过烯醇中间体进行，多取代基的α-碳上的氢被胺甲基取代的产物为主产物。

β-氨基酮在碱性条件下加热容易分解为氨（或胺）和α,β-不饱和酮，因此，曼尼希反应提供了间接合成α,β-不饱和酮的方法。α,β-不饱和酮在雷尼Ni的催化下选择性加氢，可制得比原来的原料多一个碳原子的酮。例如：

$$R'-\overset{\overset{O}{\|}}{C}-\underset{\underset{R}{|}}{CH}-CH_2N(CH_3)_2 \xrightarrow[\triangle]{碱} R'-\overset{\overset{O}{\|}}{C}-\underset{\underset{R}{|}}{\overset{\alpha}{C}}=\overset{\beta}{C}H_2\,[+\ NH(CH_3)_2] \xrightarrow[雷尼\ Ni]{H_2} R'-\overset{\overset{O}{\|}}{C}-\underset{\underset{R}{|}}{CH}-CH_3$$

$$p\text{-}CH_3OC_6H_4COCH_3 \xrightarrow[NH(CH_3)_2\cdot HCl]{HCHO} p\text{-}CH_3OC_6H_4COCH_2CH_2N(CH_3)_2\cdot HCl \xrightarrow[②\ H_2/雷尼\ Ni]{①\ 碱,\ \triangle} p\text{-}CH_3OC_6H_4COCH_2CH_3$$

练习题12-10： 完成下列反应，写出主要产物。

（1）$环己酮 + HCHO + (CH_3)_2NH \xrightarrow{H^+} (A)$

（2）$p\text{-}Br-C_6H_4-\overset{\overset{O}{\|}}{C}-CH_2CH_3 \xrightarrow[哌啶\cdot HCl]{HCHO} (A) \xrightarrow[②\ H_2/雷尼\ Ni]{①\ 碱,\ \triangle} (B)$

（3）普尔金（Perkin）反应

普尔金反应是指在碱性催化剂的作用下，芳香醛（或无α-H的脂肪醛）与含α-H的酸酐生成β-芳基-α,β-不饱和酸的反应，碱性催化剂往往是相应酸酐的羧酸盐。例如，由苯甲醛制备肉桂酸的反应：

$$C_6H_5CHO + (CH_3CO)_2O \xrightarrow[\triangle]{CH_3COONa} C_6H_5CH=CHCOOH$$

由普尔金反应得到的产物一般为E型，即两个大基团位于双键异侧。普尔金反应温度较高，产率有时不佳，但原料便宜易得，因此在工业上普遍应用，如呋喃丙烯酸的合成：

$$呋喃\text{-}2\text{-}CHO + (CH_3CO)_2O \xrightarrow[150℃]{CH_3CO_2Na} 呋喃\text{-}2\text{-}CH=CHCOOH$$

呋喃丙烯酸

香豆素可由水杨醛和乙酸酐在乙酸钠作用下，经普尔金反应一步合成：

$$\text{邻羟基苯甲醛} \xrightarrow[CH_3COONa]{(CH_3CO)_2O} [\text{香豆酸}] \xrightarrow[\triangle]{-H_2O} \text{香豆素}$$

香豆酸　　香豆素

反式香豆酸由于空间因素不能生成内酯，环内酯的形成促使平衡向生成顺式香豆酸的方向移动。

（4）克脑文格尔（Knoevenagel）缩合反应

在弱碱（吡啶、哌啶等）催化剂作用下，醛、酮与含有活泼亚甲基的化合物发生的脱水缩合反应称为Knoevenagel反应。反应在苯或甲苯等溶剂中进行，将生成的水共沸蒸出，拉动平衡向右进行。例如：

$$C_6H_5CHO + CH_2(CO_2Et)_2 \xrightarrow[\text{苯}]{\text{哌啶}} C_6H_5CH{=}C(CO_2Et)_2 + H_2O$$

$$\xrightarrow[\triangle]{H^+} C_6H_5CH{=}CHCOOH + CO_2 + 2\,C_2H_5OH$$

处于两个吸电子基团之间的亚甲基称为活泼亚甲基，常见的含有活泼亚甲基的化合物包括：丙二酸、丙二酸酯、丙二腈、氰乙酸乙酯、乙酰乙酸乙酯等。

$$\text{呋喃-2-}CHO + CH_2(CN)_2 \xrightarrow[0℃]{PhCH_2NH_2} \text{呋喃-2-}CH{=}C(CN)_2 + H_2O$$

有时不仅需要弱碱催化，还需共用弱酸催化剂，才能使反应发生，提高产率：

$$(CH_3CH_2)(CH_3)C{=}O + H_2C(CN)(COOC_2H_5) \xrightarrow[\text{苯},\ \triangle]{\text{哌啶 (NH)},\ HOAc} (CH_3CH_2)(CH_3)C{=}C(CN)(COOC_2H_5) + H_2O$$

12.3.4 醛、酮的氧化还原反应

（1）醛、酮的氧化反应

① 醛的氧化　醛非常容易被氧化，不仅常见的强氧化剂如$KMnO_4$、$K_2Cr_2O_7$等可将醛氧化为羧酸，而且像托伦斯（Tollens）试剂、费林（Fehling）试剂等弱氧化剂也可以将醛氧化成羧酸。

Tollens试剂即硝酸银的氨溶液，与醛共热可将醛氧化成羧酸，Ag^+被还原成单质Ag析出。反应生成的银为黑色粉末，若沉积在洁净的反应器壁则形成光亮的“银镜”，所以，该反应又叫银镜反应。例如：

$$RCHO + 2Ag(NH_3)_2OH \xrightarrow{\triangle} RCOONH_4 + 2Ag\downarrow + H_2O + 3NH_3$$

Fehling试剂是由硫酸铜和酒石酸钾钠的NaOH溶液配制而成的深蓝色溶液，与醛共热

将醛氧化为羧酸，而Cu^{2+}被还原为砖红色的氧化亚铜沉淀。例如：

$$RCHO + 2Cu(OH)_2 + NaOH \xrightarrow{\triangle} RCOONa + Cu_2O\downarrow + 3H_2O$$

但费林试剂很难与芳香醛反应，因此可用来区分脂肪醛和芳香醛。

含有碳碳双键、三键等不饱和键的醛，强氧化剂会造成不饱和键断裂，此时若只需氧化醛基，则只能用弱氧化剂。例如：

$$C_6H_5-CH=C(C_2H_5)-CHO \xrightarrow[H^+]{K_2Cr_2O_7} C_6H_5-COOH + CH_3CH_2\overset{O}{\overset{\|}{C}}COOH$$

$$C_6H_5-CH=CH-CHO \xrightarrow[②\ H^+]{①\ Ag(NH_3)_2OH} C_6H_5-CH=CH-COOH$$

乙醛在空气中可被氧化为乙酸，这是工业上制备乙酸的方法之一。

$$CH_3-\overset{O}{\overset{\|}{C}}-H \xrightarrow[60\sim80℃]{O_2,\ (CH_3COO)_2Mn} CH_3-\overset{O}{\overset{\|}{C}}-OH$$

② 酮的氧化 酮不易被氧化，使用强氧化剂，如$KMnO_4$、浓HNO_3等，长时间共热，酮也能氧化，反应使酮羰基两侧的C—C键发生断裂：

$$RCH_2\overset{①}{\vdots}\overset{O}{\overset{\|}{C}}\overset{②}{\vdots}CH_2R' \xrightarrow[\triangle]{浓HNO_3} \begin{cases} \xrightarrow{①} RCOOH + R'CH_2COOH \\ \xrightarrow{②} RCH_2COOH + R'COOH \end{cases}$$

不对称开链酮的氧化生成低级羧酸的混合物，一般无制备价值，但对称的环酮氧化可制备二元羧酸。如工业上用环己酮或环己醇与环己酮的混合物氧化制备己二酸：

$$\text{环己酮} \xrightarrow[\text{Cu-V 催化剂}]{60\%\ HNO_3} HOOC(CH_2)_4COOH$$

酮用过氧酸（过氧苯甲酸、过氧乙酸、三氟过氧乙酸、间氯过氧苯甲酸等）氧化成酯的反应称为**拜耳-维利格（Baeyer-Villiger）氧化**：

$$R-\overset{O}{\overset{\|}{C}}-R' \xrightarrow{R''CO_3H} R-\overset{O}{\overset{\|}{C}}-OR'$$

过氧酸先对羰基亲核加成，生成的中间体不稳定，原酮羰基上的一个烃基带着一对电子迁移到邻位的氧原子上，促进O—O键异裂，这是一个邻位重排反应：

$$R-\overset{O}{\overset{\|}{C}}-R' \xrightarrow{R''CO_3H} R(R')\overset{+}{C}=OH + {}^{-}O-O-\overset{O}{\overset{\|}{C}}-R'' \longrightarrow R(R')C(OH)-O-O-\overset{O}{\overset{\|}{C}}-R'' \longrightarrow R-\overset{O}{\overset{\|}{C}}-O-R' + R''COOH$$

基团迁移

重排时，基团迁移的大致顺序为：叔烷基＞环己基＞仲烷基＞苄基＞苯基＞伯烷基＞甲基。若迁移基团是手性碳，则迁移后手性碳的构型保持不变。例如：

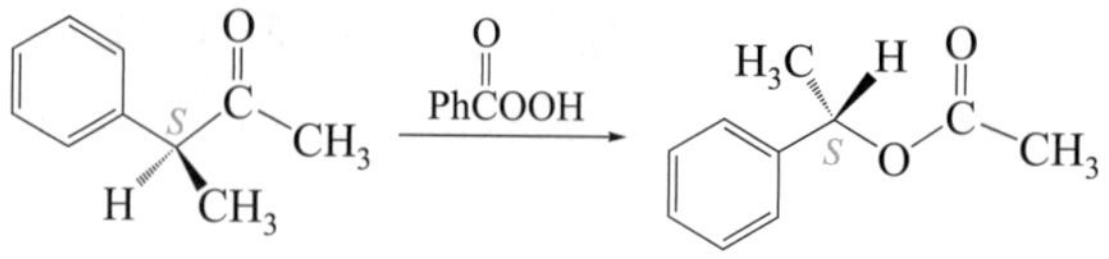

Baeyer-Villiger氧化还可以从环酮合成内酯，内酯还原开环可制备二醇。例如：

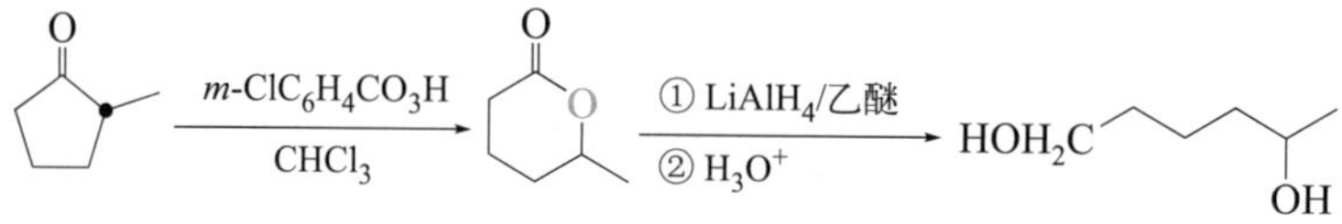

练习题 12-11： 预测下列反应的主要产物。

(1) 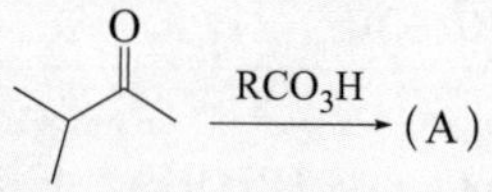 $\xrightarrow{RCO_3H}$ (A)　(2) $\xrightarrow{RCO_3H}$ (A)

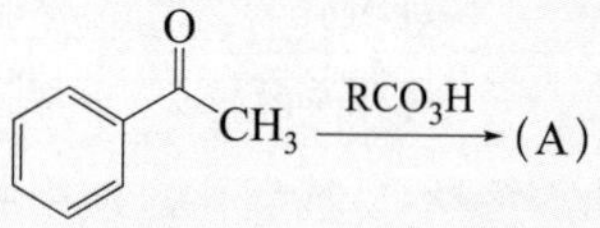

(3) $\xrightarrow{PhCOOOH}$ (A) $\xrightarrow[\text{② } H_3O^+]{\text{① } LiAlH_4/\text{乙醚}}$ (B)

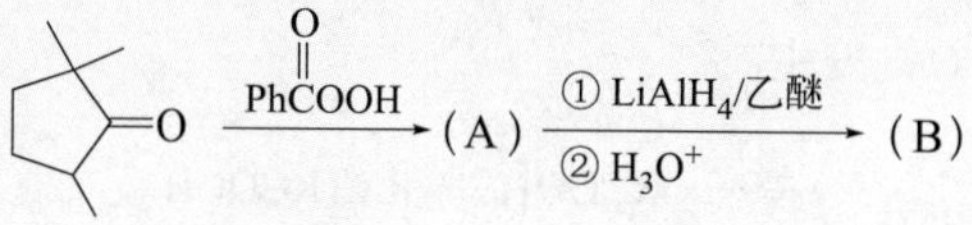

(2) 醛、酮的还原反应

① 羰基还原成醇羟基　在过渡金属Pt、Pd、Ni等催化下加氢，醛、酮分别被还原成伯醇、仲醇，但需注意的是，若分子中同时存在碳碳双键、三键以及$-NO_2$、$-CN$等不饱和基团，一般也将同时被还原。例如：

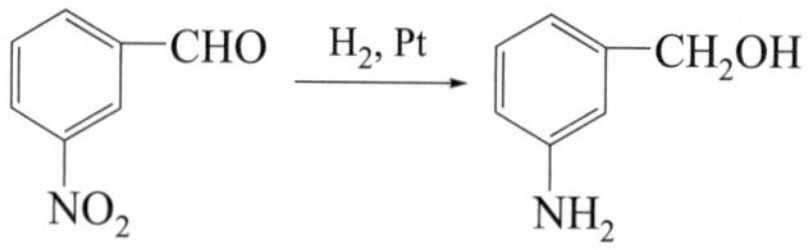

几乎所有的不饱和基团都可以直接催化加氢转化为饱和基团，从易到难的顺序大致为：酰氯、硝基、炔、醛、烯、酮、腈、酯、取代酰胺、苯环。

因此，控制反应条件（催化剂、溶剂以及氢气压力等），可使某个基团优先还原。当碳碳双键与羰基共轭时，一般优先还原碳碳双键。如α,β-不饱和醛酮，选择钯碳（Pd/C）催化剂，控制加氢，可得到饱和醛、酮。例如，天然香料覆盆子酮的人工合成路线如下：

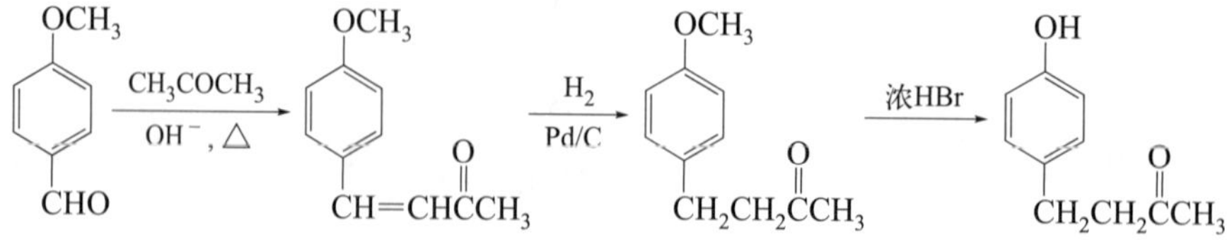

茴香醛　覆盆子酮

以$NaBH_4$或$LiAlH_4$为还原剂，也可将醛、酮还原成伯醇或仲醇。

$$R-\overset{O}{\overset{\|}{C}}-R'(H) \xrightarrow[\text{② } H_3O^+]{\text{① } LiAlH_4\text{或}NaBH_4} R-\underset{R'(H)}{\overset{OH}{C}}-H$$

$NaBH_4$或$LiAlH_4$又被称为负氢试剂，均能提供H^-进攻羰基，使羰基还原。需注意这两种试剂的区别，$NaBH_4$可以在质子性溶剂（如H_2O或ROH）中使用，单独使用时一般仅还原醛、酮中的C=O和亚胺中的C=N键，具有较好的选择性。例如：

$$\text{OHC—} \xrightarrow[CH_3OH]{NaBH_4} H_2C(OH)\text{—}$$

香茅醛 → 香茅醇

而$LiAlH_4$的还原性更强，除羰基外，还可以还原—CN、$-NO_2$、$-CO_2R$、—COOH、酰胺等不饱和基团，但一般不还原碳碳双键、三键。反应需在无水乙醚或无水四氢呋喃（THF）中使用，不能在水或醇等质子性溶剂中使用。例如：

$$\text{=O} \xrightarrow[\text{② } H_3O^+]{\text{① } LiAlH_4\text{, THF}} \text{—OH}$$

$$\text{CHO, CN} \xrightarrow[\text{② } H_3O^+]{\text{① } LiAlH_4\text{, THF}} CH_2OH,\ CH_2NH_2$$

此外，活泼金属如Na、Li、Mg等起供电子作用，如果还原时供质子剂（如醇、液氨、羧酸）同时存在，也可以将醛、酮还原为醇：

$$\underset{(H)R'}{\overset{R}{\ }}C=O \xrightarrow{Na,\ EtOH} \underset{(H)R'}{\overset{R}{\ }}CH-OH$$

② 羰基还原成亚甲基 醛、酮与锌汞齐-浓盐酸共热，可将羰基还原为亚甲基（CH_2），这个反应称为**克莱门森（Clemmensen）还原**。

$$R-\overset{O}{\overset{\|}{C}}-R'(H) \xrightarrow[\triangle]{Zn\text{-}Hg,\ HCl} R-CH_2-R'(H)$$

该反应适用于对酸不敏感的化合物，如反应物中含有硝基、与羰基共轭的碳碳双键也被同时还原。通过傅-克酰基化反应，然后再利用克莱门森还原，提供了一种合成烷基苯的方法，避免了傅-克烷基化反应中的重排及过度烷基化。例如：

$$\text{苯} \xrightarrow[AlCl_3]{CH_3CH_2CH_2COCl} \underset{51\%}{C_6H_5COCH_2CH_2CH_3} \xrightarrow[HCl,\ \triangle]{Zn\text{-}Hg} \underset{59\%}{C_6H_5CH_2CH_2CH_2CH_3}$$

③ 沃尔夫（Wolff）-凯惜纳（Kishner）-黄鸣龙还原　在碱性条件（NaOH或C_2H_5ONa等）及高温、高压下，醛、酮与无水肼反应，羰基被还原成亚甲基并释放出氮气，此反应叫Wolff-Kishner反应。

$$\mathrm{R(R'(H))C{=}O} \xrightarrow[\text{高温、高压}]{NH_2NH_2,\ NaOH} R-CH_2-R'(H) + N_2$$

由于该反应需要无水肼，又在高温高压下（封管中）进行，操作不便，反应时间长，因在生成腙时产生水，促进了逆反应，因此产率低。我国化学家黄鸣龙1946年改进了这个方法，常压下将醛（酮）与85%的水合肼、高沸点的醇（二甘醇、三甘醇）一起加热，使醛（酮）生成腙后，先将水和过量的肼蒸出，在待达到腙的分解温度（195～200℃），再回流3～4 h反应即完成。这个改进方法称为Wolff-Kishner-黄鸣龙还原。例如：

$$C_6H_5COC_2H_5 \xrightarrow[(HOCH_2CH_2)_2O,\ \text{约}200℃]{NH_2NH_2,\ NaOH} C_6H_5CH_2CH_2CH_3\ \ 82\%$$

该方法适用于对酸敏感但对碱稳定的底物。克莱门森还原和Wolff-Kishner-黄鸣龙还原两者互为补充，可根据底物中基团的要求，有选择地使用相应的还原方法。

练习题 12-12： 写出下列反应的主要产物。

（1）$O_2N-C_6H_4-COCH_3 \xrightarrow[HCl]{Zn\text{-}Hg}$（A）

（2）$CH_3CH{=}CHCOCH_3 \xrightarrow[HCl]{Zn\text{-}Hg}$（A）

（3）$CH_3CONH-C_6H_4-COCH_3 \xrightarrow[(HOCH_2CH_2)_2O,\ \triangle]{NH_2NH_2,\ NaOH}$（A）

（3）坎尼扎罗（Cannizzaro）反应

无α-H的醛在浓碱溶液中，一分子被还原成醇，一分子被氧化成羧酸（盐），这个反应称为坎尼扎罗反应，又称为歧化反应。例如：

$$2\,HCHO \xrightarrow{\text{浓}NaOH} HCOONa + CH_3OH$$

$$2\ \text{(2-呋喃基)}CHO \xrightarrow{\text{浓}NaOH} \text{(2-呋喃基)}COONa + \text{(2-呋喃基)}CH_2OH$$

若两种无α-H的醛发生交叉歧化反应，产物复杂，但其中之一为甲醛时，由于甲醛的还原性强，反应结果总是甲醛被氧化成酸，另一种醛被还原成醇。例如：

$$HCHO + C_6H_5CHO \xrightarrow{\text{浓}NaOH} HCOONa + C_6H_5CH_2OH$$

季戊四醇是重要的化工原料，可用于制备醇醛树脂、心血管药物、炸药等，可由乙醛与甲醛经交叉羟醛缩合及交叉歧化反应来制备：

$$CH_3CHO \xrightarrow[Ca(OH)_2,\ \triangle]{3\ HCHO} HOH_2C-\underset{CH_2OH}{\overset{CH_2OH}{C}}-CHO \xrightarrow[Ca(OH)_2]{HCHO} HOH_2C-\underset{CH_2OH}{\overset{CH_2OH}{C}}-CH_2OH$$

季戊四醇

12.4 醛、酮的制备

12.4.1 氧化法

（1）醇的氧化

① 醇被氧化剂氧化　在无水条件下，PCC试剂、沙瑞特试剂等Cr(Ⅵ)选择性氧化剂，可将伯醇氧化为醛并停留在醛阶段，将仲醇氧化为酮，而琼斯试剂可将仲醇氧化到酮，这些分子中同时有碳碳双键或三键均不受影响，例如：

$$CH_3\overset{OH}{CH}-C\equiv C(CH_2)_3CH_3 \xrightarrow[丙酮,\ 0℃]{CrO_3,\ H_2SO_4} CH_3\overset{O}{\overset{\|}{C}}-C\equiv C(CH_2)_3CH_3$$

不影响三键（80%）

$$\text{(2,2-二甲基-1,3-二氧戊环-4-基)}-CH(CH_3)-CH_2OH \xrightarrow[CH_3COONa]{PCC,\ CH_2Cl_2} \text{(2,2-二甲基-1,3-二氧戊环-4-基)}-CH(CH_3)-CHO$$

停留在醛阶段（85%）

Cr(Ⅵ)氧化剂在有水的条件下，或使用强氧化剂（$Na_2Cr_2O_7/H^+$、$KMnO_4$等），伯醇的氧化很难停留在醛阶段，往往进一步氧化为羧酸。

② 醇的氧化脱氢　将伯醇或仲醇的蒸气通过加热的铜（或Ag、Ni等）催化剂，伯醇、仲醇脱氢分别生成醛、酮。醇脱氢的反应是吸热的，在脱氢的同时通入一定量的空气与脱除的氢气结合成水，释放的热量可供给脱氢反应，这种方法又叫氧化脱氢法。例如：

$$C_6H_5-CH_2CH_2OH \xrightarrow[Cu,\ 260\sim290℃]{空气} C_6H_5-CH_2CHO + H_2O$$

（2）烯烃的臭氧化分解

烯烃可被臭氧氧化，生成臭氧化物，臭氧化物分解，生成醛或酮，为避免醛被氧化，水解时往往加入温和的还原剂如锌粉、硫醚等，分解生成的H_2O_2。例如：

$$(CH_3)_2C=CHCH_2CH_2CH(CH_3)CH_2CH_3 \xrightarrow[②\ Zn,\ H_2O]{①\ O_3} CH_3COCH_3 + OHC-CH_2CH_2CH(CH_3)CH_2CH_3$$

（3）芳烃侧链的氧化

芳烃侧链上的α-H较活泼，在合适的条件下可被氧化为醛或酮。由于醛可继续被氧化到羧酸，所以，要选择适当的催化剂。例如，甲苯衍生物可以在氧化铬-醋酸酐氧化下，先生成二乙酸酯，然后水解得到醛。例如：

$$C_6H_5CH_3 \xrightarrow[(CH_3CO)_2O]{CrO_3} C_6H_5CH(OCOCH_3)_2 \xrightarrow{H_2O} C_6H_5CHO$$

工业上苯乙酮的制备是将乙苯在空气中氧化得到：

$$C_6H_5C_2H_5 \xrightarrow[120\sim130^\circ C]{O_2,\text{硬脂酸钴}} C_6H_5COCH_3$$

12.4.2 水合法

（1）炔烃水合法

炔烃在Hg^{2+}催化下水合，首先形成烯醇中间体，烯醇迅速异构成羰基化合物。除乙炔水合生成乙醛外，其余炔烃水合均生成酮。

$$R-C\equiv C-R' + H_2O \xrightarrow[HgSO_4]{H_2SO_4} \left[R-\overset{OH}{\overset{|}{C}}=CH-R'\right] \longrightarrow R-\overset{O}{\overset{\|}{C}}-CH_2-R'$$

$$C_6H_{11}-CH_2C\equiv CH + H_2O \xrightarrow[HgSO_4]{H_2SO_4} C_6H_{11}-CH_2\overset{O}{\overset{\|}{C}}CH_3$$

若由末端炔烃制备醛，可以采用间接水合的方法，经硼氢化-氧化反应生成醛（参见4.3.4）。例如：

$$C_6H_{11}-CH_2C\equiv CH \xrightarrow[\text{②}\ H_2O_2,\ OH^-]{\text{①}\ 9\text{-BBN}} C_6H_{11}-CH_2CH_2CHO$$

（2）同碳二卤化合物的水解

在高温或光照下，芳烃侧链的α-H易被卤代，控制条件制得二卤代物，水解后生成芳香醛或芳香酮：

$$C_6H_5CH_3 \xrightarrow[\text{或NBS},\ \triangle]{2Br_2/h\nu} C_6H_5CHBr_2 \xrightarrow{CaCO_3,\ H_2O} C_6H_5CHO$$

$$\text{3-Br-C}_6\text{H}_4\text{-CH}_2\text{CH}_3 \xrightarrow[h\nu]{2\,\text{Cl}_2} \text{3-Br-C}_6\text{H}_4\text{-CCl}_2\text{CH}_3 \xrightarrow{\text{OH}^-,\ \text{H}_2\text{O}} \text{3-Br-C}_6\text{H}_4\text{-COCH}_3$$

12.4.3 Freidel-Crafts酰基化反应

酰氯或酸酐与芳香族化合物发生Freidel-Crafts酰基化反应是制备芳香酮的重要方法，反应的本质是芳环的亲电取代。例如，对甲氧基苯乙酮（皂用香精）的制备如下：

$$\text{H}_3\text{CO-C}_6\text{H}_5 + \text{CH}_3\text{COOCOCH}_3 \xrightarrow[\text{② H}_3\text{O}^+]{\text{① AlCl}_3,\ \text{CS}_2} \text{H}_3\text{CO-C}_6\text{H}_4\text{-COCH}_3 \quad 93\%$$

如果在芳环上引入甲酰基，可在$AlCl_3$-Cu_2Cl_2催化下，以CO和HCl为原料在高压下合成芳醛，该反应称为加特曼-科赫反应。例如：

$$\text{H}_3\text{C-C}_6\text{H}_5 \xrightarrow[\text{AlCl}_3,\ \text{Cu}_2\text{Cl}_2]{\text{CO, HCl}} \text{H}_3\text{C-C}_6\text{H}_4\text{-CHO}$$

12.4.4 烯烃的氢甲酰化反应

烯烃的氢甲酰化反应（hydroformylation）又称羰基合成，是目前工业上制备醛或醇的重要方法，指烯烃与合成气（CO和H_2）在过渡金属羰合物催化剂［如$Co_2(CO)_8$等］下，于110 ～ 200℃、10 ～ 20 MPa生成多一个碳原子脂肪醛，氢气过量时将醛还原为醇。

$$\text{R-CH=CH}_2 + \text{CO} + \text{H}_2 \xrightarrow{\text{Co}_2(\text{CO})_8} \text{R-CH}_2\text{-CH}_2\text{-CHO} + \text{R-CH(CHO)-CH}_3$$

氢甲酰化反应多采用端基烯烃，产物以直链醛为主（直链醛:支链醛= 4 ∶ 1)。利用该反应也可由环烯烃制备环烷基甲醛。例如：

$$\text{环戊烯} + \text{CO} + \text{H}_2 \xrightarrow[\text{高温高压}]{\text{Co}_2(\text{CO})_8} \text{环戊基-CHO}$$

烯烃的氢甲酰化反应是烯烃高附加值转化利用的重要途径。目前，低碳烯烃羰基合成的核心技术采用铑催化剂，从而大大降低了反应压力，如乙烯制备丙醛，丙烯制备丁醛等已有工业应用。

12.5 重要的醛、酮

12.5.1 甲醛

甲醛（formaldehyde），又名蚁醛，常温下是有强烈刺激性气味的无色气体，熔点−92℃，沸点−21℃，能与水互溶。甲醛是一种常见的室内污染源，长期接触会刺激皮肤黏膜，危害呼吸系统、免疫系统、神经系统等，造成人体患癌风险增加。甲醛还对大气、水体、土壤等生态系统有负面影响，因此需对甲醛的使用、排放进行严格的限定。

甲醛极易氧化与聚合，含甲醛60%的浓溶液在室温下长期放置能自动聚合成环状的三聚甲醛，在酸性介质中加热，可解聚再生成甲醛：

$$3\ HCHO \overset{H^+}{\rightleftharpoons} \text{(1,3,5-三噁烷)}$$

多聚甲醛又叫聚甲醛（POM），由甲醛的水合物甲二醇分子间脱水形成，当加热至180 ～ 200℃时，多聚甲醛分解，又释放出甲醛，因此多聚甲醛是甲醛的主要储存和运输形式。

$$n\ HOCH_2OH \longrightarrow HO\!\left[CH_2O\right]_n\!H + (n-1)\ H_2O$$

多聚甲醛

多聚甲醛是一种无侧链、高密度、高结晶性的线型聚合物，具有类似金属的硬度、强度和刚性，在较宽的温度和湿度范围内具有良好的弹性、自润滑性、耐疲劳性和耐化学品性，被誉为“超钢”或“赛钢”。

聚甲醛二甲醚，简称DMMn，可由低聚甲醛和甲醇（10∶1）来制备，用作高品质柴油的调和剂和新型环保型溶剂。DMMn的煤化工路线如下：

$$C + H_2O \xrightarrow{\text{高温}} CO + H_2 \xrightarrow[10\sim27\ MPa,\ 235\sim275^{\circ}C]{\text{Cu基催化剂}} CH_3OH \xrightarrow[600\sim700^{\circ}C]{Ag,\ O_2} HCHO$$

合成气

$$n\,HCHO \xrightarrow[\triangle]{H_2O} HO\!\left[CH_2O\right]_n\!H \xrightarrow[CH_3OH]{H^+} H_3CO\!\left[CH_2O\right]_n\!CH_3$$

低聚甲醛　　聚甲醛二甲醚

甲醛还可以与氨作用，生成六亚甲基四胺，俗称“乌洛托品”，可用作树脂和塑料的固化剂、氨基塑料的催化剂和发泡剂、橡胶硫化的促进剂（促进剂H）、纺织品的防缩剂等，还可用于制造杀虫剂、氯霉素等。乌洛托品与发烟硝酸作用，生成环三亚甲基三硝胺，俗名黑索金（Hexogen，通用符号RDX），遇明火、高温、震动、撞击、摩擦能引起燃烧爆炸，是一种爆炸力极强大的烈性炸药，比TNT猛烈1.5倍，又称为旋风炸药。

$$6\ HCHO + 4\ NH_3 \longrightarrow \text{六亚甲基四胺} \xrightarrow{\text{发烟}HNO_3} \text{环三亚甲基三硝胺}$$

六亚甲基四胺　　环三亚甲基三硝胺

甲醛还可用于制备酚醛树脂、脲醛树脂、维尼纶、季戊四醇、丁-1,4-二醇等，目前工业上主要由甲醇氧化或甲醇脱氢来生产甲醛［10.3.5（3)］。

12.5.2 乙醛

乙醛（acetaldehyde）是无色有刺激性气味的低沸点液体，熔点−121℃，沸点21℃，能溶于水，与乙醚、乙醇、甲苯等互溶。

乙醛易氧化、聚合，在少量硫酸催化下，乙醛在室温能自动聚合成环状的三聚乙醛，三聚乙醛在酸中加热，即可解聚成乙醛，可用此法储运乙醛。

$$3\ CH_3CHO \xrightleftharpoons{H^+} \text{(三聚乙醛：2,4,6-三甲基-1,3,5-三噁烷)}$$

乙醛是重要的化工原料，可用于合成乙酸、乙酐、季戊四醇、三氯乙醛等，目前工业上乙醛主要通过**Wacker氧化法**来制备：

$$CH_2{=}CH_2 + \frac{1}{2}O_2 \xrightarrow{PdCl_2\text{-}CuCl_2} CH_3CHO$$

阅读与思考

乙醛是重要的化工原料，工业上相继采用乙炔水合法、乙烯Wacker氧化法、乙醇氧化法、乙醇脱氢法制备。阅读相关资料，比较这几种方法的优缺点。

12.5.3 丙酮

丙酮（acetone）是具有愉快香味的无色透明液体，熔点−95℃，沸点56℃，与水混溶，易溶于乙醇、乙醚、氯仿等有机溶剂。

目前异丙苯氧化法制备苯酚的同时联产丙酮［见11.1.4（2）］，是丙酮最主要的工业来源，此外还可用玉米或糖蜜发酵制备丙酮，也可由丙烯经**Wacker氧化法**制备。例如：

$$CH_3{-}CH{=}CH_2 + \frac{1}{2}O_2 \xrightarrow{PdCl_2\text{-}CuCl_2} CH_3{-}\underset{\underset{O}{\|}}{C}{-}CH_3$$

丙酮主要用作溶剂，也是合成乙烯酮、醋酐、聚异戊二烯橡胶、甲基丙烯酸甲酯、双酚A等产品的重要原料，在高分子工业中用来制备有机玻璃、环氧树脂等。

综合练习题

1. 用系统命名法命名或写出下列化合物的名称。

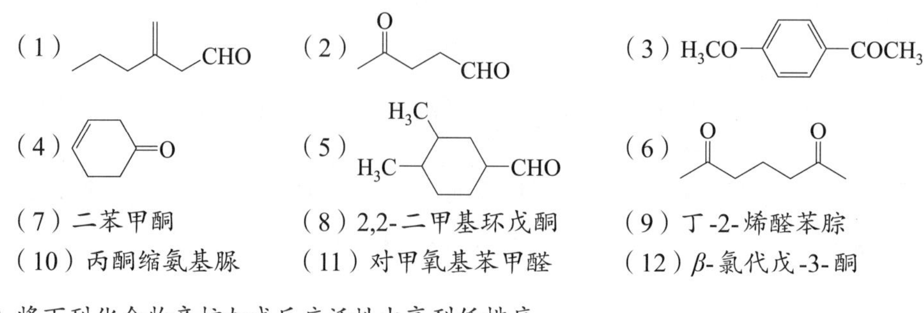

（7）二苯甲酮　　（8）2,2-二甲基环戊酮　　（9）丁-2-烯醛苯腙

（10）丙酮缩氨基脲　　（11）对甲氧基苯甲醛　　（12）β-氯代戊-3-酮

2. 将下列化合物亲核加成反应活性由高到低排序。

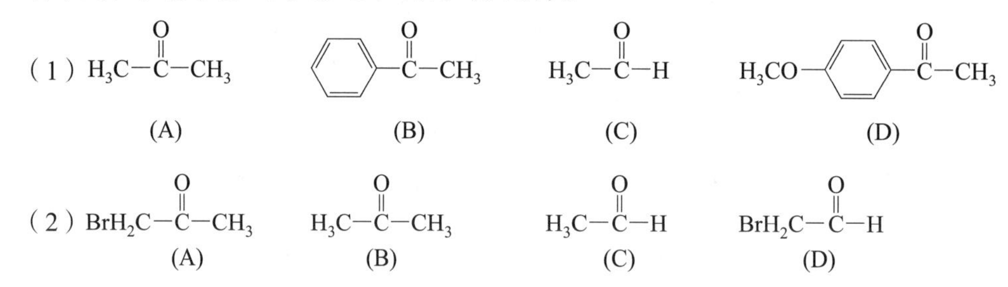

3. 关于下列化合物的性质说法正确的是（　　）。

（1）三种化合物沸点由高到低的次序为正丁醇＞乙醚＞丁酮；

（2）1 mol 的 $LiAlH_4$ 可以还原 4 mol 丙酮；

（3）利用 Fehling 试剂可以区分乙醛和苯甲醛；

（4）黄鸣龙改进 Wolff-Kishner 反应实现了常压反应、产率提高、反应时间缩短。

4. 用简单的化学方法鉴别下列各组化合物。

（1）环己烯、环己醇、环己酮　　（2）己-2-醇、己-3-醇、环己酮

（3）苯甲醛、α-苯乙醇和苯乙醛　　（4）戊-2,4-二酮、戊-2-酮和环戊酮

5. 写出乙醛与下列试剂反应所生成的主要产物。

（1）$NaHSO_3$，然后加 NaCN　　（2）10%NaOH，加热　　（3）C_6H_5MgBr，然后加 H_3O^+

（4）$(CH_3)_3CLi$，然后加 H_3O^+　　（5）$Ph_3P{=}CHCH_3$，THF　　（6）$HOCH_2CH_2OH$，HCl

（7）四氢吡咯（NH），加热　　（8）NH_2OH　　（9）C_6H_5—$NHNH_2$

（10）Br_2 在 NaOH 溶液中　　（11）Br_2 在乙酸中　　（12）$Ag(NH_3)_2OH$

（13）$NaBH_4$ 在乙醇溶液中　　（14）NH_2NH_2，NaOH，二甘醇

6. 写出对甲氧基苯甲醛与下列试剂反应所生成的主要产物。

（1）CH_3CHO，10%NaOH　　（2）40%NaOH　　（3）40%NaOH，HCHO

（4）$(CH_3CO)_2O$，CH_3COONa　　（5）C_6H_5—NH_2　　（6）$CH_2(COOEt)_2$，哌啶（NH）

7. 设计用简单的化学方法分离苯甲酸、苯酚、环己酮和环己醇的混合物的方案。

8. 完成下列转化，写出各步反应的主要反应条件或有机产物。

（1）
$$2\ CH_3CH_2CHO \xrightarrow[\triangle]{10\%\ NaOH} (A)$$
$$CH_3C{\equiv}CH \xrightarrow{C_2H_5MgBr} (B)$$
$$(A) + (B) \xrightarrow[②\ H_3O^+]{①\ THF} (C)$$

（2）4-$C(CH_3)_3$-环己酮 $\xrightarrow[②\ H_3O^+,\ \triangle]{①\ CH_3Li,\ 乙醚} (A) \xrightarrow[②\ Zn,\ H_2O]{①\ O_3} (B) \xrightarrow[（分子内缩合）]{稀KOH} (C)$

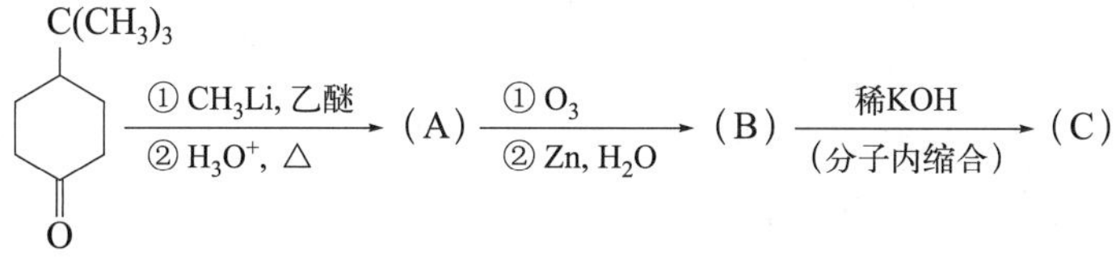

（3）苯甲醛（CHO） $\xrightarrow[稀NaOH]{CH_3CHO} (A) \xrightarrow[②\ H_3O^+]{①\ NaBH_4} (B) \xrightarrow{SOCl_2} \xrightarrow[②\ BuLi]{①\ Ph_3P} (C)$

$$CH_2{=}CHCH_3 \xrightarrow{(D)} CH_2{=}CHCHO \xrightarrow[\triangle]{(E)} \text{3-环己烯甲醛（CHO）}$$
$$(C) + \text{3-环己烯甲醛} \longrightarrow (F)$$

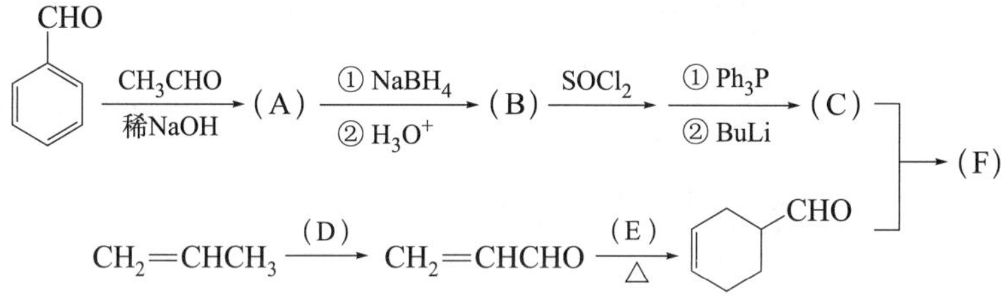

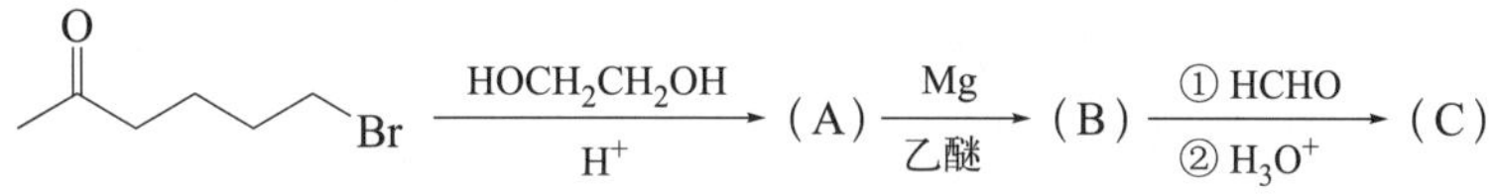

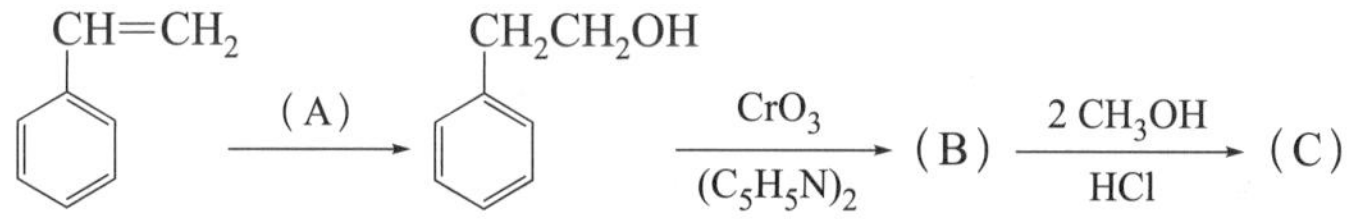

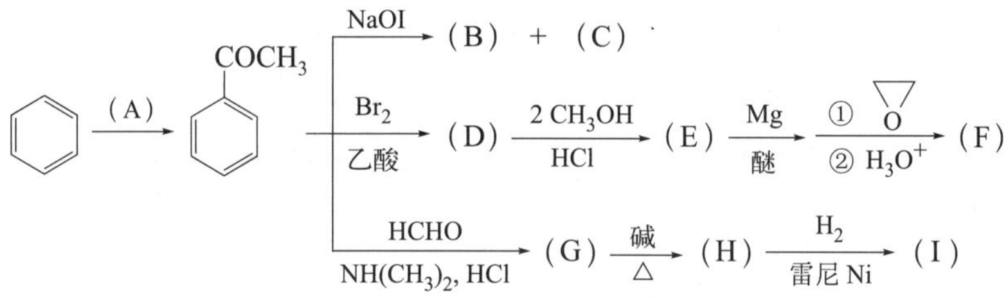

（4）$CH_3CO(CH_2)_4Br \xrightarrow[H^+]{HOCH_2CH_2OH} (A) \xrightarrow[乙醚]{Mg} (B) \xrightarrow[②\ H_3O^+]{①\ HCHO} (C)$

（5）苯乙烯（$CH{=}CH_2$） $\xrightarrow{(A)}$ 2-苯基乙醇（CH_2CH_2OH） $\xrightarrow[(C_5H_5N)_2]{CrO_3} (B) \xrightarrow[HCl]{2\ CH_3OH} (C)$

（6）苯 $\xrightarrow{(A)}$ 苯乙酮（$COCH_3$）
- $\xrightarrow{NaOI} (B) + (C)$
- $\xrightarrow[乙酸]{Br_2} (D) \xrightarrow[HCl]{2\ CH_3OH} (E) \xrightarrow[醚]{Mg} \xrightarrow[②\ H_3O^+]{①\ 环氧乙烷} (F)$
- $\xrightarrow[NH(CH_3)_2,\ HCl]{HCHO} (G) \xrightarrow[\triangle]{碱} (H) \xrightarrow[雷尼\ Ni]{H_2} (I)$

（7）环戊酮
- $\xrightarrow{PhCO_3H} (A)$
- $\xrightarrow[H^+]{(CH_3CH_2)_2NH} (B) \xrightarrow[Pt]{H_2} (C)$

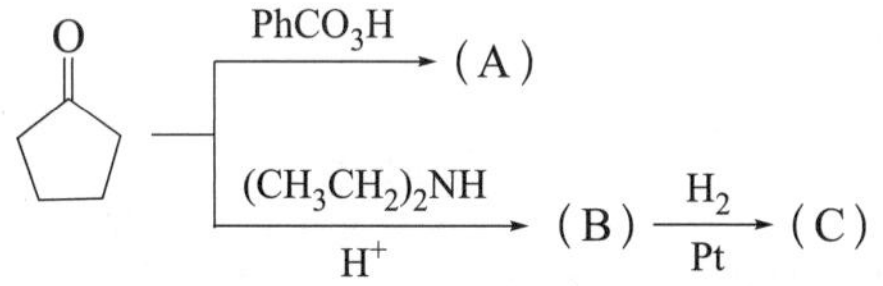

（8）
$$CH_3CH(OH)C{\equiv}C(CH_2)_3CH_3 \xrightarrow[丙酮,\ 0℃]{CrO_3,\ H_2SO_4} (A)$$

（9）二酮（三环结构，含角甲基） $\xrightarrow[二甘醇,\ \triangle]{NH_2NH_2,\ NaOH} (A)$

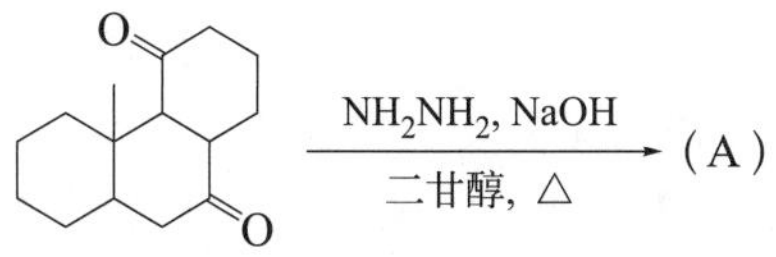

（10）$CH_3CH_2C{\equiv}CH$
- $\xrightarrow[HgSO_4,\ H_2SO_4]{H_2O} (A)$
- $\xrightarrow[②\ H_2O_2,\ OH^-]{①\ 9\text{-}BBN} (B) \xrightarrow{NH_2NHCONH_2} (C)$

9. PCC是选择性的Cr（Ⅵ）氧化剂，可将伯醇氧化成醛，仲醇氧化成酮，但是用PCC氧化4-羟基丁醛并未产生预期的丁二醛，而是生成了丁内酯，试解释之。提示：链状4-羟基丁醛和环状半缩醛存在动态平衡。

10. 按指定原料合成下列化合物，无机试剂、催化剂和溶剂可任选。

（1）以丙烯和乙炔为原料合成戊-2-酮；

（2）以乙烯为原料合成3-羟基丁醛；

（3）请以甲苯为原料，设计两条合成苯甲醛的路线；

（4）请以苯甲醛、三个碳及以下的有机物为原料设计三条合成肉桂酸的路线；

（5）以苯为原料合成扁桃酸 $C_6H_5CH(OH)COOH$；

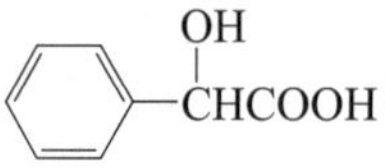

（6）以苯酚、两个碳原子及以下的有机物为原料合成 $CH_3O-C_6H_4-CH(OH)CH_2CH_3$；

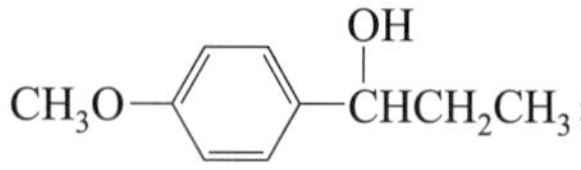

（7）由异丁醇制备 [结构式：$(CH_3)_2CHCH(OH)C(CH_3)_2CH_2OH$]；

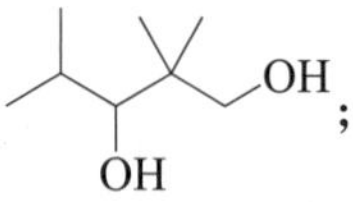

（8）由 [二氢萘] 合成 [茚-2-基]$-CH_2OH$。

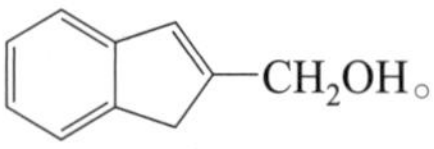

11. 4-甲基戊-2-醇（简称MIBC）是一种性能良好的矿物浮选药剂。某煤矿拟用本企业煤制烯烃中分离得到的丙烯为原料合成MIBC。请设计一条合理的合成路线。

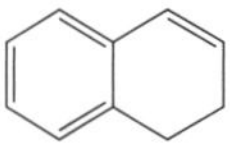

12. 仙客来醛（结构见下图）具有强烈的类似仙客来、君影草的花香香气，可用于配制瓜类及柑橘类食用香精。请采用苯、丙烯为原料合成仙客来醛。

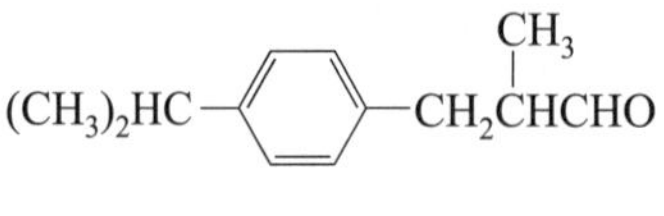

$(CH_3)_2HC-C_6H_4-CH_2CH(CH_3)CHO$

仙客来醛

[结构式：邻羟基苯甲酸（水杨酸）与2-丁基辛醇形成的酯，含 O、OH、CH_3、CH_3]

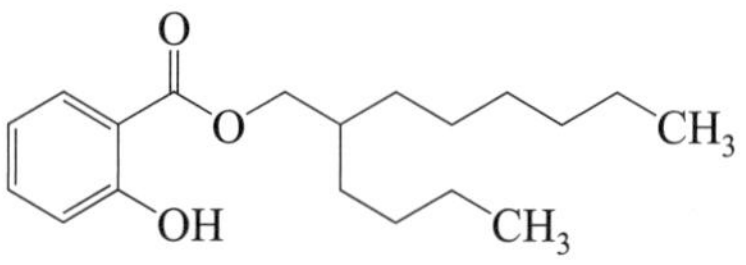

丁基辛醇水杨酸酯

13. 丁基辛醇水杨酸酯（结构见上图）是一种非离子表面活性剂，也可以用作温和型防晒剂。请根据其结构进行逆合成分析，并以水杨酸和不超过四个碳的有机物为原料设计一条合理的合成路线。

14. 传统聚氯乙烯增塑剂邻苯二甲酸二辛酯（简称DOP）存在潜在致癌风险，应用受到限制，新型增塑剂市场需求快速增长，DPHP为无毒增塑剂，且在耐高温、耐水、耐候、电绝缘、低雾化、低挥发等方面性能更优，其工业合成路线如下：

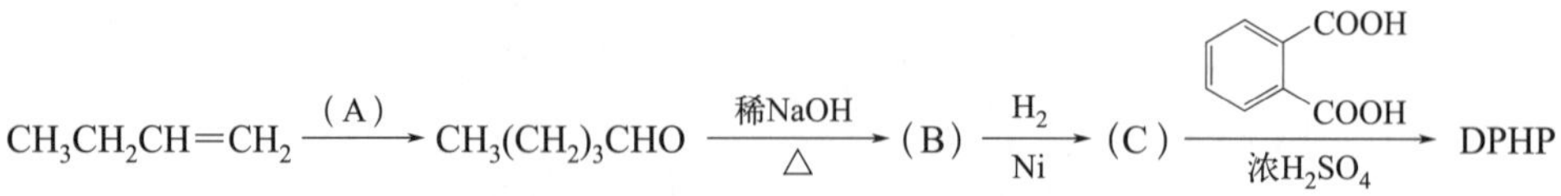

$$CH_3CH_2CH{=}CH_2 \xrightarrow{(A)} CH_3(CH_2)_3CHO \xrightarrow[\triangle]{\text{稀}NaOH} (B) \xrightarrow[Ni]{H_2} (C) \xrightarrow[\text{浓}H_2SO_4]{C_6H_4(COOH)_2\ (\text{邻苯二甲酸})} DPHP$$

（1）写出由丁-1-烯制备正戊醛的化学反应式；

（2）写出化合物B的结构简式；

（3）写出由足量化合物C合成DPHP的化学反应式。

15. 白檀醇具有强烈的檀香香气，用于香水香精、化妆品香精配方中。龙脑烯醛广泛存在于杜松子浆果、肉豆蔻和蓝桉中。请设计一条以龙脑烯醛、三个碳原子及以下的烃为原料合成白檀醇的路线。写出有关反应式。

龙脑烯醛　　白檀醇

16. 香草醛不仅是一种名贵香料，也是很多药物合成的原料。异烟腙是抗结核病药物；咖啡酸酯（化学式为$C_{17}H_{16}O_4$，简称CPAE）为蜂胶中的主要活性组分，对肿瘤细胞具有特定的杀伤力。以香兰醛等为原料人工合成路线如下：

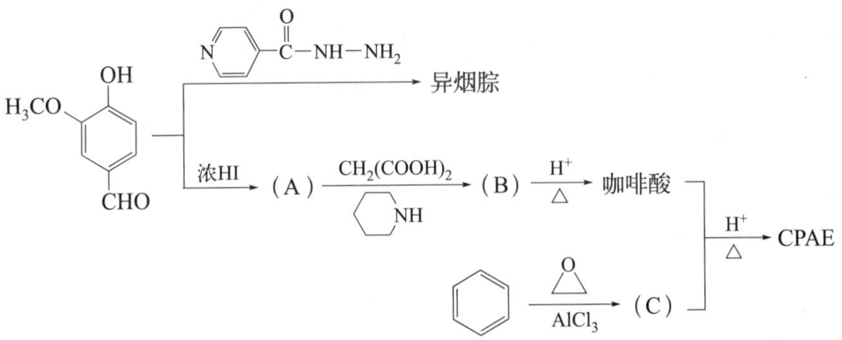

OH　H_3CO　CHO　N　C(=O)—NH—NH_2　异烟腙　浓HI　（A）　$CH_2(COOH)_2$　NH　（B）　H^+ △　咖啡酸　H^+ △　CPAE　O　$AlCl_3$　（C）

（1）写出异烟腙的结构简式；

（2）写出由化合物A合成B的反应式；

（3）写出化合物C的结构简式；

（4）写出咖啡酸与化合物C合成CPAE的化学反应式。

第13章 羧酸及其衍生物

羧酸（carboxylic acid）是指分子中含有羧基（—COOH）的化合物。羧酸是重要的一类有机酸，不仅广泛分布于自然界中，也是重要的有机化工原料。

羧酸可以衍生出各具特性的酰卤、酸酐、酯和酰胺等化合物，在化学工业中占有重要地位，在高分子材料、食品、香料、医药、农药、化肥等领域方面具有广泛用途。

13.1 羧酸的结构、分类与命名

13.1.1 羧酸的结构

羧基是羧酸的官能团。羧基中的氧原子及羰基碳原子均为sp^2杂化。羰基碳原子三个sp^2杂化轨道分别与R基（或氢）、羰基氧和羟基氧形成σ键。羧基碳原子没有参加杂化的p轨道与羰基氧的p轨道侧面重叠形成π键。羟基氧原子含有孤对电子的p轨道与羰基碳氧双键形成p-π共轭体系。

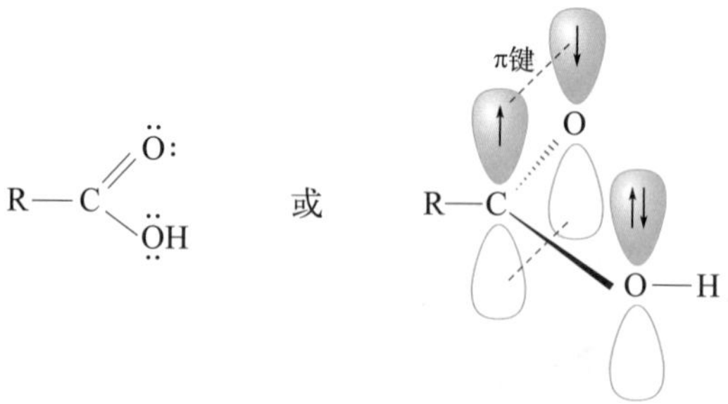

R—C(=Ö:)—ÖH　　或　　R—C(=O)—O—H（π键）

由于p-π共轭效应，使得—OH基氧原子上的电子云向羰基移动，降低了羰基碳原子的正电性，不利于亲核试剂的进攻，因此羧酸亲核加成反应的活性比醛、酮低；同时，也由于p-π共轭降低了羟基氧上的电子云密度，增加了O—H键的极性，有利于H的解离，使羧酸具有较强的酸性。

13.1.2 羧酸的分类与命名

按照羧基所连接的烃基种类不同，羧酸可分为脂肪族羧酸、脂环族羧酸和芳香族羧酸；按烃基是否饱和，可分为饱和羧酸和不饱和羧酸；按羧酸分子中所含羧基的数目不同，又可分为一元羧酸、二元羧酸和三元羧酸等。二元及二元以上的羧酸统称为多元羧酸。

俗名一般按照其天然来源来命名，比如：蚁酸（甲酸）、醋酸（乙酸）、琥珀酸（丁二酸）、安息香酸（苯甲酸）、肉桂酸（3-苯基丙-2-烯酸）等等。例如：

HCOOH　蚁酸（甲酸）

CH_3COOH　醋酸（乙酸）

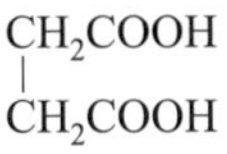

CH_2COOH—CH_2COOH　琥珀酸（丁二酸）

C_6H_5COOH　安息香酸（苯甲酸）

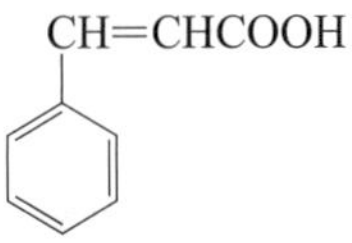

$C_6H_5CH=CHCOOH$　肉桂酸（3-苯基丙-2-烯酸）

羧酸的系统命名法，首先选择含有羧基的最长碳链为主链（母体），碳链编号时，从羧基的碳原子开始（采用俗名的羧酸其编号从羧基的邻位开始，采用希腊字母α、β、γ……排序，末端碳原子用ω表示）：

俗名　ω　…　ε　δ　γ　β　α

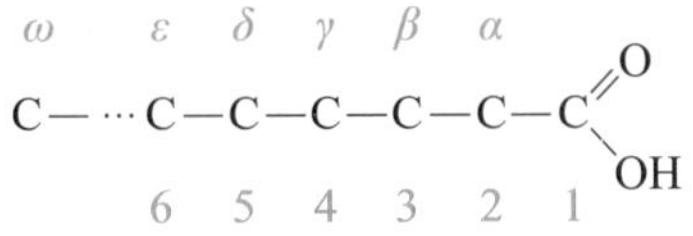

C—…C—C—C—C—C—C(=O)OH

系统名　6　5　4　3　2　1

命名时，以主链命名为“某酸”，取代基按英文名称顺序依次标出位次、数目和名称。例如：

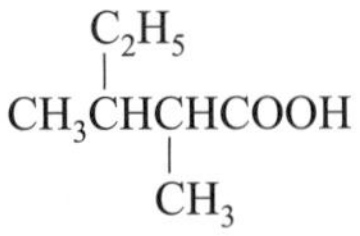

$CH_3CH(CH_3)CH(C_2H_5)COOH$　2,3-二甲基戊酸　俗名：α,β-二甲基戊酸

$CH_2=CHCOOH$　丙烯酸　俗名：败脂酸

$CH_3CH=CHCOOH$　丁-2-烯酸　俗名：巴豆酸

脂肪族二元羧酸的命名，选择分子中含有两个羧基在内的最长碳链作主链，称为某二酸（dioic acid）。例如：

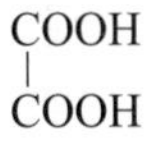

COOH—COOH　乙二酸（草酸）

$HOOCCH_2COOH$　丙二酸（胡萝卜酸）

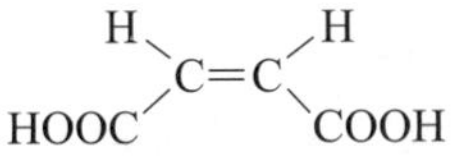

(H)(HOOC)C=C(H)(COOH)　顺-丁-2-烯二酸（马来酸）

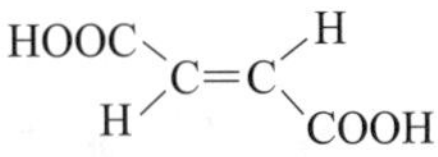

(HOOC)(H)C=C(H)(COOH)　反-丁-2-烯二酸（富马酸）

对含有碳环的羧酸命名时，常把碳环当作取代基。羧基直接与芳环相连的称为“芳甲酸”或“芳羧酸”，芳环上其它取代基的位次用数字或邻、间、对标出；羧基与环烷基直接相连的，则称为“环烷甲酸或羧酸”。例如：

2-羟基-2-苯基乙酸（扁桃酸）　1-萘甲酸 α-萘羧酸　对苯二甲酸 对苯二羧酸　邻羟基苯甲酸（水杨酸）　1-溴-2-氯环戊烷甲酸

13.2 羧酸的物理性质

低级羧酸如甲酸、乙酸和丙酸等是具有较强气味的液体，十个碳原子以下的羧酸是液体，高级羧酸是无臭固体。脂肪族二元羧酸和芳香酸都是结晶固体。

表 13.1 常见羧酸的物理常数

名称	俗名	熔点/℃	沸点/℃	溶解度	pK_{a1}	pK_{a2}
甲酸	蚁酸	8.4	100.5	∞	3.77	—
乙酸	醋酸	16.7	118	∞	4.74	—
丙酸	初油酸	−21	141	∞	4.88	—
丙烯酸	败脂酸	14	141	∞	4.25	—
丁酸	酪酸	−5	162.5	∞	4.82	—
反-丁-2-烯酸	巴豆酸	71	185	8.6	4.69	—
戊酸	缬草酸	−34	187	3.7	4.85	—
己酸	羊油酸	−3	205	0.97	4.85	—
庚酸	毒水芹酸	−8	223.5	0.24	4.89	—
十二碳酸	月桂酸	44	296	不溶	5.30	—
乙二酸	草酸	189	＞100（升华）	8.6	1.46	4.40
丙二酸	胡萝卜酸	135	140（分解）	74	2.80	5.85
丁二酸	琥珀酸	187	235（分解）	5.8	4.17	5.64
顺丁烯二酸	马来酸	131	—	79	1.9	6.50
反丁烯二酸	富马酸	302	—	0.7	3.0	4.20
戊二酸	胶酸	98	302	易溶	4.34	5.41
己二酸	肥酸	151	338.5	2	4.43	5.40
苯甲酸	安息香酸	122	249	0.34	4.20	—
苯乙酸	苯醋酸	76	266	微溶	4.31	—
邻苯二甲酸	酞酸	213分解	—	0.7	3.00	5.39
对苯二甲酸	对酞酸	300升华	—	0.002	3.51	4.82

常见羧酸的名称和物理常数见表13.1。羧基能与水形成氢键，所以低级羧酸溶于水，如甲酸、乙酸等能与水混溶，但从戊酸开始，随着碳链的增长，水溶性迅速降低；高级羧酸不溶于水，但能溶于酒精、乙醚、氯仿等有机溶剂。

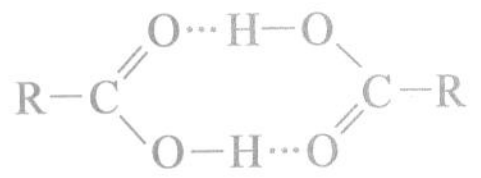

O···H—O
R—C　　　C—R
O—H···O

羧酸的双分子氢键缔合

两个羧酸分子之间能形成两个氢键，即使在气态时，羧酸也是通过双分子缔合形成二聚体。因此，羧酸比分子量相近的其它有机物如醇、醛和酮等的沸点都高。

除甲酸、乙酸的相对密度大于1以外，其它饱和一元脂肪酸的相对密度均小于1；二元羧酸和芳酸的相对密度均大于1。

13.3 羧酸的化学性质

羧酸的化学性质主要发生在羧基上及α-H。由于羰基和羟基直接连接，两种官能团相互影响，使得羰基不具有醛、酮羰基的典型特性，羧基中的羟基与醇羟基的性质也有较大区别。

羧酸的化学反应，根据分子中的断键方式不同而发生不同的反应，可表示如下：

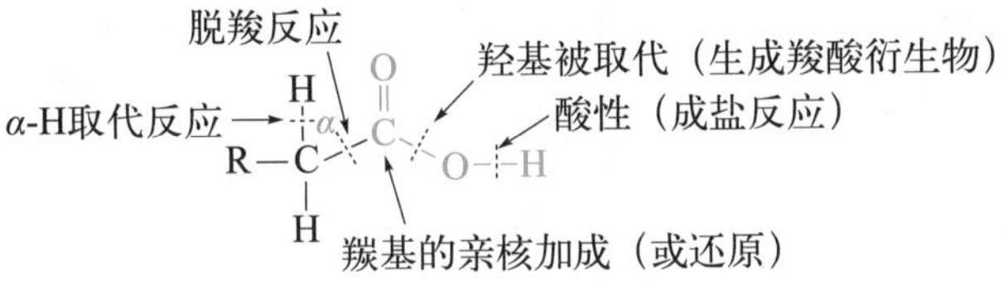

脱羧反应
羟基被取代（生成羧酸衍生物）
α-H取代反应
酸性（成盐反应）
R—C(H)(H)—C(=O)—O—H
羰基的亲核加成（或还原）

13.3.1 羧酸的酸性

一元羧酸的pK_a约在3～5，呈弱酸性，酸性略大于碳酸（pK_a=6.5）。在水溶液中，羧基中的氧氢键断裂，解离出H^+，通常能与NaOH、$NaHCO_3$等碱作用生成羧酸盐：

$$RCOOH + NaHCO_3 \longrightarrow RCOONa + CO_2 + H_2O$$

在羧酸盐中加入强酸，又会游离出羧酸：

$$RCOONa + HCl \longrightarrow RCOOH + NaCl$$

由于高级羧酸不溶于水，上述性质可用于羧酸与不溶于水或者易挥发物质的分离和精制。含有羧基的一些药物，常将其制成羧酸盐，增加溶解性，便于制成水针剂注射使用。

羧酸解离之后得到的羧酸根负离子带有一个负电荷，但这个负电荷并不是“定域”在某一个氧原子上，而是平均分散在羧酸根的两个氧原子上。根据X射线衍射及电子衍射实验证明，羧酸根负离子的两个碳氧键的键长均为0.127 nm，没有单键和双键的区别。故羧酸根负离子的结构可表示如下：

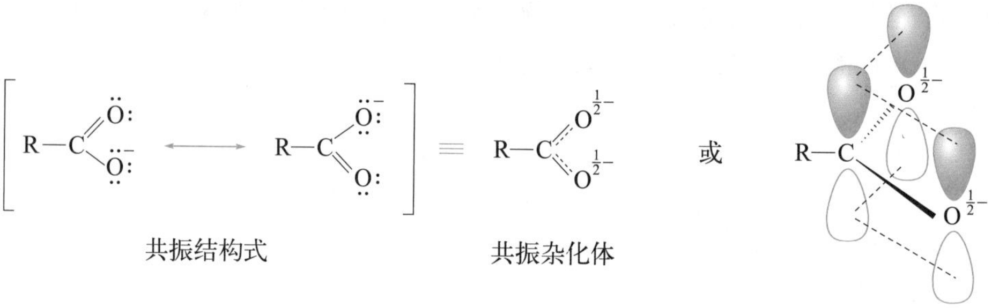

$$\left[R-C\overset{\ddot{O}:}{\underset{\ddot{O}:^{-}}{}} \longleftrightarrow R-C\overset{\ddot{O}:^{-}}{\underset{\ddot{O}:}{}} \right] \equiv R-C\overset{O^{\frac{1}{2}-}}{\underset{O^{\frac{1}{2}-}}{}}$$

共振结构式　　　　共振杂化体

或

R—C　$O^{\frac{1}{2}-}$　$O^{\frac{1}{2}-}$

从羧酸根负离子的结构分析，其形成了一个“三中心四电子”的大π键结构。正是这种π电子的离域，使得羧酸根负离子比较稳定。

（1）诱导效应对羧酸的酸性影响

由于电负性不同的取代基影响，使整个分子中成键电子云按取代基团的电负性所决定的方向而偏移的效应，叫诱导效应，而且这种影响沿着分子链传递。吸电子诱导效应（$-I$效应）和供电子诱导效应（$+I$效应）的基团及强弱参见第1章［1.3.4（4）］。

通常羧酸的酸性强弱受与羧基相连基团的影响，吸电子基团能使羧基电子云密度降低，有利于H^+的解离而使羧酸的酸性增强；供电子基团的作用恰恰相反，使得羧基电子云密度增大而使得羧酸的酸性减弱。例如：

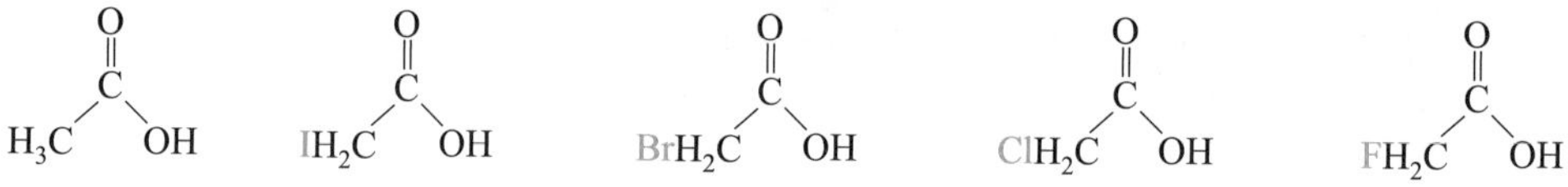

$H_3C-COOH$	$IH_2C-COOH$	$BrH_2C-COOH$	$ClH_2C-COOH$	$FH_2C-COOH$
$pK_a=4.74$	$pK_a=3.12$	$pK_a=2.90$	$pK_a=2.85$	$pK_a=2.59$

当乙酸甲基上的氢被卤素取代后，由于卤原子吸电子诱导效应（$-I$效应），电子将沿着碳链向卤原子方向偏移，使羧酸负离子的负电荷得到分散而稳定，氢离子更容易解离而导致酸性增强。

不同卤代乙酸的酸性也有差异，电负性大的卤原子诱导效应强，使羧酸酸性增强。同理，取代的卤原子越多，羧酸的酸性越强，如二氯乙酸和三氯乙酸的pK_a分别为1.26和0.64。

诱导效应是一种短程力，随着分子链的增长而迅速减弱。例如：

$CH_3CH_2CH_2COOH$	$CH_3CH_2CH(Cl)COOH$	$CH_3CH(Cl)CH_2COOH$	$CH_2(Cl)CH_2CH_2COOH$
$pK_a=4.82$	$pK_a=2.86$	$pK_a=4.05$	$pK_a=4.52$

甲基是供电子诱导效应（$+I$效应），故丙酸的酸性比乙酸要弱；羟基是吸电子诱导效应（$-I$效应），使取代酸的酸性增强，并随着羟基远离羧基而影响减弱。例如：

$CH_2(OH)COOH$	$CH_3CH(OH)COOH$	$CH_2(OH)CH_2COOH$	CH_3COOH	CH_3CH_2COOH
$pK_a=3.85$	$pK_a=3.86$	$pK_a=4.51$	$pK_a=4.74$	$pK_a=4.88$

（2）共轭效应对羧酸的酸性影响

芳香族羧酸化合物，芳环上的取代基通过诱导效应和共轭效应对酸性产生影响。取代基与芳环构成共轭体系，共轭效应会通过共轭π键沿共轭体系传递较远。凡共轭体系上的取代基能降低体系的π电子云密度，则这些基团有吸电子共轭效应，用$-C$表示，如$-NO_2$、$-CN$、$-COOH$、$-CHO$、$-COR$；凡共轭体系上的取代基能增高共轭体系的π电子云密度，则这些基团有给电子共轭效应，用$+C$表示，如$-OR$、$-OH$、$-NH_2$、$-R$等。

总体来讲，取代基在芳香酸的邻位时诱导效应和共轭效应共同发挥作用（由于两个取代基距离近，需要考虑空间效应）；取代基在对位时，诱导效应由于距离远，作用小，故以共轭效应为主；取代基在间位时，诱导效应起主导作用。

以硝基苯甲酸为例，硝基取代基吸电子的诱导效应（$-I$效应）和吸电子的共轭效应（$-C$效应）是一致的。诱导效应受距离影响大，故硝基吸电子诱导效应的排序为：邻位＞间位＞对位。

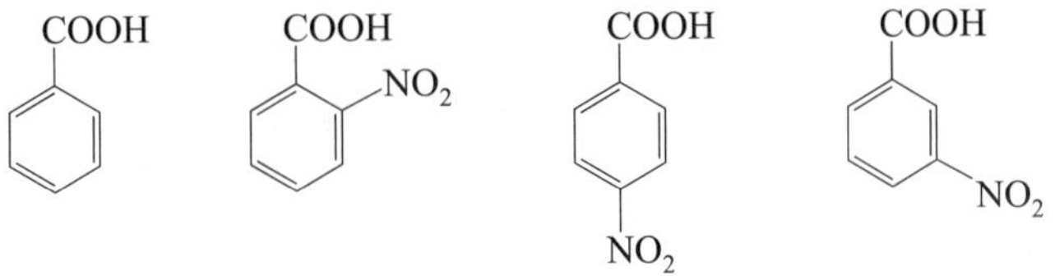

COOH（苯甲酸） pK_a=4.20　　邻硝基苯甲酸（COOH, NO_2） pK_a=2.21　　对硝基苯甲酸（COOH, NO_2） pK_a=3.42　　间硝基苯甲酸（COOH, NO_2） pK_a=3.49

硝基在苯环上的吸电子共轭效应是由其氮氧双键的π电子与苯环的π电子发生共轭作用，导致π电子云向电负性很强的氧原子转移而引起的。这样硝基上的氮原子带正电性，由于共轭作用是沿着共轭体系“正负交替”传递的，所以与硝基直接连接的碳原子带负电性，而其邻位和对位碳原子带正电性，对羧基上的电子有吸引作用，故增加了羧基上H^+的解离，酸性增加，而在间位，硝基的吸电子共轭效应不起作用。

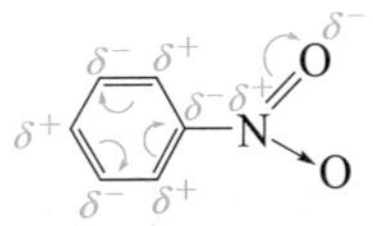

硝基的共轭效应

诱导效应和共轭效应的综合结果，导致邻硝基苯甲酸的酸性最强，间硝基苯甲酸的酸性最弱。

若苯甲酸苯环上的氢被甲氧基取代，由于甲氧基的诱导效应为吸电子的$-I$效应，可使酸性增加，共轭效应为供电子的$+C$效应，可使酸性减弱。不同位置取代的甲氧基苯甲酸的pK_a如下：

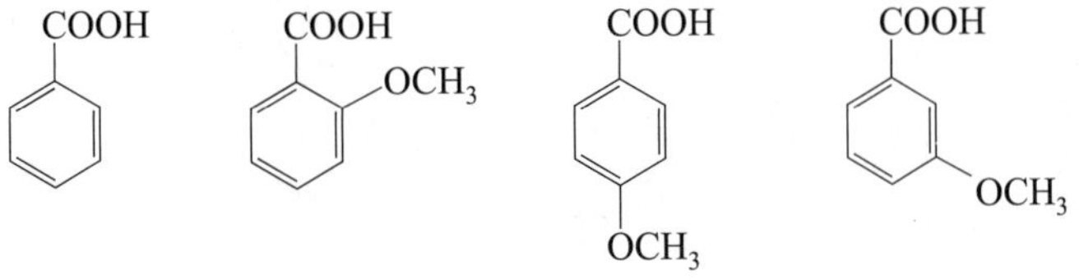

COOH（苯甲酸） pK_a=4.20　　邻甲氧基苯甲酸（COOH, OCH_3） pK_a=4.09　　对甲氧基苯甲酸（COOH, OCH_3） pK_a=4.47　　间甲氧基苯甲酸（COOH, OCH_3） pK_a=4.09

甲氧基通过共轭效应的传递，其供电子的$+C$效应，使其邻位和对位的电子云密度增加，使该位置取代苯甲酸的酸性减弱，但甲氧基在邻位时由于空间位阻影响了羧基与苯环的共平面，导致羧基与苯环的共轭效应减弱，使得$-I$效应占优，故邻甲氧基苯甲酸的酸性反而增加；甲氧基处于间位时，起主导作用的是$-I$效应，故酸性增强。pK_a值也反映了上述因素综合影响的结果。

在卤素取代的苯甲酸中，由于卤素强吸电子的诱导效应超过了共轭效应，故表现出酸性增强，而诱导效应又随距离增加而减小，所以，同卤素取代的苯甲酸酸性大小依次为：邻卤苯甲酸>间卤苯甲酸>对卤苯甲酸。例如，各氯代苯甲酸的pK_a如下：

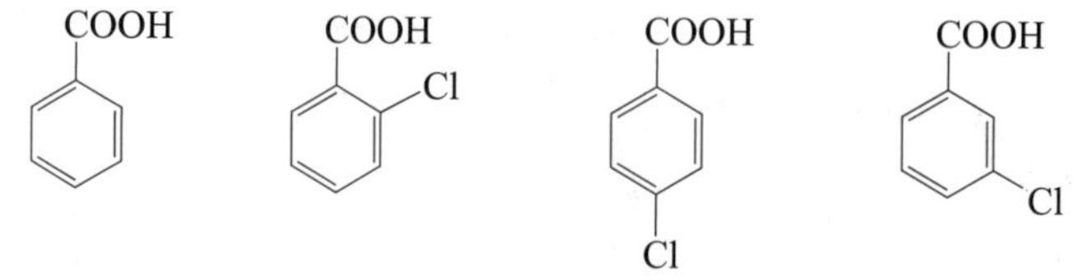

pK_a=4.20　　pK_a=2.92　　pK_a=3.97　　pK_a=3.83

（3）空间效应对羧酸的酸性影响

一般来说，邻位取代的苯甲酸因空间效应有利于羧基的解离，使酸性增强，如前例中的邻甲氧基苯甲酸。另外，羧酸负离子若能形成分子内氢键也会使得羧酸的酸性增强。例如，三种羟基苯甲酸的pK_a如下：

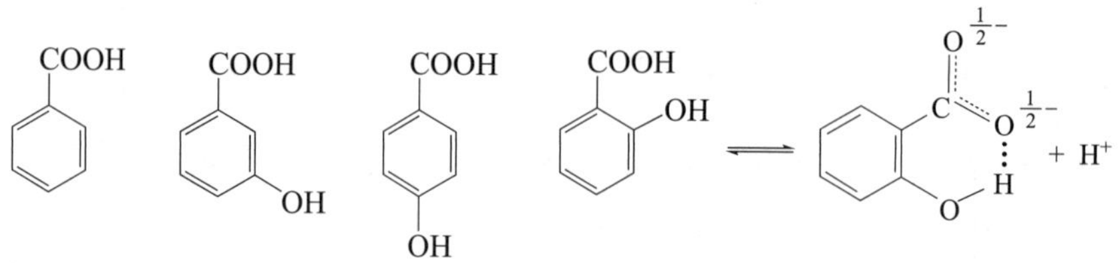

pK_a=4.20　　pK_a=4.08　　pK_a=4.57　　pK_a=2.98　　邻羟基苯甲酸负离子

邻羟基苯甲酸的酸性比较强，羟基对苯环既产生诱导效应（$-I$效应）又产生共轭效应（$+C$效应），但主要原因是处于邻位的羟基与羧基可形成分子内氢键，有利于羧酸根负离子的稳定，因而酸性增强。

另外，其它因素，如场效应、溶剂效应等，也会对羧酸的酸性产生影响。

练习题 13-1： 比较下列各组化合物的酸性强弱。

（1）苯酚、乙酸、乙醇　　（2）2-氯丙酸、3-氯丙酸、2,2-二氯丙酸

（3）甲酸、乙酸、丙酸　　（4）苯甲酸、对氨基苯甲酸、对氰基苯甲酸

13.3.2 羧基的还原

羧酸化合物中，羰基的反应活性比醛、酮低，可在Pd、Pt等活泼金属催化剂条件下催化加氢，但往往需要高温、高压等苛刻条件。

传统羧酸还原方法主要采用亲核能力强的还原剂$LiAlH_4$进行负氢加成，反应对碳碳双

键无影响。该反应一般在乙醚或四氢呋喃溶液中进行，最后加酸水解得到伯醇。例如：

$$C_6H_5CH_2COOH \xrightarrow[\text{乙醚}]{LiAlH_4} \xrightarrow{H_3O^+} C_6H_5CH_2CH_2OH \quad (75\%)$$

$NaBH_4$ 的还原能力不及 $LiAlH_4$，在单独使用的情况下无法还原羧酸、酯类等化合物。但与金属盐、路易斯酸等配合使用可提高反应活性及选择性，从而可还原羧酸及酯类等化合物。例如：

$$O_2N-C_6H_4-COOH \xrightarrow[AlCl_3]{NaBH_4} \xrightarrow{H_3O^+} O_2N-C_6H_4-CH_2OH$$

乙硼烷也能有效地将羧酸还原成伯醇，且反应条件温和，选择性好，对硝基等官能团没有影响。例如：

$$O_2N-C_6H_4-CH_2COOH \xrightarrow[\text{②} H_3O^+]{\text{①} B_2H_6/THF} O_2N-C_6H_4-CH_2CH_2OH \quad (94\%)$$

13.3.3 羧酸衍生物的生成

羧酸衍生物（carboxylic acid derivative）是指羧基中的羟基被亲核试剂，如卤素（—X）、烷氧基（—OR）、羧酸根（RCOO—）及氨基（$—NH_2$）等所取代后的化合物，分别称为酰卤、酯、酸酐和酰胺。

（1）酰卤的生成

羧酸与 $SOCl_2$、PCl_3、PCl_5 反应生成酰氯，而酰溴是用 PBr_3 来制备。

$$RCOOH + SOCl_2 \longrightarrow RCOCl + SO_2 + HCl$$

（2）酯的生成

羧酸与醇反应，生成酯。

$$RCOOH + R'OH \underset{\triangle}{\overset{H^+}{\rightleftharpoons}} RCOOR' + H_2O$$

（3）酸酐的生成

在脱水剂存在下，两个羧酸之间脱水生成酸酐。

$$2\ R-\overset{O}{\overset{\|}{C}}-OH \xrightarrow[\triangle]{P_2O_5\text{或乙酐}} R-\overset{O}{\overset{\|}{C}}-O-\overset{O}{\overset{\|}{C}}-R + H_2O$$

（4）酰胺的生成

羧酸与氨或取代胺作用，生成酰胺或*N*-取代酰胺。

$$RCOOH + NH_3 \xrightarrow{\triangle} RCONH_2 + H_2O$$

羧酸衍生物由于其独特的性质而受到广泛的重视，本章第7～10节将对羧酸衍生物的物理、化学性质及其应用进行详细介绍。

13.3.4 脱羧反应

一元羧酸通常是稳定的，但在一定条件下也可分解放出CO_2，这种反应称为脱羧反应（decarboxylation）。羧酸盐与碱石灰共热可失去一分子CO_2，并生成少一个碳原子的烃。

$$CH_3COONa + NaOH\ (CaO) \xrightarrow{\triangle} CH_4 + Na_2CO_3$$

$$H_3C-C_6H_4-\overset{O}{\overset{\|}{C}}OH \xrightarrow[\triangle]{NaOH\ (CaO)} H_3C-C_6H_5$$

这类反应只适用于乙酸盐及芳香族羧酸盐，其它类别的羧酸脱羧时副产物多。

当羧酸α位连有强吸电子基团，或β位连有羰基、烯基、炔基等不饱和碳原子时，加热（100～200℃）也容易脱羧。例如：

$$Cl_3C-\overset{O}{\overset{\|}{C}}-OH \xrightarrow{\triangle} CHCl_3 + CO_2$$

$$R-\underset{\beta}{\overset{O}{\overset{\|}{C}}}-\underset{\alpha}{CH_2}COOH \xrightarrow{\triangle} R-\overset{O}{\overset{\|}{C}}-CH_3 + CO_2$$

二元羧酸，如$HOOC(CH_2)_nCOOH$，加热后的产物与n值有关。例如：

① 当n=0、1时，二元羧酸加热脱羧得到一元羧酸，并放出CO_2。

$$\begin{matrix}COOH\\|\\COOH\end{matrix} \xrightarrow{\triangle} HCOOH + CO_2$$

$$HOOCCH_2COOH \xrightarrow{\triangle} CH_3COOH + CO_2$$

② 当n=2、3时，二元羧酸加热脱水生成五元或六元环状酸酐。例如：

$$\begin{matrix}CH_2COOH\\|\\CH_2COOH\end{matrix} \xrightarrow[\triangle]{(CH_3CO)_2O} \text{(丁二酸酐)} + H_2O$$

③ 当n=4、5时，二元羧酸脱羧、脱水生成五元或六元环酮。例如：

$$H_2C\begin{matrix}CH_2CH_2COOH\\CH_2CH_2COOH\end{matrix} \xrightarrow[\triangle]{Ba(OH)_2} \text{(环己酮)}=O + CO_2 + H_2O$$

④ 当n＞5 时，二元羧酸发生的是羧酸之间的脱水，生成聚羧酸酐。

$$mHOOC(CH_2)_nCOOH \xrightarrow{\triangle} HO\!\left[\!\overset{O}{\overset{\|}{C}}(CH_2)_n\overset{O}{\overset{\|}{C}}O\right]_m\!H + (m-1)H_2O$$

练习题13-2： 写出下列化合物加热后的产物。

（1）2-氧代环己烷甲酸（环己酮α-位带COOH）　（2）1,1-环己烷二甲酸（环己烷同一碳上连两个COOH）　（3）$HOOCCH{=}CHCOOH$（CHCOOH‖CHCOOH）

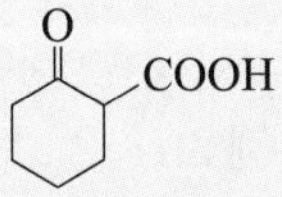

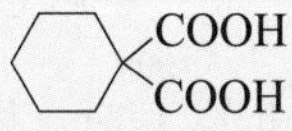

（4）1-(CH_2CH_2COOH)-1-(CH_2COOH)环己烷　（5）$HOOC(CH_2)_8COOH$

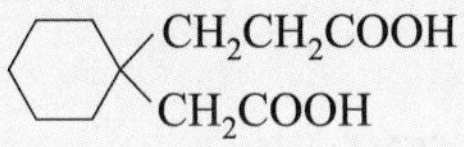

13.3.5 α-H的卤代

羧基作为吸电子基会使α-H具有一定的活性，但由于羧基中羟基对羰基产生p-π共轭的给电子效应，这使羧基的吸电子能力小于醛、酮的羰基，故羧酸α-H的活性弱于醛酮，需要在少量红磷或三卤化磷的催化作用下才能被卤素（氯、溴）取代，得到α-卤代酸：

$$CH_3COOH \xrightarrow{Cl_2,\ P} \underset{\text{氯乙酸}}{ClCH_2COOH} \xrightarrow{Cl_2,\ P} \underset{\text{二氯乙酸}}{Cl_2CHCOOH} \xrightarrow{Cl_2,\ P} \underset{\text{三氯乙酸}}{Cl_3CCOOH}$$

羧酸的卤代反应可以停留在一取代。α-卤代酸的卤素与卤烷中相似，也可发生消除反应而得到α,β-不饱和酸，也可以与NaOH、NH_3、NaCN等发生亲核取代反应，分别生成α-羟基酸、α-氨基酸、α-氰基酸。例如由氯乙酸钠制备丙二酸：

$$ClCH_2COONa \xrightarrow[92\sim95^\circ C]{NaCN} NCCH_2COONa \xrightarrow{H_3O^+} H_2C(COOH)_2$$

13.4 羧酸的制备方法

重要羧酸的制备，如乙酸、丙烯酸、己二酸、对苯二甲酸等的制备，将在下一节“重要的羧酸”中详细阐述，本节只介绍羧酸的一般制备方法。

13.4.1 氧化反应

（1）烷烃、烯烃和炔烃的氧化

高级烷烃的混合物在催化剂存在下，用空气或氧气进行氧化制备高级脂肪酸的混合物

（参见2.5.3），可以作为制皂原料。

烯烃、炔烃可以被高锰酸钾、重铬酸钠（钾）等氧化剂氧化来制备羧酸，这在前面的章节中已有较多介绍。

$$\mathrm{RCH{=}CHR'} \xrightarrow{\mathrm{KMnO_4/H^+}} \mathrm{RCOOH + R'COOH}$$

$$\mathrm{RC{\equiv}CR'} \xrightarrow{\mathrm{K_2Cr_2O_7/H^+}} \mathrm{RCOOH + R'COOH}$$

若烯烃双键碳中有一个碳上有两个取代基时，则生成酮和羧酸。例如：

$$\text{1-甲基环己烯} \xrightarrow{\mathrm{KMnO_4/H^+}} \mathrm{CH_3\overset{O}{\overset{\|}{C}}(CH_2)_4COOH}$$

芳烃的侧链烷基含有α-H时，用强氧化剂氧化，全部在α位断裂生成羧基。例如：

$$\text{1-}\mathrm{CH_2R'}\text{-3-}\mathrm{CHR_2}\text{-苯} \xrightarrow{\mathrm{KMnO_4/H^+}} \text{1,3-苯二甲酸（}\mathrm{COOH},\ \mathrm{COOH}\text{）}$$

若芳环侧链是叔烷基，由于无α-H，很难被氧化，在剧烈氧化条件下则发生芳环的破裂。

（2）醇、醛的氧化

伯醇和醛也可以被高锰酸钾、重铬酸钠（钾）等氧化剂氧化成羧酸。伯醇的氧化经历醛的阶段，醛容易进一步被氧化生成羧酸。

$$\mathrm{RCH_2OH} \xrightarrow{\mathrm{KMnO_4/H^+}} \mathrm{RCHO} \xrightarrow{\mathrm{KMnO_4/H^+}} \mathrm{RCOOH}$$

$$\mathrm{RCHO} \xrightarrow[\mathrm{H_2SO_4}]{\mathrm{K_2Cr_2O_7}} \mathrm{RCOOH}$$

$$\mathrm{H_3C{-}\underset{CH_3}{\underset{|}{C}H}{-}\overset{O}{\overset{\|}{C}}{-}H} \xrightarrow[\text{稀}\mathrm{H_2SO_4}]{\mathrm{Na_2Cr_2O_7}} \mathrm{H_3C{-}\underset{CH_3}{\underset{|}{C}H}{-}\overset{O}{\overset{\|}{C}}{-}OH} \quad (90\%)$$

醛很容易被氧化，用温和的试剂（如Ag_2O、托伦斯试剂）可以在有其它可氧化官能团存在的情况下，选择性地氧化醛基。例如：

$$\text{3-环己烯甲醛（CHO）} \xrightarrow[\mathrm{THF/H_2O}]{\mathrm{Ag_2O}} \text{3-环己烯甲酸（COOH）} \quad (97\%)$$

练习题 13-3： 写出下列化合物在不同条件下的氧化产物。

（1）$\mathrm{HO{-}C_6H_{10}{-}CHO}$（4-羟基环己烷甲醛）$\xrightarrow[\mathrm{H_2SO_4}]{\mathrm{K_2Cr_2O_7}}$（A）

（2）1-$\mathrm{C(CH_3)_3}$-3-$\mathrm{C_2H_5}$-苯 $\xrightarrow[\mathrm{H_2SO_4}]{\mathrm{K_2Cr_2O_7}}$（B）

（3）HO—⟨环己基⟩—CHO $\xrightarrow{Ag_2O}$（C）　　（4）邻甲氧基苯基-CH=CHCOOH $\xrightarrow{KMnO_4/H^+}$（D）

13.4.2 由水解反应生成

腈在酸或碱催化下水解可得羧酸，一般产率较高。腈可由卤代烃与NaCN或KCN发生亲核取代反应而得。例如：

$$RX \xrightarrow{NaCN} RCN \xrightarrow[NaOH,\ \triangle]{H_2O} RCOONa$$

$$C_6H_5CH_2Cl \xrightarrow{NaCN} C_6H_5CH_2CN \xrightarrow[\text{浓}H_2SO_4,\ \triangle]{H_2O} C_6H_5CH_2COOH$$

此反应使原来卤代烃的烃基增加了一个碳原子。但此法不适合叔卤烃，因NaCN或KCN碱性较强，易使叔卤烃发生消除反应而生成烯烃。

由甲苯氯化制备三氯化苄，再水解得到苯甲酸，这是工业上制备苯甲酸的一种方法：

$$C_6H_5CH_3 \xrightarrow[100\sim150℃]{3\ Cl_2} C_6H_5CCl_3 \xrightarrow[100\sim115℃]{3H_2O,\ ZnCl_2} C_6H_5COOH$$

此外，油脂水解可得高级脂肪酸和甘油，碱性水解生成的高级脂肪酸钠盐为制造肥皂的原料。

13.4.3 有机金属试剂与 CO_2 作用

在低温下，格利雅试剂与 CO_2（干冰）发生亲核加成反应，经酸化、水解后得到多一个碳原子的羧酸。反应过程如下：

$$\overset{\delta^-}{R}-\overset{\delta^+}{MgX} + \overset{\delta^-}{O}=\overset{\delta^+}{C}=\overset{\delta^-}{O} \xrightarrow[\text{低温}]{\text{干醚}} R-C(=O)-\overset{-}{O}\overset{+}{Mg}X \xrightarrow{H_3O^+} R-\overset{O}{\overset{\|}{C}}-OH$$

为避免生成的羧酸盐继续与格利雅试剂反应生成叔醇［参见13.7.3（1）］，该反应要在低温下进行。这种方法对伯、仲、叔及芳基卤代烃形成的格利雅试剂均适用，产率很好，是一种制备芳酸比较好的方法。例如：

$$\text{环戊基-}CH_3 \xrightarrow[\text{光照}]{Br_2} \text{1-溴-1-甲基环戊烷} \xrightarrow[\text{乙醚}]{Mg} \text{1-甲基环戊基-}MgBr \xrightarrow[\text{② }H_3O^+]{\text{① }CO_2} \text{1-甲基环戊烷甲酸 (}CH_3\text{, }COOH\text{)}$$

$$CH_3O-C_6H_4-Cl \xrightarrow[THF]{Mg} \xrightarrow[\text{② }H_3O^+]{\text{① }CO_2} CH_3O-C_6H_4-COOH$$

末端炔烃的氢具有酸性，为活泼氢，它与格利雅试剂反应是制备含有炔基格利雅试剂的方法。该法得到的格利雅试剂与CO_2反应，可得含有炔基的羧酸。例如：

$$CH_3C\equiv CH \xrightarrow[\text{乙醚}]{CH_3MgBr} CH_3C\equiv CMgBr \xrightarrow[\text{②}H_3O^+]{\text{①}CO_2} CH_3C\equiv CCOOH$$

13.5 重要的羧酸

13.5.1 重要的一元羧酸

（1）甲酸

甲酸（formic acid），又称蚁酸，天然存在于蜂类、某些蚁类和某些毛虫的分泌物中，能刺激皮肤起泡。甲酸为无色透明油状发烟液体，有强烈的刺激性气味，与水、乙醇、乙醚能任意混合，有较强的腐蚀性，其蒸气可与空气形成爆炸性混合物。

甲酸的结构比较特殊，既有羧基又有醛基，所以，它既有羧酸的性质，如甲酸的pK_a=3.77，属于比较强的酸，它又有醛的一般性质，如与托伦斯试剂发生银镜反应，也易被一般氧化剂氧化生成CO_2和水。例如甲酸可以使高锰酸钾溶液褪色：

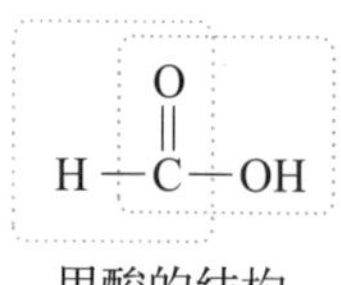

甲酸的结构

$$HCOOH \xrightarrow{KMnO_4} CO_2 + H_2O$$

甲酸与浓硫酸共热，脱羰生成CO和水，加热到160℃以上，分解成为CO_2和H_2：

$$CO + H_2O \xleftarrow[60\sim 80^\circ C]{\text{浓}H_2SO_4} \underset{\text{甲酸}}{HCOOH} \xrightarrow{>160^\circ C} CO_2 + H_2$$

工业上用甲酸钠法制备甲酸，将一氧化碳和氢氧化钠溶液反应生成甲酸钠，然后经硫酸酸化即得甲酸：

$$CO + NaOH \xrightarrow[0.7\ MPa]{150^\circ C} HCOONa \xrightarrow{H_2SO_4} HCOOH$$

在通常情况下甲酸不会生成酰氯或者酸酐。在化学工业中，甲酸被广泛应用于农药、皮革、橡胶、染料、医药等工业。

（2）乙酸

乙酸（acetic acid），也叫醋酸。纯乙酸在16℃以下时，能结成冰状固体，故称冰醋酸。常温下无水乙酸是无色的吸湿性液体，其水溶液呈弱酸性（pK_a=4.74），且腐蚀性强，对金属有强烈腐蚀作用，蒸气对眼和鼻有刺激性作用。

乙酸在很多水果或植物油中以酯的形式存在。中国古代就有关于制醋的记载，早在公元前，人类已能用酒（乙醇）经各种乙酸菌氧化发酵制醋。

$$C_2H_5OH + O_2 \xrightarrow{\text{催化酶}} CH_3COOH + H_2O$$

目前，乙酸工业制法主要有乙烯经乙醛氧化和甲醇羰基合成法。乙醛氧化制备乙酸已有百年历史，是将乙醛和空气或氧气在醋酸锰或醋酸钴催化下，经液相氧化、精馏制得：

$$CH_2{=}CH_2 \xrightarrow[PdCl_2\text{-}CuCl_2]{O_2} CH_3CHO \xrightarrow[Co(CH_3COO)_3]{O_2} CH_3COOH$$

甲醇羰基合成法，是将甲醇和CO在铑的羰基化合物和碘化物组成的催化体系直接合成制得，是目前乙酸生产最先进，也是最主要的方法：

$$CH_3OH + CO \xrightarrow[180℃,\ 3\sim4\ MPa]{Rh(CO)_2I_2^-,\ HI} CH_3COOH$$

此外，丁烷氧化法制备乙酸也有应用。乙酸是大宗化工产品，是最重要的有机酸之一。主要用于生产乙酸乙烯酯、乙酐、各类乙酸酯及乙酸纤维素等。

（3）丙烯酸

丙烯酸（acrylic acid），又称败脂酸，为无色液体，有刺激性气味，与水混溶，可混溶于乙醇、乙醚。丙烯酸既有羧酸的性质，又有双键的特性，化学性质活泼，在空气中易聚合，主要用于制备丙烯酸树脂。

丙烯腈水解可制备丙烯酸，由于原料价格较贵，副产品污染大，已逐步被淘汰。

丙烯酸能从丙烯气相氧化制得：

$$CH_2{=}CH{-}CH_3 \xrightarrow[280\sim360℃,\ 0.2\sim0.3\ MPa]{O_2,\ MoO_3} CH_2{=}CH{-}COOH$$

由于此法反应放出大量热，催化剂易失活，需频繁更换催化剂。

目前丙烯酸主要的生产方法是由丙烯在钼铋系氧化物催化剂的作用下气相氧化成丙烯醛，然后再进一步催化氧化制得丙烯酸。

$$CH_2{=}CHCH_3 + O_2\text{（空气）} \xrightarrow[320\sim340℃,\ 0.1\sim0.3\ MPa]{\text{钼铋系催化剂}} CH_2{=}CHCHO$$

$$CH_2{=}CHCHO + O_2 \xrightarrow[280\sim300\ ℃,\ 0.1\sim0.2\ MPa]{\text{钼钒钨系催化剂}} CH_2{=}CHCOOH$$

报道制备丙烯酸的其它方法还有很多，如由乙炔、一氧化碳和水合成，或由乙烯和一氧化碳加压氧化而制得，但尚未大规模工业化应用。

2022年，醋酸与甲醛缩合制备丙烯酸取得新进展，国产首套1000吨/年醋酸甲醛法制备丙烯酸中试实验取得成功。

$$CH_3COOH + HCHO \xrightarrow[\triangle]{\text{钒磷氧催化剂}} CH_2{=}CHCOOH$$

醋酸甲醛法合成丙烯酸，可将醋酸和甲醛转化为高附加值的丙烯酸。

丙烯酸通过均聚或与其它单体共聚制备高聚物，这些高聚物广泛用作涂料、黏合剂、固体树脂、模塑料等。

聚羧酸减水剂为新一代高性能混凝土减水剂，是以丙烯酸、甲基丙烯酸或马来酸酐与含有双键的不同侧链长度聚醚的共聚物。例如：

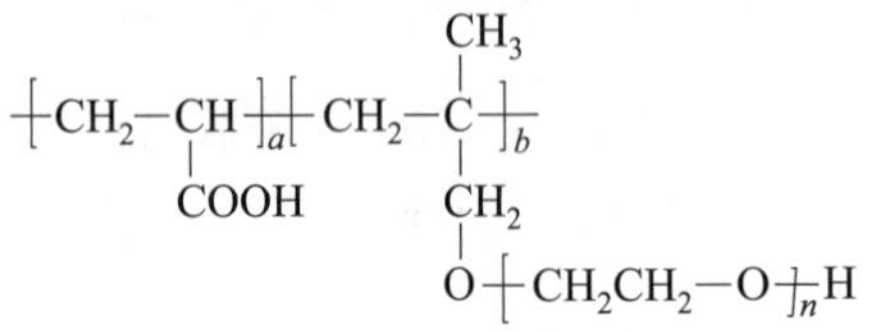

$$\left[CH_2-\underset{\underset{COOH}{|}}{CH}\right]_a\left[CH_2-\overset{\overset{CH_3}{|}}{\underset{\underset{\underset{O\left[CH_2CH_2-O\right]_nH}{|}}{\underset{|}{CH_2}}}{C}}\right]_b$$

聚羧酸减水剂(Ⅰ)

$$\left[\overset{\text{(maleic anhydride ring)}}{HC-CH}\right]_a\left[\overset{\overset{CH_3}{|}}{\underset{\underset{\underset{O\left[CH_2CH_2-O\right]_nH}{|}}{\underset{|}{(CH_2)_2}}}{C}}-CH_2\right]_b$$

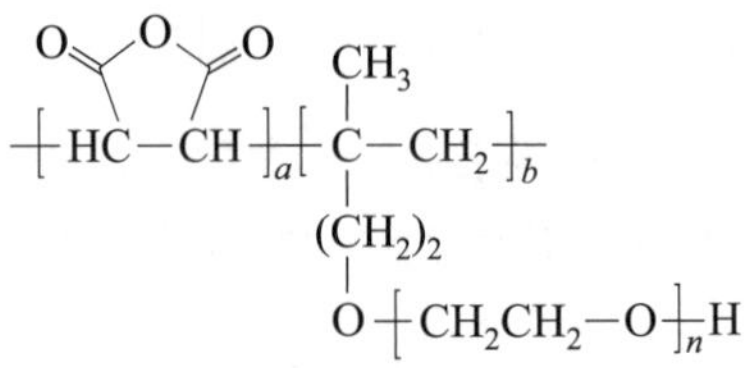

聚羧酸减水剂(Ⅱ)

聚羧酸减水剂减水率高，对钢筋无锈蚀，分子结构设计性强，可与多种不饱和分子（如丙烯酰胺、对乙烯基苯磺酸等）共聚，以满足混凝土的功能化需求。

练习题 13-4： 以聚羧酸减水剂（Ⅰ）为例，若参与共聚的聚醚单体的平均分子量为 2400，则聚合度 n 为多少？请以乙烯、丙烯和甲醛为原料，设计一条合成该减水剂的路线。

（4）苯甲酸

苯甲酸（benzoic acid），俗称安息香酸，为白色针状或鳞片状结晶，100℃以上时会升华，微溶于冷水、石油醚，易溶于醇、氯仿、醚、丙酮，溶于热水、苯、二硫化碳等，对微生物有强烈毒性。

苯甲酸可由甲苯在催化剂作用下直接氧化制得：

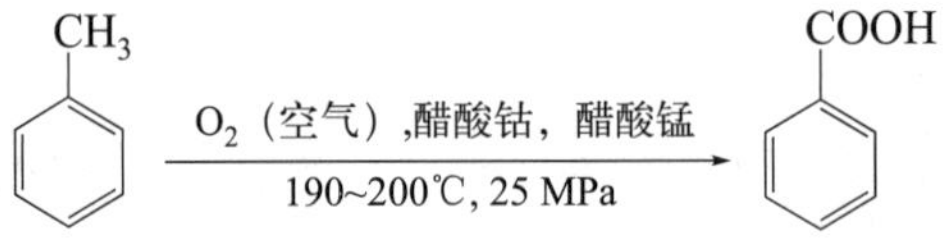

$$C_6H_5CH_3 \xrightarrow[190\sim200℃,\ 25\ MPa]{O_2（空气）,醋酸钴，醋酸锰} C_6H_5COOH$$

苯甲酸可用于制备杀菌剂、增塑剂、药物和香料，在合成树脂工业用于生产醇酸树脂、聚酰胺树脂等。苯甲酸钠在食品工业广泛用作防腐剂。

13.5.2 重要的二元羧酸

二元羧酸可分步解离出2个质子，第一个羧基解离成为负离子后，它所带的负电荷对第二个羧基具有更强的给电子能力，使得第二个羧基不容易解离，所以$pK_{a2} > pK_{a1}$：

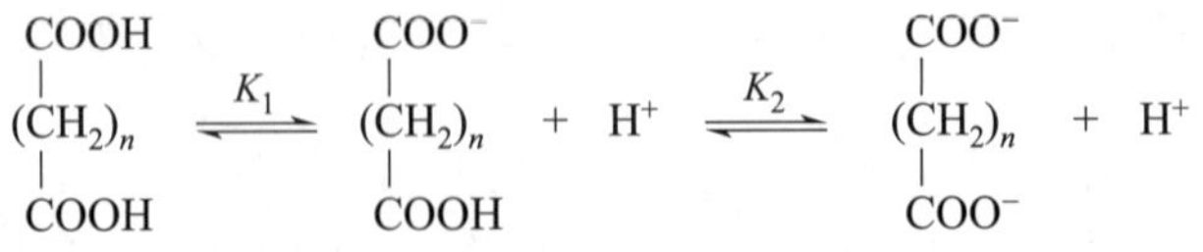

$$HOOC(CH_2)_nCOOH \underset{}{\overset{K_1}{\rightleftharpoons}} {}^-OOC(CH_2)_nCOOH + H^+ \underset{}{\overset{K_2}{\rightleftharpoons}} {}^-OOC(CH_2)_nCOO^- + H^+$$

由表13.1可以看出，一元羧酸pK_a>同碳二元羧酸的pK_{a1}，即二元羧酸的酸性大于同碳数的一元羧酸，这是由于羧基吸电子的诱导效应可以促进另外一个羧基的解离。

(1) 乙二酸

乙二酸（ethanedioic acid）又名草酸，化学式为$H_2C_2O_4$，为无色的柱状晶体，易溶于水而不溶于乙醚等有机溶剂。当草酸与一些碱土金属元素结合时，其溶解性大大降低，如草酸钙几乎不溶于水。

乙二酸的pK_{a1}=1.46，强于甲酸，加热到189℃时或遇浓硫酸会分解生成CO_2、CO和水。草酸根具有很强的还原性，可以使酸性高锰酸钾溶液褪色：

$$2KMnO_4 + 5H_2C_2O_4 + 3H_2SO_4 \longrightarrow K_2SO_4 + 2MnSO_4 + 10CO_2\uparrow + 8H_2O$$

这一反应在定量分析中用作测定高锰酸钾浓度的方法。

工业上制备乙二酸的方法主要是甲酸钠法：CO净化后在加压情况下与NaOH反应，生成甲酸钠，然后经高温脱氢生成草酸钠，再经钙化、酸化得到草酸：

$$CO + NaOH \xrightarrow[2\ MPa]{160\sim200℃} HCOONa$$

$$2\ HCOONa \xrightarrow{\triangle} (COONa)_2 \xrightarrow{Ca(OH)_2} \begin{matrix}COO\\|\\COO\end{matrix}\!\!>Ca \xrightarrow{H^+} \begin{matrix}COOH\\|\\COOH\end{matrix}$$

草酸酯在加热的条件下能脱去一个羰基，这个反应在合成中很有意义，比如，用草酸二苯酯脱羰基制备碳酸二苯酯：

$$C_6H_5-O\overset{O}{\overset{\|}{C}}-\overset{O}{\overset{\|}{C}}O-C_6H_5 \xrightarrow{\triangle} C_6H_5-O\overset{O}{\overset{\|}{C}}O-C_6H_5 + CO$$

由于草酸的强还原性，常用作除锈剂和漂白剂。草酸还可作为印染工业的媒染剂，亦用于稀土元素提取、催化剂制备以及合成各种草酸酯、草酸盐和草酰胺等产品。

(2) 丙二酸

丙二酸（malonic acid）又称胡萝卜酸，为无色片状晶体，能溶于水、醇、醚、丙酮和吡啶。丙二酸受热脱羧生成乙酸，利用这一性质使取代的丙二酸脱羧，即可合成各种羧酸。利用此性质，丙二酸酯在合成中的应用将在13.10节中详细叙述。

工业上常用以乙酸为原料制备丙二酸。制备过程如下：

$$CH_3COOH \xrightarrow[P]{Cl_2} \underset{CH_2COOH}{\overset{Cl}{|}} \xrightarrow[②\ NaCN]{①\ Na_2CO_3} \underset{CH_2COONa}{\overset{CN}{|}} \xrightarrow{H_3O^+} H_2C\begin{matrix}COOH\\COOH\end{matrix}$$

由于丙二酸本身不很稳定，它在有机合成中的应用是通过丙二酸二乙酯进行的。

(3) 己二酸

己二酸（hexanedioic acid）为白色单斜晶系结晶体或结晶性粉末，略有酸味，可燃，低毒。微溶于水、环己烷，溶于丙酮、乙醇、乙醚，不溶于苯、石油醚。

己二酸是工业上具有重要意义的二元羧酸，己二酸主要用作生产尼龙-66和工程塑料的原料，在有机合成、医药、润滑剂制造等方面均有重要应用，产量居所有二元羧酸中的第二位。

关于己二酸的多种制备方法，前面章节已经讲述。现总结如下：

① 环己烷氧化法　是目前工业上制备己二酸的主要方法。环己烷经空气氧化首先制备过氧化环己烷，其分解生成环己酮、环己醇混合物，再经氧化生成己二酸（参见2.7.5）。由苯经环己烷制备己二酸的反应如下：

$$\text{苯} \xrightarrow[\text{高压}]{H_2/Ni} \text{环己烷} \xrightarrow[\text{醋酸钴，醋酸}]{O_2} \begin{matrix} CH_2CH_2COOH \\ | \\ CH_2CH_2COOH \end{matrix}$$

② 苯酚法　工业上传统的制备方法是以苯酚为原料，先由苯酚氢化成环己醇，再硝化氧化生成环己酮，最后氧化得到己二酸。

$$\text{苯酚} + H_2 \xrightarrow[\triangle,\text{压力}]{\text{骨架镍}} \text{环己醇} \xrightarrow{HNO_3} \text{环己酮} \xrightarrow{[O]} \begin{matrix} CH_2CH_2COOH \\ | \\ CH_2CH_2COOH \end{matrix}$$

另外，环己烯直接用30%双氧水氧化成己二酸绿色合成路线已多有报道，因为H_2O_2的用量较大，生产成本上升，难以推广。

（4）苯二甲酸

苯二甲酸有邻、间、对三种异构体，都是重要的化工原料。邻苯二甲酸主要用于制取染料、聚酯树脂、涤纶、药物及增塑剂等；间苯二甲酸和对苯二甲酸都是制造芳纶的单体；另外对苯二甲酸还用于制造增塑剂、树脂、合成纤维涤纶等。

邻苯二甲酸（phthalic acid）为无色结晶或结晶性粉末，溶于甲醇和乙醇，微溶于水和乙醚，不溶于氯仿和苯。目前常用的制备方法是催化萘直接氧化为邻苯二甲酸酐，再水解来制备邻苯二甲酸。

$$\text{萘} \xrightarrow[400\sim450^\circ C]{O_2\text{（空气）},V_2O_5} \text{邻苯二甲酸酐} \xrightarrow[\text{② } HCl]{\text{① } NH_4OH} \text{邻苯二甲酸（}C_6H_4(COOH)_2\text{）}$$

三种二甲苯经氧化均能得到对应的苯二甲酸。石油轻馏分混合苯经加氢精制，催化重整，分离可获得混合二甲苯。采用超精馏的方法分离混合二甲苯即得到邻、间、对二甲苯。

邻二甲苯经氧化得到邻苯二甲酸酐，再水解得到邻苯二甲酸：

$$\text{邻二甲苯} + 3\,O_2 \xrightarrow[400\sim460^\circ C]{V_2O_5} \text{邻苯二甲酸酐} + 3\,H_2O$$

间苯二甲酸（isophthalic acid）是一种白色结晶性粉末或针状结晶，易溶于醇和冰醋酸，微溶于沸水，但不溶于冷水，几乎不溶于苯和石油醚。工业上间苯二甲酸以间二甲苯为原料，以醋酸钴为催化剂、乙醛为促进剂、乙酸为溶剂，低温液相氧化制得。

$$\text{间二甲苯} \xrightarrow[120℃,\ 0.6\ MPa]{O_2/Co(CH_3COO)_3} \text{间苯二甲酸}$$

对苯二甲酸（terephthalic acid，简称TPA，精对苯二甲酸简称PTA）常温下为固体，溶于碱溶液，稍溶于热乙醇，微溶于水，不溶于乙醚、冰醋酸和氯仿，可溶于DMF。由对二甲苯在钴盐催化下经空气氧化制得：

$$\text{对二甲苯} + O_2\text{（空气）} \xrightarrow[150\sim250℃]{\text{醋酸钴/醋酸}} \text{对苯二甲酸}$$

对苯二甲酸还可以由邻苯二甲酸钾转位法制备，即在$ZnCO_3$作用下，在1.2 ～ 1.5 MPa加热到420 ～ 450℃，转位生成对苯二甲酸钾，最后酸化得到对苯二甲酸。

对苯二甲酸是产量最大的二元羧酸，是生产聚酯，尤其是制备涤纶（聚对苯二甲酸乙二酯，polyethylene terephthalate，PET）的原料。工业上传统制备涤纶的方法是采用对苯二甲酸二甲酯与乙二醇进行酯交换反应，然后进一步缩聚即得聚酯纤维“涤纶”。

$$n\ H_3COOC-C_6H_4-COOCH_3 \xrightarrow[\text{醋酸锌，}200℃\ (-2n\ CH_3OH)]{2n\ HOCH_2CH_2OH} n\ HO(CH_2)_2OOC-C_6H_4-COO(CH_2)_2OH$$

$$\xrightarrow[(-n\ HOCH_2CH_2OH)]{Sb_2O_3/275℃} \left[\overset{O}{\overset{\|}{C}}-C_6H_4-\overset{O}{\overset{\|}{C}}OCH_2CH_2-O \right]_n$$

随着对苯二甲酸精制技术的提高，目前采用高纯对苯二甲酸与过量乙二醇在200℃下直接酯化生成低聚合度的聚苯二甲酸乙二醇酯（n=1～ 4），然后在280℃下酯交换（终缩聚）成高聚合度（n=100 ～ 200）的最终产品。这条路线是目前生产聚酯纤维“涤纶”优先选用的最经济的方法。

在工业生产中，**酯交换反应**（transesterification）是常用的由一种酯制备另外一种酯的方法，即酯与醇（酚）在酸或碱催化条件下生成新酯和新醇（酚）的反应。

$$RCOOR' + R''OH \xrightleftharpoons{H^+\text{或}OH^-} RCOOR'' + R'OH$$

酯和羧酸在一定条件下也可以进行酯交换反应，生成新酯和新的羧酸。

酯交换是可逆的，可利用蒸馏的方法将反应过程中生成的沸点较低的酯或醇连续蒸出，使平衡向生成物方向移动。例如：碳酸二苯酯（DPC）主要用于工程塑料聚碳酸酯的合成原料。先由草酸二甲酯与苯酚进行酯交换合成草酸二苯酯（DPO）：

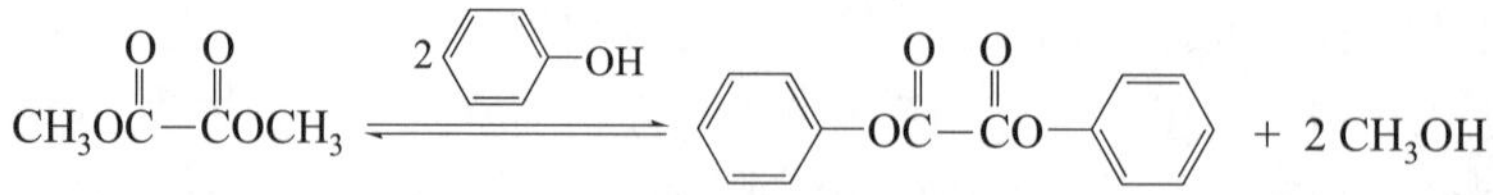

$$CH_3OOC{-}COOCH_3 + 2\,C_6H_5OH \rightleftharpoons C_6H_5OOC{-}COOC_6H_5 + 2\,CH_3OH$$

然后DPO加热脱羰基制备碳酸二苯酯（DPC）。该工艺路线采用“煤制乙二醇”工艺生产的中间体草酸二甲酯为原料来合成碳酸二苯酯，拓宽了煤化工下游产品，适合我国国情，是近年来颇受关注的生产DPC绿色工艺路线。

13.6 羟基酸

羟基酸（hydroxy acid）是分子中同时含有羟基和羧基的化合物。根据其结构可分为脂肪族羟基酸（又叫醇酸）和芳香族羟基酸（又叫酚酸）两类。

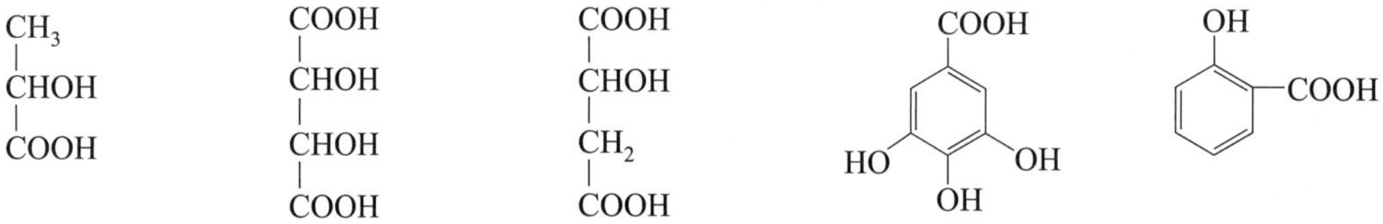

$CH_3CH(OH)COOH$

乳酸
2-羟基丙酸

$HOOC{-}CH(OH){-}CH(OH){-}COOH$

酒石酸
2,3-二羟基丁二酸

$HOOC{-}CH(OH){-}CH_2{-}COOH$

苹果酸
2-羟基丁二酸

$3,4,5\text{-}(HO)_3C_6H_2COOH$

没食子酸
3,4,5-三羟基苯甲酸

$o\text{-}HOC_6H_4COOH$

水杨酸
邻羟基苯甲酸

13.6.1 羟基酸的性质

羟基酸一般为结晶固体或黏稠液体，在水中的溶解度高于相应的醇和羧酸，熔点高于相应的羧酸。醇酸既有醇又有酸的反应。酚酸能发生酸和酚的反应，也能在芳环上进行卤代、硝化、磺化等反应。

由于羟基是吸电子基团，因此脂肪族羟基酸的酸性增强。对于芳香族羟基酸来讲，当羟基和羧基处于邻位时，可形成分子内氢键，有利于羧酸根负离子稳定，酸性增强。羟基与羧基的相对位置对羟基酸的酸性影响，参见13.3.1。

由于羟基和羧基的相对位置不同，不同结构的羟基酸具有一些特殊的性质。

（1）α-羟基酸的反应

α-羟基酸受热时，二分子之间交互缩合脱去二分子水而生成环状交酯：

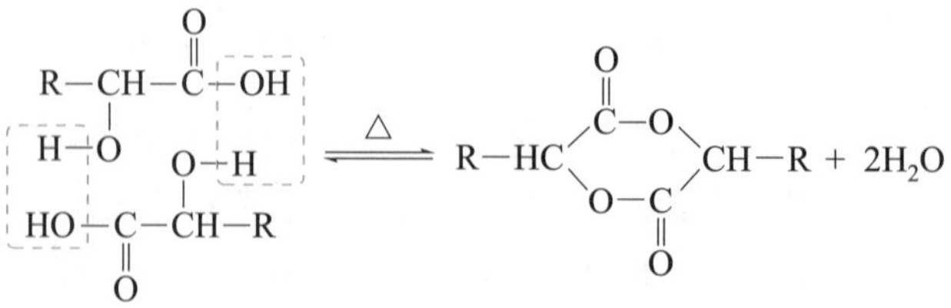

$$2\,R{-}CH(OH){-}COOH \xrightleftharpoons{\triangle} \text{交酯（}R{-}HC\langle{}^{C(=O)-O}_{O-C(=O)}\rangle CH{-}R\text{）} + 2H_2O$$

交酯

聚乳酸是一种生物可降解塑料。乳酸可直接缩聚生成聚乳酸，但缩聚产生的水又可将聚乳酸水解，这种方法得到的聚乳酸聚合度低，质量不高。工业上制备聚乳酸时，先制备交酯，然后再开环聚合，这样可制备高聚合度的聚乳酸：

$$n\,CH_3\underset{\text{乳酸}}{\overset{OH}{\overset{|}{C}}HCOOH} \xrightarrow{\triangle} \frac{n}{2}\,CH_3-HC\langle\begin{matrix}C(=O)-O\\O-C(=O)\end{matrix}\rangle CH-CH_3 \xrightarrow{\text{开环聚合}} \left[-O\underset{CH_3}{\underset{|}{C}H}-\overset{O}{\overset{\|}{C}}-\right]_n$$

α-羟基酸中的羟基比醇中的羟基更容易被氧化，生成的醛酸或酮酸很不稳定，易分解或被继续氧化。例如：

$$\underset{\text{羟基乙酸}}{\underset{OH}{\underset{|}{CH_2}}COOH} \xrightarrow{[O]} \underset{\text{乙醛酸}}{H\underset{O}{\underset{\|}{C}}COOH} \xrightarrow{[O]} \underset{\text{乙二酸}}{HOOCCOOH}$$

稀硫酸或高锰酸钾与α-羟基酸共热，会使羧基和α-碳原子之间的键断裂，分解脱羧生成醛、酮或羧酸。这个氧化反应在有机合成上可用来缩短碳链。

当α-羟基相连接的碳为仲碳原子时，α-羟基酸与稀硫酸共热，生成醛和甲酸；在强氧化剂酸性高锰酸钾条件下，α-羟基酸则生成少一个碳原子的羧酸。

$$R\underset{OH}{\underset{|}{C}H}-COOH \xrightarrow{\text{稀}H_2SO_4} RCHO + HCOOH$$

$$R\underset{OH}{\underset{|}{C}H}-COOH \xrightarrow[H_2SO_4,\triangle]{KMnO_4} RCOOH + CO_2 + H_2O$$

当α-羟基相连接的碳为叔碳原子时，在强氧化剂条件下则生成少一个碳原子的酮：

$$R-\underset{OH}{\underset{|}{\overset{R'}{\overset{|}{C}}}}-COOH \xrightarrow[H^+,\triangle]{KMnO_4} R-\overset{O}{\overset{\|}{C}}-R' + CO_2 + H_2O$$

（2）β-羟基酸的反应

在稀酸或稀碱的条件下，β-羟基酸加热时分子内脱去一分子水而成不饱和酸，例如，β-羟基丁酸可脱水而成丁-2-烯酸：

$$CH_3\underset{OH}{\underset{|}{C}H}-\underset{H}{\underset{|}{C}H}COOH \xrightarrow[\triangle]{\text{稀}H^+\text{或稀}OH^-} CH_3CH=CHCOOH$$

当β-羟基相连接的碳为仲碳原子时，在碱性高锰酸钾条件下加热，先生成β-酮酸，加热则脱羧，生成少一个碳原子的酮：

$$\underset{\mathrm{OH}}{\overset{\beta}{\mathrm{RCHCH_2COOH}}} \xrightarrow[\mathrm{OH^-},\ \triangle]{\mathrm{KMnO_4}} \underset{\mathrm{O}}{\overset{\beta}{\mathrm{RCCH_2COOH}}} \xrightarrow[-\mathrm{CO_2}]{\triangle} \underset{\mathrm{O}}{\mathrm{RCCH_3}}$$

（3）γ-和δ-羟基酸的反应

γ-和δ-羟基酸加热分别生成五元和六元环的内酯。例如，γ-羟基丁酸加热时分子内脱去一分子水而成γ-丁内酯。

$$\mathrm{HOCH_2CH_2CH_2\overset{O}{\overset{\|}{C}}OH} \xrightarrow{\triangle} \text{(γ-丁内酯)} + \mathrm{H_2O}$$

γ-丁内酯

羧基和羟基相隔5个及5个以上碳原子的羟基酸，受热后则发生分子间的酯化脱水，生成链状聚酯：

$$m\,\mathrm{HO(CH_2)_nCOOH} \xrightarrow{\triangle} \mathrm{H{+}O(CH_2)_nCO{+}_mOH} + (m-1)\mathrm{H_2O} \qquad (n \geqslant 5)$$

练习题 13-5： 完成下列转化，写出主要产物。

（1）$\text{环己基}-\underset{}{\overset{\mathrm{OH}}{\mathrm{CHCH_2COOH}}} \xrightarrow[\mathrm{OH^-},\ \triangle]{\mathrm{KMnO_4}} \xrightarrow[-\mathrm{CO_2}]{\triangle} (\mathrm{A}) \xrightarrow{\mathrm{NaOI}} (\mathrm{B}) + (\mathrm{C})$

（2）$\mathrm{HOCH_2CH_2\underset{CH_3}{CH}CH_2\overset{O}{\overset{\|}{C}}OH} \xrightarrow{\triangle} (\mathrm{A})$

13.6.2 羟基酸的制备

（1）α-羟基酸的制备

α-羟基酸的制备一般有两种途径，一是由羧酸引入羟基，二是由含有羟基的化合物引入或转化生成羟基酸。

由α-卤代酸水解引入羟基，制备α-羟基酸，此反应产率较高。例如：

$$\mathrm{CH_3CH_2CH_2COOH} \xrightarrow[\mathrm{P}]{\mathrm{Br_2}} \mathrm{CH_3CH_2\underset{Br}{C}HCOOH} \xrightarrow{\mathrm{H_2O/OH^-}} \mathrm{CH_3CH_2\underset{OH}{C}HCOOH}$$

α-羟基酸还可以由α-羟基腈的水解制备。而α-羟基腈可从羰基化合物与HCN加成而得。例如，工业上乳腈法制备乳酸是由乙醛与HCN加成、水解而得：

$$CH_3CHO \xrightarrow{HCN} CH_3-\underset{}{\overset{OH}{|}}{CH}CN \xrightarrow[H_2SO_4]{H_2O} CH_3\overset{OH}{\overset{|}{C}}HCOOH$$

乳酸

又如：扁桃酸（α-羟基苯乙酸）为多种药物的中间体，由苯甲醛与HCN制备如下：

$$C_6H_5-CHO \xrightarrow[HCl]{NaCN} C_6H_5-\overset{OH}{\overset{|}{C}}HCN \xrightarrow[\triangle]{浓HCl} C_6H_5-\overset{OH}{\overset{|}{C}}HCOOH$$

扁桃酸

需要注意，酮与HCN加成生成α-羟基腈的产率受酮基两端取代基位阻效应的影响：

$$CH_3CH_2\overset{O}{\overset{\|}{C}}CH_3 + HCN \xrightarrow{KCN} CH_3CH_2\underset{CH_3}{\underset{|}{\overset{OH}{\overset{|}{C}}}}CN \quad 95\%$$

$$(CH_3)_3C-\overset{O}{\overset{\|}{C}}-C(CH_3)_3 + HCN \xrightarrow{KCN} CH_3CH_2\underset{CH_3}{\underset{|}{\overset{OH}{\overset{|}{C}}}}CN \quad <5\%$$

练习题 13-6：完成下列转化，写出主要产物。

（1）$CH_3(CH_2)_{10}COOH \xrightarrow[②H_2O/OH^-]{①Br_2/P}$（A）$\xrightarrow[\triangle]{稀H_2SO_4}$（B）+（C）

（2）环戊酮 $\xrightarrow{HCN}$（A）$\xrightarrow[② H^+]{① H_2O/OH^-}$（B）$\xrightarrow{\triangle}$（C）

（2）β-羟基酸的制备

β-羟基酸可由β-羟基腈水解制备。而β-羟基腈可由烯烃与次氯酸加成后，再与KCN作用得到。例如：

$$RCH=CH_2 \xrightarrow{HOCl} \underset{OH}{\underset{|}{RCH}}-\underset{Cl}{\underset{|}{CH_2}} \xrightarrow{KCN} \underset{OH}{\underset{|}{RCH}}-\underset{CN}{\underset{|}{CH_2}} \xrightarrow{H_3O^+} \underset{OH}{\underset{|}{RCH}}CH_2COOH$$

雷福尔马茨基（Reformatsky）反应是一个很好的制备β-羟基酸（酯）的方法。该方法用α-溴代酸酯在惰性溶剂中与锌粉制成有机锌试剂，再与醛或酮的羰基发生亲核加成，水解生成β-羟基酸酯，酯基继续水解则得到β-羟基酸。例如：

$$Zn + BrCH_2COOC_2H_5 \xrightarrow{醚} \underset{有机锌试剂}{BrZnCH_2COOC_2H_5} \xrightarrow{RCHO} \underset{OZnBr}{\underset{|}{RCH}}CH_2COOC_2H_5$$

$$\xrightarrow[HCl]{H_2O} \underset{OH}{\underset{|}{RCH}}CH_2COOC_2H_5 \xrightarrow{H_2O} \underset{OH}{\underset{|}{RCH}}CH_2COOH + C_2H_5OH$$

该反应的机理与格利雅试剂与羰基反应的机理类似，但有机锌试剂的亲核性弱于格利雅试剂，故不影响酯基。例如：

$$CH_3CH_2CH(Br)COOCH_3 \xrightarrow[60℃]{Zn/THF} CH_3CH_2CH(ZnBr)COOCH_3 \xrightarrow[②\ H_3O^+]{①\ \text{(O, OCH}_3\text{)}} \text{(HO, C}_2\text{H}_5\text{, OCH}_3\text{, O, H}_3\text{CO)}$$

α-卤代酯中因氟和氯代酯不活泼，而碘代酯较难制备，故常用溴代酸酯。反应溶剂需用绝对无水有机溶剂，常用的有乙醚、THF、苯等。雷福尔马茨基反应适用面较广，只有当反应物酮的两侧取代基空间位阻过大时，反应才难以发生。

13.6.3 重要的羟基酸

（1）乳酸

乳酸（lactic acid）的系统命名为*α*-羟基丙酸。因分子中有一个不对称碳原子，所以乳酸有2种光学异构体：右旋乳酸（L-乳酸）和左旋乳酸（D-乳酸）。常温下乳酸为白色结晶，无气味，具有吸湿性，能与水、乙醇、甘油等混溶，不溶于氯仿、石油醚等。

工业制备乳酸的方法有发酵法和合成法（如乳腈法）。人工催化葡萄糖或能水解为葡萄糖的物质，如淀粉、纤维素等来制备乳酸也多有报道。发酵法是由葡萄糖在乳酸菌作用下发酵制得，原料一般是玉米、大米、甘薯等淀粉质原料。

$$\underset{\text{葡萄糖}}{C_6H_{12}O_6} \xrightarrow[30\sim45℃]{\text{乳酸菌}} \underset{\text{乳酸}}{2\ CH_3\overset{\overset{\displaystyle OH}{|}}{C}HCOOH}$$

食用乳酸有很强的防腐保鲜功效，可作为调味料、食品酸味剂等。工业乳酸可用于皮革、纺织等行业。

聚乳酸（polylactic acid，PLA）是可降解塑料，可用作手术缝合线，能自动降解成乳酸被人体吸收。

（2）乙醇酸

乙醇酸（glycolic acid），又名羟基乙酸，为无色易潮解的晶体，溶于水，溶于甲醇、乙醇、乙酸乙酯等有机溶剂，微溶于乙醚，不溶于烃类。

聚乙醇酸（polyglycolic acid，PGA）是一种具有良好生物降解性和生物相容性的合成高分子材料，受到国家政策和财税的支持，近期发展很快。

2022年9月，世界首套万吨级煤基可降解材料聚乙醇酸项目打通全部生产流程，在我国正式投产，该项煤基制备聚乙醇酸的技术采用“草酸酯法”。

草酸酯是煤基乙二醇制备的中间产品（参见10.5.3），其部分氢化则得到乙醇酸甲酯，然后水解生成乙醇酸，加热生成乙交酯，再开环聚合生成聚乙醇酸：

$$H_3CO-\overset{O}{\overset{\|}{C}}-\overset{O}{\overset{\|}{C}}-OCH_3 \xrightarrow[Cu/SiO_2]{2H_2} H_3CO-\overset{O}{\overset{\|}{C}}-CH_2OH + CH_3OH$$

草酸二甲酯　　　　　　　　乙醇酸甲酯

$$2HOCH_2\overset{O}{\overset{\|}{C}}OCH_3 \xrightarrow{水解} 2HOCH_2\overset{O}{\overset{\|}{C}}OH \xrightarrow{\triangle}$$

乙交酯

经过中试及工程化研究，具有自主知识产权的“甲缩醛羰基化制甲氧基乙酸甲酯及水解制乙醇酸甲酯技术”2022年也通过了技术鉴定，反应过程如下：

$$CH_3OCH_2OCH_3 \xrightarrow[磷酸硅铝]{CO} CH_3OCH_2\overset{O}{\overset{\|}{C}}OCH_3 \xrightarrow{水解} HOCH_2\overset{O}{\overset{\|}{C}}OCH_3$$

阅读与思考

煤制聚乙醇酸可生物降解塑料，是我国煤化工企业实现低碳绿色转型的一条重要途径。目前乙醇酸的制备有“草酸酯”和“甲缩醛羰基化”等路线。查阅资料，了解这两种煤化技术路线由煤制甲醇为原料的化学转化过程。

（3）邻羟基苯甲酸（水杨酸）与对羟基苯甲酸

水杨酸（salicylic acid）的系统命名为邻羟基苯甲酸，为无色针状结晶，有特殊的酚酸味，熔点159℃。水杨酸微溶于冷水，易溶于热水、乙醇、乙醚和丙酮，溶于热苯，加热至熔点以上，则脱羧生成苯酚。其水溶液与$FeCl_3$呈蓝紫色。

PAS　　　　　　阿司匹林　　　　　　长效缓释阿司匹林

水杨酸不仅是制备染料、香料的重要原料，而且本身就是一种用途极广的消毒防腐剂，作为医药中间体可用于合成阿司匹林、抗结核药物对氨基水杨酸（PAS）、新型消炎解热药物贝诺酯（扑炎痛）等数百种药物。例如，以水杨酸为原料制备阿司匹林：

水杨酸 $\xrightarrow[\text{或}CH_3COCl]{(CH_3CO)_2O}$ 阿司匹林

阿司匹林是应用最早、最广和最普通解热镇痛药、抗风湿药。1982年长效缓释阿司匹林研制成功，当聚合物进入人体后，在胃酸的作用下缓慢水解释放出阿司匹林，使得阿司匹林的作用效果更具有持续性。

工业上用**柯尔贝-施密特法**制备水杨酸，在加压、加热下，酚钠与CO_2作用后酸化制得。这个方法是由柯尔贝（H. Kolbe）提出、施密特（R.Schmitt）加以改进的。

$\xrightarrow[0.5\ MPa]{>100℃}$ $\longrightarrow$ $\xrightarrow{HCl}$

上述反应的产品中还含有少量的对位异构体。邻、对位产物的比例取决于碱金属离子的大小和反应温度，当反应温度高于220℃，或用碱金属离子半径较大的K^+替代Na^+，则对位产物成为主要产物：

$\xrightarrow{KOH}$ $\xrightarrow[0.5\ MPa,\ 240℃]{CO_2}$ $\xrightarrow{H^+}$

对羟基苯甲酸主要作为精细化工产品的基础原料，尼泊金酯类即对羟基苯甲酸酯，作为食品、医药和化妆品的防腐剂，已得到广泛应用，具有广泛用途的新型耐高温聚合物对羟基苯甲酸类聚酯也以此为基本原料。

13.7 羧酸衍生物

羧酸衍生物是指羧酸分子中羧基上的羟基被其它原子或原子团取代的化合物。羧酸及其衍生物羧酸酯（carboxylic acid ester）、羧酸酐（acid anhydride）、酰卤（acyl halide）、酰胺（amide）及*N*-取代酰胺的结构如下：

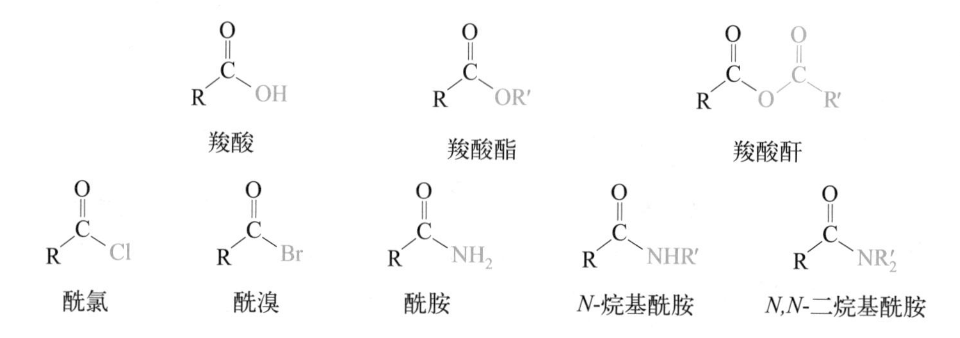

13.7.1 羧酸衍生物的命名

酰卤是以所含的酰基名称加相应的卤原子来命名的。

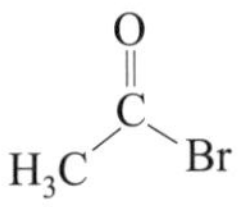

$H_3C-C(=O)-Br$　　$O_2N-C_6H_4-C(=O)-Cl$　　$CH_2=CH-C(=O)-Cl$

乙酰溴 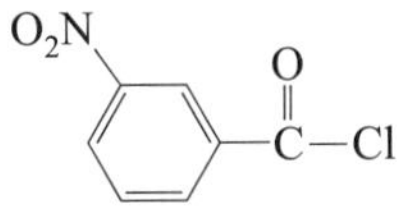　　间硝基苯甲酰氯 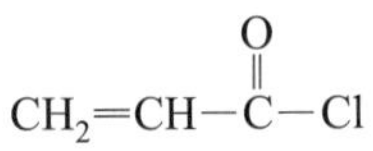　　丙烯酰氯

酸酐由羧酸脱水而来。通常以它的酸命名为“某酸酐”。由两种不同的羧酸脱水形成的酸酐叫混酐，命名时按两种羧酸的英文字母顺序称为“某酸某酸酐”。

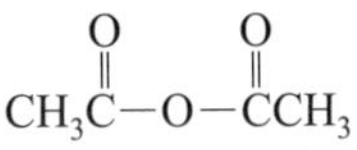

$CH_3C(=O)-O-C(=O)CH_3$　　$CH_3C(=O)-O-C(=O)CH_2CH_3$

乙酸酐（醋酸酐） 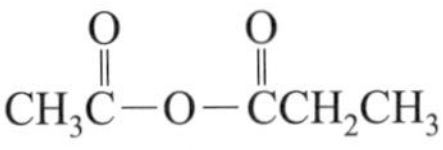　乙丙酸酐 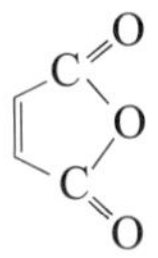　马来酸酐 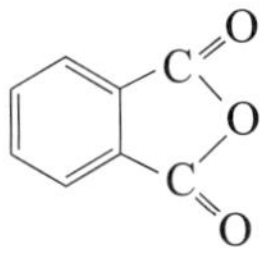　邻苯二甲酸酐

酯的命名是在相应的羧酸名称后加上醇（酚）的烷基（芳基）来命名，称为“某酸某酯”；多元酸的酯有多个烷基（芳基）取代基时，按英文字母顺序排列；多元醇形成的酯则命名为“某醇某酸酯”。

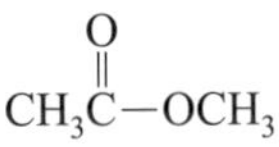

$CH_3C(=O)-OCH_3$　　$C_6H_5-C(=O)-O-C_6H_5$　　$CH_3OC(=O)-CH_2-C(=O)OCH_2CH_3$　　CH_2OCOCH_3 / CH_2OCOCH_3

乙酸甲酯 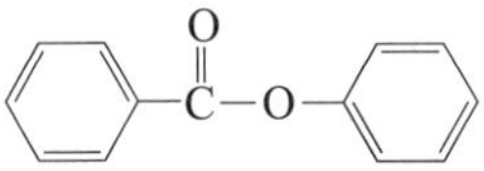　苯甲酸苯酯 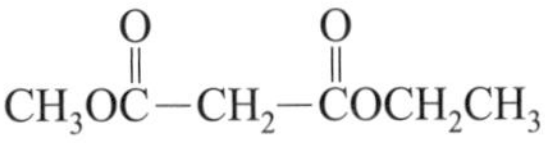　丙二酸乙甲酯 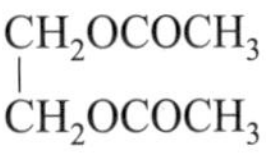　乙二醇二乙酸酯

环酯称为“内酯”(lactone)，在内酯前加上原羧基和醇羟基的位次，羧基在1位的1可省。

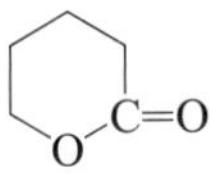

C=O　　$CH_2-C(=O)-O$ / CH_2CH_2

戊-1,5-内酯（δ-戊内酯） 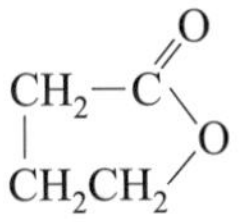　丁-4-内酯（γ-丁内酯）

酰胺的命名是用酰基加上胺来命名，酰胺分子中氮上的氢原子被烃基取代后生成的取代酰胺，称为*N*-烃基“某”酰胺，单酰胺的*N*-苯基衍生物也可用“酰苯胺”作后缀替换“酰胺”；两个酰基连在同一氮原子上形成酰亚胺（imide）；由氨基和羧基分子内缩合形成的酰胺称为内酰胺（lactam）。

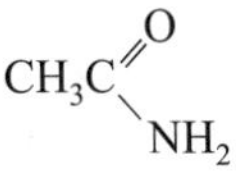

$CH_3C(=O)NH_2$　　$C_6H_5-C(=O)-N(CH_3)_2$　　$C_6H_5-NHC(=O)CH_3$　　NH　　C=O, NH

乙酰胺 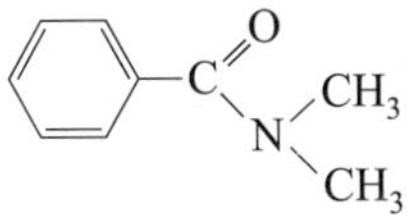　*N,N*-二甲基苯甲酰胺 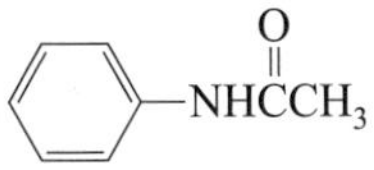　乙酰苯胺 *N*-苯基乙酰胺　邻苯二甲酰亚胺 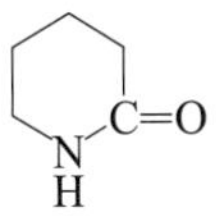　戊-5-内酰胺

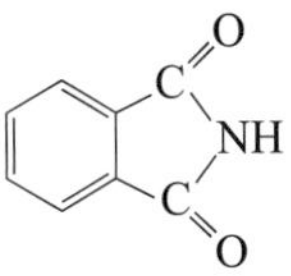

含有多个官能团的羧酸衍生物，命名时按官能团优先级，确定主体基团作为母体，其余官能团作为取代基来命名。

13.7.2 羧酸衍生物的物理性质

酯、酸酐、酰卤分子中均无羟基，故分子间无法形成氢键，分子间不能缔合。一些常见羧酸衍生物的物理常数列于表13.2中。

酯的沸点比相应的羧酸低，与同碳原子数的醛、酮相近。低级酯通常是具有水果香味的无色液体，如乙酸异戊酯具有香蕉的香气，可用作香料。酯在水中的溶解度较小，但能与有机溶剂互溶，常作为溶剂使用。

低级酸酐为无色液体，具有刺激性气味，沸点常比相应的羧酸高，但比分子量相当的羧酸低。高级的酸酐为固体。

酰氯多为无色液体或白色低熔点固体，酰氯的沸点比相应的羧酸低；低级的酰氯易溶于有机溶剂，遇水剧烈水解，放出刺激性的HCl，故酰氯一般需封闭保存。

表13.2 常见羧酸衍生物的物理常数

化合物	熔点/℃	沸点/℃	化合物	熔点/℃	沸点/℃
甲酸甲酯	−100	32	苯甲酸酐	42	360
甲酸乙酯	−80	54	丁二酸酐	119.6	261
乙酸甲酯	−98	57.5	顺丁烯二酸酐	52.8	202
乙酸乙酯	−83	77	邻苯二甲酸酐	130.8	284
乙酸异戊酯	−78	142	甲酰胺	2.5	200（分解）
苯甲酸乙酯	−34	213	乙酰胺	81	221
乙酰乙酸乙酯	−45	180.8	丙酰胺	79	213
乙酰氯	−112	51	苯甲酰胺	130	290
丙酰氯	−94	80	*N,N*-二甲基甲酰胺	−61	153
苯甲酰氯	−1	197	邻苯二甲酰亚胺	238	升华
乙酸酐	−73	140	己内酰胺	68～70	262

酰胺除甲酰胺外，大部分为固体，分子之间由于氮原子氢键的缔合作用，其沸点比相应的羧酸高，溶解度也较大。

低级的酰胺能溶于水。氨基上氢原子被烃基取代后，氢键的缔合作用减小或消失，沸点降低。一些液态的酰胺是性能优良的溶剂，如 *N,N*-二甲基甲酰胺（DMF），是很好的极性非质子溶剂，不但可以溶解有机化合物，也可以溶解无机物。

13.7.3 羧酸衍生物的化学性质

（1）亲核加成-消除反应

羧酸衍生物也称酰基化合物（acyl compound），其发生水解、醇解和氨解后，产物可视为羧酸衍生物中的酰基（RCO—）取代了 H_2O、ROH和NH_3（含RNH_2、R_2NH）中的氢原子，形成羧酸、酯和酰胺等取代产物。该取代反应历程属于亲核取代反应，经历加成-消除过程：

$$R-\overset{O}{\overset{\|}{C}}-L + H-\ddot{N}u \underset{\text{慢}}{\overset{\text{亲核加成}}{\rightleftharpoons}} R-\underset{Nu}{\overset{O-H}{C}}-L \underset{\text{快}}{\xrightarrow{\text{消除}}} R-\overset{O}{\overset{\|}{C}}-Nu + L-H$$

“H—Nu”为进攻的亲核试剂，即H_2O、ROH、NH_3、RNH_2或R_2NH等；L为离去基团，碱性越弱越容易离去。在亲核取代反应中，羰基化合物的反应活性次序为：

酰卤＞酸酐＞醛＞酮＞羧酸≈酯＞酰胺

酰氯的活泼性最大，酸酐次之。所以酰氯、酸酐在有机合成中常用作酰化剂。

① 水解反应 羧酸衍生物通过水解反应生成酸。

酰卤很容易水解，反应激烈，常需要冰浴冷却；酸酐在室温或加热的条件下水解。

$$CH_3COCl + H_2O \longrightarrow CH_3COOH + HCl$$

$$\text{马来酸酐} + H_2O \xrightarrow{\text{室温}} \text{(H)(COOH)C=C(H)(COOH)} \quad (94\%)$$

酯在酸催化下的水解为可逆反应，在碱催化下可以完全水解，得到的是羧酸盐。酰胺亲核反应活性较弱，其水解需要在酸或碱催化下，长时间加热回流才能反应。

$$C_6H_5-\overset{O}{\overset{\|}{C}}OC_2H_5 \xrightarrow[NaOH]{H_2O} C_6H_5-\overset{O}{\overset{\|}{C}}ONa + C_2H_5OH$$

$$Br-C_6H_4-NH\overset{O}{\overset{\|}{C}}CH_3 \xrightarrow[KOH,\ C_2H_5OH,\ \triangle]{H_2O} CH_3\overset{O}{\overset{\|}{C}}OK + Br-C_6H_4-NH_2 \quad (95\%)$$

② 醇解反应 羧酸衍生物通过醇解（alcoholysis）反应生成酯。

酰卤、酸酐与醇（或酚）的酯化反应很容易进行，是制备酯的重要方法。由于反应中有HCl或羧酸生成，故加入碱中和，如吡啶、三乙胺等，能促进反应的进行。一些难以制备的酯，如酚酯，可以通过酰卤或酸酐与酚（或其钠盐）反应来制备：

$$C_6H_5COCl + HOC_6H_5 \xrightarrow{\text{吡啶}} C_6H_5COOC_6H_5 + HCl$$

$$\text{丁二酸酐} \xrightarrow{PhCH_2OH} H_2C(COOCH_2C_6H_5)-H_2C(COOH) \xrightarrow[H^+,\triangle]{PhCH_2OH} H_2C(COOCH_2C_6H_5)-H_2C(COOCH_2C_6H_5)$$

酰胺的醇解为可逆反应，需要过量的醇才能生成酯并放出氨。

$$R-\overset{O}{\overset{\|}{C}}-NH_2 + R'OH \rightleftharpoons R-\overset{O}{\overset{\|}{C}}-OR' + NH_3$$

酯的醇解又叫**酯交换反应**。酯交换反应在工业上应用很广，涤纶的生产就是通过对苯二甲酸二甲酯与乙二醇进行酯交换，然后缩聚来制备［参见13.5.2（4）］。酚也可与酯进行酯交换反应，如高效低毒广谱杀虫剂西维因的制备中，用碳酸二甲酯替代光气实现了绿色合成，第一步就是α-萘酚与碳酸二甲酯进行酯交换反应得到中间体：

$$\alpha\text{-}C_{10}H_7OH + CH_3O\overset{O}{\overset{\|}{C}}OCH_3 \xrightarrow{H^+} \alpha\text{-}C_{10}H_7OCOOCH_3 + CH_3OH$$

③ **氨解反应** 羧酸衍生物通过与氨或胺反应生成酰胺或取代酰胺的反应称为氨解反应（ammonolysis reaction）。

酯需要在无水条件下与过量的氨（胺）才能发生氨解反应。西维因制备的第二步就是中间体（酯）与甲胺进行的氨解反应：

$$\alpha\text{-}C_{10}H_7OCOOCH_3 + CH_3NH_2\ (\text{过量}) \longrightarrow \alpha\text{-}C_{10}H_7OCONHCH_3 + CH_3OH$$

西维因

由于氨（胺）的亲核性强于水、醇，故酰卤、酸酐的氨解比水解、醇解容易，常用来制备酰胺或取代酰胺。

$$(CH_3)_2CHCOCl + NH_3 \longrightarrow (CH_3)_2CHCONH_2 + HCl$$

$$C_6H_5NHCH_3 \xrightarrow[\text{或}CH_3COCl]{(CH_3CO)_2O} C_6H_5-\underset{CH_3}{N}-\overset{O}{\overset{\|}{C}}-CH_3$$

N-甲基-*N*-苯基乙酰胺

酸酐的氨解，第一步会生成酰胺和羧酸（铵盐），环状酸酐与过量的氨作用，加热可以生成环状酰亚胺。溴化剂NBS（*N*-溴代丁二酰亚胺）的制备如下：

丁二酰亚胺　　N-溴代丁二酰亚胺

酰胺也可以进行氨解反应，如己内酰胺制备尼龙-66原料己二胺，其核心技术"氨化-脱水"制备6-氨基己腈已经实现了国产化，后者催化加氢即可得到己二胺。

$$\text{己内酰胺} \xrightarrow{NH_3} H_2N(CH_2)_5\overset{O}{\overset{\|}{C}}NH_2 \xrightarrow[350℃]{\text{磷酸基催化剂}} H_2N(CH_2)_5CN$$

练习题 13-7： 完成下列反应式，写出主要有机产物。

（1）$\xrightarrow[H^+]{BrCH_2CH_2OH}$（A）　（2）$HC-^{18}OCH_3 \xrightarrow[\text{(过量)}]{(CH_3)_2NH}$（A）+（B）

（3）$\xrightarrow[NaOH]{HN}$（A）

（4）$\xrightarrow[\text{② } H_3O^+]{\text{① NaOH溶液}}$（A）$\xrightarrow{(CH_3CO)_2O}$（B）

④ 与格利雅试剂的反应　酰卤、酸酐、酯和酰胺与过量格利雅试剂反应的通式如下：

$$R-\overset{O}{\overset{\|}{C}}-L \xrightarrow[\text{醚}]{R'MgX} R-\underset{R'}{\overset{OMgX}{C}}-L \xrightarrow{-MgXL} R-\overset{O}{\overset{\|}{C}}-R' \xrightarrow[\text{② } H_3O^+]{\text{① } R'MgX} R-\underset{R'}{\overset{OH}{C}}-R'$$

除甲酸酯与格利雅试剂生成仲醇以外，其它羧酸衍生物均可生成有两个相同烃基的叔醇：

$$(CH_3)_2CH\overset{O}{\overset{\|}{C}}OC_2H_5 \xrightarrow[\text{乙醚}]{2\ CH_3MgI} \xrightarrow{H_3O^+} (CH_3)_2CH-\underset{CH_3}{\overset{OH}{C}}-CH_3 \quad 92\%$$

$$CH_3\overset{O}{\overset{\|}{C}}-Cl + CH_3CH_2MgCl \xrightarrow[-70℃]{\text{醚}} \underset{72\%}{CH_3\overset{O}{\overset{\|}{C}}-CH_2CH_3} \xrightarrow[\text{② } H_2O]{\text{① } CH_3CH_2MgCl} CH_3-\underset{CH_2CH_3}{\overset{OH}{C}}-CH_2CH_3$$

酯与格利雅试剂反应，由于中间产物酮比酯的反应活性高，故继续反应生成叔醇。酰卤、酸酐的反应活性高于酮，在低温下与等物质的量的格利雅试剂反应可得到产率较高的酮：

$$(CH_3)_3CCOCl \xrightarrow[\text{无水乙醚, -70℃}]{(CH_3)_3CMgCl} (CH_3)_3C-\overset{\overset{\displaystyle O}{\|}}{C}-C(CH_3)_3 \quad 80\%$$

酰胺的反应活性低，且其氮原子上有活泼氢，也要消耗格利雅试剂，所以很少使用。

练习题 13-8： 完成下列反应，写出主要有机产物。

（1）$HCOOCH_3 \xrightarrow[\text{乙醚}]{C_6H_5MgBr(\text{足量})} \xrightarrow{H_3O^+}$ （A）

（2）$CH_3COCl + CH_3(CH_2)_2CH_2MgCl \xrightarrow[-70℃]{\text{乙醚}}$ （B）

⑤ 酯缩合反应 具有α氢原子的两分子酯，在碱（C_2H_5ONa、$NaNH_2$等）作用下，经过“亲核加成-消除”过程，失去一分子醇，缩合生成β-羰基酯的反应，叫克莱森（Claisen）酯缩合反应：

$$\underset{\underset{\displaystyle R}{|}}{CH_2}\overset{\overset{\displaystyle O}{\|}}{C}OR' + H\underset{\underset{\displaystyle R}{|}}{CH}\overset{\overset{\displaystyle O}{\|}}{C}OR' \xrightarrow[\text{② }H^+]{\text{① }NaOC_2H_5} \underset{\underset{\displaystyle R}{|}}{CH_2}\overset{\overset{\displaystyle O}{\|}}{C}\underset{\underset{\displaystyle R}{|}}{CH}\overset{\overset{\displaystyle O}{\|}}{C}OR' + R'OH$$

β-羰基酯

乙酰乙酸乙酯，俗称“三乙”，在有机合成上有重要应用，其合成如下：

$$C_2H_5O\overset{\overset{\displaystyle O}{\|}}{C}\overset{\alpha}{C}H_3 \xrightarrow{NaOC_2H_5} C_2H_5O\overset{\overset{\displaystyle O}{\|}}{C}\overset{-}{C}H_2 \xrightarrow{CH_3\overset{\overset{\displaystyle O}{\|}}{C}OC_2H_5} CH_3\overset{\overset{\displaystyle O}{\|}}{C}CH_2\overset{\overset{\displaystyle O}{\|}}{C}OC_2H_5 + C_2H_5O^-$$

乙酰乙酸乙酯

含有α-H的两种酯之间的缩合产物复杂，合成上意义不大，但其中一种酯若无α-H，可通过缩合反应将该酯中除烷氧基外的基团加到另一个有α-H酯的α位。如生产抗惊厥剂苯巴比妥（参见13.10.2）的中间体“苯基丙二酸二乙酯”的合成：

$$C_6H_5\overset{\alpha}{C}H_2\overset{\overset{\displaystyle O}{\|}}{C}OC_2H_5 + C_2H_5O\overset{\overset{\displaystyle O}{\|}}{C}OC_2H_5 \xrightarrow[\text{② }H^+]{\text{① }C_2H_5ONa} C_6H_5\underset{\underset{\displaystyle COOC_2H_5}{|}}{CH}\overset{\overset{\displaystyle O}{\|}}{C}OC_2H_5 + C_2H_5OH$$

碳酸二乙酯　　　　苯基丙二酸二乙酯

练习题 13-9： 写出丙酸乙酯在碱催化下与下列酯缩合的反应式。

（1）甲酸乙酯　　（2）苯甲酸乙酯　　（3）草酸二乙酯

练习题 13-10： 在上题制备各缩合产物时，为什么在碱性条件下先保持无α-H原子的酯过量，然后再慢慢加入有α-H的酯？反之会有什么结果？

酯缩合反应也可以在分子内进行，是合成五元、六元碳环的一种方法：

$$H_2C(CH_2CH_2COOC_2H_5)_2 \xrightarrow[\text{② } H^+]{\text{① } C_2H_5ONa} \text{2-乙氧羰基环己酮（环己酮-2-}COOC_2H_5\text{）} + C_2H_5OH$$

酮的α-H比酯的α-H 活泼，酮与酯可发生类似Claisen缩合反应。所以常用丙酮或其它甲基酮与酯缩合来合成β-二酮。例如：

$$R-\underset{\underset{O}{\parallel}}{C}-CH_3 \xrightarrow{C_2H_5O^-} R-\underset{\underset{O}{\parallel}}{C}-CH_2^- \xrightarrow{CH_3\overset{\overset{O}{\parallel}}{C}OC_2H_5} R-\underset{\underset{O}{\parallel}}{C}-CH_2-\underset{\underset{O}{\parallel}}{C}-CH_3$$

亲核试剂

含有α-H的酮与甲酸酯、碳酸二酯缩合分别生成β-羰基醛和β-羰基酯。

（2）还原反应

除酰胺外，羧酸衍生物的还原都较羧酸容易，常用的方法有催化加氢还原及$LiAlH_4$还原，酰卤、酸酐、酯被还原为对应的伯醇，酰胺被还原为相应的胺。如：

$$H_3CO-\overset{\overset{O}{\parallel}}{C}-\overset{\overset{O}{\parallel}}{C}-OCH_3 \xrightarrow[Cu/SiO_2]{4H_2} HOCH_2CH_2OH + 2CH_3OH$$

$$\text{吡咯烷基}-N\underset{\underset{CH_3}{|}}{C}H\overset{\overset{O}{\parallel}}{C}OC_2H_5 \xrightarrow[\text{乙醚}]{LiAlH_4} \xrightarrow{H_3O^+} \text{吡咯烷基}-N\underset{\underset{CH_3}{|}}{C}HCH_2OH \quad 90\%$$

酯与金属钠在乙醇中加热回流可将酯还原成醇，这种方法不影响酯中的碳碳双键，比如可将不饱和的油酸酯还原为对应结构的醇：

$$n\text{-}C_{17}H_{33}COOC_2H_5 + Na \xrightarrow[\triangle]{C_2H_5OH} n\text{-}C_{17}H_{33}CH_2OH + C_2H_5OH$$

酰氯、酰胺可以被低活性的还原剂，如三烷氧基氢化锂铝［$LiAlH(OR)_3$］还原为醛：

$$\text{环己基}-\overset{\overset{O}{\parallel}}{C}-N(CH_3)_2 \xrightarrow[\text{② } H_3O^+]{\text{① } LiAlH(OC_2H_5)_3\text{, 醚}} \text{环己基}-CHO \quad 78\%$$

酰氯的催化加氢，如果在钯催化体系中加入一些喹啉-硫使催化剂部分失活，降低其活性，那么反应可终止在醛的阶段，该反应叫罗森蒙德（Rosenmund）还原，如：

$$\text{2-萘基}-COCl + H_2 \begin{cases} \xrightarrow{Pd} \text{2-萘基}-CH_2OH \\ \xrightarrow[\text{喹啉-硫}]{Pd\text{-}BaSO_4} \text{2-萘基}-CHO \end{cases}$$

酰胺、*N*-烃基酰胺、*N,N*-二烃基酰胺用$LiAlH_4$还原分别生成伯胺、仲胺或叔胺，如：

$$C_6H_5-N(CH_3)-C(=O)-CH_3 \xrightarrow[②\ H_2O]{①\ LiAlH_4} C_6H_5-N(CH_3)-CH_2-CH_3$$

阅读与思考

酰胺类化合物被$LiAlH_4$还原，其羰基被还原为亚甲基，而其它羰基化合物（醛、酮、酯、酰卤等）被还原到醇。这是由于它们的还原机理不同。请阅读$LiAlH_4$还原酯和酰胺的机理。

13.8 重要羧酸衍生物及其制备

13.8.1 酰氯

酰卤是所有羧酸衍生物中活性最高的化合物，是很好的酰化剂。酰溴是用PBr_3与羧酸反应制备，酰氯常用的制备方法是羧酸与$SOCl_2$、PCl_3、PCl_5反应：

$$RCOOH \xrightarrow{SOCl_2（沸点79℃）} RCOCl + SO_2\uparrow + HCl\uparrow$$

$$RCOOH \xrightarrow{\frac{1}{3}PCl_3（沸点75℃）} RCOCl + \frac{1}{3}H_3PO_3$$

$$RCOOH \xrightarrow{PCl_5（沸点166℃）} RCOCl + POCl_3 + HCl\uparrow$$

PCl_3适合制备低沸点的酰氯，PCl_5适合制备高沸点的酰氯，羧酸与$SOCl_2$制备酰氯的方法应用最广，因其反应后除酰氯外都是气体，而过量的$SOCl_2$由于沸点低，蒸馏去除后即可用于酯和酰胺的制备。

酰氯与过氧化钠、过氧化氢作用生成过氧化二酰，如：

$$2\ C_6H_5-COCl + H_2O_2 \xrightarrow{2\ NaOH} C_6H_5-C(=O)-O-O-C(=O)-C_6H_5 + 2\ NaCl + 2\ H_2O$$

过氧化(二)苯甲酰（白色固体，熔点104℃）

过氧化苯甲酰（benzoylperoxide，简称BPO）常用作自由基聚合反应的引发剂：

$$C_6H_5-C(=O)-O-O-C(=O)-C_6H_5 \xrightarrow{分解} 2\ C_6H_5-C(=O)O\cdot \longrightarrow 2\ C_6H_5\cdot + 2\ CO_2\uparrow$$

13.8.2 几种常用的酸酐

两种结构相同的羧酸在脱水剂P_2O_5或乙酸酐作用下脱水生成的酸酐叫单酐，两种结构不同的羧酸脱水后制得的酸酐叫混酐。混酐常用酰卤和干燥的羧酸钠盐制备。

$$2\ R-\overset{\overset{\displaystyle O}{\|}}{C}-OH \xrightarrow[\triangle]{P_2O_5或乙酐} R-\overset{\overset{\displaystyle O}{\|}}{C}-O-\overset{\overset{\displaystyle O}{\|}}{C}-R + H_2O$$

$$CH_3COONa + CH_3CH_2\overset{\overset{\displaystyle O}{\|}}{C}Cl \xrightarrow{\triangle} CH_3\overset{\overset{\displaystyle O}{\|}}{C}O\overset{\overset{\displaystyle O}{\|}}{C}CH_2CH_3 + NaCl$$

二元羧酸加热较易发生分子内脱水，生成五元或六元环状酸酐：

$$\text{邻-}(CH_2COOH)C_6H_4COOH \xrightarrow[\triangle]{P_2O_5或乙酐} \text{(六元环状酸酐)}$$

(1) 乙烯酮

乙烯酮（ketene）可看成乙酸分子内脱水而得的酸酐，常用作乙酰化剂。工业上乙烯酮的制备采用乙酸或丙酮热解法：

$$CH_3COOH \xrightarrow[700℃]{AlPO_4} CH_2{=}C{=}O + H_2O$$

$$CH_3COCH_3 \xrightarrow{700\sim750℃} CH_2{=}C{=}O + CH_4$$

乙烯酮性质非常活泼，其羰基很容易与亲核试剂发生加成，生成烯醇式中间体，再经重排生成羧酸衍生物。例如，乙醇与乙烯酮反应生成乙酸乙酯的过程如下：

$$CH_2{=}C{=}O \xrightarrow{C_2H_5\ddot{O}H} CH_2{=}\overset{\overset{\displaystyle HO}{|}}{C}-OC_2H_5 \rightleftharpoons CH_3\overset{\overset{\displaystyle O}{\|}}{C}-OC_2H_5$$

亲核加成　　　　互变异构

乙酸芳樟酯是配制各类香料制品常用的香精，可由芳樟醇与乙烯酮制备：

$$\text{芳樟醇(OH)} + CH_2{=}C{=}O \longrightarrow \text{乙酸芳樟酯}(OCOCH_3)$$

同理，乙烯酮与亲核试剂水、卤化氢、氨和羧酸反应，则分别生成乙酸、乙酰卤、乙酰胺和乙酸酐：

$$CH_2{=}C{=}O + H-Y \longrightarrow \left[CH_2{=}\overset{\overset{\displaystyle OH}{|}}{C}-Y\right] \longrightarrow CH_3\overset{\overset{\displaystyle O}{\|}}{C}-Y$$

（Y=OH、X、NH_2、CH_3COO等）

乙烯酮还可以与格利雅试剂反应生成甲基酮：

$$CH_2{=}C{=}O \xrightarrow{RMgBr} \xrightarrow{H_2O} CH_3\overset{\overset{O}{\|}}{C}R$$

其它烯酮（R—CH=C=O）与亲核试剂也能发生与乙烯酮类似的反应。烯酮可由重氮酮反应得到（参见14.6.1），一般用α-溴代酰溴与锌粉共热，脱除两个溴原子后制备烯酮：

$$\underset{\underset{Br}{|}}{RCH}-\overset{\overset{O}{\|}}{C}-Br \xrightarrow[\triangle]{Zn} RCH{=}C{=}O + ZnBr_2$$

乙烯酮是有剧毒的气体，非常不稳定，室温即二聚生成二乙烯酮，加热后又能重新分解为乙烯酮。因此，二乙烯酮也是乙烯酮的一种储存方式。

二乙烯酮为取代的β-丙内酯，其与乙醇作用可以看作是酯交换反应，这是制备重要化工原料乙酰乙酸乙酯的又一种方法。

$$2\,CH_2{=}C{=}O \xrightarrow{\text{二聚}} \begin{matrix} CH_2{=}C-O \\ \quad | \quad\ \ | \\ H_2C-C{=}O \end{matrix} \xrightarrow[H^+]{H\ddot{O}C_2H_5} \underset{\text{乙酰乙酸乙酯}}{CH_3\overset{\overset{O}{\|}}{C}CH_2\overset{\overset{O}{\|}}{C}OC_2H_5}$$

（2）乙酸酐

乙酸酐简称乙酐，又名醋酐（acetic anhydride）。主要用作乙酰化剂以及用于制造醋酸纤维、染料、医药和香料等。乙酸酐的工业生产方法主要有乙醛氧化法、乙烯酮法和乙酸甲酯羰基化法。

① 乙醛氧化法　以乙酸钴-乙酸铜为催化剂，在45 ～ 55℃，2.5 ～ 5 MPa条件下，用空气或氧进行液相催化氧化生成的过氧乙酸，再与乙醛作用生成乙酸酐。

$$CH_3COOH \xrightarrow[\text{催化剂}]{O_2} \underset{\text{过氧乙酸}}{CH_3\overset{\overset{O}{\|}}{C}OOH} \xrightarrow{CH_3CHO} (CH_3CO)_2O$$

② 乙烯酮法　乙酸与乙烯酮加成生成乙酐。

③ 乙酸甲酯羰基化法　使用铑系催化剂，乙酸甲酯羰基化生成乙酐。

$$CH_3COOCH_3 + CO \xrightarrow{Rh} (CH_3CO)_2O$$

乙酸甲酯羰基化制备乙酸酐，被看作是一碳化学的一项成就，具有流程短、产品质量好、原子经济性高、“三废”排放量少等优点，代表当前乙酸酐生产的方向。

（3）顺丁烯二酸酐（MA）

顺丁烯二酸酐简称顺酐，又称马来酸酐（maleic anhydride，MA），是有强烈刺激气味的无色结晶，熔点52.8℃，工业上可由苯催化氧化得到（参见7.4.3）。

顺酐主要用于生产酒石酸、不饱和聚酯树脂、醇酸树脂以及各种涂料和塑料等。如其与乙二醇制备不饱和醇酸聚酯：

$$n\ \text{(maleic anhydride)} \xrightarrow[\text{对甲苯磺酸}]{n\ HOCH_2CH_2OH} \left[OCH_2CH_2OC(=O)-CH=CH-C(=O) \right]_n$$

由于该聚酯中仍有碳碳双键，可与其它不饱和化合物（苯乙烯）聚合（交联）生成体型的高聚物。这种不饱和聚酯以玻璃纤维为填料制得的增强塑料，俗称玻璃钢。

（4）邻苯二甲酸酐（PA）

邻苯二甲酸酐又称苯酐（phthalic anhydride，PA），为白色有光泽针状晶体，熔点130.8℃，沸点295℃（升华）。工业上通过邻二甲苯法和萘催化氧化法制备苯酐。

苯酐是最重要的有机化工原料之一，邻苯二甲酸酐可发生水解、醇解和氨解反应，与芳烃反应可合成蒽醌衍生物。主要用于合成邻苯二甲酸二丁酯（二辛酯、二异丁酯）等用作PVC等的增塑剂，还可用于生产不饱和聚酯树脂、醇酸树脂、染料及颜料、多种油漆等。

例如，邻苯二甲酸二丙烯酯（简称DAP）的合成：

$$\text{(phthalic anhydride)} + 2\ CH_2{=}CHCH_2OH \xrightarrow[80\sim95℃]{H_2SO_4} C_6H_4(COOCH_2CH{=}CH_2)_2 + H_2O$$

DAP是一种无色油状液体，其单体结构中含有碳碳双键，为反应型增塑剂，主要用作不饱和聚酯树脂的交联剂，纤维素树脂的增强剂。

（5）均苯四甲酸二酐（PMDA）

均苯四甲酸二酐（pyromellitic dianhydride，PMDA），又称均酐，纯品为白色或微黄色结晶。主要用于制造聚酰亚胺树脂、环氧树脂的固化剂及聚酯树脂的交联剂。工业上主要采用均四甲苯气相氧化法制备：

$$\text{(}H_3C)_2C_6H_2(CH_3)_2 \xrightarrow[V_2O_5\text{-}TiO_2\text{-}MoO_3]{O_2} \text{(pyromellitic dianhydride)}$$

13.8.3 几种重要的酯

（1）乙酸乙烯酯及其聚合物

乙酸乙烯酯又叫醋酸乙烯酯（vinyl acetate，VAc），是一种无色透明、易挥发、有刺激性气味的液体，在制备维尼纶、安全玻璃夹层、涂料、黏合剂和制药等领域有着广泛的应用。

由于乙烯醇不能稳定存在，不能通过直接酯化来制备。工业上主要制备方法如下：

① 气相乙炔法

$$HC\equiv CH + CH_3COOH \xrightarrow[210\sim250^{\circ}C]{(CH_3COO)_2Zn} CH_3COOCH=CH_2$$

② 气相乙烯法

$$CH_3COOH + CH_2=CH_2 + \frac{1}{2}O_2 \xrightarrow[0.5\ MPa]{Pd\text{-}Au,\ 150\sim175^{\circ}C} CH_3COOCH=CH_2 + H_2O$$

大多数国家和地区采用气相乙烯法生产VAc，其生产的VAc占全球总生产能力的80%以上。但由于我国煤炭资源相对比较丰富，气相乙炔法在工艺原料上更具有优势，因此气相乙炔法成为我国VAc的主要工业生产方法。

聚乙烯醇（PVA）可由乙酸乙烯酯聚合，然后通过与甲醇进行酯交换反应来制备：

$$n\ CH_3\overset{\overset{O}{\|}}{C}OCH=CH_2 \xrightarrow[90\sim100^{\circ}C]{偶氮二异丁腈} \left[\begin{array}{c} CH-CH_2 \\ | \\ OCOCH_3 \end{array} \right]_n \xrightarrow[H^+或OH^-]{n\ CH_3OH} \left[\begin{array}{c} CH-CH_2 \\ | \\ OH \end{array} \right]_n$$

维尼纶就是PVA与甲醛缩合的产物［参见12.3.1（3）］，而聚乙烯醇缩丁醛可用作安全玻璃夹层。

乙酸乙烯酯中有碳碳双键，可与不饱和化合物（如乙烯、氯乙烯和丙烯腈等）进行共聚，制备不同功能的高分子材料。

（2）甲基丙烯酸酯及其聚合物

甲基丙烯酸酯（methacrylate）的聚合物一般具有优良的透明性、耐候性，最具代表性的就是有机玻璃，其为甲基丙烯酸甲酯的本体聚合物。

$$n\ CH_2=\overset{\overset{CH_3}{|}}{C}-COOCH_3 \xrightarrow[或BPO\ 90\sim100^{\circ}C]{AIBN} \left[\begin{array}{c} CH_3 \\ | \\ C-CH_2 \\ | \\ COOCH_3 \end{array} \right]_n$$

甲基丙烯酸甲酯（methyl methacrylate，MMA），为无色液体，微溶于水，溶于乙醇等多数有机溶剂。甲基丙烯酸甲酯的几种制备方法参见12.3.1（1）。

由甲基丙烯酸的各种酯聚合制备的高分子被广泛用于制造其它树脂、塑料、涂料、黏合剂以及光导纤维芯材和皮材等。

13.8.4 酰胺、内酰胺、酰亚胺

（1）酰胺

前面讨论的羧酸衍生物的氨解是制备酰胺的常用方法。工业上酰胺的制备是采用羧酸的铵盐加热脱水：

$$CH_3COONH_4 \underset{}{\overset{230℃}{\rightleftharpoons}} \underset{87\% \sim 90\%}{CH_3CONH_2} + H_2O$$

另外，控制反应条件，酰胺可以在酸、碱催化下，由腈化合物部分水解来制备：

$$RCN + H_2O \xrightarrow[\text{或}H_2O_2 + NaOH]{90\%\ H_2SO_4,\ 60℃} R-\overset{\overset{O}{\|}}{C}-NH_2$$

酰胺与腈类化合物可以相互转化，酰胺或羧酸的铵盐与P_2O_5、$POCl_3$、$SOCl_2$等脱水剂共热，失水生成腈，如：

$$RCONH_2 \xrightarrow[\triangle]{P_2O_5} RCN + H_2O$$

酰胺与次溴酸钠或次氯酸钠的碱溶液作用，脱去羰基生成少一个碳原子的伯胺，叫作**霍夫曼(Hofmann)酰胺降解反应**，适用于8个碳以下的酰胺（含芳酰胺）：

$$RCONH_2 + \underbrace{NaOX + 2\ NaOH}_{\text{或 } NaOH + X_2\ (X=Cl_2、Br_2)} \longrightarrow RNH_2 + Na_2CO_3 + NaX + H_2O$$

$$H_3C-\text{(吡啶环)}-CONH_2 \xrightarrow[NaOH]{Br_2} H_3C-\text{(吡啶环)}-NH_2$$

① *N*,*N*-二甲基甲酰胺（DMF）　简称DMF（*N*,*N*-dimethylformamide），是无色透明液体，有氨气味。DMF是一种性能优良的溶剂，能溶解多种难溶有机物和高聚物，也是有机合成的重要中间体，可作为甲酰化剂。

DMF的制备方法有多种，工业制备方法主要有：

a. 甲酸甲酯-二甲胺法：

$$H\overset{\overset{O}{\|}}{C}-OCH_3 + (CH_3)_2NH \xrightarrow[0.9\ MPa、250℃]{CuO\text{-}ZnO\text{-}ZrO} H\overset{\overset{O}{\|}}{C}-N(CH_3)_2 + CH_3OH$$

b. 二甲胺-一氧化碳法：

$$(CH_3)_2NH + CO \xrightarrow[110 \sim 150℃,\ 1.5 \sim 2\ MPa]{CH_3ONa} HCON(CH_3)_2$$

② 脂肪族聚酰胺　由亚甲基和酰胺基（—CONH—）组成，按单体类型不同，脂肪族聚酰胺又分为p型（由内酰胺开环聚合或ω-氨基酸缩聚而得，p为碳原子数）和mp型（m为二元胺中的碳原子数，p为二元酸中的碳原子数）两种类型。

尼龙-66属于mp型脂肪族聚酰胺，是一种热塑性树脂，机械强度和硬度很高，刚性很大，可用作工程塑料，也可用于制合成纤维，由己二胺和己二酸缩聚而得：

$$n\,HOOC(CH_2)_4COOH + n\,H_2N(CH_2)_6NH_2 \longrightarrow n\,\bar{O}OC-(CH_2)_4-CO\bar{O}H_3\overset{+}{N}-(CH_2)_6-\overset{+}{N}H_3$$

$$\underset{N_2}{\overset{200\sim250℃}{\rightleftharpoons}} HO\left[\overset{\overset{O}{\|}}{C}-(CH_2)_4-\overset{\overset{O}{\|}}{C}-NH-(CH_2)_6-NH\right]_n H + (n-1)H_2O$$

③ **芳香族聚酰胺** 简称芳纶（aramid），是含有芳香环的聚酰胺，由于分子链有刚性，具有高耐热、高熔融温度、高强度和高耐化学性质，主要用作制造纤维。

实现工业化的产品主要有间位芳纶（简称PMTA）和对位芳纶（简称PPTA）两种：

$$\left[\!-HN-C_6H_4-NH-\overset{O}{\overset{\|}{C}}-C_6H_4-\overset{O}{\overset{\|}{C}}-\right]_n \quad 和 \quad \left[\!-HN-C_6H_4-NH-\overset{O}{\overset{\|}{C}}-C_6H_4-\overset{O}{\overset{\|}{C}}-\right]_n$$

(PMTA) (PPTA)

芳纶是我国重点发展的高性能纤维材料之一。

（2）内酰胺

环状酰胺又称内酰胺，是有机化合物中常见的一种环状结构，重要的内酰胺是合成尼龙-6的ε-己内酰胺。由环己酮制备环己酮肟，再经贝克曼（Beckmann）重排制备己内酰胺的反应过程如下：

$$C_6H_{10}O \xrightarrow{NH_2OH} H_2C\begin{matrix}CH_2CH_2\\CH_2CH_2\end{matrix}C=N-OH \xrightarrow[80\sim110℃]{H_2SO_4}$$

$$H_2C\begin{matrix}CH_2CH_2N\\CH_2CH_2C-OH\end{matrix} \xrightarrow{异构化} H_2C\begin{matrix}CH_2CH_2NH\\CH_2CH_2C=O\end{matrix}$$

己内酰胺

环己酮在工业上由苯酚经氢化、氧化制备，也可由环己烷空气氧化所得。

环己酮氨氧化法，即用钛硅分子筛TS-1催化剂，由环己酮、氨与双氧水作用制备中间体环己酮肟，由于该过程不需采用羟胺进行环己酮肟化，流程简单，污染少而引起关注：

$$C_6H_{10}{=}O + NH_3 + H_2O_2 \xrightarrow{TS\text{-}1} C_6H_{10}{=}N-OH + 2\,H_2O$$

聚ε-己内酰胺属于p型脂肪族聚酰胺，是制造尼龙-6的原料：

$$n\,H_2C\begin{matrix}CH_2CH_2-NH\\CH_2CH_2-C=O\end{matrix} \xrightarrow[250℃]{H_2O} \left[\!-NH(CH_2)_5\overset{O}{\overset{\|}{C}}-\right]_n$$

尼龙-6，主要用于织造袜子、衬衫、内衣和手套等，也用于制造渔网、降落伞、绝缘材料和轮胎帘子线等。

（3）酰亚胺

两个酰基连在一个氮原子上的化合物称为酰亚胺。常见的酰亚胺有邻苯二甲酰亚胺、丁二酰亚胺、马来酰亚胺以及苯四甲酰亚胺、苝酰亚胺等。

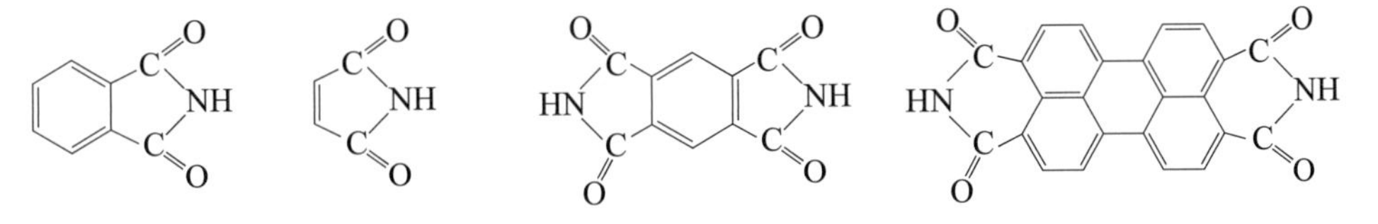

邻苯二甲酰亚胺　　马来酰亚胺　　苯四甲酰亚胺　　苝酰亚胺

① 邻苯二甲酰亚胺　又称酞酰亚胺，可由邻苯二甲酸酐与氨、尿素或NH_4HCO_3合成：

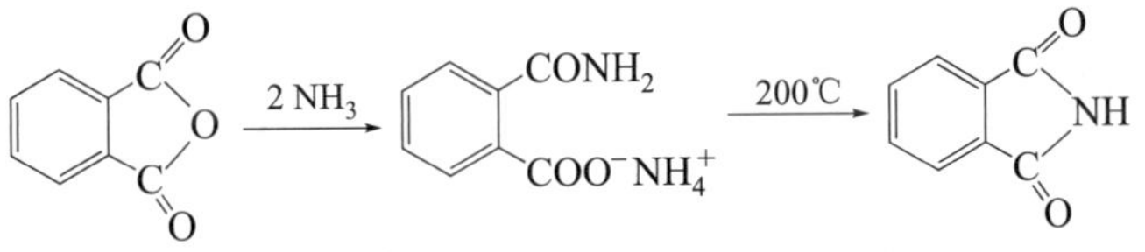

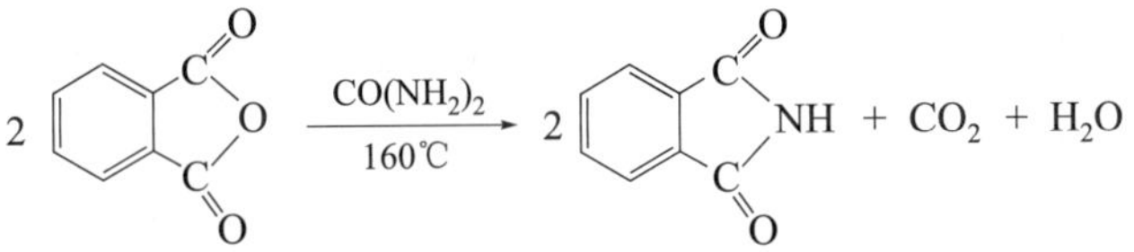

$2\ NH_3$　$CONH_2$　$COO^-NH_4^+$　200℃　NH

2　O　$CO(NH_2)_2$ / 160℃　2　NH ＋ CO_2 ＋ H_2O

邻苯二甲酰亚胺为白色结晶性粉末，微溶于水，稍溶于乙醇，易溶于碱溶液、冰醋酸和吡啶，主要用作染料、农药、医药、橡胶助剂等精细化学品的中间体。

以邻苯二甲酰亚胺为原料通过*N*-烷基化生成*N*-烷基邻苯二甲酰亚胺，经水解或与水合肼作用制备不含仲胺、叔胺杂质的纯伯胺的方法，叫盖布瑞尔（Gabriel）合成法。

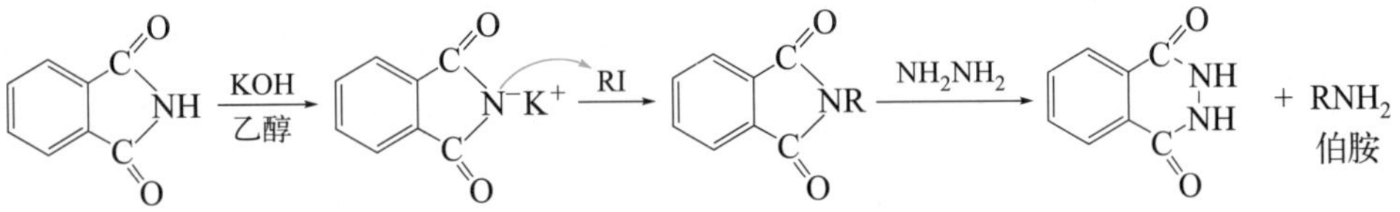

NH　KOH / 乙醇　N^-K^+　RI　NR　NH_2NH_2　NH NH　＋ RNH_2 伯胺

盖布瑞尔法可用于合成氨基酸，如用*α*-卤代酸酯或经溴代丙二酸酯（由丙二酸酯与Br_2/CCl_4反应制取）合成不同结构的*α*-氨基酸：

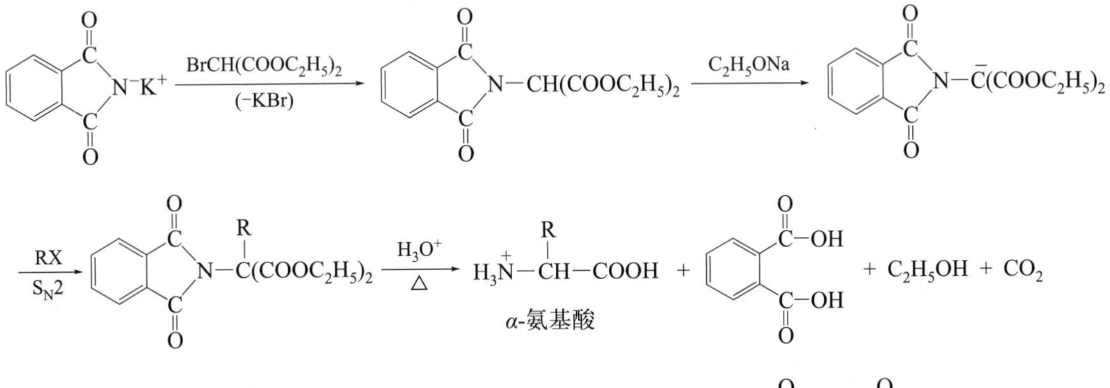

N^-K^+　$BrCH(COOC_2H_5)_2$ / (−KBr)　$N-CH(COOC_2H_5)_2$　C_2H_5ONa　$N-\bar{C}(COOC_2H_5)_2$

RX / S_N2　$N-C(R)(COOC_2H_5)_2$　H_3O^+ / △　$H_3\overset{+}{N}-CH(R)-COOH$ ＋ C−OH C−OH ＋ C_2H_5OH ＋ CO_2

α-氨基酸

② 聚酰亚胺（PI）　简称PI，是指主链上含有酰亚胺环（$-\overset{O}{\overset{\|}{C}}-NR-\overset{O}{\overset{\|}{C}}-$）的一类聚合物，分为脂肪族、半芳香族和芳香族聚酰亚胺三种，其中以含有酞酰亚胺结构的聚合物最为重要，如：苯四酸二酐与芳香二胺的缩合物：

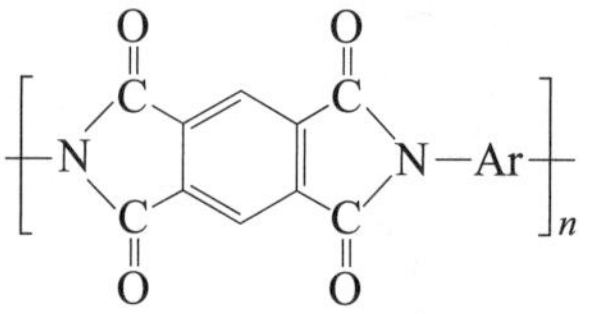

$$\left[\text{N}\begin{smallmatrix}\text{C(=O)}\\ \\ \text{C(=O)}\end{smallmatrix}\!\!\!\!\bigcirc\!\!\!\!\begin{smallmatrix}\text{C(=O)}\\ \\ \text{C(=O)}\end{smallmatrix}\text{N}-\text{Ar} \right]_n$$

聚酰亚胺作为一种特种工程材料，已广泛应用于航空、航天、微电子、纳米、液晶、分离膜、激光等领域，被各国列入21世纪最有希望的工程塑料之一。

13.9 碳酸衍生物

碳酸可看作是羟基甲酸或两个羟基共用一个羰基的二元酸。碳酸不稳定，所以碳酸有机衍生物不能直接用碳酸来制备。碳酸的二元衍生物是稳定的，但只能通过间接法制备。

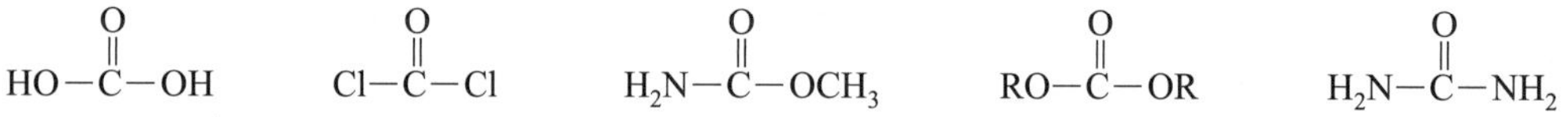

$HO-\overset{O}{\overset{\|}{C}}-OH$	$Cl-\overset{O}{\overset{\|}{C}}-Cl$	$H_2N-\overset{O}{\overset{\|}{C}}-OCH_3$	$RO-\overset{O}{\overset{\|}{C}}-OR$	$H_2N-\overset{O}{\overset{\|}{C}}-NH_2$
碳酸	碳酰氯（光气）	氨基甲酸酯	碳酸酯	碳酰胺（尿素）

13.9.1 碳酰氯（光气）

碳酰氯，又称光气，熔点−118℃，沸点8.2℃，易溶于苯、甲苯等，是剧烈窒息性毒气。不可燃。光气是一种重要的有机中间体，工业上用活性炭作催化剂，由氯气和CO制备：

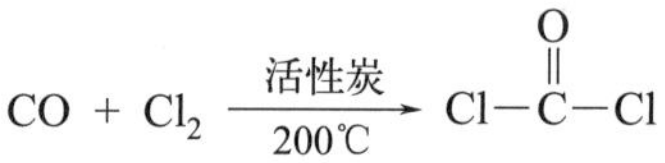

$$CO + Cl_2 \xrightarrow[200℃]{\text{活性炭}} Cl-\overset{O}{\overset{\|}{C}}-Cl$$

光气从结构上看相当于有两个酰氯基团，是非常活泼的亲电试剂，可以发生水解、醇解、氨解等反应，但由于光气的毒性，在应用中受到限制或逐步被替代。

13.9.2 氨基甲酸酯

氨基甲酸酯及*N*-取代氨基甲酸酯是一类重要的有机合成试剂及制造医药的原料。主要制备方法如下：

① 光气醇解后再与氨（胺）反应

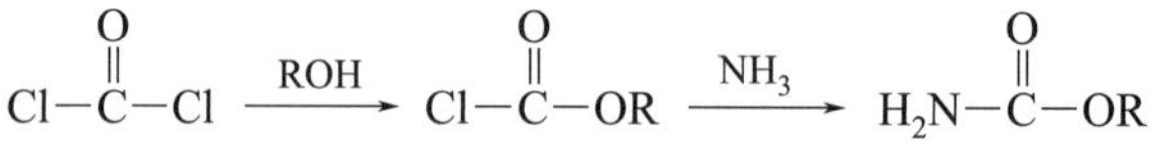

$$Cl-\overset{O}{\overset{\|}{C}}-Cl \xrightarrow{ROH} Cl-\overset{O}{\overset{\|}{C}}-OR \xrightarrow{NH_3} H_2N-\overset{O}{\overset{\|}{C}}-OR$$

② 异氰酸酯与醇（酚）制备

$$R'N{=}C{=}O + ROH \longrightarrow R'NHCOOR$$

氨基甲酸酯是制备农药，如西维因、混灭威等的原料，此类农药一般无特殊气味，在酸性环境下稳定，遇碱分解，毒性一般较有机磷酸酯类低。

13.9.3 碳酸二甲酯（DMC）

碳酸二甲酯（dimethyl carbonate，DMC），无色透明液体，沸点90.2℃，不溶于水，溶于乙醇、乙醚等有机溶剂。

DMC是一种低污染、环境友好的新兴绿色化工原料，被广泛用于代替传统使用的光气、硫酸二甲酯及氯甲酸甲酯等进行羰基化、甲基化以及甲氧羰基化反应等。

DMC传统的制备方法是以光气与醇反应制备，但由于光气的剧毒和反应产生的高腐蚀性副产物，该方法已逐渐被淘汰。下面介绍两种重要的工业制备方法。

（1）甲醇氧化羰基化法

按工艺条件分为液相法和气相法。液相法用CuCl做催化剂，反应过程如下：

$$2CH_3OH + \frac{1}{2}O_2 \xrightarrow{2CuCl} 2Cu(OCH_3)Cl \xrightarrow{CO} (CH_3O)_2CO + 2CuCl$$

气相法制备的反应过程如下：

$$2CH_3OH + \frac{1}{2}O_2 \xrightarrow{2NO} 2CH_3ONO \xrightarrow{CO} (CH_3O)_2CO + 2NO$$

两种方法的催化反应过程不同，但总反应式均为：

$$2CH_3OH + \frac{1}{2}O_2 + CO \longrightarrow (CH_3O)_2CO + H_2O$$

（2）酯交换法

先是环氧乙烷或环氧丙烷与CO_2生成碳酸酯，再通过甲醇酯交换。例如：

$$\underset{\text{环氧乙烷}}{CH_2{-}CH_2(O)} \xrightarrow[\text{催化剂}]{CO_2} \underset{\text{碳酸乙烯酯}}{\text{(环状碳酸酯)}} \underset{H^+}{\overset{2\,CH_3OH}{\rightleftharpoons}} CH_3O\overset{O}{\overset{\|}{C}}OCH_3 + \begin{array}{c}CH_2OH\\|\\CH_2OH\end{array}$$

碳酸乙烯酯

酯交换法是目前制备DMC重要的工业途径之一，该法的优势在于联产重要的化工原料乙二醇或丙-1,2-二醇，关键技术是开发高活性催化剂。我国2020年已实现酯交换法年产20万吨DMC技术的突破，并联产13.2万吨聚酯级乙二醇，单套装置产能居世界第一。

13.9.4 碳酰胺（脲）

碳酰胺又称脲，俗称尿素（carbamide或urea），是动物体内蛋白质代谢的最终产物，熔点132℃，白色、无嗅的针状或棱状晶体，溶于水、乙醇，不溶于乙醚和氯仿。

工业上生产尿素的方法，由氨和CO_2作用生成氨基甲酸铵，然后脱水生成尿素：

$$\underset{(\text{气态})}{2\,NH_3} + \underset{(\text{气态})}{CO_2} \underset{185\sim190℃}{\overset{14\sim20\ MPa}{\rightleftharpoons}} \underset{\text{氨基甲酸铵（液态）}}{NH_2COONH_4} \underset{185\sim190℃}{\overset{14\sim20\ MPa}{\rightleftharpoons}} \underset{\text{尿素（液态）}}{NH_2{-}CO{-}NH_2} + \underset{(\text{液态})}{H_2O}$$

尿素在酸、碱或尿素酶的存在下，可水解生成氨（或盐），主要用来作氮肥。

脲呈极弱碱性，只能与1 mol的强酸（如硝酸、草酸等）形成盐。其与次卤酸钠、亚硝酸反应，放出氮气，前者用于尿素含量的测定，后者用于反应中剩余亚硝酸的去除：

$$NH_2-CO-NH_2 \xrightarrow{3\ NaOBr} CO_2\uparrow + N_2\uparrow + 2\ H_2O + 3\ NaBr$$

$$NH_2-CO-NH_2 \xrightarrow{2\ HONO} CO_2\uparrow + 2N_2\uparrow + 3\ H_2O$$

脲具有酰胺的一般性质，又由于其两个氨基均与羰基相连，也有其特殊的性质。将脲加热到熔点温度132.7℃左右，两个脲分子之间脱氨生成缩二脲：

$$H_2N-\overset{O}{\overset{\|}{C}}-NH_2 + H\,NH-\overset{O}{\overset{\|}{C}}-NH_2 \xrightarrow{\triangle} \underset{\text{缩二脲}}{H_2N-\overset{O}{\overset{\|}{C}}-NH-\overset{O}{\overset{\|}{C}}-NH_2} + NH_3\uparrow$$

缩二脲或含两个以上$-\overset{O}{\overset{\|}{C}}-NH-$基团的有机化合物，都能和硫酸铜的碱溶液生成紫色，这种显色反应叫缩二脲反应。

脲与酰氯、酸酐或酯作用可生成相应的酰脲：

$$NH_2\overset{O}{\overset{\|}{C}}NH_2 \xrightarrow{(CH_3CO)_2O} \underset{\text{乙酰脲}}{CH_3\overset{O}{\overset{\|}{C}}-NH\overset{O}{\overset{\|}{C}}NH_2} \xrightarrow{(CH_3CO)_2O} \underset{\text{二乙酰脲}}{CH_3\overset{O}{\overset{\|}{C}}-NH\overset{O}{\overset{\|}{C}}NH-\overset{O}{\overset{\|}{C}}CH_3}$$

脲与丙二酸酯（或其衍生物）作用，可生成环状丙二酰脲，其亚甲基上两个氢原子被烃基取代后的若干衍生物曾经是一类重要的镇静催眠药物，称为巴比妥类药物，因不良反应多而被淘汰，但苯巴比妥因兼有抗惊厥作用，目前仍在使用，其合成如下：

$$(H_5C_2)(Ph)C(COOC_2H_5)_2 + (H_2N)_2C{=}O \xrightarrow[\text{缩合}]{C_2H_5ONa} (H_5C_2)(Ph)C\begin{matrix}\overset{O}{\overset{\|}{C}}-NH\\ \underset{O}{\underset{\|}{C}}-NH\end{matrix}C{=}O + 2\ C_2H_5OH$$

脲在工业上也用于制造脲醛树脂、聚氨酯以及橙、红、黄等高档有机颜料的原料。

13.10 β-二羰基化合物

凡是分子中两个羰基被一个饱和碳原子隔开的化合物均称为β-二羰基化合物（β-dicarbonyl compound），主要包括β-二酮、β-羰基酸及其酯、β-二元羧酸及其酯等。例如：

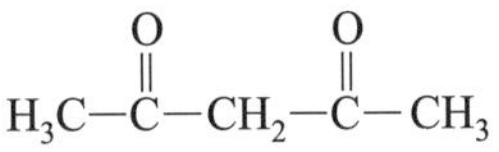

$$\underset{\text{戊-2,4-二酮}}{H_3C-\overset{O}{\overset{\|}{C}}-CH_2-\overset{O}{\overset{\|}{C}}-CH_3} \qquad \underset{\text{3-氧亚基丁酸乙酯（乙酰乙酸乙酯）}}{H_3C-\overset{O}{\overset{\|}{C}}-CH_2-\overset{O}{\overset{\|}{C}}-OC_2H_5} \qquad \underset{\text{丙二酸二乙酯}}{C_2H_5O-\overset{O}{\overset{\|}{C}}-CH_2-\overset{O}{\overset{\|}{C}}-OC_2H_5}$$

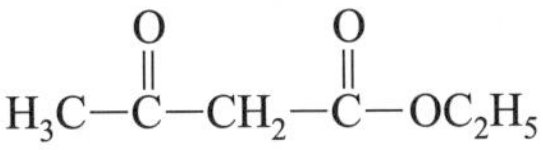

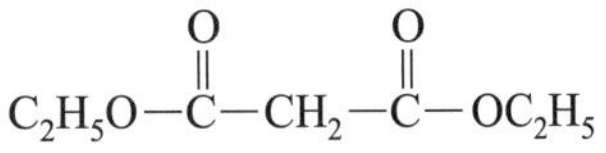

乙酰乙酸乙酯和丙二酸二乙酯，在其活性亚甲基上引入烃基或酰基后，经水解、脱羧可生成多种类型的一取代或二取代衍生物，在有机合成工业和制药工业具有广泛的用途。

13.10.1 乙酰乙酸乙酯在合成中的应用

乙酰乙酸乙酯（ethyl acetoacetate），俗称“三乙”，为有果子香味的无色或微黄色透明液体，系重要的有机合成中间体，在药物、颜料和食品着香剂等领域有广泛用途。

乙酰乙酸乙酯可以由乙酸乙酯缩合而得［参见13.7.3（1）］，工业上大多用二乙烯酮与乙醇加成来制备［参见13.8.2（1）］。其酮羰基可以与Na_2SO_3、HCN及其它羰基试剂发生加成反应，它可以使溴的CCl_4溶液褪色、与金属钠和醇钠反应生成盐，能使$FeCl_3$溶液显色，说明分子中存在烯醇式结构：

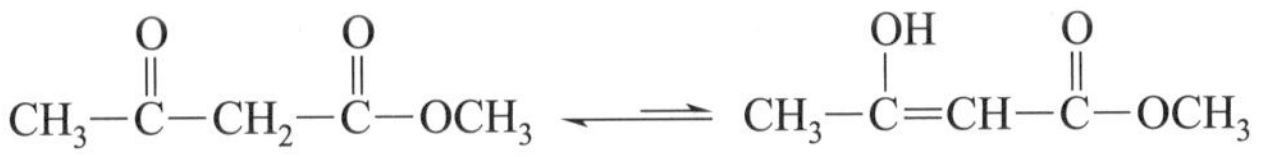

$$\underset{\text{酮式（92.5\%）}}{CH_3-\overset{O}{\overset{\|}{C}}-CH_2-\overset{O}{\overset{\|}{C}}-OCH_3} \rightleftharpoons \underset{\text{烯醇式（7.5\%）}}{CH_3-\overset{OH}{\overset{|}{C}}=CH-\overset{O}{\overset{\|}{C}}-OCH_3}$$

（1）亚甲基上的烃基化与酰基化

乙酰乙酸乙酯两个羰基之间亚甲基上的氢，受到相邻两个羰基吸电子效应的影响具有较强的酸性（pK_a=11），在碱的作用下易形成碳负离子：

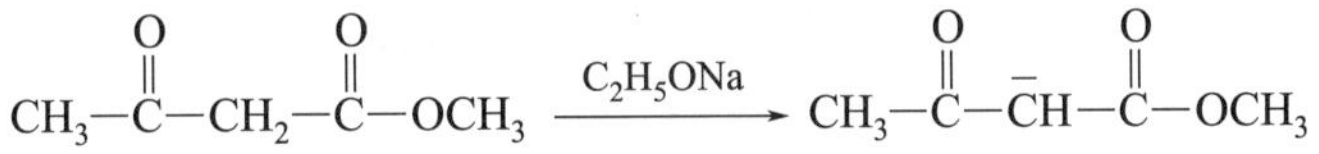

$$CH_3-\overset{O}{\overset{\|}{C}}-CH_2-\overset{O}{\overset{\|}{C}}-OCH_3 \xrightarrow{C_2H_5ONa} CH_3-\overset{O}{\overset{\|}{C}}-\overset{-}{C}H-\overset{O}{\overset{\|}{C}}-OCH_3$$

该碳负离子具有强亲核性，与卤代烃、酰卤（或酸酐）等可发生亲核取代反应：

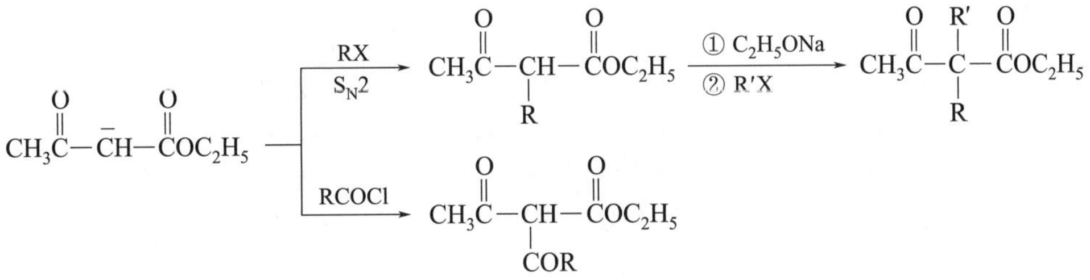

$$CH_3\overset{O}{\overset{\|}{C}}-\overset{-}{C}H-\overset{O}{\overset{\|}{C}}OC_2H_5 \xrightarrow[S_N2]{RX} CH_3\overset{O}{\overset{\|}{C}}-\underset{R}{\underset{|}{C}H}-\overset{O}{\overset{\|}{C}}OC_2H_5 \xrightarrow[\text{②}\ R'X]{\text{①}\ C_2H_5ONa} CH_3\overset{O}{\overset{\|}{C}}-\underset{R}{\underset{|}{\overset{R'}{\overset{|}{C}}}}-\overset{O}{\overset{\|}{C}}OC_2H_5$$

$$CH_3\overset{O}{\overset{\|}{C}}-\overset{-}{C}H-\overset{O}{\overset{\|}{C}}OC_2H_5 \xrightarrow{RCOCl} CH_3\overset{O}{\overset{\|}{C}}-\underset{COR}{\underset{|}{C}H}-\overset{O}{\overset{\|}{C}}OC_2H_5$$

烷基化时宜用伯卤烷反应，叔卤烷在碱性条件下易发生消除反应，仲卤烷因伴随消除与取代的竞争而产率较低。若引入的两个烃基不同，原则上先引入空间位阻大的烃基。

在酰基化反应中，因酰卤可与水、乙醇发生反应，故需在非质子性溶剂DMF、DMSO和苯中进行，最好用NaH代替醇钠。

（2）酮式分解与酸式分解

乙酰乙酸乙酯及其烃基、酰基取代物在稀碱（5%NaOH）或稀酸的条件下，加热分解脱羧生成丙酮或其取代物，称为酮式分解：

$$CH_3\overset{O}{\overset{\|}{C}}-\underset{R}{\overset{R'}{C}}-\overset{O}{\overset{\|}{C}}OC_2H_5 \xrightarrow[\text{酮式分解}]{5\%\ NaOH} CH_3\overset{O}{\overset{\|}{C}}-\underset{R}{CHR'} + CO_2 + C_2H_5OH$$

（式中R、R′＝H或烃基）

$$CH_3\overset{O}{\overset{\|}{C}}-\underset{COR}{CH}-\overset{O}{\overset{\|}{C}}-OC_2H_5 \xrightarrow[\text{酮式分解}]{5\%\ NaOH} H_3C-\overset{O}{\overset{\|}{C}}-CH_2-COR + CO_2 + C_2H_5OH$$

（式中R＝烃基）

酮式分解产物可以看作是丙酮α位的烃基或酰基取代物，其“母体”丙酮的结构来自“三乙”。“三乙”酰基化的酮式分解是制备β-二酮的一种重要方法。

控制“三乙”与二卤代烃的物料比，可以制备环烷基甲基甲酮和链状二酮，比较下面两个反应：

$$\text{①}\ CH_3\overset{O}{\overset{\|}{C}}CH_2\overset{O}{\overset{\|}{C}}OC_2H_5 \xrightarrow[Br(CH_2)_5Br]{2\ C_2H_5ONa} CH_3\overset{O}{\overset{\|}{C}}\underset{\text{(环己烷)}}{C}\overset{O}{\overset{\|}{C}}OC_2H_5 \xrightarrow[H_2O]{NaOH} \xrightarrow[\triangle]{H^+} CH_3\overset{O}{\overset{\|}{C}}-\text{(环己基)}$$

$$\text{②}\ 2\ CH_3\overset{O}{\overset{\|}{C}}CH_2\overset{O}{\overset{\|}{C}}OC_2H_5 \xrightarrow[Br(CH_2)_5Br]{2\ C_2H_5ONa} CH_3\overset{O}{\overset{\|}{C}}\underset{\underset{O}{\overset{\|}{C}}OC_2H_5}{CH}(CH_2)_5\underset{\underset{O}{\overset{\|}{C}}OC_2H_5}{CH}\overset{O}{\overset{\|}{C}}CH_3 \xrightarrow[\triangle]{5\%NaOH} CH_3\overset{O}{\overset{\|}{C}}(CH_2)_7\overset{O}{\overset{\|}{C}}CH_3$$

“三乙”及其取代产物的酸式分解是指在浓碱（40% NaOH）中加热，α-C和β间的碳碳键断裂生成取代乙酸：

$$CH_3\overset{O}{\overset{\|}{C}}\overset{\beta\ \alpha}{-}\underset{R}{\overset{R'}{C}}-\overset{O}{\overset{\|}{C}}OC_2H_5 \xrightarrow[\text{酸式分解}]{40\%\ NaOH} CH_3-\overset{O}{\overset{\|}{C}}ONa + R\overset{R'}{CH}-\overset{O}{\overset{\|}{C}}ONa + C_2H_5OH$$

$$R\overset{R'}{CH}-\overset{O}{\overset{\|}{C}}ONa \xrightarrow{H_3O^+} R\overset{R'}{CH}-\overset{O}{\overset{\|}{C}}OH$$

（式中R、R′＝H或烃基）

“三乙”经烃基化、酰基化后得到的衍生物，在浓碱条件下进行酸式分解时，常伴有酮式分解，故一般不用此法来制备取代乙酸。取代乙酸主要由丙二酸酯法制备。

利用“三乙”与α-卤代酮和α-卤代酸酯反应，酮式分解分别制得γ-二酮和γ-羰基酸：

③ $$\mathrm{CH_3\overset{O}{\overset{\|}{C}}CH_2\overset{O}{\overset{\|}{C}}OC_2H_5 \xrightarrow[\mathrm{CH_3\underset{\underset{O}{\|}}{C}CH_2Cl}]{\mathrm{C_2H_5ONa}} CH_3\overset{O}{\overset{\|}{C}}\underset{\underset{CH_2\underset{\underset{O}{\|}}{C}CH_3}{|}}{C}H\overset{O}{\overset{\|}{C}}OC_2H_5 \xrightarrow[\text{② } H^+/\triangle]{\text{① NaOH/}H_2O} CH_3\overset{O}{\overset{\|}{C}}CH_2CH_2\overset{O}{\overset{\|}{C}}CH_3}$$

④ $$\mathrm{CH_3\overset{O}{\overset{\|}{C}}CH_2\overset{O}{\overset{\|}{C}}OC_2H_5 \xrightarrow[\mathrm{ClCH_2\underset{\underset{O}{\|}}{C}OC_2H_5}]{\mathrm{C_2H_5ONa}} CH_3\overset{O}{\overset{\|}{C}}\underset{\underset{CH_2\underset{\underset{O}{\|}}{C}OC_2H_5}{|}}{C}H\overset{O}{\overset{\|}{C}}OC_2H_5 \xrightarrow[\text{② } H^+/\triangle]{\text{① NaOH/}H_2O} CH_3\overset{O}{\overset{\|}{C}}CH_2CH_2\overset{O}{\overset{\|}{C}}OH}$$

练习题 13-11： 完成下列反应，写出化合物 A、B、C 的结构式。

$$\mathrm{CH_3\overset{O}{\overset{\|}{C}}CH_2\overset{O}{\overset{\|}{C}}OC_2H_5 \xrightarrow[\text{(A)}]{2C_2H_5ONa}} \text{(1-乙酰基-1-乙氧羰基环戊烷: 环戊烷 C1 上连 } \mathrm{\overset{O}{\overset{\|}{C}}CH_3} \text{ 和 } \mathrm{\underset{\underset{O}{\|}}{C}OC_2H_5}\text{)} \xrightarrow[\text{② } H^+/\triangle]{\text{① NaOH/}H_2O} \text{(B)} \xrightarrow[\mathrm{C_2H_5ONa}]{\mathrm{HCOOCH_3}} \text{(C)}$$

13.10.2 丙二酸酯在合成中的应用

丙二酸二乙酯是一种无色、有愉快气味的液体，沸点199℃，不溶于水，溶于乙醇、乙醚、氯仿和苯。由氯乙酸经中和、氰化、水解，再与乙醇酯化制得。

$$\mathrm{\overset{Cl}{\overset{|}{C}}H_2COONa \xrightarrow[92\sim95℃]{NaCN} \overset{CN}{\overset{|}{C}}H_2COONa \xrightarrow[H_2SO_4,\ \triangle]{2\ C_2H_5OH} H_2C\begin{matrix}\diagup COOC_2H_5\\ \diagdown COOC_2H_5\end{matrix}}$$

丙二酸二乙酯两个羰基之间的亚甲基比较活泼，与乙酰乙酸乙酯类似，在碱性条件下生成碳负离子，作为亲核试剂与卤代烃作用生成一烃基或二烃基取代的丙二酸酯，然后水解，加热脱羧，即可制备各种取代乙酸：

$$\mathrm{C_2H_5O\overset{O}{\overset{\|}{C}}CH_2\overset{O}{\overset{\|}{C}}OC_2H_5 \underset{}{\overset{C_2H_5ONa}{\rightleftharpoons}} C_2H_5O\overset{O}{\overset{\|}{C}}-\overset{-}{C}H-\overset{O}{\overset{\|}{C}}OC_2H_5 \xrightarrow{RBr} C_2H_5O\overset{O}{\overset{\|}{C}}-\overset{R}{\overset{|}{C}}H-\overset{O}{\overset{\|}{C}}OC_2H_5}$$

$$\xrightarrow{H_3O^+} \mathrm{HO\overset{O}{\overset{\|}{C}}-\overset{R}{\overset{|}{C}}H-\overset{O}{\overset{\|}{C}}OH \xrightarrow[\triangle]{-CO_2} RCH_2-\overset{O}{\overset{\|}{C}}OH}$$

$$\xrightarrow[\text{② } R'Br]{\text{① } C_2H_5ONa} \mathrm{C_2H_5O\overset{O}{\overset{\|}{C}}-\underset{R'}{\underset{|}{\overset{R}{\overset{|}{C}}}}-\overset{O}{\overset{\|}{C}}OC_2H_5 \xrightarrow[\triangle]{H_3O^+} HO\overset{O}{\overset{\|}{C}}-\underset{R'}{\underset{|}{\overset{R}{\overset{|}{C}}}}-\overset{O}{\overset{\|}{C}}OH \xrightarrow[\triangle]{-CO_2} R'-\overset{R}{\overset{|}{C}}H-\overset{O}{\overset{\|}{C}}OH}$$

丙二酸酯的烃基化反应是制备α-烃基取代乙酸最有效的方法。如果控制反应物的物料比，用二卤代烃与丙二酸酯钠盐反应，可以制备二元羧酸或环状羧酸衍生物：

$$① \ 2\,C_2H_5O\overset{O}{\overset{\|}{C}}-\bar{C}H-\overset{O}{\overset{\|}{C}}OC_2H_5 \xrightarrow{\begin{smallmatrix}CH_2Br\\|\\CH_2Br\end{smallmatrix}} \begin{matrix}CH_2CH(COOC_2H_5)_2\\|\\CH_2CH(COOC_2H_5)_2\end{matrix} \xrightarrow[\triangle]{H_3O^+} \begin{matrix}CH_2CH_2COOH\\|\\CH_2CH_2COOH\end{matrix}$$

$$② \ CH_2(COOC_2H_5)_2 \xrightarrow[Br(CH_2)_5Br]{2\,C_2H_5ONa} \text{1,1-环己烷二甲酸二乙酯 }(C_6H_{10}(COOC_2H_5)_2) \xrightarrow[H_2O]{NaOH} \xrightarrow[\triangle]{H_3O^+} C_6H_{11}-COOH$$

苯巴比妥是目前仍在使用的历史悠久的抗惊厥剂，其中间体“苯基丙二酸二乙酯”的制备参见13.7.3（1），然后引入乙基，再与脲进行缩合来制备：

$$C_6H_5-\overset{O}{\overset{\|}{C}}HCOC_2H_5\,(|\,COOC_2H_5) \xrightarrow[C_2H_5Cl]{C_2H_5ONa} C_6H_5-C(C_2H_5)(COOC_2H_5)COOC_2H_5 \xrightarrow[C_2H_5ONa]{NH_2CONH_2} \xrightarrow{H^+} \text{苯巴比妥}$$

苯巴比妥

丙二酸二乙酯是有机合成中间体，在染料、香料、磺酰脲除草剂等生产中用途广泛。

13.10.3 克诺文格尔缩合与迈克尔加成*

醛和酮与活性亚甲基化合物，如丙二酸酯、β-酮酸酯（如“三乙”）、氰乙酸酯等，在弱碱（如胺类、吡啶、哌啶等）存在下通过加成-脱水反应，生成α,β-不饱和二羰基或相关化合物称为克诺文格尔（Knoevenagel）缩合反应，在12.3.2（4）中已有介绍。例如：

$$① \ CH_3\overset{O}{\overset{\|}{C}}CH_2\overset{O}{\overset{\|}{C}}OEt \xrightarrow[PhCHO]{\text{哌啶}} C_6H_5-CH=C(COOEt)COCH_3 \xrightarrow[\triangle]{H_3O^+} C_6H_5-CH=CH-COCH_3$$

$$② \ \text{环己酮} + NCCH_2COOEt \xrightarrow{\text{哌啶}} C_6H_{10}=C(CN)COOEt$$

克诺文格尔缩合反应是有机合成中形成碳碳双键的重要方法，可用来制备多种有机合成中间体。

迈克尔（Michael）加成反应是指在碱催化下能提供亲核碳负离子的化合物（也可以是胺、硫醇等亲核试剂，称为电子供体）对亲电共轭体系（称为受体，如α,β-不饱和醛、酮、酯、腈等）共轭加成反应，结果总是亲核的电子供体加到β碳原子上，而在α碳原子上加个H。例如，月桂胺与丙烯腈制备表面活性剂：

$$C_{12}H_{25}NH_2 \xrightarrow{H_2C=CHCN} C_{12}H_{25}NHCH_2CH_2CN \xrightarrow[H_2O]{NaOH} C_{12}H_{25}NHCH_2CH_2COONa$$

“三乙”或丙二酸酯与α,β-不饱和羰基化合物反应可以制备1,5-二羰基化合物。例如：

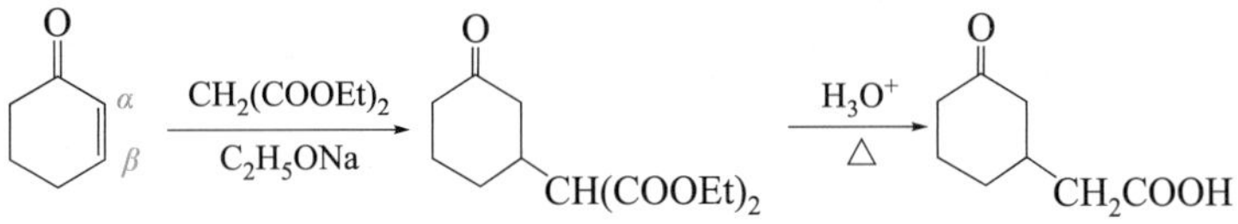

$$\text{环己-2-烯酮} \xrightarrow[C_2H_5ONa]{CH_2(COOEt)_2} \text{3-}[CH(COOEt)_2]\text{环己酮} \xrightarrow[\triangle]{H_3O^+} \text{3-}(CH_2COOH)\text{环己酮}$$

迈克尔加成与克莱森缩合或羟醛缩合反应结合，合成环状化合物，称为**罗宾森（Robinson）增环反应**，不对称酮进行迈克尔加成时反应多发生在取代基多的α-碳上：

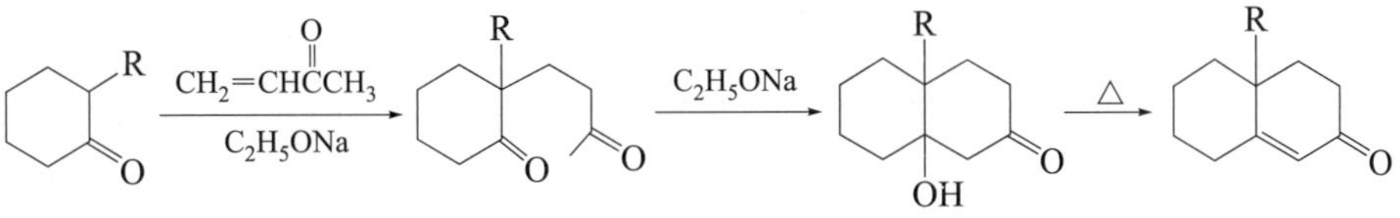

$$\xrightarrow[C_2H_5ONa]{CH_2=CH\overset{O}{\overset{\|}{C}}CH_3} \quad \xrightarrow{C_2H_5ONa} \quad \xrightarrow{\triangle}$$

R=烷基、C_6H_5、$COOC_2H_5$、$OCOCH_3$等

维兰德-米歇尔酮（Wieland-Mieschcerketone）的合成是罗宾森增环反应最有代表性的应用，该酮是很多甾体、萜类天然产物人工合成极其重要的起始物，具有广泛的应用。

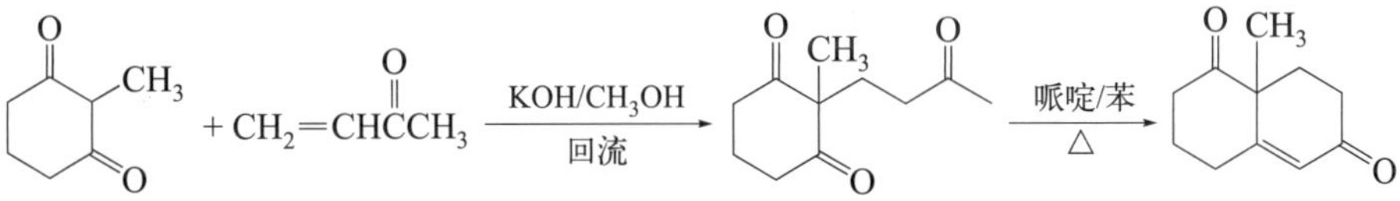

$$+\ CH_2=CH\overset{O}{\overset{\|}{C}}CH_3 \xrightarrow[\text{回流}]{KOH/CH_3OH} \quad \xrightarrow[\triangle]{\text{哌啶/苯}}$$

维兰德-米歇尔酮

α,β-不饱和醛、酮的制备可参考12.3.3中的各类缩合反应。

综合练习题

1. 命名或写出下列化合物的结构式。

（1）H(HOOC)C=C(COOH)H　（2）3-甲基-1-溴环己烷甲酸（结构式）　（3）H_3C—苯环—COOH（邻位NO_2）

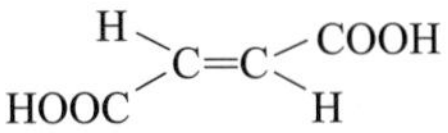

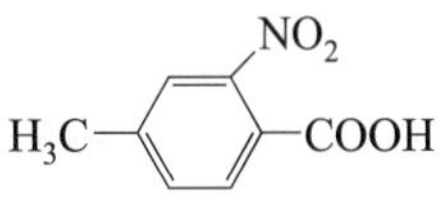

（4）过氧化苯甲酰　（5）DMF　（6）氨基甲酸乙酯

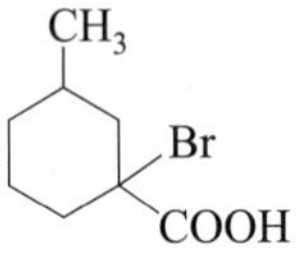

（7）$CH_2OC(=O)C_6H_5$ / $CH_2OC(=O)C_6H_5$　（8）$C_6H_5N(CH_3)C(=O)CH_3$　（9）N-溴代丁二酰亚胺（结构式）

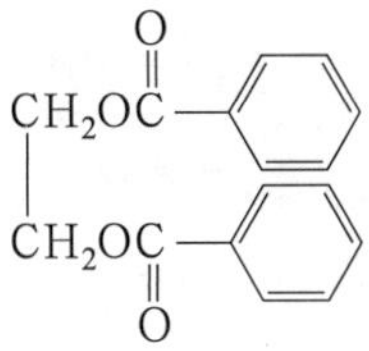

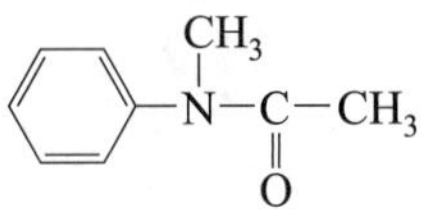

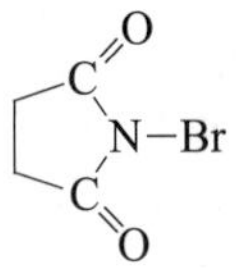

（10）γ-丁内酯　（11）二乙烯酮　（12）2-甲基-3-氧亚基丁酸乙酯

2. 比较下列各组化合物的酸性、碱性大小。

（1）将下列化合物按酸性从强到弱排序：

①丙酸 ②2-氟丙酸 ③2-氯丙酸 ④2-碘丙酸 ⑤2-溴丙酸

（2）将下列化合物的pK_a由小到大排序：

①苯甲酸 ②水杨酸 ③对羟基苯甲酸 ④间羟基苯甲酸 ⑤苯酚

（3）将下列化合物按碱性由强到弱排序：

①乙酰胺 ②邻苯二甲酰亚胺 ③氨

3. 选出所有符合条件的正确答案。

（1）关于乙酰乙酸乙酯（$CH_3COCH_2COOC_2H_5$）下列说法正确的是？

①能使Br_2/CCl_4溶液褪色 ②能与金属钠反应放出氢气

③不能与HCN发生加成反应 ④能与$FeCl_3$溶液发生显色反应

（2）关于羧酸衍生物下列说法正确的是：

①乙酰胺的沸点高于乙酰氯

②己二酸加热可生成环己酮

③脲可用于消除某些反应中剩余的亚硝酸

④*N,N*-二甲基甲酰胺（DMF）是很好的极性非质子溶剂

4. 用简单的化学方法鉴别下列各组化合物。

（1）甲酸、草酸和丙酸 （2）水杨酸、苯甲酸和马来酸

5. 写出下列化合物加热后的主要有机产物。

（1）$(CH_3)_2C(OH)COOH$ （2）$CH_3CH(OH)CH_2COOH$ （3）$CH_3CH(OH)(CH_2)_2COOH$

（4）$CH_3CH(OH)CH_2COOH$（在$KMnO_4/OH^-$下） （5）Cl_3CCOOH （6）2-氧代环戊烷甲酸（环戊酮-2-C(=O)—OH）

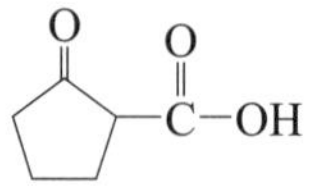

（7）邻苯二乙酸（苯环邻位两个CH_2COOH） （8）邻苯二甲酸（苯环邻位两个COOH） （9）HOOCCOOH

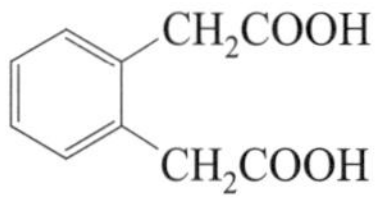

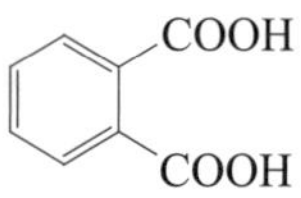

6. 请以煤化路线，即以CO、H_2为原料，合成下列化合物。

（1）乙酸 （2）丙烯酸 （3）草酸二甲酯

7. 写出工业上乙酸、丙酮制备乙烯酮的反应式，并写出乙烯酮与下列化合物反应的产物。

（1）CH_3NH_2 （2）HBr （3）CH_3CH_2COOH （4）C_6H_5MgBr

8. 克莱森酯缩合反应是合成β-二羰基化合物的方法。其缩合反应机理是亲核加成-消去反应。以丙酸甲酯自缩合为例，书写其反应机理，并标出电子转移方向。

9. 完成下列转化，写出各步反应的主要反应条件或有机产物。

（1）以苯甲酸为起始物的各类衍生物的转化：

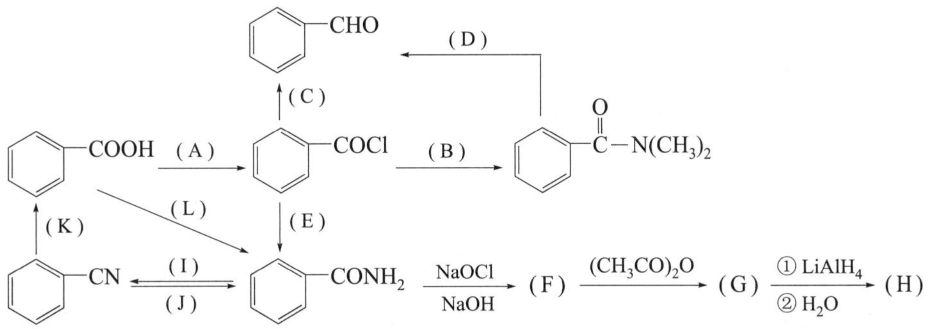

C_6H_5CHO

(D)

(C)

$C_6H_5COOH \xrightarrow{(A)} C_6H_5COCl \xrightarrow{(B)} C_6H_5C(=O)-N(CH_3)_2$

(K)　(L)　(E)

$C_6H_5CN \underset{(J)}{\overset{(I)}{\rightleftharpoons}} C_6H_5CONH_2 \xrightarrow[NaOH]{NaOCl} (F) \xrightarrow{(CH_3CO)_2O} (G) \xrightarrow[②\ H_2O]{①\ LiAlH_4} (H)$

（2）以间二甲苯为原料制备间位芳纶：

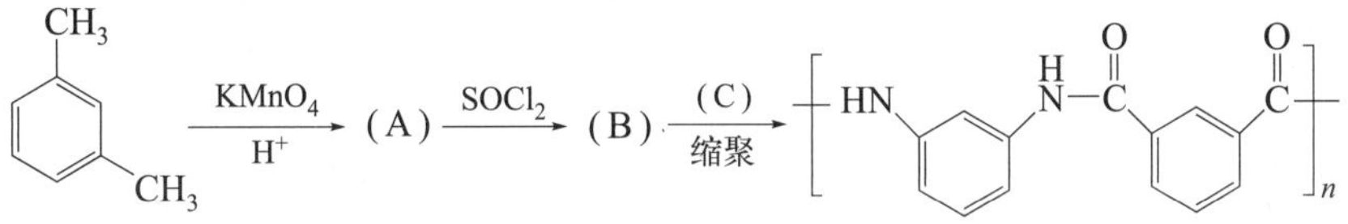

CH_3, CH_3 $\xrightarrow[H^+]{KMnO_4}$ (A) $\xrightarrow{SOCl_2}$ (B) $\xrightarrow[缩聚]{(C)}$ $\left[HN \ldots \overset{H}{N}-\overset{O}{C} \ldots \overset{O}{C} \right]_n$

（3）辣椒中的辛辣气味来自辣椒素，人工合成辣椒素的步骤如下：

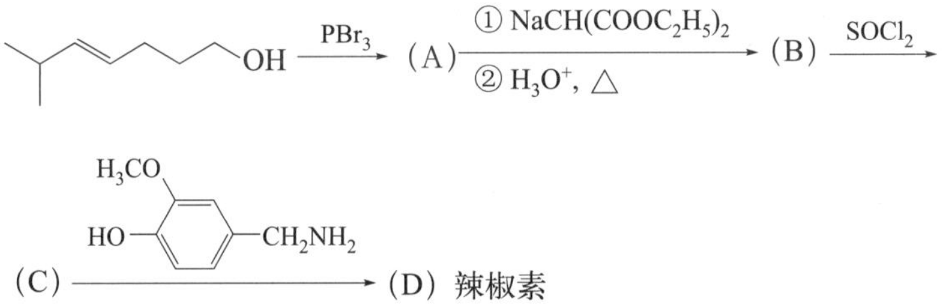

OH $\xrightarrow{PBr_3}$ (A) $\xrightarrow[②\ H_3O^+,\ \triangle]{①\ NaCH(COOC_2H_5)_2}$ (B) $\xrightarrow{SOCl_2}$

(C) $\xrightarrow{H_3CO,\ HO-C_6H_3-CH_2NH_2}$ (D) 辣椒素

（4）实现下面β-羰基酯的转化：

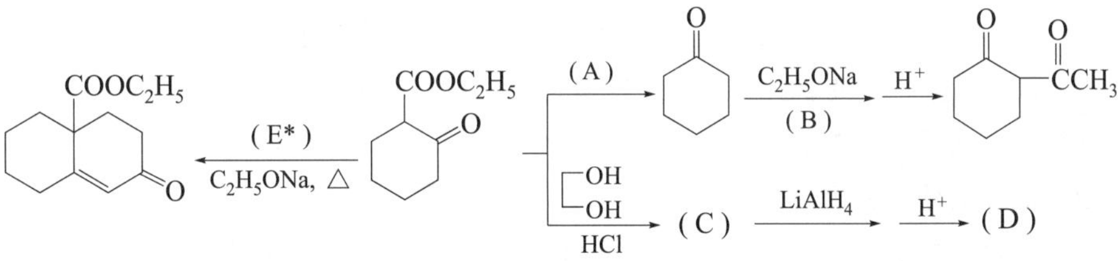

$COOC_2H_5$, O $\xleftarrow[C_2H_5ONa,\ \triangle]{(E^*)}$ $COOC_2H_5$, O $\xrightarrow{(A)}$ O $\xrightarrow[(B)]{C_2H_5ONa}$ $\xrightarrow{H^+}$ O, O, CCH_3

OH, OH, HCl $\rightarrow$ (C) $\xrightarrow{LiAlH_4}$ $\xrightarrow{H^+}$ (D)

（5）由环己烷制备δ-戊内酯：

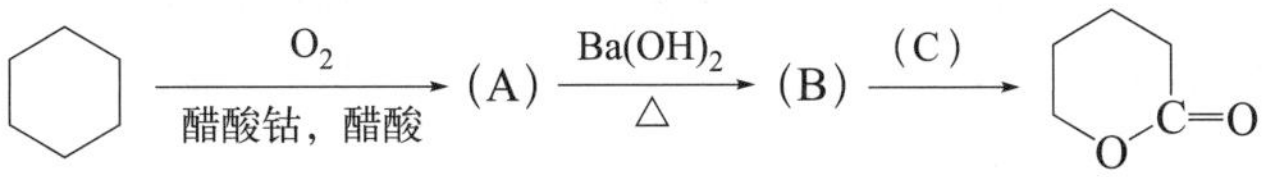

$\xrightarrow[醋酸钴，醋酸]{O_2}$ (A) $\xrightarrow[\triangle]{Ba(OH)_2}$ (B) $\xrightarrow{(C)}$ O, $C=O$

10. 由指定原料合成下列化合物（无机试剂、催化剂、溶剂可任选）。

（1）以苯甲醛为原料合成镇痉药物扁桃酸苄酯 $C_6H_5\overset{OH}{C}HCOOCH_2C_6H_5$；

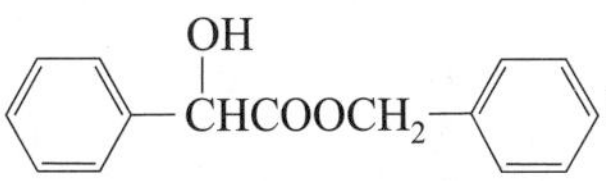

（2）由甲苯、对甲苯酚为原料合成香皂香料苯乙酸对甲酚酯；

（3）冬青油（水杨酸甲酯）是一种天然香料和防腐剂，请以苯酚、甲醇为原料合成之；

（4）由丁酸合成：①丙醛，② 2-乙基丙二酸；

（5）由乙酸和丙酸合成乙丙酸酐；

（6）由苯甲酸、乙醇制备3-苯基戊-3-醇；

（7）用乙酸、乙醇、丙二酸乙酯，经Gabriel法合成天冬氨酸$HOOCCH_2CH(NH_2)COOH$；

（8）以甲醇、乙炔为原料，经乙酰乙酸乙酯法合成：

①辛-2,7-二酮；　②己-2,4-二酮；　③环戊基甲基甲酮

（9）以甲醇、乙醇为原料，经丙二酸酯法合成：

①2-甲基丁酸；　②3-甲基己二酸；　③1,4-环己烷二甲酸

11. 贝诺酯（化学式$C_{17}H_{15}NO_5$，又名扑炎痛）是新型的消炎、解热、镇痛、治疗风湿病的药物。其合成路线如下：

$HO-C_6H_4-NH_2$ $\xrightarrow{CH_3COOH}$ 化合物A $\xrightarrow[-H_2O]{\triangle}$ 化合物B $\xrightarrow{NaOH}$ 化合物C

邻羟基苯甲酸（COOH，OH） $\xrightarrow{化合物D}$ 邻乙酰氧基苯甲酸（COOH，$OCOCH_3$） $\xrightarrow{SOCl_2}$ 化合物E

化合物C + 化合物E → 贝诺酯

（1）写出由化合物A制备B的反应式；

（2）满足转化条件的化合物D的结构式；

（3）写出化合物C与E合成贝诺酯的化学反应式。

12. 一位研究生在课题研究中需要合成羟基酯$[(CH_3)_2C(OH)-CH_2COOC_2H_5]$。他先制备了格利雅试剂甲基碘化镁，然后加上乙酰乙酸乙酯，反应混合物激烈地放出气泡，但最后却只分离出产率很高的原料乙酰乙酸乙酯。

（1）该反应放出的气泡是什么物质？

（2）他失败的主要原因是什么？

（3）如果你顺利录取硕士研究生，导师让你用三个碳原子及以下的有机物为原料合成该羟基酯，你将如何设计合成路线？写出有关反应式。

13. 聚乙烯醇肉桂酸酯常用作电子工业制版时的光刻材料，由醋酸乙烯酯和苯甲醛为主要原料合成该化合物的路线如下：

$CH_3C(=O)OCH=CH_2$ $\xrightarrow[90\sim100℃]{AIBN}$ 聚合物A $\xrightarrow[H^+或OH^-]{n\,CH_3OH}$ 聚合物B

C_6H_5CHO ⟶ 化合物C $\xrightarrow{SOCl_2}$ 化合物D

聚合物B + 化合物D → $\left[CH(OC(=O)CH=CH-C_6H_5)-CH_2\right]_n$

（1）写出化合物A、B、C、D的结构式；

（2）请设计一条由苯甲醛合成化合物C（其它有机试剂任选）的合成路线，写出反应式；

（3）醋酸乙烯酯可由乙烯、乙酸为原料合成，写出反应式。

14. 对羟基苯甲酸是一种用途非常广泛的有机合成原料，用作制备对羟基苯甲酸酯（尼泊金酯，一种广谱性高效食品防腐剂），还是用于制备液晶聚合物的生产原料。

（1）写出苯酚制备对羟基苯甲酸的反应式。

（2）尼泊金正丁酯的防腐杀菌力最强，请以乙醛和对羟基苯甲酸合成之。

（3）聚对羟基苯甲酸是一种热致液晶聚合物，经共聚改性，可提高机械强度和加工性能。一种代表性高分子液晶是在高温下由60%对乙酰氧基苯甲酸低聚物（PHB）与40%聚对苯二甲酸乙二醇酯（PET）共混来制备。

① 写出对羟基苯甲酸制备对乙酰氧基苯甲酸的反应式（其他有机试剂任选）；

② 写出对乙酰氧基苯甲酸制备PHB的反应式；

③ 共混物随着高温热处理时间的增加，PHB片段的聚合度降低，形成了含有如下结构的片段 $-O-C_6H_4-\overset{\overset{O}{\|}}{C}-OCH_2CH_2O-\overset{\overset{O}{\|}}{C}-C_6H_4-\overset{\overset{O}{\|}}{C}-$，解释发生的原因。

15. EVA被广泛应用于发泡鞋材以及太阳能电池黏合剂等领域，是由化合物E（分子式C_2H_4）和VAc（分子式$C_4H_6O_2$，其水解产物为乙醛和乙酸）两种单体共聚而成。某能源集团由甲醇制烯烃装置（MTO工艺）获得的E和外购VAc来生产EVA。

（1）写出化合物E和VAc的结构简式；

（2）利用本企业丰富的电石、合成气资源以及甲醇，如何实现VAc的自给？写出有关反应式；

（3）若该企业规划未来采用“甲缩醛（二甲氧基甲烷）羰基化”法生产可降解塑料聚乙醇酸，请充分利用该厂现有原料设计一条合成路线，写出有关反应式。

16. 聚碳酸酯（$C_6H_5-O-\left[\overset{\overset{O}{\|}}{C}-O-C_6H_4-\underset{\underset{CH_3}{|}}{\overset{\overset{CH_3}{|}}{C}}-C_6H_4-O\right]_n-\overset{\overset{O}{\|}}{C}-O-C_6H_5$）无色透明，耐热，抗冲击，且具有良好的力学性能。最新绿色制备工艺是以碳酸二甲酯替代光气来制备。某企业现有甲醇制烯烃（MTP工艺）装置、酯交换法制备碳酸二甲酯装置以及从煤焦油中提取的苯酚。

（1）请以该企业现有原料设计一条生产聚碳酸酯的合成路线，写出各步反应式；

（2）如何处置各步反应的副产物以实现整个聚碳酸酯生产过程污染物的“近零排放”？

第 14 章

含氮有机化合物

我们周围的空气中氮气含量约占78%。N_2本身是惰性的，不像O_2是生物氧化中的主要反应要素。但是，氮的还原态氨（NH_3）及其有机衍生物胺，在自然界中起着像氧一样积极的作用，胺及其它含氮的化合物是最丰富的有机分子。

本章主要讨论硝基化合物（nitro compound）、胺（amine）及其衍生物季铵盐、季铵碱和芳香重氮盐。此外，对腈、异腈、异氰酸酯以及重氮甲烷等进行简单介绍。

14.1　硝基化合物

14.1.1　硝基化合物的分类、命名和结构

烃分子中的氢原子被硝基（$-NO_2$）取代后的衍生物称为硝基化合物，分为脂肪族硝基化合物（RNO_2）和芳香族硝基化合物（$ArNO_2$）。

根据硝基的数目，可分为一元和多元硝基化合物。一元硝基化合物（RNO_2）与亚硝酸酯（R—O—N═O）互为同分异构体。根据硝基相连的碳原子类型，又可分为伯、仲、叔硝基化合物。硝基化合物的命名和卤代烃相似，以烃作为母体，硝基作为取代基。例如：

$CH_3CH_2NO_2$　硝基乙烷（伯硝基化合物）

$CH_3CH(NO_2)CH_3$　2-硝基丙烷（仲硝基化合物）

$(CH_3)_3CNO_2$　2-甲基-2-硝基丙烷（叔硝基化合物）

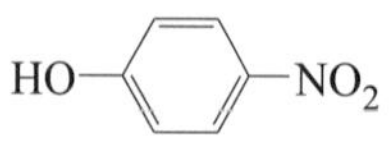

$HO-C_6H_4-NO_2$　对硝基酚

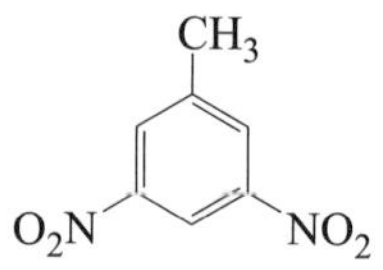

$CH_3C_6H_3(NO_2)_2$　3,5-二硝基甲苯

硝基化合物中氮原子的电子层结构为$1s^22s^22p^3$。它的价电子层有五个电子，而这一价

电子层最多可以容纳八个电子，因此硝基的结构可以表示为：

$$\mathrm{R\overset{\times}{\times}\underset{\times\times}{N}\overset{\times}{\times}\ddot{\underset{\cdot\cdot}{O}}:} \quad \text{或} \quad \mathrm{R-\overset{+}{N}(=O)-O^-}$$

电子衍射法的实验证明，硝基化合物中的硝基具有对称的结构，两个氮氧键的键长都是0.121 nm，它们是等价的。氮原子为sp^2杂化，三个sp^2杂化轨道分别与碳原子和两个氧原子形成三个σ键，氮原子上未参与杂化的p轨道与两个氧原子上的p轨道平行而相互交盖，形成“三中心四电子”的共轭体系。

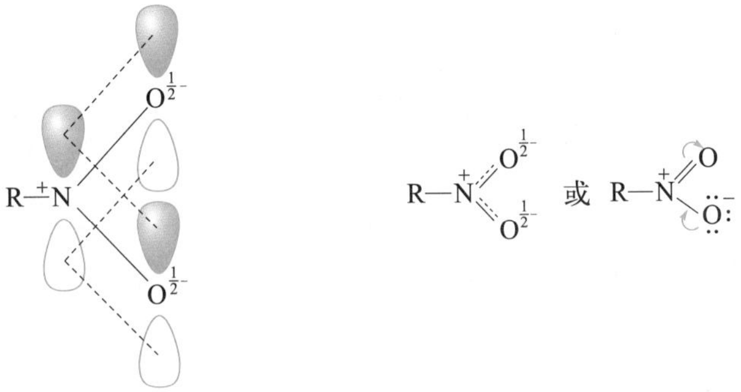

$$\mathrm{R-\overset{+}{N}\langle_{O^{\frac{1}{2}-}}^{O^{\frac{1}{2}-}}} \quad \text{或} \quad \mathrm{R-\overset{+}{N}(=O)-\ddot{O}:^-}$$

硝基甲烷是最简单的硝基化合物，它可用共振式表示为：

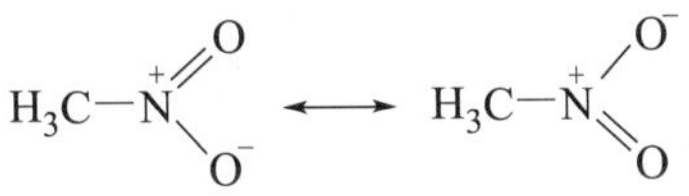

$$\mathrm{H_3C-\overset{+}{N}(=O)-O^-} \longleftrightarrow \mathrm{H_3C-\overset{+}{N}(-O^-)=O}$$

14.1.2 脂肪族硝基化合物

脂肪族硝基化合物是无色具有香味的液体，难溶于水，易溶于醇和醚，相对密度大于1。

烷烃和硝酸的混合蒸气在气相中发生自由基反应，生成低级硝基化合物的混合物［参见2.5.2（1）］，作为油脂、纤维素酯和合成树脂等的优良溶剂。

具有α-H的伯或仲硝基化合物存在硝基式和酸式互变异构，能逐渐溶解于氢氧化钠：

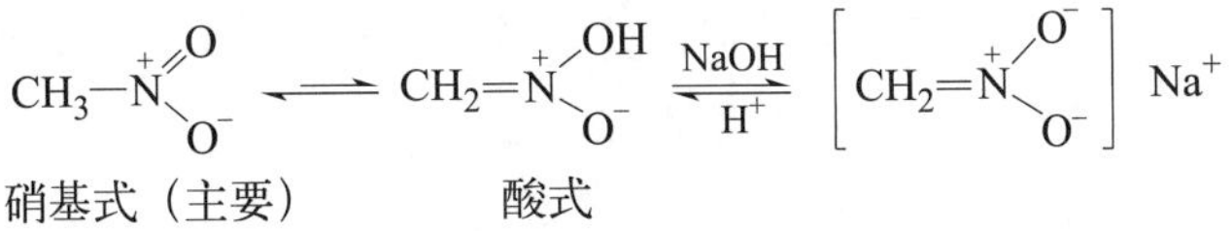

$$\underset{\text{硝基式（主要）}}{\mathrm{CH_3-\overset{+}{N}(=O)-O^-}} \rightleftharpoons \underset{\text{酸式}}{\mathrm{CH_2=\overset{+}{N}(-OH)-O^-}} \underset{H^+}{\overset{NaOH}{\rightleftharpoons}} \left[\mathrm{CH_2=\overset{+}{N}(-O^-)-O^-}\right]\mathrm{Na^+}$$

叔硝基化合物没有α-H，因此不能异构成酸式，也就不能与碱作用。

14.1.3 芳香族硝基化合物及其制备方法

芳香族硝基化合物都是无色或淡黄色高沸点液体或固体，有苦杏仁味。芳香族多硝基化合物多为黄色固体，具有爆炸性。它们的相对密度都大于1，不溶于水，溶于有机溶剂。

芳香族硝基化合物可由芳香烃直接硝化得到：

$$C_6H_6 + HNO_3 \xrightarrow[50℃]{H_2SO_4} C_6H_5NO_2 + H_2O$$

有的芳香族多硝基化合物具有天然麝香的香气，可用于香水等化妆品的定香剂。例如，由连三甲苯合成西藏麝香的路线如下：

$$\text{1,2,3-}(CH_3)_3C_6H_3 \xrightarrow[AlCl_3]{CH_2=C(CH_3)_2} \text{5-}C(CH_3)_3\text{-1,2,3-}(CH_3)_3C_6H_2 \xrightarrow[H_2SO_4]{HNO_3} \text{4,6-}(O_2N)_2\text{-5-}C(CH_3)_3\text{-1,2,3-}(CH_3)_3C_6$$

许多芳香族硝基化合物能使血红蛋白变性，过多地吸入其蒸气、粉尘或长期的皮肤接触均能导致中毒。

14.1.4 芳香族硝基化合物的化学性质

（1）还原反应

工业上一般采用Cu、Ni、Pt、Pd/C等催化加氢的方法还原硝基，可连续生产，对环境友好，产品质量和产率都很好。Pd/C催化剂易再生，可重复使用，是一种绿色的合成方法，例如，在常压下用Pd/C还原对硝基苯甲酸乙酯来合成苯佐卡因（用于溃疡面、烧伤等的镇痛、止痒的药物）：

$$O_2N\text{—}C_6H_4\text{—}COOC_2H_5 \xrightarrow[Pd/C]{H_2} H_2N\text{—}C_6H_4\text{—}COOC_2H_5$$

苯佐卡因

在强酸性（通常用稀盐酸）条件下，用铁、锌、锡等金属还原，硝基被直接还原为胺。

$$C_6H_5\text{—}NO_2 \xrightarrow[\triangle]{Fe,\ HCl} C_6H_5\text{—}NH_2$$

在铁粉还原中，一般对卤素、碳碳双键、氰基和酯基等没有影响。但在克莱门森还原反应中，若反应物中有硝基，则同时被还原：

$$m\text{-}O_2N\text{—}C_6H_4\text{—}\overset{O}{\overset{\|}{C}}\text{—}CH_3 \xrightarrow[HCl]{Zn\text{-}Hg} m\text{-}H_2N\text{—}C_6H_4\text{—}CH_2CH_3$$

当芳环上还连有羰基时，用二氯亚锡和浓盐酸可将硝基还原成氨基而羰基保持不变。

$$m\text{-}O_2N\text{—}C_6H_4\text{—}CHO \xrightarrow[\triangle]{SnCl_2,\ 浓HCl} m\text{-}H_2N\text{—}C_6H_4\text{—}CHO$$

在锌粉等做还原剂时，反应条件及介质对还原反应影响较大。如硝基苯，在酸性介质中用锌粉能直接还原到苯胺，但在中性或不同碱性条件下，被还原为*N*-羟基苯胺、偶氮苯和氢化偶氮苯等不同的还原产物：

$$C_6H_5NO_2 \xrightarrow[NaOH]{Zn} C_6H_5N(OH)H \quad HO-N(H)-C_6H_5 \xrightarrow{缩合} C_6H_5N=NC_6H_5 \xrightarrow[NaOH]{Zn} C_6H_5NH-HNC_6H_5$$

偶氮苯　　氢化偶氮苯

间二硝基苯直接催化加氢或用铁粉与浓盐酸还原可得间苯二胺，若用硫化铵、硫氢化铵、硫化钠、硫氢化钠等可选择性地还原其中的一个硝基，得到间硝基苯胺。

$$m\text{-}C_6H_4(NO_2)_2 \xrightarrow{(NH_4)_2S} m\text{-}NH_2C_6H_4NO_2 \quad (80\%)$$

其它多硝基苯也可还原其中的一个硝基，但还原的选择性需要实验结果来确定。

(2)硝基对亲电取代反应的影响

硝基是间位定位基，强吸电子能力使得苯环被钝化，不能发生傅-克反应，故硝基苯常用于此类反应的溶剂。硝基化合物的卤化、硝化和磺化反应都比苯困难。例如：

$$C_6H_5NO_2 \xrightarrow[浓H_2SO_4,\ 95℃]{发烟HNO_3} m\text{-}C_6H_4(NO_2)_2$$

(3)硝基对亲核取代反应的影响

氯苯分子中的氯原子很不活泼，若在氯原子的邻位或对位引入硝基后，氯原子就比较活泼。这是由于硝基通过吸电子的诱导效应和共轭效应，降低了苯环上的C—Cl键之间的电子云密度，故硝基取代的氯苯可以发生水解、醇解及氨解等亲核取代反应。例如：

$$p\text{-}ClC_6H_4NO_2 \xrightarrow[②\ H^+]{①\ pH=14,\ 160℃} p\text{-}HOC_6H_4NO_2$$

$$2,4\text{-}(O_2N)_2C_6H_3Cl \xrightarrow[②\ H^+]{①\ pH=10,\ 100℃} 2,4\text{-}(O_2N)_2C_6H_3OH$$

$$2,4,6\text{-}(O_2N)_3C_6H_2Cl \xrightarrow[②\ H^+]{①\ pH=7,\ 40℃} 2,4,6\text{-}(O_2N)_3C_6H_2OH$$

苦味酸

苯酚直接硝化制备苦味酸会发生苯环的氧化，产率很低。工业上采用苯酚二磺化再硝化的方法［参见11.3.2（3）］，或者采用二硝基氯苯水解再硝化的方法来制备苦味酸。

对苯二胺是制备芳纶［参见13.8.4（1）］的原料，工业上用对硝基氯苯与氨反应得到对硝基苯胺，然后在酸性介质中用铁粉还原而得：

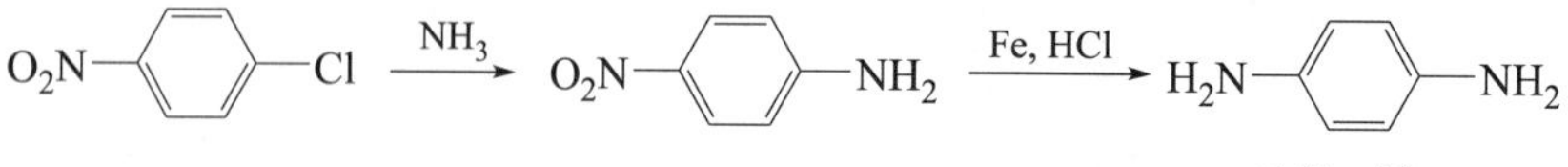

$$O_2N-C_6H_4-Cl \xrightarrow{NH_3} O_2N-C_6H_4-NH_2 \xrightarrow{Fe,\ HCl} H_2N-C_6H_4-NH_2$$

对苯二胺

硝基对酚类酸性的影响与硝基在苯环上与羟基的相对位置有关。当硝基处于酚羟基的邻位或对位时，由于可生成负电荷更加分散也更加稳定的硝基苯氧负离子，所以酸性增强。硝基越多，酚的酸性越大［参见11.3.1（1）］。

练习题 14-1： 将下列化合物的酸性由强到弱排序。

（A）$C_6H_5-CH_2OH$　（B）C_6H_5-OH　（C）$H_3C-C_6H_4-OH$

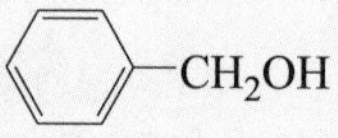

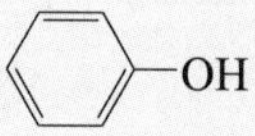

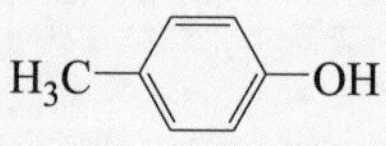

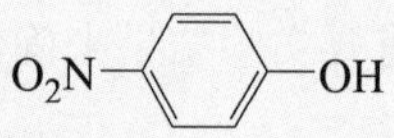

（D）$O_2N-C_6H_4-OH$　（E）$O_2N-C_6H_3(NO_2)-OH$

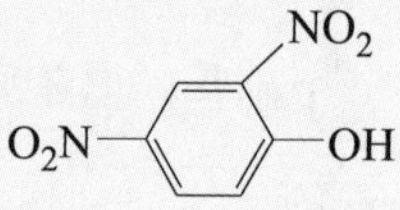

14.2 胺

14.2.1 胺的分类、命名和结构

（1）胺的分类

胺是氨（NH_3）的一个氢、二个氢或三个氢原子被烃基取代后的衍生物，分别称为伯胺（primary anine）、仲胺（secondary anine）和叔胺（tertiay anine）。

需要特别提醒的是伯、仲、叔胺与伯、仲、叔醇不同，前者是按照NH_3中氢被烃基取代的数目而定，而后者则是按照羟基所连接的碳原子类型而定。

$CH_3CH_2NH_2$　　$(CH_3CH_2)_2NH$　　$(CH_3)_3N$　　$(CH_3)_3C-OH$

伯胺　　仲胺　　叔胺 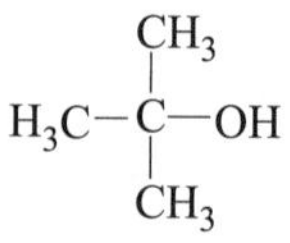　　叔醇

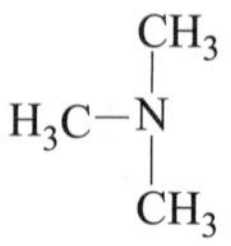

根据烃基不同可分为脂肪族胺和芳香族胺，根据氨基数目又可分为一元胺、二元胺等。

CH_3NH_2　　$C_6H_5-NH_2$　　$H_2NCH_2CH_2NH_2$

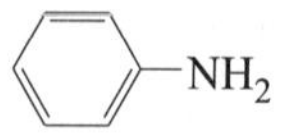

脂肪胺（一元胺）　　芳香胺（一元胺）　　脂肪胺（二元胺）

铵盐和氢氧化铵的四烷基取代物，分别称为季铵盐和季铵碱。

$R_4N^+X^-$ 季铵盐　　$R_4N^+OH^-$ 季铵碱

（2）胺的命名

① 伯胺的命名由“母体烃名＋胺”组成，命名称为“某胺”。仲胺和叔胺，当烃基相同时，在前面标出数目。例如：

CH_3NH_2 甲胺　　$C_6H_5-CH_2NH_2$ 苯甲胺（苄胺）　　$C_6H_5-NH_2$ 苯胺　　$(CH_3CH_2)_2NH$ 二乙胺

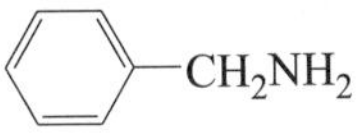

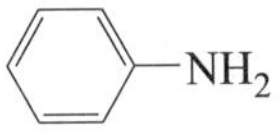

当烃基不同时，可按氮上最长烷基（或芳基、环烷基）为胺的母体，以*N*-取代基的方式命名，或按氮原子所连烃基不同，按英文首字母依次列出。例如：

$CH_3NHCH_2CH_3$ *N*-甲基乙胺（乙甲胺）

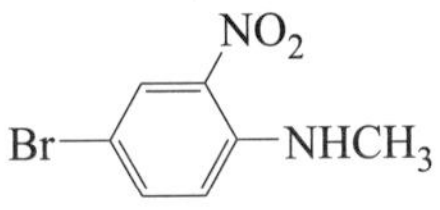

4-溴-*N*-甲基-2-硝基苯胺（苯环上：Br、$NHCH_3$、NO_2）

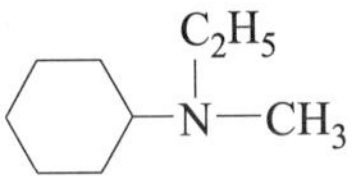

N-乙基-*N*-甲基环己胺（环己基—$N(C_2H_5)-CH_3$）

② 含有两个氨基的化合物称为“二胺”。例如：

$H_2N-CH_2-CH_2-NH_2$ 乙二胺　　$H_2N-CH_2-(CH_2)_4-CH_2-NH_2$ 己-1,6-二胺　　$H_2N-C_6H_4-NH_2$ 苯-1,4-二胺

③ 复杂的胺以系统命名法命名，选择一条连有氨基的最长碳链为主链，或者选择连有氨基的环为母体，编号时使氨基位次最低。例如：

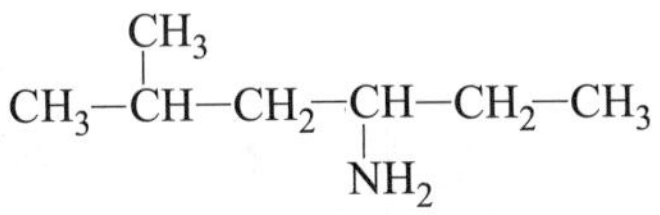

$CH_3-CH(CH_3)-CH_2-CH(NH_2)-CH_2-CH_3$ 5-甲基己-3-胺

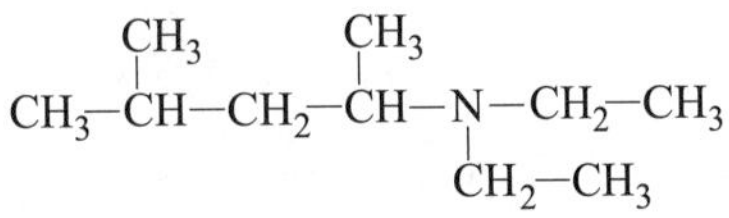

$CH_3-CH(CH_3)-CH_2-CH(CH_3)-N(CH_2-CH_3)-CH_2-CH_3$ *N*, *N*-二乙基-4-甲基戊-2-胺

④ 当氨基不是主体基团时，则将氨基作为取代基。例如：

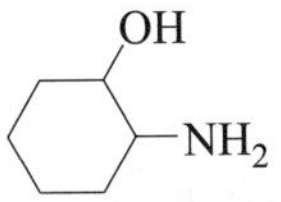

2-氨基环己醇（环己烷上：OH、NH_2）　　$H_2N-C_6H_4-SO_3H$ 4-氨基苯磺酸

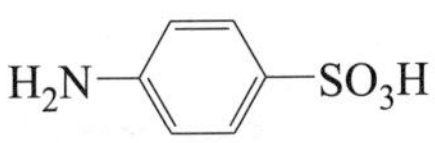

⑤ 有4个基团或氢与氮成键的化合物称为铵，命名时一般把阴离子放在前面。

$(CH_3)_2\overset{+}{N}H_2Br^-$ 溴化二甲铵　　$CH_3CH_2\overset{+}{N}(CH_2CH_3)_3OH^-$ 氢氧化四乙铵

> **练习题 14-2：** 用系统命名法命名或写出下列化合物的结构式。
>
> （A）$(CH_3)_2CHCH_2NH_2$　　（B）$H_2NCH_2CH_2NHCH_3$　　（C）$H_3CO-C_6H_4-NHCH_3$
>
> （D）氢氧化乙基三甲铵　　（E）*N,N*- 二甲基环戊胺

（3）胺的结构

氨、胺和铵中的氮原子均为sp^3杂化，其中三个sp^3轨道分别与氢原子或碳原子生成σ键，另一个sp^3轨道上有一对未共用电子对。氨和胺的空间排布与碳的四面体结构相似，是四面体构型，氮原子在四面体中心。

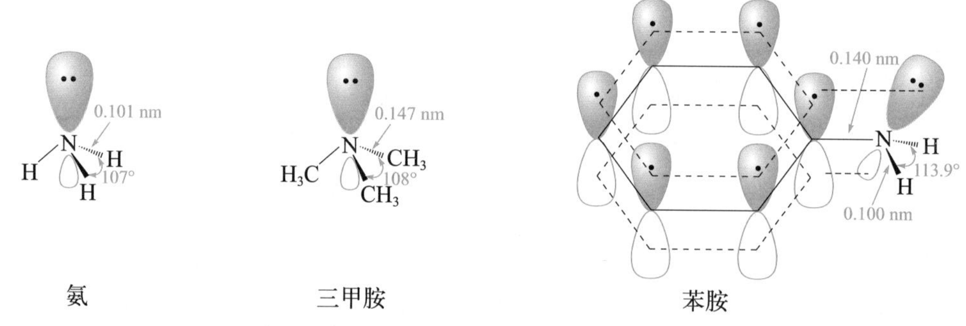

氨　　　　三甲胺　　　　苯胺

苯胺的氮原子也是sp^3杂化。氮原子上的一对未共用电子对所在杂化轨道与苯环上的p轨道从侧面重叠，从而形成共轭体系。

(*S*)　　　　(*R*)

在仲胺和叔胺中，如果与氮原子相连的三个基团不同时，氮原子是一个手性中心（孤对电子相当于第四个基团），理论上有一对对映体。但是由于翻转所需的能垒很低（约25 kJ/mol），在室温下就能发生构型快速转化，无法分离得到光学活性的对映体。而季铵盐分子中，氮原子的四个sp^3轨道均用于成键，不能发生翻转，故可以分离出对映异构体。

14.2.2 胺的物理性质

脂肪族胺中的甲胺、二甲胺、三甲胺和乙胺在室温下是气体，其它低级脂肪胺是液体，高级胺是固体。低级胺有类似氨气的味道，有的具有海腥味，高级胺几乎没有味道。

一些常见胺的物理常数见表14.1。胺分子中氮原子上的未共用电子对能与水分子形成分子间氢键，故C_6以下的低级胺易溶于水，高级胺难溶或不溶于水。

伯胺和仲胺能够形成分子间氢键，但是没有醇的强，因此它们的沸点比分子量相近的烃要高，而比分子量相近的醇要低。

芳香族胺为高沸点无色液体或低熔点固体，一般难溶于水。芳香族胺都有特殊的气味或毒性，通过蒸气吸入或透过皮肤吸收会导致人体中毒。

表 14.1　一些常见胺的物理性质和 pK_b 值

名称	英文名称	熔点/℃	沸点/℃	溶解度	pK_b(25℃)
甲胺	methylamine	−93	−7	易溶	3.36
二甲胺	dimethylamine	−96	7	易溶	3.28
三甲胺	trimethylamine	−117	3.5	易溶	4.26
乙胺	ethylamine	−81	17	∞	3.36
二乙胺	diethylamine	−42	56	易溶	3.01
三乙胺	triethylamine	−115	90	14	3.24
正丙胺	*n*-propylamine	−83	48	∞	3.32
异丙胺	isopropylamine	−101	33	∞	3.40
正丁胺	*n*-butylamine	−50	77	∞	3.23
苄胺	benzylaniline	10	185	∞	4.67
环己胺	cyclohexylamine	−18	134	微溶	3.33
乙二胺	ethylnediamine	8.5	118	易溶	—
苯胺	aniline	−6	184	3.7	9.40
N-甲基苯胺	*N*-methylaniline	−57	196	微溶	9.21
N, *N*-二甲基苯胺	*N*, *N*-dimethylaniline	2.5	194	1.4	8.94
氨	ammonia	−77.7	−33.4	易溶	4.74

14.2.3　胺的化学性质

（1）胺的碱性

在很多方面，胺的化学性质类似于醇，但由于氮的电负性比氧小，其碱性更强，亲核性更大。胺与氨相似，都具有碱性，氮原子上的未共用电子对能够与质子结合，形成铵盐，铵盐用碱处理又释放出游离的胺。

$$RNH_2 + H_2O \rightleftharpoons RNH_3^+ + OH^-$$

$$RNH_2 + HCl \rightleftharpoons RNH_3^+ + Cl^-$$

$$RNH_3^+Cl^- + NaOH \rightleftharpoons RNH_2 + H_2O + NaCl$$

胺的碱性强度可用解离常数 K_b 或 pK_b 表示。K_b 数值越大，pK_b 越小，碱性越强。

$$K_b = \frac{[RNH_3^+][OH^-]}{[RNH_2]} \qquad pK_b = -\lg K_b$$

胺的碱性强度也常用它的共轭酸的 pK_a 表示。pK_b 与其共轭酸的 pK_a 数值之和为 14。

在水溶液中，脂肪胺的碱性都比氨强，芳香胺的碱性比氨弱。在脂肪族胺中，一般以仲胺的碱性最强。例如：

	NH_3	$C_2H_5NH_2$	$(C_2H_5)_2NH$	四氢吡咯	$(C_2H_5)_3N$	苯胺
pK_b	4.74	3.36	3.01	2.73	3.24	9.40

脂肪族胺的碱性强弱，是以下三个方面的效应综合作用的结果：

① **电子效应** 烷基给电子的诱导效应使氮原子上的电子云密度增加，从而增强了对质子的吸引力，所以，烷基增加有利于碱性增强。

② **位阻效应** 随着烷基的增加，较大的空间位阻阻碍了氮原子与质子的结合，反而导致碱性减弱。

③ **溶剂化效应** 在水溶液中，胺与质子结合后形成的铵离子发生溶剂化效应，氮上连接的氢越多，则与水形成氢键的机会就越多，铵离子就越稳定，胺的碱性就越强。

稳定性：$R_2\overset{+}{N}H_2\cdots(OH_2)_2$ > $R_3\overset{+}{N}-H\cdots OH_2$

苯胺的pK_b只有9.40，由于芳香族胺的氮原子上的未共用电子对与苯环的π电子组成共轭体系，发生电子离域，使氮原子上的电子云密度部分移向苯环，从而降低了氮原子上的电子云密度，因此它与质子结合的能力相应地减弱，导致芳香族胺的碱性比氨弱得多。

综上所述，常见的含氮化合物的碱性顺序通常为：

季铵碱＞脂肪胺＞氨＞吡啶＞苯胺＞吡咯

胺都可以与盐酸、硫酸等强酸作用生成盐，脂肪族胺甚至可以与乙酸成盐。在制药过程中，常将含有氨基、亚胺等难溶于水的药物制成水溶性的铵盐，增加其稳定性和水溶性，以供药用。如局部麻醉药普鲁卡因在水中的溶解度很小，与盐酸反应后得到水溶性的盐酸普鲁卡因，其注射液广泛用于临床。

$H_2N-C_6H_4-COOCH_2CH_2N(C_2H_5)_2\cdot HCl$

盐酸普鲁卡因

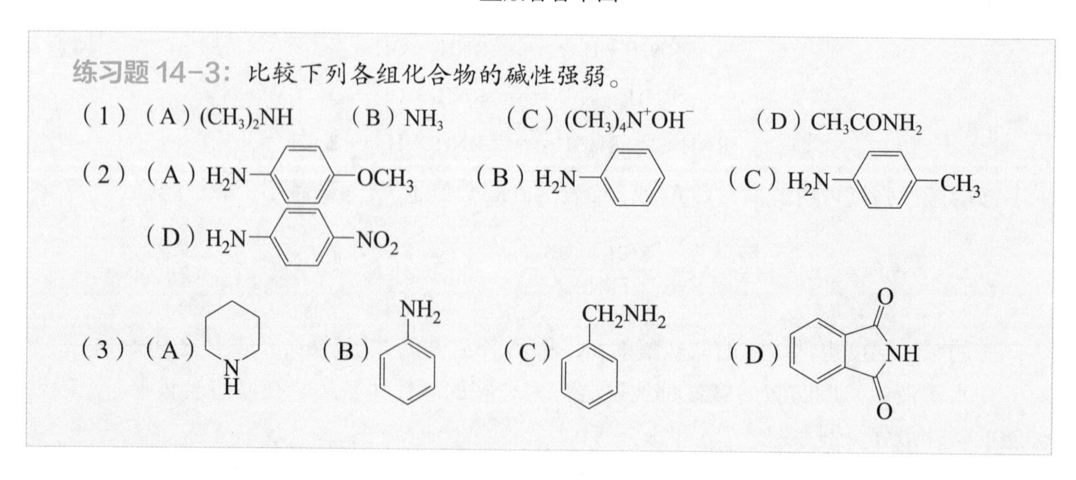

练习题14-3： 比较下列各组化合物的碱性强弱。

（1）（A）$(CH_3)_2NH$ （B）NH_3 （C）$(CH_3)_4N^+OH^-$ （D）CH_3CONH_2

（2）（A）$H_2N-C_6H_4-OCH_3$ （B）$H_2N-C_6H_5$ （C）$H_2N-C_6H_4-CH_3$ （D）$H_2N-C_6H_4-NO_2$

（3）（A）哌啶 （B）苯胺 （C）苄胺（$C_6H_5CH_2NH_2$） （D）邻苯二甲酰亚胺

（2）烷基化反应

脂肪族胺和芳香胺均可以与卤代烷或醇发生烷基化反应，得到仲胺、叔胺。

① 脂肪族胺与卤代烷及醇的烷基化 一元脂肪族伯胺可由卤代物与氨作用制备，伯胺可以逐级制备仲胺、叔胺和季铵盐：

$$RBr + \ddot{N}H_3 \longrightarrow RNH_3^+Br^- \ (RNH_2 \cdot HBr)$$

$$RNH_3^+Br^- + NH_3 \rightleftharpoons RNH_2 + NH_4Br$$

氨及反应生成的伯胺均为亲核试剂，伯胺继续与卤代烷作用得到仲胺，仲胺仍有亲核性，反应继续下去还可以得到叔胺和季铵盐：

$$\underset{伯胺}{RNH_2} \xrightarrow[②NH_3]{①RBr} \underset{仲胺}{R_2NH} \xrightarrow[②NH_3]{①RBr} \underset{叔胺}{R_3N} \xrightarrow{RBr} \underset{季铵盐}{R_4N^+Br^-}$$

卤烷与氨作用得到的是伯、仲、叔胺和季铵盐混合物，分离困难，在应用上受到一定限制。

醇和氨的混合物通过热的催化剂也能生成伯胺、仲胺和叔胺的混合物。工业上可以用此反应制备甲胺、二甲胺和三甲胺，得到的也是混合物，以二甲胺、三甲胺为主。

$$CH_3OH + NH_3 \xrightarrow[380 \sim 450℃,\ 5MPa]{Al_2O_3} CH_3NH_2 \xrightarrow{CH_3OH} (CH_3)_2NH \xrightarrow{CH_3OH} (CH_3)_3N$$

② 苯胺与卤代烷及醇的烷基化 苯胺与卤烷反应生成*N*-烷基苯胺（仲胺），继续反应可得到*N,N*-二烷基苯胺（叔胺）和季铵盐：

$$C_6H_5NH_2 \xrightarrow{RX} [C_6H_5\overset{+}{N}H_2R]X^- \xrightarrow{NaOH} C_6H_5NHR + NaX + H_2O$$

$$C_6H_5NHR \xrightarrow[②\ NaOH]{①\ RX} C_6H_5NR_2 \xrightarrow{RX} [C_6H_5\overset{+}{N}R_3]X^-$$

苯胺的亲核性较弱，与卤代烷、醇需要在较高温度下进行，生成的仲胺需要在更高温度下才能进一步烷基化，因此反应可以控制停留在某一阶段。例如：

$$C_6H_5NH_2 + C_6H_5CH_2Cl \xrightarrow[95℃,\ 4h]{NaHCO_3,\ H_2O} C_6H_5NH-CH_2C_6H_5$$

工业上苯胺在加热、加压和无机酸催化下，用甲醇来进行甲基化。当甲醇过量时，可以得到*N,N*-二甲基苯胺：

$$C_6H_5NH_2 \xrightarrow[230℃,\ 2.5\sim3MPa]{CH_3OH,\ H_2SO_4} \underset{N-甲基苯胺}{C_6H_5NHCH_3} + H_2O$$

$$C_6H_5NH_2 \xrightarrow[230℃,\ 2.5\sim3MPa]{2\ CH_3OH,\ H_2SO_4} \underset{N,N-二甲基苯胺}{C_6H_5N(CH_3)_2} + 2\ H_2O$$

N-甲基苯胺和*N*,*N*-二甲基苯胺都是液体，对氧化剂稳定，是很好的有机合成的原料。*N*,*N*-二甲基苯胺在温和条件下可以发生傅-克反应。

（3）酰基化反应

伯胺或仲胺都能与酰基化试剂（酰卤、酸酐）发生酰基化反应，生成*N*-烷基酰胺和*N*,*N*-二烷基酰胺。由于叔胺的氮原子上没有氢原子，所以不发生酰基化反应。

$$RNH_2 + CH_3COCl \longrightarrow RNHCOCH_3 + HCl$$

$$R_2NH + CH_3COCl \longrightarrow R_2NCOCH_3 + HCl$$

芳香胺的酰基衍生物不易被氧化，在酸或碱的条件下可以再次转变成原来的芳香胺，因此在有机合成上，常利用酰基化来保护氨基。例如：

$$p\text{-}CH_3C_6H_4NH_2 \xrightarrow{(CH_3CO)_2O} p\text{-}CH_3C_6H_4NHCOCH_3 \xrightarrow[H_2SO_4]{HNO_3} \text{4-}CH_3\text{-2-}NO_2C_6H_3NHCOCH_3 \xrightarrow[\triangle]{H_3O^+} \text{4-}CH_3\text{-2-}NO_2C_6H_3NH_2$$

苯胺及*N*-烷基苯胺酰基化后，可以发生傅-克反应，如由苯胺制备对氨基苯乙酮：

$$C_6H_5NH_2 \xrightarrow{CH_3COCl} C_6H_5NHCOCH_3 \xrightarrow[AlCl_3]{CH_3COCl} p\text{-}CH_3COC_6H_4NHCOCH_3 \xrightarrow[\triangle]{OH^-} p\text{-}CH_3COC_6H_4NH_2$$

（4）磺酰化反应

伯胺或仲胺与磺酰化试剂（如苯磺酰氯、对甲苯磺酰氯）在碱性条件下反应，生成相应的芳磺酰胺。

伯胺的芳磺酰胺衍生物可以与碱作用生成盐而溶于碱中。仲胺的芳磺酰胺衍生物不溶于碱，呈固体析出。叔胺不发生磺酰化反应。因此，可以用此方法鉴别伯、仲、叔胺，这个反应称为**兴斯堡（Hinsberg）反应**。

$$\underset{\text{伯胺}}{RNH_2} \xrightarrow{H_3C-C_6H_4-SO_2Cl} \underset{\text{沉淀}}{H_3C-C_6H_4-SO_2NHR} \xrightarrow{NaOH} \underset{\text{沉淀溶解}}{H_3C-C_6H_4-SO_2\bar{N}RNa^+}$$

$$\underset{\text{仲胺}}{R_2NH} + H_3C-C_6H_4-SO_2Cl \longrightarrow \underset{\text{沉淀(不溶于NaOH)}}{H_3C-C_6H_4-SO_2NR_2}$$

对氨基苯磺酰胺（简称磺胺）是一种人工合成的广谱抗菌类抗生素，临床常用的磺胺类药物都是以此为基本结构的衍生物。其制备过程如下：

$$C_6H_5NHCOCH_3 \xrightarrow{ClSO_3H} p\text{-}ClSO_2C_6H_4NHCOCH_3 \xrightarrow[H_2O]{NH_3} p\text{-}H_2NSO_2C_6H_4NHCOCH_3 \xrightarrow[\triangle]{稀HCl} p\text{-}H_2NSO_2C_6H_4NH_2$$

N-甲基-*N*-亚硝基对甲苯磺酰胺是制备重氮甲烷的一种重要化合物（参见14.6.1），可由对甲苯磺酰氯与甲胺先生成芳磺酰胺，再与亚硝酸反应来制备：

$$H_3C-C_6H_4-SO_2Cl \xrightarrow{CH_3NH_2} H_3C-C_6H_4-SO_2NHCH_3 \xrightarrow{HONO} H_3C-C_6H_4-SO_2N(NO)CH_3$$

练习题14-4： 下列化合物与$PhSO_2Cl$反应后，能在NaOH溶液中形成清亮溶液的是（ ）？呈固体析出的是（ ）？

（A）$n\text{-}C_3H_7NH_2$ （B）$(n\text{-}C_3H_7)_2NH$ （C）$(n\text{-}C_3H_7)_3N$ （D）$PhNH_2$

（5）与醛、酮反应

氨、伯胺与醛、酮发生亲核加成-脱水反应，分别生成亚胺、取代亚胺（席夫碱），而仲胺与有α-H的醛、酮反应生成烯胺［参见12.3.1（4）］，它们催化加氢可得不同结构的胺，该反应过程称为醛和酮的还原胺化反应。例如，由苯甲醛制备*N*-甲基苄胺：

$$C_6H_5CHO \xrightarrow{CH_3NH_2} C_6H_5CH{=}NCH_3 \xrightarrow[C_2H_5OH]{H_2/Ni} C_6H_5CH_2NHCH_3$$

有α-H的醛、酮与仲胺反应生成烯胺。例如：

$$环己酮 + HN(四氢吡咯) \xrightarrow{H^+} 1\text{-}(环己烯基)四氢吡咯 + H_2O$$

伯胺、仲胺可作为迈克尔加成反应（参见13.10.3）中的电子供体与α,β-不饱和醛、酮、酯、腈等发生共轭加成反应，结果总是氮加到β-碳原子上。例如：

$$CH_3\overset{O}{\overset{\|}{C}}CH{=}CH_2 + (CH_3)_2NH \longrightarrow CH_3\overset{O}{\overset{\|}{C}}CH_2CH_2N(CH_3)_2$$

此外，伯胺、仲胺还可与甲醛及含有α-氢原子的化合物（如醛、酮、羧酸、酯等）缩合，生成β-氨基（羰基）化合物，此反应叫曼尼希反应［详见12.3.3（2）］。若与含有α-氢原子的醛、酮反应，在碱性条件下加热分解可制备α,β-不饱和醛、酮。例如：

$$C_6H_5\overset{O}{\overset{\|}{C}}CH_3 \xrightarrow[HCl]{HCHO,\ (CH_3)_2NH} C_6H_5\overset{O}{\overset{\|}{C}}CH_2CH_2\overset{+}{N}H(CH_3)_2Cl^- \xrightarrow[\triangle]{OH^-,\ H_2O} C_6H_5\overset{O}{\overset{\|}{C}}CH{=}CH_2$$

曼尼希碱

练习题 14-5： 写出下列反应的主要产物。

（A）苯甲醛＋苯胺　　（B）环己酮＋二乙胺

（C）戊-3-酮＋苄胺　　（D）环己酮＋甲醛＋二甲胺（在 HCl 条件下）

（6）与亚硝酸的反应

脂肪族伯胺与亚硝酸反应生成极不稳定的脂肪族重氮盐，即使在低温下也会自动分解，释放出定量的氮气，可以用此反应来定量测定氨基。由于亚硝酸不稳定，在反应中一般用亚硝酸钠和盐酸或硫酸代替。

$$RNH_2 + NaNO_2 \xrightarrow{HCl} R-\overset{+}{N}\equiv NCl^- \longrightarrow N_2\uparrow + R^+ + Cl^-$$

反应生成的烃基碳正离子，继而发生各种反应生成醇、卤代烃或烯烃等化合物，因此，脂肪族伯胺与亚硝酸的反应在合成上意义不大。

芳香族伯胺与亚硝酸在低温（＜5℃）发生**重氮化（diazotization）反应**，生成芳香族重氮盐，在有机合成上很有意义，在14.4重点介绍。

$$C_6H_5-NH_2 \xrightarrow[<5℃]{NaNO_2,\ HCl} C_6H_5-N_2Cl + 2\ H_2O$$

脂肪族和芳香族仲胺与亚硝酸反应都生成*N*-亚硝基胺。例如：

$$(CH_3)_2NH + HONO \longrightarrow (CH_3)_2N-N=O + H_2O$$

N-亚硝基二甲胺

$$C_6H_5-NH(CH_3) + HONO \longrightarrow C_6H_5-N(CH_3)-N=O + H_2O$$

N-甲基-*N*-亚硝基苯胺

N-亚硝基胺为黄色中性油状液体，有强致癌性。它与稀盐酸共热时，水解得到原来的仲胺，可以用来分离或提纯仲胺。

脂肪族叔胺与亚硝酸在低温下生成不稳定的盐，在碱溶液中水解得到原来的叔胺。芳香族叔胺与亚硝酸作用，在对位引入亚硝基，生成物一般也有颜色，但随介质、结构的不同而不同。例如：

$$C_6H_5-N(CH_3)_2 + HONO \longrightarrow ON-C_6H_4-N(CH_3)_2 + H_2O$$

对亚硝基-*N*,*N*-二甲基苯胺

可以利用上述反应来鉴别伯、仲、叔胺。另外，亚硝基化合物一般都具有致癌毒性，反应中过量的亚硝酸可用尿素去除。

（7）氧化反应

芳香族伯胺极易氧化。试剂瓶中无色的苯胺就能被空气氧化逐渐变为黄色、棕色甚至红棕色。当苯胺遇漂白粉溶液时即刻变为紫色，可以用来检验苯胺。

$$\text{C}_6\text{H}_5\text{NH}_2 \xrightarrow{Ca(ClO)_2} \text{HO-C}_6\text{H}_4\text{-NH}_2 \xrightarrow{Ca(ClO)_2} \text{O=C}_6\text{H}_4\text{=NCl} \xrightarrow{\text{C}_6\text{H}_5\text{NH}_2} \text{O=C}_6\text{H}_4\text{=N-C}_6\text{H}_4\text{-NH}_2$$

苯胺与重铬酸钠或三氯化铁反应可以得到黑色染料——苯胺黑，用二氧化锰和硫酸氧化，主要得到苯醌。

$$\text{C}_6\text{H}_5\text{NH}_2 \xrightarrow{MnO_2,\ H_2SO_4} \text{O=C}_6\text{H}_4\text{=O}$$

(8) 芳香族胺的亲电取代反应

由于芳香胺中氮原子上的孤对电子参与了苯环大π键的离域，给电子共轭效应强于吸电子诱导效应。因此，氨基是强给电子基团，对苯环亲电取代有很强的活化作用。

① 卤化 芳香胺很容易与氯或溴发生亲电取代反应，生成2,4,6-三氯代或三溴代产物。例如，在苯胺的水溶液中滴加溴水，立即得到白色的2,4,6-三溴苯胺沉淀。

$$\text{C}_6\text{H}_5\text{NH}_2 \xrightarrow{3\ Br_2(\text{水溶液})} \text{2,4,6-Br}_3\text{C}_6\text{H}_2\text{NH}_2\downarrow + 3\ HBr$$

苯胺与碘作用只得到一元碘化物对碘苯胺。若将氨基转变为乙酰氨基，降低其活化能力，再溴化可以得到对溴乙酰苯胺，水解即可得到对溴苯胺。

$$\text{C}_6\text{H}_5\text{NH}_2 \xrightarrow{(CH_3CO)_2O} \text{C}_6\text{H}_5\text{NHCOCH}_3 \xrightarrow{Br_2} p\text{-Br-C}_6\text{H}_4\text{-NHCOCH}_3 \xrightarrow[\triangle]{H_2O} p\text{-Br-C}_6\text{H}_4\text{-NH}_2$$

② 硝化 硝酸是较强的氧化剂，苯胺直接硝化会伴随较多的氧化产物。如果先将苯胺溶于浓硫酸再进行硝化，则得到间硝基产物，与碱作用后得到间硝基苯胺。

$$\text{C}_6\text{H}_5\text{NH}_2 \xrightarrow{H_2SO_4} \text{C}_6\text{H}_5\overset{+}{N}H_3HSO_4^- \xrightarrow{HNO_3} m\text{-O}_2\text{N-C}_6\text{H}_4\overset{+}{N}H_3HSO_4^- \xrightarrow{NaOH} m\text{-O}_2\text{N-C}_6\text{H}_4\text{-NH}_2$$

若要得到邻硝基苯胺或对硝基苯胺，则必须将氨基用酰基保护起来，待硝化反应后再除去保护基团。例如：

$$\text{C}_6\text{H}_5\text{NH}_2 \xrightarrow{(CH_3CO)_2O} \text{C}_6\text{H}_5\text{NHCOCH}_3 \begin{cases} \xrightarrow[CH_3COOH]{HNO_3,H_2SO_4} p\text{-}O_2N\text{-}C_6H_4\text{-}NHCOCH_3 \xrightarrow[\triangle]{H_2O} p\text{-}O_2N\text{-}C_6H_4\text{-}NH_2 \\ \xrightarrow[(CH_3CO)_2O]{HNO_3} o\text{-}O_2N\text{-}C_6H_4\text{-}NHCOCH_3 \xrightarrow[\triangle]{H_2O} o\text{-}O_2N\text{-}C_6H_4\text{-}NH_2 \end{cases}$$

③ 磺化　苯胺与浓硫酸反应生成苯胺硫酸盐。该盐在高温时发生重排反应得到对氨基苯磺酸，对氨基苯磺酸中同时具有酸性的磺酸基和碱性的氨基，它们之间中和成盐，称为内盐：

$$C_6H_5\text{-}\overset{+}{N}H_3HSO_4^- \xrightarrow[\text{烘焙}]{180\sim190℃} HO_3S\text{-}C_6H_4\text{-}NH_2$$

(9) 伯胺的异腈反应

伯胺与氯仿和强碱在醇溶液中加热，生成具有恶臭的异腈（异氰化物）。这是伯胺（包括芳伯胺）特有的反应，可以用来鉴别伯胺。

$$RNH_2 + CHCl_3 + 3KOH \xrightarrow{\triangle} RNC + 3KCl + 3H_2O$$

练习题 14-6： 用简单的化学方法鉴别下列各组化合物的溶液。

（A）正丁胺、*N*-甲基乙胺和三乙胺　　（B）苯酚、苯胺和 *N*-甲基苯胺和苄胺

14.2.4 胺的制备

许多方法可用于制备胺。这些方法大多数源自前面各节中涵盖的胺的反应，最常见的胺的合成是以氨或伯胺开始，通过烷基化来制备仲、叔胺。其它制备胺的方法分述如下。

(1) 含氮化合物的还原

选择适当的还原剂，可以将硝基化合物、腈、酰胺、亚胺等含氮化合物还原得到胺。

① 硝基的还原　芳胺的制备可以通过还原其硝基化合物的方法。传统苯胺的制备是通过铁粉还原硝基苯，目前工厂主要采用的是硝基苯在Cu、Ni、Pt等作用下气相加氢还原：

$$C_6H_5NH_2 \xleftarrow[HCl]{Fe} C_6H_5NO_2 \xrightarrow[\text{Cu或Ni}]{H_2} C_6H_5NH_2$$

α-萘胺和*β*-萘胺都是重要的化工原料，是染料制备的重要中间体。*β*-萘胺由萘酚与氨通过布赫雷尔反应来制备［参见8.2.1（1）］。*α*-萘胺可由萘经硝化、还原来制备：

$$\text{萘} \xrightarrow[H_2SO_4]{HNO_3} \text{1-硝基萘}(NO_2) \xrightarrow[H_2O]{Na_2S} \text{1-萘胺}(NH_2)$$

间苯二胺和对苯二胺是制备芳纶的原料［参见13.8.4（1）］，分别由间二硝基苯还原和对氯硝基苯与氨作用后再还原硝基得到，本章前文已有介绍。

② **腈类化合物的还原** 如由己二腈制备尼龙-66的一种单体己二胺：

$$NCCH_2CH_2CH_2CH_2CN \xrightarrow[Ni]{H_2} H_2NCH_2(CH_2)_2CH_2NH_2$$

β-羟基胺可由HCN与醛酮加成后，还原得到。例如：

$$\text{环戊酮} \xrightarrow[HCN]{NaCN} \text{1-羟基环戊甲腈}(OH, CN) \xrightarrow[\text{② } H_3O^+]{\text{① } LiAlH_4} \text{1-(氨甲基)环戊醇}(OH, CH_2NH_2)$$

③ **由酰胺还原** 由相应的酰胺还原可得伯、仲、叔胺。例如：

$$CH_3(CH_2)_{10}\overset{O}{\overset{\|}{C}}-NHCH_3 \xrightarrow[\triangle]{LiAlH_4,\text{醚}} \xrightarrow{H_2O} CH_3(CH_2)_{10}CH_2NHCH_3 \quad (81\%\sim95\%)$$

④ **由亚胺、烯胺还原** 亚胺、取代亚胺和烯胺催化加氢均可得到对应的伯、仲、叔胺。在有机上常利用芳醛与伯胺生成的席夫碱还原来制备仲胺。例如：

$$C_6H_5-CHO \xrightarrow{RNH_2} C_6H_5-CH{=}NR \xrightarrow[H_2]{Pt} C_6H_5-CH_2NHR$$

（2）盖布瑞尔合成法

盖布瑞尔合成法是制备纯净伯胺的方法，也可用于合成α-氨基酸［参见13.8.4（3）］。

（3）霍夫曼降级反应

酰胺与次卤酸盐共热，生成比酰胺少一个碳原子的伯胺［参见13.8.4（1）］。如，由2-氯烟酸为原料合成药物中间体2-氯-3-氨基吡啶：

$$\text{2-氯烟酸}(COOH, Cl) \xrightarrow{SOCl_2} (COCl, Cl) \xrightarrow{NH_3} (CONH_2, Cl) \xrightarrow[NaOH]{NaOCl} \text{2-氯-3-氨基吡啶}(NH_2, Cl)$$

（4）Pd催化的交叉偶联反应

像卤代芳烃与OH^-通过钯盐和膦配合物（PR_3）催化制备酚一样［参见11.4.4（3）］，基于相似的机理，氨或胺与卤代芳烃亦可通过交叉偶联反应制备芳胺。例如：

$$\text{2-异丙基溴苯}(Br) \xrightarrow[\text{Pd催化剂}, PR_3]{NH_3,\ 1.4\ MPa,\ 90°C} \text{2-异丙基苯胺}(NH_2) \quad 89\%$$

2-异丙基苯胺

此外，吡啶、吡咯等含氮杂环化合物的催化加氢是制备环状胺的常用方法。

14.3 季铵盐和季铵碱

14.3.1 季铵盐和季铵碱的制备

季铵盐（quaternary ammonium salt）是结晶固体，性质与无机铵盐相似，溶于水，不溶于非极性的有机溶剂。季铵盐是阳离子型表面活性剂的一个大类，也是常用的相转移催化剂。

季铵盐由叔胺与卤代烷作用生成，季铵盐加热时又可分解，生成叔胺和卤代烷：

$$R_3N + RX \longrightarrow [R_4N]^+X^- \xrightarrow{\triangle} R_3N + RX$$

季铵盐

$$C_6H_5CH_2Cl + (CH_3)_2N-CH_2(CH_2)_{16}CH_3 \longrightarrow [C_6H_5CH_2-N(CH_3)_2-CH_2(CH_2)_{16}CH_3]^+Cl^-$$

氯化苄基二甲基十八烷基铵可用作染料的均染剂，也用作消毒杀菌剂和防霉剂。

季铵盐与强碱作用时，不能使胺游离出来，而得到含有季铵碱（quaternary ammonium hydroxide）的平衡混合物：

$$R_4N^+X^- + KOH \rightleftharpoons R_4N^+OH^- + KX$$

若反应在强碱的醇溶液中进行，由于碱金属的卤化物不溶于醇而沉淀析出，使平衡破坏，反应向右进行而生成季铵碱。若用氢氧化银（或湿 Ag_2O），反应也能顺利进行。

$$(CH_3)_4N^+I^- + AgOH \rightleftharpoons (CH_3)_4N^+OH^- + AgI\downarrow$$

季铵碱是强碱，碱性与氢氧化钠、氢氧化钾相当，能够吸收空气中的 CO_2。

14.3.2 霍夫曼消除反应

氢氧化四甲铵是最简单的季铵碱，加热时分解，生成三甲胺和甲醇。

$$(CH_3)_4N^+OH^- \xrightarrow{\triangle} (CH_3)_3N + CH_3OH$$

若季铵碱的烃基上有β-H，则加热分解生成叔胺和烯烃，这个反应称为霍夫曼（Hofmann）消除反应。例如，氢氧化三甲基丙基铵受热分解为E2反应机理，生成三甲胺和丙烯：

$$HO^- \quad CH_3CH(H)-CH_2-N^+(CH_3)_3 \longrightarrow CH_3CH{=}CH_2 + (CH_3)_3N + H_2O$$

当有几种不同的β-H时，亲核试剂进攻位阻小的β-H，消除反应后的主要产物是双键上含取代基较少的烯烃，称为霍夫曼（Hofmann）规则。例如：

$$\left[\begin{array}{l} CH_3\overset{\beta}{C}H_2CH\overset{\beta}{C}H_3 \\ \quad\quad\ \ |\ {}^{+}N(CH_3)_3 \end{array}\right] OH^- \xrightarrow{150℃} (CH_3)_3N + \underset{95\%}{CH_3CH_2CH{=}CH_2} + \underset{5\%}{CH_3CH{=}CHCH_3}$$

若β-碳原子上连有芳基、乙烯基、羰基、氰基等基团时，则生成更加稳定的共轭烯烃，此时的消除主产物不遵循霍夫曼规则。例如：

$$\left[C_6H_5-\overset{\beta}{C}H_2CH_2-\overset{+}{N}(CH_3)_2-CH_2\overset{\beta}{C}H_3\right] OH^- \xrightarrow{\triangle} \underset{94\%}{C_6H_5-CH{=}CH_2} + \underset{6\%}{CH_2{=}CH_2}$$

练习题14-7： 完成下列反应，写出主要反应产物。

（1）（喹嗪啶，八氢-2H-喹嗪）$\xrightarrow{过量CH_3I}$（A）$\xrightarrow{湿Ag_2O}$（B）$\xrightarrow{\triangle}$（C）$\xrightarrow[②湿Ag_2O]{①过量CH_3I}$（D）$\xrightarrow{\triangle}$（E）；

（2）$(CH_3)_2CHCHO \xrightarrow{NH_3}$（A）$\xrightarrow[Pd]{H_2}$（B）$\xrightarrow[Pd催化剂,\ PR_3,\ 100℃]{间溴苯甲醚（Br, OCH_3）}$（C）

14.3.3 季铵盐的应用

季铵盐在有机反应中常作为相转移催化剂，帮助反应物从一相转移到能够发生反应的另一相当中，从而加快异相系统反应速率。例如，癸烯的苯溶液和高锰酸钾水溶液互不相溶，氧化反应难以进行。但在少量氯化甲基三正辛基铵的作用下，能顺利反应生成正壬酸。

$$CH_3(CH_2)_7CH{=}CH_2 \xrightarrow[(n\text{-}C_8H_{17})_3\overset{+}{N}CH_3Cl^-]{KMnO_4,\ C_6H_6,\ H_2O} CH_3(CH_2)_7COOH$$

具有长碳链的季铵盐也可用作阳离子表面活性剂。例如，苯扎溴铵、杜灭芬（商品名）都是具有较强杀菌消毒能力和去污能力的表面活性剂：

$$H_3C-\overset{+}{N}(CH_3)(CH_2C_6H_5)-(CH_2)_{11}CH_3Br^-$$

溴化苄基十二烷基二甲基铵

（苯扎溴铵）

$$H_3C-\overset{+}{N}(CH_3)(CH_2CH_2OC_6H_5)-(CH_2)_{11}CH_3Br^-$$

溴化(2-苯氧乙基)十二烷基二甲基铵

（杜灭芬）

此外，季铵盐在制备离子液体等方面也具有广泛的实际应用。

表面活性剂是指加入少量即能使目标溶液表面张力显著下降的物质。季铵盐是一种常用的阳离子型表面活性剂，主要用作消毒洗净剂、纤维用抗静电剂、破乳剂、分散剂以及纤维织品柔软剂等。表面活性剂的种类很多，根据分子组成的特点和极性基团的解离性质可分为哪些种类？

14.4 芳香重氮盐和偶氮化合物

芳香重氮盐和偶氮化合物可看成HN=NH（乙氮烯，diazene）的衍生物，“HN=N—”称为乙氮烯基（diazenyl）。“—N=N—”称为乙氮烯叉基（diazenediyl），一端与非碳原子直接相连的化合物成为**重氮化合物**（diazo compounds），两端的氮都和碳原子直接成键的化合物称为**偶氮化合物**（azo compounds）。

14.4.1 芳香重氮盐和偶氮化合物的命名

芳香重氮盐的通用结构为$R—N_2^+X^-$，命名时采用母体氢化物RH加上后缀“重氮盐（正离子）”，再以负离子“X”名为前缀而组成。例如：

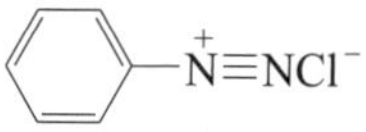

$C_6H_5—\overset{+}{N}≡NCl^-$
氯化苯重氮盐
（俗称：氯化重氮苯）

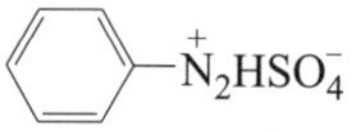

$C_6H_5—\overset{+}{N}_2HSO_4^-$
硫酸苯重氮盐
（俗称：重氮苯硫酸盐）

偶氮化合物通用结构R—N=N—R′，这类化合物能更系统地以取代操作法命名为母体乙氮烯氢化物的衍生物。例如：

$H_3C—N=N—CH_3$
二甲基乙氮烯
（俗称：偶氮甲烷）

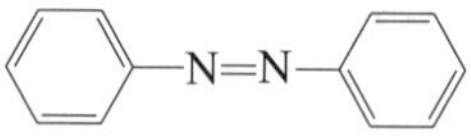

$C_6H_5—N=N—C_6H_5$
二苯基乙氮烯
（俗称：偶氮苯）

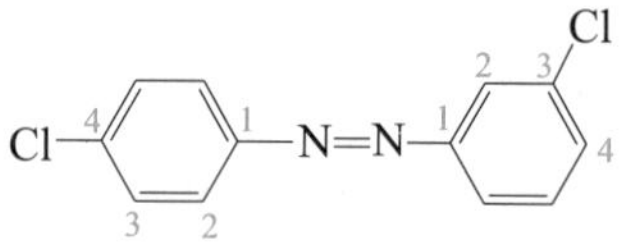

$4\text{-}ClC_6H_4—N=N—C_6H_4\text{-}3\text{-}Cl$
(3-氯苯基)(4-氯苯基)乙氮烯
（俗称：3,4′-二氯偶氮苯）

在一个有通用结构R—N=N—R′的单偶氮化合物中，R为一主要特性基团所取代，其命名将基于母体氢化物RH，“R′—N=N—”则作为一个有机乙氮烯基取代基团。如果R和R′二者均为同样数目的主要特性基团所取代，那就使用一复合命名。例如：

4-(苯基乙氮烯基)苯酚
（俗称：对羟基偶氮苯）

N-(苯基乙氮烯基)苯胺
（俗称：苯重氮氨基苯）

$(H_3C)_2\overset{2}{C}(\overset{1}{C}N)-N{=}N-\overset{2'}{C}(\overset{1'}{C}N)(CH_3)_2$

2,2′-乙氮烯叉基二(2-甲基丙腈)
（俗称：偶氮二异丁腈）

4-[(2-羟基萘-1-基)乙氮烯基]苯-1-磺酸
（俗称：4-[(2-羟基-1-萘基)偶氮]苯磺酸）

偶氮二异丁腈（简称 AIBN）为常用的自由基聚合的引发剂。

14.4.2　重氮化反应及偶氮染料

芳香族伯胺在低温及强酸（主要是盐酸或硫酸）水溶液中，与亚硝酸作用生成重氮盐的反应，称为**重氮化（diazotization）反应**。

$$C_6H_5-NH_2 + NaNO_2 + 2HCl \xrightarrow{<5℃} C_6H_5-N_2Cl + NaCl + 2H_2O$$

重氮盐能和湿的氢氧化银作用，生成类似季铵碱的强碱——氢氧化重氮化合物。

$$ArN_2X + AgOH \longrightarrow ArN_2OH + AgX\downarrow$$

因此，重氮盐和铵盐相似，其结构式可以表示为：$[ArN^+\equiv N]X^-$ 或简写成 $ArN_2^+X^-$。重氮正离子的两个氮原子和苯环相连的碳原子是线性结构，而且两个氮原子之间的π电子和苯环的大π键形成离域的共轭体系。

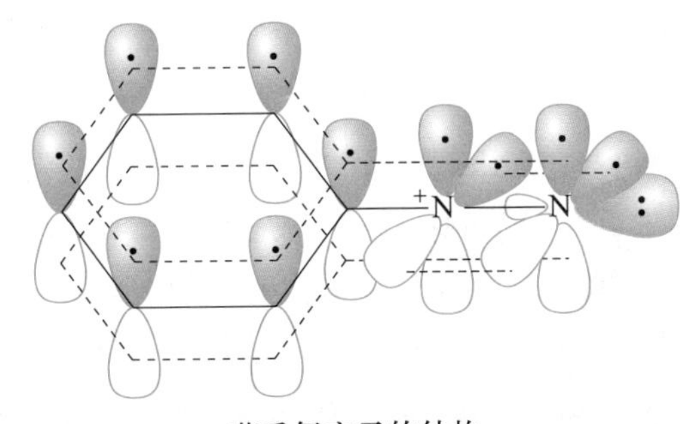

苯重氮离子的结构

重氮正离子还可以用下列两个主要的共振结构式的叠加来表示：

$$C_6H_5-\overset{+}{N}{\equiv}N: \longleftrightarrow C_6H_5-\ddot{N}{=}\overset{+}{N}:$$

芳香族重氮盐是固体，干燥情况下极不稳定，爆炸性强，但比脂肪族重氮盐稳定，一般不将它从溶液中分离出来，而是在较低温度下直接进行下一步反应。由于重氮正离子中的氮原子上的正电荷可以离域到芳环上，因此它是一个很弱的亲电试剂，可与活性比较高的酚或芳香胺发生芳香环上的亲电取代反应。

由于芳香重氮盐分子中带正电重氮基的吸电子作用，导致芳环上与重氮基直接相连的碳原子上电子云密度降低，易被亲核试剂进攻，所以重氮基易被亲核试剂取代，并放出氮气。

（1）重氮基被取代的反应

① 被羟基取代 将重氮盐的酸性水溶液加热，即发生水解，放出氮气，并生成酚。2-甲氧基苯酚（愈创木酚）广泛用于香料、防腐、染料等行业，以2-硝基氯苯为原料制备愈创木酚是工业制备方法之一：

$$\text{2-Cl-C}_6\text{H}_4\text{NO}_2 \xrightarrow[Na_2CO_3,\ \triangle]{CH_3OH} \text{2-OCH}_3\text{-C}_6\text{H}_4\text{NO}_2 \xrightarrow[HCl]{Fe} \text{2-OCH}_3\text{-C}_6\text{H}_4\text{NH}_2 \xrightarrow[NaNO_2]{H_2SO_4} \text{2-OCH}_3\text{-C}_6\text{H}_4\text{N}_2\text{HSO}_4 \xrightarrow[\triangle]{H_3O^+} \text{2-OCH}_3\text{-C}_6\text{H}_4\text{OH}$$

一些不能由芳磺酸盐碱熔而制得的酚类，常通过氨基生成重氮盐水解来制备。此类反应一般是用重氮硫酸盐，在40% ～ 50%硫酸溶液中进行，这样可避免生成的酚与未反应的重氮盐发生偶合反应。另外，若用重氮苯盐酸盐、氢溴酸盐，则会有氯苯或溴苯副产物生成。

> **练习题 14-8：** 比较下列两种制备间溴苯酚的方法，哪种产率高？为什么？
>
> （1）$\text{3-Br-C}_6\text{H}_4\text{NH}_2 \xrightarrow[H_2SO_4]{NaNO_2} \text{3-Br-C}_6\text{H}_4\text{N}_2\text{HSO}_4 \xrightarrow[\triangle]{H_2O} \text{3-Br-C}_6\text{H}_4\text{OH}$
>
> （2）$\text{3-Br-C}_6\text{H}_4\text{SO}_3\text{H} \xrightarrow[\text{② } H^+]{\text{① NaOH(熔)}} \text{3-Br-C}_6\text{H}_4\text{OH}$

② 被氢原子取代 重氮盐与还原剂次磷酸或氢氧化钠-甲醛溶液作用，则重氮基可被氢原子所取代。本反应提供了一个从芳环上除去氨基的方法，故此反应又称为脱氨基反应。

$$ArN_2HSO_4 + H_3PO_2 + H_2O \longrightarrow ArH + N_2\uparrow + H_3PO_3 + H_2SO_4$$

$$ArN_2Cl + HCHO + 2NaOH \longrightarrow ArH + N_2\uparrow + HCOONa + NaCl + H_2O$$

例如，间硝基甲苯不能由甲苯硝化反应制取，也不能用硝基苯通过傅-克反应来制备。如果以对甲苯胺为原料，通过下列反应，则可制取间硝基甲苯：

$$\text{4-CH}_3\text{-C}_6\text{H}_4\text{NH}_2 \xrightarrow{CH_3COCl} \text{4-CH}_3\text{-C}_6\text{H}_4\text{NHCOCH}_3 \xrightarrow[H_2SO_4]{HNO_3} \xrightarrow[\triangle]{H_3O^+} \text{4-CH}_3\text{-2-NO}_2\text{-C}_6\text{H}_3\text{NH}_2 \xrightarrow[HCl]{NaNO_2} \text{4-CH}_3\text{-2-NO}_2\text{-C}_6\text{H}_3\text{N}_2\text{Cl} \xrightarrow[\text{或HCHO/NaOH}]{H_3PO_2} \text{3-CH}_3\text{-C}_6\text{H}_4\text{NO}_2$$

利用脱氨基反应，可以在苯环上先引入一个氨基，借助氨基的定位效应来引导亲电取代中取代基进入苯环的位置，然后再把氨基去除。

重氮盐与乙醇作用，重氮基也可被氢原子取代，但有副产物醚的生成。

③ **被卤原子取代** 芳香重氮盐酸盐、氢溴酸盐在亚铜盐的催化作用下发生重氮基被卤原子取代的反应，称为**桑德迈尔（Sandmeyer）反应**。例如：

$$ArN_2X \xrightarrow[\triangle]{CuX\text{或}Cu} ArX + N_2\uparrow \quad (X=Cl, Br)$$

间氯苯胺（NH_2，Cl） $\xrightarrow{NaNO_2,\ HBr}$ 间氯苯重氮溴化物（N_2Br，Cl） $\xrightarrow{CuBr}$ 间氯溴苯（Br，Cl）

铜粉也可以作为催化剂使反应进行，但是产率较低，这个反应称为**伽特曼（Gattermann）反应**。

芳香重氮盐的水溶液和KI一起加热，无需催化剂重氮基即可被碘取代，并放出氮气，这是将碘原子引入苯环的好方法，产率也比较高。例如：

间氨基苯基丁酮（$\overset{O}{\parallel}C(CH_2)_2CH_3$，$NH_2$） $\xrightarrow[\text{② KI, }\triangle]{\text{① }NaNO_2,\ HCl}$ 间碘苯基丁酮（$\overset{O}{\parallel}C(CH_2)_2CH_3$，I） 75 %

芳香族氟化物的制备必须将氟硼酸加到重氮盐溶液中，生成重氮盐氟硼酸沉淀，加热即逐渐分解而得相应的芳香族氟化物。例如：

间甲苯胺（NH_2，CH_3） $\xrightarrow{NaNO_2,\ HCl}$ （N_2Cl，CH_3） $\xrightarrow{HBF_4}$ （N_2BF_4，CH_3） $\xrightarrow{\triangle}$ （F，CH_3）

④ **被氰基取代** 芳香重氮盐在氰化亚铜或铜粉存在下和氰化钾水溶液作用，重氮基可被氰基取代生成芳腈。氰基可以水解成羧酸，也可以催化加氢或用氢化铝锂还原生成伯胺。例如：

（CH_3，OCH_3，NH_2） $\xrightarrow[HCl]{NaNO_2}$ （CH_3，OCH_3，N_2Cl） $\xrightarrow[KCN]{CuCN}$ （CH_3，OCH_3，CN）

（CH_3，OCH_3，CN） $\xrightarrow[Pd]{H_2}$ （CH_3，OCH_3，CH_2NH_2）

（CH_3，OCH_3，CN） $\xrightarrow[\triangle]{H_3O^+}$ （CH_3，OCH_3，COOH）

练习题14-9： 完成下列反应，写出主要反应条件或产物。

（1）$C_6H_5NO_2 \xrightarrow{Br_2,\ Fe} (A) \xrightarrow{Zn,\ HCl} (B) \xrightarrow[0\sim5℃]{NaNO_2,\ HCl} (C) \xrightarrow[\triangle]{KI} (D)$

（2）对甲基苯胺 $\xrightarrow[②Cl_2]{①(CH_3CO)_2O} (A) \xrightarrow{(B)}$ 2-氯-4-甲基苯胺 $\xrightarrow[HCl]{NaNO_2} (C)$；$(C) \xrightarrow[\triangle]{H_2O} (D)$；$(C) \xrightarrow{H_3PO_2} (E)$

（2）偶合反应与偶氮染料

重氮正离子ArN_2^+是一个弱的亲电试剂，只能与活泼的芳香族化合物（酚或芳胺）进行亲电取代反应，通过乙氮烯叉基“—N═N—”将两个分子偶联起来，这个反应称为**偶合反应**或**偶联反应**。偶合反应是制备偶氮染料的基本反应。

参加偶合反应的重氮盐称为**重氮组分**，与其偶合的酚和芳胺称为**偶联组分**。

芳香重氮盐和酚的偶合反应一般是在弱碱性溶液（pH=8～10）中进行。因为在碱性溶液中酚成为苯氧负离子，负电荷离域而分散到芳环，更有利于亲电取代反应的发生。

$$C_6H_5N_2Cl + C_6H_5OH \xrightarrow[0℃]{NaOH,\ H_2O} C_6H_5\text{—N═N—}C_6H_4\text{—}OH$$

橘红色

芳香重氮盐与芳胺的偶合反应是在弱酸性或中性溶液（pH=5～7）中进行。在强酸溶液中胺成为铵盐，而铵正离子为强的间位定位基团，使芳环的电子云密度降低，不利于偶合反应。

$$C_6H_5N_2Cl + C_6H_5N(CH_3)_2 \xrightarrow[H_2O,\ 0℃]{CH_3COONa} C_6H_5\text{—N═N—}C_6H_4\text{—}N(CH_3)_2$$

黄色

偶合反应发生在偶联组分酚羟基、氨基（或取代氨基）的对位，如对位已有其它基团，则在邻位偶合。例如：

$$C_6H_5N_2Cl + \text{对甲基苯酚} \longrightarrow \text{2-苯偶氮基-4-甲基苯酚}$$

芳香重氮盐与α-萘酚或α-萘胺偶合，反应在4位进行，若4位上已被占据，则在2位进行；重氮盐与β-萘酚、β-萘胺偶合时，反应在1位上进行，如1位被占据，则不发生反应。例如：

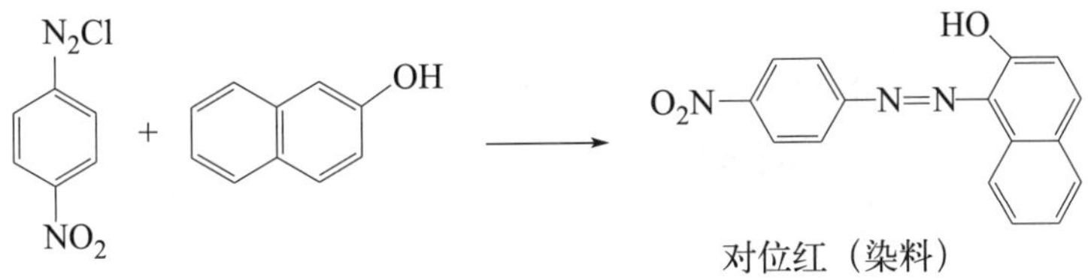

$$p\text{-}O_2N\text{-}C_6H_4\text{-}N_2Cl + \beta\text{-萘酚} \longrightarrow O_2N\text{-}C_6H_4\text{-}N{=}N\text{-}(2\text{-羟基-1-萘基})$$

对位红（染料）

> **练习题14-10：** 甲基橙（结构如下）用作pH指示剂，也用作酸碱滴定的指示剂。如何以苯胺和必要的有机试剂合成甲基橙？
>
> $$(CH_3)_2N\text{-}C_6H_4\text{-}N{=}N\text{-}C_6H_4\text{-}SO_3Na$$

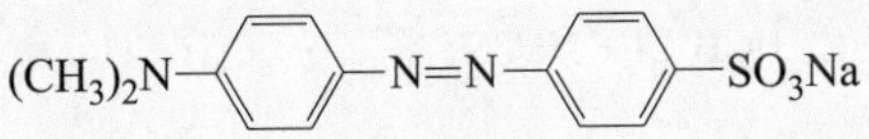

（3）芳香重氮盐和偶氮化合物的还原

芳香重氮盐在较强的还原剂（如锌和盐酸）条件下生成苯胺和氨，在$SnCl_2$和盐酸（或Na_2SO_3）还原条件下可制备苯肼。例如：

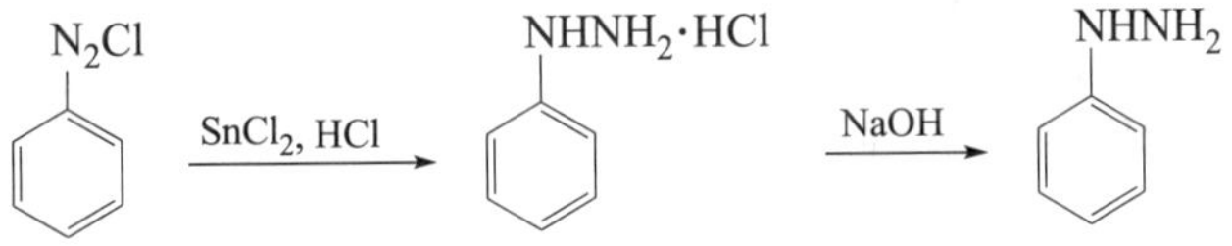

$$C_6H_5N_2Cl \xrightarrow{SnCl_2,\ HCl} C_6H_5NHNH_2\cdot HCl \xrightarrow{NaOH} C_6H_5NHNH_2$$

偶氮化合物用适当的还原剂（$SnCl_2$+HCl）或（$Na_2S_2O_4$）还原成氢化偶氮化合物，继续还原则N=N双键断裂生成2分子芳胺。从生成芳胺的结构，可推测偶氮染料的结构。例如：

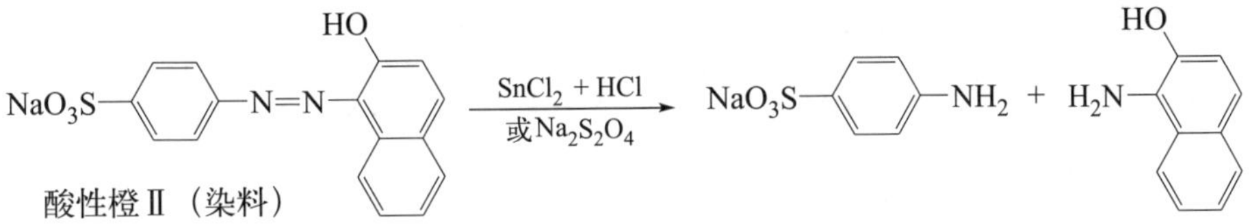

$$NaO_3S\text{-}C_6H_4\text{-}N{=}N\text{-}(2\text{-羟基-1-萘基}) \xrightarrow[\text{或}Na_2S_2O_4]{SnCl_2+HCl} NaO_3S\text{-}C_6H_4\text{-}NH_2 + H_2N\text{-}(2\text{-羟基-1-萘基})$$

酸性橙Ⅱ（染料）

14.5 腈、异腈和异氰酸酯

14.5.1 腈的结构和命名

腈（nitrile）的通式为R−CN，可以看成氢氰酸（H−C≡N）分子中的氢被烃基取代后的生成物。腈分子有较大的极性，沸点较高。低级腈为无色液体，可溶于水；高级腈为固体，一般不溶于水。

CH_3CN	$N{\equiv}CCH_2CH_2C{\equiv}N$	$C_6H_5CH_2CN$	$C_6H_{11}CN$
乙腈（甲基氰化合物）	丁二腈（琥珀腈）	苯乙腈（苄基氰化物）	环己烷甲腈

腈的命名与羧酸的命名方式类似，按照腈的含碳原子数目称为“某腈”，或者“R基氰化物”；对于采用俗名命名的羧酸，命名时将对应酸的后缀“酸”改为“腈”即可；原羧酸名称以“甲酸”结尾的，改为相应的“甲腈”。

14.5.2 腈的制备与化学性质

腈可由伯、仲卤代烷与氰化钠作用制得，二元腈可由二卤代烷与氰化钠作用制得。例如：

$$C_6H_5CH_2Cl + NaCN \xrightarrow{\text{乙醇}} \underset{\text{苯乙腈}}{C_6H_5CH_2CN} + NaCl$$

$$ClCH_2(CH_2)_2CH_2Cl + 2NaCN \longrightarrow \underset{\text{己二腈}}{NC(CH_2)_4CN} + 2NaCl$$

酰胺或羧酸的铵盐与P_2O_5、$POCl_3$、$SOCl_2$等脱水剂共热，失水生成腈。例如：

$$C_6H_5-CH_2\overset{O}{\overset{\|}{C}}NH_2 \xrightarrow[\triangle]{P_2O_5} C_6H_5-CH_2CN$$

控制反应条件，酰胺与腈类化合物可以相互转化，酰胺可以在酸、碱催化下，由腈化合物部分水解来制备。例如：

$$RCN + H_2O \xrightarrow[\text{或}H_2O_2,\ NaOH]{90\%\ H_2SO_4,\ 60°C} R-\overset{O}{\overset{\|}{C}}-NH_2$$

腈在酸或碱催化下，在较高温度和较长时间下水解成羧酸。

$$NC(CH_2)_4CN \xrightarrow[\triangle]{H^+,\ H_2O} HOOC(CH_2)_4COOH$$

腈可通过催化加氢或还原生成伯胺（参见14.2.4）。

14.5.3 己二腈与丙烯腈的制备与应用

（1）己二腈

己二腈为无色油状液体。溶于醇和氯仿，微溶于水、四氯化碳、乙醚。主要用于制造尼龙-66、尼龙-610和己-1,6-二异氰酸酯等材料的生产，还用于制造橡胶硫化促进剂、防锈剂和除草剂等。

己二酸氨化法制备己二腈的工业化最早，合成路线如下：

$$HOOC(CH_2)_4COOH \xrightarrow[H_3PO_4,270\sim290°C]{NH_3(\text{过量})} H_2N\overset{O}{\overset{\|}{C}}(CH_2)_4\overset{O}{\overset{\|}{C}}NH_2 \xrightarrow{\triangle} NC(CH_2)_4CN$$

己二酸催化氨化法副产物较多、成本较高。此外，工业化的己二胺生产方法还有丙烯腈二聚法、丁二烯法和己内酰胺法。

我国尼龙-66自给率一直偏低，对外依存度较高，产能增长缓慢。虽然制备己二腈的方法很多，但核心技术封锁严重。目前我国在己二腈的国产化技术研究上已有进展。

阅读与思考

请阅读己二酸氨化法、丁二烯法、丙烯腈二聚法、己内酰胺法制备尼龙-66关键材料己二腈（或己二胺）的化学原理。请查阅有关文献，我国近期在己二腈（或己二胺）的开发和生产技术中有哪些新的突破？

（2）丙烯腈

丙烯腈为无色液体，沸点78℃。能溶于丙酮、苯、四氯化碳、乙醚、乙醇等有机溶剂，微溶于水，与水形成共沸混合物，其蒸气可与空气形成爆炸性混合物。丙烯腈是合成纤维、合成橡胶和合成树脂的重要单体，也是重要的有机合成原料。

工业上丙烯腈可由乙炔和HCN在CuCl催化下加成制备，也可由丙烯氨化氧化制备：

$$HC\equiv CH \xrightarrow[CuCl\text{-}NH_4Cl]{HCN} CH_2=CH-CN$$

$$CH_2=CHCH_3 + NH_3 + \frac{3}{2}O_2 \xrightarrow[470℃]{\text{磷钼酸铋}} CH_2=CHCN + 3H_2O$$

聚丙烯腈纤维称为腈纶，又称人造羊毛，可由丙烯腈在引发剂条件下聚合而成：

$$n\,CH_2=\underset{\displaystyle CN}{\underset{|}{C}H} \xrightarrow{\text{过氧化苯甲酰}} \left[CH_2-\underset{\displaystyle CN}{\underset{|}{C}H}\right]_n$$

丙烯腈还可制造抗水剂和胶黏剂等，也用于其它有机合成和医药工业中。例如，丙烯腈用硫酸、金属催化剂或酶催化下水解可以制得丙烯酰胺：

$$CH_2=CHCN \xrightarrow[85\sim125℃,\ 0.3\sim0.4\ MPa]{H_2O,\ Cu\text{催化剂}} CH_2=CH\overset{O}{\overset{\|}{C}}NH_2$$

$$CH_2=CHCN \xrightarrow[②\ 2NH_3]{①\ H_2O/H_2SO_4} CH_2=CH\overset{O}{\overset{\|}{C}}NH_2 + (NH_4)_2SO_4$$

$$CH_2=CHCN \xrightarrow{\text{酶催化法}} CH_2=CH\overset{O}{\overset{\|}{C}}NH_2 \quad (100\%)$$

丙烯酰胺在引发剂下聚合后可制得聚丙烯酰胺：

$$n\,CH_2=CH\overset{O}{\overset{\|}{C}}NH_2 \xrightarrow{\text{偶氮二异丁腈}} \left[CH_2-\underset{\displaystyle CONH_2}{\underset{|}{C}H}\right]_n$$

聚丙烯酰胺简称PAM，能以任意比例溶于水。丙烯酰胺与不同单体的共聚物，按离子特性可分为非离子、阴离子、阳离子和两性型四种类型，用途十分广泛，可作隧道、矿井和水坝等工程堵水固沙的化学灌浆剂，也可作选矿、洗煤、水处理和钻井泥浆的絮凝剂等。

14.5.4 异腈的制备与应用

异腈通式为RNC，与腈为同分异构体，注意在异腈分子中，是氮原子和烃基相连。

异氰化合物的命名是按烷基碳原子数称为“某异氰化物”。也可以将“—NC”作为取代基团，称为异氰基。

CH_3NC	C_2H_5NC	C_6H_5—NC	C≡N—C_6H_4—COOH
甲异氰化物	乙异氰化物	苯异氰化物	4-异氰基苯甲酸

伯胺与氯仿及氢氧化钾的醇溶液作用，生成异腈［参见14.2.3（9）］。异腈也可由碘代烷与氰化银在乙醇溶液中加热制得，但该反应也有少量的腈生成。

$$RI + AgCN \xrightarrow[\triangle]{C_2H_5OH} RNC + AgI$$

异氰化物RNC通过还原或催化加氢，生成仲胺（$RNHCH_3$）。将异氰化物在250～300℃加热，则发生异构化而转变成相应的腈（RCN）。

异氰化合物是具有毒性和恶臭的液体，对碱相当稳定，但易被稀硫酸水解成甲酸和伯胺：

$$RNC + 2H_2O \xrightarrow{H^+} RNH_2 + HCOOH$$

这个反应证明异氰基是以氮原子而不是碳原子与烃基直接相连的。

14.5.5 异氰酸酯*

异氰酸酯的结构为R—N=C=O，为无色至淡黄色透明液体，有强烈刺激性气味，剧毒。具有高活性，可发生自聚，因此，异氰酸酯一般要求在低温、无光照条件下储存。

异氰酸酯是有机合成的重要中间体，可用于合成医药、农药、合成树脂、泡沫塑料、涂料、合成纤维、橡胶助剂等。

（1）异氰酸酯的制备方法

工业上传统的制备方法是采用伯胺光气法生产异氰酸酯。伯胺与光气作用，先生成氨基甲酰氯，受热分解得到异氰酸酯。其反应原理如下：

$$2RNH_2 + COCl_2 \longrightarrow RNHCOCl + RNH_2 \cdot HCl$$

$$RNHCOCl \xrightarrow{\triangle} R{-}N{=}C{=}O + HCl$$

二异氰酸酯由二胺与光气法制得，例如：

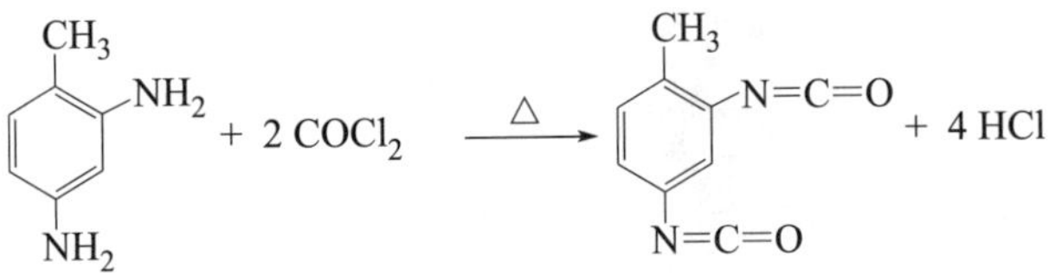

$$\text{2,4-}(NH_2)_2C_6H_3CH_3 + 2\ COCl_2 \xrightarrow{\triangle} \text{2,4-}(O{=}C{=}N)_2C_6H_3CH_3 + 4\ HCl$$

甲苯-2,4-二异氰酸酯（TDI）

由于光气有剧毒，现在常用绿色制备方法，用碳酸二甲酯代替光气，先由氨基与碳酸二甲酯发生氨解反应，然后加热脱甲醇，生成异氰酸酯。以甲苯-2,4-二异氰酸酯（简称TDI）的合成为例：

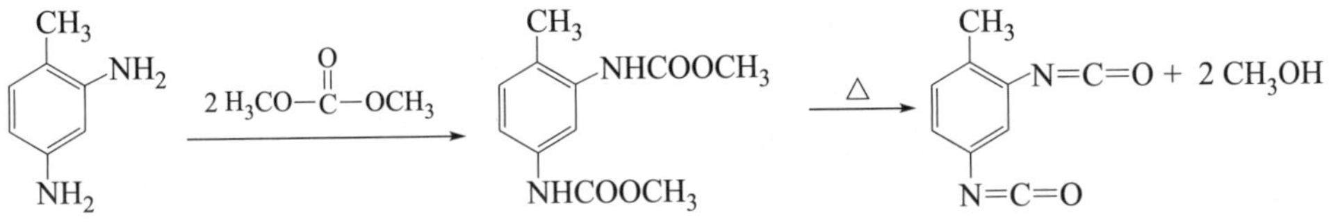

$$\text{2,4-}(NH_2)_2C_6H_3CH_3 \xrightarrow{2\ H_3CO-\overset{O}{\overset{\|}{C}}-OCH_3} \text{2,4-}(NHCOOCH_3)_2C_6H_3CH_3 \xrightarrow{\triangle} \text{2,4-}(O{=}C{=}N)_2C_6H_3CH_3 + 2\ CH_3OH$$

（2）异氰酸酯的化学性质

异氰酸酯由于其结构中含有不饱和键，类似烯酮结构，化学性质活泼，可与水、醇、酚、胺等具有活泼氢的化合物反应，分别生成伯胺、氨基甲酸酯和二取代脲：

$$R-N=C=O + H_2O \longrightarrow [R-NHCOOH] \longrightarrow RNH_2 + CO_2$$

$$Ar-N=C=O + ROH \longrightarrow \underset{\text{氨基甲酸酯}}{Ar-NHCOOR}$$

$$Ar-N=C=O + RNH_2 \longrightarrow \underset{\text{二取代脲}}{Ar-NH-\overset{O}{\overset{\|}{C}}-NHR}$$

（3）异氰酸酯的应用

单异氰酸酯可制成一系列氨基甲酸酯类杀虫剂、杀菌剂、除草剂，也用于改进塑料、织物、皮革等的防水性。

二官能团及以上的异氰酸酯容易与一些带双活性基团的有机物反应，生成聚氨酯弹性体。聚氨酯弹性体被誉为万能高分子材料，可以被加工成塑料、橡胶、纤维（如氨纶）和涂料。例如，TDI与二元醇可生成聚氨基甲酸酯类高分子化合物（聚氨酯类树脂）：

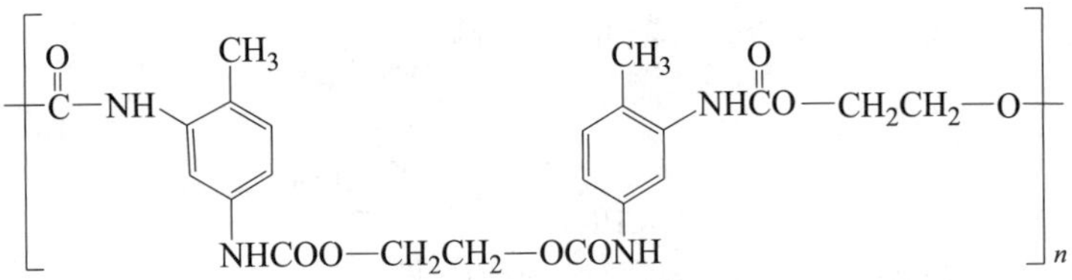

$$\left[\overset{O}{\overset{\|}{C}}-NH-C_6H_3(CH_3)-NHCOO-CH_2CH_2-OCONH-C_6H_3(CH_3)-NH\overset{O}{\overset{\|}{C}}O-CH_2CH_2-O\right]_n$$

聚氨酯树脂

聚氨基甲酸酯具有很好的弹性，也是一种合成橡胶，称为聚氨基甲酸合成橡胶，具有耐磨和抗油的优异性能，可以用于生产轮胎。

14.6 重氮甲烷和卡宾*

14.6.1 重氮甲烷

重氮甲烷（CH_2N_2）是最简单又最重要的脂肪族重氮化合物，为黄色气体，沸点为−24℃，剧毒且容易爆炸。重氮甲烷是线性分子，通常用下列共振式来表示：

$$\overset{-}{:}CH_2-\overset{+}{N}\equiv N: \longleftrightarrow CH_2=\overset{+}{N}=\overset{-}{\underset{..}{N}}:$$

从结构上看，重氮甲烷的化学性质非常活泼，碳原子既有亲核性质又有亲电性质，有机合成上常使用重氮甲烷的乙醚溶液。

将*N*-甲基-*N*-亚硝基对甲苯磺酰胺［制备见14.2.3（4）］在碱作用下分解可得到重氮甲烷：

$$H_3C-C_6H_4-SO_2N(NO)CH_3 + C_2H_5OH \xrightarrow{KOH} CH_2N_2 + H_3C-C_6H_4-SO_2OC_2H_5 + H_2O$$

重氮甲烷是个重要的甲基化试剂，与羧酸作用生成羧酸甲酯，与酚、烯醇等作用生成醚：

$$RCOOH + CH_2N_2 \longrightarrow RCOOCH_3 + N_2\uparrow$$

$$ArOH + CH_2N_2 \longrightarrow ArOCH_3 + N_2\uparrow$$

重氮甲烷与酰氯作用生成重氮甲基酮，在氧化银存在下，重氮酮发生分子内重排［沃尔夫（Wolff）重排］而转变为烯酮：

$$R-\overset{O}{\overset{\|}{C}}-Cl + 2\,CH_2N_2 \longrightarrow R-\overset{O}{\overset{\|}{C}}-CHN_2 + CH_3Cl + N_2\uparrow$$

$$R-\overset{O}{\overset{\|}{C}}-CHN_2 \xrightarrow{Ag_2O,\ \triangle} \left[R-\overset{O}{\overset{\|}{C}}-\ddot{C}H\right] \longrightarrow \underset{\text{烯酮}}{O=C=CH-R}$$

烯酮性质非常活泼［参见13.8.2（1）］。这样，通过酰氯制备重氮甲基酮，在氧化银催化下生成烯酮，并与水、醇或氨（胺）等亲核试剂作用，生成烯醇式中间体，再经重排得到比原来酰氯多一个碳原子的羧酸、酯和酰胺。例如：

$$C_{10}H_7COCl \xrightarrow{2CH_2N_2} C_{10}H_7COCHN_2 \xrightarrow{Ag_2O} \begin{cases} \xrightarrow{CH_3OH} C_{10}H_7CH_2COOCH_3 \\ \xrightarrow{CH_3NH_2} C_{10}H_7CH_2CONHCH_3 \end{cases}$$

这类反应称为**阿恩特-艾斯特尔特（Arndt-Eistert）反应**，它是将羧酸转变成为高一级羧酸衍生物的方法。

14.6.2 卡宾

卡宾（Carbene）又称碳烯，是H_2C:和它的取代衍生物的通称。卡宾活性高、寿命短。卡宾有两种结构，分别称为单线态和三线态。单线态卡宾中，中心碳原子是sp^2杂化，其中一个sp^2轨道容纳一对未成键电子，此外还有空p轨道；三线态卡宾中心碳原子是sp杂化，有两个自旋相互平行的电子分占两个p轨道。

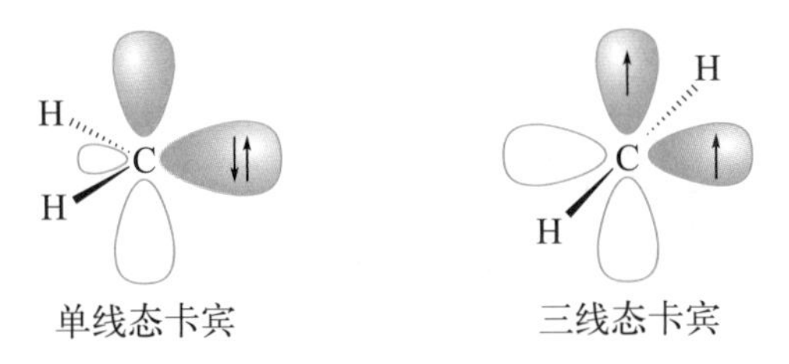

单线态卡宾　　三线态卡宾

单线态卡宾能量较高，性质更为活泼，失去能量后会逐渐转化为三线态卡宾。卡宾可由重氮甲烷或乙烯酮通过光或热分解而成：

$$CH_2N_2 \xrightarrow{\text{光或热}} :CH_2 + N_2$$

$$CH_2=C=O \xrightarrow{\text{光或热}} :CH_2 + CO$$

（1）加成反应

单线态卡宾的环加成反应是立体专一的，这是由于单线态卡宾有空p轨道，具有亲电性，卡宾上的未成键电子对与烯烃的两个电子通过三元环过渡态形成了两个键，这种一步协同成环保持了反应的立体专一性。例如，在反-丁-2-烯存在下，重氮甲烷光分解为单线态的碳烯，立即发生加成反应生成反-1,2-二甲基环丙烷。

$$:CH_2 + \underset{\text{反-丁-2-烯}}{(H_3C)(H)C=C(H)(CH_3)} \longrightarrow \left[(H_3C)(H)C\text{---}C(H)(CH_3)\cdots CH_2 \right] \longrightarrow \underset{\text{反-1,2-二甲基环丙烷}}{(H_3C)(H)C-C(H)(CH_3),\ CH_2}$$

三线态卡宾与烯烃反应不能保持立体专一性，得到的是等量的异构体。在光敏剂二苯酮存在下光照重氮甲烷，得到三线态卡宾，故无论起始物为顺式还是反式烯烃，最终结果都是顺式和反式两种加成产物。例如：

$$\underset{\text{顺式}}{(H)(R)C=C(H)(R')} \xrightarrow{\dot{C}H_2} H_2\dot{C}-C(H)(R)-\dot{C}(H)(R') \underset{}{\xrightleftharpoons{\text{快}}} H_2\dot{C}-C(H)(R)-\dot{C}(R')(H)$$

$$\downarrow \qquad\qquad\qquad \downarrow$$

$$\underset{\text{顺式}}{\text{环丙烷}(H,R;\ H,R')} \qquad \underset{\text{反式}}{\text{环丙烷}(H,R;\ R',H)}$$

因为其与烯烃的加成分两步进行，第一步与双键中的一个碳成键后，生成双自由基。这两个自由基电子自旋方向相同，因此需要其中一个自由基电子自旋翻转形成电子自旋匹配，但其翻转和相继关环的反应速率比C—C σ键旋转速率慢，故最终得到顺式和反式混合产物。

卡宾与炔烃加成生成环丙烯衍生物，与环烯烃加成生成二环，都基于上述同样的机理。卡宾甚至还可以与苯加成反应。例如：

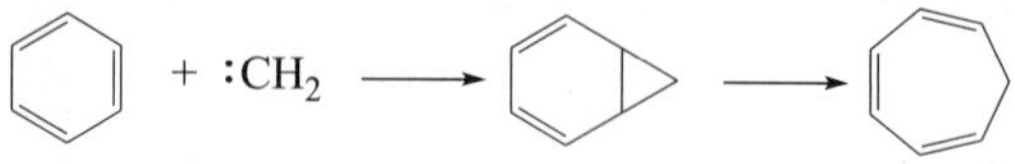

$$\text{苯} + :CH_2 \longrightarrow \text{(二环中间体)} \longrightarrow \text{环庚三烯}$$

环庚-1,3,5-三烯

（2）插入反应

单线态卡宾还可以插入C—H键之间，发生插入反应。例如，丙烷与重氮甲烷在光照下作用，重氮甲烷分解生成的卡宾，立即插入丙烷的C—H键中生成丁烷和异丁烷。

$$CH_3CH_2CH_3 \xrightarrow[\text{光}]{CH_2N_2} CH_3CH_2CH_2CH_3 + CH_3CH(CH_3)CH_3$$

卡宾种类很多，是有机反应的一类重要中间体，其特征是具有高度的反应活性，在增长碳链，制取小环烷烃，制取多环等反应中，具有重要应用。

综合练习题

1. 命名或写出下列化合物的结构式。

（1）（5-硝基-2-萘基）CH_2COOH（萘环上连有 CH_2COOH 和 NO_2）　（2）$CH_3NHCH(CH_3)_2$　（3）苯环上连有 NHC_2H_5 和间位 CH_3

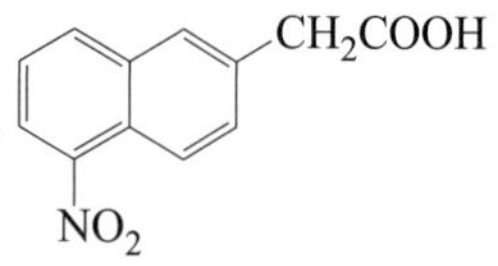

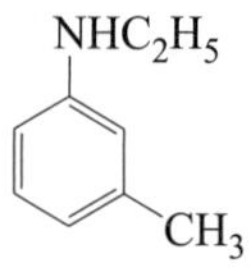

（4）$(CH_3)_3\overset{+}{N}CH_2CH_3Cl^-$　（5）$CH_3CH_2N(CH_3)CH_3$　（6）$H_2N—C(CH_3)(H)(C_2H_5)$（费歇尔投影式，上 CH_3，右 H，下 C_2H_5）

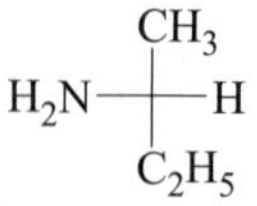

（7）$H_3C—C_6H_4—N{=}N—C_6H_4—N(CH_3)_2$

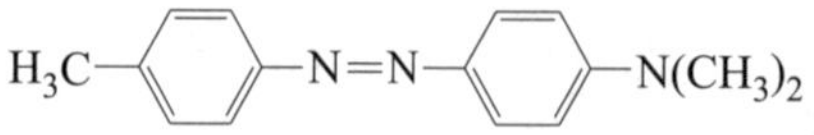

（8）*N*-甲基对甲苯胺　（9）间硝基乙酰苯胺　（10）丁-1,4-二胺

2. 用简单的化学方法区别下列各组化合物。

（1）丙醇、丙醛、丙酸和丙胺　（2）*N,N*-二甲基苯胺、*N*-甲基苯胺和乙酰苯胺

3. 下列化合物可以发生傅-克反应的有（　）。

（A）苯甲醛　（B）*N*-甲基-*N*-苯基乙酰胺　（C）苯甲腈

（D）*N,N*-二甲基苯胺　（E）吡啶

4. 下列化合物能溶于氢氧化钠溶液的有（　　）。

（A）*N*-甲基苯磺酰胺　（B）2-甲基-2-硝基丙烷　（C）1-硝基丙烷　（D）对硝基甲苯

5. 吡啶和苯胺中氮原子的杂化方式是什么？哪个碱性较强，为什么？

6. 苯胺在混酸中硝化时，间位产物的产率接近50%，请解释其原因。

7. 将下列化合物按照碱性由强到弱排序。

（A）$C_6H_5NH_2$　（B）吲哚啉（N—H）　（C）异吲哚啉（NH）　（D）邻苯二甲酰亚胺（O、NH、O）

8. 完成下列转化，写出各步反应的主要条件或有机产物。

（1）苯 $\xrightarrow{(A)}$ 苯甲醛（CHO） $\xrightarrow[H_2SO_4]{HNO_3}$ (B)；(B) $\xrightarrow[H_2SO_4]{Zn\text{-}Hg}$ (C)；(B) $\xrightarrow[\text{浓}HCl]{SnCl_2}$ (D)

（2）$C_6H_5CONH_2 \xrightarrow[②\ H_2O]{①\ LiAlH_4}$ (A) $\xrightarrow{C_6H_5CHO}$ (B)

（3）间二硝基苯（NO_2，NO_2） $\xrightarrow{(A)}$ 间硝基苯胺（NH_2，NO_2） $\xrightarrow[HCl]{NaNO_2} \xrightarrow[CuCN]{KCN}$ (B) $\xrightarrow[\triangle]{H_3O^+}$ (C)

（4）邻硝基甲苯（CH_3，NO_2） $\xrightarrow[②\ (A)]{①\ Fe/HCl}$ 邻甲基苯重氮盐（CH_3，N_2Cl）

$\xrightarrow[H_2O]{H_3PO_2}$ (B)

$\xrightarrow[CuBr,\ \triangle]{HBr}$ (C) $\xrightarrow[\text{乙醚}]{Mg} \xrightarrow[②\ H_3O^+]{①\ CH_3CN}$ (D)

$\xrightarrow[②\ \triangle]{①\ HBF_4}$ (E)

$\xrightarrow[\text{浓}HCl]{SnCl_2} \xrightarrow{NaOH}$ (F) $\xrightarrow{CH_3CHO}$ (G)

$\xrightarrow[\triangle]{H_3O^+}$ (H) $\xrightarrow{CH_2N_2}$ (I*)

（5）$H-C(CH_2CH_3)(CH_3)-COOH \xrightarrow[\triangle]{SOCl_2}$ (A) $\xrightarrow{NH_3}$ (B) $\xrightarrow[NaOH]{Br_2}$ (C)

（6）$CH_3CH_2\overset{+}{N}(CH_3)_2CH_2CH_2\overset{O}{\overset{\|}{C}}CH_3OH^- \xrightarrow{\triangle}$ (A) + (B)

（7）苯胺（$C_6H_5NH_2$）$\xrightarrow[H_2SO_4,\ \triangle]{2\ CH_3OH}$（A）$\xrightarrow{HONO}$（B）

苯胺 $\xrightarrow[NaOH]{CH_3I}$ $\xrightarrow{CH_3COCl}$（C）$\xrightarrow{(D)}$ $C_6H_5N(CH_3)CH_2CH_3$

苯胺 $\xrightarrow{CH_3COCl}$（E）$\xrightarrow[②\ H_3O^+]{①\ HNO_3/H_2SO_4}$（F）$\xrightarrow{(G)}$ $p\text{-}O_2NC_6H_4N_2Cl$

$C_6H_5N(CH_3)CH_2CH_3$ + $p\text{-}O_2NC_6H_4N_2Cl$ ⟶（H）

（8）3-甲基吡啶（CH_3，N）$\xrightarrow[0.3\ MPa]{H_2/Pt}$（A）$\xrightarrow[②\ 湿Ag_2O]{①\ 过量CH_3I}$（B）$\xrightarrow{\triangle}$（C）$\xrightarrow[②\ 湿Ag_2O]{①\ 过量CH_3I}$ $\xrightarrow{\triangle}$（D）

（9）$C_6H_5CH_2COOH$ $\xrightarrow[\triangle]{NH_3}$（A）$\xrightarrow[\triangle]{P_2O_5}$（B）

9. 用指定原料及不超过2个碳的有机物合成下列各化合物，催化剂、溶剂及无机试剂任选。

（1）以苯胺为主要原料合成医药中间体对氨基苯磺酰胺（磺胺）

（2）以苯胺为主要原料，分别合成邻溴苯胺和间硝基苯胺

（3）以甲苯为原料合成 $O_2N-C_6H_4-CH_2NH-C_6H_4-NO_2$

（4）以苯和对二甲苯为原料合成超高强度纤维对芳纶

$$\left[\overset{O}{\overset{\|}{C}}-C_6H_4-CONH-C_6H_4-NH \right]_n$$

（5）以甲苯为主要原料合成 $Br-C_6H_3(NO_2)-CONHCH_2CH_3$

（6）以苯为原料合成1,3,5-三溴苯

（7）以苯、萘为原料合成染料 $C_6H_5-N{=}N-C_{10}H_6-NH_2$（1-苯偶氮基-2-萘胺）

（8）以苯胺、萘为主要原料合成染料酸性橙Ⅱ（结构见本章例题）

（9）以丙烯为原料合成聚丙烯酰胺

10. 非那西丁（$CH_3CH_2O-C_6H_4-NHCOCH_3$）是具有解热、镇痛作用的药品。请以苯酚及两个碳的有机物为原料合成非那西丁。

11. 一种偶氮染料，以氯化亚锡-盐酸溶液还原分解后，生成如下化合物：

$$CH_3CONH-C_6H_4-NH_2 \quad 和 \quad H_3C-C_6H_3(NH_2)-OH$$

（1）试推断该偶氮染料的结构式；

（2）请以甲苯、苯和两个碳原子的有机物为原料合成该染料。

12. 苯佐卡因和普鲁卡因（结构见本章例题）均为局部麻醉药，苯佐卡因还可用于创面、溃疡面等的止痛，普鲁卡因则主要用于浸润麻醉、腰麻、封闭疗法等。

（1）请以甲苯和乙醇为原料合成苯佐卡因。

（2）以对硝基苯甲酸和乙烯为主要原料合成普鲁卡因的路线如下：

$$O_2N-C_6H_4-COOH \xrightarrow[H^+]{CH_3OH} (A)$$

$$CH_2{=}CH_2 \xrightarrow[Ag,\ 250^\circ C]{O_2} (B) \xrightarrow{HN(C_2H_5)_2} (C)$$

$$(A) + (C) \xrightarrow{H^+} (D) \longrightarrow \text{普鲁卡因}$$

① 请写出化合物A、B、C的结构式；

② 请以乙烯为原料合成该反应中所需的原料二乙胺；

③ 写出化合物A与C合成D的反应式；

④ 写出由化合物D制备普鲁卡因的反应式。

13. 曲马多是一种人工合成的镇痛药，主要用于中度和严重急慢性疼痛、骨折和多种术后疼痛的止痛，长期服用依赖性小。近期在非洲乌檀属植物中也发现了天然的曲马多。人工合成曲马多的路线如下：

$$\text{间氨基苯酚}\ (H_2N-C_6H_4-OH) \xrightarrow[\text{② CuBr, }\triangle]{\text{① }NaNO_2/HBr} (A) \xrightarrow[NaOH]{(CH_3)_2SO_4} (B) \xrightarrow[\text{乙醚}]{Mg} (C)$$

$$\text{环己酮} + HCHO + NH(CH_3)_2 \xrightarrow{HCl} (D)$$

$$(C) + (D) \xrightarrow{H_3O^+} \text{1-(3-甲氧基苯基)-2-}(CH_2N(CH_3)_2)\text{环己醇（曲马多）}$$

（1）请写出化合物A和B的结构式；

（2）曲马多有几个光学异构体？在哪些步骤生成的化合物为外消旋体？

（3）写出化合物C与D合成曲马多的化学反应式；

（4）如何用简单的化工原料硝基苯来合成起始化合物间氨基苯酚？

14. 尼诺尔（主要组成$C_{16}H_{33}NO_3$）是非离子表面活性剂，可配制除油脱脂清洗剂及纤维的抗静电剂；月桂酰氨基丙基甜菜碱（$C_{19}H_{38}N_2O_3$，简称LAB）为两性表面活性剂，广泛用于中高级香波、沐浴液的配制。某企业利用废油脂制备生物柴油，并通过分离提纯得到月桂酸甲酯，并以乙烯和3-二甲氨基丙腈为原料生产尼诺尔和LAB，过程如下：

$$CH_2{=}CH_2 \xrightarrow{(A)} \text{环氧乙烷} \xrightarrow{NH_3} (B) \xrightarrow{\text{环氧乙烷}} (C)$$

$$\text{椰子油/棕榈油} \xrightarrow[H^+]{CH_3OH} \text{脂肪酸甲酯（混合物）} \xrightarrow{\text{分离}} \text{月桂酸甲酯}$$

$$(CH_3)_2NCH_2CH_2CN \xrightarrow[Ni]{H_2} (D)$$

$$(C) + \text{月桂酸甲酯} \xrightarrow{H^+} RC(=O)-N(CH_2CH_2OH)_2\ \text{（尼诺尔）}$$

$$\text{月桂酸甲酯} + (D) \xrightarrow{H^+} (E) \xrightarrow[NaOH]{ClCH_2COONa} LAB$$

（1）补充反应条件A，并写出化合物B和D的结构式；

（2）月桂酸是一种正烷基脂肪酸，写出月桂酸的结构式；

（3）写出月桂酸甲酯与化合物C合成尼诺尔的反应式；

（4）写出化合物E合成LAB的反应式；

（5）*请以甲醇和氨、丙烯腈为原料合成3-二甲氨基丙腈。提示：可用迈克尔加成反应。

15.“地西泮”是一种具有催眠、镇静和抗癫痫的药物。以苯甲酸、苯胺、乙酸及一个碳的有机物为原料合成地西泮的路线如下：

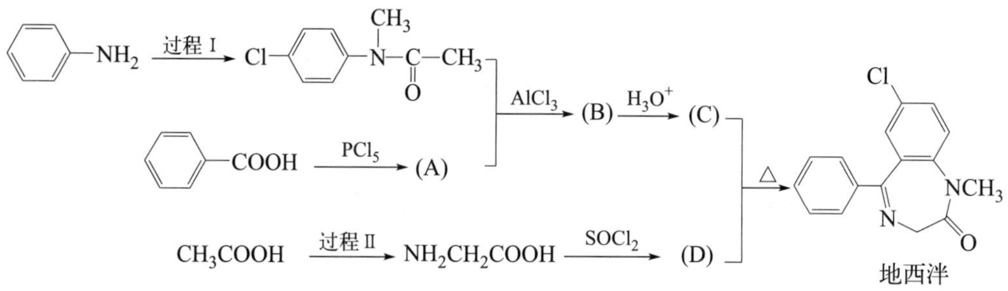

$C_6H_5-NH_2$ —过程Ⅰ→ $Cl-C_6H_4-N(CH_3)-C(=O)-CH_3$

C_6H_5-COOH —PCl_5→ (A)

—$AlCl_3$→ (B) —H_3O^+→ (C)

CH_3COOH —过程Ⅱ→ NH_2CH_2COOH —$SOCl_2$→ (D)

(C) + (D) —△→ 地西泮（Cl, NCH_3, N, O）

地西泮

（1）写出化合物A的结构式；

（2）过程Ⅰ、Ⅱ均为多步反应，请写出实现其转化的各步反应式；

（3）写出由化合物A合成B的反应式；

（4）写出化合物C与D合成地西泮的反应式。

第15章 生物分子

生物大分子（biomacromolecule）指在生物体内广泛存在的蛋白质、脂类、核酸和多糖等，它们是生命过程必不可少的物质，是构成生命体的基础物质，可调节细胞的新陈代谢，又表现出重要的生理活性。

生物大分子的结构虽然复杂，但其基本构成单元（单体）并不复杂。本章重点讨论单糖、氨基酸、脂类的结构和性质，通过了解生物分子单体结构、性质为进一步探索生物大分子可能的空间结构、功能、工业应用奠定理论基础。

15.1 糖类化合物

糖类（carbohydrate）广泛存在于自然界，它们在生命过程中扮演着重要角色，例如：葡萄糖（glucose）为生命活动提供能量，核糖和2-脱氧核糖分别是核苷酸和脱氧核苷酸的重要构成单元，纤维素（cellulose）、半纤维素（hemicellulose）、肽聚糖（peptidoglycan）等构成“细胞骨架”，细胞表面的多糖还参与许多重要的生理过程，如：细胞通信、细胞识别及细胞的运动与黏附等。

糖类物质也是重要的有机化工原料的来源，纤维素、半纤维素、淀粉等是重要的生物质来源。以此作为原料，结合酶解或化学手段，将其转化为糖类，再继续转化为C1 ～ C6等几大产品体系。例如：

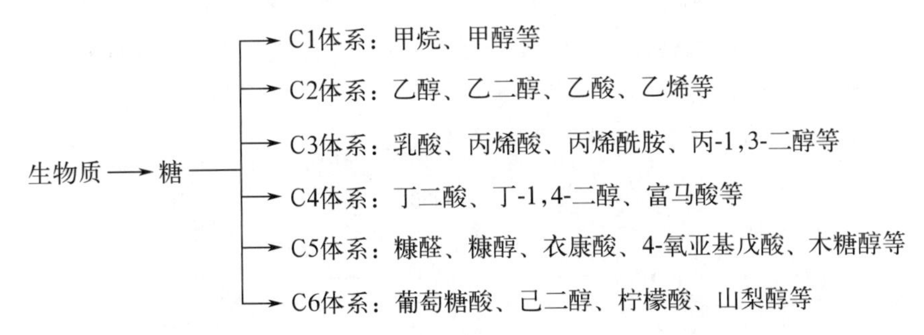

早期发现的糖类具有$C_n(H_2O)_m$的通式，因此被称为碳水化合物。但现在看来，碳水化合物的名称不够确切。从结构上看，糖类是多羟基醛、酮或者能水解成多羟基醛、酮的化

合物。糖类分为三类：

① **单糖** 最简单的糖，不能水解成更小的糖分子，如葡萄糖和果糖等；

② **低聚糖** 又称寡糖，由2～9个单糖分子脱水缩聚而成，如麦芽糖、环糊精等；

③ **多糖** 由多个（≥10）单糖分子脱水缩聚而成，如淀粉和纤维素等。

15.1.1 单糖

按分子中所含碳原子的数目，单糖可以分为丙糖、丁糖、戊糖和己糖等，分子中含有醛基的称为醛糖，含有酮基的称为酮糖。自然界发现的单糖主要是戊糖和己糖，最重要的戊糖是核糖，最重要的己糖是葡萄糖和果糖。

（1）单糖的构型和标记

除丙酮糖之外，其它单糖分子有一个或多个手性碳，目前沿袭习惯采用D/L标记单糖的构型，天然存在的单糖多数为D型。但需注意，D/L标记法仅标记编号最大的手性碳的构型，如果标记所有的手性碳构型，还需用*R*/*S*标记法。

以葡萄糖为例，用Fisher投影式表示葡萄糖结构，竖键表示碳链，醛基放在上方。葡萄糖中C_2、C_3、C_4、C_5均为手性碳，C_5是编号最大的手性碳原子，羟基在右侧，H原子在左侧，与D-(+)-甘油醛一致，因此标记为D-(+)-葡萄糖。如果要标记每一个手性碳的构型，则根据次序规则，以*R*/*S*标记，D-(+)-葡萄糖为(2*R*,3*S*,4*R*,5*R*)-2,3,4,5,6-五羟基己醛。同理，D-(−)-果糖为(3*S*,4*R*,5*R*)-1,3,4,5,6-五羟基己-2-酮；L-(−)-核糖为(2*R*,3*R*,4*S*)-2,3,4,5-四羟基戊醛。

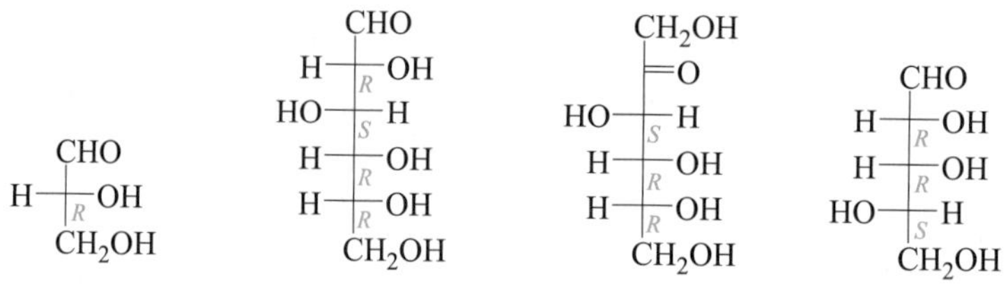

D-(+)-甘油醛　D-(+)-葡萄糖　D-(−)-果糖　L-(−)-核糖

（2）单糖的环状半缩醛结构

单糖（如葡萄糖、果糖等）分子内的羟基与醛基或酮基发生缩合反应，生成五元或六元环状半缩醛/酮。以葡萄糖为例，C_5的羟基进攻醛基，则生成*δ*-氧环，与吡喃环骨架相似，又称为吡喃糖（pyranose）；C_4的羟基进攻醛基，生成*γ*-氧环，与呋喃环骨架相似，又称为呋喃糖（furanose）。葡萄糖主要以吡喃糖的形式存在。

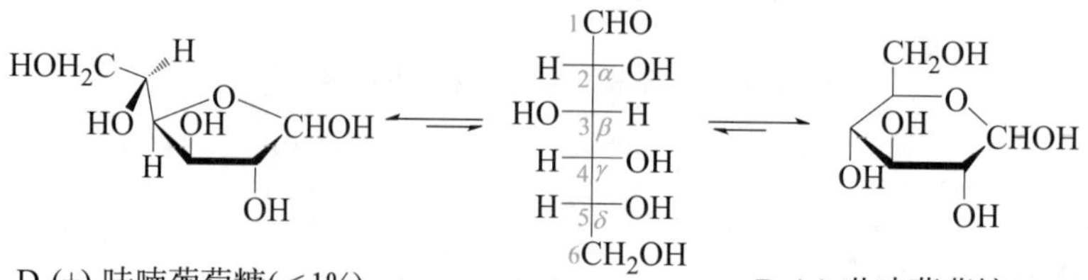

D-(+)-呋喃葡萄糖(＜1%)　D-(+)-吡喃葡萄糖(＞99%)

在形成的环状半缩醛形式的结构中，C_1成为新的手性碳原子，这个半缩醛的碳原子又称为**苷原子**，与其直接相连的羟基称为**苷羟基**。苷羟基与C_5的取代基“CH_2OH”处于环平面同侧叫作β型，处于异侧称为α型。α型和β型仅第一个手性碳构型不同，其余手性碳构型完全相同，它们互称为差向异构体。由于α型和β型的差别是在C_1上，因此它们又互称为异头物或端基异构体。吡喃糖的构象与环己烷相似，以椅式构象存在，且取代基处于e键的构象更稳定，故在达到动态平衡时β-D-葡萄糖为主要形式。

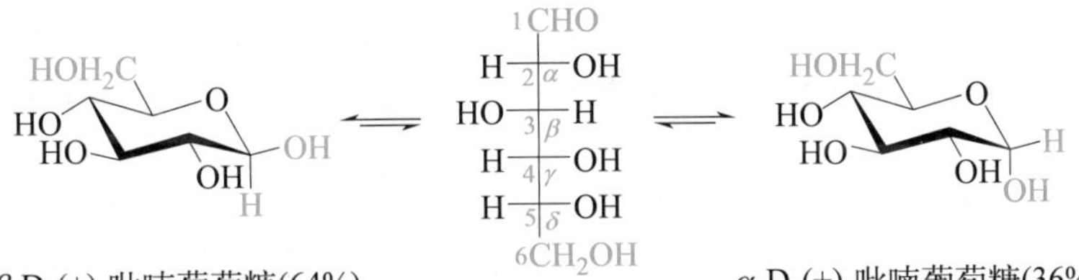

β-D-(+)-吡喃葡萄糖(64%)　　　　α-D-(+)-吡喃葡萄糖(36%)

在50℃以下的水溶液中结晶得到的葡萄糖是α-D-葡萄糖，其25℃水溶液最初的比旋光度为+112°，而于98℃或更高温度结晶得到的是β-D-葡萄糖，其水溶液最初的比旋光度为+18.7°，这两种葡萄糖溶液放置一段时间后，比旋光度最终均在达到+52.7°后，不再发生变化，这种现象称为**变旋光现象**（mutarotation）。溶液中葡萄糖开链式与氧环式处于动态平衡，这是造成变旋现象的原因。

(3) 单糖的化学性质

单糖具有羟基和羰基，能够发生这些官能团的特征反应。作为醇，单糖可以生成醚和酯，作为醛酮，单糖可以被氧化、还原，发生亲核加成反应等。

① 氧化　单糖能够被多种氧化剂氧化，氧化剂不同，氧化产物也不同。醛糖能被溴水氧化成糖酸，被硝酸氧化成糖二酸：

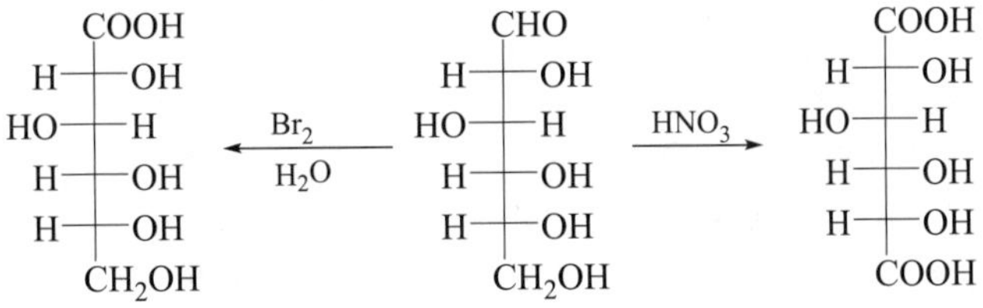

糖酸既有羧基，又有羟基，因此容易形成内酯：

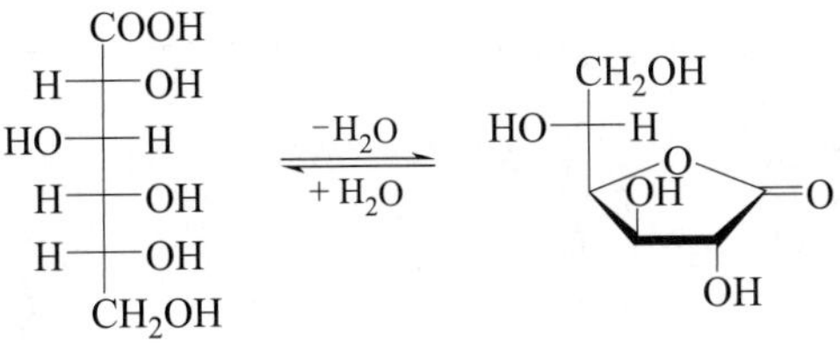

弱氧化剂如Tollens试剂、Fehling试剂等可将醛糖和部分酮糖（例如果糖）氧化，产生银镜和Cu_2O砖红色沉淀，这部分糖称为**还原糖**，不能发生此反应的称为**非还原糖**。部分酮糖可经酮-烯醇异构化转变为醛糖，也可以被Tollens试剂、Fehling试剂氧化：

$$\begin{array}{c} CH_2OH \\ | \\ C{=}O \\ | \end{array} \rightleftharpoons \begin{array}{c} CHOH \\ \| \\ C{-}OH \\ | \end{array} \rightleftharpoons \begin{array}{c} CHO \\ | \\ CHOH \\ | \end{array}$$

阅读与思考

班氏试剂（Benedict 试剂）是 Fehling 试剂的改良试剂，是由硫酸铜、柠檬酸钠和无水碳酸钠配制而成的蓝色溶液，可用于检查糖尿病患者尿液中的糖分。查阅资料，写出相关反应式。

葡萄糖酸的某些盐类具有重要用途，如葡萄糖酸钙与鱼肝油合用可补充钙质，葡萄糖酸钠可用于制药工业、水处理剂以及电镀络合剂等，葡萄糖酸内酯可用作多功能食品添加剂，如保鲜剂、蛋白质凝固剂、酸味剂及食品防腐剂等。

高碘酸不但使单糖中相邻羟基间的碳-碳键氧化断裂，也可以使羟基与醛基或酮基之间的碳碳键断裂，该反应可用来鉴定糖的结构。例如：

$$\begin{array}{c} CHO \\ H-C-OH \\ HO-C-H \\ H-C-OH \\ H-C-OH \\ CH_2OH \end{array} + 5HIO_4 \longrightarrow 5HCOOH + HCHO$$

② 还原　单糖分子中的羰基也可经催化加氢或 $NaBH_4$ 还原成羟基，生成的多元醇通常称为糖醇。如葡萄糖被还原为葡萄糖醇（山梨醇）：

$$\underset{\text{D-葡萄糖}}{\begin{array}{c} CHO \\ H-C-OH \\ HO-C-H \\ H-C-OH \\ H-C-OH \\ CH_2OH \end{array}} \xrightarrow[\text{加压},\triangle]{H_2,\text{雷尼 Ni}} \underset{\text{山梨醇}}{\begin{array}{c} CH_2OH \\ H-C-OH \\ HO-C-H \\ H-C-OH \\ H-C-OH \\ CH_2OH \end{array}}$$

山梨醇在食品中作为甜味剂和增稠剂，也可以用于合成维生素C和表面活性剂，用于日化行业。

③ 生成糖脎　单糖分子中的羰基与苯肼作用生成苯腙，苯肼过量时，则生成一种不溶于水的黄色结晶，称为糖脎：

$$\underset{\text{D-葡萄糖}}{\begin{array}{c} CHO \\ H-C-OH \\ HO-C-H \\ H-C-OH \\ H-C-OH \\ CH_2OH \end{array}} \xrightarrow{C_6H_5NHNH_2} \underset{\text{D-葡萄糖苯腙}}{\begin{array}{c} CH{=}N{-}NHC_6H_5 \\ H-C-OH \\ HO-C-H \\ H-C-OH \\ H-C-OH \\ CH_2OH \end{array}} \xrightarrow{2C_6H_5NHNH_2} \underset{\text{D-葡萄糖脎}}{\begin{array}{c} CH{=}N{-}NHC_6H_5 \\ C{=}N{-}C_6H_5 \\ HO-C-H \\ H-C-OH \\ H-C-OH \\ CH_2OH \end{array}} \begin{array}{l} + C_6H_5NH_2 \\ + NH_3 \\ + H_2O \end{array}$$

单糖与苯肼成脎的反应只发生在C_1和C_2的基团上，其余基团的构型不受影响，因此，同碳数的糖若只是C_1和C_2的基团不同，会生成相同的糖脎。不同的糖脎结晶形态不同，熔点也不一样，因此可利用糖脎的性质来鉴别单糖。

练习题 15-1： 下列两种异构体分别与苯肼反应，产物是否相同？

（A）$CHO-CH_2-CH(OH)-CH(OH)-CH(OH)-CH_2OH$　　（B）$CHO-CH(OH)-CH_2-CH(OH)-CH(OH)-CH_2OH$

④ **成酯反应**　单糖分子中的羟基类似醇羟基，能与酸（有机酸或无机酸）或酸酐反应成酯。例如在弱碱作用下，D-葡萄糖与乙酐反应生成葡萄糖五乙酸酯：

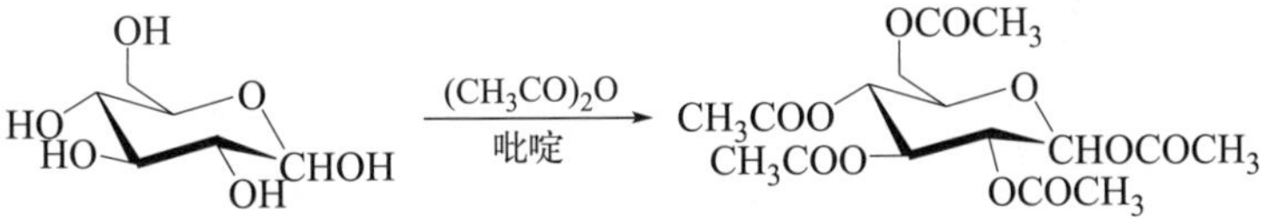

$$\xrightarrow[\text{吡啶}]{(CH_3CO)_2O}$$

单糖分子的磷酸酯在生命过程中非常重要，如葡萄糖C_1羟基的磷酯化是启动糖原降解的重要信号，三磷酸腺苷保证了生命活动的能源供给，核糖或脱氧核糖与磷酸形成的磷酸酯是RNA和DNA的重要组成部分。

⑤ **成醚和成苷反应**　单糖分子中的羟基也可以转化成醚。例如在碱的作用下，D-葡萄糖在二甲亚砜溶剂中与碘甲烷反应，可以实现室温下全甲基化反应生成五甲基葡萄糖：

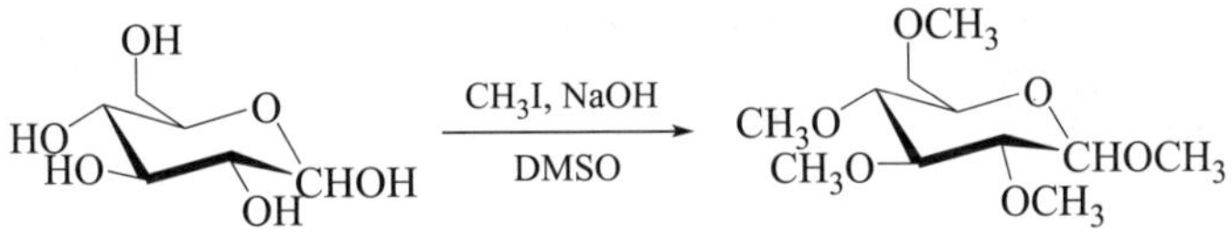

$$\xrightarrow[\text{DMSO}]{CH_3I,\ NaOH}$$

苷羟基和其它含活泼氢的化合物作用，脱水形成的化合物叫**糖苷**或**苷**（glycoside），对应的反应称为**成苷反应**。例如，在干燥HCl条件下，D-(+)-葡萄糖与甲醇回流，生成甲基-D-(+)-吡喃葡萄糖苷：

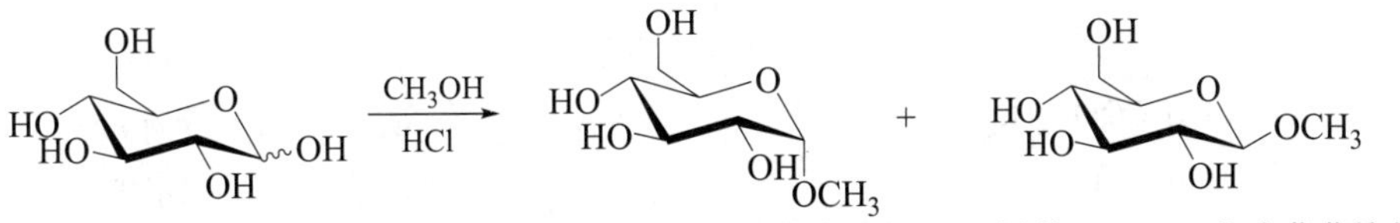

$$\xrightarrow[\text{HCl}]{CH_3OH}$$

甲基-α-D-(+)-吡喃葡萄糖苷　+　甲基-β-D-(+)-吡喃葡萄糖苷

单糖的环状半缩醛形式与开链式可以相互转变，但糖苷是缩醛或缩酮，较为稳定，不能和开链式再相互转变，也无变旋现象。在稀酸或酶的作用下，苷易水解成原来的糖（半缩醛形式）和醇。

糖苷广泛存在于自然界中，单糖分子间彼此以苷键相连构成低聚糖和多糖，单糖分子与碱基以苷键相连构成核苷结构。

练习题 15-2：请解释为什么糖苷既不与 Fehling 试剂反应，也不与 Tollens 试剂反应，且无变旋现象？

⑥ **脱水反应** 单糖为多羟基醛、酮，在弱酸性条件下，易发生β-羟基与α-氢的脱水反应，形成α,β-不饱和羰基化合物：

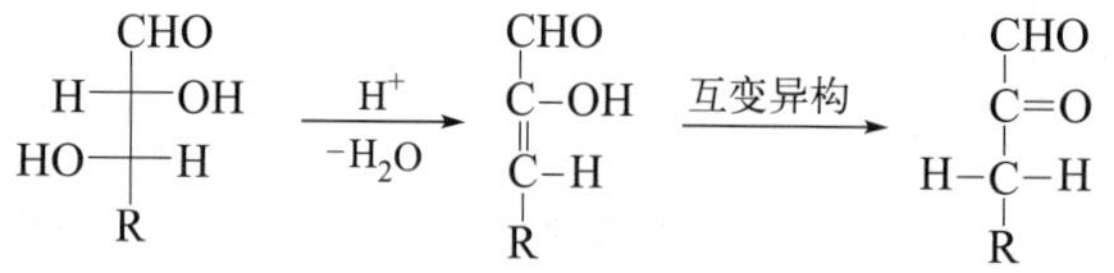

戊醛糖和己醛糖会发生类似的脱水反应，核糖脱水生成呋喃甲醛，葡萄糖脱水生成5-羟甲基呋喃-2-甲醛：

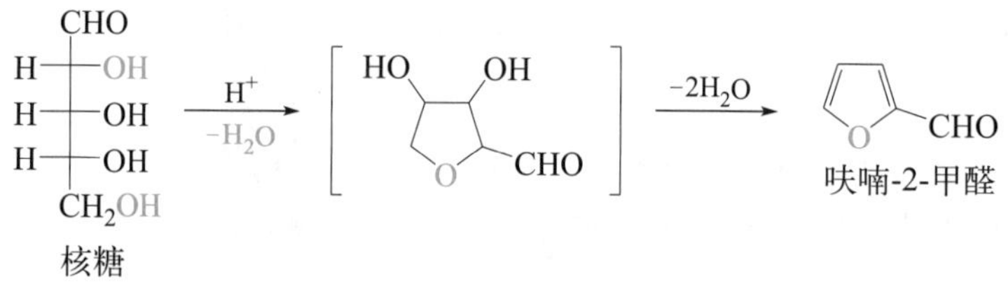

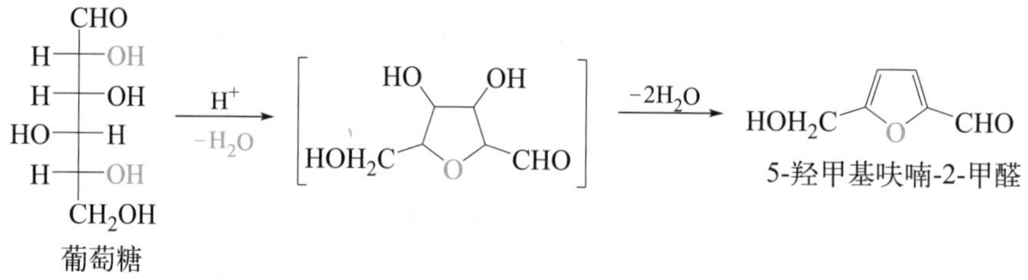

5-羟甲基呋喃-2-甲醛是重要的生物质基平台化合物，可以进一步转化为高附加值化学品：

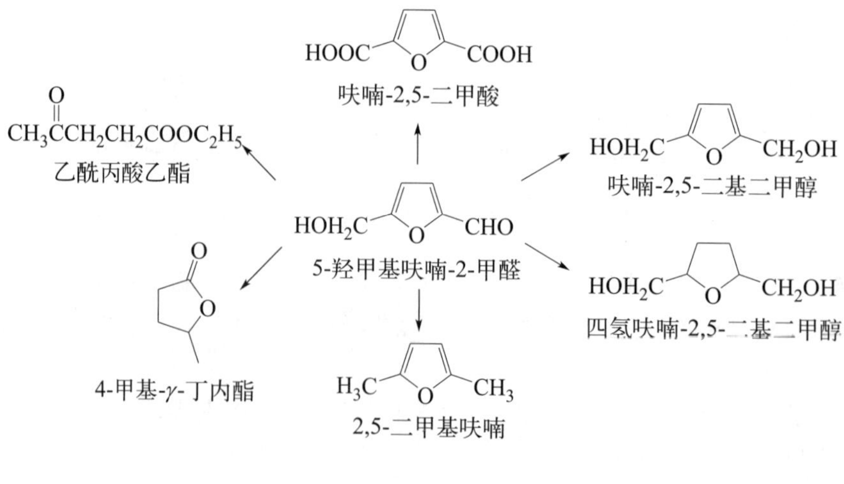

由5-羟甲基呋喃-2-甲醛转化得到的上述多类衍生物，都是生物质资源化利用的重要途径。

15.1.2 低聚糖

（1）二糖

一个单糖的苷羟基与另一个单糖的羟基可脱水形成二糖，如D-(+)-葡萄糖和D-(−)-果糖脱水形成蔗糖（sucrose）：

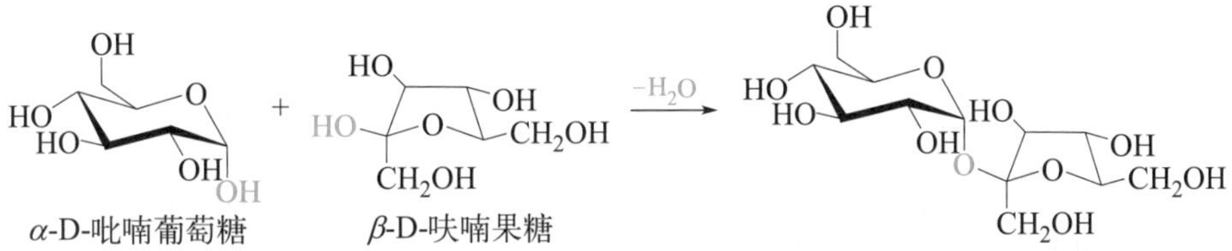

α-D-吡喃葡萄糖 + β-D-呋喃果糖 $\xrightarrow{-H_2O}$ α-D-吡喃葡萄糖基-β-D-呋喃果糖苷

(+)-蔗糖

麦芽糖（maltose）也是一种二糖，水解后可得两分子葡萄糖，也可以看作是一个葡萄糖的α-苷羟基（C_1羟基）与另一葡萄糖的C_4羟基脱水形成的二糖，这样的糖苷键称为α-1,4-苷键：

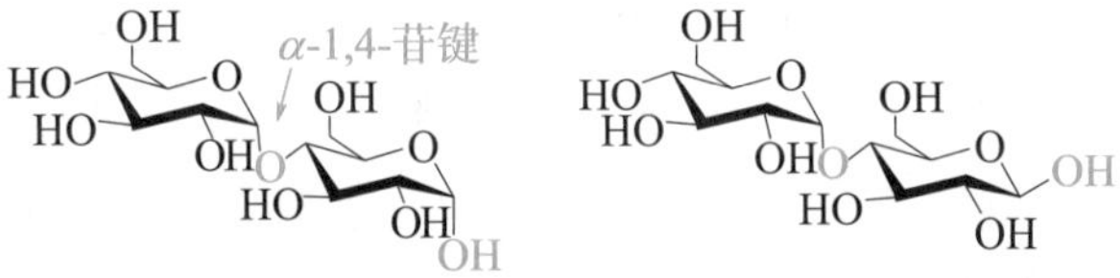

α-1,4-苷键

D-麦芽糖(α-异头物)　　D-麦芽糖(β-异头物)

纤维二糖（cellobiose）是两分子葡萄糖之间以β-1,4-苷键彼此相连形成的，它是麦芽糖的异构体。在β-糖苷酶的催化下，纤维二糖可水解为二分子葡萄糖。

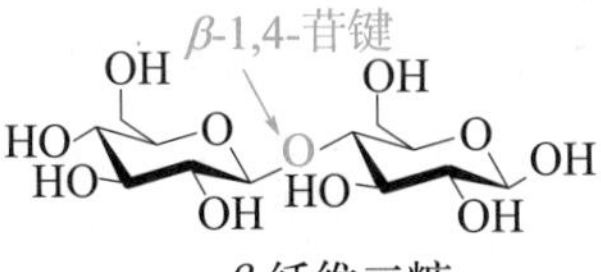

β-1,4-苷键

β-纤维二糖

（2）环糊精

淀粉经特殊酶水解得到的环状低聚糖称为环糊精（cyclodextrin，CD），环糊精由D-吡喃葡萄糖（均为椅式构象）通过α-1,4-苷键首尾连接而成，其中具有重要意义的是含有6、7、8个葡萄糖单元的分子，分别称为α-环糊精、β-环糊精、γ-环糊精。

环糊精为圆筒形结构，C—H、C—C、C—O构成了空腔内壁，而羟基则分布在空腔外壁（圆筒的上沿或下沿），故而形成“内疏水、外亲水”的结构。α、β、γ环糊精的空腔大小不同，能够包含不同尺寸的有机或无机分子，甚至多肽或糖类分子，这种相互作用类似酶与底物之间的关系，因此环糊精成为被广泛研究的酶模型。

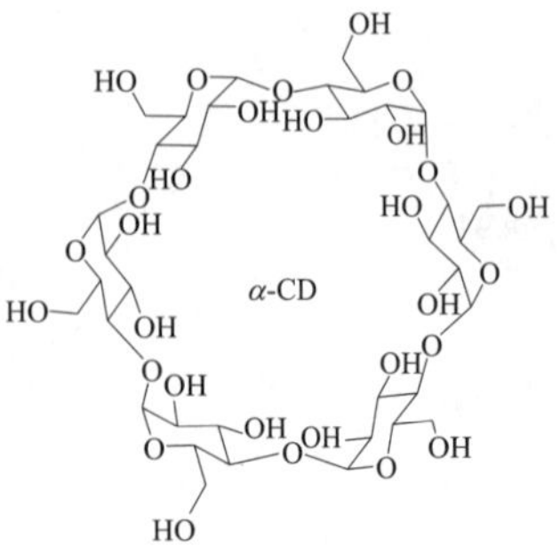

α-CD 空间直径5.70 Å

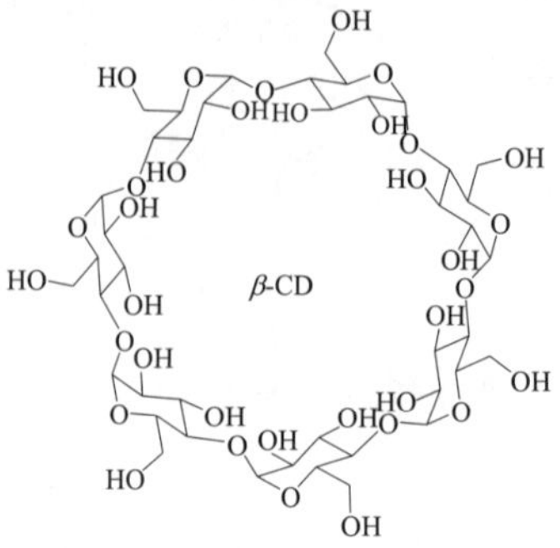

β-CD 空间直径7.80 Å

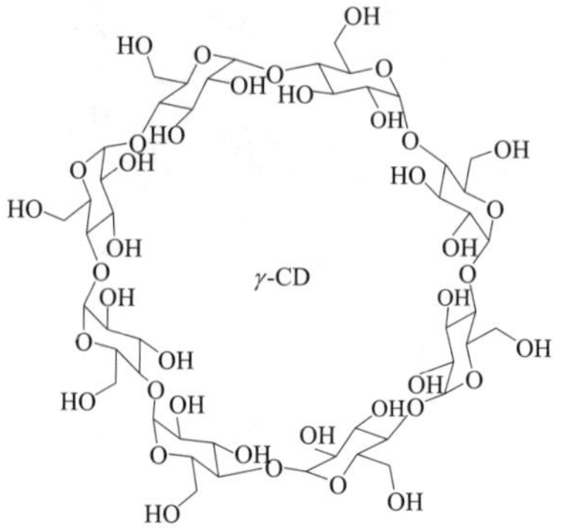

γ-CD 空间直径9.50 Å

环糊精和冠醚、杯芳烃一样，可作为超分子体系中的“主体分子”，与不同尺寸的客体小分子形成包合物，从而实现识别、分离、催化、运输等功能，在食品、药品、分析、环保等方面都有应用。

15.1.3 多糖

多糖（polysaccharide）是由单糖通过糖苷键缩合而成的高分子化合物。自然界大多数多糖含有80～100个单糖单元，大多数多糖不溶于水，也无甜味。

多糖主要有直链和支链两种，连接单糖的苷键主要有α-1,4、β-1,4、α-1,6等，水解产物只有一种单糖的多糖叫作**均多糖**，水解产物不止一种单糖的叫作**杂多糖**。

（1）淀粉

淀粉（starch）储存在植物的块、根和种子中，是大米、小麦、玉米等谷物的主要成分，也是人类所需碳水化合物的主要来源。

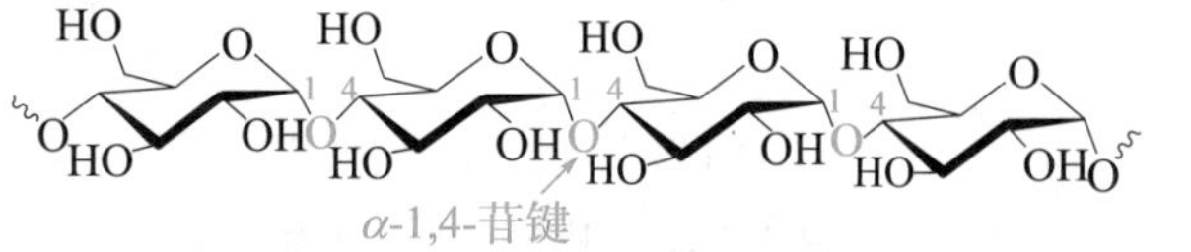

α-1,4-苷键

直链淀粉

直链淀粉（amylose）由α-D-吡喃葡萄糖通过α-1,4-糖苷键相连而成，呈线型，分子量约150000～600000。

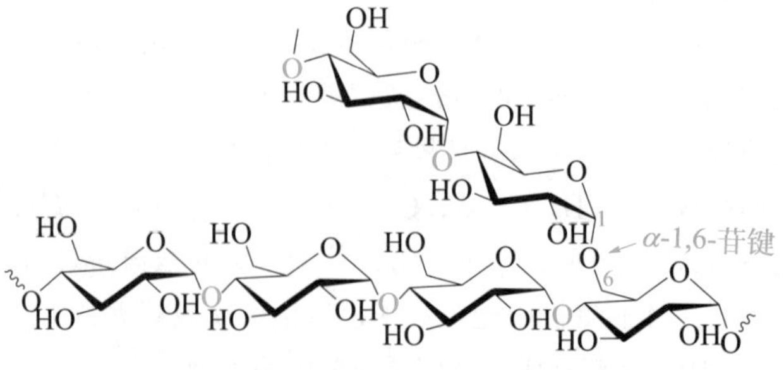

α-1,6-苷键

支链淀粉

支链淀粉（amylopectin）比直链淀粉分子量更高，分子量约为1000000～6000000，葡萄糖单元之间主要通过α-1,4-糖苷键相连，每隔20～25个葡萄糖单元，就有一个以α-1,6-糖苷键相连的支链。

淀粉的水解可生成糊精、低聚糖、麦芽糖、葡萄糖等多种产品，其衍生化后制成的改性淀粉，可用于食品、医疗、制药、日用化工等行业。

（2）纤维素

纤维素（cellulose）是自然界中分布最广、含量最多的一种多糖物质，占植物界碳含量的50%以上，是构成植物细胞壁的主要成分，由约500～5000个葡萄糖单元通过β-1, 4-糖苷键连接而成：

β-1,4-苷键

纤维素

纤维素可用酸水解成葡萄糖，也可以在纤维素酶的作用下水解成葡萄糖，但人体内不含能够使β-糖苷键断裂的酶，所以人体不能分解利用纤维素，但牛、羊等反刍动物的消化道有能够产生纤维素酶的微生物存在，因此它们可以纤维素为食。

纤维素可直接用于造纸、纺织，除此之外，还可将其转变为衍生物加以利用，如：纤维素在NaOH中与氯乙酸作用，伯羟基中的氢可以被羧甲基取代，生成羧甲基纤维素钠，在纺织、印染工业可代替淀粉上浆，此外，还用于造纸、橡胶、医药等工业。

$$\xrightarrow[NaOH]{ClCH_2COOH}$$

纤维素与浓硝酸和浓硫酸的混酸作用，生成硝酸纤维素，可以制成“火棉”（制备炸药）或者“胶棉”（制备塑料或喷漆）。

纤维素在硫酸作用下与醋酸酐反应生成醋酸纤维素，可作为多孔膜材料，具有选择性高、透水量大、加工简单等特点。

资料卡片

2,5-二甲基呋喃能量密度为33.7 kJ/cm^3，乙醇的能量密度为26.9 kJ/cm^3，2,5-二甲基呋喃比乙醇具有更高的沸点、更低的氧含量、更高的辛烷值，因此是非常有前景的生物质基液体燃料。阅读材料，了解由纤维素制备2,5-二甲基呋喃的化学原理和过程。

15.2 氨基酸

氨基酸（amino acid）是一类分子中既有氨基又有羧基的化合物，是组成蛋白质的基本单元。本节介绍α-氨基酸的结构、性质和制备。

15.2.1 氨基酸的分类和命名

氨基酸按照氨基连在碳链上的位次分为α、β、γ、…、ε-氨基酸。

由天然蛋白质水解得到的氨基酸均为α-氨基酸，仅有20种，称为标准氨基酸。

氨基酸的俗名往往根据来源和某些特性命名，如甘氨酸因甜味得名，天冬氨酸来源于天门冬植物。氨基酸的系统命名则是将羧酸作为母体，氨基作为取代基命名，如：

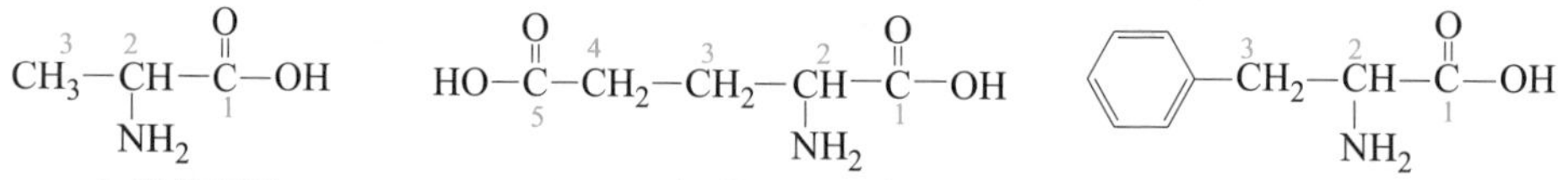

$$\overset{3}{C}H_3-\overset{2}{C}H(NH_2)-\overset{1}{C}(=O)-OH$$

2-氨基丙酸
（丙氨酸）

$$HO-\overset{5}{C}(=O)-\overset{4}{C}H_2-\overset{3}{C}H_2-\overset{2}{C}H(NH_2)-\overset{1}{C}(=O)-OH$$

2-氨基戊二酸
（谷氨酸）

$$C_6H_5-\overset{3}{C}H_2-\overset{2}{C}H(NH_2)-\overset{1}{C}(=O)-OH$$

2-氨基-3-苯基丙酸
（苯丙氨酸）

由天然蛋白质获得的α-氨基酸，除甘氨酸（氨基乙酸）外，其余氨基酸的α-碳原子都是手性碳，具有旋光性。习惯上，氨基酸α-碳原子的构型通常采用D/L-标记法。构成天然蛋白质的α-氨基酸均为L-型（可由L-甘油醛衍生而来），分子中的手性碳也可以采用*R*/*S*标记。

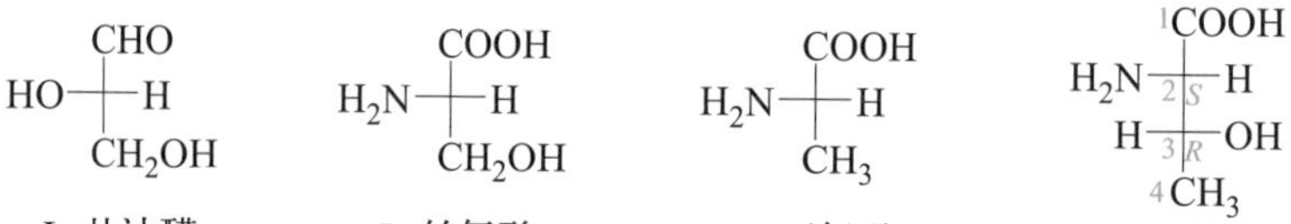

CHO	COOH	COOH	^{1}COOH
HO—┼—H	H_2N—┼—H	H_2N—┼—H	H_2N—┼—H (^{2}*S*)
CH_2OH	CH_2OH	CH_3	H—┼—OH (^{3}*R*)
			$^4CH_3$
L-甘油醛	L-丝氨酸	L-丙氨酸	L-苏氨酸

15.2.2 氨基酸的性质

氨基酸具有高度极性，且可以形成分子间氢键，因此是没有挥发性的黏稠液体或结晶固体，熔点很高，一般能溶于水，不溶于乙醚、丙酮等极性较弱的有机溶剂。

氨基酸具有氨基和羧基的典型性质，由于氨基与羧基均连于α-碳，彼此相互影响又产生一些特殊性质。

（1）羧基的反应

氨基酸的羧基能发生中和、酯化、卤代、还原等反应。例如：

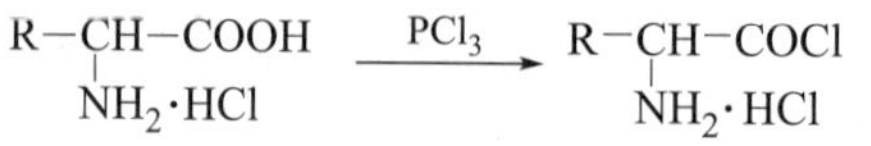

$$R-\underset{NH_2\cdot HCl}{CH}-COOH \xrightarrow{PCl_3} R-\underset{NH_2\cdot HCl}{CH}-COCl$$

$$\underset{\displaystyle NH_2\cdot HCl}{CH_3-CH-COOH} \xrightarrow[HCl]{C_2H_5OH} \underset{\displaystyle NH_2\cdot HCl}{CH_3-CH-COOC_2H_5}$$

（2）氨基的反应

氨基酸中的氨基能发生烃基化、酰基化、亚硝化等反应，还能与酸、甲醛、过氧化氢反应。例如：

$$\underset{\displaystyle NH_2}{R-CH-COOH} \xrightarrow[-N_2,\ -H_2O]{HNO_2} \underset{\displaystyle OH}{R-CH-COOH}$$

由于该反应可以定量释放氮气，故可对氨基酸进行定量分析，此法称为**范式（Van Slyke）氨基氮测定法**，常用于氨基酸、蛋白质的定量分析。

氨基具有亲核性，可发生如下亲核取代反应：

$$\underset{\displaystyle NH_2}{R-CH-COOH} \xrightarrow[\text{芳香亲核取代}]{O_2N-C_6H_3(NO_2)-F} O_2N-C_6H_3(NO_2)-NH-\underset{\displaystyle R}{CH}-COOH$$

氯甲酸苄酯常用作氨基保护基，可用于多肽的固相合成中，氢解后又可以释放氨基。氯甲酸苄酯与氨基酸的反应如下：

$$\underset{\displaystyle NH_2}{R-CH-COOH} \xrightarrow[-HCl]{PhCH_2O-\overset{\displaystyle O}{\overset{\|}{C}}-Cl} PhCH_2O-\overset{\displaystyle O}{\overset{\|}{C}}-NH-\underset{\displaystyle R}{CH}-COOH$$

α-氨基酸与水合茚三酮反应，生成蓝紫色物质，释放出的CO_2与氨基酸的量成正比，反应非常灵敏，除可用于显色反应外，也用于氨基酸的定量分析：

$$2\ \text{水合茚三酮} + \underset{\displaystyle NH_2}{R-CH-COOH} \longrightarrow \text{(蓝紫色产物)} + RCHO + CO_2 + 3H_2O$$

（3）两性与等电点

氨基酸既含有氨基又含有羧基，是两性物质。

羧基与氨基能发生分子内的质子转移，形成两性离子（或称偶极离子），又称为内盐。

氨基酸在碱性溶液中主要以负离子的形式存在，在电场中向正极泳动，在酸性溶液中主要以正离子的形式存在，在电场中向负极泳动，在某一pH值时，氨基酸既不向正极也不向负极泳动，氨基酸的净电荷为零，这一pH值称为氨基酸的**等电点**（isoelectric point）。在等电点时，氨基酸主要以两性离子的形式存在，此时氨基酸在水中的溶解度最小。利用等电点可以分离不同的氨基酸。

$$\underset{\substack{\text{负离子}\\\text{碱性溶液}}}{R-\underset{NH_2}{\underset{|}{CH}}-COO^-} \xrightleftharpoons{OH^-} \underset{\text{两性离子}}{R-\underset{NH_3^+}{\underset{|}{CH}}-COO^-} \xrightleftharpoons{H^+} \underset{\substack{\text{正离子}\\\text{酸性溶液}}}{R-\underset{NH_3^+}{\underset{|}{CH}}-COOH}$$

15.2.3 氨基酸的来源与制备

（1）蛋白质水解或糖类发酵

有些氨基酸可由蛋白质的水解或糖类的发酵得到，例如毛发水解可以得到胱氨酸，糖类发酵能得到谷氨酸。

（2）α-卤代酸的氨解

α-卤代酸与氨反应可以制备α-氨基酸：

$$CH_3-\underset{Br}{\underset{|}{CH}}-COOH + 2\,NH_3 \longrightarrow CH_3-\underset{NH_2}{\underset{|}{CH}}-COOH + NH_4Br$$

反应会生成仲胺和叔胺的副产物，且不易纯化。

（3）Gabriel合成法

$$\text{邻苯二甲酰亚胺钾}(N^-K^+) + \underset{Cl}{\underset{|}{CH_2COOC_2H_5}} \xrightarrow{\triangle} \text{邻苯二甲酰亚胺}-N-CH_2COOC_2H_5$$

$$\xrightarrow[\text{② } HCl,\ H_2O]{\text{① } KOH,\ H_2O} \text{邻苯二甲酸}(C_6H_4(COOH)_2) + \underset{NH_2}{\underset{|}{CH_2COOH}} + C_2H_5OH$$

通过Gabriel合成法［参见13.8.4（3）］得到的氨基酸纯度较高，Gabriel合成法不仅可以制备α-氨基酸，也可以制备其它类型的氨基酸。

（4）Strecker氨基酸合成法

醛与氨、氢氰酸反应，首先生成α-氨基腈，氰基水解后，转变为α-氨基酸，这种方法称为Strecker氨基酸合成法：

$$RCHO \xrightarrow[HCN]{NH_3} R-\underset{NH_2}{\underset{|}{CH}}-CN \xrightarrow[\text{② } H^+]{\text{① } NaOH,\ H_2O} R-\underset{NH_2}{\underset{|}{CH}}-COOH$$

采用该方法可以合成多种α-氨基酸，氨基酸的类型取决于所用的醛的类型。

练习题15-3：（1）选择适当的卤代酸酯，应用盖布瑞尔合成法合成苯丙氨酸；（2）选择适当的醛，应用Strecker合成法合成缬氨酸。

$$\ce{C6H5-CH2-CH(NH2)-COOH}$$
苯丙氨酸

$$\ce{CH3-CH(CH3)-CH(NH2)-COOH}$$
缬氨酸

15.2.4 氨基酸、多肽与蛋白质

一个氨基酸的氨基与另一个氨基酸的羧基发生分子间脱水形成的酰胺键又称为**肽键**，形成的分子称为**肽**（peptide）：

$$\mathrm{NH_2CH(R)COOH + NH_2CH(R')COOH \xrightarrow{-H_2O} NH_2CH(R)-\underbrace{C(=O)-NH}_{肽键}-CH(R')COOH}$$

最简单的肽由两个氨基酸构成，称为**二肽**（dipeptide），但即使是二肽，也有两种不同的异构体，例如（Ⅰ）是由A的羧基与B的氨基缩合形成的二肽，（Ⅱ）是由B的羧基与A的氨基缩合而成，它们互为构造异构体：

$$\mathrm{NH_2CH(A)-C(=O)-NH-CH(B)COOH}\quad(\text{Ⅰ})$$

$$\mathrm{NH_2CH(B)-C(=O)-NH-CH(A)COOH}\quad(\text{Ⅱ})$$

由三个氨基酸构成的肽叫**三肽**（tripeptide），10个以下氨基酸构成的肽称为**寡肽**（oligopeptides），10个以上则称为**多肽**（polypeptide），50个以上则称为**蛋白质**。多肽（蛋白质）中游离的氨基端称为氮端，游离的羧基端称为碳端，多肽（蛋白质）的一级结构为从氮端至碳端的氨基酸序列，上述二肽（Ⅰ）和（Ⅱ）的氨基酸序列分别为A-B和B-A。

资料卡片

要实现不同氨基酸的定向缩合并不容易，需要将暂时不参与反应的氨基、羧基及侧链上的活性基团保护，将要参与反应的羧基活化。请阅读资料卡片，了解固相合成多肽的化学原理，并思考固相合成的巧妙之处。

肽与氨基酸继续缩合，就形成多肽（蛋白质）：

$$\mathrm{\sim HN-CH(R_1)-C(=O)-NH-CH(R_2)-C(=O)-NH-CH(R_3)-C(=O)-NH-CH(R_4)-C(=O)-NH-CH(R_5)-C(=O)-NH-CH(R_6)-C(=O)\sim}$$

多肽（蛋白质）由主链及侧链构成，主链又称为多肽（蛋白质）的骨架，恒定不变，侧链变化多端，侧链不同，所形成的蛋白质也不同。

蛋白质是具有特殊功能的大分子，其生物功能与复杂的三维结构密切相关。蛋白质的结构包括一到四级结构，一级结构指氨基酸序列，靠共价键维系；二级结构指多肽链骨架的局部空间结构，包括α-螺旋、β-折叠、β-转角、无规卷曲等，主要靠氢键维系；三级结构则是指整个肽链的折叠情况，包括主链和侧链的空间结构，主要靠疏水作用、范德华力、氢键等非共价键作用力维系；某些蛋白质还有四级结构，指亚基的种类、数目、亚基间的相互作用与空间排列。

飞速发展的冷冻电镜技术能够解析越来越多的蛋白质的三维结构，从而得出结构规律，有助于进一步阐明蛋白质结构和功能间的构效关系。

15.3 油脂与蜡

油脂（grease）是油和脂肪的总称，室温下呈液态的称为油，呈固态或半固态的称为脂。油脂不溶于水，易溶于低极性的有机溶剂，相对密度小于1。

15.3.1 油脂

（1）油脂的结构与组成

从结构上看，天然油脂是长链脂肪酸与甘油生成的酯，又称为三酰化甘油酯，通式如下：

$$\begin{array}{l} CH_2-OCOR_1 \\ | \\ CH-OCOR_2 \\ | \\ CH_2-OCOR_3 \end{array}$$

若R基团相同，则称为单三酰甘油，若R基团不同，则称为混三酰甘油，天然油脂是各种混三酰甘油的混合物。油脂中的长链脂肪酸多数为直链，且以偶数碳原子居多。油中R基团含不饱和键居多，脂中R基团多数为饱和键。

（2）油脂的化学性质

油脂的化学性质主要体现在酯基和双键上。

① 皂化反应　油脂在碱性溶液（NaOH水溶液）中可水解为高级脂肪酸钠盐（俗称“肥皂”）和甘油，因此将油脂在碱性条件下的水解称为皂化。

$$\begin{array}{l} CH_2-O\overset{O}{\overset{\|}{C}}R_1 \\ | \\ CH-O\overset{O}{\overset{\|}{C}}R_2 \\ | \\ CH_2-O\overset{O}{\overset{\|}{C}}R_3 \end{array} + NaOH \longrightarrow \begin{array}{l} CH_2-OH \\ | \\ CH-OH \\ | \\ CH_2-OH \end{array} + RCOONa \quad (R= R_1, R_2, R_3)$$

工业上将1 g油脂完全皂化所需要的KOH质量（单位mg）称为**皂化值**。皂化值可以反映油脂的平均分子量，皂化值越大，油脂的平均分子量越小。

② 氢化与碘化反应 含有不饱和键的油脂，分子中的碳碳双键可与氢气或卤素加成。例如在200℃以上、压力0.1 ～ 0.3 MPa、Ni催化剂作用下，含有不饱和酸的油脂通过催化加氢生成固体或半固体脂肪，称为**油的氢化**或油的硬化。由精炼过的液体油脂经催化加氢形成的固体或半固体脂肪，称为氢化油或硬化油。

含有不饱和脂肪酸的油脂还可以与卤素加成，通过“碘值”来衡量油脂的不饱和程度。**碘值**指100 g油脂所能吸收的碘的质量（单位g），碘值越大，油脂的不饱和程度越高。

由于碘与碳碳双键加成困难，测定时用ICl或IBr作试剂。

$$>C=C< + ICl \longrightarrow -\underset{I}{\overset{|}{C}}-\overset{Cl}{\underset{|}{C}}-$$

反应后剩余的氯化碘用KI与之反应：

$$KI + ICl \longrightarrow I_2 + KCl$$

然后用$Na_2S_2O_3$测定生成的碘，计算氯化碘的消耗量即可计算出碘值。

③ 油脂的酸败 油脂在空气中久置，会被氧气、水、微生物分解，产生难闻的气味，称为油脂的酸败。

酸败的原因是油脂中不饱和脂肪酸的双键被氧化，再经分解，生成分子量较小的羧酸、醛和酮。加热或光照均能促进酸败，酸败后的油脂不能食用。

酸值：指中和1 g油脂中的游离脂肪酸所需KOH的质量（单位mg）。

酸值越大，说明油脂酸败的程度越大。

④ 油脂的氧化和聚合 一些油脂在干燥的空气中易氧化交联形成坚韧有弹性的膜，这种现象称为**油脂的干化**，油脂的干化与双键的氧化、聚合有关，含共轭双键的油最易干化。油的干化在油漆工业中具有重要意义，桐油（含三个共轭双键）可作为“清漆”，刷在木制品的表面，迅速形成一层干硬、有光泽、有弹性的薄膜，是油漆工业最理想的干性油。

15.3.2 蜡

蜡指一类油腻的、不溶于水、具有可塑性和易熔化的物质。植物的叶子、动物的毛发上都有一层蜡，作为减少内部水分蒸发和外部水分聚集的保护膜。从结构上看，蜡一般是由长链脂肪酸和长链脂肪醇形成的酯。

蜡按来源分为三类：植物蜡、动物蜡和矿物蜡。植物蜡和动物蜡主要成分是含16个以上偶数碳原子的高级脂肪酸和高级一元伯醇形成的酯，矿物蜡主要是含20 ～ 30个碳原子的高级烷烃的混合物。

蜡主要用于制造蜡烛、蜡纸、香脂、软膏、化妆品、鞋油等。

15.3.3 生物柴油

生物柴油是指由植物油、动物油、废弃油脂或微生物油脂与甲醇或乙醇经酯交换反应得到的脂肪酸甲酯或乙酯：

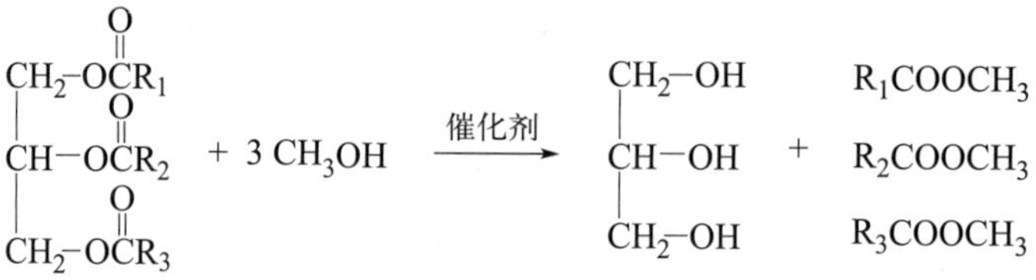

$$\begin{array}{l} CH_2-OCOR_1 \\ | \\ CH-OCOR_2 \\ | \\ CH_2-OCOR_3 \end{array} + 3\,CH_3OH \xrightarrow{\text{催化剂}} \begin{array}{l} CH_2-OH \\ | \\ CH-OH \\ | \\ CH_2-OH \end{array} + \begin{array}{l} R_1COOCH_3 \\ R_2COOCH_3 \\ R_3COOCH_3 \end{array}$$

酯交换工艺基于碱催化或酸催化，碱催化过程转化率高（大于98%），在0.14 MPa和约66℃下进行，油脂与甲醇可直接转化生产生物柴油，并副产甘油。

生物柴油是典型的“绿色能源”，具有环保性能好、发动机启动性能好、燃料性能好，原料来源广泛、可再生等特点。大力发展生物柴油对实现环境可持续发展、绿色经济和双碳目标具有重要的战略意义。

综合练习题

1. 写出D-核糖（开链式）与下列试剂作用的反应式。

（1）苯肼（过量）　（2）溴水　（3）稀硝酸　（4）HCN，水解

2. 完成下列转化，写出主要有机产物。

（1）$(CH_3)_2CHCH_2COOH \xrightarrow[P]{Br_2}$（A）$\xrightarrow{\text{过量}NH_3}$（B）

（2）[β-D-吡喃葡萄糖结构式：HO、HO、OH、OH、OH] $\xrightarrow[NaOH]{\text{过量}(CH_3)_2SO_4}$ (A)

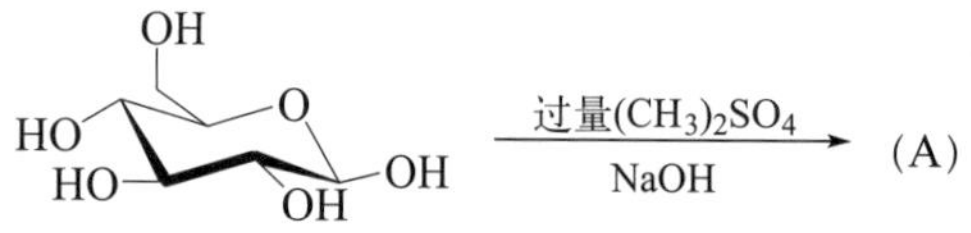

（3）[呋喃核糖结构式：HO、OH、OH OH] $\xrightarrow[\text{干燥}HCl]{CH_3OH}$ (A)；$\xrightarrow[\text{足量}]{C_6H_5COCl}$ (B)

（4）$H_3CO-CO-CH_2CH_2-CHO \xrightarrow[②H_3O^+]{①NH_4Cl,\ NaCN}$ (A)

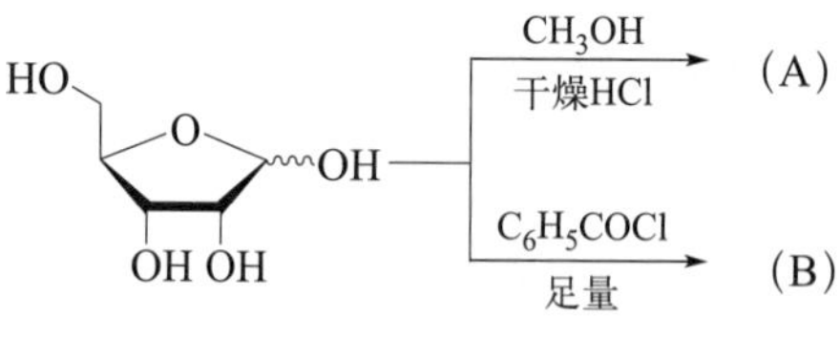

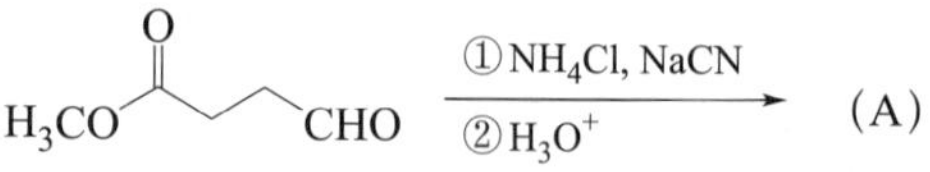

（5）$CH_3CONHCH(COOEt)_2 \xrightarrow[②Cl(CH_2)_4NHCOCH_3]{①NaOEt} \xrightarrow[\triangle]{H_3O^+}$（A）

（6）$n\text{-}C_8H_{17}(H)C=C(H)CH_2(CH_2)_6COOEt \xrightarrow[Pt]{H_2}$ (A)

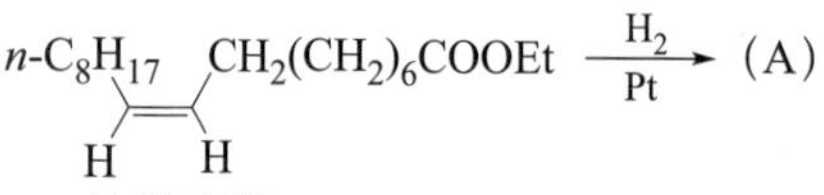

油酸乙酯

(7) $n\text{-}C_8H_{17}(H)C{=}C(H)CH_2(CH_2)_6COOEt \xrightarrow{PhCOOOH}$ (A) $\xrightarrow{H_3O^+}$ (B)

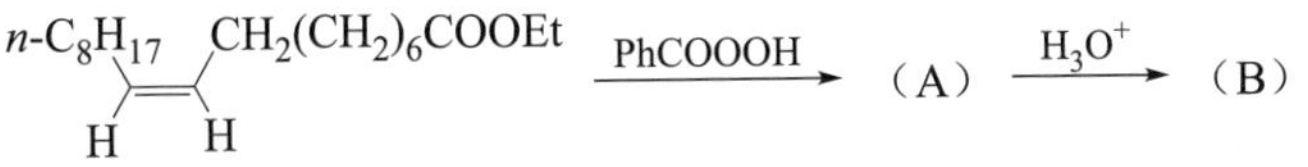

3. 以下列糖苷为例，解释糖苷在室温无变旋现象，但在酸性溶液中放置则有变旋现象。

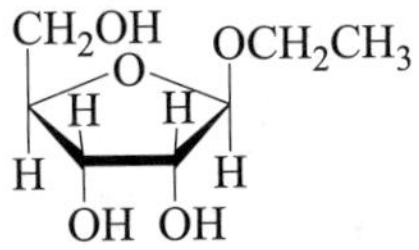

(呋喃糖苷结构式：CH_2OH、O、OCH_2CH_3、H、H、H、H、OH、OH)

4. 有两个具有旋光性的丁醛糖（A）和（B），与苯肼作用生成相同的糖脎，用硝酸氧化（A）和（B）都生成含有四个碳原子的二元酸，但前者有旋光性，后者无旋光性，试推测（A）和（B）的结构。

5. 等电点通常指两性电解质正负电荷相等时溶液的pH值，是重要的理化常数。

（1）查阅甘氨酸、赖氨酸和谷氨酸的等电点；

（2）推测上述三种氨基酸在pH约为4时，在电场中泳动的方向；

（3）设计一个分离甘氨酸、赖氨酸和谷氨酸的方法。

6. 采用相应的方法合成下列氨基酸。

（1）选择合适的卤代酸酯，应用Gabriel合成法合成具有改善睡眠、降血压作用的γ-氨基丁酸；

（2）选择合适的醛为原料，应用Strecker合成法合成异亮氨酸。

7. 十八碳-11-烯酸是油酸的构造异构体，它可以通过下列一系列反应合成，试写出十八碳-11-烯酸和各中间产物的结构式。

$$CH_3(CH_2)_5C{\equiv}CH \xrightarrow[\text{液}NH_3]{NaNH_2} (A) \xrightarrow{ICH_2(CH_2)_7CH_2Cl} (B) \xrightarrow{NaCN} (C) \xrightarrow[H_2O]{KOH}$$

$$(D) \xrightarrow[H_2O]{H^+} (E) \xrightarrow[H_2]{Pd,\ BaSO_4} \text{十八碳-11-烯酸}$$

8. 下式是四糖Stachyose，主要存在于白茉莉花、大豆和扁豆中：

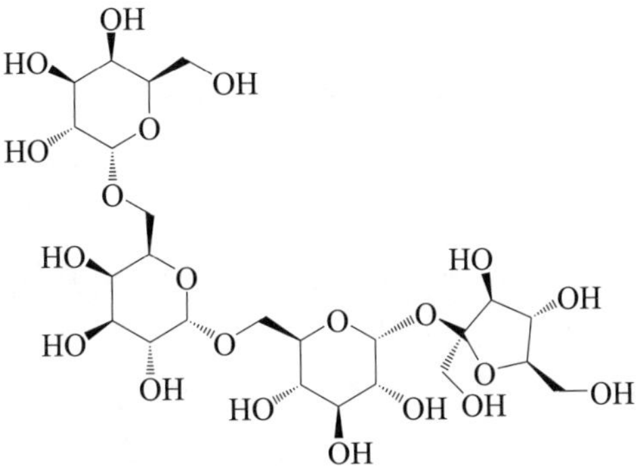

(Stachyose结构式)

找出所有的糖苷键，用数字标记两环间的位置，并以α或β标记每个糖苷键（如α-1,4）。

第16章 红外光谱、核磁共振氢谱

有机化合物的结构测定是有机化学的重要组成部分，而波谱分析是有机化合物结构测定和成分分析的重要手段。20世纪中期发展起来的波谱技术能够快速、准确地测定有机化合物结构，成为化学工作者不可缺少的工具。

现代有机化学中最常见的结构分析手段有紫外-可见光谱（ultraviolet and visible spectroscopy, UV-vis）、红外光谱（infrared spectroscopy, IR）、核磁共振谱（nuclear magnetic resonance, NMR）和质谱（mass spectrometry, MS）。前三者为分子吸收光谱。

本章只介绍红外光谱和核磁共振氢谱。

16.1 红外光谱

电磁辐射的能量与波长或频率有关，如图16.1所示，关系式如下：

$$E = h\nu = h\frac{c}{\lambda}$$

式中，h为Planck常量；c为光速；ν为频率；λ为波长。电磁波的波长越短，或者频率越高，其能量越高。

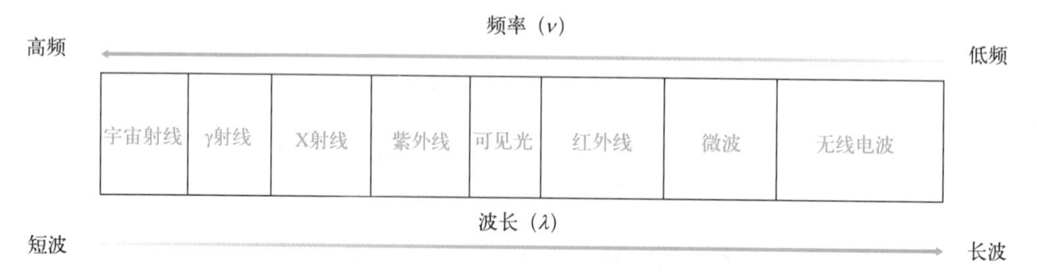

图16.1 电子辐射谱图

当外界的辐射能量与分子基态到激发态之间的能级差（ΔE）恰好相等时，即$\Delta E = h\nu$，分子就会发生吸收。而通过波谱仪将这些吸收记录下来的过程称为波谱。

红外线的波长范围在0.8 ～ 1000 μm之间，可分为近红外、中红外和远红外三个区域。研究较多的是中红外，其波长为2.5 ～ 25 μm。波长的倒数为波数（$\tilde{\nu}$，也可用σ表示），中红外的波数为4000 ～ 400 cm^{-1}，对应的吸收能量为4 ～ 42 kJ/mol。

红外线能量较低，只能引起分子发生振动及转动能级的变化。在有机物分子中，组成化学键或官能团的原子处于不断振动的状态，其振动频率与红外线的振动频率相当。当分子的振动频率与红外线频率恰好相同时，分子就会产生**红外光谱**。

用红外线照射有机物分子时，分子中的化学键或官能团可发生振动吸收，红外光谱中通常以吸光度（A）或透射率（T）为纵坐标。吸光度可以用Lambert-Beer定律来描述，与透射率的关系为：$A = \lg (I_0/I) = \lg(1/T)$。式中$I_0$为入射光强度，$I$为透过光强度，$T = I/I_0$，用百分数表示。纵坐标表示光的强度，光吸收得越多，透射率越低。

横坐标通常以波长（nm）或波数（cm^{-1}）来表示吸收峰的位置。

16.1.1 红外光谱的基本原理

分子中化学键的振动主要为**伸缩振动**（stretching vibration）和**弯曲振动**（bending vibration），如图16.2所示。

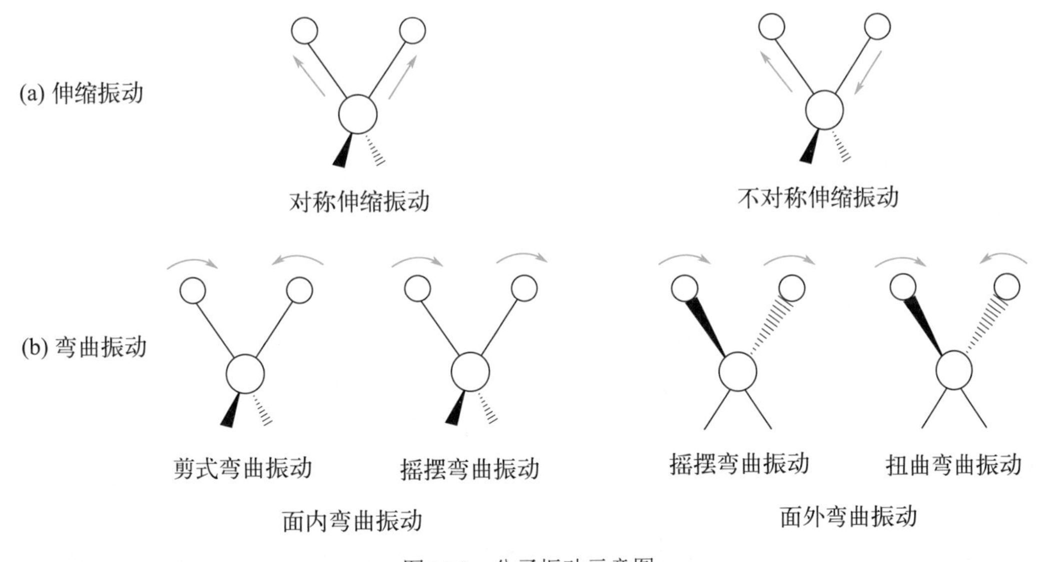

图16.2 分子振动示意图

伸缩振动是原子沿键轴方向振动，键长改变而键角不变。伸缩振动分为对称伸缩振动和不对称伸缩振动。

弯曲振动是原子垂直于化学键的振动，键长不变而键角改变。弯曲振动分为面内弯曲振动和面外弯曲振动。

只有发生偶极矩改变的振动才能在红外光谱中出现吸收峰。化学键极性越强，振动时偶极矩变化越大，吸收峰越强。结构对称的非极性分子偶极矩变化很小，很难产生吸收峰。

例如，乙烷分子在伸缩振动时没有偶极矩变化，因而没有吸收峰。而醛、酮分子本身偶极矩较大，羰基的伸缩振动会产生较强的吸收峰。

16.1.2 红外光谱与分子结构的关系

通过红外光谱中吸收峰的位置可以确定化合物中的化学键或官能团，相同的化学键或官能团具有相同的吸收峰，称为特征吸收峰，简称特征峰。最大吸收所对应的频率为特征频率。

红外光谱通常分为两个区域：1350 ～ 4000 cm^{-1}为特征频率区，也叫官能团区（functional group region），此区域内的吸收峰主要由官能团的伸缩振动引起。官能团区可以用来判断化合物是否具有某种官能团。表16.1所示为常见官能团的特征红外伸缩振动的波数范围及强度。

表 16.1 常见官能团的特征红外伸缩振动的波数范围及强度

化学键类型	吸收峰位置/cm^{-1}	峰强度
C—H	2700～3300	中
N—H	3300～3500	中，宽峰
O—H（醇、酚）	3200～3650	强，宽峰
O—H（羧酸）	2500～3300	强，宽峰
C═C	1600～1680	中
C≡C	2100～2260	中到弱
苯	1430～1500, 1600	强到弱
C—N	1020～1230	中
C═N	1550～1650	中
C≡N	2220～2260	中
C—O	1050～1250	强
C═O	1650～1900	强
N═O	1500～1600	强

650 ～ 1350 cm^{-1}为指纹区（fingerprint region），主要为各种单键的伸缩振动及弯曲振动吸收峰。指纹区的吸收峰非常密集，每种化合物都有特定的红外光谱，不同化合物的吸收峰有明显差别，就如同人的指纹一样。指纹区可以用来区别或判定具体的化合物。

练习题16-1: 请将下列官能团在红外光谱中的伸缩振动吸收峰频率从高到低排序。

（A）>C=C<　（B）—C≡C—　（C）—O—H（醇）　（D）—CH_2—H

16.1.3 影响官能团特征频率的因素

诱导效应、共轭效应和氢键效应都可以通过影响分子内电子云的排布，改变官能团的特征吸收频率。

诱导效应：C=O键的伸缩振动在1650～1900 cm^{-1}之间。不同的基团对羰基吸收峰位置影响很大。当羰基旁连有吸电子基团时，羰基的电子云由氧原子移向双键，增加了羰基双键上的电子云密度，使得吸收峰向高波数方向移动。表16.2所示为羰基C=O键伸缩振动吸收峰的位置。

表16.2 羰基C=O键伸缩振动吸收峰的位置

化合物	酸酐	酰氯	酯	醛	酮	羧酸	酰胺
$\tilde{\nu}/cm^{-1}$	1770, 1830	1790	1740	1730	1715	1710	1680

共轭效应：共轭效应可以使分子内部的电子平均化，降低电子密度，使得吸收向低波数方向移动。例如，环己酮的伸缩振动在1715 cm^{-1}，而环己烯酮C=O键的伸缩振动则在1685 cm^{-1}。

氢键效应：缔合的氢键使分子中的O—H键和N—H键减弱，吸收向低波数方向移动。

练习题16-2：丙烯醛和丙醛中C=O键的伸缩振动吸收峰频率较高的是哪一个？简要说明理由。

16.1.4 有机化合物红外光谱举例

（1）烷烃、烯烃和炔烃

由于碳原子之间偶极矩变化不大，因此C—C单键、C=C双键和C≡C三键的伸缩振动吸收强度都不强。C—C键在700～1200 cm^{-1}之间有很弱的伸缩振动吸收峰，在结构分析上意义不大。C_{sp^3}—H、C_{sp^2}—H和C_{sp}—H键的伸缩振动吸收和弯曲振动吸收都比较强，通过一些特征峰可以判定不饱和键的位置和取代方式。

烷烃中C—H键的伸缩振动在2850～2960 cm^{-1}之间产生强吸收峰。C—H键的弯曲振动吸收一般出现在1460 cm^{-1}、1380 cm^{-1}和730 cm^{-1}附近。

1380 cm^{-1}附近的吸收与CH_3有关，孤立CH_3在此处只出现单峰，若分子中存在异丙基或叔丁基，单峰分裂成双峰。730 cm^{-1}附近的吸收与CH_2的数目相关，由四个或四个以上的CH_2组成的直链在722～724 cm^{-1}有吸收；少于四个CH_2时，吸收移向高波数方向。

图16.3是正辛烷的红外光谱。2800～3000 cm^{-1}之间的吸收由C—H键的伸缩振动引起；C—H键的弯曲振动分别在1467 cm^{-1}、1378 cm^{-1}和722 cm^{-1}。

烯烃中C=C键的伸缩振动吸收在1620～1680 cm^{-1}，强度和位置取决于双键上取代基的数目。分子对称性越高，吸收峰越弱，四烷基取代的烯烃几乎没有C=C键吸收。

烯烃中的C_{sp^2}—H键比C_{sp^3}—H键强，需要更多的能量才能激发伸缩振动。C_{sp^2}—H键的伸缩振动吸收在3010～3100 cm^{-1}，可用于判定双键碳上至少有一个氢原子的烯烃。

C_{sp^2}—H键的弯曲振动吸收在800～1000 cm^{-1}。末端烯烃在995 cm^{-1}和915 cm^{-1}附近产生典型的吸收峰；1,1-二烷基烯烃和反式烯烃分别在890 cm^{-1}和970 cm^{-1}附近有明显的吸收。

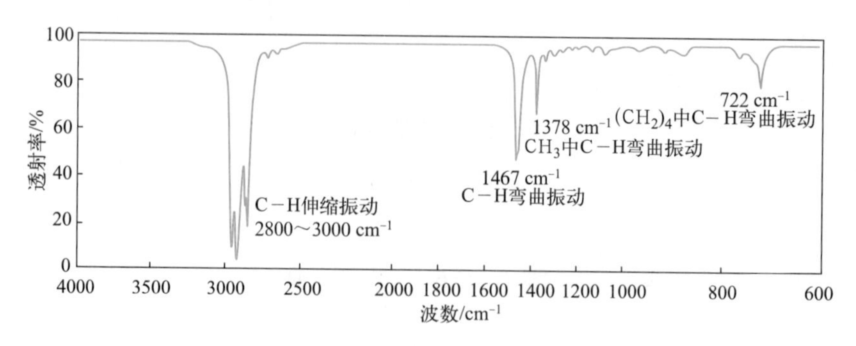

图16.3 正辛烷的红外光谱

图16.4是己-1-烯的红外光谱图。3080 cm^{-1}是C_{sp^2}—H键的伸缩振动吸收；1821 cm^{-1}、993 cm^{-1}和910 cm^{-1}是C_{sp^2}—H键的弯曲振动吸收，993 cm^{-1}和910 cm^{-1}也是末端烯烃的特征峰；1642 cm^{-1}是C＝C键的伸缩振动吸收。

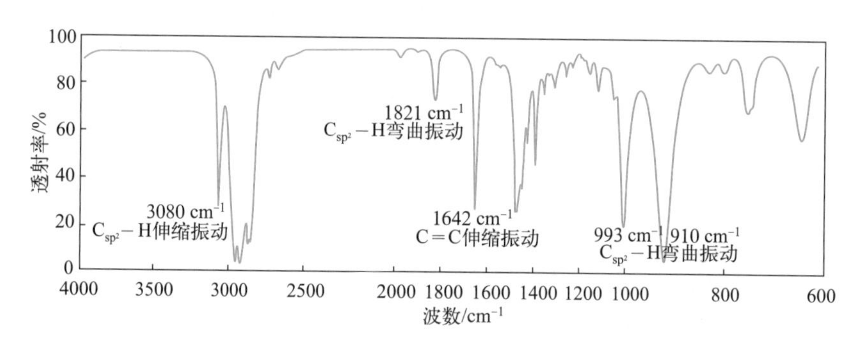

图16.4 己-1-烯的红外光谱

炔烃末端和非末端中C≡C键的伸缩振动吸收分别在2100～2140 cm^{-1}和2190～2260 cm^{-1}。乙炔和对称炔烃没有C≡C键吸收。

炔烃中C_{sp}—H键的伸缩振动和弯曲振动吸收分别在3300～3310 cm^{-1}和600～700 cm^{-1}。

图16.5是辛-1-炔的红外光谱。辛-1-炔中C≡C键的伸缩振动吸收在2119 cm^{-1}；3313 cm^{-1}和630 cm^{-1}分别是C_{sp}—H的伸缩振动吸收和弯曲振动吸收。

图16.6分别是辛-4-炔的红外光谱。具有对称结构的辛-4-炔没有C≡C键的吸收。

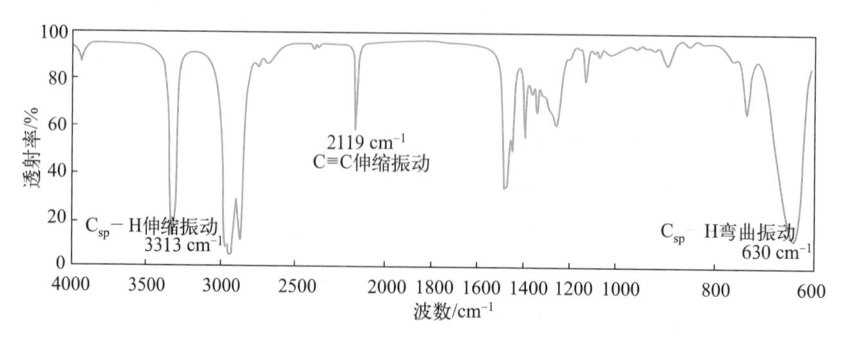

图16.5 辛-1-炔的红外光谱

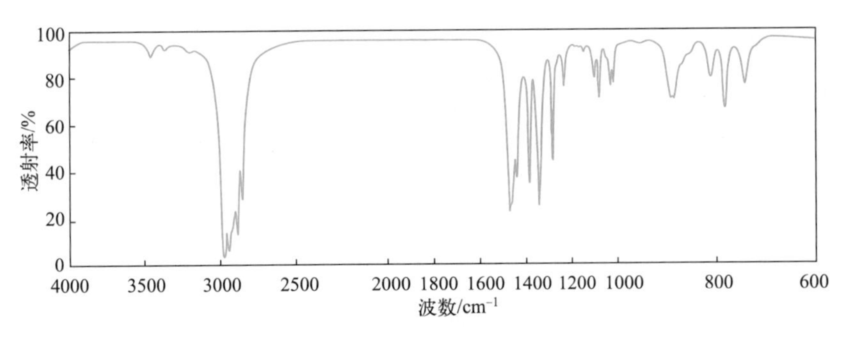

图16.6　辛-4-炔的红外光谱

（2）芳烃

苯环中C=C键在1600 cm^{-1}和1500 cm^{-1}附近有两个较为明显的伸缩振动吸收。C—H键的伸缩振动吸收在3010 ～ 3110 cm^{-1}，弯曲振动吸收在690 ～ 900 cm^{-1}，此区域通常会有1 ～ 3个吸收峰，取决于苯环上取代基的数目和取代位置。表16.3所示为苯环上C—H键伸缩振动的位置。

表 16.3　苯环上 C－H 键伸缩振动的位置

取代类型	单取代	邻位取代	间位取代	对位取代
$\tilde{\nu}/cm^{-1}$	约700，约750	约740	约690，约770	约800

图16.7是乙苯的红外光谱。1610 cm^{-1}和1500 cm^{-1}是苯环中C=C键的伸缩振动吸收，3000 cm^{-1}附近是苯环中C—H键的伸缩振动吸收，745 cm^{-1}和695 cm^{-1}是单取代苯环中C—H键的弯曲振动吸收。

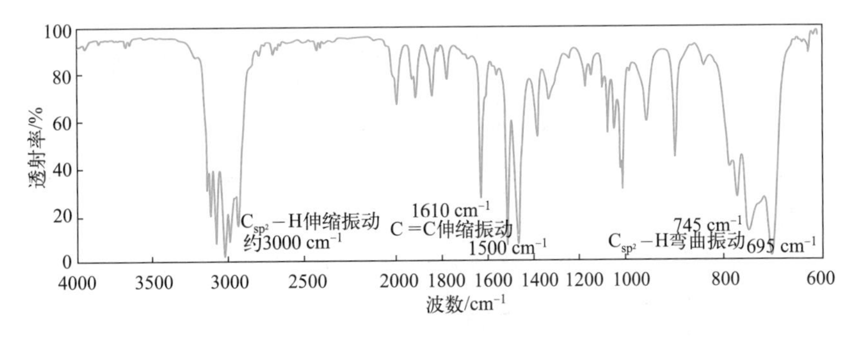

图16.7　乙苯的红外光谱

（3）卤代烃

卤代烃中C—X键的伸缩振动吸收峰分别为：C—F键1100 ～ 1350 cm^{-1}，C—Cl键700 ～ 750 cm^{-1}，C—Br键500 ～ 700 cm^{-1}，C—I键485 ～ 610 cm^{-1}。由于很多红外光谱仪在700 cm^{-1}以下没有作用，因此溴代烷和碘代烷很难检出。

如果同一碳上连有多个卤原子，吸收峰会向高波数方向移动。

（4）醇、酚、醚

醇羟基中O—H键的伸缩振动吸收在3000 ～ 3650 cm^{-1}，是一个易于识别的强宽峰。游离羟基在3610 ～ 3650 cm^{-1}，分子内缔合的羟基在3000 ～ 3500 cm^{-1}，分子间缔合的二聚体在3500 ～ 3600 cm^{-1}，多聚体在3200 ～ 3400 cm^{-1}。

伯、仲、叔醇中C—O键的伸缩振动吸收分别在1050 ～ 1085 cm^{-1}、1080 ～ 1125 cm^{-1}和1125 ～ 1200 cm^{-1}。

图16.8是己-1-醇的红外光谱，3324 cm^{-1}是O—H键的伸缩振动吸收。1060 cm^{-1}是伯醇中C—O键的特征吸收峰。

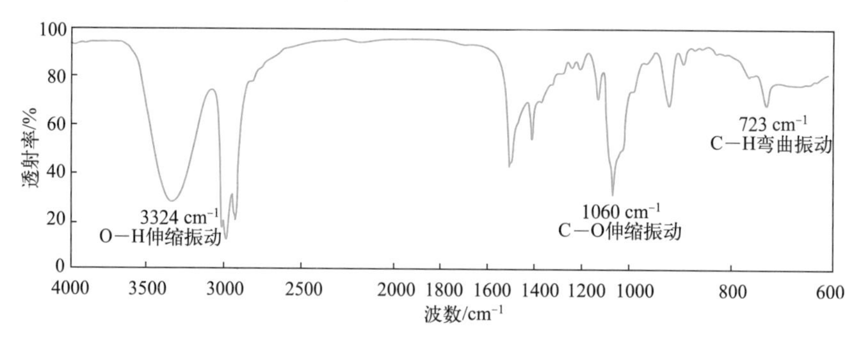

图16.8 己-1-醇的红外光谱

酚的红外光谱有羟基的特征吸收峰。游离态和缔合态下，酚羟基中O—H键的伸缩振动吸收分别在3603 ～ 3611 cm^{-1}（尖峰）和3200 ～ 3500 cm^{-1}（宽峰），一般情况下两个吸收峰并存。酚中C—O键的伸缩振动吸收在1200 ～ 1300 cm^{-1}。

醚在1020 ～ 1275 cm^{-1}有C—O键的伸缩振动吸收。

（5）醛、酮、羧酸及其衍生物

羰基在1680 ～ 1750 cm^{-1}之间有非常强的伸缩振动吸收，位置与羰基所处环境有关（表16.2）。羰基与苯环共轭时，苯环在1600 cm^{-1}的吸收峰分裂为两个峰，约在1580 cm^{-1}。

醛基中C—H键在2720 cm^{-1}附近有比较明显的伸缩振动吸收，可用于判定醛基。

羧酸在2500 ～ 3000 cm^{-1}有缔合态下O—H键的伸缩振动吸收；而O—H键的弯曲振动吸收在1400 cm^{-1}和920 cm^{-1}附近。

酸酐中C—O键在1045 ～ 1310 cm^{-1}之间有一个很强的伸缩振动吸收。

酯中C—O键在1050 ～ 1300 cm^{-1}之间有两个伸缩振动吸收。

酰胺中N—H键在3200 ～ 3520 cm^{-1}之间有明显的伸缩振动吸收，N—H键的弯曲振动吸收在1640 cm^{-1}和1600 cm^{-1}，是一级酰胺的两个特征吸收峰，C—N键的伸缩振动吸收在1400 cm^{-1}附近；二级酰胺中N—H键的弯曲振动吸收在1530 ～ 1550 cm^{-1}。

腈中C≡N键的伸缩振动吸收在2210 ～ 2260 cm^{-1}。

（6）硝基化合物和胺

硝基化合物中N—O键的伸缩振动吸收峰有两个，分别位于1350 cm^{-1}和1560 cm^{-1}附近，这也是硝基的特征吸收峰。

伯胺和仲胺中N—H键的伸缩振动吸收在3250 ～ 3500 cm^{-1}。伯胺有两个较强的吸收峰，仲胺只有一个吸收峰，脂肪族仲胺的吸收峰偏弱，而芳香族仲胺的吸收峰较强。伯胺中N—H键的弯曲振动分别在1590 ～ 1650 cm^{-1}和650 ～ 900 cm^{-1}。仲胺中N—H键的弯曲振动吸收峰在700 ～ 750 cm^{-1}。

脂肪胺和芳香胺中C—N键的伸缩振动峰分别在1030 ～ 1230 cm^{-1}和1250 ～ 1340 cm^{-1}。

图16.9是3-甲基丁-1-胺的红外光谱。3250 ～ 3500 cm^{-1}是脂肪伯胺中N—H键伸缩振动产生的两个吸收峰；1615 cm^{-1}是N—H键的弯曲振动吸收。1380 cm^{-1}是异丙基的特征峰。

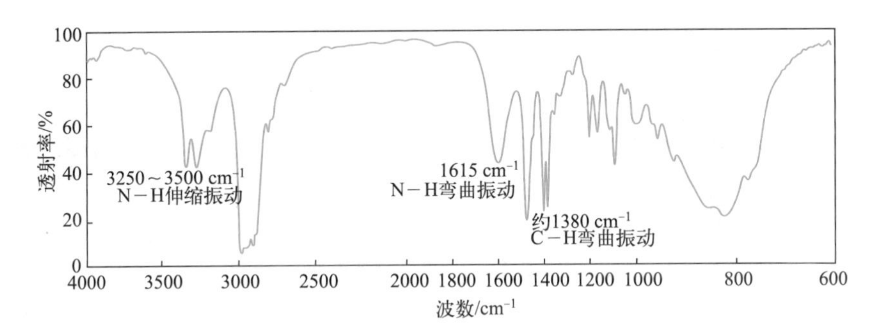

图16.9 3-甲基丁-1-胺的红外光谱

练习题16-3：

（1）在图16.4、图16.5和图16.6中找出化合物中的C_{sp^3}—H伸缩振动峰。

（2）某含氧化合物在1100 cm^{-1}有吸收，但是在3300 cm^{-1}、2700 cm^{-1}、1700 cm^{-1}均没有吸收，该化合物可能是哪类化合物？

（3）分子式为C_4H_8的三种烯烃，在红外光谱中有如下吸收峰：A，964 cm^{-1}；B，908 cm^{-1}和986 cm^{-1}；C，890 cm^{-1}。请判定三种烯烃的结构。

16.2 核磁共振谱

核磁共振是最重要的有机化学结构分析手段，它可以通过确定分子的C—H骨架及H所处的化学环境来推断化合物的结构。

自旋量子数$I \neq 0$的原子核的在自旋运动时产生磁矩。具有磁矩的原子核，如有机分子中的^{1}H、^{13}C、^{19}F、^{15}N和^{31}P等，在强磁场中吸收特定波长的电磁波就会发生核磁共振。

H具有最简单的原子核，自旋量子数为1/2，是最常见的核磁共振谱，称为质子磁共振（proton magnetic resonance, PMR），用^{1}H NMR表示。

16.2.1 核磁共振氢谱的基本原理

质子（^{1}H）的自旋量子数$I = 1/2$，通过自旋产生微小的磁矩。没有外加磁场时，磁矩的取向是随机的。而在外加磁场中，质子将产生两种取向，每一种取向都代表质子在磁场中的能量状态。图16.10所示为质子在无磁场和磁场中的取向示意图。

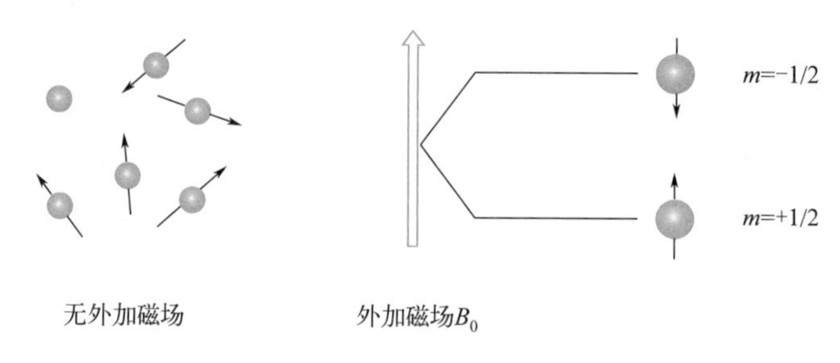

图16.10 质子在无磁场和磁场中的取向示意图

质子的两种取向用自旋磁量子数m表示，分别为$m = +1/2$和$m = -1/2$。小磁矩顺着外磁场方向，能量低；逆着外磁场方向，能量高。

用能量为ΔE的电磁波照射质子时，该能量恰好等于两种磁矩的能级差时，质子就能吸收能量，从低能级跃迁到高能级，产生核磁共振。通过改变电磁波频率，记录不同质子的共振情况，即可得到核磁共振谱。

核磁共振谱可以提供四种重要的结构信息：化学位移、积分曲线、耦合常数和自旋裂分。

16.2.2 化学位移

质子在不同化学环境和共振磁感应强度下显示的信号位置称为化学位移（chemical shift），用δ表示。通常会将四甲基硅烷$(CH_3)_4Si$（tetramethylsilicon, TMS）作为标准物，并将其质子的化学位移定为0。

$$\delta = \frac{\nu_{样} - \nu_{标}}{\nu_{仪}} \times 10^6$$

式中，$\nu_{样}$和$\nu_{标}$分别为样品和TMS的共振频率；$\nu_{仪}$为仪器选用的频率。

大多有机物中质子的化学位移在0 ～ 10之间。图16.11是1-溴-2, 2-二甲基丙烷的^{1}H NMR谱图，横坐标为化学位移，纵坐标为吸收峰强度。

成键的质子被电子云包围，而键的极性、相连原子的杂化程度和基团的给电子或吸电子能力都会影响电子云的密度。在外磁场的作用下，电子运动产生感应磁场。由于质子外层的电子云密度各不相同，它们发生核磁共振所需的外磁场强度也不相同，因而产生化学位移。

如果感应磁场的方向与外加磁场相反，质子实际受到的有效磁感应将会减小，这种核外电子对质子的作用称为屏蔽效应（shielding effect）。电子云密度越大，屏蔽效应越强，就需要增强外加磁场的强度，从而引起质子的吸收峰向高场方向移动。

如果感应磁场的方向和外加磁场相同，质子实际受到的有效磁感应将会增加，称为去屏蔽效应（deshielding effect）。电子云密度减少，去屏蔽效应增强，需要减小外加磁场的强

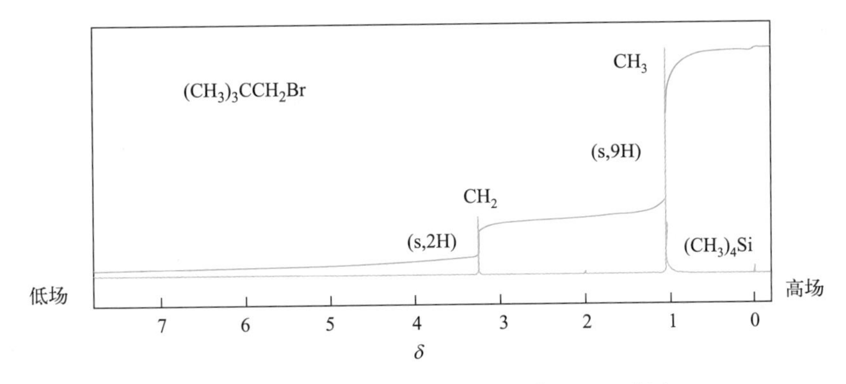

图16.11 1-溴-2, 2-二甲基丙烷的[1]H NMR谱图

度，从而引起质子的吸收峰向低场方向移动。

化合物分子中的质子大多有各自独特的电子环境，是化学不等价的，因此会产生不同的化学位移。

化学位移取决于核外电子云密度，对化学位移影响最大的是电负性和磁各向异性效应。

（1）电负性

与质子相连的原子电负性越大，质子周围的电子云密度越低，屏蔽效应减小，吸收峰出现在越低场，δ值越大；反之，与质子相连的原子电负性越小，质子周围的电子云密度越高，屏蔽效应增大，吸收峰出现在越高场，δ值越小。

图16.11中的CH_2，由于与溴原子相连，使得它的化学位移向低场移动，δ为3.28。而与碳原子相连的CH_3的化学位移为1.05。表16.4列出了诱导效应对化学位移的影响。

表16.4 诱导效应对化学位移的影响

化合物	$(CH_3)_4Si$	CH_3CH_3	CH_3I	CH_3Br	CH_3Cl	CH_3OH	CH_3F
电负性	1.8	2.5	2.6	2.8	3.0	3.5	4.0
化学位移/δ	0	0.88	2.16	2.68	3.05	3.40	4.26

（2）磁各向异性效应

如果分子中某些基团（如烯、炔、苯环、羰基等）的电子云不呈球形对称，将产生环电子流，它会对临近的质子产生一个各向异性的磁场，这个磁场可以使某些质子受到屏蔽作用，也可以使某些质子受到去屏蔽作用，这一现象称为**磁各向异性效应**（diamagnetic anisotropic effect）。

在图16.12中，“+”表示屏蔽区，“−”表示去屏蔽区。乙烯双键上的质子处在去屏蔽区，化学位移在较低场，δ为4.5～5.7。同样，醛基的质子也处于去屏蔽区，同时受氧原子吸电子诱导效应的影响，导致醛基质子的化学位移在9.5～10.1之间。

而乙炔的质子恰好处在屏蔽区，因此它的化学位移在较高场，δ为2.8。

苯环上的质子也处于去屏蔽区，由于苯环的环电流更强，产生的感应磁场也更强，因此其化学位移处于7～8。

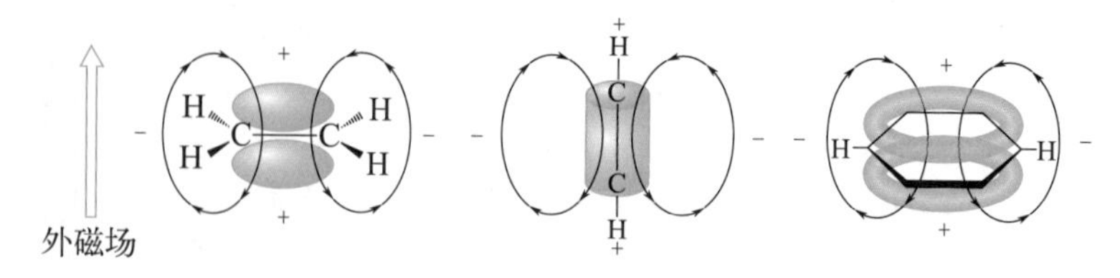

图16.12 乙烯、乙炔和苯各向异性效应

表16.5是一些常见质子的大致化学位移。

表16.5 常见质子的大致化学位移

质子类型	化学位移/δ	质子类型	化学位移/δ
RCH_3	0. 8～1.0	$RO—CH_3$	3.5～4.0
R_2CH_2	1.2～1.4	Ar—OH	4.5～7.7
R_3CH	1.4～1.7	R—CHO	9.0～10.0
$R_2C═CH_2$	4.6～5.0	$RCO—CHR_2$	2.0～2.7
$R_2C═CRH$	5.2～5.7	R—COOH	10.0～12.0
$R_2C═CR—CH_3$	1.7	$R_2CHCOOH$	2.0～2.6
RC≡CH	1.7～3.1	$RCOO—CH_3$	3.7～4.0
Ar—H	6.0～8.5	$R—NH_2$,$R_2—NH$	0.5～5.0
$Ar—CH_3$	2.2～3.0	$R_2N—CH_3$	2.1～3.2
R—OH	0.5～5.5	$Ar—NH_2$, Ar—NHR	2.9～6.5
$RCH_2—OH$	3.4～4.0	$R—CONH_2$	5.0～9.0

练习题16-4:

（1）下列化合物在核磁谱图中会出现几组吸收峰？

（A）$CH_3OCH_2CH_3$　　（B）$CH_3CH_2CHClCH_3$（Cl 在第三个碳上）

（2）下列化合物中的甲基上的质子化学位移最大的是（　）。

（A）CH_3CH_3　（B）$CH_3CH═CH_2$　（C）$CH_3C≡CH$　（D）甲苯（苯环—CH_3）

16.2.3 积分曲线

核磁共振仪用电子积分仪测量吸收峰面积，在谱图上由低场到高场用连续阶梯积分曲线来表示。积分曲线的总高度与分子中总质子数目成正比，各个峰的阶梯曲线高度与该吸收峰面积和对应的质子数也成正比关系。因此，如果知道了分子中的总质子数，就可以从吸收峰面积的比例关系推导出各种质子的数目。

各个吸收峰面积可以在谱图上直接显示，将其中一个质子对应的吸收峰面积标记为1，则谱图上的数字与质子数目正好相符。

例如，图16.11中两个吸收峰的积分面积比值正好与CH_2和三个CH_3上的质子数相符（2∶9）。

16.2.4 自旋耦合和自旋裂分

分子中的质子除了受到核外电子的影响外，还会受到相邻碳原子上自旋质子的影响，导致的吸收峰谱线增多，这种质子之间的相互作用称为自旋-自旋耦合（spin-spin cupling），简称自旋耦合。自旋耦合引起的谱线增多的现象称为自旋裂分（coupling splitting）。

图16.13是1,1,2-三溴乙烷的^1H NMR谱图。1,1,2-三溴乙烷有两组氢，受溴原子吸电子的影响出现在低场。CH和CH_2上的质子相互影响，使得谱线增多，CH裂分为三重峰，CH_2裂分为二重峰。

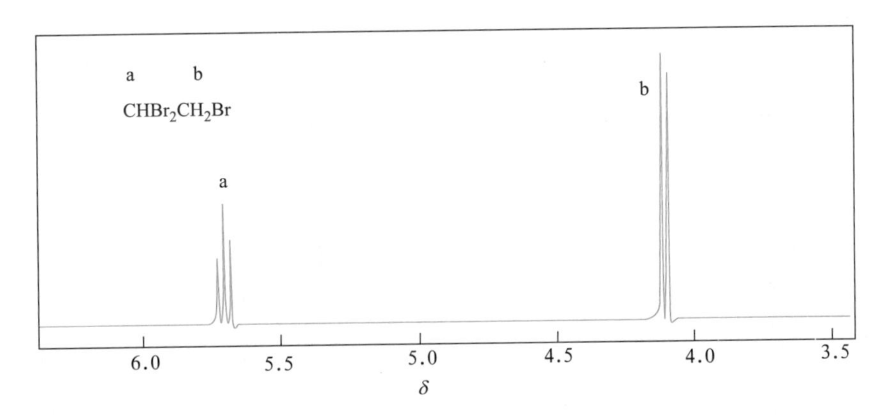

图16.13 1,1,2-三溴乙烷的^1H NMR谱图

如图16.14所示，在外加磁场（磁场强度为B_0）作用下，质子H_a通过自旋产生两种取向相反的小磁矩（磁场强度为B'），此时H_b感受到B_0+B'和B_0-B'两种磁感应强度，因此H_b的吸

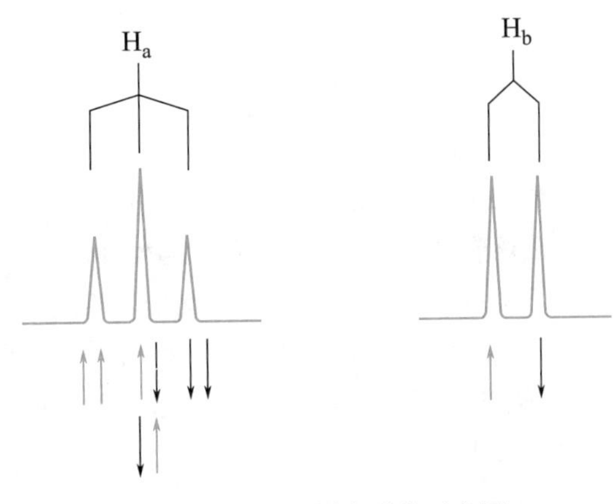

图16.14 质子耦合裂分示意图

收峰将被H_a裂分为两个强度相同的小峰（峰面积为1∶1），分别在原吸收峰的左边和右边。

同时H_a也会受到H_b的影响。当H_b的两个质子自旋方向都与外加磁场方向一致时，H_a磁感应强度为B_0+2B'；当H_b的两个质子自旋方向都与外加磁场方向不一致时，H_a磁感应强度为B_0-2B'；当H_b的两个质子自旋方向相反时，B'相互抵消，H_a仅受到外加磁场的影响。因此H_a被H_b裂分为三个小峰，且峰面积比为1∶2∶1。

质子的裂分数目由临近碳原子上的质子数目（n）决定，裂分数遵从n+1规律。各裂分峰强度比与二项式$(a+b)^n$展开式各项系数相同。质子裂分数与各裂分峰强度见表16.6。

表16.6 裂分峰数目与积分比

邻位质子数	裂分峰数	裂分峰名称（缩写）	各裂分峰积分比
0	1	单峰（s）	1
1	2	双重峰（d）	1∶1
2	3	三重峰（t）	1∶2∶1
3	4	四重峰（q）	1∶3∶3∶1
4	5	五重峰（m）①	1∶4∶6∶4∶1
5	6	六重峰（m）	1∶5∶10∶10∶5∶1
6	7	七重峰（m）	1∶6∶15∶20∶15∶6∶1

① 四重峰以上一般称为多重峰，用m表示。

图16.15是乙苯的^1H NMR谱图。乙基中的CH_3和CH_2上的质子分别被裂分为三重峰（δ为1.2）和四重峰（δ为2.6），这是典型的乙基信号。由于CH_2和吸电子的苯环相连，因此移向了低场。由于磁各向异性影响，苯环上质子的化学位移在7.2附近。

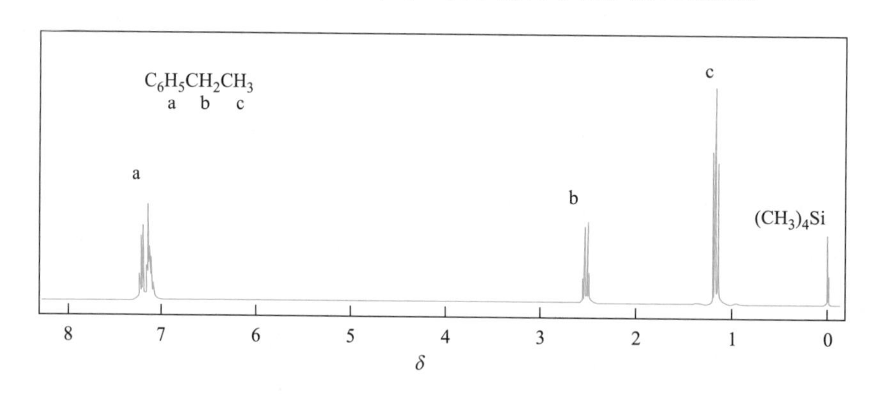

图16.15 乙苯的^1H NMR谱图

自旋耦合的量度称为**耦合常数**（coupling constant），用符号J表示，单位是Hz。J值的大小表示耦合作用的强弱。在核磁共振谱图中，J值就是裂分后小峰之间的距离。一般的，当两个质子相隔少于或等于三个单键时才能发生耦合裂分，相隔三个以上单键时耦合常数将趋于零。

图16.13中的质子受到溴原子的影响，吸收峰都向低场发生了移动。H_a被H_b裂分为三重峰（t），而H_b被H_a裂分成二重峰（d）。H_a和H_b的耦合常数分别表示为J_{ab}和J_{ba}，二者数值相等。表16.7是常见质子之间的耦合常数。

表16.7　常见质子间的耦合常数

质子类型	*J*/Hz	质子类型	*J*/Hz
H—C—C—H	7	H(C=C)H（顺式）	7～12
>C=C(H)H（同碳）	0～3	H(C=C)H（反式）	13～18

如果化合物中有的质子都处在相同的化学环境时，称为**化学等价**（chemical equivalence），化学等价的质子具有相同的化学位移。相同化学位移的质子不一定都是化学等价的。化学等价的质子之间不会引起吸收峰的裂分。

如果化合物中的质子可以通过对称操作互换，则可以判断它们是化学等价的。例如，下列化合物都有明显的对称轴或对称面，因此每个分子中的质子都是化学等价的。

$H_3C—CH_3$　　苯　　$BrCH_2CH_2Br$　　$(H_3C)_2C=CH_2$　　环己烷

在常温下，环己烷的构象翻转非常迅速，直立键和平伏键上的质子也是化学等价的。

与手性碳原子相连的CH_2上的两个质子以及双键上一个碳连有不同基团，另一个碳上的两个质子都不是化学等价的。

H_3C、H_a、H_b、H、Br、CH_3　　CH_3、H_a、Cl、H、CH_3、H_b　　$H_2C=C(Br)CH_2CH_2$

图16.16是3-溴丙烯的¹H NMR谱图。虽然H_a和H_b在同一个碳上，但它们不是化学等价的，因此它们各自会有不同的化学位移，且均被H_c裂分为二重峰。由于磁各向异性的影响，双键上的三个氢均出现在低场。

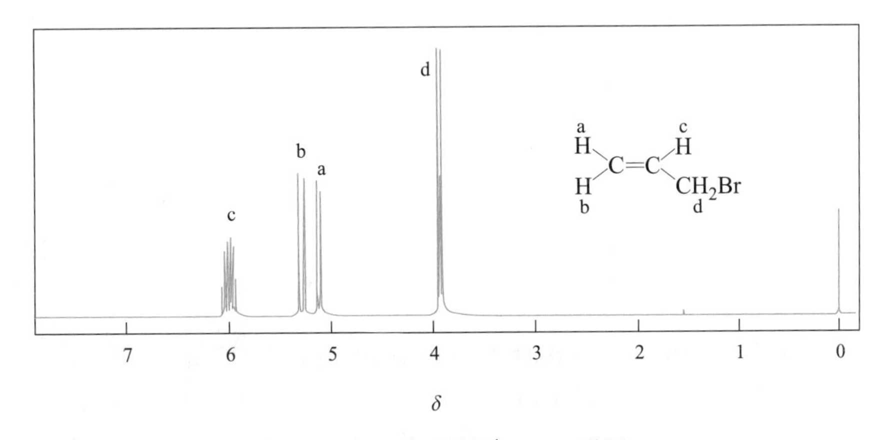

图16.16　3-溴丙烯的¹H NMR谱图

化学等价的质子、非邻位碳原子上的质子、氮氧等杂原子上的质子不参与耦合，不会使吸收峰发生裂分。

16.2.5 核磁共振氢谱的解析

利用 ^{1}H NMR谱图提供的化学位移、积分曲线和耦合裂分等信息，就可以根据有机化合物的分子式，归属相应信息，推导出相应的分子结构。

① 计算化合物的不饱和度，判断化合物的大致类型。

② 确认峰的种类，哪些是化合物的有用信息，哪些是杂质或溶剂的吸收峰。例如 $CDCl_3$ 是常用的溶剂，氘代试剂中少量的氢会在7.26出现一个单峰，称为溶剂峰。

③ 根据图谱中吸收峰的化学位移推测氢的类型，例如烷基出现在高场，连有吸电子基团的烷基会向低场移动，而芳香类化合物则出现在低场。

④ 根据峰面积比值或积分高度，结合分子式，确定各组峰所含的质子数目。

⑤ 根据吸收峰的裂分情况、耦合常数等，确定吸收峰之间的相互位置。

表16.8列出了常见氘代试剂的溶剂峰。

表 16.8 常见氘代试剂的溶剂峰

溶剂	苯	氯仿	丙酮	甲醇	水	二甲亚砜
化学位移/δ	7.2	7.26	2.05	3.4, 4.8	4.7	2.5

图16.17是1-碘丙烷的 ^{1}H NMR谱图。受碘原子吸电子诱导效应的影响，H_c 上的2个质子出现在低场（δ=3.25）；而 H_a 上的3个质子远离碘原子，出现在高场（δ= 1.05）。受 H_b 影响，H_a 和 H_c 都被裂分为三重峰；而 H_b 则被 H_a 和 H_c 裂分为多重峰（理论上最多为十二重峰）。1-碘丙烷的 ^{1}H NMR数据可记为：δ 3.25 (t, 2H)、1.90 (m, 2H)、1.05 (t, 3H)。

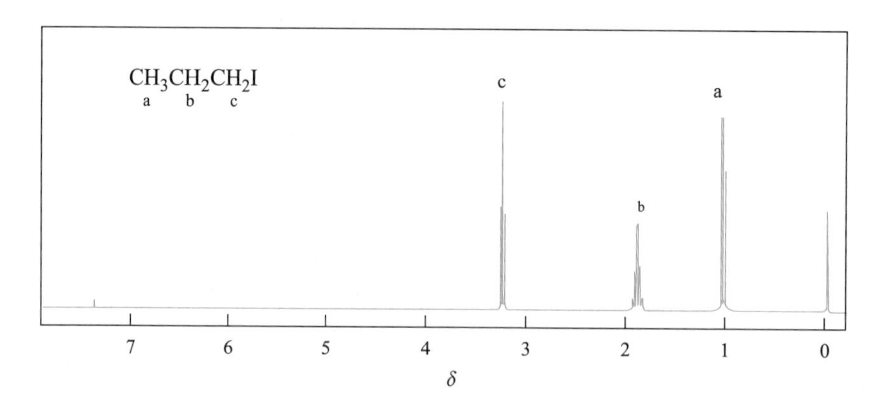

图16.17 1-碘丙烷的 ^{1}H NMR谱图

图16.18是3-甲基丁酮的 ^{1}H NMR谱图。H_a 和 H_b 受到了较弱的去屏蔽作用，移向低场。H_a 没有质子与其发生耦合作用，为单峰；H_b 被6个化学等价的 H_c 裂分成多重峰，H_c 被 H_b 裂分成二重峰。3-甲基丁酮的 ^{1}H NMR数据可记为：δ 2.60 (m, 1H)、2.15 (s, 3H)、1.10 (d, 6H)。

图16.19是乙酸乙酯的 ^{1}H NMR谱图。H_b 受氧原子强吸电子诱导效应影响出现在低场，同时被 H_c 裂分成四重峰，而 H_c 被 H_b 裂分成三重峰，为乙基信号。H_a 受到的影响与图16.18中 H_a 一样。乙酸乙酯的 ^{1}H NMR数据可记为：δ 4.12 (q, 2H)、2.05 (s, 3H)、1.25 (t, 3H)。

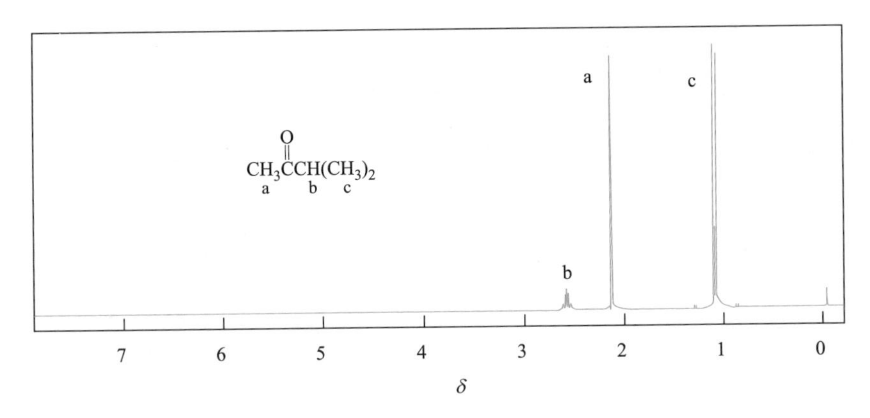

图16.18 3-甲基丁酮的 ^{1}H NMR谱图

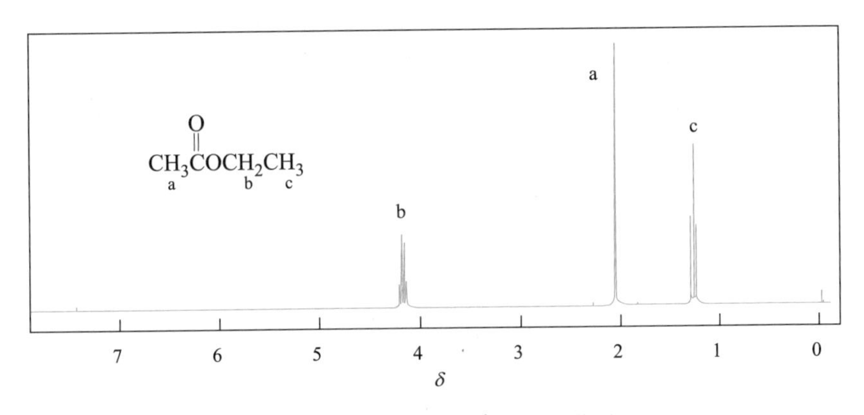

图16.19 乙酸乙酯的 ^{1}H NMR谱图

碳也可以产生核磁共振，但是能够产生核磁共振的是 ^{13}C。^{13}C在自然界中的丰度很低，仅为1.11%，因此 ^{13}C NMR的记录时间比 ^{1}H NMR长得多。低丰度的 ^{13}C几乎不存在C—C耦合，这一特征使得 ^{13}C NMR极大简化。^{13}C NMR和 ^{1}H NMR相结合，成为有机化学家最重要的分析工具。

^{19}F的丰度约为100%，检测极为灵敏，氟核磁共振（^{19}F NMR）在地球科学、生物学、医学等领域均有广泛应用。

综合练习题

1. 按照C=O吸收峰的振动频率递减排列下列化合物。

（A）CH_3COCH_3（$CH_3\overset{O}{\overset{\|}{C}}CH_3$）　（B）$H\overset{O}{\overset{\|}{C}}H$　（C）$CH_3\overset{O}{\overset{\|}{C}}H$

2. 用一种红外特征峰区分下列化合物。

（A）$CH_3CH_2CH_2CH{=}CH_2$ 和 $CH_3CH{=}C(CH_3)_2$　（B）$CH_3\overset{O}{\overset{\|}{C}}OCH_3$ 和 $CH_3\overset{O}{\overset{\|}{C}}CH_3$

（C）$CH_3CH_2CH_2OH$ 和 $CH_3CH_2OCH_3$　（D）苯—CHO 和 环己基—CHO

（E）H_3C—⟨苯环⟩—CH_3 和 ⟨苯环⟩（邻位 CH_3，CH_3）

3. 指出下列化合物在 ^{1}H MNR 中会出现几组吸收峰，以及各组吸收峰大致的化学位移和裂分数。哪些质子属于化学等价。

（A）$CH_3CH_2CH_2CH_3$　　（B）$CH_3CH_2CH=CH_2$　　（C）$CH_3CH_2CH_2\overset{O}{\overset{\|}{C}}CH_3$

（D）⟨苯环⟩（间位 CH_3，H_3C）　　（E）⟨苯环⟩—$\overset{Br}{\overset{|}{C}}HCH_3$　　（F）⟨1,3-环己二烯⟩

4. 下列化合物的红外光谱中，丁-1-醇是（　），2-甲基丁醛是（　），苯乙酮是（　），丙酰胺是（　）。

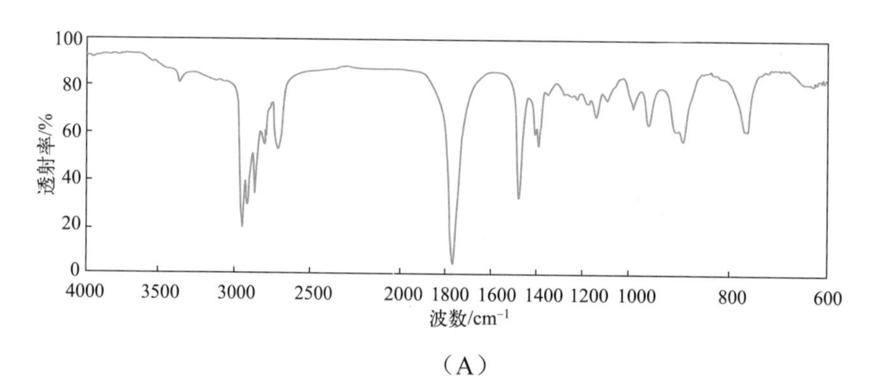

（A）

100
80
60
40
20
0
透射率/%
4000 3500 3000 2500 2000 1800 1600 1400 1200 1000 800 600
波数/cm^{-1}

（B）

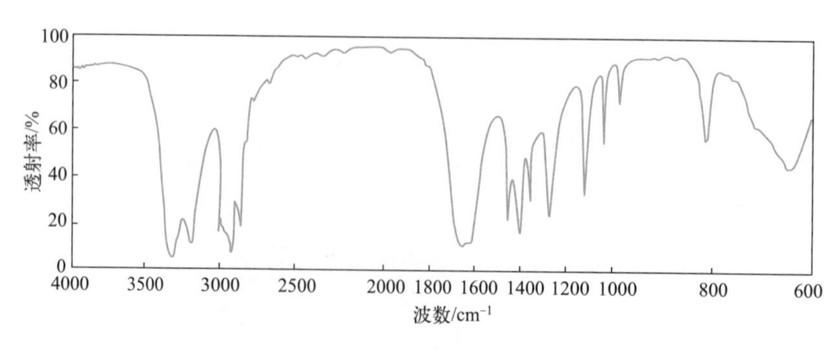

（C）

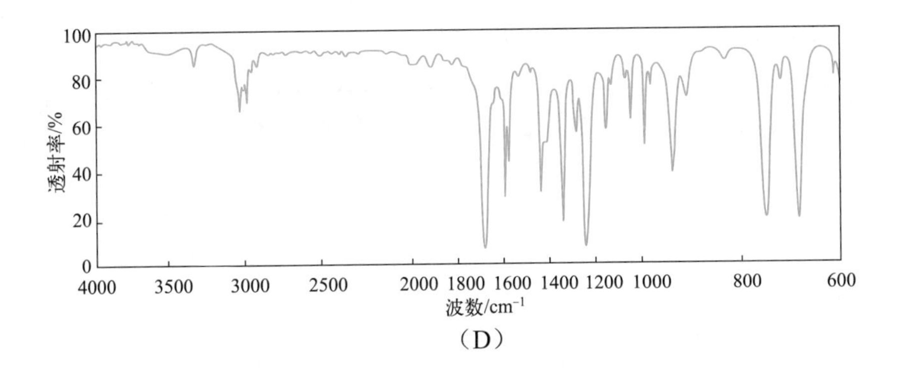

（D）

5. 下列 ^{1}H NMR 谱图中，属于乙醛的是（ ），属于乙酸的是（ ）。

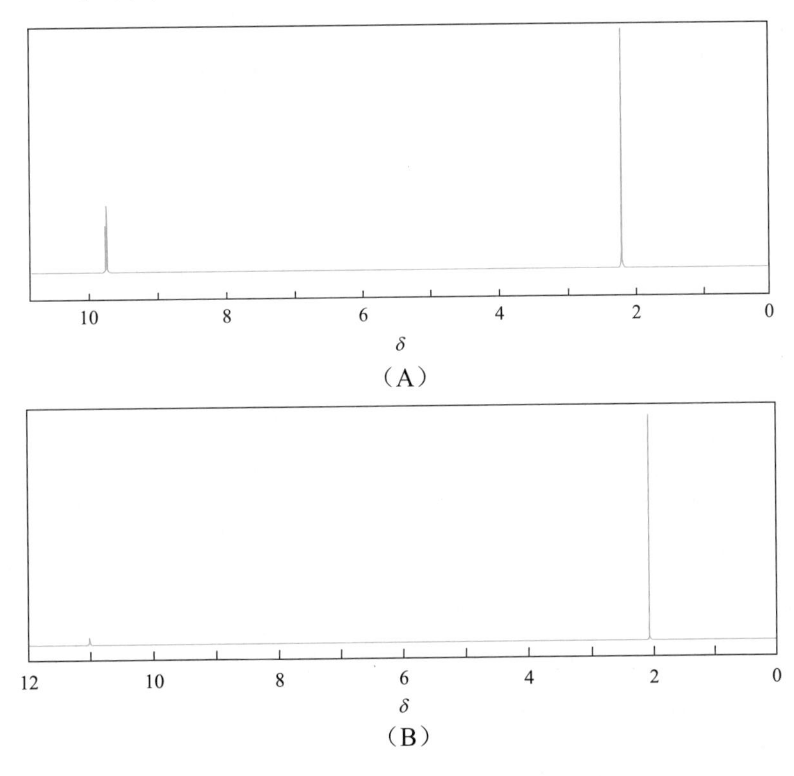

（A）

（B）

6. 下图是丁酸异丙酯的 ^{1}H NMR 谱图，请归属各类质子的吸收峰。

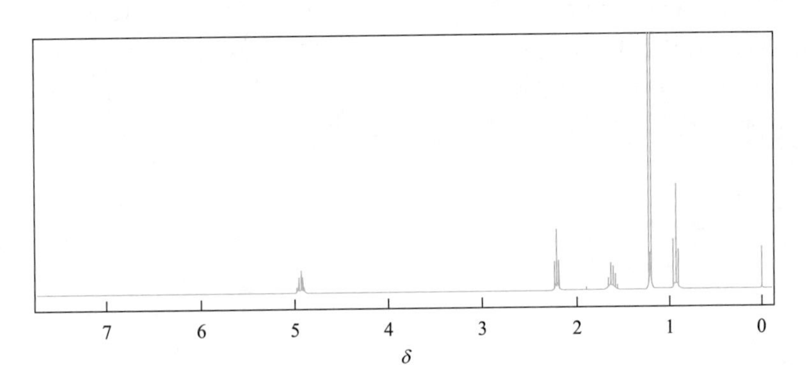

7. 根据下列[1]H NMR图谱，推测化合物的结构。

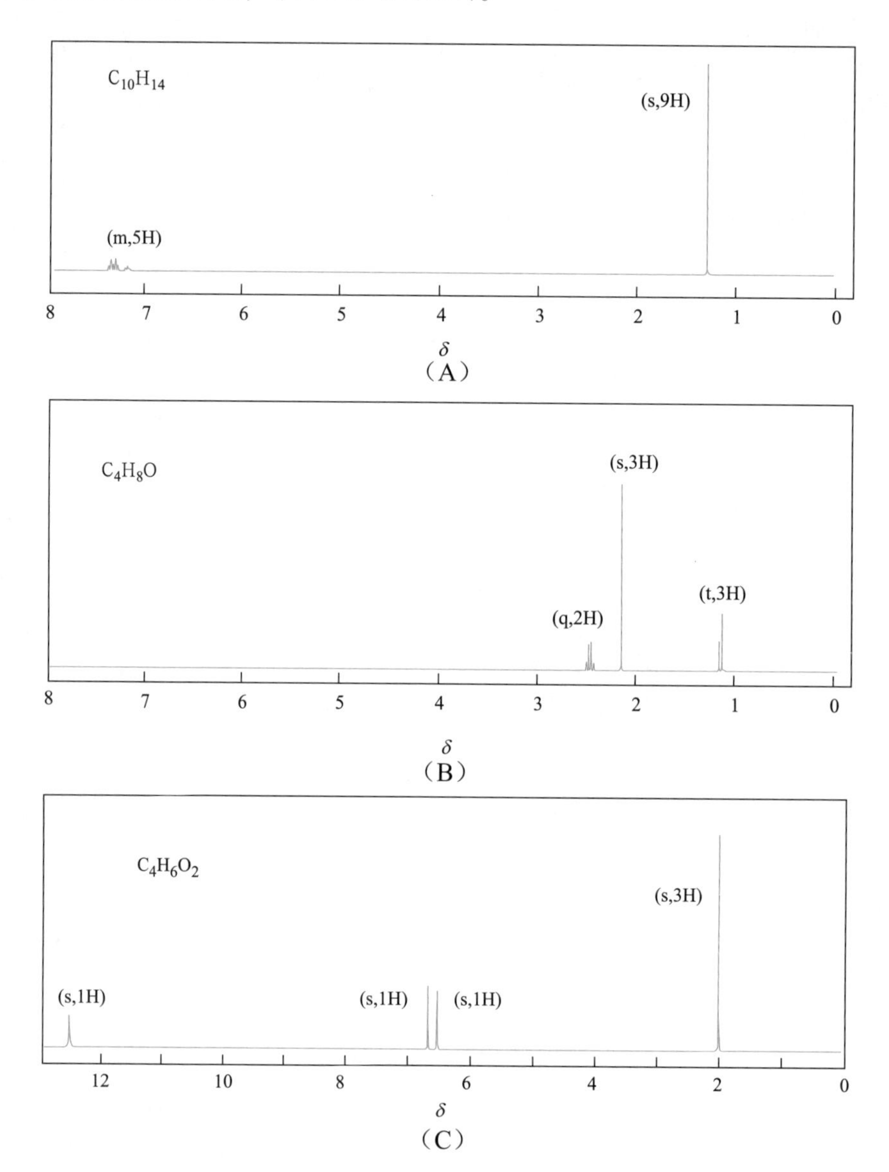

（A）

（B）

（C）

8. 化合物A、B、C的分子式均为$C_4H_8O_2$，在1730 cm^{-1}附近均有红外吸收，^{1}H NMR图谱分别为，A：δ 8.1 (s，1H)，4.2 (t，2H)，1.7 (m，2H)，1.0 (t，3H)；B：δ 3.8 (s，3H)，2.3 (q，2H)，1.2 (t，3H)；C：δ 4.1 (q，2H)，2.03 (s，3H)，1.3 (t，3H)。试推导A、B、C的结构。

附录

附录1　常见有机基团的英文名称

取代基	中文系统名（俗名）	英文系统名（俗名）
一、烃基取代基		
$HC\equiv$	甲次基	methylidene
$CH_2=$	甲亚基	methylidyne
$-CH_2-$	甲叉基	methanediyl
CH_3-	甲基	methyl
$CH\equiv C-$	乙炔基	ethynyl
$CH_3CH=$	乙亚基	ethylidene
$CH_2=CH-$	乙烯基	ethenyl（vinyl）
$-CH_2CH_2-$	乙-1,2-叉基	ethane-1,2-diyl
CH_3CH_2-	乙基	ethyl
$(CH_3)_2C=$	1-甲基乙亚基	1-methylethylidene
$(CH_3)_2C<$	丙-2-亚基（异丙亚基） 丙-2,2-叉基（1-甲基乙-1,1-叉基）	propan-2-ylidene (isopropylidene) propane-2,2-diyl（1-methylethane-1,1-diyl）
$CH_2=CHCH_2-$	丙-2-烯基（烯丙基）	prop-2-enyl（allyl）
$CH_3CH=CH-$	丙-1-烯基（丙烯基）	prop-1-enyl（propenyl）
$CH_2=C(CH_3)-$	1-甲基乙烯基	1-methylethenyl
$CH_3CH_2CH_2-$	丙基	propyl
$(CH_3)_2CH-$	1-甲基乙基 丙-2-基 （异丙基）	1-methylethyl propan-2-yl （isopropyl）
$CH_3CH_2CH_2CH_2-$	丁基	butyl
$CH_3CH_2CH(CH_3)-$	1-甲基丙基 丁-2-基 （仲丁基）	1-methylpropyl butan-2-yl （*sec*-butyl）

续表

取代基	中文系统名（俗名）	英文系统名（俗名）
$CH_3CH(CH_3)CH_2$—	2-甲基丙基 （异丁基）	2-methylpropyl （isobutyl）
$(CH_3)_3C$—	1,1-二甲基乙基 2-甲基丙-2-基 （叔丁基）	1,1-dimethylethyl 2-methylpropan-2-yl （*tert*-butyl）
$CH_3(CH_2)_3CH_2$—	戊基	pentyl
$(CH_3)_2CHCH_2CH_2$—	3-甲基丁基 （异戊基）	3-methylbutyl （isopentyl）
$CH_3CH_2C(CH_3)_2$—	1,1-二甲基丙基 2-甲基丁-2-基 （叔戊基）	1,l-dimethylpropyl 2-methylbutan-2-yl （*tert*-pentyl）
$(CH_3)_3CCH_2$—	2,2-二甲基丙基 （新戊基）	2,2-dimethylpropyl （neopentyl）
	环丙基	cyclopropyl
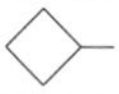	环丁基	cyclobutyl
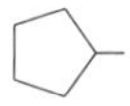	环戊基	cyclopentyl
	环己基	cyclohexyl
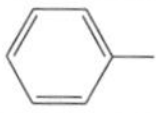	苯基	phenyl
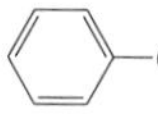 CH_2—	苯甲基 （苄基）	phenylmethyl （benzyl）
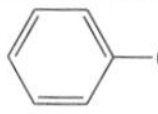 CH=	苯甲亚基	phenylmethylidene
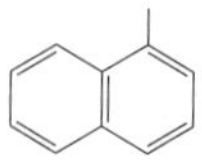	萘-1-基	naphthalen-1-yl
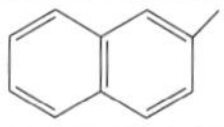	萘-2-基	naphthalen-2-yl
	二、含卤素取代基	
F—	氟	fluoro
Cl—	氯	chloro
Br—	溴	bromo
I—	碘	iodo
F_3C—	三氟甲基	trifluoromethyl
$ClCH_2$—	氯甲基	chloromethyl
$BrCH_2$—	溴甲基	bromomethyl
$BrCH_2CH_2$—	2-溴乙基	2-bromoethyl
4-BrC_6H_4—	4-溴苯基	4-bromophenyl
	三、含氧取代基	
O=	氧亚基	oxo
HO—	羟基	hydroxy
$HOCH_2$—	羟甲基	hydroxymethyl

续表

取代基	中文系统名（俗名）	英文系统名（俗名）
CH_3O—	甲氧基	methoxy
HCO—	甲酰基	methanoyl（formyl）
ClCO—	氯甲酰基	chlorocarbonyl
HCOO—	甲酰氧基	methanoyloxy
H_2NCO—	氨甲酰基	aminocarbonyl
HOOC—	羧基	carboxy
$HOOCCH_2$—	羧甲基	carboxymethyl
CH_3CO—	乙酰基	ethanoyl（acetyl）
CH_3CONH—	乙酰氨基	ethanoylamino
CH_3COO—	乙酰氧基	ethanoyloxy（acetoxy）
$HOCH_2CH_2$—	2-羟基乙基	2-hydroxyethyl
CH_3CH_2O—	乙氧基	ethoxy
CH_3CH_2OCO—	乙氧甲酰基	ethoxycarbonyl
$C_2H_5OCOCH_2$—	乙氧甲酰甲基	ethoxycarbonylmethyl
$CH_3CH_2CH_2O$—	丙氧基	propoxy
CH_2=$CHCH_2O$—	丙-2-烯氧基 （烯丙氧基）	prop-2-enoxy （alloxy）
$(CH_3)_2CHO$—	1-甲基乙氧基 （异丙氧基）	1-methylethyloxy （isopropoxy）
CH_3CH_2CO—	丙酰基	propanoyl
$CH_3(CH_2)_3O$—	丁氧基	butoxy
$(CH_3)_3CO$—	1,1-二甲基乙氧基 （叔丁氧基）	1,1-dimethylethoxy （*tert*-butoxy）
$(CH_3)_3COCO$—	1,1-二甲基乙氧甲酰基 （叔丁氧羰基）	1,1-dimethylethoxycarbonyl （*tert*-butoxycarbonyl）
O	呋喃-2-基	furan-2-yl
—O—	苯氧基	phenoxy
—CH_2O—	苯甲氧基	phenylmethoxy
—$CH_2O\overset{O}{\overset{\parallel}{C}}$—	苯甲氧甲酰基	phenylmethoxycarbonyl
—$\overset{O}{\overset{\parallel}{C}}$—	苯甲酰基	benzoyl
四、含氮取代基		
=NH	氨亚基	imino
=NR	（烃）氨亚基	(R)-imino
NH_2—	氨基	amino
CH_3NH—	甲氨基	methylamino
$(CH_3)_2N$—	二甲氨基	dimethylamino

续表

取代基	中文系统名（俗名）	英文系统名（俗名）
NH_2CH_2—	氨甲基	aminomethyl
—CN	氰基	cyano
—NC	异氰基	isocyano
—NCO	异氰氧基	isocyanato
—NO_2	硝基	nitro
—NO	亚硝基	nitroso
4-C_5H_4N—	吡啶-4-基	pyridin-4-yl
C_6H_5—NH—	苯氨基	phenylamino
C_6H_5—N=N—	苯偶氮基	phenylazo
五、其它取代基		
HS—	巯基	sulfanyl
CH_3S—	甲硫基	methylsulfanyl
—SO_3H	磺酸基	sulfonate
$(CH_3)_3Si$—	三甲硅基	trimethylsilyl
$(CH_3)_3SiO$—	三甲硅氧基	trimethylsiloxy

注：英文取代基中斜体字部分的字母在命名时不参与排序。

附录2 有机化学常见的专业词汇缩写对照表

缩写	名称	缩写	名称
Ac	乙酰基	DMC	碳酸二甲酯
ABS	丙烯腈、丁-1,3-二烯、苯乙烯共聚物	DME	二甲醚
AIBN	偶氮二异丁基腈	DMF	*N*,*N*-二甲基甲酰胺
AO	原子轨道	DMMn	聚甲醛二甲醚
Ar	芳基	DMS	二甲硫醚
9-BBN	9-硼杂双环[3.3.1]壬烷	DMSO	二甲亚砜
BDO	丁-1,4-二醇	DNA	脱氧核糖核酸
Bn	苄基	DPC	碳酸二苯酯
BPO	过氧化（二）苯甲酰	DPO	草酸二苯酯
Bu	丁基	ECH	环氧氯丙烷
BR	顺丁橡胶	ee	对映体过量
Bz	苯甲酰基	EG	乙二醇
CD	环糊精	EO	环氧乙烷
Cp	环戊二烯	EPR	乙丙橡胶
CR	氯丁橡胶	Et	乙基
DAP	邻苯二甲酸二丙烯酯	EVA	乙烯-醋酸乙烯酯共聚物

续表

缩写	名称	缩写	名称
F-T合成	费托合成	PGA	聚乙醇酸
HDPE	高密度聚乙烯	Ph	苯基
HOMO	最高占有分子轨道	PI	聚酰亚胺
IIR	丁基橡胶	PLA	聚乳酸
IR	红外光谱	PMDA	均苯四甲酸二酐（均酐）
LCAO	原子轨道的线性组合	PMTA	间位芳纶
LDPE	低密度聚乙烯	PO	环氧丙烷
LLDPE	线性低密度聚乙烯	POE	聚烯烃弹性体
LUMO	最低未占有分子轨道	POM	聚甲醛
MA	顺丁烯二酸酐（马来酸酐）	PP	聚丙烯
m-CPBA	间氯过氧苯甲酸	PPA	多聚磷酸
Me	甲基	PPS	聚苯硫醚
MIBC	4-甲基戊-2-醇	PPTA	对位芳纶
MMA	甲基丙烯酸甲酯	Pr	丙基
MO	分子轨道理论	PS	聚苯乙烯
MS	质谱	PTA	精对苯二甲酸
MTA	甲醇制芳烃	PTFE	聚四氟乙烯
MTO	甲醇制烯烃	PVC	聚氯乙烯
MTP	甲醇制丙烯	PX	对二甲苯
NBR	丁腈橡胶	Py	吡啶
NBS	*N*-溴代丁二酰亚胺	RNA	核糖核酸
NMR	核磁共振谱	SBR	丁苯橡胶
PA	邻苯二甲酸酐（苯酐）	TDI	甲苯-2,4-二异氰酸酯
PAM	聚丙烯酰胺	THF	四氢呋喃
PBAT	聚对苯二甲酸-己二酸-丁二醇酯	TMS	四甲基硅烷
PBS	聚丁二酸丁二醇酯	TPA	对苯二甲酸
PCC	CrO_3与吡啶盐酸盐复合物	Ts	对甲苯磺酰基
PE	聚乙烯	UV	紫外光谱
PEG	聚乙二醇	VAc	乙酸乙烯酯（醋酸乙烯酯）
PEO	聚环氧乙烷	VB	价键理论
PET	涤纶（聚对苯二甲酸乙二酯）		

参考文献

［1］中国化学会有机化合物命名审定委员会．有机化合物命名原则（2017）［M］．北京：科学出版社，2018.

［2］马宁，王光伟，张文勤．解读《有机化合物命名原则—2017》——新老命名原则的比较及常见取代基的命名［J］．大学化学，2019，34(9)：116-120.

［3］黄跟平，赵温涛．有机化合物命名原则(2017)的简化及在有机化学教材中的应用［J］．化学教育(中英文)，2020，41(24)：20-24.

［4］王启宝，刘骞，王立艳，等．煤炭行业特色高校有机化学课程思政教学设计与实践［J］．大学化学，2022，37(10)：188-193.

［5］刘福安．碳正离子重排反应的推动力［J］．大学化学，1986(04)：40-43,7.

［6］李艳梅，赵圣印，王兰英．有机化学［M］．2版．北京：科学出版社，2014.

［7］莫里森R T，博伊德R N.有机化学：下［M］．复旦大学化学系有机化学教研组，译．北京：科学出版社，1983.

［8］华东理工大学有机化学教研组．有机化学［M］．3版．北京：高等教育出版社，2019.

［9］徐寿昌．有机化学［M］．2版．北京：高等教育出版社，2014.

［10］邢国文，杨海波，龚汉元，等．有机化学：上册［M］．北京：高等教育出版社，2022.

［11］卢忠林，成莹，焦鹏，等．有机化学：下册［M］．北京：高等教育出版社，2023.

［12］Wade L G , Organic J R. Chemistry[M]. 8th ed. New York: Pearson Education, Inc, 2013.

［13］Paula Yurkanis Bruice. Organic Chemistry[M]. 8th ed.New York: Pearson Education, Inc, 2015.

［14］Klein David R. Organic Chemistry[M]. New York: John Wiley & Sons, Inc, 2012.

［15］Peter K, Vollhardt C, Schore N E. Organic Chemistry: Structure and Function[M]. 8th ed. 戴立信，席振峰，罗三中，等译．北京：化学工业出版社，2020.

［16］古练权，汪波，黄志纾，等．有机化学［M］．北京：高等教育出版社，2008.

［17］郑艳，王洪星，聂晶，等．简明有机化学教程［M］．北京：高等教育出版社，2015.

［18］冯骏才，朱成建，俞寿云．有机化学原理［M］．北京：科学出版社，2015.

［19］潘祖仁．高分子化学［M］．北京：化学工业出版社，2014.

［20］吉卯祉，彭松，葛振华．有机化学［M］．3版．北京：科学出版社，2013.

［21］高占先．有机化学［M］．3版．北京：高等教育出版社，2018.

［22］华煜晖，张弘，夏海平．芳香性：历史与发展［J］．有机化学，2018，38：11-28.

［23］李晓红，周健，吕建刚，等. 甲醇制芳烃技术现状与展望［J］. 低碳化学与化工，2023，48 (1)：72-79.

［24］代成义，陈中顺，杜康，等. 甲醇制芳烃催化剂及相关工艺研究进展［J］. 化工进展，2020，39 (12)：5029-5041.

［25］Shinn J H. From coal to single stage and two-stage products: A reactive model of coal structure[J]. Fuel, 1984, 63: 1187-1196.

［26］Smith M B. March高等有机化学——反应、机理与结构［M］. 李艳梅，黄志平译. 北京：化学工业出版社，2018.

章内练习题参考答案

第一章
第二章
第三章
第四章
第五章
第六章
第七章
第八章
第九章
第十章
第十一章
第十二章
第十三章
第十四章
第十五章
第十六章